中国矿产地质志

中国地球化学场与成矿关系研究

马振东 任天祥 吴俊华 龚 敏
龚 鹏 任利民 龚庆杰 刘荣梅 等著
朱明玉 黄 凡 王 岩

地质出版社
· 北 京 ·

内容提要

中国地球化学资料的应用研究是中国区域成矿规律的重要研究内容之一，是在现有地球化学勘查程度的基础上，充分利用40多年来我国在区域地球化学和矿产地球化学勘查所获取的丰富数据资源（数据项达6600多万个），全面总结地球化学在矿产勘查中的研究成果，应用现代计算机技术，以成岩、成矿、成晕地球化学理论为指导，以“源”→“动”→“储”→“变”、“不变”为基本建模思路，充分研究成矿区带的基础地质、成岩成矿规律、理论地球化学及勘查地球化学特征，研究总结典型矿床（矿田）的异常特征，建立矿床（矿田）、成矿带的地质、地球化学模型，为我国元素地球化学场空间分布特征提供可解释的成岩、成矿依据。实现应用地球化学资料进行区域成矿规律研究，为不同层次的地质背景、成矿规律和矿产预测提供了丰富的地球化学信息，为中国区域成矿规律研究和总结提供科学的依据。从而，大大提高了地球化学成果在成矿规律研究中的应用程度。

本书可供从事地球化学场相关的矿产勘查、开发、研究和管理人员参考使用。

图书在版编目（CIP）数据

中国矿产地质志·中国地球化学场与成矿关系研究／马振东等著. —北京：地质出版社，2021.12

ISBN 978-7-116-12922-1

Ⅰ.①中… Ⅱ.①马… Ⅲ.①矿产地质—概况—中国②地球化学关系—成矿作用—研究—中国 Ⅳ.①P624

中国版本图书馆CIP数据核字（2021）第217579号

ZHONGGUO KUANGCHAN DIZHIZHI · ZHONGGUO DIQIU HUAXUECHANG YU CHENGKUANG GUANXI YANJIU

责任编辑：吕　静　白　铁　刘云龙
责任校对：李　玫
出版发行：地质出版社
社址邮编：北京海淀区学院路31号，100083
咨询电话：（010）66554528（邮购部）；（010）66554590（编辑室）
网　　址：http：//www.gph.com.cn
传　　真：（010）66554686
印　　刷：北京地大彩印有限公司
开　　本：889 mm×1194 mm　1/16
印　　张：18.75
字　　数：580千字
版　　次：2021年12月北京第1版
印　　次：2021年12月北京第1次印刷
审 图 号：GS（2021）6146号
定　　价：150.00元
书　　号：ISBN 978-7-116-12922-1

《中国矿产地质志》编委会

（第一届）

陈尔臻　陈华山　陈建平　邵和明　周　详　周特先
於崇文　郑大瑜　郑绵平　赵一鸣　赵文津　赵鹏大
胡瑞忠　侯增谦　施中爽　姜树叶　袁忠信　莫宣学
钱大都　倪　斌　徐水师　徐志刚　陶维屏　黄香定
黄崇轲　黄懋鸿　梅友松　盛继福　章少华　阎凤增
琚宜太　韩振新　裴荣富　潘行适

三、《中国矿产地质志》

总主编：陈毓川　王登红

四、承担单位

中国地质科学院矿产资源研究所

五、项目办公室

主　任：邢树文
副主任：李　剑　龙宝林　傅旭杰
成　员：朱明玉　黄　凡

《中国矿产地质志》

总责任编辑：白　铁
副总责任编辑：韩　博　吕　静
责任编辑组：刘云龙　肖竣文　孙彦琪　谢玉淳　李　佳　吴宁魁　袁亚琴
宋永存　张琦玲　潘　懋　代世锋　邢瑞玲　郝梓国　章雨旭
沈　镭　佘宏全　于春林　李进文　戚学祥　李　华

《中国矿产地质志》编委会

（第二届）

黄香定　卢欣祥　艾宪森　李宏骥　周特先　杨明桂
陆　彦　任丰寿　张永山　石礼炎　陆瑞宝　韩振新
施中爽　王增护　陈一笠

三、《中国矿产地质志》

总主编： 陈毓川　王登红

四、承担单位

中国地质科学院矿产资源研究所

五、项目办公室

主　任： 邢树文　中国地质调查局资源评价部副主任
副主任： 黄　凡　中国地质科学院矿产资源研究所
王　岩　中国地质科学院矿产资源研究所
成　员： 蔺志永　中国地质调查局资源评价部矿产地质处处长
朱明玉　中国地质科学院
王成辉　中国地质科学院矿产资源研究所
孙　艳　中国地质科学院矿产资源研究所稀有稀土贵金属研究室副主任
曹瑞欣　中国地质科学院矿产资源研究所办公室副主任

《中国矿产地质志》

总责任编辑： 白　铁
副总责任编辑： 韩　博　吕　静
责任编辑组： 刘云龙　肖竣文　孙彦琪　谢玉淳　李　佳　吴宁魁　袁亚琴
宋永存　张琦玲　潘　懋　代世锋　邢瑞玲　郝梓国　章雨旭
沈　镭　佘宏全　于春林　李进文　戚学祥　李　华

《中国矿产地质志》编委会

（第三届）

一、领导小组

二、专家委员会

蔡煜琦　刘家军　邓颂平　任天祥　马振东　陈郑辉
许建祥　梁　婷　闫升好　丁　俊　蔡克勤　华仁民
李文昌　唐菊兴　董连慧　陈华山　陈　平　邵和明
陈尔臻　刘德权　任家琪　宋小文　张翼飞　王砚耕
付德明　李均权　黄懋鸿　伍广宇　张忠伟　黄香定
卢欣祥　艾宪森　李宏骥　周特先　杨明桂　陆　彦
任丰寿　张永山　石礼炎　陆瑞宝　徐衍强　胡世华
施中爽　王增护　陈一笠

三、《中国矿产地质志》

总　主　编：陈毓川　王登红

四、承担单位

中国地质科学院矿产资源研究所

五、项目办公室

主　　　任：王登红　中国地质科学院矿产资源研究所副所长
常务副主任：黄　凡　中国地质科学院矿产资源研究所
副　主　任：王　岩　中国地质科学院矿产资源研究所
　　　　　　　耿　林　中国地质调查局资源评价部矿产地质处处长
成　　　员：朱明玉　中国地质科学院
　　　　　　　王成辉　中国地质科学院矿产资源研究所三稀室副主任
　　　　　　　孙　艳　中国地质科学院矿产资源研究所三稀室副主任
　　　　　　　张　震　中国地质科学院矿产资源研究所办公室副主任
　　　　　　　杨雨涵　中国地质科学院矿产资源研究所
　　　　　　　杨　萌　中国地质科学院矿产资源研究所

《中国矿产地质志》

总责任编辑：白　铁
副总责任编辑：韩　博　吕　静
责任编辑组：刘云龙　肖竣文　孙彦琪　谢玉淳　李　佳　吴宁魁　袁亚琴
宋永存　张琦玲　潘　懋　代世锋　邢瑞玲　郝梓国　章雨旭
沈　镭　佘宏全　于春林　李进文　戚学祥　李　华

总　序

矿产资源是国家经济社会发展的物质基础，我国处于工业化中后期发展阶段，矿产资源需求量处于增长时期，需求量大、矿种多。掌握全国的所有矿产的家底，是国家与人民十分需要的大事。新中国成立以来的60多年的历程中，地质工作者已为国家发现了172种矿产，其中159种矿产已获得资源储量，矿床、矿点等各类矿产地已达20多万处，积累了丰富的矿产地质资料，广大的矿产地质工作者为国家所需，迫切真诚地期望早日进行覆盖全国全部矿产信息的汇总，研编《中国矿产地质志》，今日终于得到国家的支持，得以实施，并且经过江西省的试点，在该省以杨明桂先生为首的研编组的共同努力下，《中国矿产地质志》省级第一卷《中国矿产地质志·江西卷》率先正式出版，供全国使用，这是《中国矿产地质志》研编工作史上的新起点。

新中国第一部《中国矿产地质志》，将汇总广大地质矿产工作者为国为民找矿的成果，汇集全国查获的全部矿产资源及其开采利用的状况，分析资源前景，并对找矿过程中获得的丰富的找矿经验和成矿规律认识进行阶段性的总结。这将是我国迄今为止矿产资源文集大全，将为全国及各省、自治区、直辖市政府矿产资源规划、部署、决策提供重要依据，为全国人民提供祖国矿产资源的现有家底及开发前景，为矿产资源勘查、开发、科学研究及地矿教育提供丰富的资料。

一百多年前，光绪年间，顾琅、周树人（鲁迅）先生合著《中国矿产志》于1906年出版，附《中国矿产一览表》《地质时代一览表》和《中国矿产全图》。清政府甚为重视，列为国民必读。这是我国第一本《中国矿产志》，由于历史条件所限，该书共列出10个金属矿产（金、银、铜、铁、锡、铅、水银、辰砂、锑、锰矿）和20个非金属矿产，全国共列出1203个矿产地。当时著名的地理学家马良先生为之作序，序言中说："顾、周两君学矿多年，颇有心得。慨祖国地大物博之无稽，爰著《中国矿产志》一册，罗列全国之所在，注之以图，陈之以说，使我国民深悉国产之所自有，以为后日开采之计，致富之源，强国之本，不致家藏货宝为他人所攘夺。"当时编写该志书是为国民知道国家的矿产，去开采致富，达到强国的目的。弹指一挥间，一百多年过去，天翻地覆，时代变了，祖国的盛世来临，现代化、和平民主的强大祖国就在面前。新中国第一部《中国矿产地质志》亦将面目一新，它与顾琅、周树人研编的目标是一致的，都是为民、为国，为民所知，为民致富，为国所知，为国强大。我们将继承前人事业，继续往前走！

本次研编处于天时、地利、人和的大好时机，国家经济社会发展与日俱增，欣欣向荣，需要矿产资源，需要全国摸清矿产资源家底。新中国成立60多年来矿产勘查与开发得到大发展，取得了丰硕的找矿成果和海量的矿产地质勘查、开发和科研资料。国土资源部近8年来组织完成了三大全国性矿情调查工作：矿业权核实、28个矿种资源现状利用调查和25个矿种资源潜力评价。开展中国矿产地质与区域成矿规律综合研究、研编《中国矿产地质志》得到了国土资源部、财政部、中国地质调查局等领导部门、各省（自治区、直辖市）政府部门及矿产地质领域专家、学者们的大力支持。社会需要，政府重视，研编条件具备，是本项工作得以进行的必要前提与重要保证。

研编工作的策划，充分吸取历来志书编纂的精髓，广泛听取并吸纳矿产资源领域各部门专家、领导的意见，并进行重要研编内容的工作试点，确定本矿产地质专业性志书采用“以述为主，述论结合”的原则，实现叙实性与学术性结合，矿产叙述必实，规律论述有据，做到资料真实、全面、最新、可查，文字论述简练易懂、图文并茂，研编技术统一要求，研编工作统一部署，研编组织有编纂专家队伍，亦广邀各方专家共同参与、集思广益。论述部分广纳有据论点，广迎百花，力争创新亮点，并为后人创新搭建平台。通过共同努力，使研编工作有序进行。

本次研编内容由3部分组成：各省（自治区、直辖市）矿产地质志、全国矿产总志、全国区域成矿规律研究。每一部分都有书、图、数据库及普及本。各省（自治区、直辖市）矿产地质志包含本地区所有矿产资源。全国矿产总志包含各主要矿产的矿产志及全国矿产汇总。全国区域成矿规律研究包含各主要成矿区带成矿规律研究及全国区域成矿规律研究汇总。整个研编工作自2014年开始至2020年完成。研编期间，研编成果实施边完成、边出版、边使用，使研编成果及时向社会提供，逐步积累，最终完成。

本项研编工作意义重大，任务繁重，涉及矿产资源勘查、开发、科研、教育领域各个部门各方专家。我们认为，只有共同参与、同心合作、政府支持才能胜利完成此项工作。我们衷心希望并坚信，参与工作的全体同仁为实现此国家重大目标，在政府与矿产资源工作有关部门与广大同仁专家的支持下，一定会坚定信心，同舟共济，共同奋斗，在2020年提交一份世纪性的矿产志书大成果。

2014年11月5日

前　言

“中国区域成矿规律研究和总结”是地球科学多学科的综合研究，作为研究地球演化过程中物质成分变化在地球表层的总体表现，地球化学学科的研究将为成矿物质来源和成矿元素富集、赋存环境的空间分布提供丰富的信息资源。通过对区域性（包括中大比例尺）地球化学数据处理、分析和综合研究，可以在基础地质、成矿构造、成矿规律研究，以及预测区圈定和矿产资源潜力的定性、定量预测中发挥重要的作用。

中国地球化学资料的应用研究是中国区域成矿规律的重要研究内容之一，是在现有地球化学勘查程度的基础上，充分利用40多年来我国在区域地球化学和矿产地球化学勘查所获取的丰富数据资源（数据项达6600多万个），全面总结地球化学在矿产勘查中的研究成果，应用现代计算机技术，以成岩、成矿、成晕地球化学理论为依据，实现应用地球化学资料进行区域成矿规律研究，为不同层次的地质背景、成矿规律和矿产预测提供丰富的地球化学信息，为中国区域成矿规律研究和总结提供科学的依据。从而大大提高地球化学成果在成矿规律研究中的应用程度。

我国区域地球化学数据通常是指1∶20万和1∶50万以水系沉积物测量为主的地球化学调查数据，以及1∶25万深层土壤多目标调查成果数据。全国区域地球化学特征的研究主要针对近地表（表壳）所形成的地球化学场，在空间上其深度与已出露的基底、盖层、岩浆岩的厚度或延伸有关。由于有些表壳物质来源于深部，因此浅表地球化学场在一些空间部位上也反映了深部地球化学场的某些地质特征及成矿特点。

本书中对地球化学场（geochemical field）概念的理解是：地球化学场是由地质地球化学作用形成的各种地球化学指标的特征变化空间场。将地球化学背景和发育在其中的地球化学异常作为一个整体来研究，若取定一个直角坐标系，x轴向东（经度），y轴向北（纬度），z轴向上（高程），则在任一点（x，y，z）上任何时刻t存在着j个相，每个相有i个地球化学指标（指标研究最多的是元素含量，指标还包括地球化学环境指标pH、E_h、T、P等），那么该点的地球化学指标可表示为$C_{ij}=F_{ij}(x, y, z, t)$。

任何一项地球化学调查中，地球化学省（场）的直接成果是在不同精度上求得这一复杂函数的某种近似表达。在地球化学文献中，仿照地球物理的方法，把这一函数（空间）叫作地球化学场。但这两种场有着本质的区别，地球物理场由严格的物理定律来定义，而地球化学场强调的是在同一点上各种地球化学参数之间的动态关系，它受化学、热力学定律和地球化学动力学的约束。

水系沉积物是汇水流域内各种岩石（矿石）风化产物的天然组合，土壤是已风化基岩之上岩石（矿石）风化作用的残留疏松物，它们对基底和盖层的地球化学特征及各种地质作用（成矿作用）留下的印迹具有良好的继承性。为此，以水系沉积物为采样介质来研究中国浅表地球化学场（背景场和异常场）的特征是可行的。然而，水系沉积物介质在表生作用环境中对地质、成矿的示踪作用必须认识两个特性，即“变”和“不变”：

1）地质体（矿体）从原生环境转变为次生环境（水系沉积物、土壤等）的过程中，“变”是绝对的，它们的含量、赋存形式及集中、分散的位置将发生变化。

2）与成矿有关的流域水系沉积物中必然会显示矿床（矿田）地质作用、成矿作用的地球化学特征的微观踪迹。其继承性（“不变”）特征是客观存在的。这就是为什么可用水系沉积物的地球化学特征来进行区域成矿规律研究的理论依据。

“中国地球化学场与成矿关系研究”项目是在充分吸收前人研究思路、研究成果的基础上，以我国已有的1：20万（1：50万）区域地球化学数据及1：25万深层土壤多目标调查成果为主，综合利用中大比例尺的地球化学资料，以现代成岩、成矿、成晕理论为指导，以“源”→“动”→“储”→“变”“不变”为基本建模思路，充分研究成矿区带的基础地质、成岩成矿规律、理论地球化学及勘查地球化学特征，研究总结典型矿床（矿田）的异常特征，建立矿床（矿田）、成矿带的地质、地球化学模型，为我国元素地球化学场空间分布特征提供可解释的成岩、成矿依据。为此，地球化学场是研究手段，成矿作用是研究目的！

在以上研究思路的指导下，通过三年多来的不断收集和总结，获得了以下主要成果：

1. 中国浅表地球化学场基本特征及地球化学分区

（1）中国各成矿省浅表地球化学场（向运川等，2018）

利用全国矿产资源潜力评价项目中我国已完成的1：20万（1：50万）区域39项元素（氧化物）及1：25万深层土壤多目标调查成果，采用徐志刚等（2008）中国成矿区带划分方案，强调以大地构造背景和成矿构造环境为基础，总结了中国4个成矿域、17个二级成矿省的地球化学基本特征。

（2）中国各地球化学省浅表地球化学场（向运川等，2018）

区域地球化学元素含量特征主要表征的是中国浅表地球化学特征，其空间分布规律不仅受区域地质特征的控制，而且明显受到表生地球化学作用的影响。基于全国单元素空间分布规律，参考中国成矿省划分方案和中国自然地理景观划分方案，向运川等（2014）提出中国浅表地球化学省划分方案，将全国划分为5个一级地球化学域和25个二级地球化学省。

（3）元素含量统计参数（向运川等，2018）

按各成矿省、各地球化学省统计了39项元素（氧化物）的各参数（主要包括样品数、中位值、平均值、标准差、几何均值、几何标准差、最小值和最大值等)。

2. 区域岩石圈地球化学特征与成矿

从地球化学观点出发，区域岩石圈成矿元素的丰度及浓集趋势是区域成矿作用的物质基础，是区域成矿作用的背景和条件。为此，需要以岩石圈为系统，综合考虑地幔、地壳组成，探索区域物质发展各时期壳幔交换过程中成矿元素通过各种作用进行分配、循环、再分配、再循环，进而发生浓集的成矿机制；同时区域岩石圈热动力状态的非均衡性及其所导致的各种作用（构造作用、岩浆作用、沉积和变质等作用）在区域时空分布的不均一性，控制着区域成矿元素浓集的有利条件。现以研究程度较高的我国东部岩石圈地球化学特征为例，探讨它如何制约着区域成矿元素浓集的机制。

1）中国东部岩石圈地球化学特征；

2）区域岩石圈与 Cu（Fe）等重要矿产富集区的时空演化关系；

3）区域岩石圈稳定铅同位素地球化学特征及示踪地质意义；

4）长江中下游及邻区区域岩石圈各时期构造环境中成矿作用的地球化学分析。

3. 成岩、成矿作用与元素地球化学场关系

成岩、成矿、成晕是地壳内的同一地质体沿着基本相同的运动途径，经历着大致相同的地质作用，在同一个成矿系统中不同的时空尺度下演化的不同产物，前二者以宏观的岩石、矿物的形式出现，而后者是以微观的元素场（同位素场）的形式体现。因此，在研究元素地球化学场（同位素场）与成矿关系时，首先要考虑成岩-成矿-成晕同系统特性。所谓同系统即既要表示成岩、成矿的规律，又要反映成晕（原生晕、次生晕）的地球化学特征及元素（元素组合）在不同物理化学条件下时空分布的规律。本次研究汇总了：

1）与岩浆成矿作用有关的 W、Mo、Au 元素地球化学场与成岩、成矿关系；

2）与岩浆成岩+表生成矿作用有关的 U、La 元素地球化学场与成岩、成矿关系；

3）与沉积成岩+叠加成矿作用有关的 Pb（Zn）、Sb 元素地球化学场与成岩、成矿关系。

本书是依托“中国区域成矿规律研究和总结”项目编写的，始于 2016 年 6 月，历时 3 年，是我国历年来地球化学、勘查地球化学界同仁们的共同成果。本书由前言、第一、二、三章和结束语组成，其中第一章为中国浅表地球化学场基本特征及地球化学分区，第二章为区域岩石圈地球化学特征与成矿，第三章汇总了我国 W、Mo、Au、U、La、Pb（Zn）、Sb、Au 元素成岩、成矿作用与元素地球化学场关系。

本书具体编写和分工如下：前言由马振东、任天祥编写；第一章由任天祥、马振东、龚庆杰、刘荣梅编写；第二章主要由马振东、单光祥、龚鹏、龚敏、胡小梅、李娟、仇一凡等编写；第三章第一节主要由马振东、吴俊华、闭向阳、龚敏、龚鹏、胡小梅、李娟、仇一凡、余根华、项新葵、钟波、许贵林，刘修国等编写；第三章第二节主要由马振东、吴俊华、任利民、袁承先、吴文钧、熊燃、苏文聪、张辉仁、谢小占、刘军、杨帆等编写；第三章第三节主要由马振东、刘长征、吴俊华、龚鹏、龚敏、袁承先、杨帆等编写；结束语由马振东、任天祥编写；各章节插图矢量化清绘由何宁洁、杨辉、易文萍、袁承先、张耀辉、张茜、王文杰、莫艳杏、刘小权、方俊杰、杨帆、熊燃、邹东风、任智斌等完成。任天祥、龚庆杰、朱明玉、黄凡、王岩对全书的文表图逐一作了审阅，并提出修改建议；全书由马振东统稿。

本书研究自始至终是在中国地质调查局、中国地质科学院矿产资源研究所、中国矿产地质志项目办公室、中国地质科学院地球物理地球化学勘查研究所、江西省地矿资源勘查开发中心的领导和专家指导下开展的。钟自然、李金发、陈毓川、毛景文、奚小环、施俊法、徐志刚、王登红、向运川、牟绪赞、孔牧、刘荣梅、项新葵、钟波、许贵林、徐仁廷等对本项目研究给予了大力支持和指导，提出了许多宝贵的建议和修改意见；中国地质大学（武汉）张锦高、王焰新、邢相勤、欧阳建平、万清祥、周爱国、张克信、邢作云、曾键年、李长安、鲍征宇、刘修国、王德珲、贾先巧、刘大毛、涂玲等领导和老师提供了良好的科研工作环境和氛围。另外，在研究工作开展及本书编写过程中引用了前人（1980~2019年）专著、期刊论文、博士硕士论文、专题报告等大量资料，在此一并表示诚挚的感谢！

马振东，任天祥

2018年12月

目　　录

第一章 中国浅表地球化学场基本特征及地球化学分区

地球化学场是地壳原始物质组成的不均一性和地壳演化过程中，各种地质-地球化学作用所形成的化学元素含量分布特征和组合特征在地壳时空结构中的展现，浅表地球化学场是地球化学场的重要组成部分。浅表地球化学场是指近地表地壳（表壳）所形成的地球化学场。在空间上，其深度与已出露的基底、盖层、岩浆岩的厚度或延伸有关。由于有些表壳物质来源于深部（下地壳、地幔等），因此在一些空间部位也反映深部地球化学场的某些特征。

中国浅表地球化学场的研究主要借助于1978年开始实施的区域化探全国扫面（即区域地球化学填图）资料，主要比例尺为1：20万（西部部分地区为1：50万）。到2010年已完成了760×10^4 km^2，基本覆盖了国土面积中基岩出露和半出露区。采样介质以水系沉积物为主，水系不发育地区辅以土壤或岩石样品取代。采样密度为1~2点/km^2。本次研究中，在平原地区还借助了1：25万多目标地球化学调查深层土壤分析数据。到2013年我国中、东部覆盖区（以平原为主）已完成调查面积160×10^4 km^2。本次地球化学成图和研究采用的区域地球化学数据为经各省（自治区、直辖市）调平的数据（向运川等，2018）。

第一节 中国浅表地球化学场基本特征

水系沉积物是世界上公认的区域地球化学填图中最具代表性的采样介质。它是汇水流域内各种岩石（矿石）风化产物的天然组合，土壤是已风化基岩之上岩石（矿石）风化作用的残留疏松物，它们对基底和盖层的地球化学特征及各种地质作用（成矿作用）留下的印迹具有良好的继承性。为此，以水系沉积物为采样介质来研究中国浅表地球化学场（背景场和异常场）的特征是可行的。

一、水系沉积物介质在表生作用环境中对地质、成矿作用的继承性

地质体（矿体）从原生环境转变为次生环境过程中，为了达到新的平衡，必然发生不同程度的物理化学变化。这种变化无论是内因（元素的地球化学性质、含量、赋存形式和组合特征等）还是外因（气候、地形、植被等）的影响，“变”是绝对的，无时无刻不在发生“变”。在表生环境中，元素的含量、赋存形式及集中、分散的空间位置将发生变化，且在不同地理-地球化学景观区变化也有差异。例如，在我国北方干旱、半干旱荒漠区，以物理风化为主，呈碱性和偏碱性的地球化学环境，强烈的蒸腾作用使碱金属和碱土金属元素（如CaO、MgO、Na_2O及Sr、Ba、V、S等微量元素）在土壤与水系沉积物中发生次生富集（图1-1，图1-2）；而在我国南方湿润、半湿润低山丘陵和岩溶区，以化学风化为主，呈偏酸性环境，造成碱金属和碱土金属元素（图1-1，图1-2）在土壤与水系沉积物中大量淋失，许多金属元素（如W、Sn、Mo、Bi、REE、Au、As、Sb、Se等）明显富集。但在表生条件下，稳定和相对稳定的主要造岩元素（如SiO_2、Al_2O_3、K_2O等）则与基岩地球化学特征基本一致（图1-3，图1-4）。

然而，这种“变”并未改变流域水系沉积物中显示地质作用（岩浆、沉积作用等）和成矿作用（矿田、矿床、矿化等）地球化学特征的微观踪迹，它们具有显著的继承性（“不变”）的特征。以江西九瑞铜多金属矿田为例，Cu等元素的地球化学图（图1-5）可清晰显示：1：20万水系沉积物

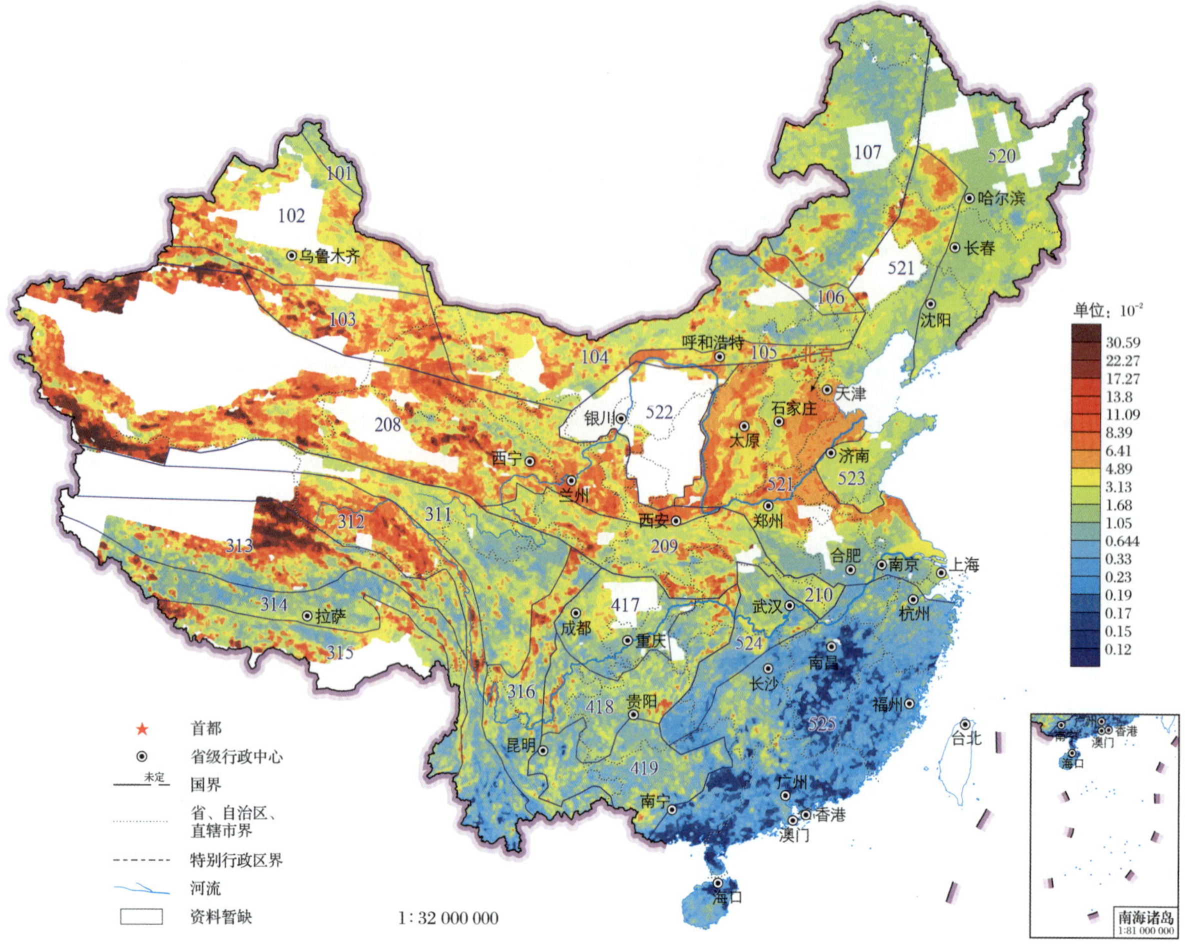

图 1-1　中国浅表地球化学省 CaO 地球化学图

（引自向运川等，2018）

中成矿元素的异常空间分布特征继承了九瑞矿田各种地质、成矿的地球化学特征，九瑞铜多金属矿田内成矿元素的异常具有“两带一块”的空间分布格局。

“第一带”（图 1-5 中①）：异常呈北西向，为 Cu、Au、Mo、Ag、Pb、Zn、As、Sb 等元素组合，它们与含矿中酸性小岩体的空间对应关系基本一致，反映了九瑞铜多金属矿田的地球化学成矿信息，其中城门山、武山、封山洞 3 个铜矿床位置均有清晰的异常显示；

“第二带”（图 1-5 中②）：异常呈近东西向，为 Mo、Sb、Zn、Ag、V、As 等元素组合，它们是由震旦纪（Z）、寒武纪（∈）地层的碳质页岩、含碳硅质岩深海相沉积矿源层引起的分散矿化，并非矿床所引起的异常；

“一块”（图 1-5 中③）：异常呈北东向，为 Sn、W、Sb、Mo、Zn、Ag、As 元素组合，其多元素叠合、分带清晰的异常区主要与壳熔酸性花岗岩有关的曾家垅锡多金属矿床有关。

显然，呈北西向的 Cu、Au、Mo、Ag、Pb、Zn、As、Sb 等元素组合异常，才是与含矿中酸性小岩体有关的铜多金属矿床引起的异常。

再从九瑞矿田 3 个已知铜矿床区域地球化学特征（表 1-1）清晰可见：1∶20 万水系沉积物中成矿元素的异常含量、异常规模及组分分带的清晰程度与九瑞铜多金属矿田中的城门山、武山、封山洞等大型铜多金属矿床地表的矿化规模密切相关。并且，各矿床高的规格化面金属量的元素示踪了矿床的主成矿元素：城门山的成矿元素组合为 Cu+Mo+Au；武山的成矿元素组合为 Cu+Ag；封山洞的成矿元素组合为 Cu+Mo，这些矿的元素组合与实际完全一致。

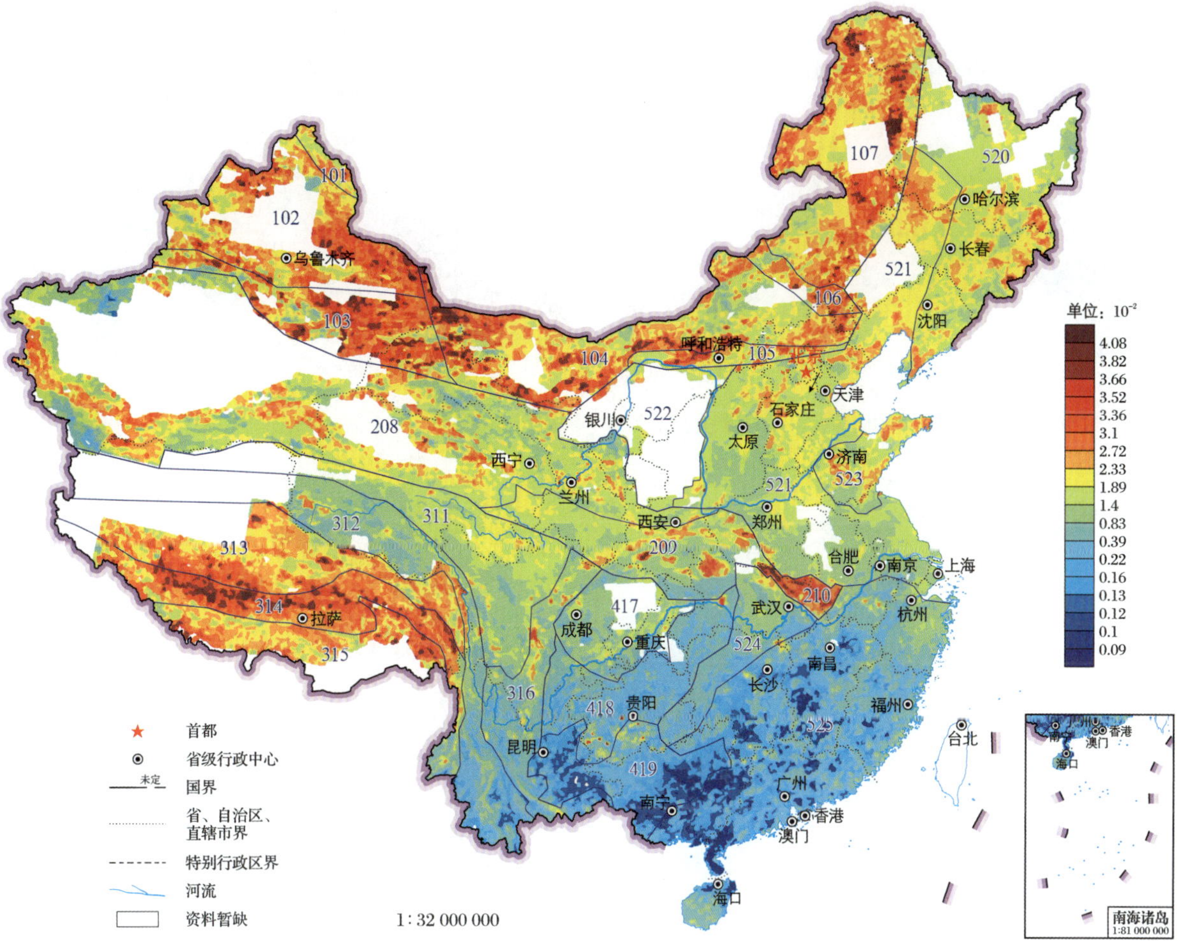

图 1-2　中国浅表地球化学省 Na_2O 地球化学图

（引自向运川等，2018）

综上所述，地质体（矿体）从原生环境转变为次生环境过程中，其继承性（“不变”）特征是客观存在的。这就是为什么可用水系沉积物的地球化学特征来进行区域成矿规律研究的理论依据。为此，利用以水系沉积物为采样介质的区域地球化学测量资料，完全可以示踪区域成矿地质环境，示踪成矿的区域地球化学异常结构特征，确定主要成矿元素和伴生元素，推测矿床类型，判别矿床产出和剥蚀程度及预测资源量。我国勘查地球化学水系沉积物找矿实践的大量成果充分证实了其科学性、有效性和实用性！

二、中国浅表地球化学场数据特征

全国区域地球化学数据采用 1∶20 万和 1∶50 万水系沉积物测量资料，以及 1∶25 万深层土壤多目标调查成果（向运川等，2018）。

全国 39 种元素（含氧化物）含量数据参数统计见表 1-2。

从表 1-2 可获知我国浅表地球化学场的显著特色，与 Wedepohl（1995）给出的全球陆壳元素含量相比，中国浅表地球化学场元素背景值（中位数或几何均值）具有以下特征：

1）铁族元素（如 Fe_2O_3、Cr、Ni、Co、V、Mn 等）背景值与全球陆壳丰度值相比明显偏低，其中 Cr、Ni、Co 等偏低一半以上；而造岩元素 Si 等则明显偏高。这一特征与中国上部陆壳组成中 Mg、Fe 成分较低，Si 质成分较高有关。

2）与中酸性、酸性岩浆活动及期后成矿热液作用有关的 W、Sn、Bi、Pb、Ag、As、Sb、Cd、

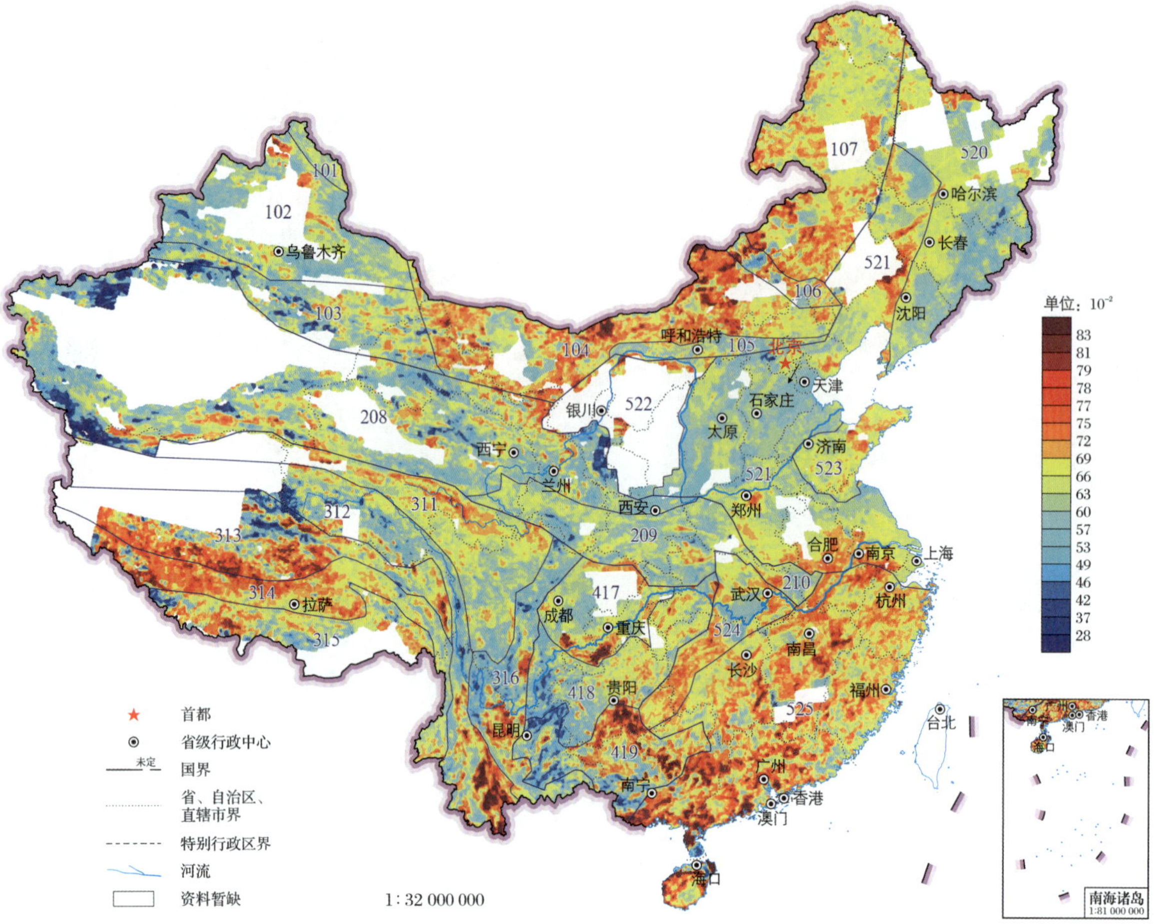

图 1-3　中国浅表地球化学省 SiO_2 地球化学图

（引自向运川等，2018）

B、Th、U、Li、La 等元素比全球陆壳丰度值显著增高，且含量变化幅度大，充分反映了我国 W、REE、Sb 等优势矿产的特色。

3）其他造岩元素 Ca、Mg、Na 等背景值明显低于全球陆壳丰度值，其原因与我国除干旱荒漠区外，大部分地区这些元素与表生淋失有关，尤其是我国华南地区淋失尤甚，造成了与原岩中含量分布特征不具继承性。

第二节　中国浅表地球化学场元素在二级成矿省分布规律

元素浅表地球化学场的研究是在我国成矿区带研究中极为重要的基础工作，它是成矿区带中元素演化和成矿历史演化过程中成矿物质高低和空间分布的总体表现。应用浅表地球化学场信息进行地质与矿产资源勘查研究的核心是研究成矿区带中元素含量的变化和地质作用与元素地球化学性质之间的内在联系，也就是通过研究元素含量相对于正常（背景或地壳丰度）分布的富集或分散，以及元素的空间分布特征，了解成矿元素的迁移、富集的地球化学条件。不同的地质环境和成矿环境下，特定的元素背景含量、元素异常组合，示踪着特定的地质环境和成矿环境，并以各种不同的地球化学特征反映出来。这就为浅表地球化学资料在基础地质研究以及矿产资源勘查中奠定了理论基础。

我国地域广阔，地质构造复杂，地球化学景观多样。不同的成矿区带演化历史、物质组成、构造强度等的差异均体现在地球化学特征上，即为元素含量、变化强度和组合等的差异。同时，因地理景观的不同，地球化学行为的差异，使元素含量特征及变化规律更加复杂化。这些差异均以不同程度、

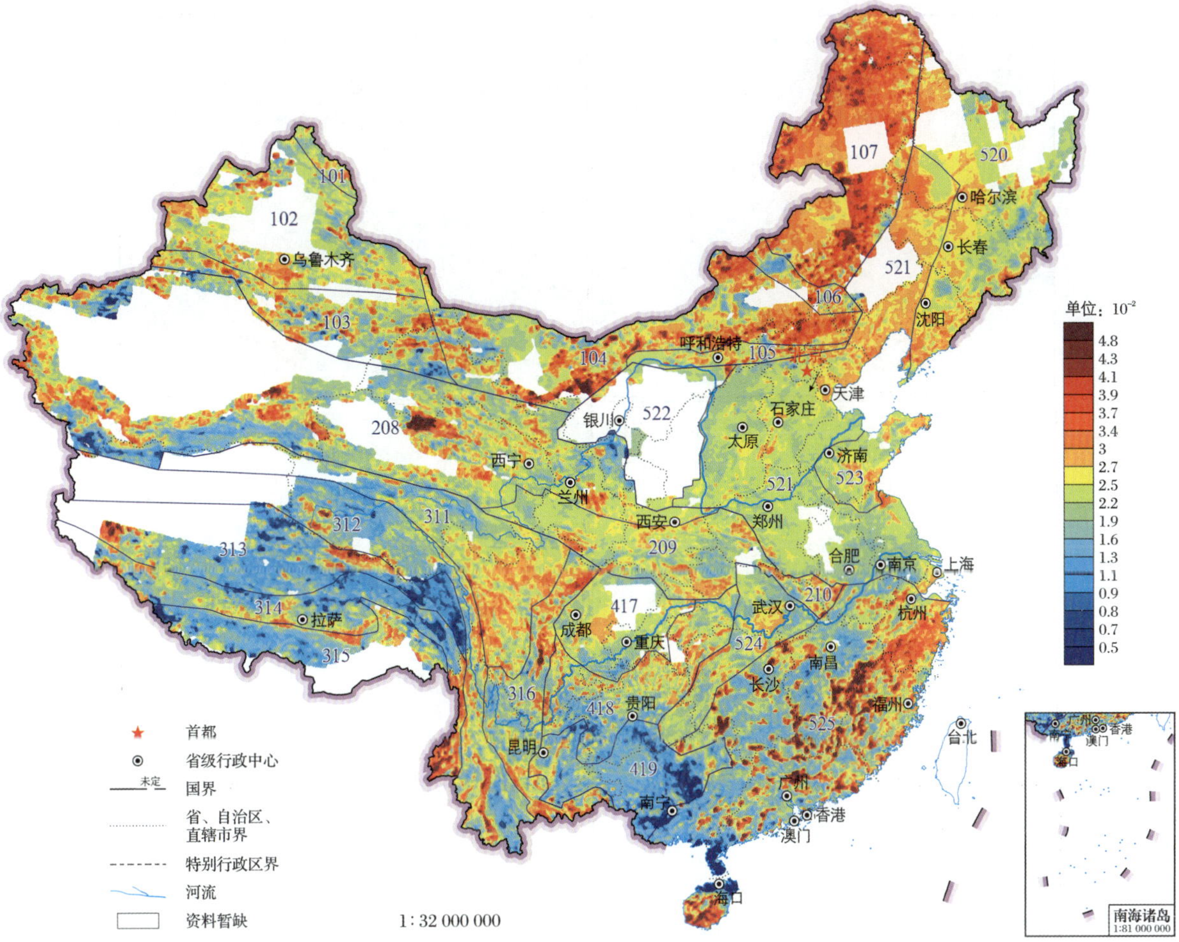

图 1-4 中国浅表地球化学省 K_2O 地球化学图

（引自向运川等，2018）

不同方式体现在地球化学数据特征及地球化学图上。通过地球化学数据特征及地球化学图件的分析、研究、识别，并与已知地质、成矿特征建立关联，总结规律，提取普遍性的地球化学特征信息，作为从已知到未知类比法的“标准样本”。从“标准样本”的这些特征出发，对未知区域地质、成矿特征进行判别，为基础地质研究以及矿产资源勘查提供地球化学依据。

地球化学场及异常在成矿区带范围内的分布特征、元素共生组合规律，是区域地质、成矿历史发生、发展、演化过程中元素的聚集、扩散、迁移的踪迹。其形成的地球化学机理相当复杂，但大量研究表明：元素的聚集和分异、迁移作用的发生，受成矿作用中各类热水溶液中的元素组合、浓度、压力、溶解度等地球化学环境和条件所制约。而决定上述条件发生改变的最主要驱动力，则是地质作用。地球化学异常及元素的有规律组合是成岩、成矿作用所引起的地球化学作用的结果。成岩、成矿、成晕是地壳内的同一物质体系沿着基本相同的运动途径，经历着大致相同的作用，在相同或相似的介质、环境、时间、空间以不同的形式表现出来的产物。前二者以宏观的岩石、矿物的形式出现，而后者是以微观的元素（同位素）的形式体现。伴随着地质作用、成矿作用过程，也同时进行地球化学元素（同位素）活动。地球化学元素（同位素）活动过程，必然贯穿于整个地质作用、成矿作用的始终。为此，地球化学异常是地质作用、成矿作用存在的重要踪迹，往往反映区域地质作用、成矿作用存在及其运动方式的特征。

一、铁族（基性）元素（Fe_2O_3、MnO、Ni、Co、Cr、V 等）分布规律

铁族元素 Fe、Ni、Co、Cr、V、Mn 等为亲幔基性元素，它们在中国浅表地球化学场的分布特性

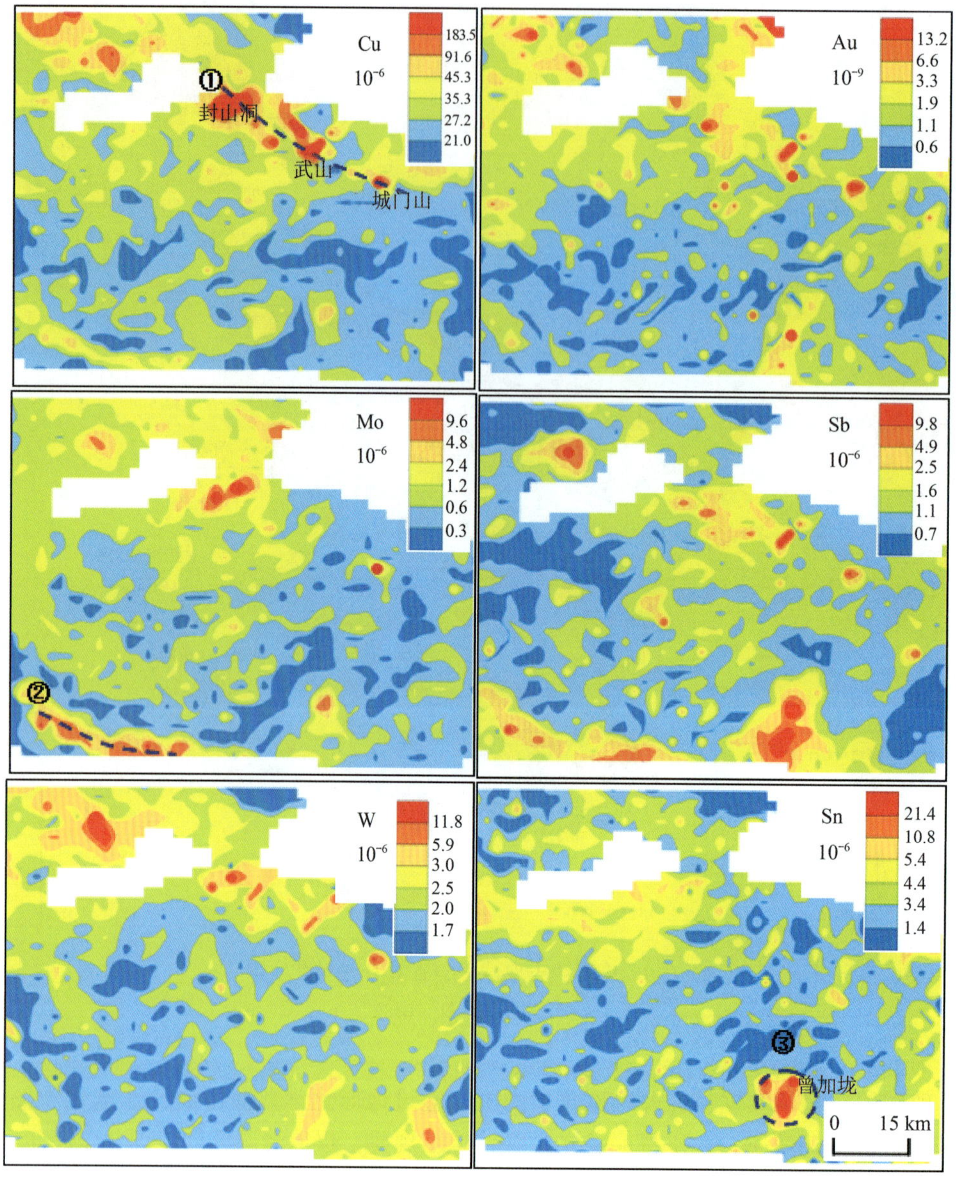

图 1-5 瑞昌幅（H-50-(20)）1∶20 万水系沉积物 Cu 等成矿元素地球化学图

①，②，③对应“两带一块”的空间格局，图幅经纬度范围：115°~116°E，29°20′~30°N

如图 1-6 所示。

1）在我国华北、扬子陆块分布区铁族（基性）元素呈高背景，这些元素的中、高背景区几乎覆盖全区，亦可圈出陆块大致范围。这主要由华北陆块太古宙—元古宙基性基底和扬子陆块西南隅（川、滇、黔、桂）分布着二叠纪峨眉山大陆溢流玄武岩所致；

2）铁族（基性）元素的异常带沿缝合带、转换断层、走滑断层带、大陆壳消减带及深大断裂带呈东西向、北东向、北西向、南北向立交桥式展布，如北西向的北祁连-北秦岭断裂带、近南北向“三江”缝合带等，较清晰地展示出了我国大陆构造格架的基本态势。另外，值得注意的是，挥发性元素 F、Hg、Sb、As 等异常带与铁族（基性）元素的异常带的分布基本一致，根据挥发性元素异常规模、强度、分布等特征，有可能用来对深大断裂性质、活动性等做出判断。如新疆西昆仑中部近东西向阿尔金-库牙克-康西瓦弧形断裂带两侧（图 1-7；向运川等，2018），存在南、北迥然的地球化学分区，北侧富 Cr、Ni、Co、Mg 等铁族元素，南侧 As、Sb、Li、B 等元素富集。断裂带两侧元素地球化学分区的迥异示踪着它们是两大板块的分界线，北侧为华北板块，南侧是华南板块。

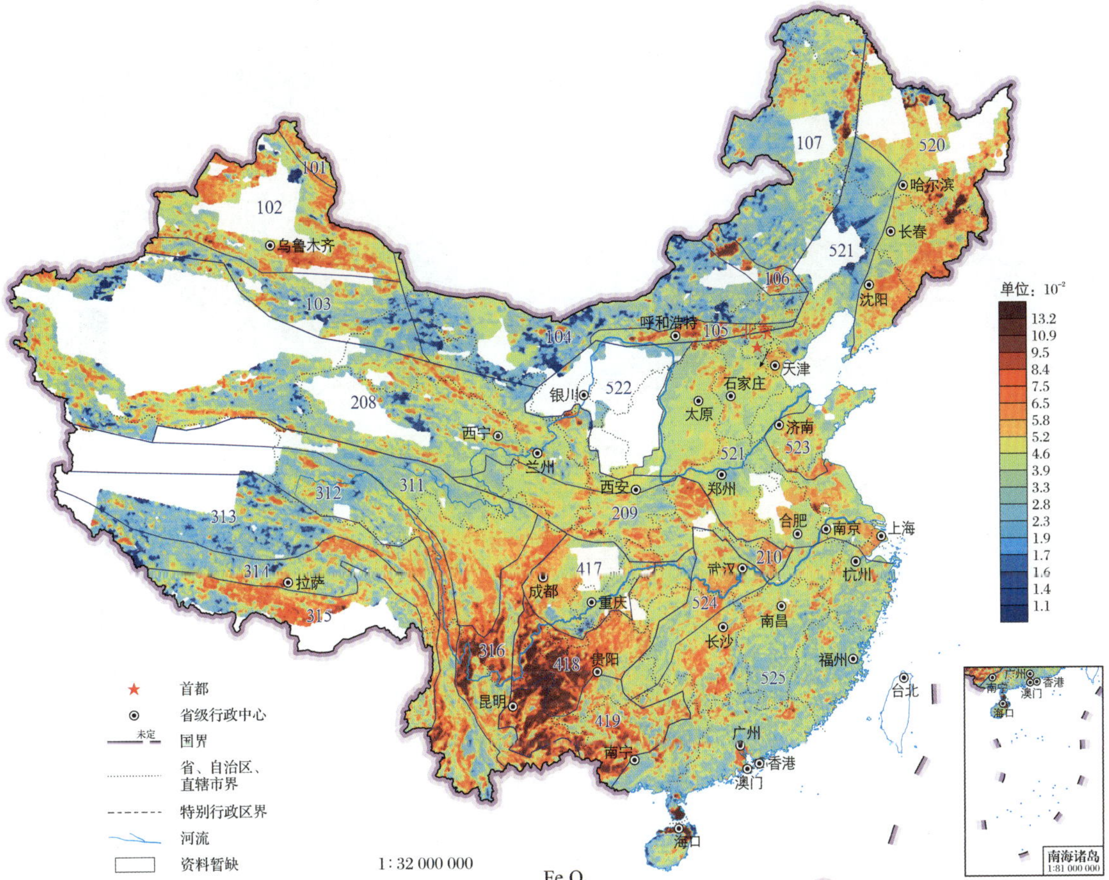

Fe_2O_3

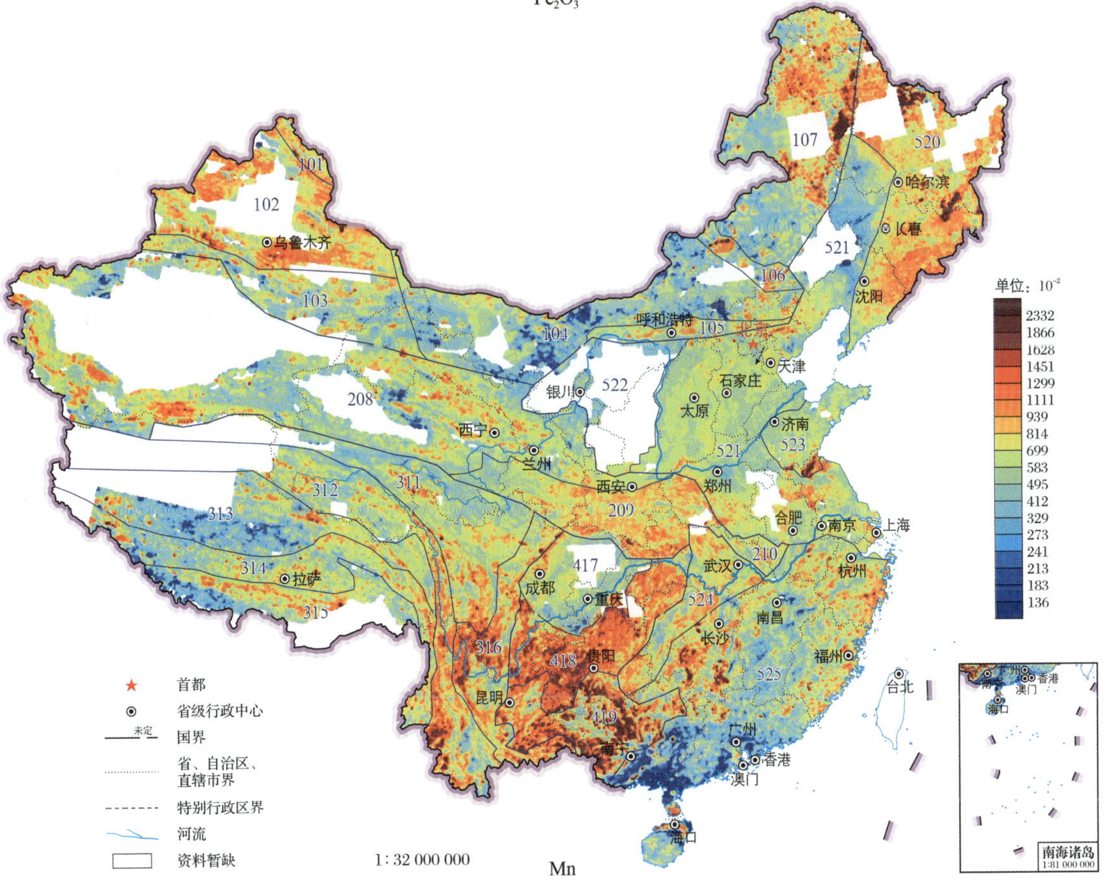

Mn

图 1-6　中国浅表地球化学场铁族元素的空间分布图

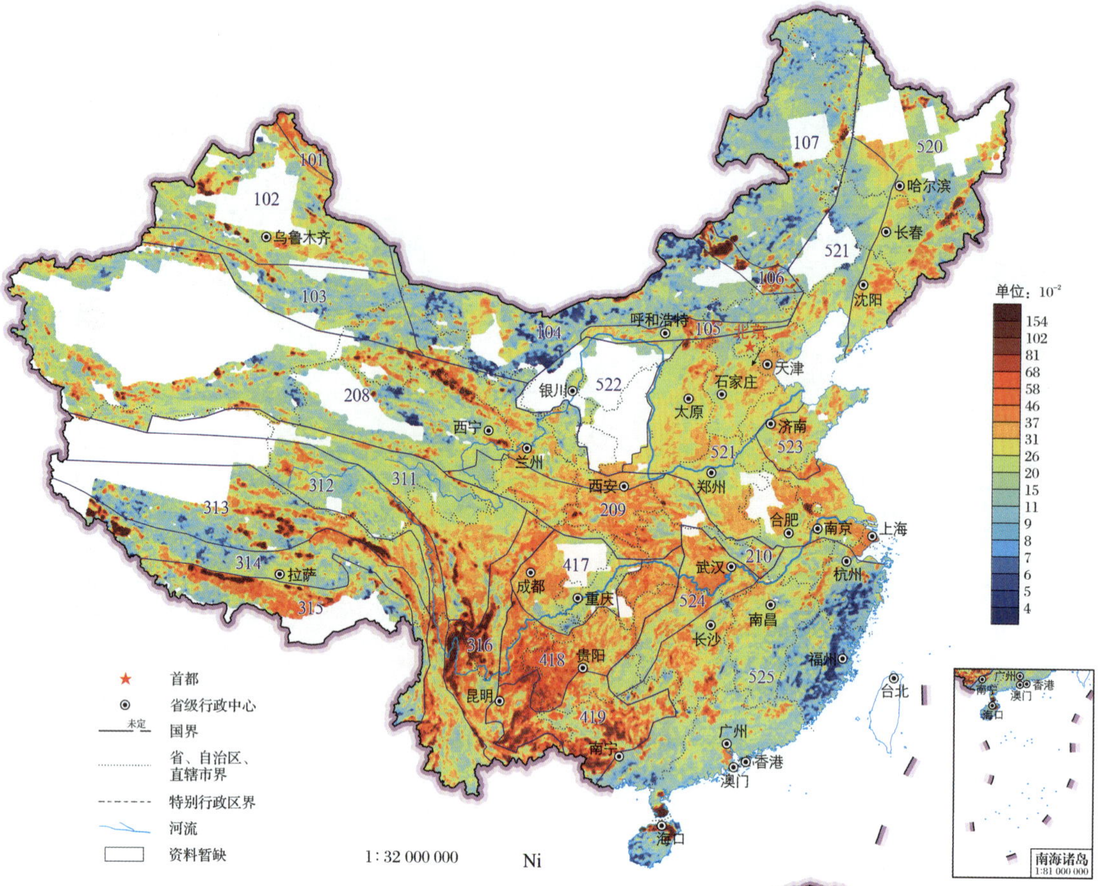

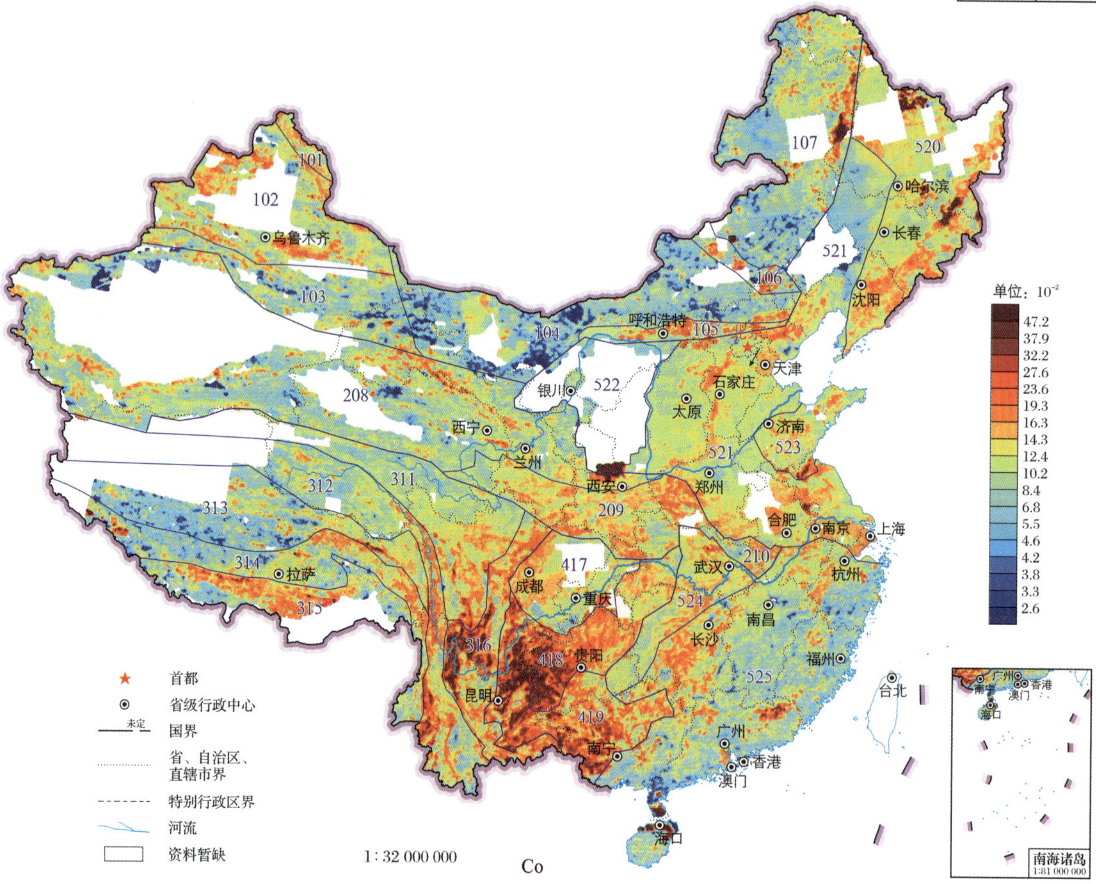

图 1-6 中国浅表地球化学场铁族元素的空间分布图（续）

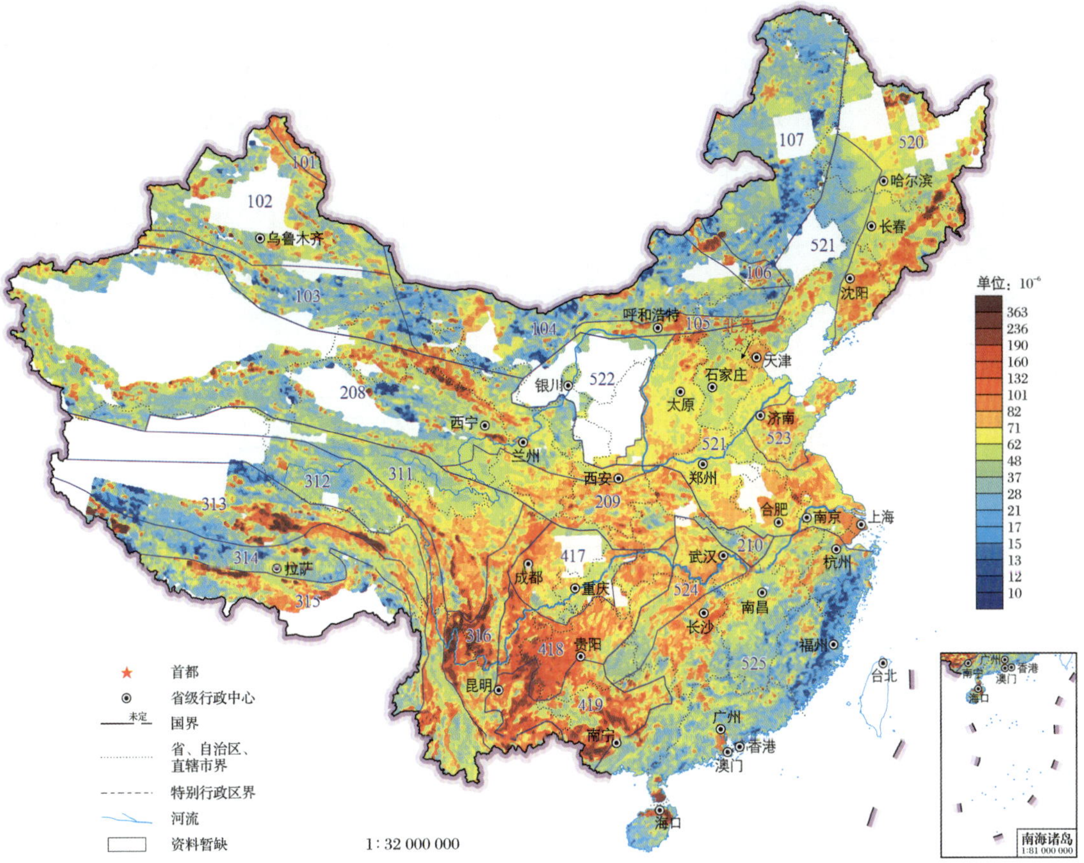

Cr

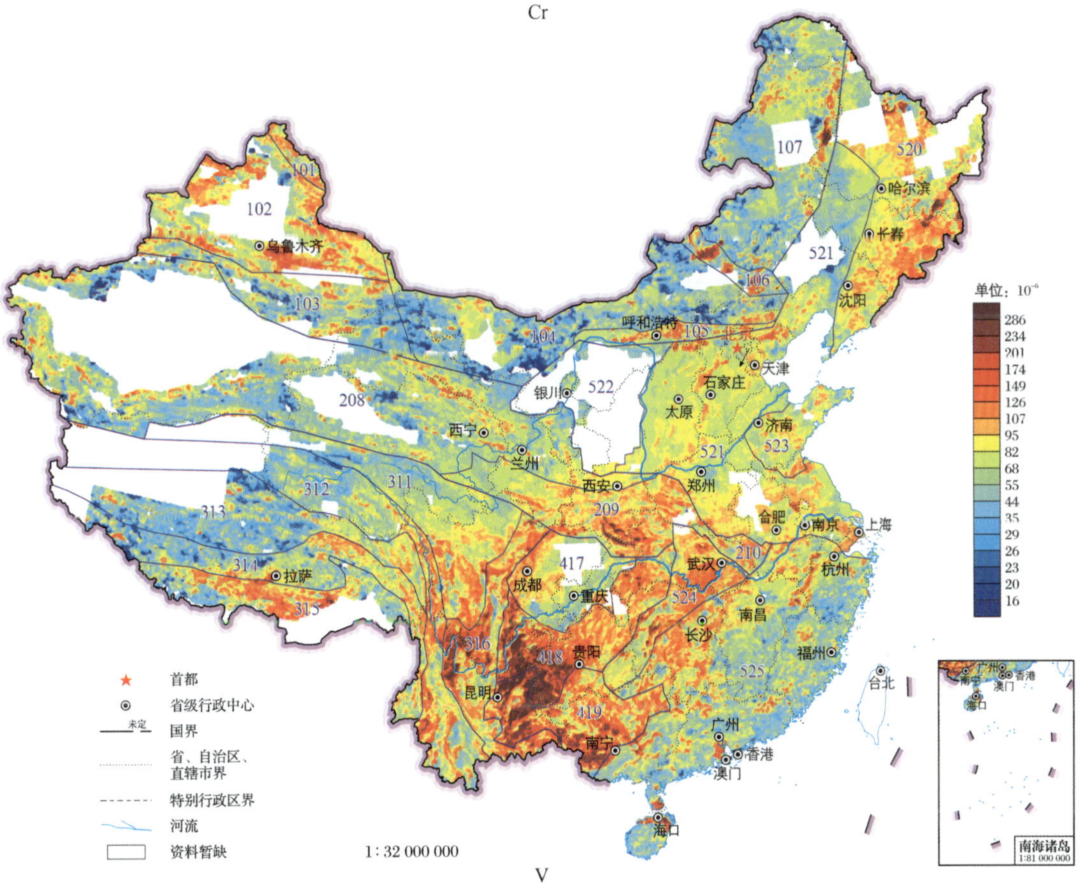

V

图 1-6　中国浅表地球化学场铁族元素的空间分布图（续）

表 1-1　九瑞矿田 3 个已知铜矿床区域地球化学特征

矿区	元素	平均含量	异常面积	背景值	面金属量	规格化面金属量	元素组合
江西九江城门山铜矿床	W	6.39	12.78	2.00	56.10	28.05	Cu、Mo、Au、Sb、Ag、W、Zn
	Sn	8.1	7.06	3.4	33.18	9.76	
	Mo	23.63	5.75	0.60	132.42	220.70	
	Cu	261.8	16.73	27.2	3924.86	144.30	
	Pb	76.9	12.76	25.6	654.59	25.57	
	Zn	307.3	4.66	67.0	1119.80	16.71	
	Cd	1935.95	3.46	427.00	5220.97	12.23	
	Au	10.44	15.09	1.10	140.94	128.13	
	Ag	443	8.84	87	3147.04	36.17	
	As	43.9	3.49	11.9	111.68	9.38	
	Sb	5.14	12.11	1.10	48.92	44.48	
江西瑞昌武山铜矿床	W	5.47	14.37	2.00	49.86	24.93	Cu、Ag、Au、Pb、Sb、As
	Sn	8.1	0.81	3.4	3.81	1.12	
	Mo			0.60			
	Cu	365.6	27.23	27.2	9214.63	338.77	
	Pb	113.5	24.48	25.6	2151.79	84.05	
	Zn	160.8	7.23	67.0	678.17	10.12	
	Cd	1563.34	10.16	427.00	11545.21	27.04	
	Au	11.16	18.99	1.10	191.04	173.67	
	Ag	2282	41.98	87	92146.10	1059.15	
	As	69.5	12.77	11.9	735.55	61.81	
	Sb	7.73	15.22	1.10	100.91	91.74	
湖北阳新封山洞铜矿床	W	6.55	45.26	2.00	205.93	102.97	Cu、Mo、Ag、W、Pb
	Sn	8.1	10.38	3.4	48.79	14.35	
	Mo	11.31	56.14	0.6	601.26	1002.10	
	Cu	398.2	90.28	27.2	33493.88	1231.39	
	Pb	78.7	45.52	25.6	2417.11	94.42	
	Zn	179.0	34.7	67.0	3886.40	58.01	
	Cd	1674.47	15.57	427.00	19423.11	45.49	
	Au	6.39	13.5	1.10	71.42	64.92	
	Ag	1024	44.48	87	41677.76	479.05	
	As	51.4	22.87	11.9	903.37	75.91	
	Sb	4.62	15.57	1.10	54.81	49.82	

注：面金属量=异常面积×（平均含量-背景值）；规格化面金属量=面金属量/背景值；异常面积单位为 km^2；Au、Ag、Cd 单位为 10^{-9}，其他元素单位为 10^{-6}。

表 1-2　全国区域地球化学调查数据特征参数

元素（氧化物）	最大值	最小值	中位数	算术均值	几何均值	地壳丰度*
Ag	62000	10	69.6	88.3	70.4	70.0
As	5350	0.5	8.6	12.8	8.41	1.70
Au	2640	0.15	1.18	1.97	1.18	2.50
B	2790	2.5	41.3	47.9	35.7	11.0
Ba	41950	2.5	491	534	467	548.0
Be	1300	0.3	2.06	2.28	2.00	2.40
Bi	605	0.05	0.28	0.46	0.29	0.08
Cd	225	0.03	0.12	0.24	0.13	0.10
Co	2752.9	0.5	11.3	12.8	10.6	24.0
Cr	7770	7.5	55	63.8	48.7	126.0
Cu	3459	0.5	21	25	19	25.0
F	79000	50	468	511	455	525.0
Hg	84300	1.5	27	61	28	40.0
La	1250	5	36	39	35	30.0
Li	753	2.5	30	33	29	18.0
Mn	64451	1.5	630	726	607	716.0
Mo	313.2	0.2	0.70	1.08	0.77	1.10
Nb	531.5	2.5	14.7	16.5	14.6	19.0
Ni	2136	1.0	23.0	28.0	21.0	56.0
P	21880	50	535	608	520	757.0
Pb	20000	1.0	22.0	28.5	22.8	14.0
Sb	2890	0.1	0.65	1.43	0.69	0.30
Sn	3228	0.5	2.7	3.89	2.78	2.30
Sr	8333.6	2.5	143	173	126	333.0
Th	796.1	2.0	11.2	13.0	11.2	8.50
Ti	449600	50	3908	4292	3634	4010.0
U	252	0.25	2.30	2.9	2.4	1.70
V	1593	10.0	76.5	84.2	71.0	98.0
W	2981	0.25	1.6	2.5	1.6	1.0
Y	430.5	2.5	23.8	25.5	23.6	24.0
Zn	21492	5.0	65.0	74.0	63.0	65.0
Zr	6671	5.0	242	266	231.0	203.0
SiO_2	92.65	0.005	65.02	64.4	63.27	61.70
Al_2O_3	71.0	0.025	12.8	12.5	12.0	15.03
Fe_2O_3	62.72	0.025	4.30	4.58	4.06	6.17
K_2O	28.47	0.025	2.35	2.38	2.17	2.57
Na_2O	30.0	0.025	1.47	1.54	1.02	3.10
CaO	63.52	0.025	1.66	3.25	1.53	5.39
MgO	39.1	0.025	1.30	1.54	1.17	3.66

注：Ag、Au、Hg 单位为 10^{-9}，其他元素单位为 10^{-6}，氧化物单位为 10^{-2}；＊数据来自 Wedepohl，1995；其他数据均引自向运川等，2018。

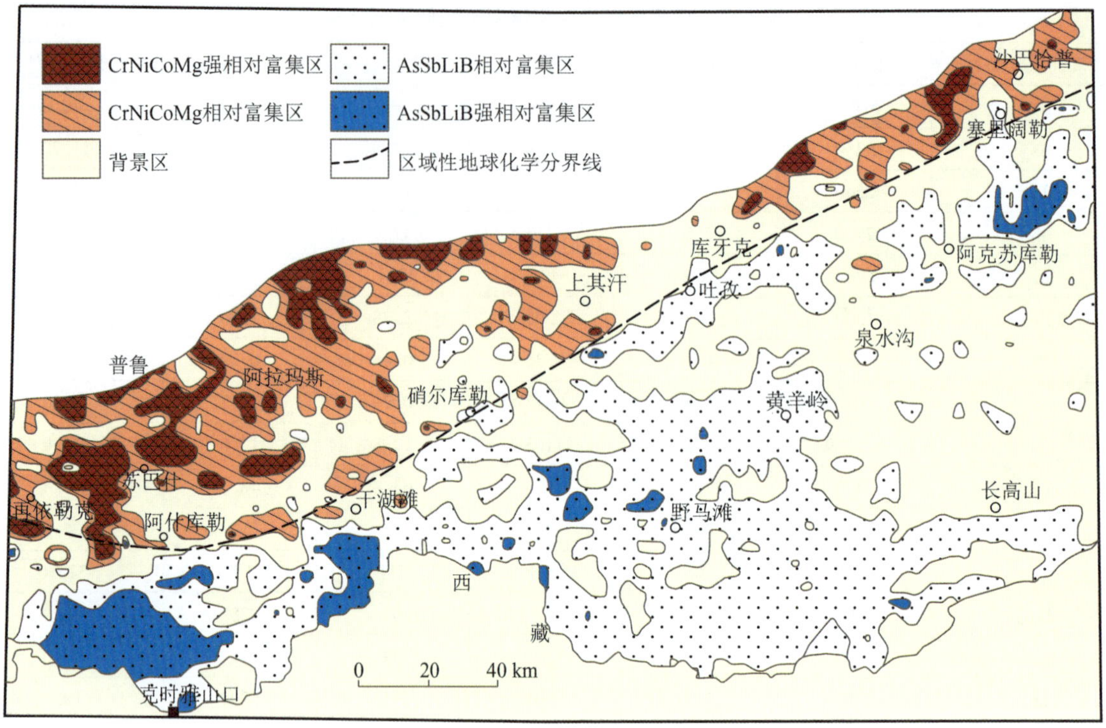

图 1-7 Cr+Ni+Co+Mg/As+Sb+Li+B 图

二、亲壳元素（SiO_2、K_2O）分布规律

亲壳元素（SiO_2、K_2O）在中国二级成矿省的分布如图 1-8 所示。

由图 1-8 可见：

1）亲壳元素（SiO_2、K_2O）在我国成矿省（徐志刚，2008）呈高背景域或异常分布特征为：在全国二级成矿省 SiO_2 地球化学图上，SiO_2 的异常区带主要分布在华南成矿省（416）、扬子成矿省（415）、冈底斯-腾冲成矿省（310）、喜马拉雅成矿省（311）、喀喇昆仑-三江成矿省（309）、大兴安岭成矿省（412）等，但在华北成矿省（414）、秦岭-大别成矿省（207）等几乎无 SiO_2 异常显示。而 K_2O 的分布与 SiO_2 明显有异，K_2O 主要分布在华南成矿省（416）、大兴安岭成矿省（412）。

2）我国东（中）部 SiO_2、K_2O 巨大的成片、成带异常，与中生代太平洋板块与亚洲大陆板块碰撞，而导致我国东（中）部地幔上涌、地壳拆沉所形成的印支期—燕山期中酸性花岗岩的大规模侵入有关；而冈底斯-腾冲成矿省、喜马拉雅成矿省近东西向 SiO_2、K_2O 强异常带是由于新生代印度板块碰撞亚洲板块所致，造成了在冈底斯-腾冲、喜马拉雅一带喜马拉雅期强烈的火山-岩浆活动。中、新生代这两次构造-岩浆活动形成了我国优势矿种的大规模成矿作用：华南成矿省的 W、Sn、REE、U，扬子成矿省的长江中下游 Cu、Fe 多金属成矿带，华北成矿省的小秦岭 Au、Mo 成矿带和胶东 Au 成矿带，大兴安岭成矿省的 Cu、Mo、Pb、Zn 多金属成矿带，以及冈底斯-腾冲成矿省、喜马拉雅成矿省的 Cu、Mo、Au 多金属成矿带和铬铁矿成矿带等。

三、主要成矿元素的分布规律

主要成矿及伴生元素包括 Cu、Pb、Zn、Au、Ag、W、Sn、Mo、Sb、As、U、Th、La（Y）等，在我国 16 个二级成矿省的分布特征如下（图 1-9；表 1-3）。

1. 中国各成矿省 Cu 元素地球化学场

中国各成矿省 Cu 元素地球化学特征和 Cu 元素水系沉积物含量算术平均值分别如图 1-10 和表 1-4 所示。

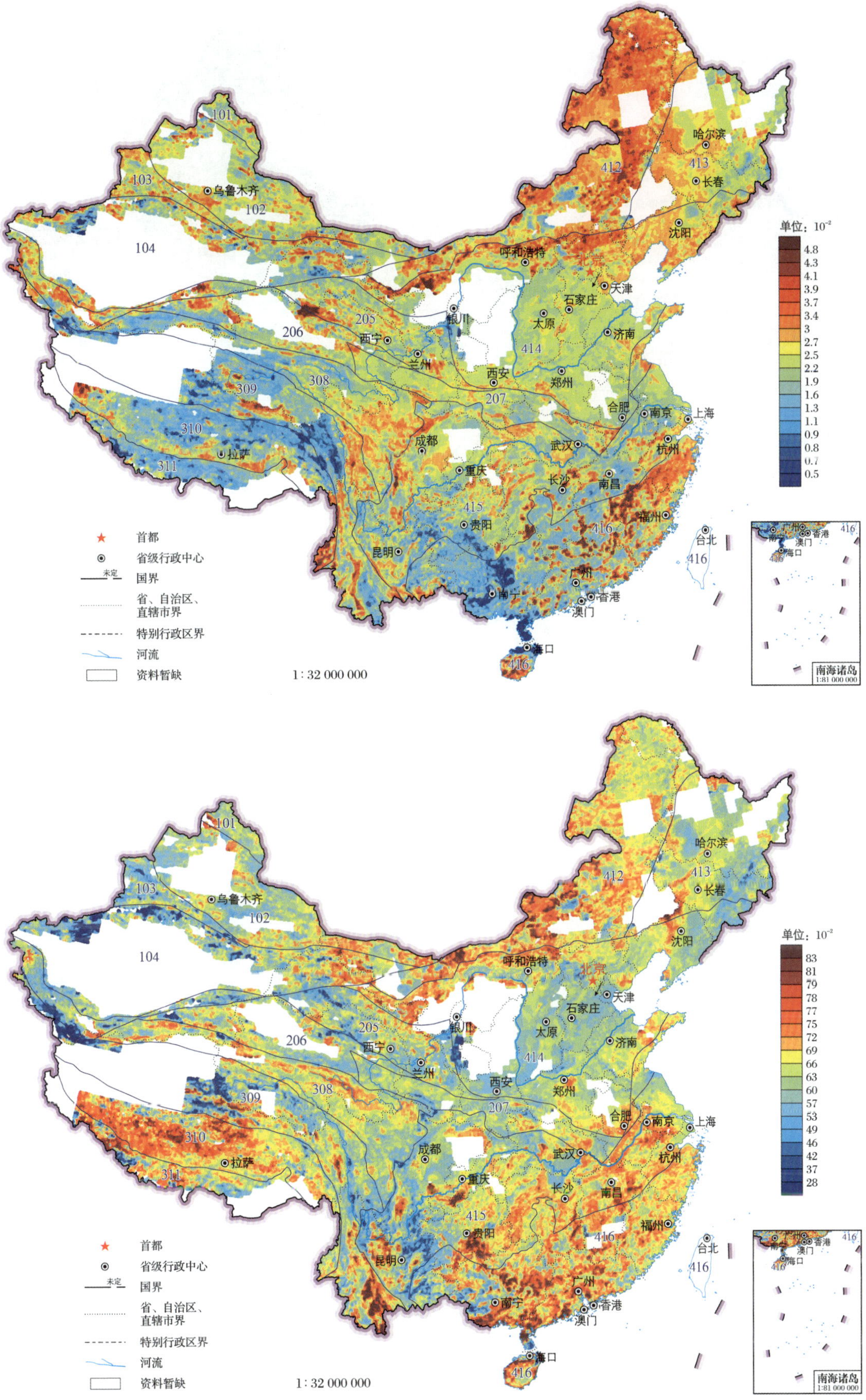

图 1-8　中国二级成矿省 SiO_2（上）、K_2O（下）地球化学图

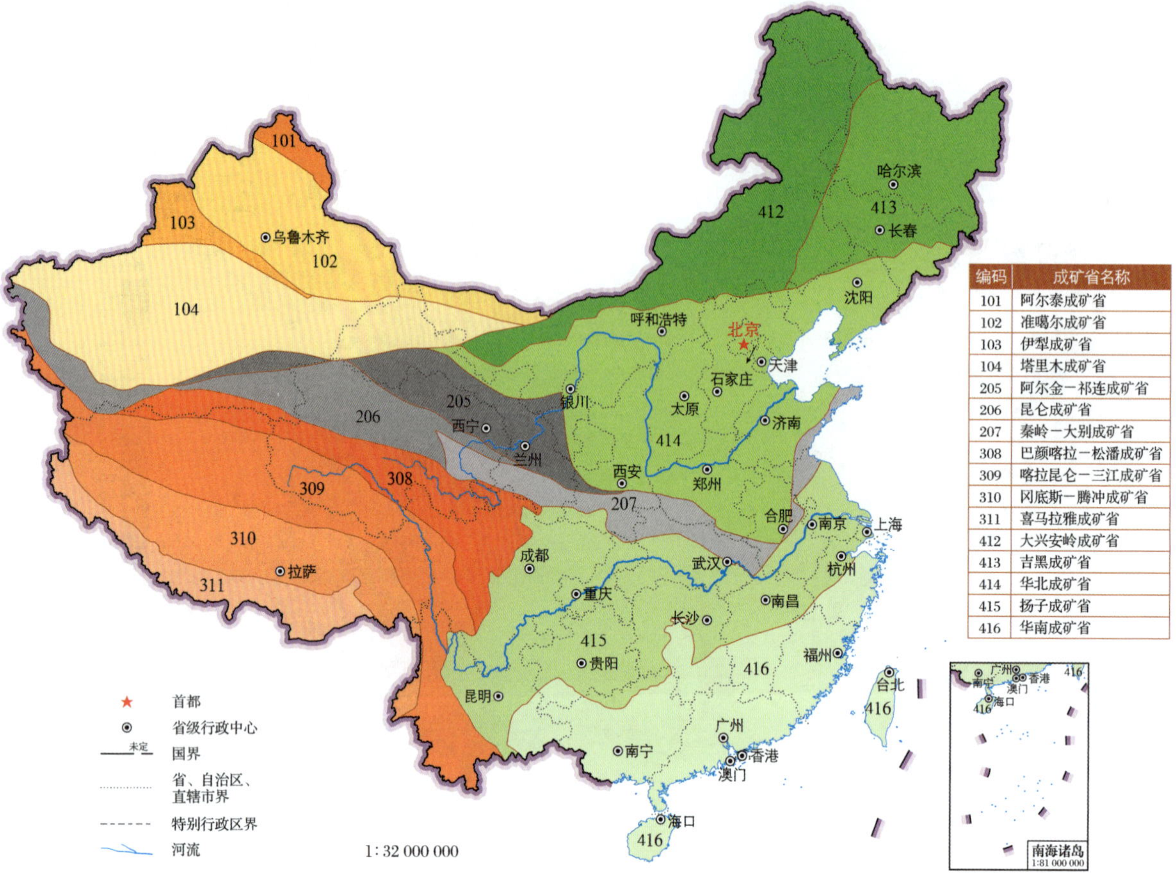

图 1-9　中国二级成矿省划分方案

（据徐志刚等，2008）

表 1-3　中国二级成矿省划分方案

编码	成矿省名称	包含的成矿带编号	编码	成矿省名称	包含的成矿带编号
101	阿尔泰成矿省	1～2	309	喀喇昆仑-三江成矿省	32～39
102	准噶尔成矿省	3～8	310	冈底斯-腾冲成矿省	40～43
103	伊犁成矿省	9～11	311	喜马拉雅成矿省	44～45
104	塔里木成矿省	12～17	412	大兴安岭成矿省	46～50
205	阿尔金-祁连成矿省	18～23	413	吉黑成矿省	51～55
206	昆仑成矿省	24～27	414	华北成矿省	18，56～65
207	秦岭-大别成矿省	28，66～67	415	扬子成矿省	68～78
308	巴颜喀拉-松潘成矿省	29～31	416	华南成矿省	79～90

注：编码第 1 位为成矿域编号，第 2、第 3 位为成矿省序号，成矿带序号与徐志刚等（2008）序号一致。

（据徐志刚等，2008）

由图 1-10 与表 1-4 获知中国各成矿省 Cu 元素地球化学场显著特点是：其一，Cu 元素总体分布趋势是南高北低，中间高周边低（我国西北角的阿尔泰成矿省、准噶尔成矿省除外）。其二，Cu 元素高低空间展布与大地构造环境有关。

1）扬子成矿省 Cu 含量最高（扬子陆块西部 Cu 高值区为峨眉山玄武岩所致），其次是阿尔泰成矿省、准噶尔成矿省、喜马拉雅成矿省；

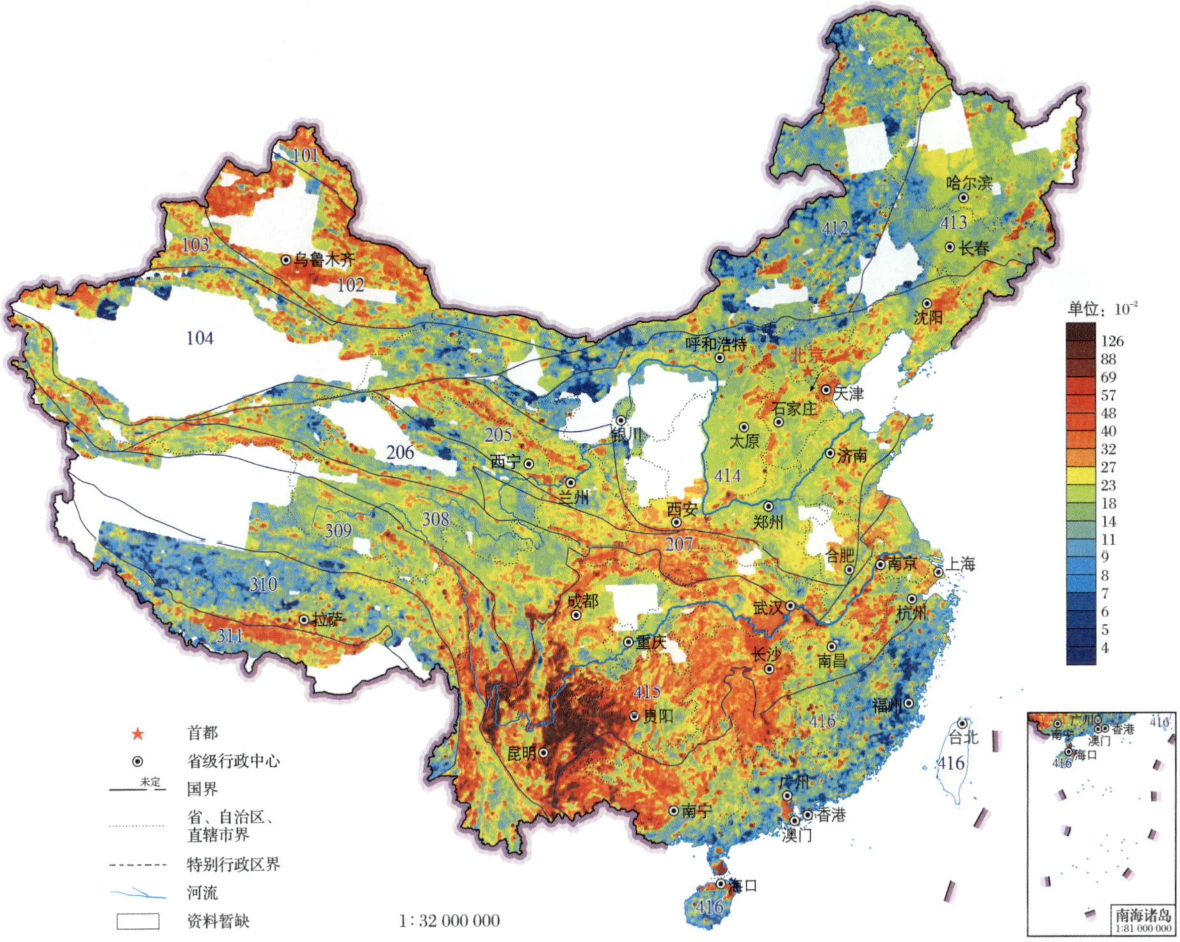

图 1-10　中国各成矿省 Cu 元素地球化学图

表 1-4　中国各成矿省 Cu 元素水系沉积物算术平均含量　　单位：10^{-6}

成矿省名称	阿尔泰成矿省	准噶尔成矿省	伊犁成矿省	塔里木成矿省	阿尔金-祁连成矿省	昆仑成矿省	秦岭-大别成矿省	巴颜喀拉-松潘成矿省	喀喇昆仑-三江成矿省
Cu	29.47	28.28	24.56	19.32	23.63	19.49	25.15	23.33	25.73
成矿省名称	冈底斯-腾冲成矿省	喜马拉雅成矿省	大兴安岭成矿省	吉黑成矿省	华北成矿省	扬子成矿省	华南成矿省	全国算术平均值	地壳丰度
Cu	19.56	26.50	15.76	19.25	21.60	38.67	24.13	25	25.0

注：表中数据据向运川等，2018；地壳丰度据 Wedepohl，1995。

2）Cu 的高值区、带及异常主要分布在陆块的边部或边缘造山带、断裂带，呈片状、带状或串珠状、岛弧状分布，如近东西向的雅鲁藏布缝合带、北西向祁连山造山带、南北向的“三江”造山带。东南沿海北东向 Cu 异常呈岛弧状分布，从浙江绍兴西裘-福建三明、龙岩-广东梅州玉水-阳春石碌-广西博白金山，断续长 1700 km。几乎每个孤岛状 Cu 异常都有相应的铜矿床和铜多金属矿床。

3）内生铜矿床：岩浆铜镍硫化物型矿床、斑岩型铜矿床、矽卡岩型铜矿床明显受构造环境、源于源深岩浆活动等因素的制约。

4）Cu 元素的全国算术平均值与全球地壳丰度相当（25×10^{-6}）。

2. 中国各成矿省 Pb、Zn 元素地球化学场

从中国各成矿省 Pb、Zn 元素地球化学图（图 1-11，图 1-12）可见：

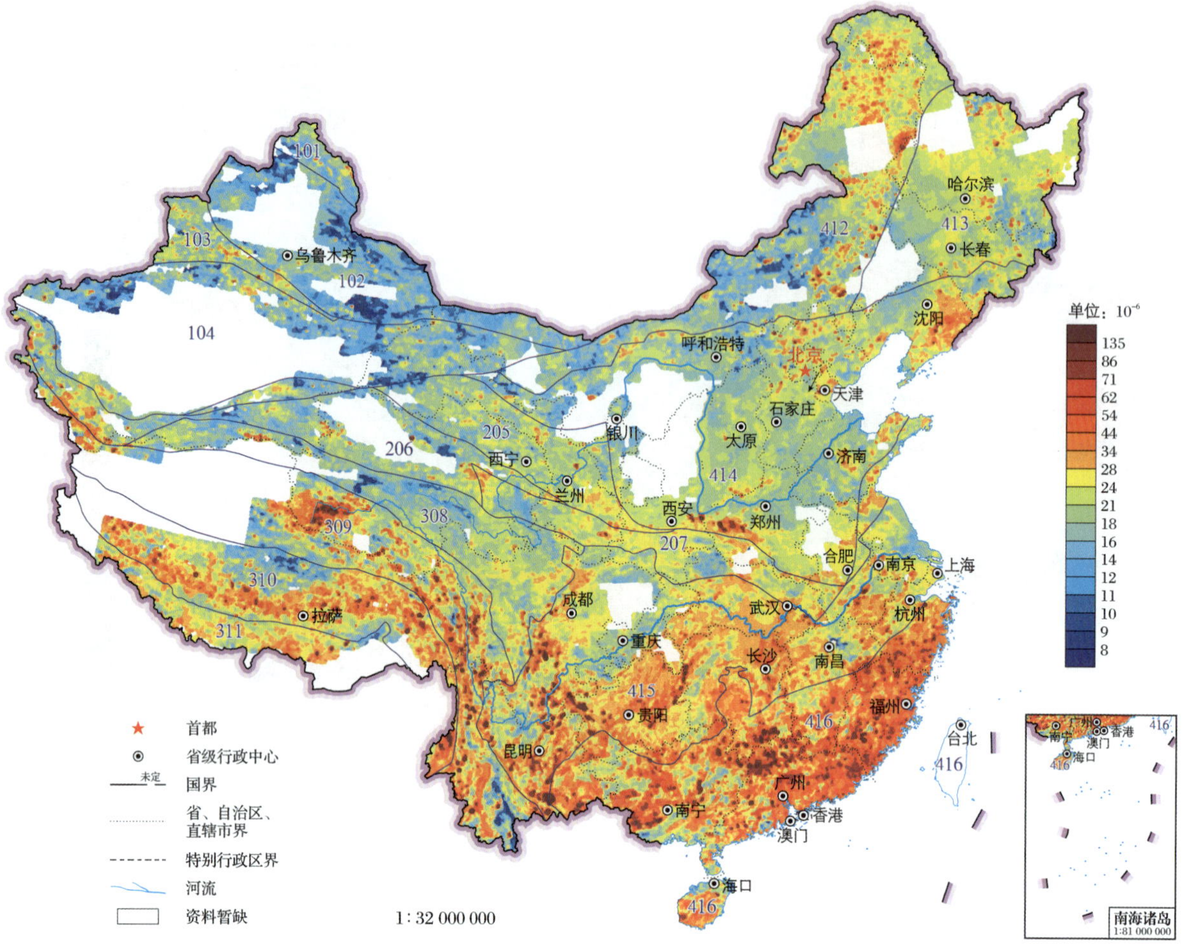

图 1-11　中国各成矿省 Pb 元素地球化学图

1）中国各成矿省 Pb、Zn 元素总的分布趋势是南高北低，尤其是华南、扬子、冈底斯-腾冲、喀喇昆仑-三江地区（Pb 含量>34×10^{-6}，Zn 含量>78×10^{-6}）（表 1-5）。

表 1-5　中国各成矿省 Pb、Zn 元素水系沉积物算术平均含量　　单位：10^{-6}

成矿省名称	阿尔泰成矿省	准噶尔成矿省	伊犁成矿省	塔里木成矿省	阿尔金-祁连成矿省	昆仑成矿省	秦岭-大别成矿省	巴颜喀拉-松潘成矿省	喀喇昆仑-三江成矿省
Pb	17.43	14.21	20.73	15.82	21.16	20.81	23.42	21.12	34.63
Zn	78.04	63.59	79.30	48.16	61.94	55.57	73.07	71.97	78.53
成矿省名称	冈底斯-腾冲成矿省	喜马拉雅成矿省	大兴安岭成矿省	吉黑成矿省	华北成矿省	扬子成矿省	华南成矿省	全国算术平均值	地壳丰度
Pb	34.40	28.66	22.23	22.08	23.25	33.86	46.10	28.5	14.80
Zn	69.89	76.61	57.89	73.69	62.64	90.26	91.28	74	65.00

注：表中数据据向运川等，2018；地壳丰度据 Wedepohl，1995。

2）Pb、Zn 元素异常空间分布与构造-岩浆活动强烈的造山带紧密相伴，如华南的钦杭造山带、“三江”造山带、冈底斯-腾冲造山带、东昆仑-秦岭造山带等。

3）我国铅锌储量均为世界第二，仅次于澳大利亚（美国地质调查局，2012）。据世界矿情（2006 年），我国仅大型铅、锌矿（>100×10^4 t）的储量就达 9500×10^4 t 以上。

我国铅锌矿主要分布在华南、滇西、川滇、西秦岭-祁连山、内蒙古狼山和大兴安岭中南段。仅

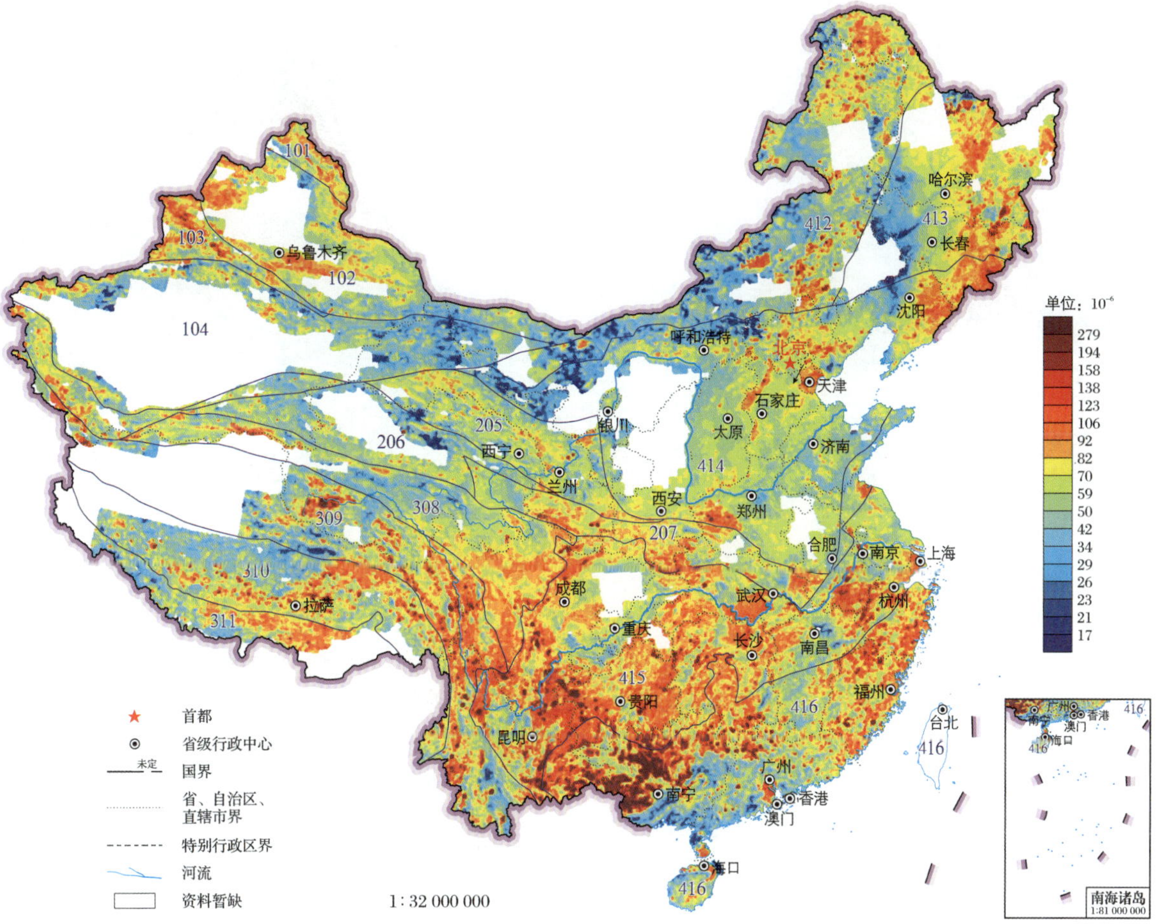

图 1-12　中国各成矿省 Zn 元素地球化学图

云南会泽、昭通铅锌矿，广东凡口铅锌矿，云南兰坪铅锌矿，四川白玉铅锌矿，甘肃西成铅锌矿，湖南黄沙坪铅锌矿，浙江龙泉铅锌矿，贵州普安铅锌矿，湖南花垣渔塘李牧锌矿等超大型、大中型铅锌矿的储量就分别占到全国储量的 81.1% 和 88.4%。近年来，在青海“三江”成矿带北段沱沱河地区发现超大型铅锌矿田，仅多才玛铅锌矿床资源储量就达 500×10^4 t 以上，沱沱河铅锌矿田找矿潜力巨大。截至 2008 年，全国铅锌保有资源储量超 1×10^8 t，铅平均品位为 1.40%，锌平均品位为 2.69%。

与世界一样，我国铅锌矿以碳酸盐岩容矿的非岩浆热液型矿床（MVT 型）和喷流-沉积型铅锌矿床（Sedex 型）为主，其次是矽卡岩型铅锌矿。我国铅锌矿虽探明资源储量大，但贫矿多、富矿少，且铅锌矿床物质成分复杂，共（伴）生组分多（Ag、Cu、Cd、Bi、Ga、In、Ge 等），因此，综合利用价值也大。

3. 中国各成矿省 Au 元素地球化学场

从中国各成矿省金地球化学特征（图 1-13；表 1-6）获知：

表 1-6　中国各成矿省 Au 元素水系沉积物算术平均含量　　单位：10^{-9}

成矿省名称	阿尔泰成矿省	准噶尔成矿省	伊犁成矿省	塔里木成矿省	阿尔金-祁连成矿省	昆仑成矿省	秦岭-大别成矿省	巴颜喀拉-松潘成矿省	喀喇昆仑-三江成矿省
Au	1.43	1.52	1.68	1.40	1.61	1.35	2.02	2.13	1.83
成矿省名称	冈底斯-腾冲成矿省	喜马拉雅成矿省	大兴安岭成矿省	吉黑成矿省	华北成矿省	扬子成矿省	华南成矿省	全国算术平均值	地壳丰度
Au	1.87	1.62	1.46	1.35	1.89	2.38	2.78	1.97	2.50

注：表中数据据向运川等，2018；地壳丰度据 K. H. Wedepohl，1995。

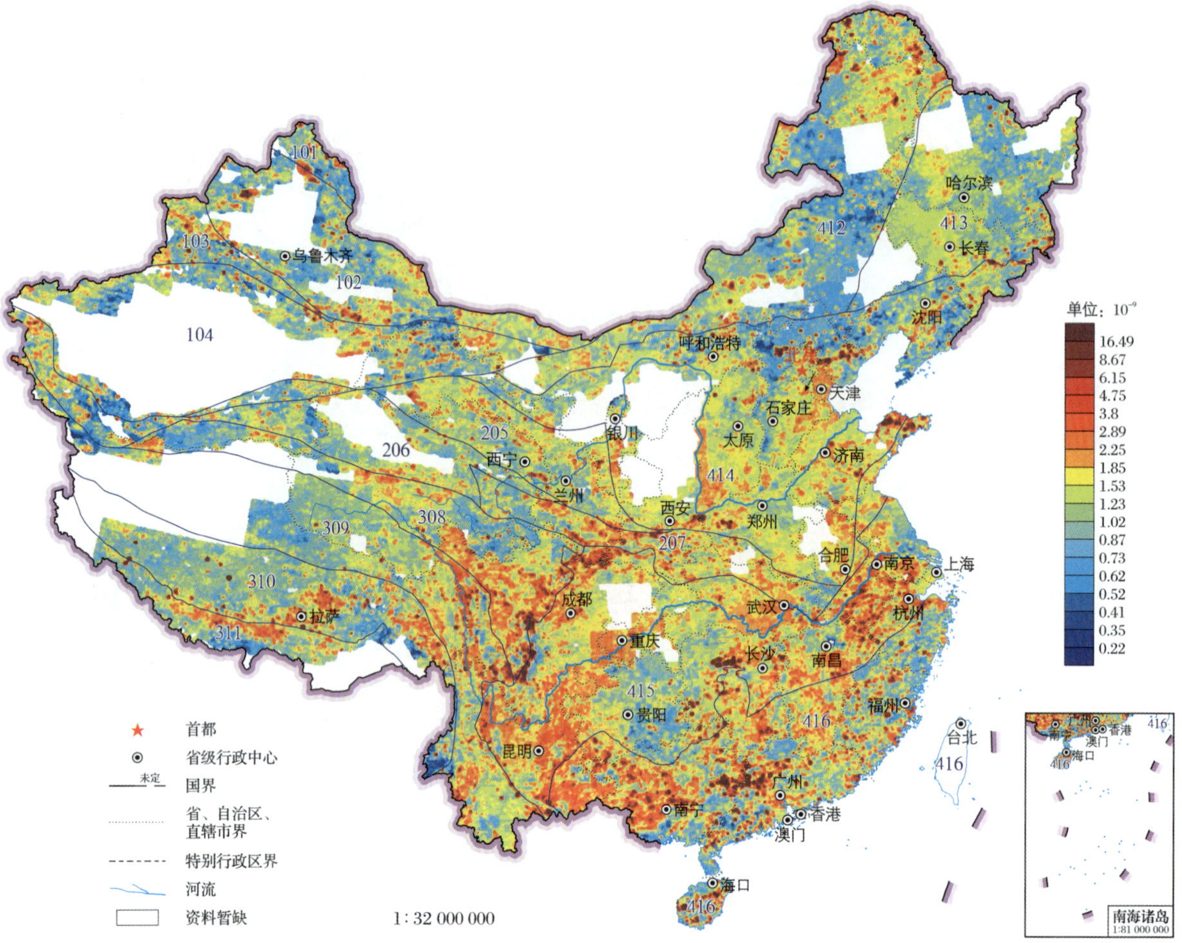

图 1-13　中国各成矿省 Au 元素地球化学图

（据向运川等，2018）

1）我国 Au 元素 1∶20 万水系沉积物的平均含量为 1.97×10^{-9}（几何均值 1.18×10^{-9}，中位数 1.18×10^{-9}），其中扬子、华南、巴颜喀拉-松潘、秦岭-大别成矿省 Au 元素平均含量大于 2.0×10^{-9}，最大值达 2689×10^{-9}。喀喇昆仑-三江、冈底斯-腾冲、华北成矿省 Au 元素平均含量大于 1.8×10^{-9}。

2）Au 元素主要在 9 个成矿省显著富集：①华南成矿省的西部和中部；②扬子成矿省的东部和西部；③华北成矿省；④大兴安岭成矿省的北部；⑤冈底斯-腾冲成矿省；⑥喜马拉雅成矿省；⑦巴颜喀拉-松潘成矿省的东南部；⑧喀喇昆仑-三江成矿省的南部；⑨秦岭-大别成矿省的南部。

3）我国金矿床地质特征、成矿条件及成矿环境等诸多方面在东、西部成矿省具有显著不同的特征：在东部地区成矿省，金矿化集中区中多是以前寒武纪变质岩系为基底的中（新）生代构造-岩浆活化区。基底含金建造是金成矿的重要物质基础，由于太平洋板块向欧亚板块俯冲所导致的中（新）生代构造-岩浆活动所产生的热液作用是最为重要的成矿作用，因而，我国东部地区形成基底隆起区内前寒武纪变质岩、断裂破碎带、燕山期花岗岩体“三位一体”的成矿前提，呈现了容矿岩系时代老而成矿时代新的时差大的特点。

在西部地区成矿省，显生宙以来的地质构造活动明显，金矿化集中区内少见前寒武纪变质基底。其中，西北部地区成矿省以华力西期构造-岩浆活动所导致的金成矿作用为主，发育晚古生代含金火山岩系及相应的侵入岩，产出有冰长石-绢云母石英脉型（或硅化岩型）、蚀变碎裂岩型及石英脉型金矿床；西南部地区成矿省则以燕山期—喜马拉雅期构造-岩浆活动为主，多出现蚀变碎裂岩型及石英脉型金矿床。在东、西部两大地域的过渡地带（主体为西部地区），以印支褶皱为主，发育晚古生代—早中生代含金碎屑岩建造，岩浆活动较弱，多以微细浸染型金矿床形式出现。

4. 中国各成矿省 W、Sn 元素地球化学场

从中国各成矿省 W、Sn 元素地球化学特征（图 1-14，图 1-15；表 1-7）获知：W、Sn 元素高丰度（W 含量大于 2.5×10^{-6}、Sn 含量大于 3.9×10^{-6}）主要分布在华南、扬子成矿省。华南成矿省 W、Sn 平均值分别达 5.45×10^{-6} 和 8.81×10^{-6}。冈底斯-腾冲、喜马拉雅成矿省 W、Sn 平均值分别大于 3.1×10^{-6} 和 3.9×10^{-6}，阿尔泰成矿省 W、Sn 平均值分别为 3.00×10^{-6} 和 3.04×10^{-6}。

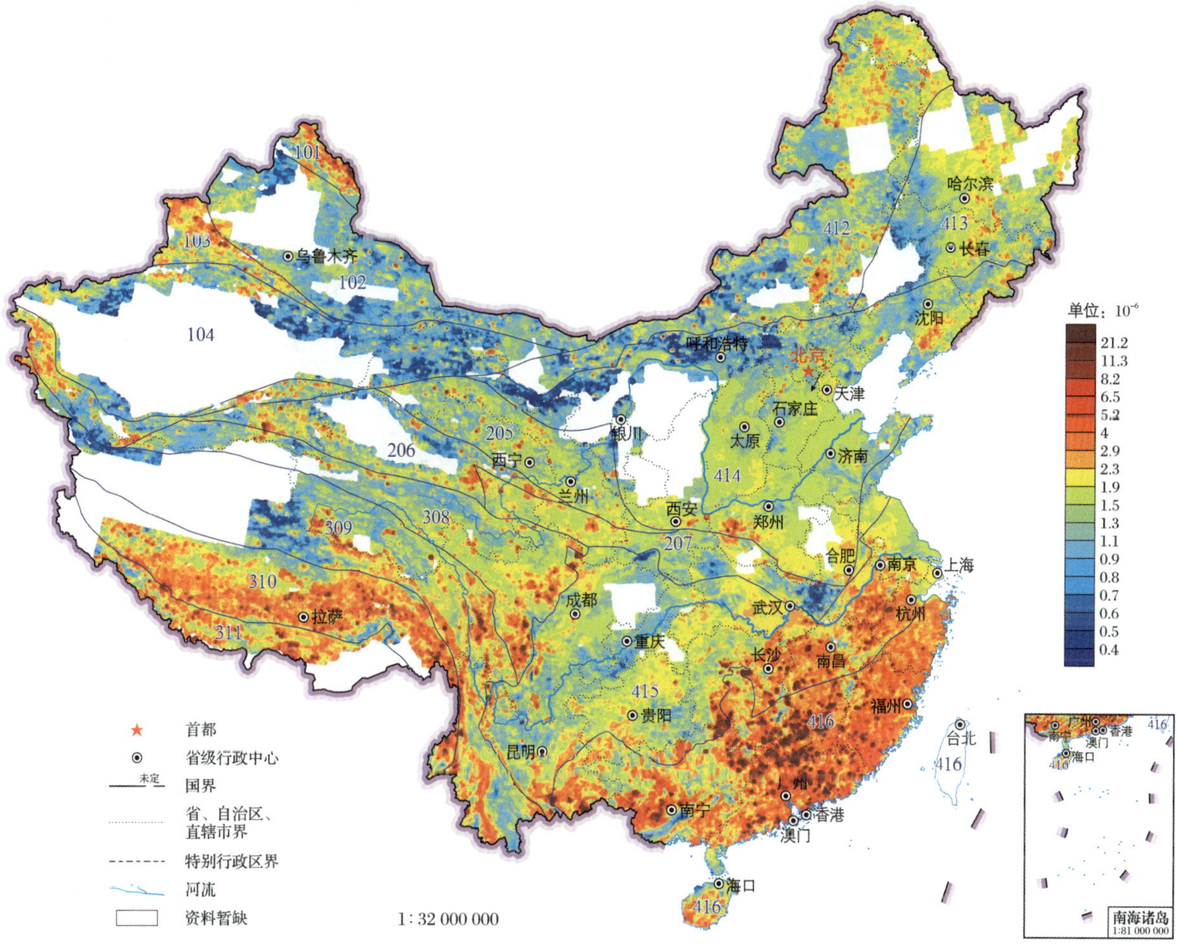

图 1-14　中国各成矿省 W 元素地球化学图

（据向运川等，2018）

表 1-7　中国各成矿省 W、Sn 元素水系沉积物算术平均含量　　单位：10^{-6}

成矿省名称	阿尔泰成矿省	准噶尔成矿省	伊犁成矿省	塔里木成矿省	阿尔金-祁连成矿省	昆仑成矿省	秦岭-大别成矿省	巴颜喀拉-松潘成矿省	喀喇昆仑-三江成矿省
W	3.00	1.20	2.33	1.12	1.64	1.68	1.70	2.24	2.14
Sn	3.04	1.97	2.47	1.88	2.13	2.28	2.55	2.85	3.19

成矿省名称	冈底斯-腾冲成矿省	喜马拉雅成矿省	大兴安岭成矿省	吉黑成矿省	华北成矿省	扬子成矿省	华南成矿省	全国算术平均值	地壳丰度
W	3.56	3.18	1.62	1.71	1.51	2.71	5.45	2.50	1.00
Sn	4.87	3.91	2.27	2.78	2.49	4.28	8.81	3.89	2.30

注：表中数据据向运川等，2018；地壳丰度据 K. H. Wedepohl，1995。

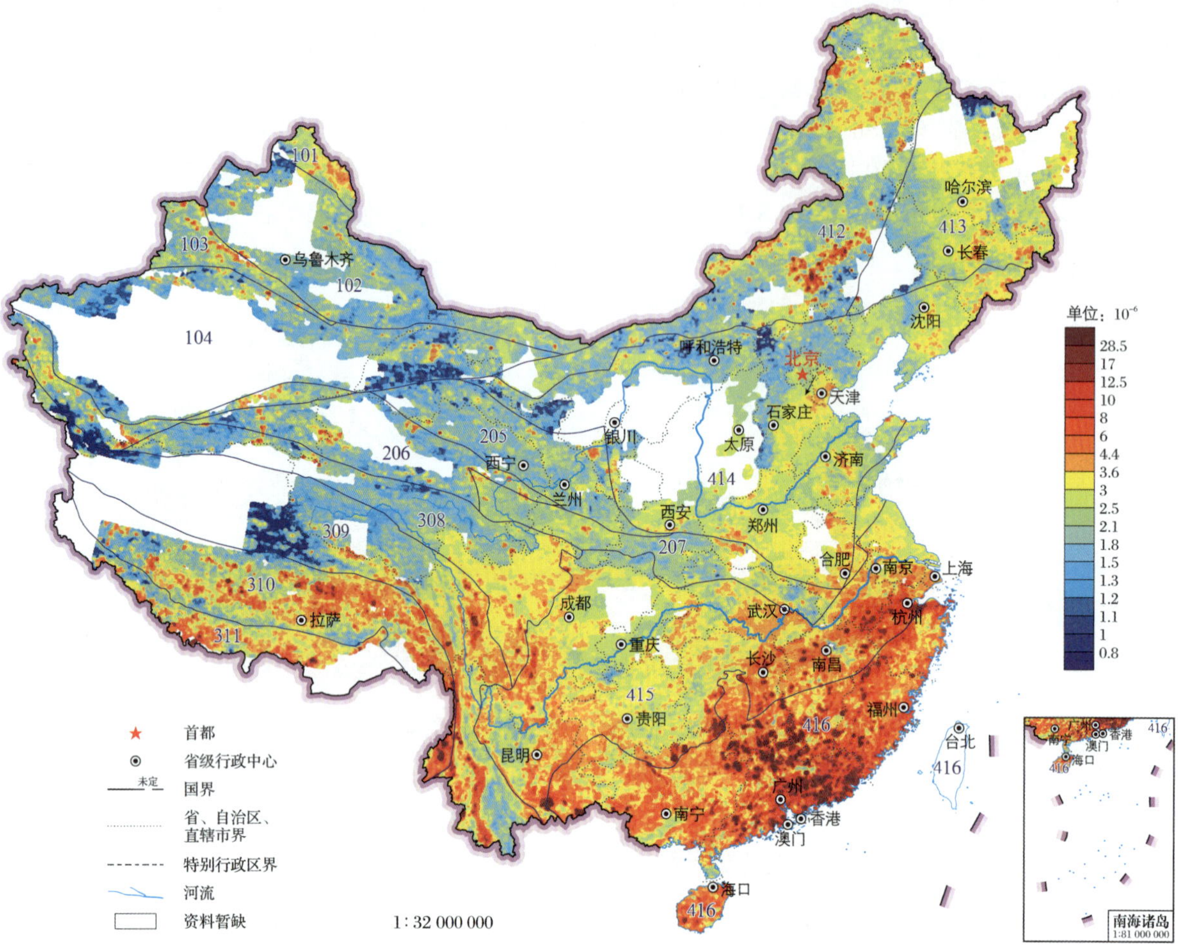

图 1-15　中国各成矿省 Sn 元素地球化学图
（据向运川等，2018）

钨是我国优势矿种，钨储量（资源量）居世界首位，尤其是华南成矿省。在这仅占世界面积 0.7%的区域内，却集中了世界 75%以上的钨矿储量，这在各种金属矿产的空间分布上是罕见的，我国 W 元素的算术平均值（2.50×10^{-6}）是全球地壳丰度的 2.5 倍（1.00×10^{-6}）。

华南成矿省钨地球化学异常分布在闽南-赣南-粤北-湘中南-桂东北地区，W 含量大于 4.5×10^{-6} 的面积约 60×10^{4} km^2。W 含量大于 15×10^{-6} 的浓集区主要集中在湘粤赣边界的南岭地区。在赣西北、赣东北、浙江、福建亦有 W 异常呈碎片分布。在 W 地球化学异常区内也有 Sn、Mo、Bi、Cu、Ag、Zn、U、La 等元素异常。我国主要钨、锡矿床均产在华南成矿省。

目前，经勘查发现华南钨矿“南钨北扩”“东钨西扩”的势头十分强劲，江西省继查明武宁县大湖塘超大型钨矿后，又在浮梁县发现了朱溪超大型钨（铜）矿，探明钨矿资源量达 286×10^{4} t，为迄今发现的世界上资源量最大的钨矿。

5. 中国各成矿省 Mo 元素地球化学场

从中国各成矿省 Mo 元素地球化学特征（图 1-16；表 1-8）获知：

1）Mo 元素主要在 6 个成矿省富集：①华南成矿省；②扬子成矿省的中部和东部；③大兴安岭成矿省的北部；④吉黑成矿省的东部；⑤冈底斯-腾冲成矿省的南部；⑥秦岭-大别成矿省的中部和南部。

2）华南成矿省、扬子成矿省的中部和东部、大兴安岭成矿省的北部和秦岭-大别成矿省的中部和南部，Mo 元素平均含量大于 1.2×10^{-6}，最大含量达 313×10^{-6}。尤其是秦岭-大别成矿省是我国著名的钼矿资源产地。近几年，安徽省地矿局三一三地质队在东秦岭-大别钼成矿带发现和探明一个特大型金寨县沙坪沟钼矿床。2012 年 12 月《安徽省金寨县沙坪沟钼矿床勘探报告》通过评审，估算（331+332+333）矿石量 17.75×10^8 t、钼金属量 245.94×10^4 t，平均品位 0.139%。其中，工业矿石量 12.03×10^8 t，钼金属量 219.35×10^4 t，平均品位 0.182%，是我国目前最大的世界级钼矿床。

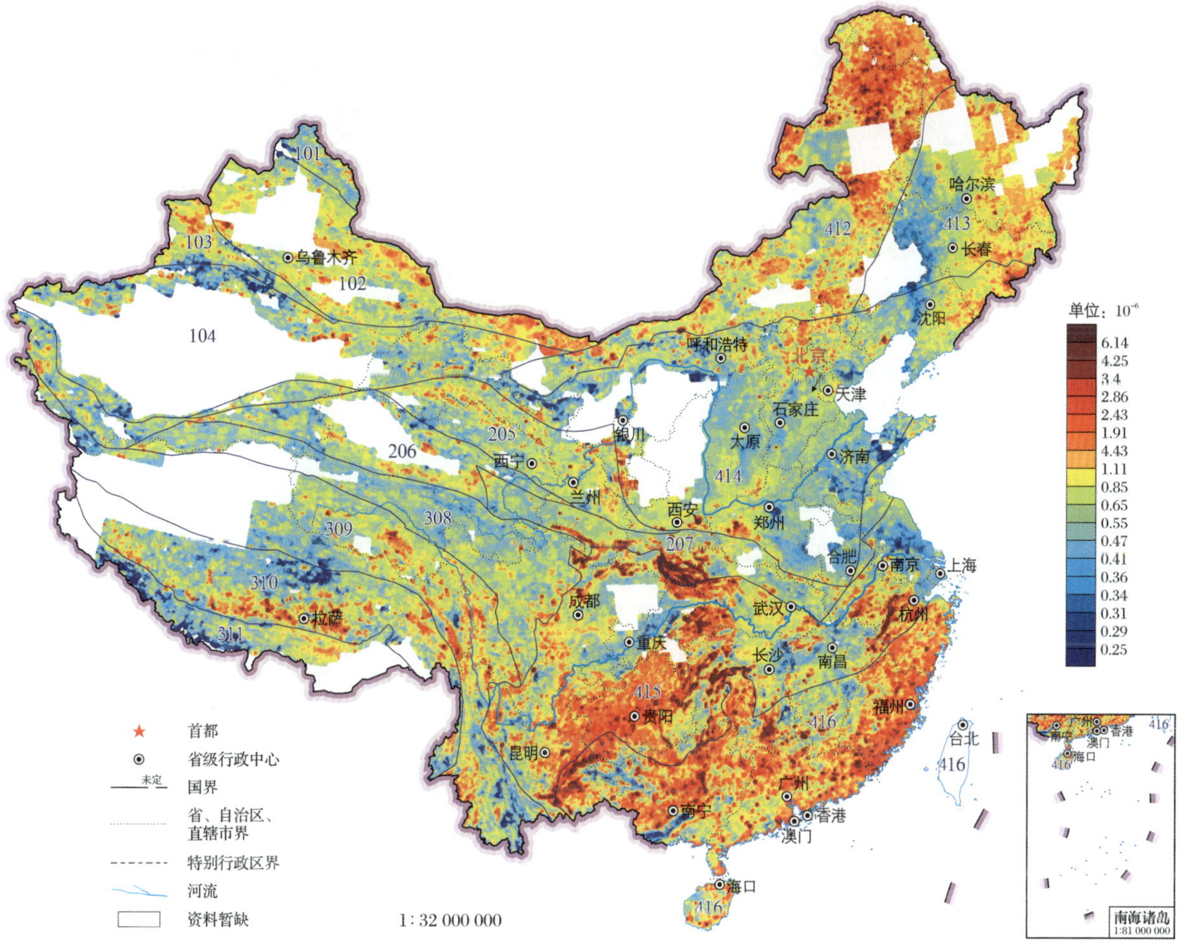

图 1-16　中国各成矿省 Mo 元素地球化学图

（据向运川等，2018）

表 1-8　中国各成矿省 Mo 元素水系沉积物算术平均含量　　单位：10^{-6}

成矿省名称	阿尔泰成矿省	准噶尔成矿省	伊犁成矿省	塔里木成矿省	阿尔金-祁连成矿省	昆仑成矿省	秦岭-大别成矿省	巴颜喀拉-松潘成矿省	喀喇昆仑-三江成矿省
Mo	0.60	0.89	0.79	0.70	0.78	0.69	1.20	0.66	0.81
成矿省名称	冈底斯-腾冲成矿省	喜马拉雅成矿省	大兴安岭成矿省	吉黑成矿省	华北成矿省	扬子成矿省	华南成矿省	全国算术平均值	地壳丰度
Mo	0.93	0.74	1.30	1.02	0.78	1.39	1.57	1.08	1.10

注：表中数据据向运川等，2018；地壳丰度据 Wedepohl，1995。

6. 中国各成矿省 U、Th 元素地球化学场

从我国各成矿省 1∶20 万水系沉积物 U、Th 元素地球化学图（图 1-17，图 1-18）和表 1-9 可见：我国各成矿省（徐志刚等，2008）1∶20 万水系沉积物 U、Th 异常总的分布趋势是南高北低（除阿尔泰成矿省外），尤其是华南、扬子、西藏（喜马拉雅、冈底斯-腾冲成矿省）地区（U 含量

>2.9×10⁻⁶, Th 含量>13.0×10⁻⁶）（表 1-9），均大于全国算术平均值。U、Th 异常区的空间分布明显与我国华南、西南地区的大面积花岗岩出露区相吻合，尤其是华南地区，既是我国著名的钨、锡等内生金属成矿省，又是花岗岩型铀矿主要产地。

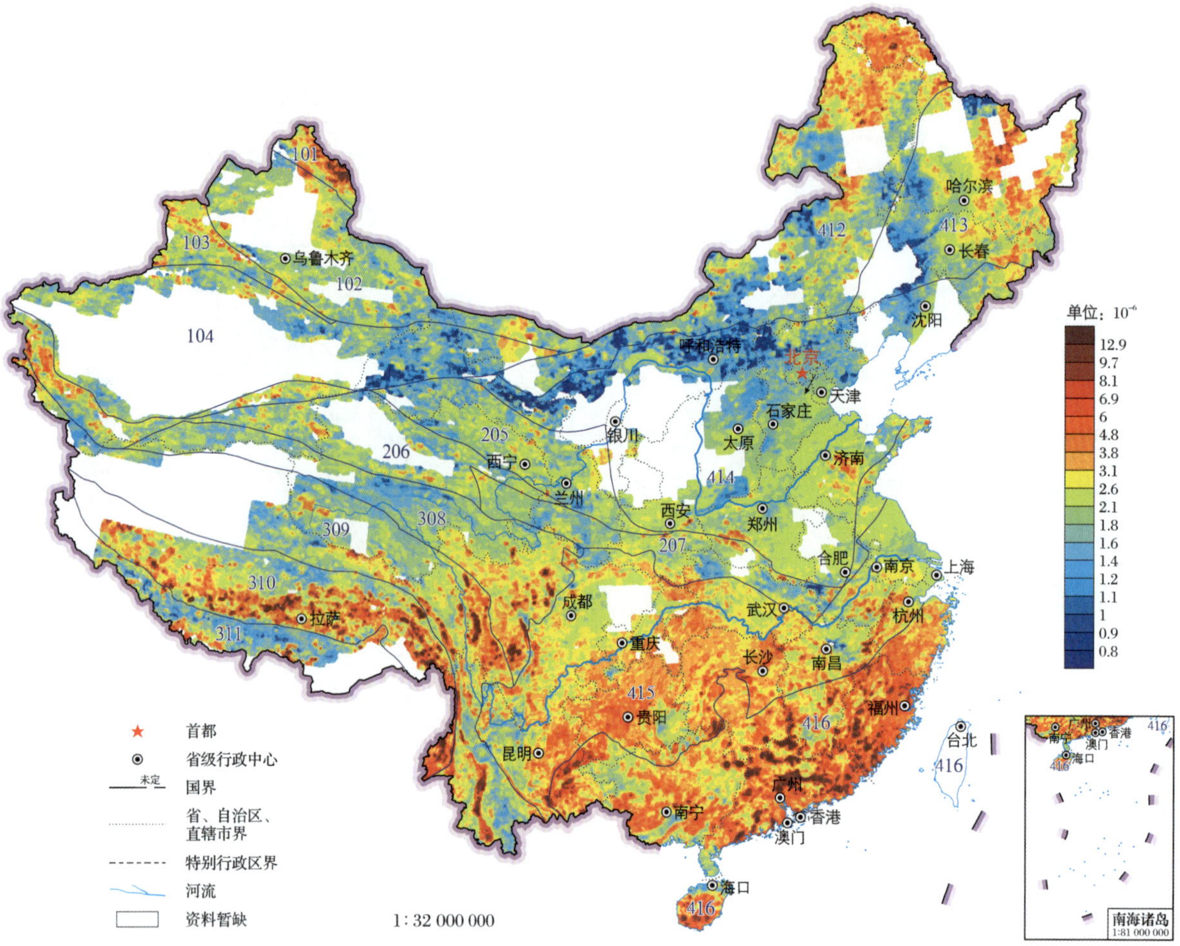

图 1-17　中国各成矿省 U 元素地球化学图

（据向运川等，2018）

表 1-9　中国各成矿省 U、Th 元素水系沉积物算术平均含量　　单位：10⁻⁶

成矿省名称	阿尔泰成矿省	准噶尔成矿省	伊犁成矿省	塔里木成矿省	阿尔金-祁连成矿省	昆仑成矿省	秦岭-大别成矿省	巴颜喀拉-松潘成矿省	喀喇昆仑-三江成矿省
U	4.45	2.05	2.47	1.75	2.06	2.13	2.21	2.85	2.88
Th	12.39	7.69	10.18	8.59	10.98	10.30	10.27	10.68	11.75
成矿省名称	冈底斯-腾冲成矿省	喜马拉雅成矿省	大兴安岭成矿省	吉黑成矿省	华北成矿省	扬子成矿省	华南成矿省	全国算术平均值	地壳丰度
U	4.37	3.00	2.40	2.80	1.88	3.23	4.62	2.90	1.70
Th	12.09	17.10	10.52	10.03	11.00	13.88	20.61	13.00	8.50

注：表中数据据向运川等，2018；地壳丰度据 K. H. Wedepohl，1995。

近年来我国开辟了一批有很大潜力的找矿新区，其中，北方伊犁地区和鄂尔多斯地区铀矿地质勘查成效尤为显著。在伊犁地区，中核集团二一六大队实现了中国地浸砂岩型铀矿找矿的首次重大突破，发现并提交了中国第一个万吨级可地浸砂岩型铀矿床，使伊犁盆地成为中国第一个特大型地浸砂

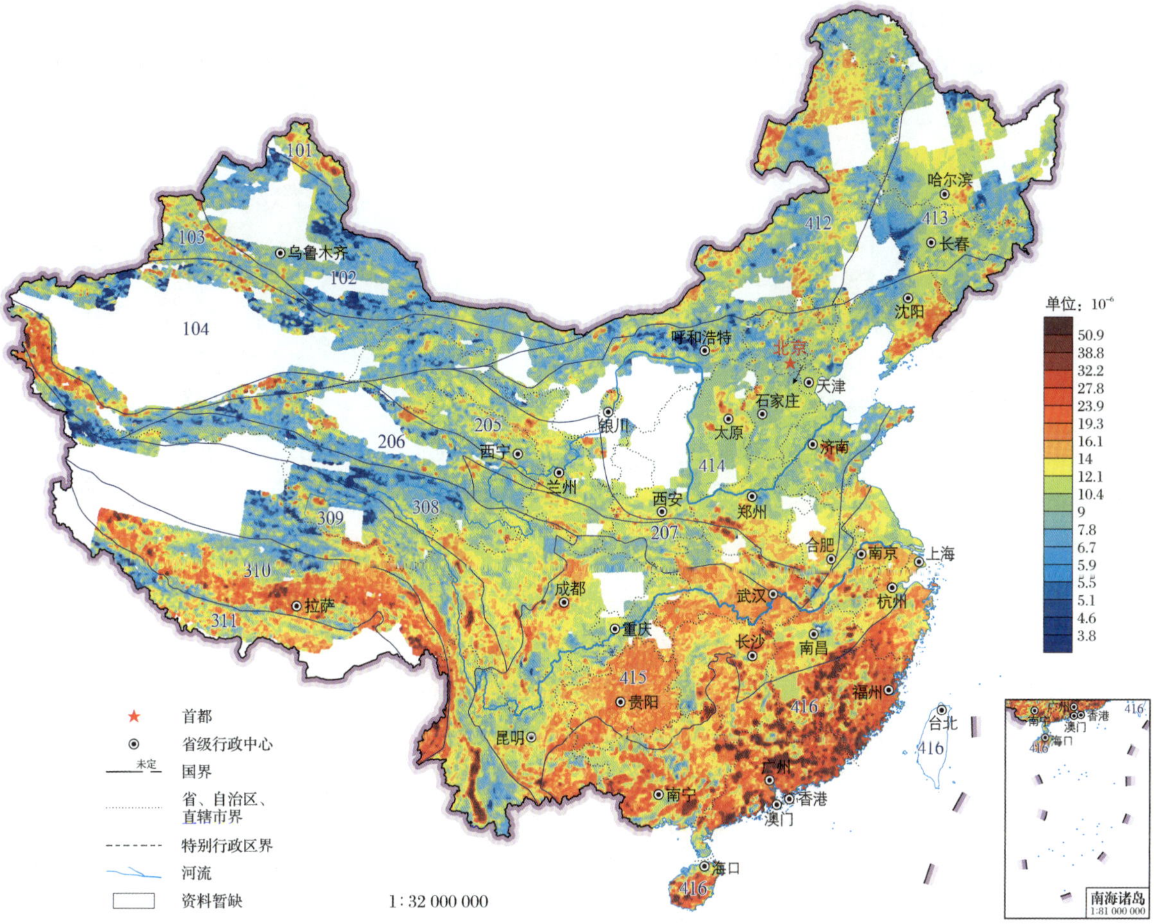

图 1-18　中国各成矿省 Th 元素地球化学图

（据向运川等，2018）

岩型铀矿田。在鄂尔多斯地区，中核集团二○八大队创新了找矿思路和成矿理论，提出“古层间氧化带铀成矿观点”，先后在鄂尔多斯盆地等地区探明了中国迄今为止最大的铀矿床。2016 年，中国地质科学院地球物理地球化学勘查研究所在东天山成矿带浅覆盖区（吐哈盆地）1∶25 万浅钻地球化学勘查调查中发现铀异常（图 1-19）。

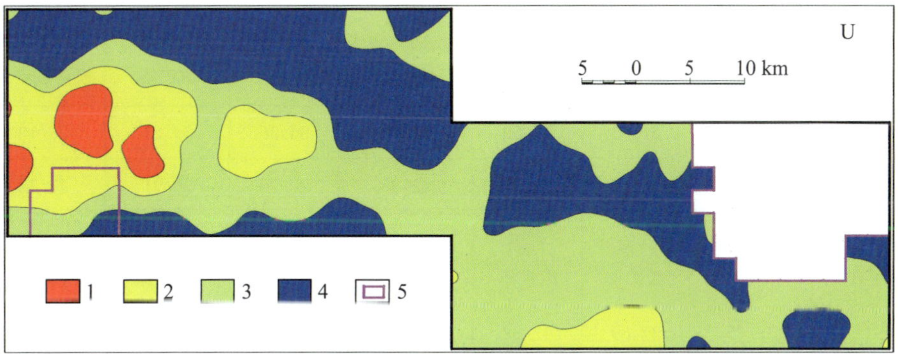

图 1-19　东天山成矿带浅覆盖区 1∶25 万 U 地球化学图

（据杨帆，2016 修改）

1—强异常（≥4.79×10^{-6}）；2—中等异常（3.17×10^{-6}~4.79×10^{-6}）；3—弱异常（1.93×10^{-6}~3.17×10^{-6}）；4—背景（≤1.93×10^{-6}）；5—厚覆盖区（大于 50 m）

7. 中国各成矿省 La、Y 元素地球化学场

从我国各成矿省浅表 1∶20 万水系沉积物 La（Y）元素地球化学图（图 1-20，图 1-21）和表 1-10获知：

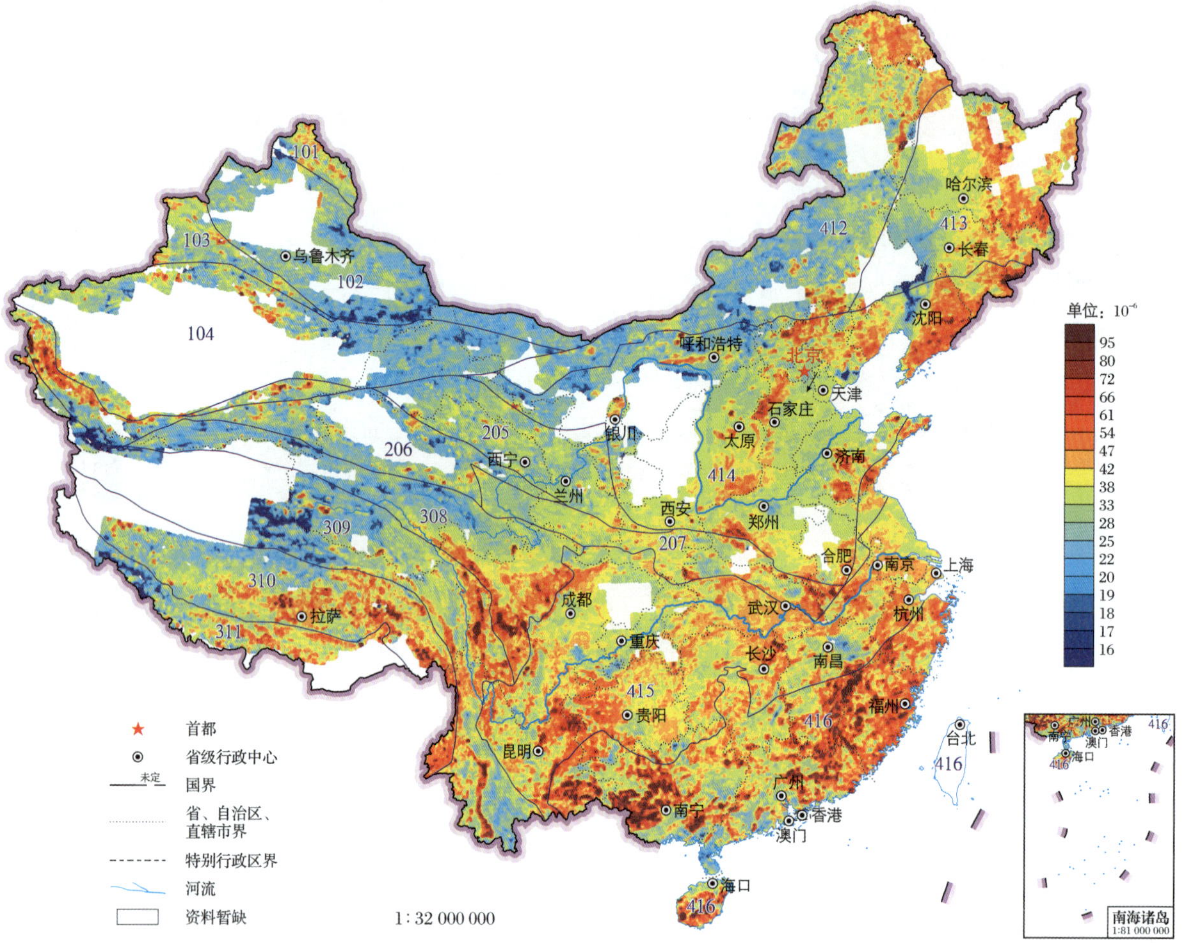

图 1-20 中国各成矿省 La 元素地球化学图
（据向运川等，2018）

表 1-10 中国各成矿省 La、Y 元素水系沉积物算术平均含量 单位：10^{-6}

成矿省名称	阿尔泰成矿省	准噶尔成矿省	伊犁成矿省	塔里木成矿省	阿尔金-祁连成矿省	昆仑成矿省	秦岭-大别成矿省	巴颜喀拉-松潘成矿省	喀喇昆仑-三江成矿省
La	36. 19	25. 17	31. 83	27. 59	31. 71	30. 36	39. 27	38. 10	34. 84
Y	31. 31	23. 01	25. 39	19. 08	22. 26	20. 20	26. 91	23. 32	22. 20
成矿省名称	冈底斯-腾冲成矿省	喜马拉雅成矿省	大兴安岭成矿省	吉黑成矿省	华北成矿省	扬子成矿省	华南成矿省	全国算术平均值	地壳丰度
La	41. 18	38. 45	32. 69	42. 08	39. 30	42. 05	49. 10	38. 5	30. 0
Y	25. 12	26. 07	21. 53	25. 79	22. 98	28. 56	33. 34	25. 49	24. 0

注：表中数据据向运川等，2018；地壳丰度据 Wedepohl，1995。

1）在我国，1∶20 万水系沉积物 La、Y 异常总的分布趋势是南高北低（除吉黑、华北成矿省外），尤其是华南、扬子成矿省（La 含量>42×10^{-6}，Y 含量>28×10^{-6}），冈底斯-腾冲、秦岭-大别成

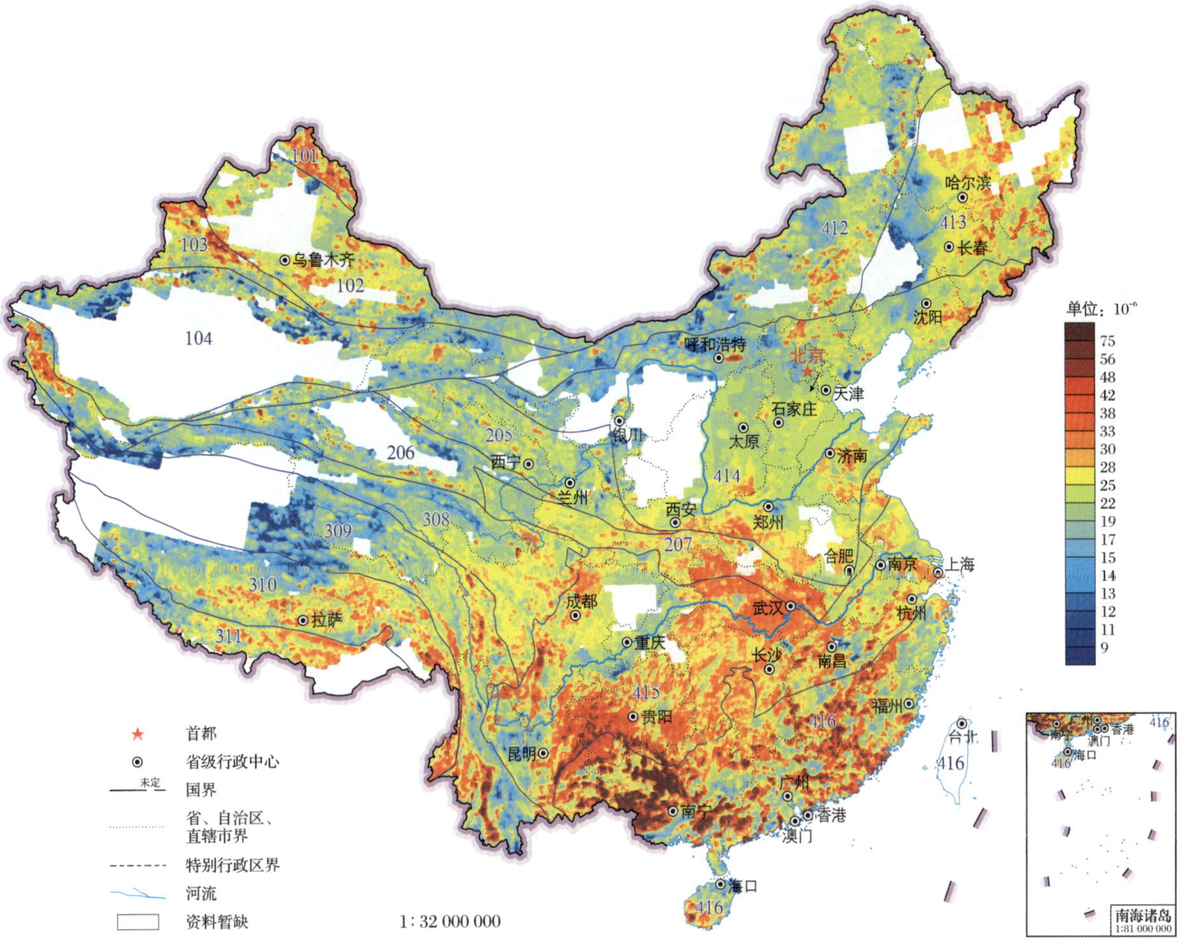

图 1-21　中国各成矿省 Y 元素地球化学图

（据向运川等，2018）

矿省 La、Y 平均含量大于全国平均含量（表 1-10）。La、Y 异常区的空间分布明显与我国华南、西南地区的大面积印支期—燕山期花岗岩出露区相吻合，尤其是华南地区，是我国著名的花岗岩风化壳淋积型或离子吸附型稀土矿床主要产地。

2）La 的全国算术平均值（38.5×10^{-6}）大于全球地壳平均值（30.0×10^{-6}）。

3）全国稀土资源总量的 98% 分布在内蒙古、江西、广东、四川和山东等地区，形成北、南、东、西的分布格局，并具有北方以轻稀土资源为主、南方以重稀土资源为主，即“北轻南重”的分布特点。

内蒙古包头市的白云鄂博碱性岩-碳酸岩型稀土矿床的储量最多，其中稀土工业储量为 3500×10^4 t，远景储量超过 13500×10^4 t，分别占全国稀土工业储量的 80.5% 和远景储量的 64.3%。山东微山和四川凉山的稀土工业储量，分别占全国稀土工业储量的 7.9% 和 2.8%。

华南七省（自治区）已探明稀土资源储量 840×10^4 t，工业储量 150×10^4 t，预测资源远景储量为 5000×10^4 t。江西、广东、广西、福建、湖南是离子吸附型稀土矿的主要产地。其中，江西省的储量占探明储量的 36% 左右，而赣南地区则占江西省储量的 90% 左右。

我国稀土资源具有储量大、分布广、南北相对集中、矿种齐全，且离子吸附型稀土矿世界罕见、矿床共生有益组分含量高和开采较为容易的特点。

8. 中国各成矿省 Sb、Hg 元素地球化学场

从中国成矿省 Sb 地球化学图（图 1-22）和算术平均含量（表 1-11）获知：浅表 Sb 元素地球化学异常场与扬子成矿省、华南成矿省、喀喇昆仑-三江成矿省等一、二级构造单元之间拼接带中的区域性大断裂有关，异常场的空间分布明显受其制约。其中，扬子与华南成矿省之间的华南巨型 Sb 元素地球化学异常场 Sb 平均含量为 $1.85\times10^{-6}\sim3.32\times10^{-6}$，最大值达 2890×10^{-6}；其次是秦岭-大别成矿省、喜马拉雅成矿省，它们的 Sb 平均含量为 $1.32\times10^{-6}\sim1.83\times10^{-6}$。

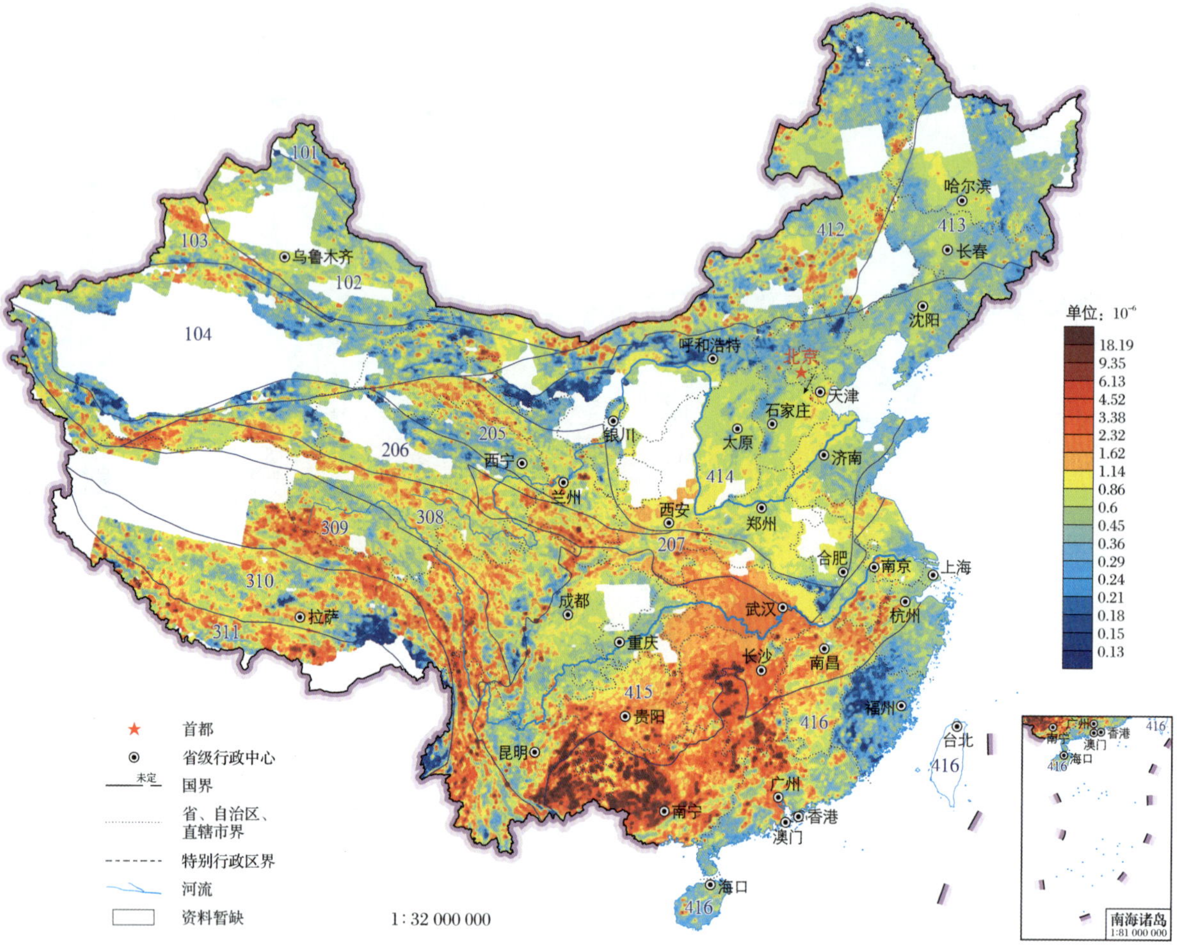

图 1-22　中国各成矿省 Sb 元素地球化学图

（据向运川等，2018）

表 1-11　中国各成矿省 Sb、Hg 元素水系沉积物算术平均含量

成矿省名称	阿尔泰成矿省	准噶尔成矿省	伊犁成矿省	塔里木成矿省	阿尔金-祁连成矿省	昆仑成矿省	秦岭-大别成矿省	巴颜喀拉-松潘成矿省	喀喇昆仑-三江成矿省
Sb	0.59	0.71	0.91	0.65	0.88	0.74	1.32	1.22	1.86
Hg	17.49	18.14	18.03	15.41	19.05	16.60	45.04	40.30	63.63

成矿省名称	冈底斯-腾冲成矿省	喜马拉雅成矿省	大兴安岭成矿省	吉黑成矿省	华北成矿省	扬子成矿省	华南成矿省	全国算术平均值	地壳丰度
Sb	0.96	1.83	0.71	0.47	0.59	1.85	3.32	1.43	0.30
Hg	25.36	40.28	21.42	36.16	28.31	125.07	122.68	60	40.0

注：表中数据据向运川等，2018；地壳丰度据 Wedepohl，1995；Sb 元素单位为 10^{-6}，Hg 元素单位为 10^{-9}。

从中国锑矿床分布中清晰可见，我国锑矿床主要分布于 4 个锑矿带：即华南巨型锑矿带、昆仑-秦岭锑矿带、藏滇锑矿带、阴山-天山锑矿带，其中以华南巨型锑矿带最重要。浅表 Sb 元素地球化学异常场和锑矿带的空间展布十分吻合。

中国作为世界上最大的锑资源国，锑产量约占世界的 80%，已探明资源量（307.24×10^4 t，《中国国土资源报》2018年公布的数据）约占世界的52%左右。在我国，锑矿储量和产量主要集中在扬子陆块南缘的“华南锑矿带”，该带锑矿产量约为全国总产量的87%以上，（达 80×10^4 t 以上）（张国林等，1998）。我国的10个大型锑矿有9个分布在此矿带，其中湖南锡矿山锑矿是目前世界上唯一的超大型锑矿。

从中国成矿省汞地球化学图（图1-23）和算术平均含量（表1-11）获知，Hg元素与Sb元素一样，地球化学异常场与扬子成矿省、华南成矿省、喀喇昆仑-三江成矿省等一、二级构造单元之间拼接带中的区域性大断裂有关，异常场的空间分布明显受其制约。另外，在秦岭-大别成矿省的南秦岭段Hg元素异常呈北西向展布。

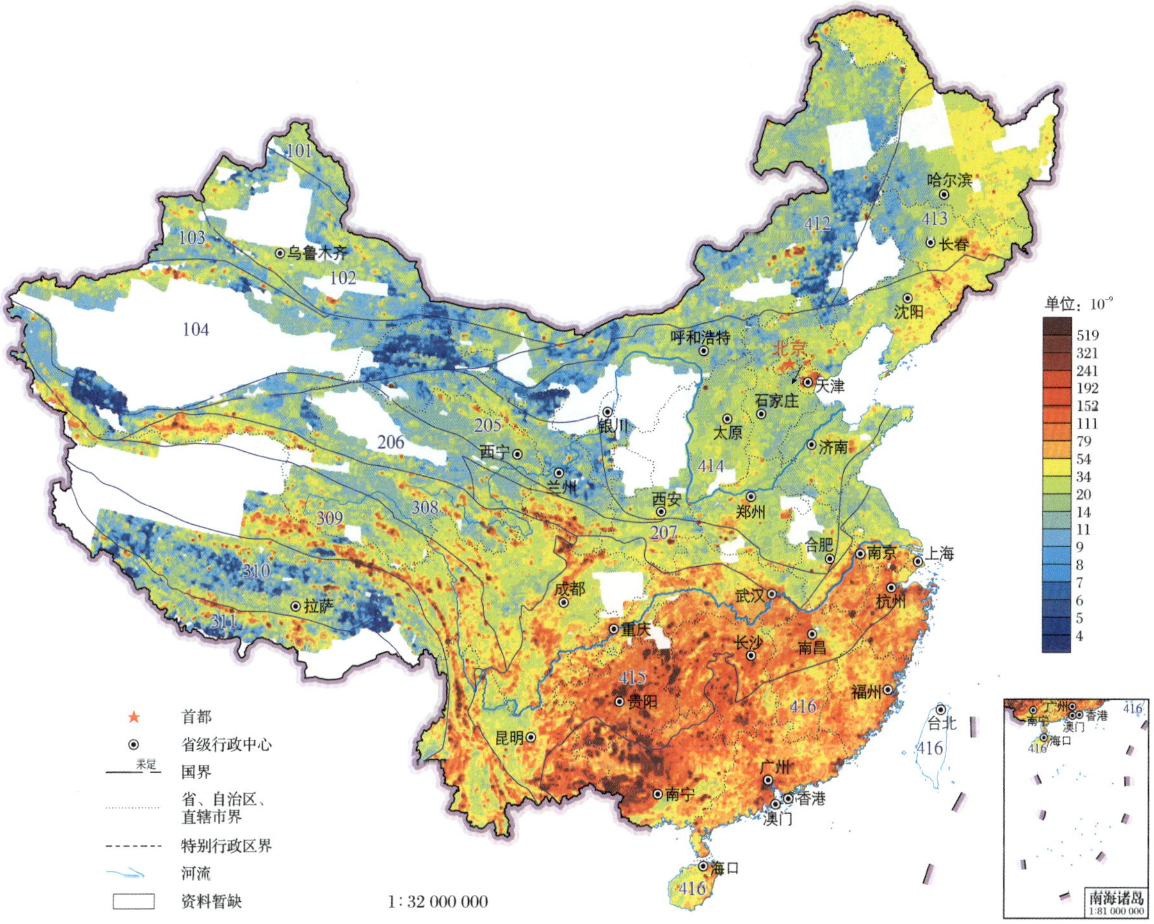

图1-23 中国各成矿省Hg元素地球化学图

（据向运川等，2018）

第三节 中国浅表地球化学场分区

以上区域元素含量分布主要表征的是我国浅表地球化学特征，其空间分布规律不仅受区域地质特征的控制，而且明显受到表生地球化学作用的影响。基于中国成矿省的元素空间分布特征主要是区域地质特征的反映，不能客观反映受表生风化作用影响的地球化学分布特征，为此，需综合中国成矿省的划分方案和中国自然地理景观的划分方案，提出中国浅表地球化学省的划分方案，进而分析元素含量在浅表地球化学省中的分布特征。

基于全国单元素空间分布规律，参考中国成矿省划分方案和中国自然地理划分方案，向运川等（2014）提出中国浅表地球化学省划分方案，将全国划分为5个一级地球化学域和25个二级地球化学省（图1-24；表1-12）。

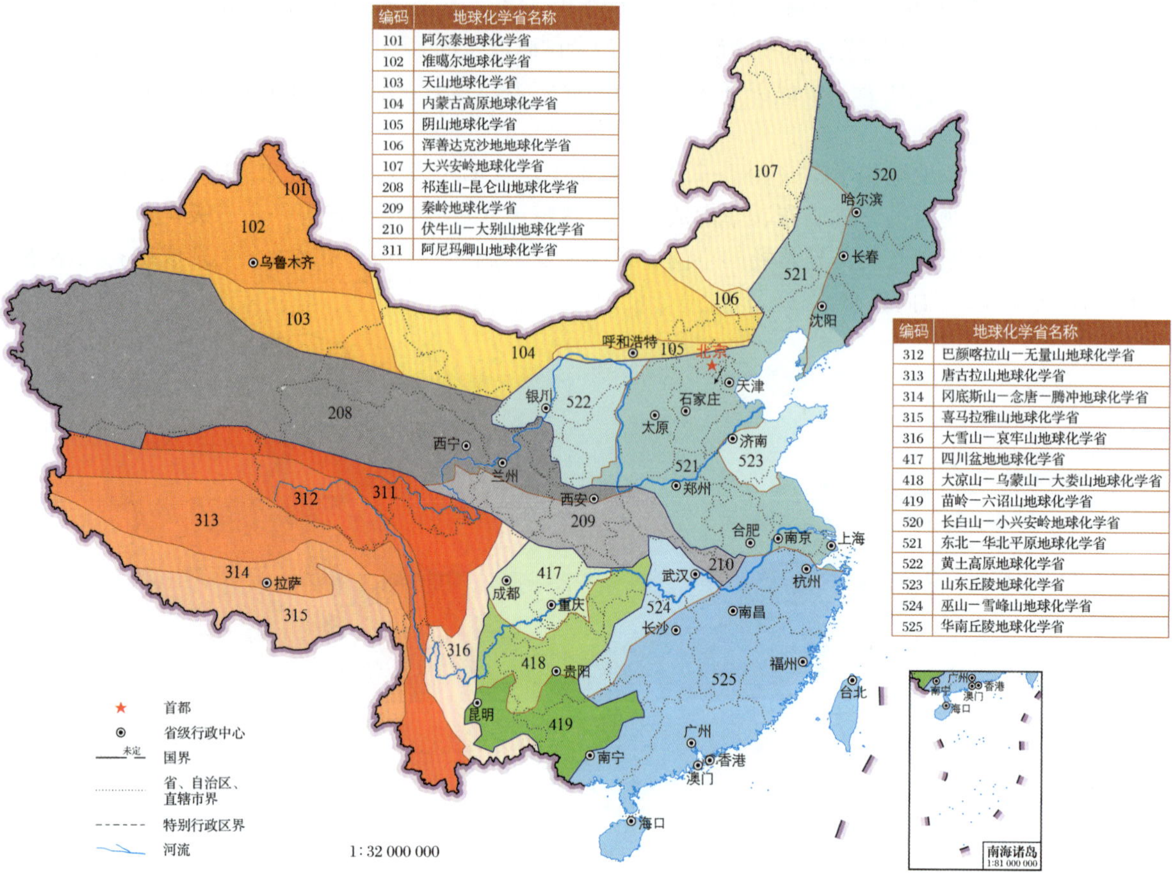

图 1-24 中国浅表地球化学省划分方案

（据向运川等，2014）

表 1-12 中国浅表地球化学省划分方案

编码	地球化学省名称	编码	地球化学省名称
101	阿尔泰地球化学省	314	冈底斯山-念唐-腾冲地球化学省
102	准噶尔地球化学省	315	喜马拉雅山地球化学省
103	天山地球化学省	316	大雪山-哀牢山地球化学省
104	内蒙古高原地球化学省	417	四川盆地地球化学省
105	阴山地球化学省	418	大凉山-乌蒙山-大娄山地球化学省
106	浑善达克沙地地球化学省	419	苗岭-六诏山地球化学省
107	大兴安岭地球化学省	520	长白山-小兴安岭地球化学省
208	祁连山-昆仑山地球化学省	521	东北-华北平原地球化学省
209	秦岭地球化学省	522	黄土高原地球化学省
210	伏牛山-大别山地球化学省	523	山东丘陵地球化学省
311	阿尼玛卿山地球化学省	524	巫山-雪峰山地球化学省
312	巴颜喀拉山-无量山地球化学省	525	华南丘陵地球化学省
313	唐古拉山地球化学省		

（据向运川等，2014）

全国5个一级地球化学域按照编号分别为：①古亚洲地球化学域；②秦祁昆地球化学域；③特提斯地球化学域；④西扬子地球化学域和⑤滨太平洋地球化学域。全国25个二级地球化学省编号及名称如表1-12所示。此处编号采用3位编码，第1位为地球化学域编码，第2~3位为地球化学省编码。地球化学域序号与向运川等（2018）的序号一致，地球化学省编码自北向南、自西向东顺序编号。

一、地球化学域分区依据

1. 古亚洲地球化学域（101至107）

古亚洲地球化学域为戈壁沙漠、干旱荒漠景观区，主要分布在新疆、甘肃、青海、宁夏及内蒙古西部。属大陆性干旱气候，夏季高温、酷热、干燥，冬季干冷，春季风沙多、温差大。降水量稀少，年降水量小于150 mm，而蒸发量可高达2500 mm，几乎无地表径流；植被稀疏，风大沙多，以干旱剥蚀作用和风力搬运作用为主；岩石机械崩解作用强烈，基岩几乎完全被覆盖；地面蒸发作用强，土壤层形成了碱性地球化学障，明显富集 Na_2O、CaO、Ba、Sr（图1-25）。

2. 秦祁昆地球化学域（208、209、210）

秦祁昆地球化学域横跨戈壁沙漠景观区（208）和湿润-半湿润中低山景观区（209、210），主要分布在新疆昆仑山、甘肃祁连山、陕西秦岭以及河南、安徽大别山地区。

昆仑山和祁连山戈壁沙漠景观区显著富集 MgO、CaO、Na_2O、Sr，而贫 SiO_2（图1-26）。

陕西秦岭和安徽大别山地区属湿润-半湿润中低山景观区，降水量大于600 mm，降水较为充沛，气候以半湿润为基本特征。而从地质特征来看，该区发育着一套太古宙—元古宙的太华群、秦岭群、大别群、红安群等斜长角闪岩、斜长角闪片麻岩、麻粒岩等基性岩类，为此，除富集 MgO、CaO、Na_2O，贫 SiO_2 外，还富集 Ba、Sr、P、V、Cr 等元素（图1-27）。

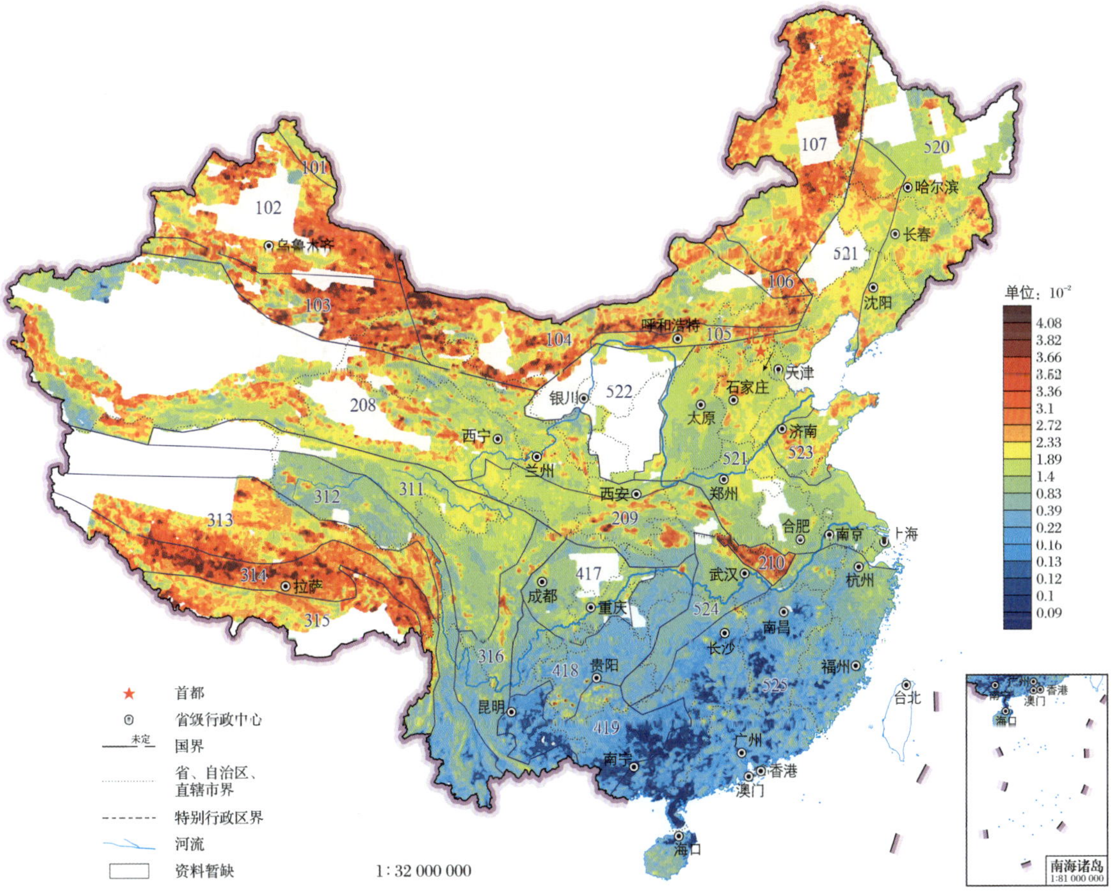

Na_2O

图1-25　古亚洲地球化学域富集的氧化物和元素

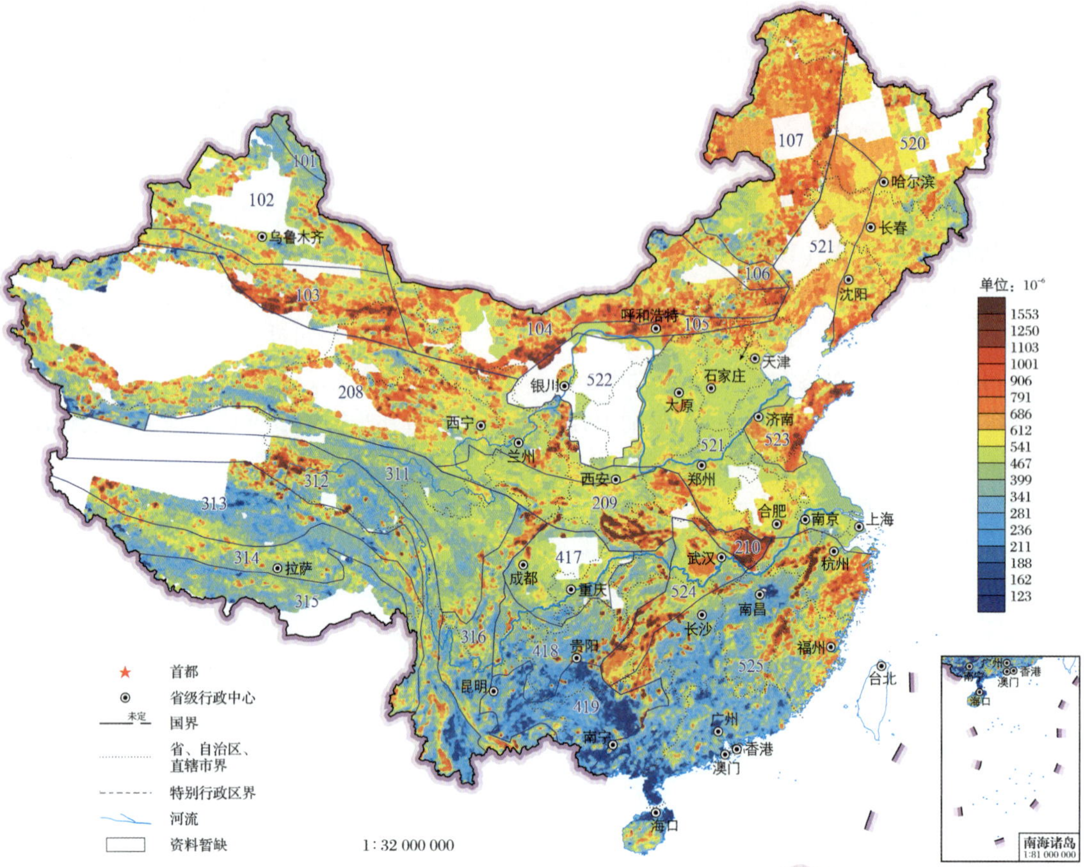

Ba

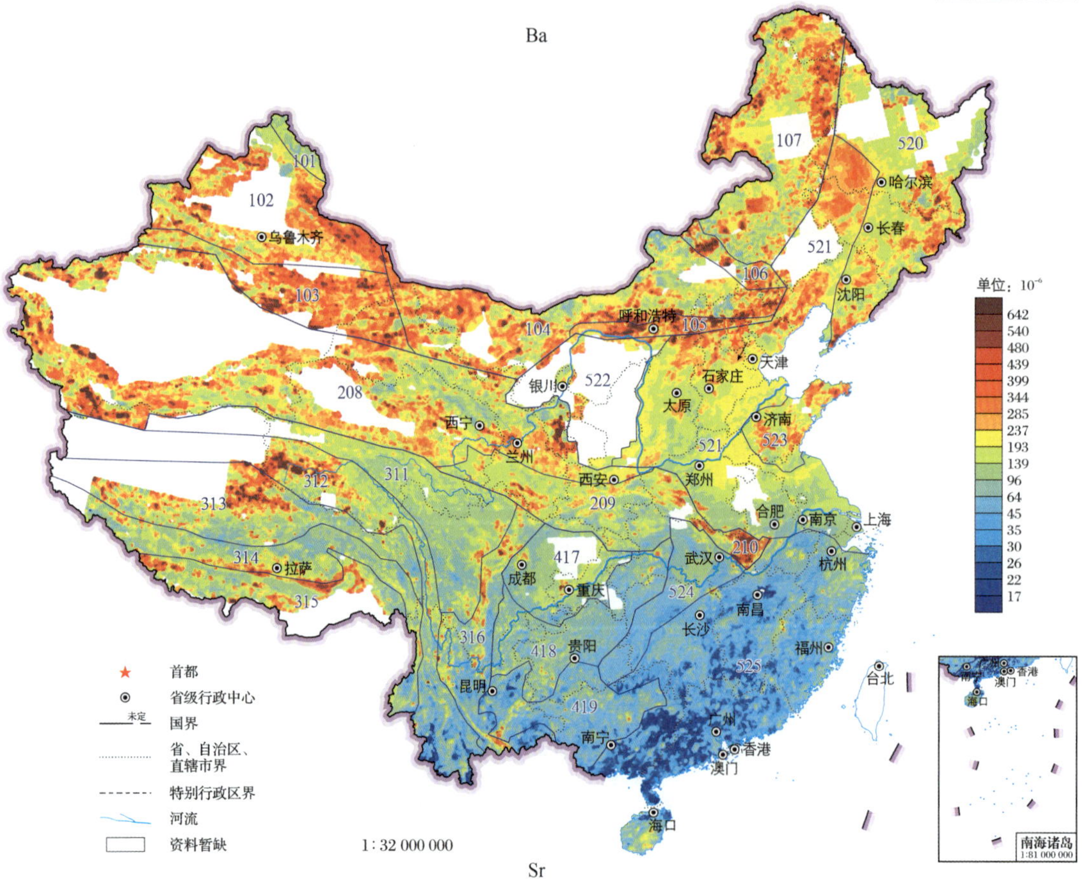

Sr

图 1-25　古亚洲地球化学域富集的氧化物和元素（续）

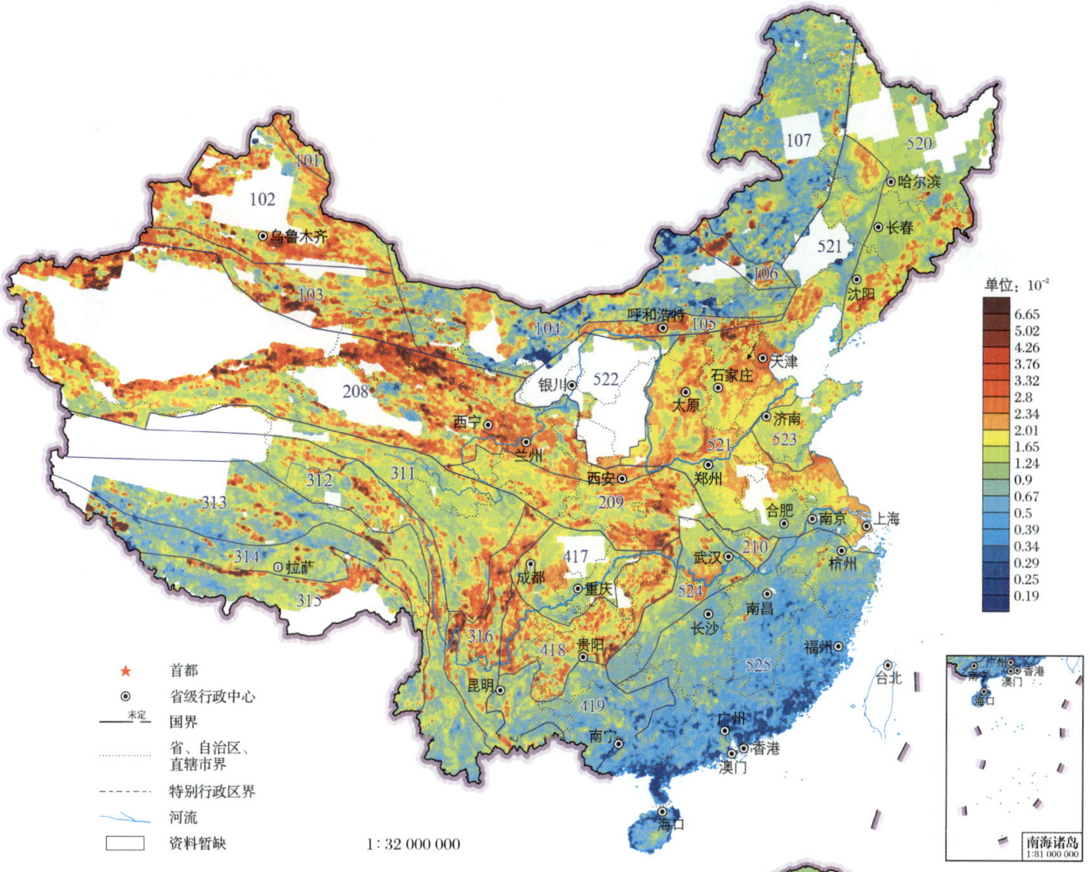

MgO

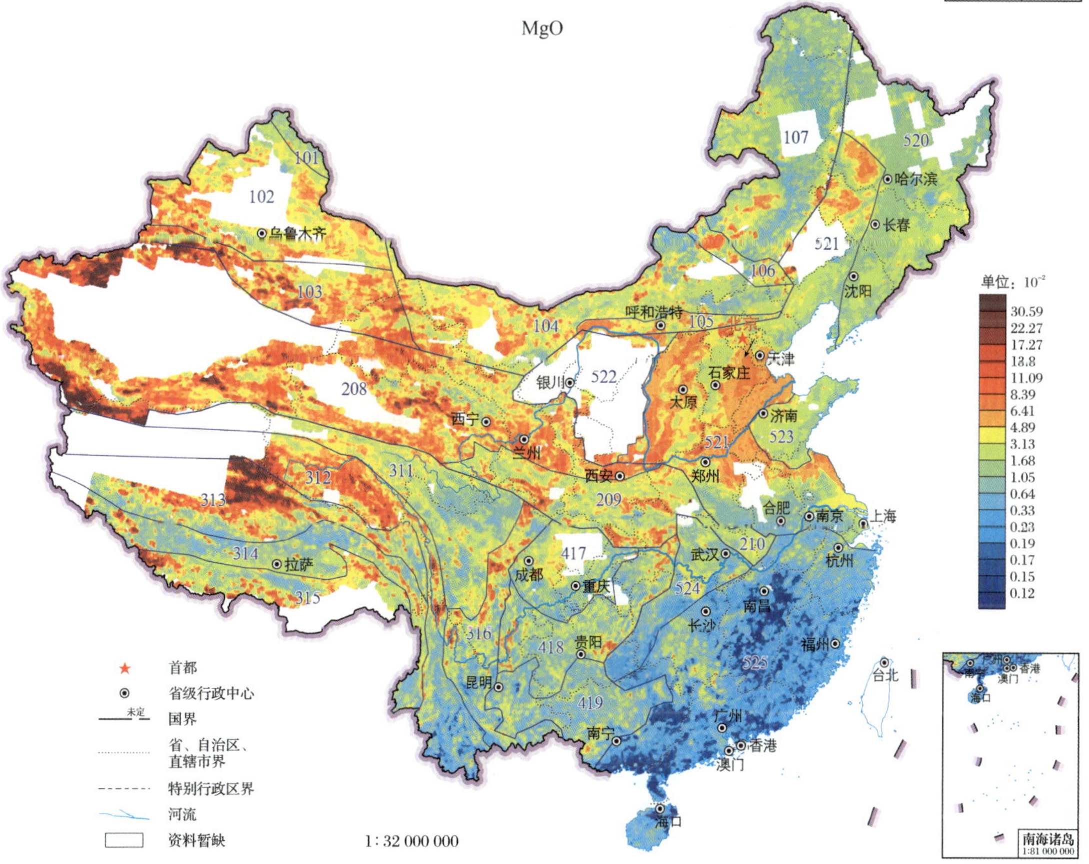

CaO

图 1-26　秦祁昆地球化学域富、贫的氧化物

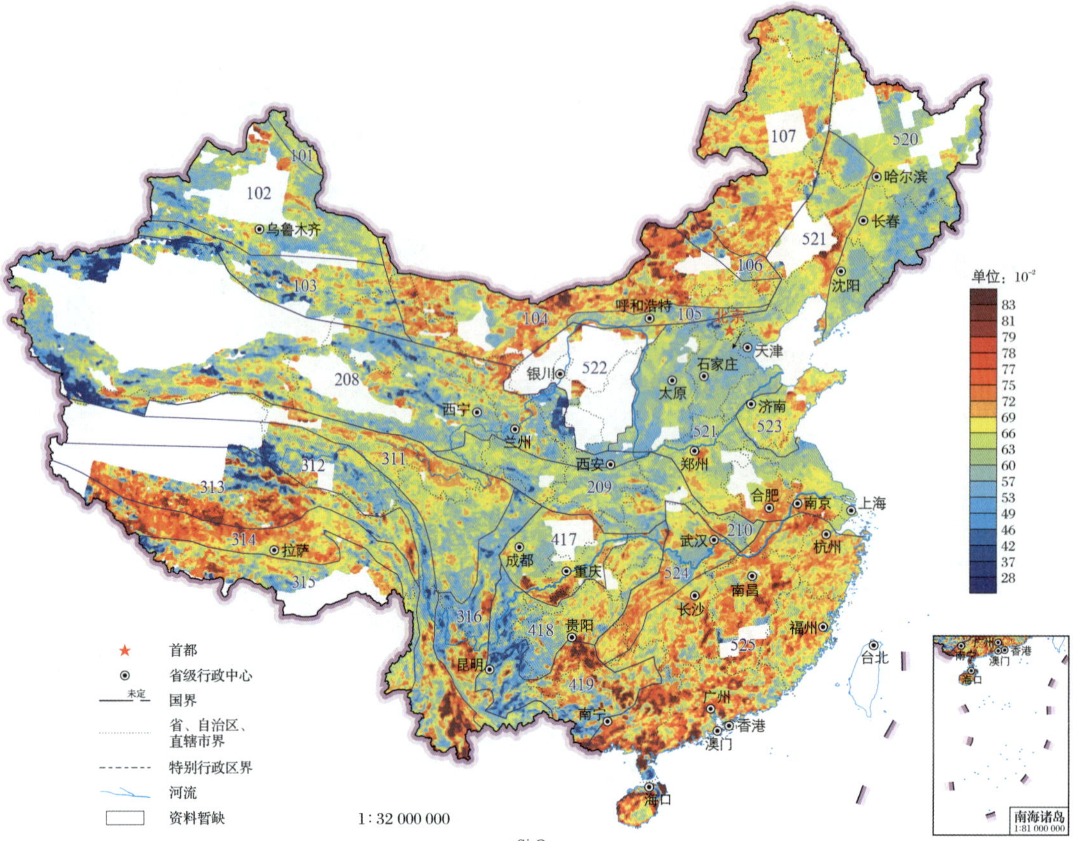

Si_2O

图 1-26　秦祁昆地球化学域富、贫的氧化物（续）

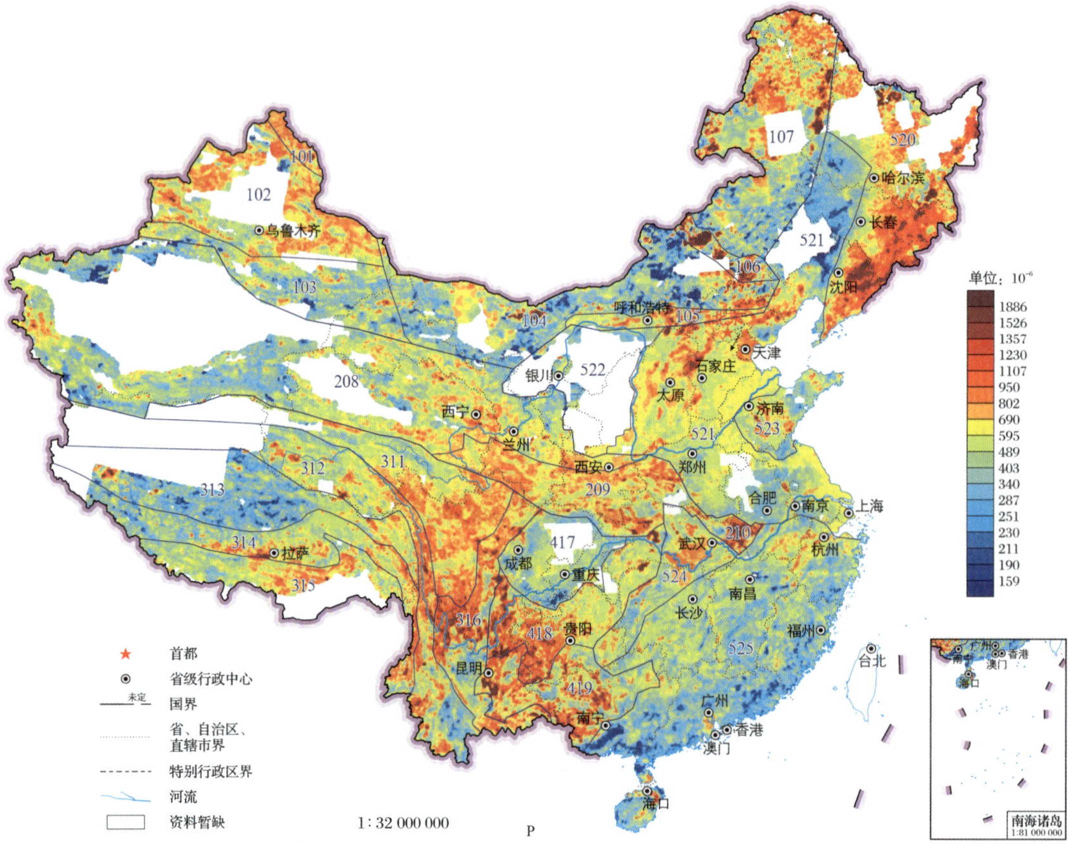

P

图 1-27　陕西秦岭和安徽大别山地区基性元素富集

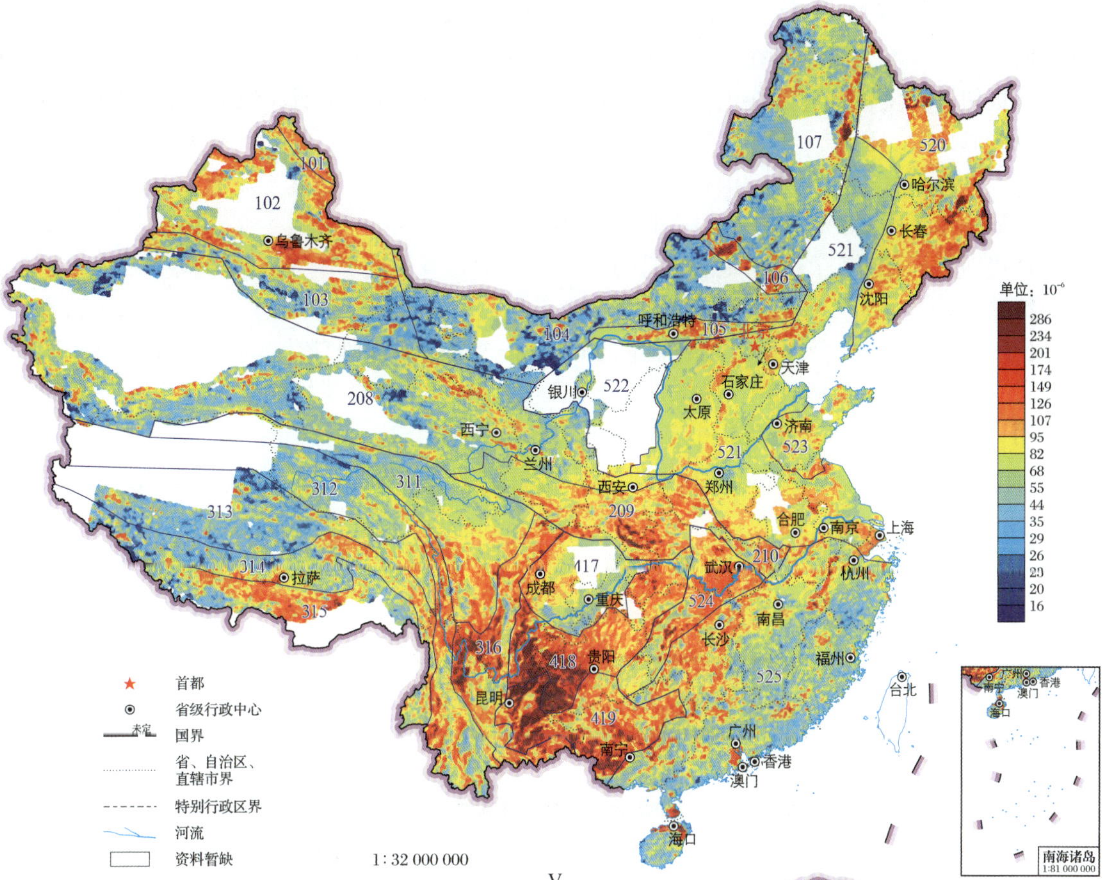

V

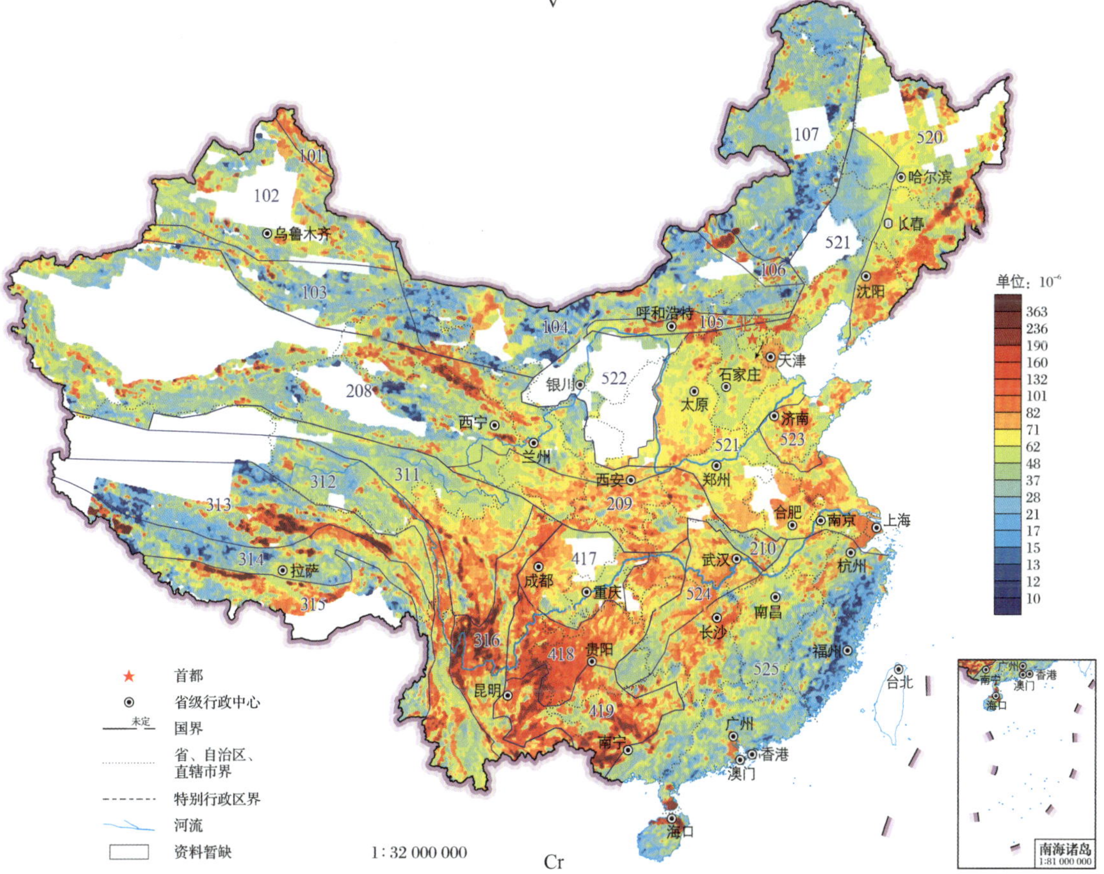

Cr

图 1-27 陕西秦岭和安徽大别山地区基性元素富集（续）

3. 特提斯地球化学域（311、312、313、314、315、316）

特提斯地球化学域主要分布在我国西南边陲的青藏高原和云贵高原西部，它是新生代印度板块向北碰撞亚洲板块，而使古特提斯洋消减所造成的地层-岩浆-构造成矿域。该地球化学域地理景观十分复杂，既有高山峡谷区、干旱-半干旱高寒山区、高寒湖泊丘陵区，又有湿润-半湿润高寒山区。为此，那里大部分地区山势险峻，沟谷极深，岩石裸露（半裸露），土壤覆盖薄，植被不发育；有些地区雨量充沛，水系发育，土壤层较厚，植被茂盛。

结合特提斯地球化学域的成矿地质构造特征、自然地理景观的影响及元素空间分布规律，归纳如下几方面特征：

1）处于雅鲁藏布江缝合线南、北两侧的冈底斯山-念唐-腾冲地球化学省（314）和喜马拉雅山地球化学省（315）分布着碰撞前、碰撞期、碰撞后的各类火山-岩浆岩及与之有成因关系的各类成岩成矿作用（图1-28），为此分布着相应的造岩元素与成矿元素。

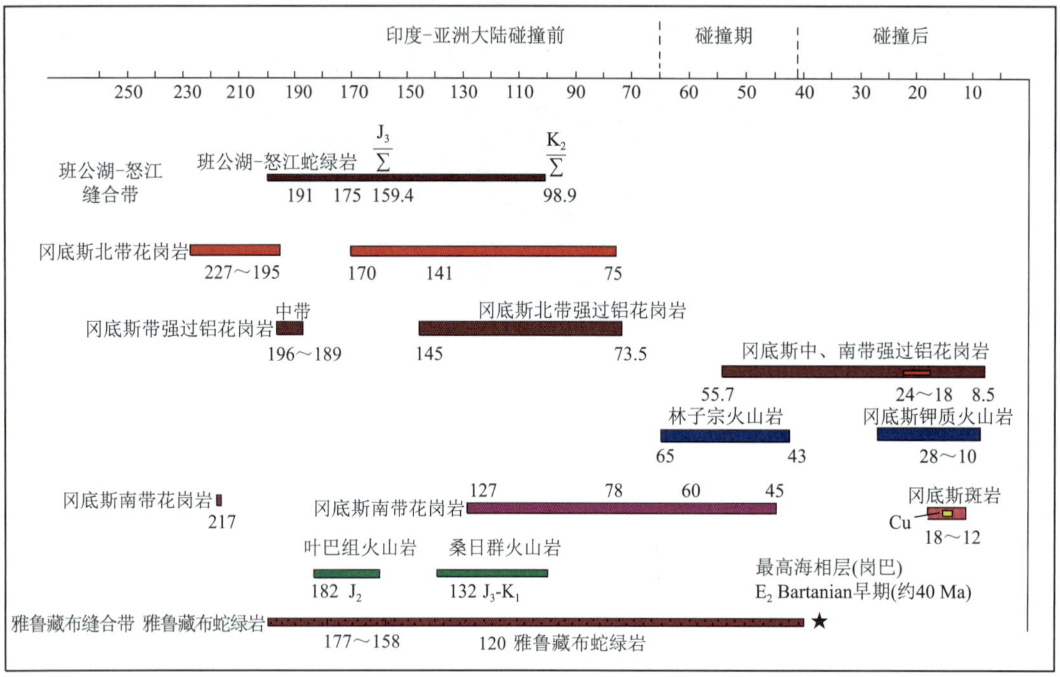

图1-28　冈底斯成矿带构造-岩浆事件序次示意图

（据莫宣学等，2005）

70 Ma以后时段比例尺放大了1倍；横坐标表示时间（Ma）；纵坐标表示空间相对位置：上北下南

造岩元素及与之有关的微量元素：示踪酸性岩的SiO_2、Na_2O、Be、Li、Bi（314、315）；示踪基性岩的Fe_2O_3、MgO、Ni、Co（315）。

成矿元素：Cu、Mo、Au（314、315）（图1-29）；W、Sn（314、315）；U、Th（314）；As、Sb（314、315）（图1-29）；Cr（315）。

2）西藏冈底斯铜多金属成矿带中Cu-Mo-Au（W）地球化学分区内分布多个铜矿集区，分区内主要矿种为铜、钼、金。从图1-29可见：Cu-Mo-Au（W）地球化学分区很好地对应于区域地质构造单元（岩浆弧（南冈底斯）-火山弧（桑日、叶巴））。为此，1∶20万（1∶50万）水系沉积物地球化学分区也可为基础地质构造单元的划分提供依据。

3）巴颜喀拉山-无量山地球化学省（312）中南段受到印度洋板块北东部犄角突兀构造作用的影响，藏东地区在“三江”陆内裂谷构造作用下，地质构造复杂多样，岩浆作用频繁发育，成矿条件十分有利，是我国重要的Cu、Au多金属等矿床的成矿区域，为此，发育着Cu、Au、Ag、As、Sb、Hg等元素呈近南北向异常带。

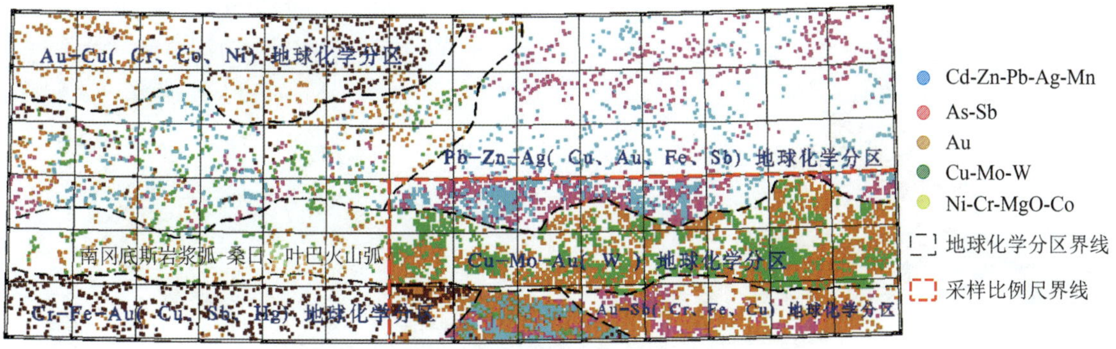

图 1-29　西藏冈底斯成矿带中 Cu-Mo-Au（W）水系沉积物地球化学分区
（据马振东等，2014）

4. 西扬子地球化学域（417、418、419）

西扬子地球化学域位于我国云贵高原川、滇、黔、桂的大凉山、乌蒙山、大娄山、苗岭及六诏山一带，除四川盆地外主要是湿润-半湿润高寒山区景观和滇东、黔、桂的岩溶景观区。区内气候湿润-半湿润，降水充沛，水系十分发育，西扬子地球化学域西部流水侵蚀及切割作用较强烈，局部为峡谷景观。植被较发育，土壤层较厚。滇东、黔、桂的岩溶景观区为灰岩、白云岩等碳酸盐岩被溶蚀所致，形成的岩溶地貌。岩溶景观区水系较发育，植被茂盛，土被较薄。西扬子地球化学域内化学、生物风化作用强烈，为此，贫 Na_2O、CaO、Sr、Ba 等。

西扬子地球化学域大地构造位置属扬子陆块西段，其基底为中—新元古代的一套浅变质碎屑-碳酸盐岩（昆阳群、四堡群、丹洲群、板溪群等），覆盖其上的为古生代浅海-滨海相碳酸盐岩-碎屑岩沉积建造，中生代印支运动整体抬升为陆。印支期—燕山期中酸性岩浆侵入和大陆溢流玄武岩所导致的成矿作用，致使西扬子地球化学域富集 Cu、Sn、Zn、Sb、Hg、Mn、Fe_2O_3、V、Co 等元素。

5. 滨太平洋地球化学域（520、521、522、523、524、525）

滨太平洋地球化学域与徐志刚等（2008）中国成矿区带划分方案中的二级成矿域滨太平洋成矿域的范围大致相当，主要分布在我国中东部地区。该地球化学域元素分布特征受地质和地理景观两大因素控制。

1）侏罗纪—白垩纪初，随着西太平洋板块与亚洲大陆碰撞，形成亚洲东缘构造带和中国东部陆缘活化带，近东西向构造格局完全被北东—北北东向构造格局所替代。在早、晚白垩世交界时期，中国东部软流圈上涌，岩浆底侵作用带来的大量热能使中-下地壳发生大规模的熔融，产生的花岗质岩浆侵入上部地壳，形成了我国东部广泛分布的印支期—燕山期岩浆岩及其与之密切相关的 W、Sn、La、U、Th 等元素成矿作用。

2）我国中东部复杂多样的地理景观特征，从北至南有：分布于东北大、小兴安岭等地区的森林沼泽景观区，分布于东北、华北平原及长江中下游的冲积平原景观区，以及秦岭以南的中东部的湿润-半湿润中低山景观区。尤其是华南丘陵地球化学省（525）为亚热带气候，温湿多雨，植被发育，在有机酸来源丰富的自然景观条件下，以化学风化为主的表生作用强烈，基岩高度风化，发育厚度较大的面型风化壳，风化壳内可溶的碱金属、碱土金属大量淋失，Al_2O_3、稀土等元素在风化壳富集成矿，W、Sn 等在表生条件下稳定的元素在水系沉积物（土壤）中浓集。

二、中国二级地球化学省主要成矿元素分布特征

主要成矿及伴生元素包括 Cu、Pb、Zn、Au、Ag、W、Sn、Mo、Sb、As、U、Th、La、Y 等，在我国 25 个浅表地球化学省（向运川等，2018）中的分布特征如下。

1. 中国二级地球化学省 Cu 元素地球化学场

由中国各地球化学省 Cu 元素地球化学图（图 1-30）和 Cu 元素平均值（表 1-13）获知：

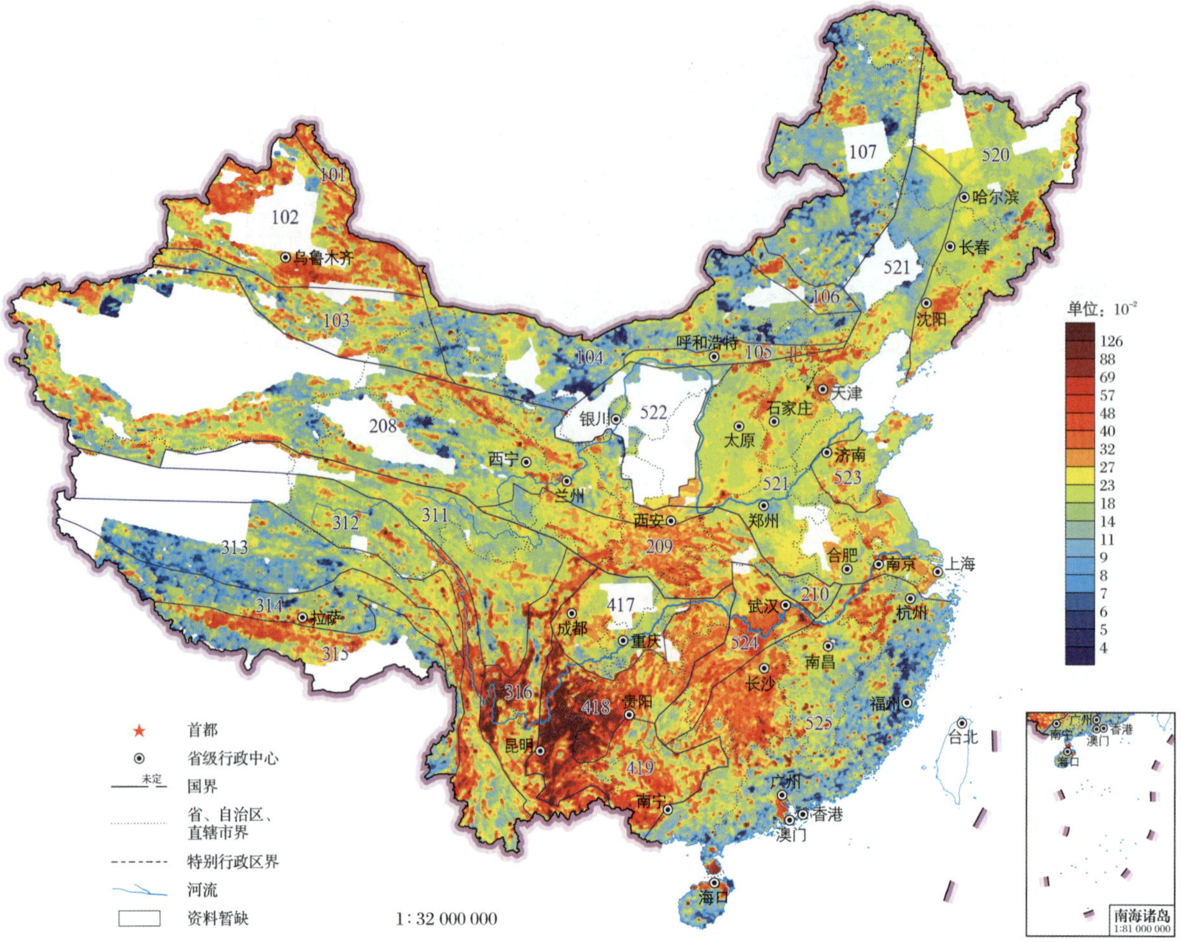

图 1-30　中国各地球化学省 Cu 元素地球化学图

表 1-13　中国各成矿省 Cu 元素水系沉积物算术平均含量　　　　单位：10^{-6}

地球化学省名称	阿尔泰地球化学省	准噶尔地球化学省	天山地球化学省	内蒙古高原地球化学省	阴山地球化学省	浑善达克沙地地球化学省	大兴安岭地球化学省	祁连山-昆仑山地球化学省	秦岭地球化学省
Cu	30.53	31.63	21.40	13.95	23.24	20.31	15.58	21.93	27.94

地球化学省名称	伏牛山-大别山地球化学省	阿尼玛卿山地球化学省	巴颜喀拉山-无量山地球化学省	唐古拉山地球化学省	冈底斯山-念唐-腾冲地球化学省	喜马拉雅山地球化学省	大雪山-哀牢山地球化学省	四川盆地地球化学省	大凉山-乌蒙山-大娄山地球化学省
Cu	21.17	22.20	26.74	18.16	22.43	26.10	45.23	22.64	54.22

地球化学省名称	苗岭-六诏山地球化学省	长白山-小兴安岭地球化学省	东北-华北平原地球化学省	黄土高原地球化学省	山东丘陵地球化学省	巫山-雪峰山地球化学省	华南丘陵地球化学省	全国算术平均值
Cu	44.96	21.24	23.08	16.97	22.60	31.72	21.29	25

注：表中数据据向运川等，2018。

1）大雪山-哀牢山、大凉山-乌蒙山-大娄山、苗岭-六诏山地球化学省位于扬子成矿省，其 Cu 平均含量为 $44.96\times10^{-6}\sim54.22\times10^{-6}$，最高值达 3459×10^{-6}，如此大范围的 Cu 异常主要由扬子陆块西缘的新元古代的海相火山岩型大红山铜矿床、拉拉厂铜矿床以及元古宙的东川、易门的海相杂色岩系型铜矿床及峨眉山玄武岩所致。

2）阿尔泰、准噶尔地球化学省 Cu 异常是由古亚洲成矿域中岩浆铜镍硫化物型、海相火山岩型铜矿床引起的。而巴颜喀拉山-无量山、喜马拉雅山地球化学省 Cu 异常是由特提斯-喜马拉雅山成矿域中的喜马拉雅期斑岩型铜矿床所致。

2. 中国二级地球化学省 Pb、Zn 元素地球化学场

从我国各地球化学省 Pb、Zn 元素地球化学图（图 1-31）和 Pb、Zn 元素平均值（表 1-14）可见：

1）Pb、Zn 元素的高值区处于喀喇昆仑-三江成矿省、冈底斯-腾冲成矿省中的巴颜喀拉山-无量山地球化学省、冈底斯山-念唐-腾冲地球化学省、大雪山-哀牢山地球化学省（Pb 含量>36×10^{-6}，Zn 含量>78×10^{-6}）（表 1-14）和处于扬子成矿省、华南成矿省中的大凉山-乌蒙山-大娄山地球化学省、苗岭-六诏山地球化学省（Pb 含量>40×10^{-6}，Zn 含量>108×10^{-6}）（表 1-14）。

表 1-14 中国浅表地球化学省 Pb、Zn 元素水系沉积物算术平均含量 单位：10^{-6}

地球化学省名称	阿尔泰地球化学省	准噶尔地球化学省	天山地球化学省	内蒙古高原地球化学省	阴山地球化学省	浑善达克沙地球化学省	大兴安岭地球化学省	祁连山-昆仑山地球化学省	秦岭地球化学省
Pb	12.7	15.85	16.04	18.49	20.14	20.17	24.59	20.08	25.1
Zn	82.0	76.92	52.39	42.52	66.05	69.71	62.74	58.86	80.04
地球化学省名称	伏牛山-大别山地球化学省	阿尼玛卿山地球化学省	巴颜喀拉山-无量山地球化学省	唐古拉山地球化学省	冈底斯山-念唐-腾冲地球化学省	喜马拉雅山地球化学省	大雪山-哀牢山地球化学省	四川盆地地球化学省	大凉山-乌蒙山-大娄山地球化学省
Pb	24.88	21.48	36.98	27.43	40.93	29.67	36.97	21.39	41.27
Zn	74.44	74.25	81.0	61.93	78.41	76.24	97.0	66.35	108.65
地球化学省名称	苗岭-六诏山地球化学省	长白山-小兴安岭地球化学省	东北-华北平原地球化学省	黄土高原地球化学省	山东丘陵地球化学省	巫山-雪峰山地球化学省	华南丘陵地球化学省	全国算术平均值	
Pb	46.39	23.73	21.94	18.26	22.82	30.12	42.08	28.5	
Zn	139.74	79.73	61.65	50.97	52.31	85.19	76.48	74	

注：表中数据据向运川等，2018。

2）从图 1-31（上）各地球化学省中可见：Pb 异常面积约 75×10^4 km^2，几乎包含了整个华南地区各地球化学省，区域内 Pb 含量均大于 40×10^{-6}，是地壳丰度的近 3 倍（这里需注意的是在华南花岗岩分布区水系沉积物中钾长石碎屑内类质同象 Pb 的干扰）。而在华南的“滇黔桂-湘西-粤北”Zn 的异常面积约 40×10^4 km^2，与 Pb 高值异常叠合。这是由于在该区域分布着云南会泽、昭通铅锌矿，贵州普安铅锌矿、赫章铅锌矿集区，湖南后江桥铅锌矿、黄沙坪铅锌矿、水口山铅锌矿，湘西花垣铅锌矿、白云铺铅锌矿，粤北凡口铅锌矿等大型、超大型及一大批中小型铅锌矿床（矿点）所致。

3）喀喇昆仑-三江成矿省、冈底斯-腾冲成矿省中各 Pb、Zn 地球化学省的 Pb 异常面积约 38×10^4 km^2，该区域内 Pb、Zn 异常呈带状、串珠状分布。受该区域基本构造格架的制约，“三江”异常带呈北北西—北西—南东向展布，Pb、Zn 异常是由北部青海沱沱河铅锌多金属矿集区（图 1-32），中部呷村和夏塞大型铅锌矿至云南兰坪金顶超大型铅锌矿，南部云南镇康铅锌多金属矿田所致；雅鲁藏布江 Pb、Zn 异常带呈北西西—东西向分布，带内自西至东分布着则学、勒青拉、新嘎果、洞中松多和下马日铅锌矿等。

4）内蒙古大兴安岭中南段 Pb、Zn 地球化学异常带呈北东向串珠状分布，带内分布着拜仁达坝、白音诺尔、浩布高、花敖包特和龙头山等大型、超大型银铅锌矿床。

5）秦岭 Pb、Zn 地球化学异常带呈近东西向串珠状展布，带内分布着甘肃西和-成县铅锌矿集区、陕西凤太铅锌矿田和山阳-柞水铅锌矿田。

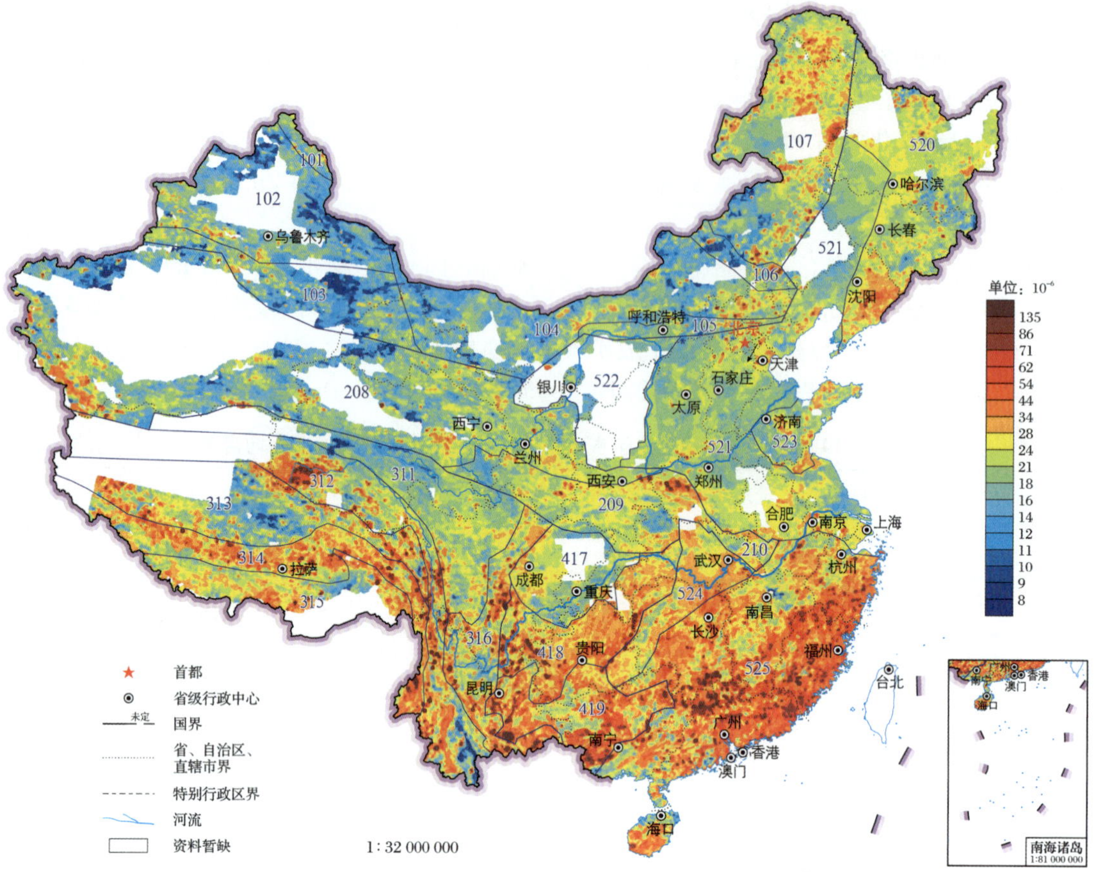

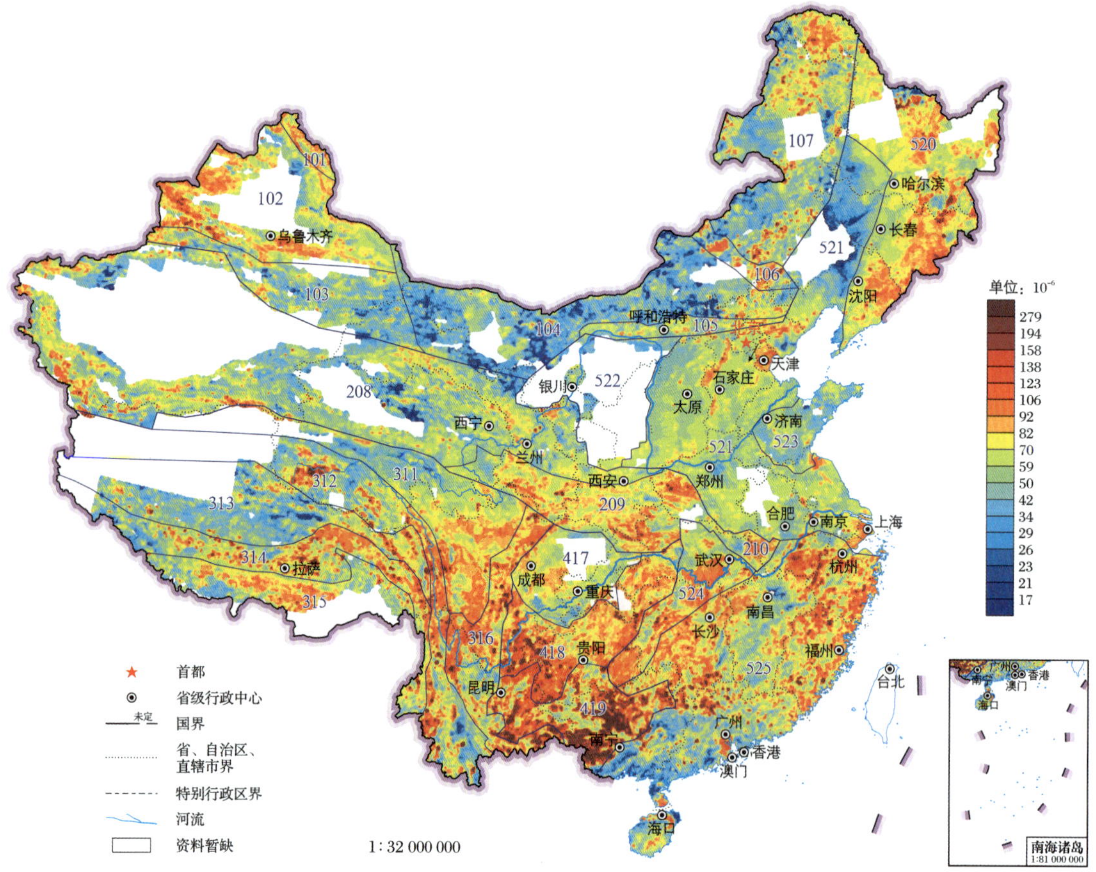

图 1-31　中国各地球化学省 Pb（上）、Zn（下）元素地球化学图

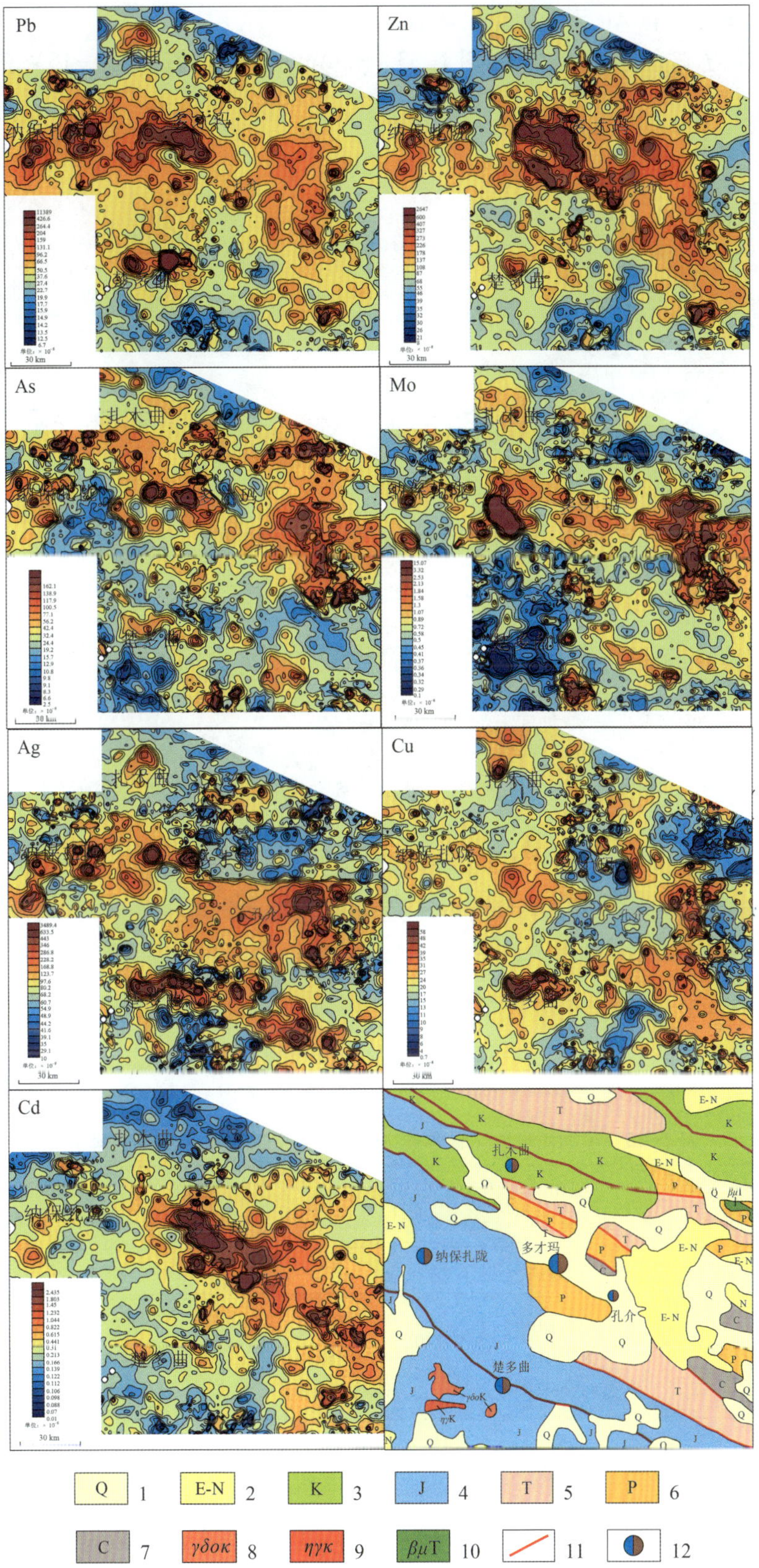

图 1-32 “三江”沱沱河铅锌多金属矿集区地球化学图

（据刘长征，2018）

1—第四系冲积、冰积、湖积物；2—始新统—中新统泥岩、砂岩夹石膏；3—白垩系碎屑岩夹泥灰岩、石膏；4—侏罗系碎屑岩夹煤层；5—三叠系海陆交互相碎屑岩、碳酸盐岩夹煤层，夹基-中酸性火山岩；6—二叠系碳酸盐岩、碎屑岩夹煤层，中酸性火山岩；7—石炭系碎屑岩夹中酸性火山岩，夹中基性火山岩；8—英云闪长岩；9—二长花岗岩；10—辉绿岩；11—断层；12—铅锌矿

3. 中国二级地球化学省 Au 元素地球化学场

从中国各地球化学省金地球化学图（图 1-33）和 Au 元素平均值（表 1-15）获知：

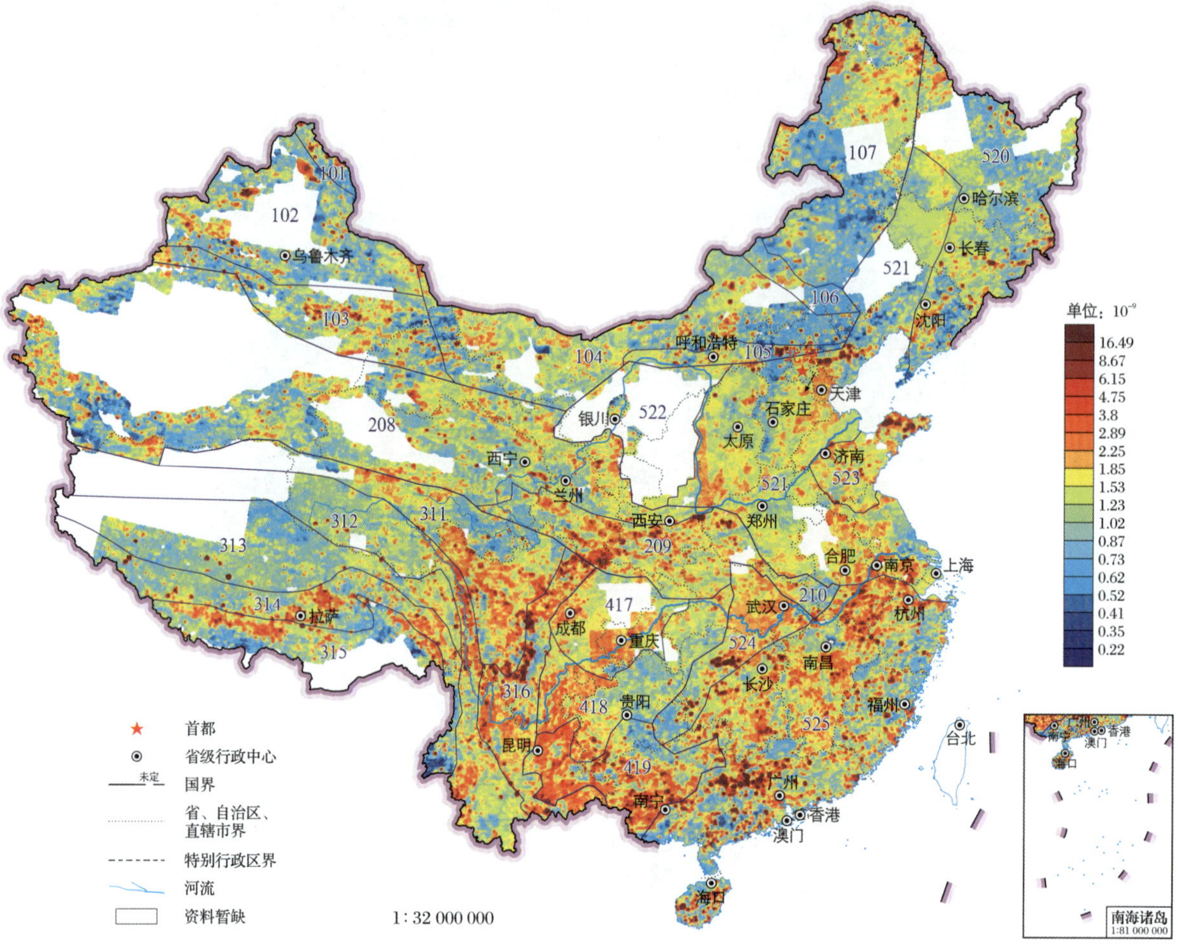

图 1-33　中国各地球化学省 Au 元素地球化学图

表 1-15　中国浅表地球化学省 Au 元素水系沉积物算术平均含量　　单位：10^{-9}

地球化学省名称	阿尔泰地球化学省	准噶尔地球化学省	天山地球化学省	内蒙古高原地球化学省	阴山地球化学省	浑善达克沙地球化学省	大兴安岭地球化学省	祁连山-昆仑山地球化学省	秦岭地球化学省
Au	1.70	1.44	1.62	1.37	2.91	1.00	1.51	1.44	2.39
地球化学省名称	伏牛山-大别山地球化学省	阿尼玛卿山地球化学省	巴颜喀拉山-无量山地球化学省	唐古拉山地球化学省	冈底斯山-念唐-腾冲地球化学省	喜马拉雅山地球化学省	大雪山-哀牢山地球化学省	四川盆地地球化学省	大凉山-乌蒙山-大娄山地球化学省
Au	1.58	2.04	1.87	1.41	1.79	1.93	3.39	1.78	1.70
地球化学省名称	苗岭-六诏山地球化学省	长白山-小兴安岭地球化学省	东北-华北平原地球化学省	黄土高原地球化学省	山东丘陵地球化学省	巫山-雪峰山地球化学省	华南丘陵地球化学省	全国算术平均值	
Au	2.57	1.42	1.74	1.44	2.93	2.73	2.76	1.97	

注：表中数据据向运川等，2018。

1）Au 元素地球化学异常区或高值区主要分布在大陆活动带的基底隆起边缘带及原岩为基性、超基性火山岩的太古宙地层分布区。在陆块中 Au 异常多呈“面状”连片、连带分布，如阴山、秦岭、阿尼玛卿山、大雪山-哀牢山、苗岭-六诏山、山东丘陵、巫山-雪峰山、华南丘陵地球化学省，Au含量大于2.0×10^{-9}，最大值达2640×10^{-9}。

2）Au在7个地球化学省中富集，分别为阴山地球化学省（105）、秦岭地球化学省（209）、大雪山-哀牢山地球化学省（316）、苗岭-六诏山地球化学省（419）、山东丘陵地球化学省（523）、巫山-雪峰山地球化学省（524）、华南丘陵地球化学省（525）。

3）我国在1980~2015年，根据水系沉积物、土壤地球化学测量圈定的异常，发现金矿999处，其中中型以上金矿700余处，探明金资源量约4000 t，约占全国已探明黄金资源量9000余吨的近1/2，为我国成为世界第一产金大国做出了突出贡献。直接发现了如贵州烂泥沟、紫木凼、戈塘，甘肃李坝、大水，新疆阿希、康古尔塔格和萨瓦亚尔顿，四川马垴壳、甘孜嘎拉，河南上宫，山东乳山三甲、归来庄，云南老王寨、鹤庆北衙，广东长坑，内蒙古哈达门沟、朱日和，辽宁排山楼，湖北蛇屋山，江西金山，青海五龙沟等大型、超大型金矿（谢学锦等，2009）。

4. 中国二级地球化学省 W、Sn 元素地球化学场

从中国各地球化学省W、Sn元素地球化学图（图1-34）及W、Sn元素平均含量（表1-16）获知：

表1-16 中国浅表地球化学省W、Sn元素水系沉积物算术平均含量 单位：10^{-6}

地球化学省名称	阿尔泰地球化学省	准噶尔地球化学省	天山地球化学省	内蒙古高原地球化学省	阴山地球化学省	浑善达克沙地球化学省	大兴安岭地球化学省	祁连山-昆仑山地球化学省	秦岭地球化学省
W	3.98	1.57	1.15	1.18	1.67	1.36	1.75	1.55	1.83
Sn	3.44	2.17	1.98	2.08	1.92	2.56	3.00	2.08	2.54
地球化学省名称	伏牛山-大别山地球化学省	阿尼玛卿山地球化学省	巴颜喀拉山-无量山地球化学省	唐古拉山地球化学省	冈底斯山-念唐-腾冲地球化学省	喜马拉雅山地球化学省	大雪山-哀牢山地球化学省	四川盆地地球化学省	大凉山-乌蒙山-大娄山地球化学省
W	1.42	2.55	2.11	1.70	3.88	3.60	2.82	1.34	1.80
Sn	2.75	3.22	3.11	2.29	5.98	4.01	4.32	2.73	3.42
地球化学省名称	苗岭-六诏山地球化学省	长白山-小兴安岭地球化学省	东北-华北平原地球化学省	黄土高原地球化学省	山东丘陵地球化学省	巫山-雪峰山地球化学省	华南丘陵地球化学省	全国算术平均值	
W	3.02	1.78	1.64	1.13	1.44	2.15	5.76	2.50	
Sn	6.35	2.88	2.76	2.03	2.73	3.32	8.68	3.89	

注：表中数据据向运川等，2018。

1）我国W、Sn元素丰度较高，其高值区（W含量$>3\times10^{-6}$，Sn含量$>5\times10^{-6}$）主要分布在华南与西南地区：华南丘陵地球化学省W含量平均值达5.76×10^{-6}，Sn含量平均值达8.68×10^{-6}，是全国算术平均值（W：2.5×10^{-6}，Sn：3.89×10^{-6}）的一倍多，域内W、Sn异常面积大，异常连片分布，总体呈北东走向；位于西南地区的冈底斯山-念唐-腾冲地球化学省、喜马拉雅山地球化学省W平均值为3.60×10^{-6}~3.88×10^{-6}，Sn平均值为4.01×10^{-6}~5.98×10^{-6}，域内W、Sn异常呈近东西向展布，长约1000 km，宽约200 km，面积约20×10^4 km^2。目前尚未发现大的钨锡矿床，但具有找矿前景。

2）滇东南-桂西南W、Sn地球化学异常带中，滇东南以Sn元素为主（苗岭-六诏山地球化学省Sn含量高达6.35×10^{-6}），已发现个旧、马关、卡房等多处大型Sn多金属矿床；桂西南以W元素为主，已发现大明山大型W矿床。

3）阿尔泰地球化学省W含量平均值达3.98×10^{-6}，常呈北西向分布，成矿与加里东期花岗岩（γ_4）有关。

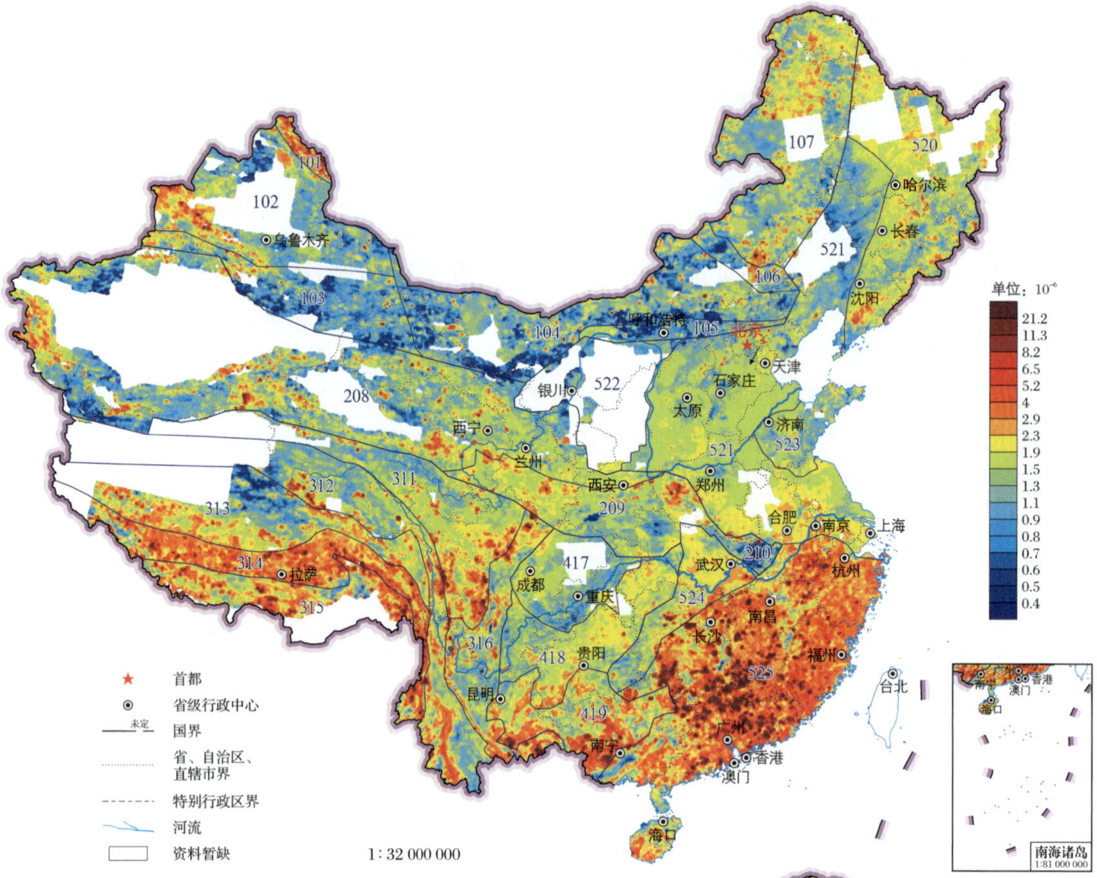

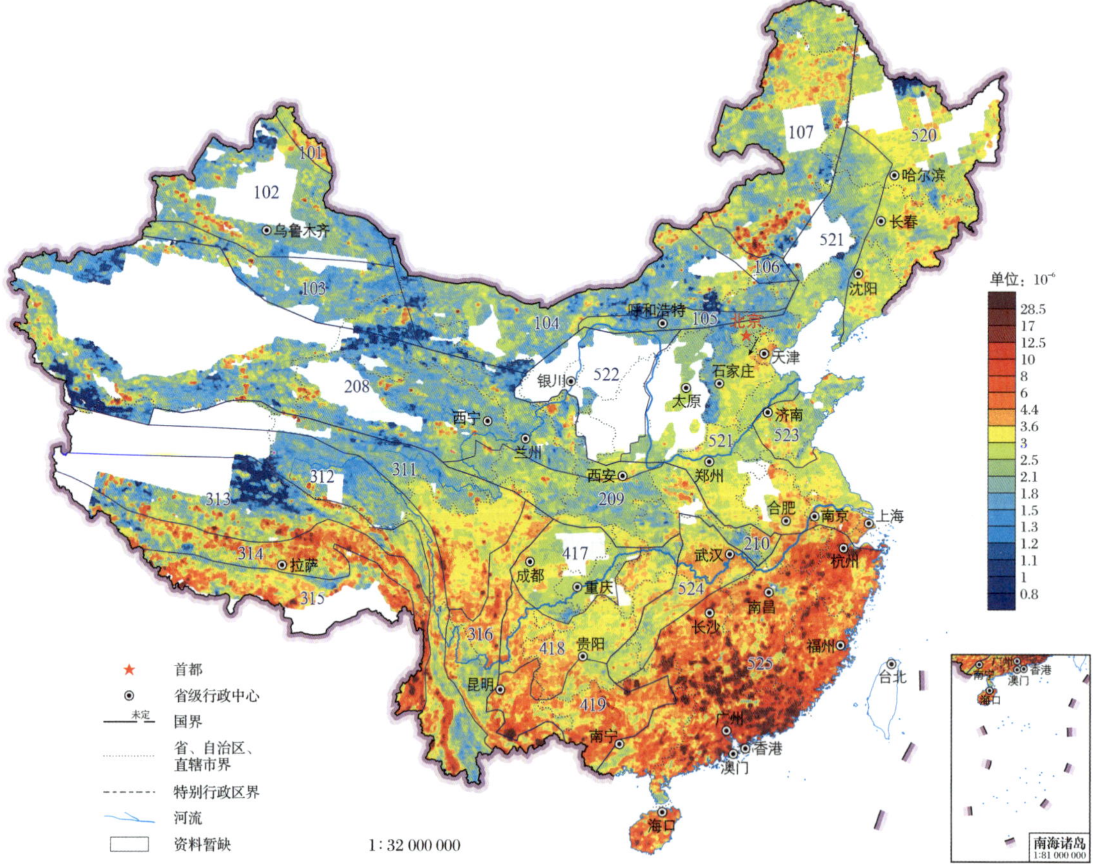

图 1-34　中国各地球化学省 W（上）、Sn（下）元素地球化学图

5. 中国二级地球化学省 Mo 元素地球化学场

从中国各地球化学省 Mo 元素地球化学图（图 1-35）和 Mo 元素平均值（表 1-17）获知：

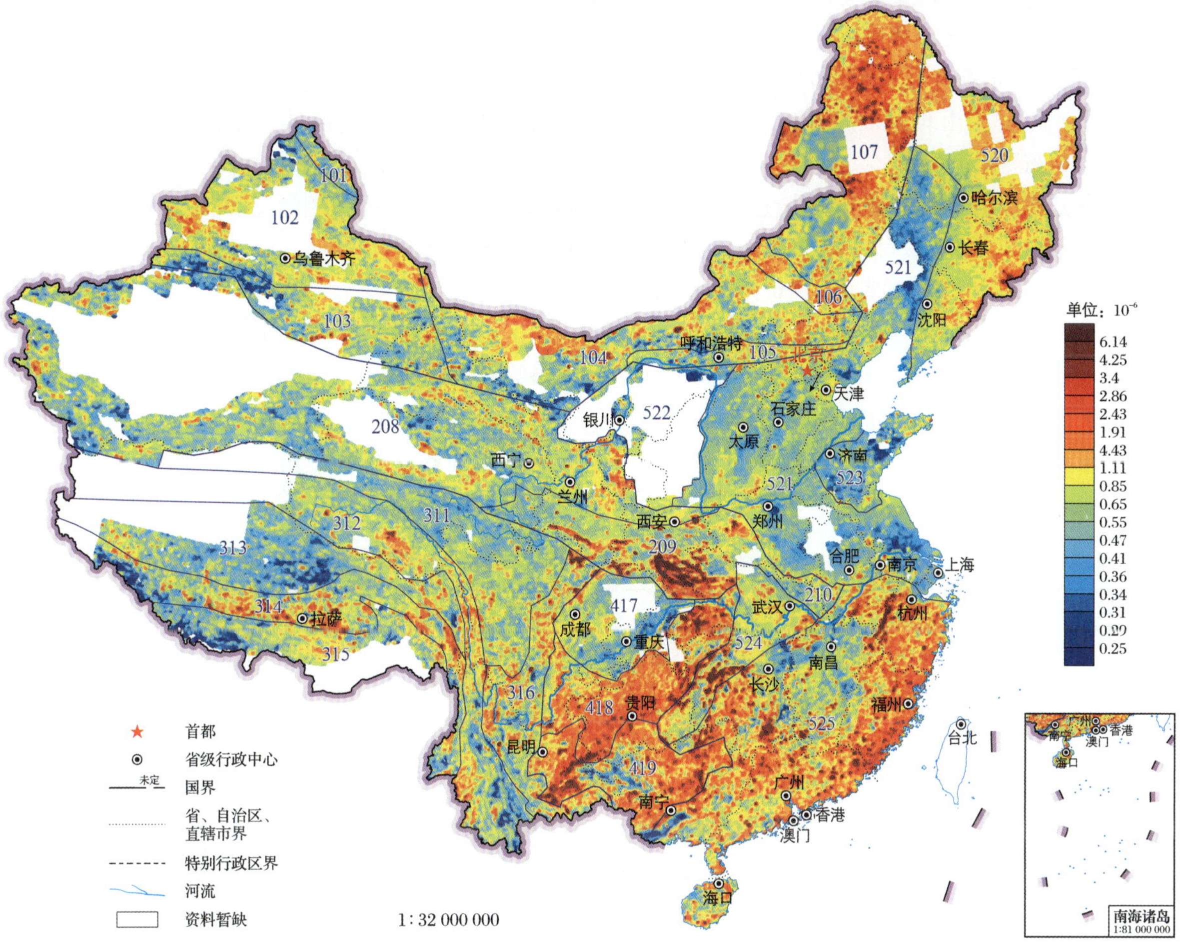

图 1-35　中国各地球化学省 Mo 元素地球化学图

表 1-17　中国浅表地球化学省 Mo 元素水系沉积物算术平均含量　　单位：10^{-6}

地球化学省名称	阿尔泰地球化学省	准噶尔地球化学省	天山地球化学省	内蒙古高原地球化学省	阴山地球化学省	浑善达克沙地球化学省	大兴安岭地球化学省	祁连山-昆仑山地球化学省	秦岭地球化学省
Mo	0.64	0.84	0.72	0.90	0.82	1.24	1.44	0.73	1.55
地球化学省名称	伏牛山-大别山地球化学省	阿尼玛卿山地球化学省	巴颜喀拉山-无量山地球化学省	唐古拉山地球化学省	冈底斯山-念唐-腾冲地球化学省	喜马拉雅山地球化学省	大雪山-哀牢山地球化学省	四川盆地地球化学省	大凉山-乌蒙山-大娄山地球化学省
Mo	0.70	0.68	0.82	0.65	1.06	0.80	1.08	0.65	1.86
地球化学省名称	苗岭-六诏山地球化学省	长白山-小兴安岭地球化学省	东北-华北平原地球化学省	黄土高原地球化学省	山东丘陵地球化学省	巫山-雪峰山地球化学省	华南丘陵地球化学省	全国算术平均值	
Mo	1.73	1.08	0.65	0.58	0.53	1.36	1.44	1.08	

注：表中数据据向运川等，2018。

1）大凉山-乌蒙山-大娄山、秦岭和苗岭-六诏山地球化学省 Mo 元素平均值分别为 1.86×10^{-6}、1.55×10^{-6} 和 1.73×10^{-6}，最为显著；其次是大兴安岭、华南丘陵地球化学省和巫山-雪峰山地球化学省，Mo 元素平均值介于 1.36×10^{-6} ~ 1.44×10^{-6} 之间。

2）秦岭、伏牛山-大别地球化学省是我国著名的钼矿资源产地，如陕西金堆城钼矿、河南栾川南泥湖钼矿。近几年，安徽省地质矿产勘查开发局三一三地质队在东秦岭-大别钼成矿带发现和探明了一个特大型金寨县沙坪沟钼矿床。

3）我国钼成矿作用受到了环太平洋地球化学域（东秦岭大别、兴蒙、长江中下游和华南）、中亚地球化学域（天山北山、兴蒙）和特提斯地球化学域（青藏）三大地球化学域的制约。钼矿床空间上可分为东秦岭-大别、兴蒙、长江中下游、华南、青藏和天山-北山六大钼成矿带。从钼矿形成时代来看，除少数钼矿形成于前古生代之外，绝大多数钼矿床均形成于中生代，其中燕山期是最主要的成矿期，形成了约 76.69% 钼资源，其次为新生代的喜马拉雅期。

6. 中国二级地球化学省 U、Th 元素地球化学场

从我国各地球化学省浅表 1：20 万水系沉积物 U、Th 元素平均值（表 1-18）获知：中国各地球化学省浅表 1：20 万水系沉积物 U、Th 元素大于全国算术平均值（U 含量>2.9×10^{-6}，Th 含量>13.0×10^{-6}）的地球化学省有华南丘陵地球化学省、阿尔泰地球化学省、冈底斯-念唐-腾冲地球化学省、喜马拉雅山地球化学省、大凉山-乌蒙山-大娄山地球化学省、苗岭-六诏山地球化学省、巫山-雪峰山地球化学省、阿尼玛卿山地球化学省，其中华南丘陵地球化学省 U 含量达 4.47×10^{-6}。

表 1-18 中国各地球化学省浅表 U、Th 元素水系沉积物算术平均含量 单位：10^{-6}

地球化学省名称	阿尔泰地球化学省	准噶尔地球化学省	天山地球化学省	内蒙古高原地球化学省	阴山地球化学省	浑善达克沙地球化学省	大兴安岭地球化学省	祁连山-昆仑山地球化学省	秦岭地球化学省
U	5.66	2.26	1.88	1.61	1.38	1.81	2.70	2.05	2.37
Th	13.39	8.41	8.17	9.84	9.31	10.01	10.74	9.99	11.84
地球化学省名称	伏牛山-大别山地球化学省	阿尼玛卿山地球化学省	巴颜喀拉山-无量山地球化学省	唐古拉山地球化学省	冈底斯山-念唐-腾冲地球化学省	喜马拉雅山地球化学省	大雪山-哀牢山地球化学省	四川盆地地球化学省	大凉山-乌蒙山-大娄山地球化学省
U	2.10	3.38	2.68	2.40	4.62	3.11	2.95	2.88	3.65
Th	15.15	11.67	11.77	10.29	17.85	14.66	12.58	10.82	14.78
地球化学省名称	苗岭-六诏山地球化学省	长白山-小兴安岭地球化学省	东北-华北平原地球化学省	黄土高原地球化学省	山东丘陵地球化学省	巫山-雪峰山地球化学省	华南丘陵地球化学省	全国算术平均值	
U	3.74	2.88	1.96	1.64	2.47	3.01	4.47	2.90	
Th	15.35	10.95	10.91	11.05	11.03	14.26	20.23	13.00	

注：表中数据据向运川等，2018。

尤其是华南丘陵地球化学省，在湿润多雨的亚热带景观条件下，由于 U^{4+} 易氧化，形成较易溶解 U^{6+} 的铀酰络离子 $[UO_2]^{2-}$，在表生作用中非常活泼，在地表水和地下水的作用下实现再分配，U 元素在土壤、水系沉积物中富集，形成了 U 元素在华南印支期—燕山期花岗岩分布区中成片成带的异常区（图 1-36），异常总体走向与花岗岩一致，呈北东向展布。可见 U、Th 元素空间分布规律不仅受区域地质特征的控制，而且明显受到表生地球化学作用的影响（图 1-36）。而在我国北方地区中-新生代盆地中的砂岩铀矿，由于上覆岩层及沙漠覆盖，U 元素异常不显。

7. 中国二级地球化学省 La、Y 元素地球化学场

从我国各地球化学省浅表 1：20 万水系沉积物 La、Y 元素空间分布（图 1-37）和平均含量（表 1-19）获知：

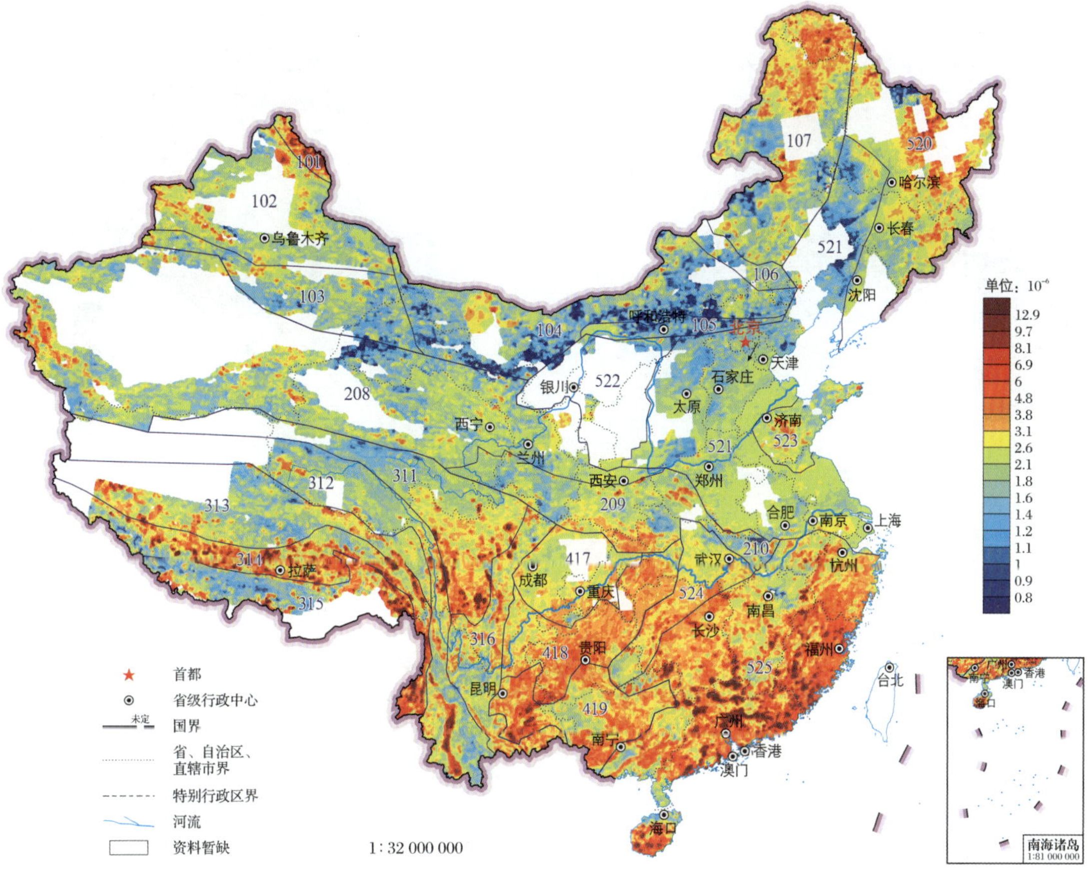

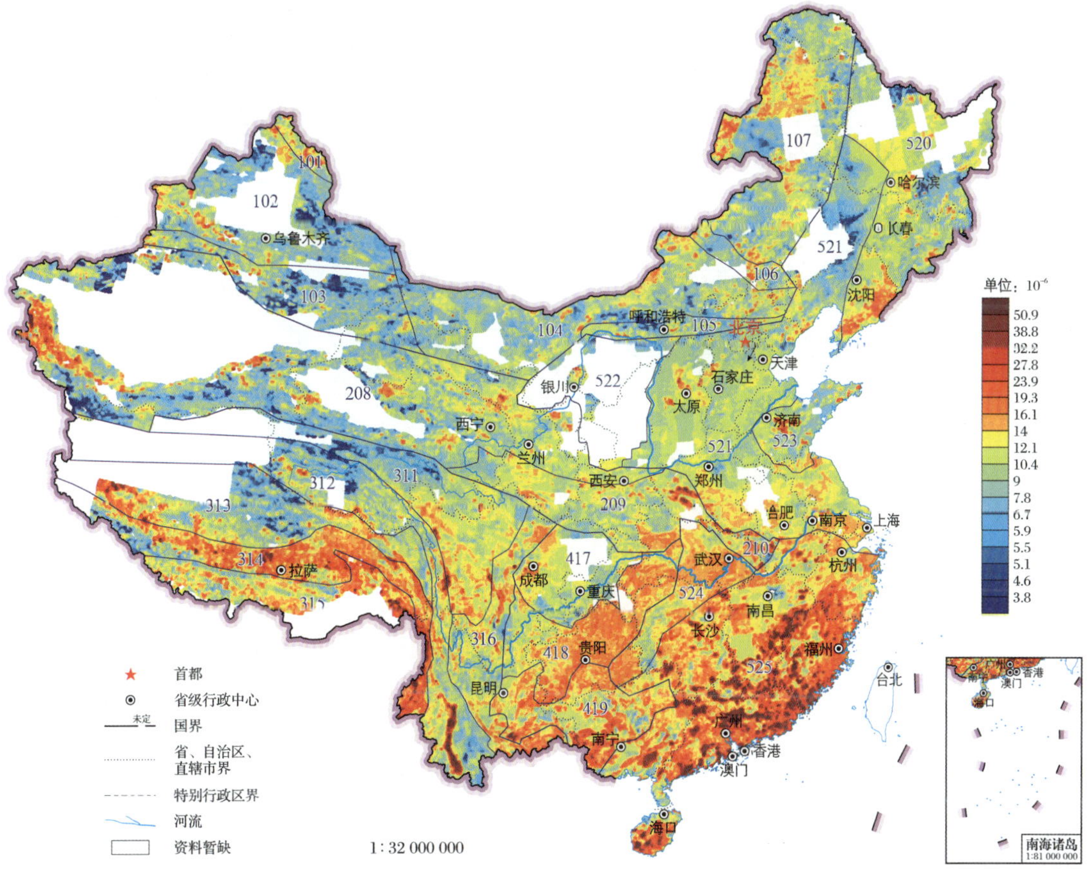

图 1-36　中国各地球化学省 U（上）、Th（下）元素地球化学图

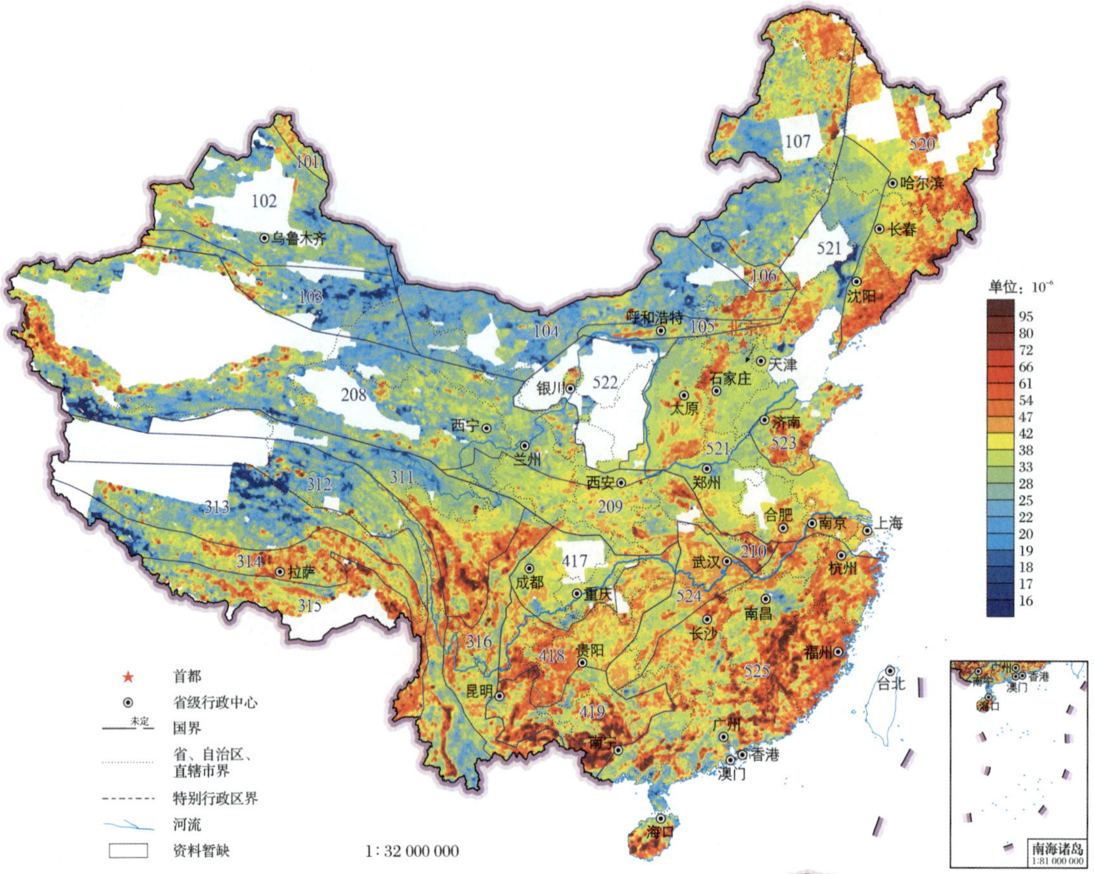

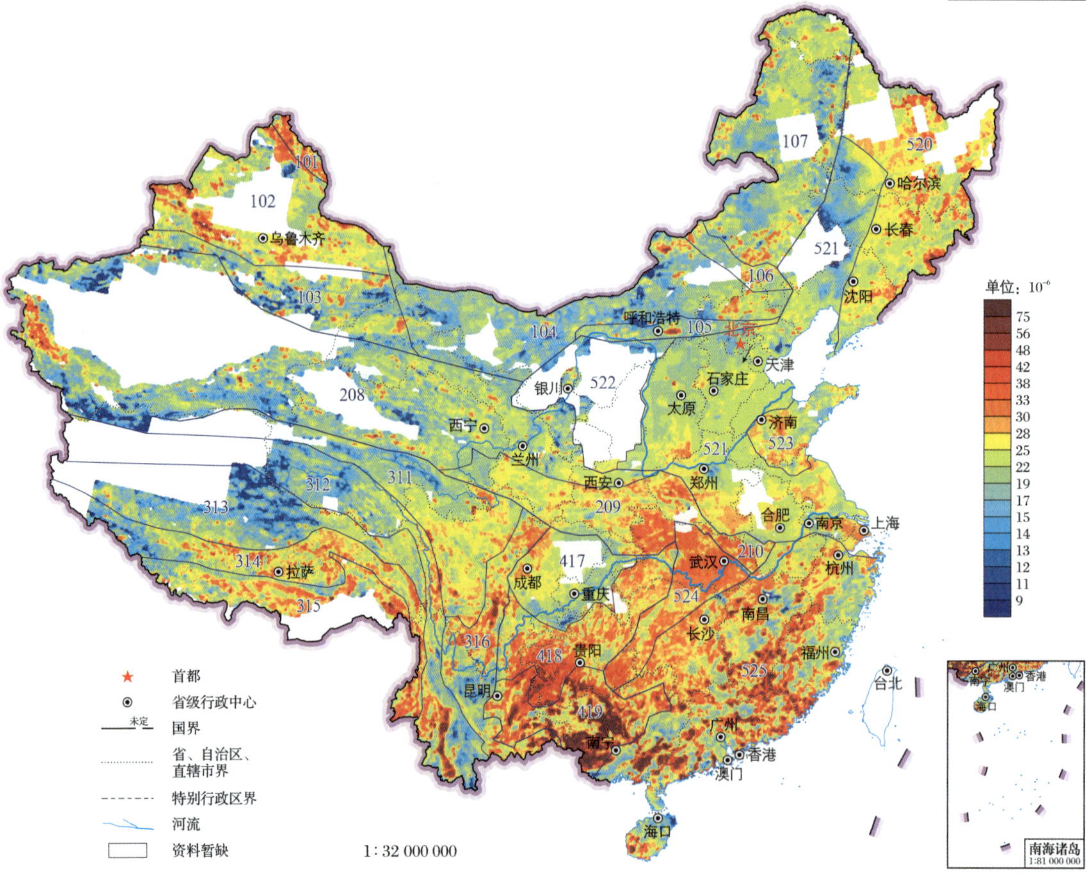

图 1-37　中国各地球化学省 La（上）、Y（下）元素地球化学图

表 1-19　中国浅表地球化学省 La、Y 元素水系沉积物算术平均含量　　单位：10^{-6}

地球化学省名称	阿尔泰地球化学省	准噶尔地球化学省	天山地球化学省	内蒙古高原地球化学省	阴山地球化学省	浑善达克沙地球化学省	大兴安岭地球化学省	祁连山-昆仑山地球化学省	秦岭
La	38.98	28.56	25.88	28.32	35.33	34.09	34.59	30.53	37.57
Y	32.21	25.83	20.69	19.63	20.87	22.58	22.14	20.54	26.64
地球化学省名称	伏牛山-大别山地球化学省	阿尼玛卿山地球化学省	巴颜喀拉山-无量山地球化学省	唐古拉山地球化学省	冈底斯山-念唐-腾冲地球化学省	喜马拉雅山地球化学省	大雪山-哀牢山地球化学省	四川盆地地球化学省	大凉山-乌蒙山-大娄山地球化学省
La	48.11	41.94	34.58	28.22	43.15	42.43	43.42	36.22	44.60
Y	29.90	24.42	22.69	18.54	26.27	27.11	26.75	22.27	31.21
地球化学省名称	苗岭-六诏山地球化学省	长白山-小兴安岭地球化学省	东北-华北平原地球化学省	黄土高原地球化学省	山东丘陵地球化学省	巫山-雪峰山地球化学省	华南丘陵地球化学省	全国算术平均值	
La	50.81	46.32	38.29	36.22	43.13	41.74	46.49	38.5	
Y	42.82	26.28	22.95	20.67	25.07	30.96	29.36	25.49	

注：表中数据据向运川等，2018。

1）中国各地球化学省浅表 1：20 万水系沉积物 La、Y 元素大于全国算术平均值（La 含量 $>38.5\times10^{-6}$，Y 含量 $>25.5\times10^{-6}$）的地球化学省有阿尔泰地球化学省、伏牛山-大别山地球化学省、冈底斯山-念唐-腾冲地球化学省、喜马拉雅山地球化学省、大雪山-哀牢山地球化学省、大凉山-乌蒙山-大娄山地球化学省、苗岭-六诏山地球化学省、长白山-小兴安岭地球化学省、巫山-雪峰山地球化学省、华南丘陵地球化学省。阿尼玛卿山地球化学省、山东丘陵地球化学省 La 算术平均值分别为 41.94×10^{-6} 和 43.13×10^{-6}。

2）La、Y 元素空间分布规律不仅受区域地质特征的控制，而且明显受到表生地球化学作用的影响（图 1-37）。例如，在华南丘陵地球化学省表生作用条件下，原赋存于花岗岩中的独居石、褐钇铌矿、褐帘石、氟碳钙铈矿等含稀土副矿物风化解体，La、Ce（Y）等稀土元素呈离子状态被胶体矿物（蒙脱石、多水高岭石、铁和锰的氢氧化物等）所吸附，这种赋存形式主要产于风化壳中，形成风化壳淋积型或离子吸附型稀土矿床。这类矿床主要分布在热带、亚热带气候，温湿多雨，植被发育，有机酸来源丰富的自然景观条件下，以化学风化为主的表生作用强烈，基岩风化剥蚀，发育厚度较大的面型风化壳，致使风化壳中稀土含量高出基岩数倍至数十倍，华南地区是风化壳淋积型或离子吸附型稀土矿床的主要产地。

8. 中国二级地球化学省 Sb、Hg 元素地球化学场

从中国各地球化学省 Sb、Hg 地球化学图（图 1-38）和 Sb、Hg 元素平均含量（表 1-20）获知：

1）富集于大凉山-乌蒙山-大娄山地球化学省、苗岭-六诏山地球化学省、巫山-雪峰山地球化学省和华南丘陵地球化学省分布区，Sb 含量主要变化在 $1.75\times10^{-6}\sim7.35\times10^{-6}$ 之间，最大值达 2890×10^{-6}。其次是位于喀喇昆仑-三江成矿省、喜马拉雅成矿省、冈底斯-腾冲成矿省中的巴颜喀拉山-无量山、唐古拉山、冈底斯山-念唐-腾冲、喜马拉雅山、大雪山-哀牢山等地球化学省，Sb 含量主要变化在 $1.42\times10^{-6}\sim1.92\times10^{-6}$ 之间，最大值达 $2204\times10^{-6}\sim2890\times10^{-6}$。

2）大凉山-乌蒙山-大娄山地球化学省、苗岭-六诏山地球化学省、巫山-雪峰山地球化学省和华南丘陵地球化学省分布区，Hg 元素平均含量分别为 231×10^{-9}、215×10^{-9}、110.89×10^{-9} 和 93.16×10^{-9}，显著大于全国平均含量（61.00×10^{-9}）。

3）Sb、Hg 元素在以上地球化学省的大面积、强异常的分布，由湘中、湘西、黔东南-桂北和滇东南地区广泛分布的锑矿所致，而陕南、湘西、黔东北-黔东南地区的汞矿尤为发育。

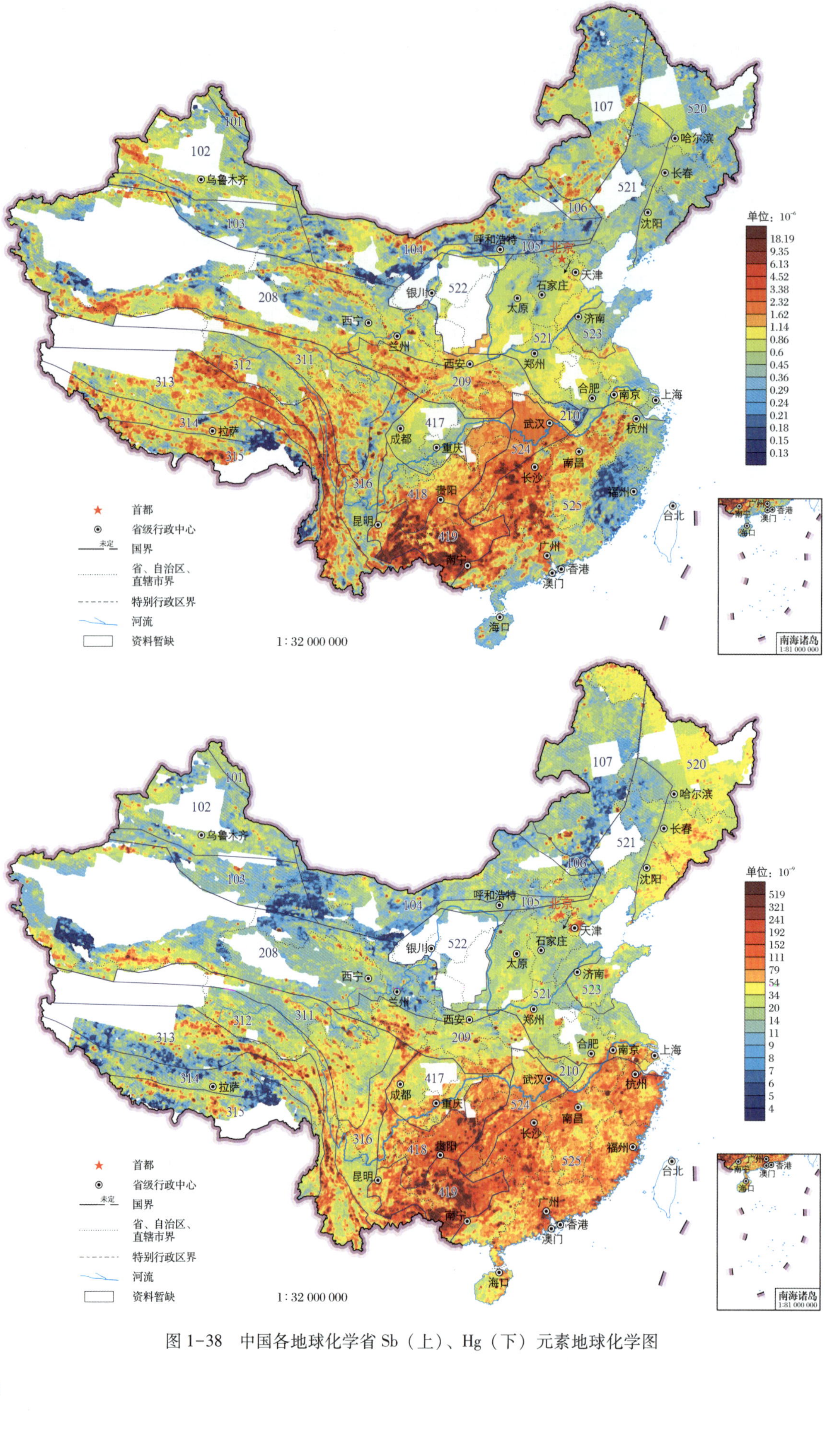

图 1-38　中国各地球化学省 Sb（上）、Hg（下）元素地球化学图

表 1-20 中国浅表地球化学省 Sb、Hg 元素水系沉积物算术平均含量

地球化学省名称	阿尔泰地球化学省	准噶尔地球化学省	天山地球化学省	内蒙古高原地球化学省	阴山地球化学省	浑善达克沙地球化学省	大兴安岭地球化学省	祁连山-昆仑山地球化学省	秦岭地球化学省
Sb	0.67	0.74	0.54	0.67	0.40	0.97	0.66	0.85	1.40
Hg	18.91	19.71	13.37	15.61	19.75	18.24	22.59	22.27	51.79
地球化学省名称	伏牛山-大别山地球化学省	阿尼玛卿山地球化学省	巴颜喀拉山-无量山地球化学省	唐古拉山地球化学省	冈底斯山-念唐-腾冲地球化学省	喜马拉雅山地球化学省	大雪山-哀牢山地球化学省	四川盆地地球化学省	大凉山-乌蒙山-大娄山地球化学省
Sb	0.76	1.05	1.72	1.72	1.51	1.42	1.92	0.65	2.09
Hg	57.71	40.56	60.78	52.11	43.95	34.42	64.92	56.91	231
地球化学省名称	苗岭-六诏山地球化学省	长白山-小兴安岭地球化学省	东北-华北平原地球化学省	黄土高原地球化学省	山东丘陵地球化学省	巫山-雪峰山地球化学省	华南丘陵地球化学省	全国算术平均值	
Sb	7.35	0.46	0.70	0.62	0.50	2.84	1.75	1.43	
Hg	215.00	41.00	30.94	13.47	27.82	110.89	93.16	61.0	

注：表中数据据向运川等，2018. Sb 含量单位为 10^{-6}，Hg 含量单位为 10^{-9}。

综上所述，中国地球化学场元素含量的空间分布主要表征的是我国浅表地球化学特征，其空间分布规律不仅受区域地质、成矿区带特征的制约，而且明显受到表生地球化学作用的影响。

所谓地球化学场（geochemical field），本书认为从理论上讲是指由地质地球化学作用形成的各种地球化学指标的特征变化空间场。将地球化学背景和发育在其中的地球化学异常作为一个整体来研究，若取定一个直角坐标系，x 轴向东（经度），y 轴向北（纬度），z 轴向上（高程），则在任一点（x，y，z）上任何时刻 t 存在着 j 个相，每个相有 i 个地球化学指标（指标研究最多的是元素含量，指标还包括地球化学环境指标 pH、E_h、T、P 等），那么该点的地球化学指标可表示为：

$$C_{ij}=F_{ij}(x, y, z, t)$$

任何一项地球化学调查中，地球化学省（场）的直接成果都是在不同精度上求得这一复杂函数的某种近似表达。在地球化学文献中，仿照地球物理的方法，把这一函数（空间）叫作地球化学场。但这两种场有着本质的区别，地球物理场由严格的物理定律来定义，而地球化学场强调的是在同一点上各种地球化学参数之间的动态关系，它受化学、热力学定律和地球化学动力学的约束。

第二章 区域岩石圈地球化学特征与成矿

第一节 中国东部岩石圈地球化学特征

从地球化学观点出发，区域岩石圈成矿元素的丰度及浓集趋势是区域成矿作用的物质基础，是区域成矿作用的背景和条件。为此，需要以岩石圈为系统，综合考虑地幔、地壳组成，探索区域物质发展各时期壳幔交换过程中成矿元素通过各种作用进行分配、循环、再分配、再循环，进而发生浓集的成矿机制；同时区域岩石圈热动力状态的非均衡性及其所导致的各种作用（构造运动、岩浆活动、沉积和变质等作用）在区域时空分布的不均一性，控制着区域成矿元素浓集的有利条件。

一、中国东部中-新生代上地幔超铁镁包体 Cu 等元素的含量特征及变化趋势

根据刘若新等（1990）研究表明，中国东部有两种最常见的地幔岩，一种是原始或饱满型地幔岩（石榴二辉橄榄岩，尖晶石/石榴二辉橄榄岩和尖晶石二辉橄榄岩），另一种是残余或亏损型地幔岩（方辉橄榄岩、纯橄榄岩）。前者主要分布在华北和东北地区，而浙、闽（台）东南沿海一带集中分布亏损地幔岩。从常量元素研究显示，仅小部分二辉橄榄岩经历了轻微的部分熔融，有些样品则相当“原始”；而所有的方辉橄榄岩都经受了较高程度（13%~30%）的部分熔融，相对较亏损。

黄婉康等（1992）、陈道公等（1994）通过对福建明溪和江苏六合盘石山幔源橄榄岩包体的详细研究，亦发现了这个特征。二辉橄榄岩是较接近原始幔源区的地幔经不同比例熔融后的残余，从图2-1可见它们部分样品接近原始地幔区；而方辉橄榄岩则较亏损。中国东部地幔岩的这种分布特征对于 Cu 的成矿作用起着不可忽视的影响，这集中表现在它所提供的 3 个信息：

1. Cu 等元素在地幔/玄武岩熔融体系中的地球化学性质

陈道公等（1994）对江苏六合盘石山幔源超铁镁包体的 MgO 与其他氧化物和 Cu 等微量元素之间的相关关系进行研究，从图2-1 上清楚地看到：Al_2O_3、CaO、TiO_2、CaO/Al_2O_3 及 Cu、V、Zr 呈明显的负相关，而 Ni 呈正相关。众所周知，MgO 是岩石难熔程度的一项指标，许多研究者（Prob et al.，1986；Song et al.，1989）都把这种相关性归结为与地幔/玄武岩体系部分熔融时的固/液相元素分配有关，那么可以这样分析，在地幔/玄武岩熔融体系中，Cu、V、Zr 及常量元素 Al、Ca、Ti 应属于不相容元素，而非相容元素。

2. 中国东部地幔超铁镁包体中 Cu 等元素的空间变化

表 2-1 与图 2-2a 上显示出：代表“原始”地幔的二辉橄榄岩相对贫 Cu，平均含量为 17.8×10^{-6}（Anderson 1982 提供的未亏损上地幔源区和上地幔 Cu 的含量分别为 62×10^{-6} 和 31×10^{-6}），从中国东部 Cu 分布的总的趋势来看是“南高北低”，东北、华北地区二辉橄榄岩包体中 Cu 平均含量是 16.1×10^{-6}，而华东及东南沿海一带 Cu 的平均含量达 19.5×10^{-6}，尤其是长江中下游一带显示了大于 20×10^{-6} 的高值带（华北中条山地区亦为一高值带）。V 元素亦呈现了南高北低的趋势，而 Zn、Sc 含量则南北相近。

3. 地幔交代作用是导致 Cu 等成矿元素在上部地壳富集的主导因素

地幔交代作用使上地幔经历了较强的局部熔融，形成了“亏损地幔”-方辉橄榄岩（图 2-2b），从而导致元素的分异，不相容元素 Cu、V 等发生了明显的亏损（表 2-2）。东南沿海地区 Cu 从 19.5

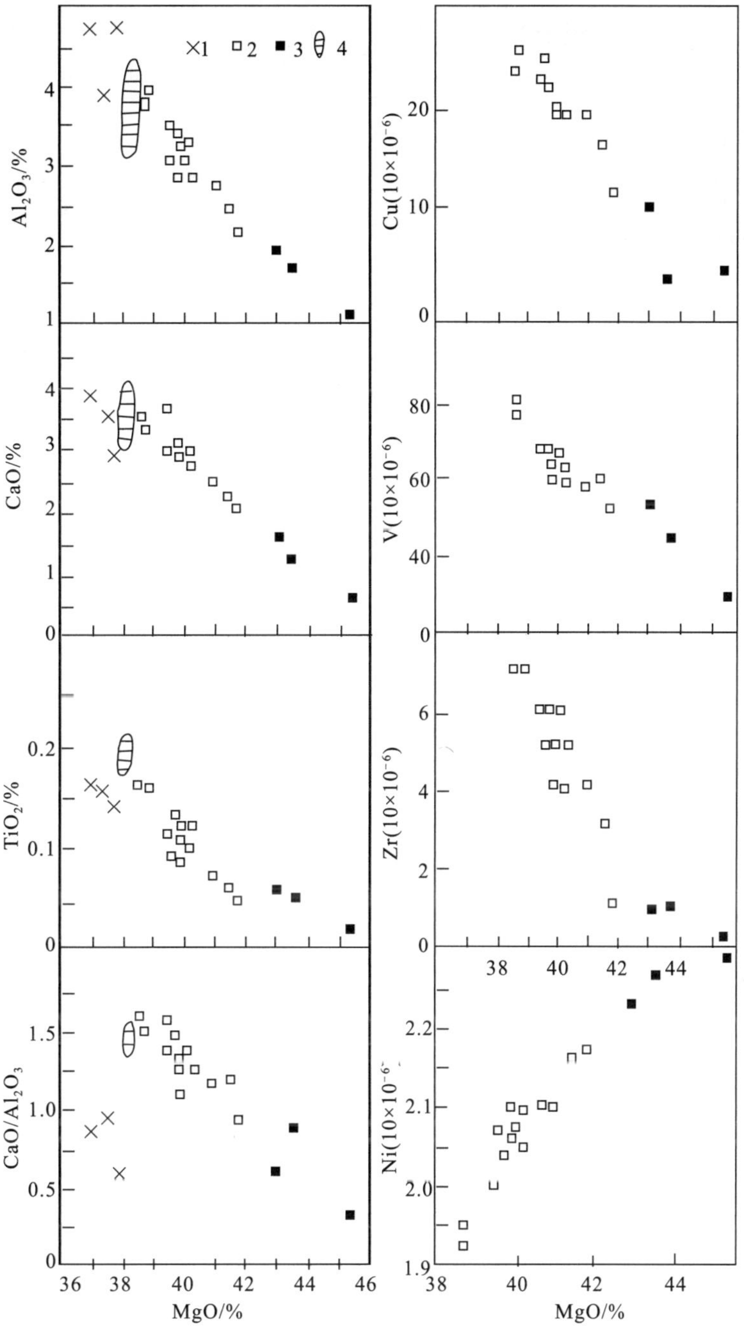

图 2-1 超铁镁包体 MgO 对其他氧化物和 Cu 等微量元素关系图

（氧化物和 MgO 均为换算的 100%干岩石氧化物含量）

（1 引自黄婉康等，1992；2、3 引自陈道公等，1994；4 引自 Song et al.，1989）

1—明溪二辉橄榄岩；2—盘石山二辉橄榄岩；3—盘石山方辉橄榄岩；4—估计原始地幔区域

$\times10^{-6}$亏损为 3.3$\times10^{-6}$，V 从 77.3$\times10^{-6}$亏损为 28.5$\times10^{-6}$，Sc 则从 13.1$\times10^{-6}$亏损为 6.5$\times10^{-6}$。而交代作用弱，局部熔融较轻微的北方地区包体中 Cu 等元素变化不大。

以上这些信息清楚地反映出 Cu、V 等元素在地幔/玄武岩熔融体系中属不相容元素；中国东部上地幔超铁镁包体中 Cu 具“南富北贫”的分布趋势；地幔交代作用较强的地区从幔源中分异出来的熔融岩浆是富 Cu 等成矿元素的，这些意味着它们是导致长江中下游及邻区（德兴、紫金山等）形成 Cu 优势矿产的主导因素。

表 2-1　中国东部地幔包体微量元素　　单位：10^{-6}

样品号	岩石类型	地幔类型	Cu	Zn	V	Sc	资料来源
MQ-8	石榴石二辉橄榄岩	原始地幔	22	46	82	16	（刘若新等，1990） 包体产地： MQ 福建闽清； ZN 浙江新昌； MD、MS 福建明溪； B 吉林辉南； NB 黑龙江牡丹江； KH、KL、KQ 辽宁宽甸； LX 内蒙古阿巴嘎； HC、HD、HA 河北汉诺坝； Q 河北平泉； SQ 山东栖霞； LQ 山东临朐； AN 安徽嘉山； LN 福建龙海； GX 徐闻； GP 海南文昌； WQ 吉林汪清； JY 江苏六合
ZN-7			44	105	80	13	
ZN-12			11	60	84	14	
MD-4	尖晶石/石榴石二辉橄榄岩		14	43	51	12	
MD-40			17	47	73	13	
B-2	尖晶石二辉橄榄岩		7	46	59	12	
NB-3			8	51	62	11	
KH-DA			9	44	72	13	
KH-8			11	50	64	12	
KL-1			17	48	74	15	
KQ-11			4	46	44	10	
KQ-33			5	49	64	11	
LX-2			16	52	71	13	
HC-11			26	146	73	12	
HC-16			11	43	56	10	
HD-8			45	37	88	18	
HA-11			22	90	69	10	
Q-4			17	56	66	11	
SQ-12			22	50	71	12	
SQ-15			20	48	69	12	
SQ-23			11	49	71	14	
LQ-15			25	50	93	16	
LQ-20			6	54	65	13	
AN-14			12	70	88	13	
AN-15			9	44	59	12	
MD-1			17	49	76	15	
MS-3			26	47	71	11	
LN-3			13	53	88	13	
LN-4			12	57	89	12	
GX-10			19	60	79	12	
WQ-14	尖晶石方辉橄榄岩	亏损地幔	3	46	11	6	
WQ-40			/	128	26	3	
WQ-65			15	47	34	4	
B-4			2	45	24	1	
AN-17			18	43	17	4	
ZN-5			5	43	25	7	
ZN-18			/	37	21	7	
MQ-9			8	38	24	6	
GP-5			/	65	44	6	
HH-24			1	41	19	2	

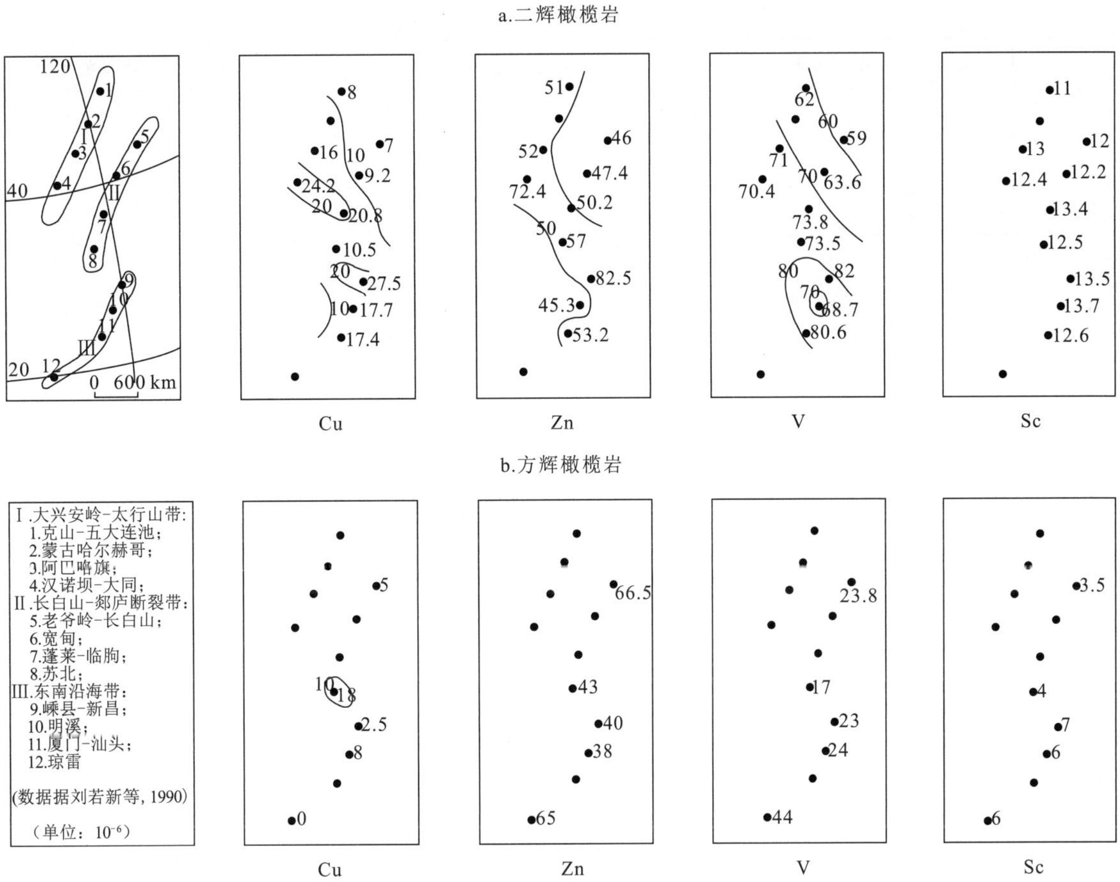

图 2-2 中国东部地幔包体 Cu 等成矿元素分布图

表 2-2 中国东部南北“原始地幔”“亏损地幔”Cu 等元素含量 单位：10^{-6}

地区	原始地幔				亏损地幔			
	Cu	V	Zn	Sc	Cu	V	Zn	Sc
东北、华北	16.1	62.6	56.1	12.6	14.7	92.7	55.8	19.5
东南沿海	19.5	77.3	56.7	13.1	3.3	28.5	46	6.5

二、华北陆块南缘、扬子陆块北缘、秦岭造山带上地幔成矿元素丰度计算

研究上地幔化学组成有多种方法（陨石类比法、地幔低程度熔融残余岩石成分估算法、上地幔高程度熔融派生岩成分估算法、地幔岩模型法及部分熔融模型反演法），在华北、扬子陆块北缘区很难像中国东部地区找到幔源岩包体样品，但是出露有符合 Ringwood 地幔模型法估计的超镁铁岩和镁铁岩，为此张本仁院士应用多种方法对华北陆块南缘、扬子陆块北缘及秦岭造山带进行了上地幔成分的估算（表 2-3）。

表 2-3 估算显示：

1）华北陆块南缘上地幔 Mo、Au、Zn 等成矿元素明显富集，Cu 强烈亏损（$7\times10^{-6}\sim12\times10^{-6}$）；而扬子陆块北缘上地幔则呈现 Cu 元素的高丰度（$62\times10^{-6}\sim93\times10^{-6}$）。

2）区域上地幔元素丰度（背景）特征，在很大程度上决定着区域成矿属性，即成矿区划上的优势矿产和劣势矿产。为此，Mo、Au 元素是华北陆块南缘的优势矿产，而扬子陆块北缘 Cu 元素为优势矿产。

表 2-3 中国东部地幔成矿元素丰度估算

元素	华北陆块南缘		扬子陆块北缘		秦岭造山带	上地幔平均成分
	A	C	B	A	B	D
Cu	12	7	62	93	13	31
Zn	79	95	66	70	53	63
Pb	13	13	47	41	46	0.3
Au	2.6	2.4	0.7	0.9	0.8	0.05
W	0.3	2.2	0.06	0.03	0.38	—
Mo	1.3	1.7	1.1	0.2	1.7	—

注：A 应用科马提岩补偿法的估值；B 应用 Ringwood 地幔模型的估值；C 以科马提岩样品成分为代表的上地幔成分；D 表示上地幔元素丰度，据 Anderson，1983。Au 含量单位为 10^{-9}，其余元素含量单位为 10^{-6}。

三、中国东部中-新生代上地幔热状态和地表热流值分布

1. 中国东部中-新生代上地幔热状态

一般说来，幔源橄榄岩包体到达地表之前，长期处在岩石圈上地幔环境中，这种幔源包体的矿物组成、结构构造及化学成分都在上地幔的温度、压力下达到平衡状态的特征。为此，可利用同一包体中矿物对的化学成分作为地质温度计和压力计，来估算包体所在地幔深度上温度、压力值。何永年等（1990）利用顽火辉石-透辉石地温、地压计方法估算包体的平衡温度和压力，随后根据 Ave′llemant 等的经验公式将压力值（P）换算成深度 D（$D = 4.02 + 0.03P$）。从中国东部 30 多个地点 190 个幔源橄榄岩包体所得的温度、压力数据可知：

1）中国东部幔源包体的温度区间为 915～1416℃，深度区间为 35～139 km（1994 年陈道公等计算出江苏六合盘石山幔源包体的温度变化范围为 936～1100℃，较亏损的方辉橄榄岩为 936℃，二辉橄榄岩的温度为 1050～1100℃）。

2）从东北、华北和华东、华南地区的温度（T）和深度（D）变化图上（图 2-3）可清晰地看出：东北地区的投点大部分在综合 T-D 直线的下方，华北地区的投点落在直线的两侧，而华东、华南地区的投点大部分在直线的上方。把 3 个地区的 T-D 直线和综合 T-D 直线投在同一坐标系中（图 2-4），更清楚地显示在同一深度上华北地区的温度比东北高，华南、华东地区又比华北高。这种变

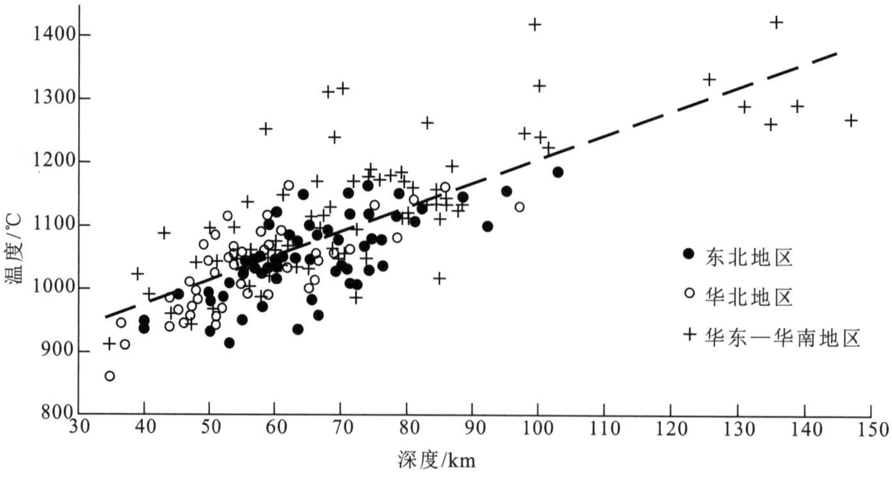

图 2-3 中国东部古地温随深度变化关系投影及拟合直线
（据何永年等，1990）

化趋势与现代大地热流值的变化是一致的。这说明了至少从古近纪开始（更早至中生代），我国东部从北往南地热活动有越来越强的趋势，上地幔这种热状态控制了中国东部中生代—新生代以来岩浆-火山活动的总体格局。

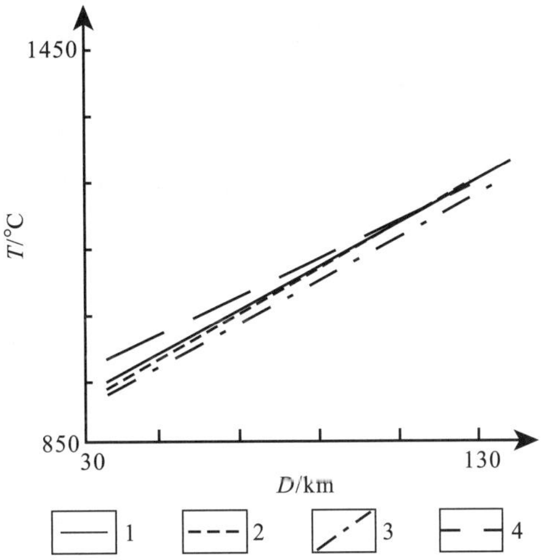

图 2-4　投影在同一坐标系中 3 个地区及其综合的 T-D 直线

（据何永年等，1990）

1—综合线（实线）；2—华北地区（短虚线）；3—东北地区（点虚线）；4—华东-华南地区（长虚线）

3）与典型的克拉通相比，中国东部上地幔属“过热”状态，这种过热的上地幔与中生代—新生代中国东部的构造活动密切相关，很可能是地壳由稳定转变为活动的主导因素（邓晋福等，1980；刘若新等 1981；路凤香等，1983）。

2. 中国东部不同构造单元大地热流值分布

本次研究还收集了中国东部不同构造单元大地热流值测量数据（表 2-4），从表上可见：从大别隆起→下扬子拗陷→江南台隆→钱塘拗陷→到华夏陆块，地表热流值逐渐增高。中国东部各构造单元热流值的这种变化趋势反映了中国东部构造热事件的演化过程。中生代扬子陆块向华北陆块碰撞-造山-岩浆等活动，造成了显著的高温热状态。随着地质时期的发展，现代再也不能直接测量出造山期的高温热状态，真所谓是“时间已过，环境已非”。

表 2-4　不同构造单元大地热流值分布

构造单元	测点数	地温梯度范围（$mW \cdot km^{-1}$）	平均地温梯度（$mW \cdot km^{-1}$）	热流值范围（$mW \cdot m^{-2}$）	平均热流值（$mW \cdot m^{-2}$）	资料来源
大别隆起	3		26.50	47.9~73.6	57.40	汪屹华，汪集旸等，1992
下扬子拗陷	24	15.89~33.40	19.20	44.0~75.0	60.01	
江南台隆	9	20.33~27.40	23.07	49.0~82.5	67.06	
钱塘拗陷	15	17.74~30.06	19.02	62.8~78.2	68.86	
华夏陆块	7	16.44~27.95	21.90	64.4~75.5	70.19	

由于长江中下游沿江一带为深源岩浆，所含放射性元素含量低；而江南台隆的陆壳酸性岩浆所含 U、Th 素含量较高，为此，很自然会出现这种热状态的分布态势。中生代以后中国东部构造岩浆活动的“热带”逐渐往东南沿海一线移动，这与太平洋板块俯冲机制及中国东部深部地球物理资料相吻合。

中国东部不同构造单元大地热流值为探讨中-新生代区域各种地质作用及成矿活动提供了热能依据。

四、中国东部各构造单元地壳成矿元素丰度特征

从中国东部上地幔超镁铁岩包体及秦巴地区超镁铁岩上地幔成分的估算中，了解了 Cu 等成矿元素的丰度及变化趋势，它对决定区域成矿专属性有着明显的控制作用。那么，各构造单元地壳成矿元素丰度特征如何？即区域成矿作用是在怎样一个地壳丰度背景上进行的？它对区域内各种成矿作用的控制意义又是怎样呢？这些是本次研究的主要内容之一。

对于中国东部各构造单元地壳化学组成，高山等（1999）和鄢明才等（1997）都做了较为翔实的研究，他们的研究成果反映了中国东部区域地壳化学元素丰度研究的新水平，所提供的一套全面系统的地球化学基础数据，可为国内外地学界广泛应用。有关各构造单元成矿元素的地壳丰度见表 2-5。

表 2-5　中国东部各构造单元地壳成矿元素丰度表

元素	华北陆块南缘					华北陆块*			北秦岭造山带		南秦岭造山带				
	SC	UC	MC	LC	TC	UC	M-LC	TC	UC	TC	SC	UC	MC	LC	TC
Cu	12	16	20	20	19	18	37	30	25	30	18	29	36	27	31
Zn	70	58	53	55	56	60	84	74	61	64	54	62	67	60	63
Pb	43	37	31	32	34	17	11	13	39	30	23	23	21	28	24
Au	0.8	0.6	0.5	0.4	0.5	0.74	1.2	1.0	0.6	1.o	1.7	1.3	1.2	0.7	1.1
W	0.55	0.57	0.59	0.74	0.62	0.9	0.4	0.6	0.72	0.64	1.40	0.76	0.56	0.34	0.60
Mo	1.30	1.30	1.40	1.70	1.40	0.6	0.45	0.5	0.57	0.63	0.60	0.66	0.68	0.68	0.67

元素	扬子陆块					华南陆块*			Taylor and Mclennan, 1995		
	SC	UC	MC	LC	TC	UC	M-LC	TC	UC	LC	TC
Cu	12	21	26	27	24	19	26	24	25	90	75
Zn	41	56	63	60	59	69	76	74	71	83	80
Pb	47	29	23	28	27	23	19	20	20	4.0	8.0
Au	0.7	0.7	0.7	0.7	0.7	0.75	0.8	0.8	1.8	3.4	3.0
W	0.45	0.58	0.71	0.34	0.57	1.2	0.5	0.7	2.0	0.7	1.0
Mo	0.88	0.58	0.43	0.68	0.56	0.6	0.45	0.5	1.5	0.8	1.0

注：SC 表示沉积盖层；UC 表示上地壳；MC 表示中地壳；LC 表示下地壳；TC 表示总地壳；M-LC 表示中下地壳；Au 元素含量单位为 10^{-9}，其他元素含量单位为 10^{-6}；* 据鄢明才（1997）；其余据高山（1999）。

1）从中国东部各构造单元总地壳（TC）Cu 成矿元素丰度（$19\times10^{-6}\sim31\times10^{-6}$）与 Taylor 等（1995）的地壳丰度（$75\times10^{-6}$）相比，明显偏低。就是长江中下游铜、铁成矿带的结晶基底、褶皱基底和沉积盖层中 Cu 的丰度亦相对较低，它们分别为 $11\times10^{-6}\sim27\times10^{-6}$、$25\times10^{-6}\sim30\times10^{-6}$、$12\times10^{-6}\sim27\times10^{-6}$。这一特征清楚显示中国东部各构造单元在沉积作用、变质作用过程中 Cu 等成矿元素不具明显的富集趋势，而深源岩浆熔融分异作用应是中国东部 Cu 成矿作用的主导机制。

2）中-新生代我国东部上地幔 Cu 等成矿元素具“南富北贫”的趋势，且南部上地幔交代作用强烈，分异出富 Cu 等元素地幔岩浆，为此在地壳丰度上呈现了各自的继承性，从高山等（1999）所计算出的各构造单元之 Cu 地壳丰度，扬子陆块（TC：24×10^{-6}）明显比华北陆块南缘（TC：19×10^{-6}）富集。为此，在华北陆块南缘尚未发现成型的 Cu 独立矿床，与该地区上地幔和地壳 Cu 亏损有关。

3）由表 2-3 可知：华北陆块南缘上地幔 Mo 的丰度与黎彤（1976）所计算的上地幔相比较，具明显富 Mo（$1.3\times10^{-6}\sim1.7\times10^{-6}$）特征，而表 2-5 中所显示华北陆块南缘（高山等，1999）无论是上、下地壳，还是沉积盖层 Mo 的丰度均较高，而且下地壳（1.7×10^{-6}）比上地壳（1.3×10^{-6}）更趋富集。以此分析华北陆块南缘具有最佳 Mo（其次为 W）的成矿物质基础，中生代燕山期在此带中形成了大型、特大型钼矿床（含 W）。

4）Au元素是分布极不均匀的超痕量元素。近20年来，已发表的Au在各岩类及地壳、地幔中丰度值，随着分析测试技术的不断提高而逐渐降低。为此，迄今为止全球Au元素的地幔、地壳丰度值尚未得到公认。但是从中国东部各构造单元的研究表明：华北陆块南缘上地幔（$2.4\times10^{-9}\sim2.6\times10^{-9}$）及地壳（$1.4\times10^{-9}$）相对于其他构造单元来说是富集Au元素的。Au丰度的客观分布，为区域Au成矿的战略预测提供了扎实的物质基础。

5）W等元素是活泼的亲氧元素，其地球化学性质决定了W元素富集于地壳演化较成熟的晚期，即上部地壳是它们的储集层。为此，华南陆块（扬子、华夏陆块）上部地壳W等元素明显富集（1.2×10^{-6}），这就为我国华南地区成为W（Sn）元素的优势矿产地提供了充足的物源。

第二节 区域岩石圈与铜(铁)等重要矿产富集区的时空演化关系

20世纪80年代，随着全球构造和大陆岩石圈研究的发展，国际成矿学向着将成矿置于地壳、岩石圈，甚至整个地球体系的发展与演化过程中去考察，我国陈毓川院士倡导的成矿系列及成矿谱系研究，使成矿学向着更深层次发展。本次研究着重就长江中下游铜（铁）矿带中Cu（Fe）等成矿元素富集机制及时空演化进行讨论。

一、长江中下游铜（铁）成矿带岩石圈地球化学背景

从以上长江中下游及邻区岩石圈地球化学背景研究中认识到：

1）中国东部上地幔Cu含量具有南高北低的趋势，而且东南沿海的地幔交代作用明显强于华北、东北地区的上地幔，地幔交代作用导致了地幔“亏损”，致使Cu等成矿元素在分异出来的地幔岩浆中富集。

2）扬子地块东部南、北两缘具不同的中-新元古代的基底：南缘以泥砂质复理石建造为主，夹少量富Cu的基性火山熔岩；北缘以中酸-中基性火山岩为主，夹正常碎屑沉积岩。从南北中-新元古代基底Cu含量特征来看，明显地继承了地幔“南富北贫”的趋势。然而无论是南北基底，还是其上的盖层中，Cu等成矿元素与大陆上部地壳的丰度相近，没有形成明显富Cu元素的区域地球化学场。

3）与铜等成矿有关的中酸性小岩体是分异出来的富Cu地幔岩浆与下地壳混融的产物，推测长江中下游地区的下地壳的成分是石英闪长质-英闪质-花岗闪长质的火成片麻岩。

4）导致沿江地幔岩浆上涌的机制，除了南北陆块长期互相作用的因素外，还应充分考虑中生代及其后的太平洋板块向东亚大陆俯冲机制的影响。

以上这些认识为区域成矿物源的探讨及成矿机制的研究提供了扎实的基础，指明了研究的方向。长江中下游地区是我国铜（金）、铁资源的重要基地，其中多位一体（矽卡岩型、斑岩型、似层状块状硫化物型）铜矿床是环太平洋成矿带内特有的一类大型、超大型矿床，在范围不大的矿区内集中了如此丰富的成矿物质，无疑与它的构造环境、岩浆作用、成矿物质的浓集机制的特殊性有关。为此，必须从区域岩石圈各层圈组成及成矿元素在同一空间富集、继承、叠加等成矿机制来进行研究。

二、长江中下游铜（铁）成矿带控矿的内、外因条件

通过研究表明长江中下游地区多位一体大型、超大型铜矿床与中生代岩浆作用有着密切的时空关系和成因联系，是该类矿床的主导控矿因素，而基底及赋矿围岩的物理化学性质是矿床形成的特定的外部条件。

1. 多位一体大型、超大型铜矿产出的构造位置

我国东部从北至南分布着岩石圈地球化学性质各异的华北、扬子、华夏陆块，它们控制着中国东部矿产的规律性展布：华北富铁、金、钼；华南盛产钨、锡；扬子陆块北东缘（长江中下游）及东南缘（赣东北）一带铜（金）、铁储量引人注目。长江中下游处于华北和扬子陆块在中生代碰撞对接及陆内俯冲机制的构造环境中，再加上其后古太平洋板块及印澳板块对东亚大陆的强烈影响，使中国

东部大陆内的古板块叠接拼合，区域深断裂带重新复活，并形成新的构造带，在这些联系机制的综合影响下，控制了本区的构造-岩浆-成矿作用，使之形成具有中国特色的环太平洋铜矿带的一部分。研究区中生代岩浆-火山活动是导致成矿的主导因素。处于中生代南、北陆块碰撞挤压及陆内俯冲带上的长江中下游地区，沿其陆块拼接带的方向平行分布着两个与成矿有关的花岗岩成岩系列。一个是沿拼接带分布的与 Cu（Au）、Fe 有关的深源中酸性花岗岩系列；另一个是沿着内侧断裂带分布的与 W、Sn 有关的壳熔酸性花岗岩系列。由于两者的成岩源区的迥异，前者是幔壳混合源，后者是重熔陆壳，为此它们在地球化学特征上存在着明显的差异（表 2-6）。

表 2-6　长江中下游地区中生代 Cu、W 两个成矿系列地质地球化学特征

特征	岩系	
	深源中酸性花岗岩系列（以成 Cu 亚系列为例）	壳熔酸性花岗岩系列（以成 W、Sn 亚系列为例）
侵入构造位置	陆内板块碰撞拼接带	板内隆起边缘断裂带
岩源	幔壳混熔	壳源
岩石类型	闪长玢岩、石英闪长玢岩、花岗闪长（斑）岩	二长花岗岩、黑云母二长花岗岩、二云母碱长花岗岩
副矿物组合	磁铁矿、磷灰石、榍石、锆石	钛铁矿、石榴子石、黄玉、锆石、磷灰石
岩石化学	低硅、富碱、富钾	高硅、富碱、铝过饱和
成矿元素组合	Cu、Au（Mo、W）、Fe	W、Sn、Li、Nb
稀土元素	右倾平滑型，δEu=0.8~1	右倾“V”字形，δEu=0.2~0.35
$(^{87}Sr/^{86}Sr)_i$	0.7050~0.710	0.7197~0.7206
$^{238}U/^{204}Pb$	低 μ 值（8~9）	高 μ 值（>10）
$\delta^{18}O$ 全岩/‰	8~10	>10
$\varepsilon_{Nd}(t)$	-11~-13	-5~-7

2. 三级“岩浆泵”的逐级富集

处于华北（大别）陆块及扬子陆块碰撞造山带缝合线附近的长江中下游地区是软流圈上拱部位，那里地壳最薄。经强烈地幔交代作用，原始地幔岩浆分异出来的富 Cu 融体与下地壳英闪长质-英闪质-花岗闪长质的片麻岩发生局部熔融，形成了玄武-安山质母岩浆房，Cu 含量为 90×10^{-6}~110×10^{-6}，其深度为 20~30 km，这是第一级“岩浆泵”站（图 2-5）。

在深部地壳范围内玄武-安山质母岩浆不断分离结晶，沿着壳幔断裂分异出辉长质-闪长质-花岗闪长质岩浆，由于熔浆结构所产生的晶体场效应，Cu^{2+} 等过渡族元素离子，倾向于在岩浆熔体中富集，其 Cu 含量为 50×10^{-6}~100×10^{-6}（暗色包体），形成深度为 2~3 km 至 4~5 km，这是二级“岩浆”泵站。

在近地表 0.5~2 km 所形成的闪长岩、花岗闪长岩小岩株、小岩墙，就是目前所研究的含矿小岩体，它是铜富集的第三级“岩浆泵”站（含铜几十至几百克/吨）。它又是赋矿空间，在它们与围岩的接触带、顶缘冷缩裂隙带、隐蔽爆发角砾岩带、围岩层间破碎带，在深部岩浆气液流体多期多次叠加作用下，使之发生普遍蚀变、矿化，局部形成工业矿体、富矿体。

由于多级“岩浆泵”的多期多次的“泵吸”作用，源源不断地把 Cu 等成矿物质从深部带到地壳浅部，在有利的环境下富集成矿，这可能就是小岩体形成大矿床的主导因素。图 2-6 可以看出江西城门山、武山铜矿床及外围出露地表及深部隐伏岩体空间分布情况（据赣西北地质队对九瑞地区航磁电算资料推测），其深部 1.5~2.7 km 有 6 个隐伏岩株，规模 13~56 km^2，很可能这是第二级“岩浆泵”站。

3. 岩浆熔体结构及不同阶段铜富集趋势的制约

岩浆熔体是一个多相（晶体、熔体、气体）体系，在岩浆不断结晶过程中各种地球化学性质的微量元素有着不同的行为，Cu^{2+} 是典型的第一过渡族元素的金属离子，服从晶体场理论分配规律，它

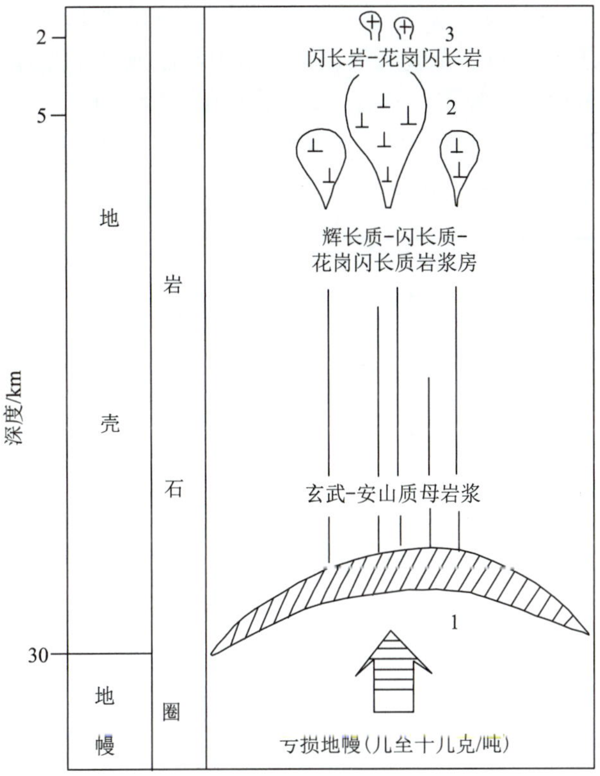

图 2-5　九瑞地区铜三级“岩浆泵”富集示意图

1，2，3 为“岩浆泵”

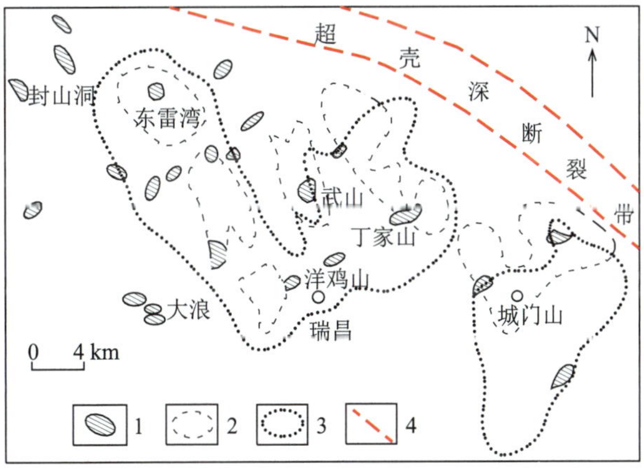

图 2-6　江西九瑞地区地表小岩体与深部隐伏岩基示意图

（据赣西北地质队，1998）

1—地表中酸性小岩体；2—隐伏岩体；3—深部岩基；4—长江深断裂带

的八面体晶体场稳定能（22.2 Dq（J/mol））大大地大于四面体晶体场稳定能。为此，当岩浆结晶时，它将优先进入八面体配位位置。据 Fess（1978）实验表明，当熔浆中 SiO_2 及 $A1_2O_3/(CaO+K_2O+Na_2O)$ 比值适当时，硅酸盐熔体八面体配位位置占优势，为此 Cu^{2+} 较大量地残留在岩浆熔体中，少量以硫化物形式进入已结晶的硅酸盐矿物的结构空隙或结晶体的缺陷（黑云母、角闪石等）。

本次研究将沿江与铜、铁成矿有关的中酸性小岩体（包括 4 个无矿岩体）及邻区的含 W、Sn 岩体等共 33 个，投点在 SiO_2 与 $A1_2O_3/(CaO+K_2O+Na_2O)$ 图上（图 2-7）。从图上可清楚地看到，含 Cu 小岩体集中在 SiO_2 含量为 58%~66%、$Al_2O_3/(CaO+K_2O+Na_2O)$ 为 1.28~1.43 较小的范围内，而非过渡族 Fe、W、Sn 等元素都不受晶体场理论的制约，而散布在较大的区间。在成矿带中有些所谓的无矿中酸性小岩体，其 Cu 等成矿元素含量并不低，而是由于岩浆熔体结构的缘故，相当一部分的 Cu（以硫化物形式）进入到黑云母、角闪石等矿物的结构空隙或其结晶体的缺陷中。在与铜、铁成矿有关的岩浆不断结晶过程中，至晚期在富含 Cu 的熔体中，Cl^-、F^-、S^{2-}等络合剂离子浓度越来越高，与 Na^+、K^+等大半径阳离子形成具有很大溶解度的络合物，这些络合物随着晚期岩浆气液流体不断向上输运，在各种有利的物理及化学障的环境中富集成矿。

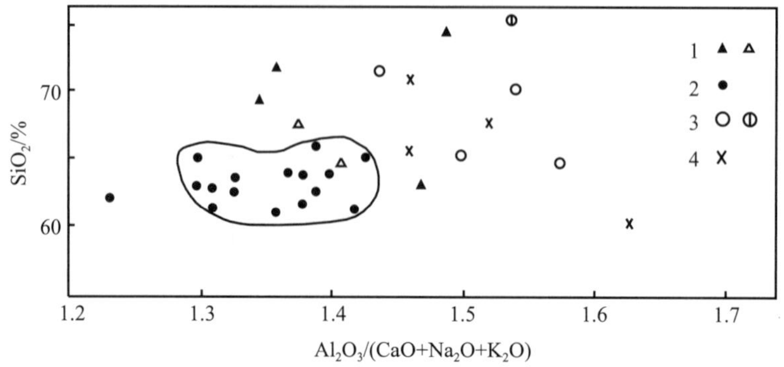

图 2-7　长江中下游地区含矿岩体 SiO_2 与 $A1_2O_3$/（CaO+K_2O+Na_2O）图

1—含铁、铜岩体；2—含铜岩体；3—含钨岩体、含锡岩体；4—无矿岩体

岩浆熔体结构为 Cu^{2+}（以络合物形式）在熔体中残余富集提供了空间，这是熔浆成矿的前提。然而，成矿与否的另外一个重要因素是岩浆从早期到晚期演化过程中成矿元素有无富集趋势，也就是熔浆中的成矿元素在晚期某一阶段集中富集，而不是均衡地分散在岩浆活动的各个阶段，这是铜富集成矿的另外一个重要机制。据大量资料统计表明成矿岩体的这种趋势十分明显，如鄂东南地区不同期次岩浆岩中，Cu 等成矿元素有向燕山早期第二阶段富集的趋势（表 2-7），Cu、Au、W、Mo 等成矿元素从岩浆的第一阶段到第二阶段提高了几倍到十几倍，在如此短的时间内，成矿元素成几倍，十几倍的增长。而城门山主成矿期的花岗闪长斑岩中 Cu 含量高达 596×10^{-6}，是区域早期石英闪长（玢）岩（30×10^{-6}~50×10^{-6}）的上百倍，可见其富集机制的效果是十分高的。

表 2-7　鄂东南地区不同期次岩浆岩中 Cu 等元素演化趋势表

岩浆活动期次		Au	As	Cu	Mo	W	Pb	Zn	S	V	P	Cr	Ni	Co	Ti	F	Cl
燕山晚期		1.01	53.26	43.2	1.10	0.53	40.6	27.1	480.5	21.5	780.0	85.7	6	7.8	3086.7	454	194.0
燕山早期	第二阶段	12.3	201.70	208.8	8.95	6.53	143.0	81.7	3693.3	30.3	931.7	22.0	11	10.7	2516.7	655	99.3
	第一阶段	0.99	63.13	58.7	1.71	1.14	45.9	63.1	710.9	74.7	1404.4	65.0	12	14.4	3930.9	640	86.0

注：引自舒全安等（1992）资料；单位：Au 为 10^{-9}，其他为 10^{-6}。

4. 基底地球化学特征对含矿岩体和铜、铁矿床分布规律的控制

长江中下游地区处于不同岩石圈陆块的拼接带，其基底组成受不同陆块地球化学组成的制约，北基底呈现了华北型岩石圈组成特征，南基底受制于扬子陆块的性质。由于该区域抬升较浅，至今未发现有深部地壳（下地壳）的出露，仅零星地分布着代表上地壳中、下部角闪岩相-绿片岩相的中、浅变质岩系（星子群、董岭群、张八岭群、双桥山群等），然而，它们各异的地球化学组成特征仍显示了对含矿岩体和铜、铁矿床分布规律的控制。

根据地球物理资料，在鄂东南大冶-海口一线东西向基底断裂两侧重力场和磁场明显有别。南侧为重力负值区，其密度值为 2.63~2.65 g/cm^3，与微磁性的双桥山群泥砂质岩石相对应；北侧为重力正异常（密度为 2.74 g/cm^3）及区域磁正异常。在安徽铜陵-南陵一线亦有类似的情况，南侧为重力低，北侧为重力高，是一个重力异常梯度带。有趣的是，大冶-海口和铜陵-南陵两个近东西向不同基底分界线正好也是含铜的钾质钙碱性花岗闪长岩系列和含铁的钠质闪长岩系列的变化线，地球物理场、含矿岩体岩类和铜、铁矿床分布的这些变化同时被南、北基底化学组成方面差异的信息所显示（图 2-8）。这里仅就基底岩类的基性度和含矿性这两方面来讨论它们对“南铜北铁”分布规律（不排除北部有少量铜矿床的分布）的影响。

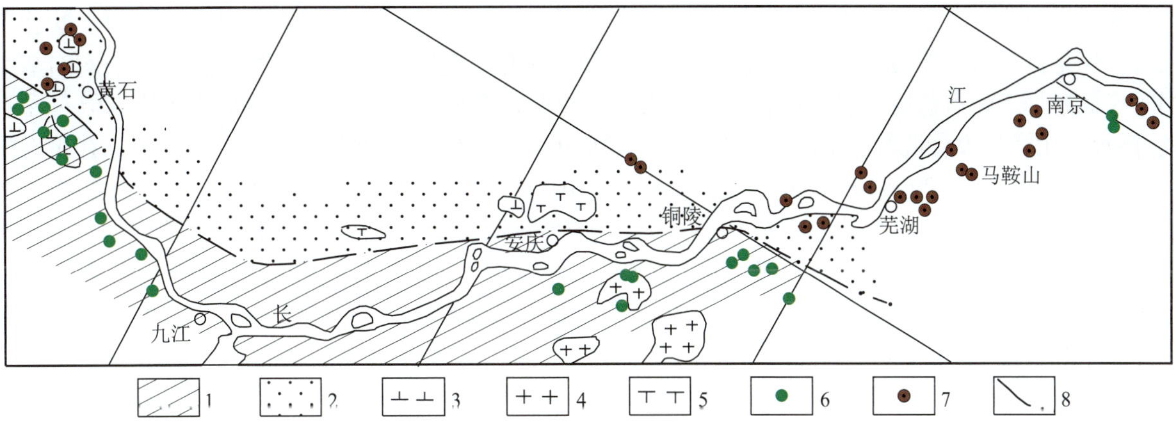

图 2-8 长江中下游地区不同基底对铜铁矿床空间分布的控制

1—南基底；2—北基底；3—闪长岩；4—花岗岩；5—碱性岩；6—铜矿；7—铁矿；8—推测基底界线

（1）北基底主体岩类的基性度明显高于南基底

通过对元古宙南北基底各岩石类型“基性度”（Fe_2O_3+FeO+1/2MgO+0.5CaO）及基性元素组合的对比发现（表 2-8）：①在 SiO_2 含量相当的前提下，北基底泥砂质岩石的基性度（7.54~9.02）明显高于南基底（5.40~7.13）；②南、北基底基性火山岩的基性度，如果在 SiO_2 含量相当的前提下，则基本相同，北基底基性火山岩 SiO_2 含量为 51.82%~53.68%，基性度为 15.45~17.33；南基底基性火山岩 SiO_2 含量为 49.09%~51.19%，基性度为 18.13~21.63；③北基底各类岩石的 Co、Cr、Ni、V、Ti 等基性元素均高于南基底相应岩类。

表 2-8 元古宙南、北基底各岩类基性度及基性元素组合特征

基底	群	岩类	SiO_2	Fe_2O_3	FeO	MgO	CaO	基性度	Co	Cr	Ni	V	Ti	资料来源
元古宙北基底	张八岭群	泥质岩（3）	63.31	4.26	2.36	2.72	2.08	9.02	16.40	59.50	24.80	119	5471	马振东，1994
		基性火山岩（4）	53.68	8.98	1.80	3.95	5.38	15.45	15.80	224.00	104.00	235	6880	
		酸性火山岩（12）	76.30	1.61	0.24	0.52	0.43	2.35	1.20	1.50	3.50	19	2020	
	董岭群	基性火山岩（3）	51.82	5.15	7.23	4.23	5.66	17.33	30.20	19.40	21.50	323	11723	
		泥砂质岩（3）	65.11	2.91	3.80	0.98	0.68	7.54	5.20	17.40	12.00	71	3420	
元古宙南基底	上溪群	碎屑岩（3）	69.56	2.91	3.32	1.54	0.23	7.12	13.30	73.00	33.80	98	4015	
		泥质岩（29）	65.05	2.06	3.90	1.62	0.40	6.79	13.30	71.20	35.70	108	4966	
		基性火山岩（2）	51.19	2.65	6.97	9.01	8.01	18.13	42.10	436.00	135.00	219	5212	
	双桥山群	碎屑岩（31）	71.11	1.80	3.01	1.29	0.32	5.57	11.40	62.80	23.80	31	3873	
		泥质岩（22）	63.80	2.17	3.60	1.73	0.18	6.73	11.60	75.00	32.60	105	4747	
		基性火山岩（11）	49.60	2.07	8.73	7.92	10.07	19.80						朱贤甲，1986
		酸性火山岩（6）	72.08	0.31	1.10	0.61	0.78	2.11						
	星子群	泥砂质岩（7）	71.71	2.13	2.01	1.31	1.21	5.40	10.0	47.2	21.60	53	3445	马振东，1994
		泥砂质岩（2）	66.30	1.69	4.00	1.96	.092	7.13	12.60	51.80	32.50	73	3921	
		基性火山岩（2）	49.09	5.17	7.16	7.43	10.97	21.53	50.70	240.0	73.00	337	8895	

注：括号中的数字为样品数。单位：氧化物为%，其他为 10^{-6}。

从基底物质的组成中了解到元古宙南基底（星子群、双桥山群等）的原岩以泥砂质岩石为主，夹少量的基性、酸性火山岩；北基底主要岩类却由基性、中酸性火山岩组成，夹少量火山碎屑岩及正常沉积岩。为此，从南、北基底岩类总体基性度来看，北基底高于南基底。

（2）Cu 等成矿元素具有明显的“南富北贫”的趋势

从表 2-9 所示的元古宙南、北基底 Cu 等成矿元素含量特征来看：①无论是基性火山岩、酸性火山岩，还是泥质岩、碎屑岩，Cu 等成矿元素含量明显具有“南富北贫”的趋势。虽然由于南侧基底当时形成时处于弧后盆地构造环境，海底火山作用较弱，形成不了一定规模的工业矿床，但是在基性-酸性火山熔岩发育地段的基底中却形成了重要的 Cu、Au 元素的矿源层，细碧玄武岩、玄武岩中 Cu 含量为 $100\times10^{-6}\sim200\times10^{-6}$，Au 含量为 $4\times10^{-9}\sim10\times10^{-9}$，为以后的成矿作用提供了丰富的物质基础。另外，南、北基底界线的分界并不是一条简单的界线就能分开的，由于陆块间俯冲叠置、深部地壳垫托作用，也可能使这一侧地壳成为另一侧地壳的矿源层。为此，“南铜北铁”的矿床分布格局绝不是清一色的，在北基底中亦有些规模较大的铜矿床（安庆铜矿、沙溪铜矿等）。②W 等亲氧元素南、北基底含量的差异也是显而易见的，南、北基底相应岩类差几倍至近十倍，这种南基底富 W 等亲氧元素特征，明显地在江南中生代壳熔花岗岩的成岩、成矿作用中显露了出来，而且在空间上具有“高钨”在江南富集的规律（中下扬子地区）。

表 2-9　元古宙南、北基底成矿元素含量表

基底	群	岩类	Cu	Pb	Zn	Au	Ag	As	Sb	Se	Hg	U	Mo	W	Sn	资料来源
元古宙北基底	张八岭群	泥质岩（3）	22.5	16	100	0.6	48	2.0	0.09	41	5	1.38	0.32	1.00	1.7	马振东，1994
		基性火山岩（4）	66.3	9	74	0.7	56	3.0	0.28	19	4	1.59	0.14	1.00	0.6	
		酸性火山岩（12）	3.4	9	51	0.5	81	1.1	0.10	15	2	1.23	0.28	0.64	0.9	
	董岭群	基性火山岩（3）	12.5	23	153	0.5	61	0.7	0.06	321	3	1.04	0.19	0.32	1.2	
		泥砂质岩（3）	8.5	22	98	0.4	72	0.6	0.05	41	4	2.22	0.11	0.72	2.3	
元古宙南基底	上溪群	碎屑岩（3）	27.9	24	98	0.9	21	16.3	0.32	32	8	2.45	0.19	10.45	2.7	
		泥质岩（29）	32.7	31	106	4.4	41	24.8	0.73	20	9	2.18	0.29	4.67	3.3	
		基性火山岩（2）	91.8	13	82	2.8	67	9.5	1.70	10	5	0.52	0.08	1.50	0.7	
	双桥山群	碎屑岩（31）	25.4	24	75	1.1	50	9.28	5.00	43	39	2.27	0.29	2.00	2.0	
		泥质岩（22）	23.8	17	92	1.4	42	10.00	3.56	30	115	2.51	0.24	2.43	2.4	
		基性火山岩（11）	124.9	16	138	4.4	479									朱贤甲，1986
		酸性火山岩（6）	38.2	7	70	0.9	178									
	星子群	泥砂质岩（7）	14.8	26	80	1.3	74	0.7	0.13	35	3	2.03	0.22	0.74	0.5	马振东，1994
		泥砂质岩（2）	31.0	23	124	1.0	49	0.4	0.03	88	3	2.60	0.12	2.00	4.3	
		基性火山岩（2）	65.0	19	136	1.3	91	0.7	0.08	66	4	0.40	0.10	0.4	0.8	

注：括号中的数字为样品数。单位：Au 为 10^{-9}，其他为 10^{-6}。

（3）Cu、Fe 元素的地球化学性质的制约

在地壳中，各种元素的富集系数（最低工业品位与地壳或区域丰度之比）是不同的。对于长江中下游地区的铜、铁矿床来说，Fe 只要富集 6 倍即可达到工业品位。为此，只要经历一次地质、地球化学作用即可形成工业矿床。而对于大多数成矿元素来说，则要富集几十倍、上百倍，甚至成千上万倍才能达到工业要求，Cu 就要浓集上百倍，而 Au 的富集系数约为 1000，为此这些元素的成矿作用往往具有多期、多源、多成因的特征。

再者，就是 Cu、Fe 元素本身的地球化学性质。在地壳条件下，Cu 的亲硫性远远超过 Fe 的亲硫性，只要有硫存在 Cu 总是比 Fe 优先夺取硫而形成 Cu 的硫化物，将 Fe 排除在外；Fe 的亲氧性又远远大于 Cu，只要有氧存在，Fe 总比 Cu 优先夺取氧形成 Fe 的氧化物，而将 Cu 排除在外。Cu、Fe 对于 S、O 的争夺是形成各类 Cu、Fe 矿床的内在因素，也对内生矽卡岩型铜、铁矿床空间分布有着重

要的控制意义。在成矿作用过程自身氧、硫逸度变化的主导因素前提下，从区域空间来看，成 Fe 岩系定位于地壳较浅的相对氧化环境（中生代盆地），硫逸度低，氧逸度高，Fe^{2+}、Fe^{3+}并存，Fe^{3+}优势，沉积硫大量加入，S^{6+}的硫酸盐占相当的比例。而成 Cu 岩系定位于地壳浅部的较还原环境下，以上古生界围岩为主，硫逸度较高，氧逸度较低，成矿元素以 Cu^{2+}、Fe^{2+}为主，形成大量铜硫化物（S^{2-}）。对于某个矿床的空间分布也具有这样的富集机制，上部磁铁矿矿体，预示深部很可能会有磁黄铁矿和黄铜矿组合的矿体。

5. 赋矿围岩成矿物理化学环境条件的控制

从地球化学的观点分析成矿环境，其实质是成矿的物理化学环境，它既包括物理环境（岩石孔隙度、渗透率、岩石破碎度、热力场、压力场、流体循环系统等），又包括化学环境（成矿元素浓度、赋存形式、配位体络合物浓度及状态、氧化-还原电位、酸碱度等）。长江中下游地区沉积盖层中具有良好的成矿物理化学环境，它们控制着岩浆岩、火山岩及内外生矿床、叠加改造型矿床的定位，为此，赋矿围岩成矿物理化学条件的分析是研究成矿规律不可缺少的重要一环。这里仅以威宁期黄龙组下部老虎洞碳酸盐岩（白云岩）及其下碎屑岩为例（区域重要的含矿层位之一，另外两个重要的含矿层位是二叠系及下三叠统）进行物理化学环境的分析。

沉积作用、沉积相研究表明：威宁期上石炭统黄龙组沉积代表陆内拉张断陷盆地内的浅水沉积，主要有三部分组成：底部为含砾石英砂岩、砂砾岩及砂质白云岩；顶部常见黑色黄铁矿化白云质粘土岩；向上过渡为碳酸盐岩（白云岩）（图 2-9）。现从地球化学的观点来分析这一界面。

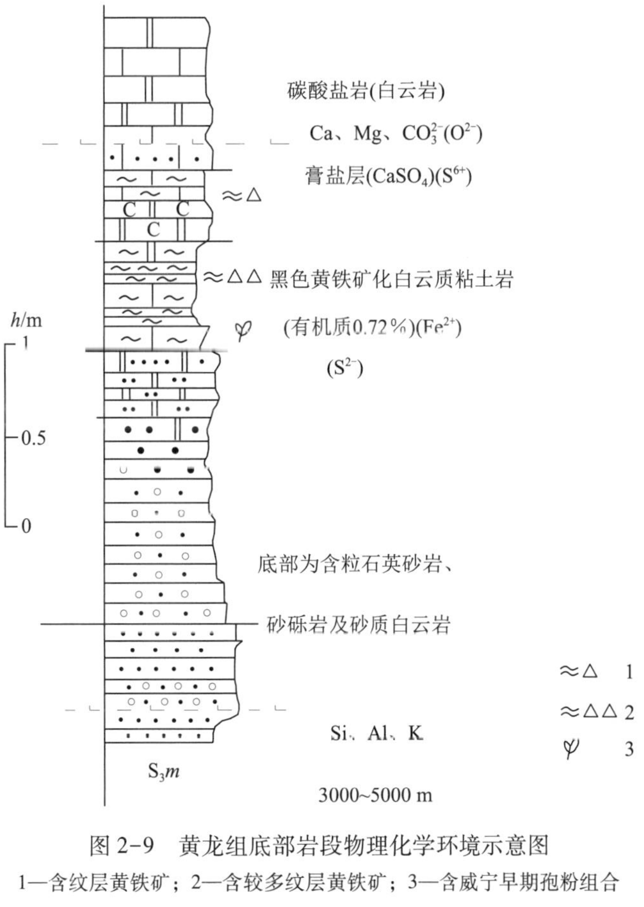

图 2-9　黄龙组底部岩段物理化学环境示意图

1—含纹层黄铁矿；2—含较多纹层黄铁矿；3—含威宁早期孢粉组合

（1）绝佳的物性界面和构造界面

从以上沉积作用、沉积相分析获知威宁期这一界面本身其岩类特征上下剧变；另外从更大的时、空域来看，它又是巨厚层志留系碎屑岩（3000~5000 m）过渡到石炭系、二叠系、三叠系碳酸盐岩的

“前哨层”。由于上、下岩类的迥异，为此在各个构造发展阶段，由各种形迹的构造（如伸展构造等）所形成的剥离断层最易发育于此，造成岩石破碎、孔隙度、渗透率增加，脆性岩石部分形成一个张性的减压层，而由于本身岩类（粘土层）及动力糜棱岩的存在，它又成为一个流体隔挡面，从而构成了局部流体循环的“贮”“盖”系统。

（2）剧变的元素性质和梯度界面

这里有两层涵义：一是常量元素从 Si、Al、K 层急变为 Ca、Mg、CO_3^{2-}；二是指 Cu、Pb、Zn、Ag 等成矿元素，从 Cu 含量相对较高（$15\times10^{-6}\sim45\times10^{-6}$）的碎屑岩（包括 3000～5000 m 厚的志留系）剧变为含量极低（$0.5\times10^{-6}\sim5\times10^{-6}$）的碳酸盐岩（白云岩）的“饥渴层”，造成界面两侧元素性质、丰度梯度的剧变带。

（3）良好的氧化-还原和酸碱变化界面

碎屑岩和碳酸盐之间的过渡层是黑色黄铁矿化粘土层，富含黑色有机质沉积物（有机质 0.72%）和黄铁矿（S^{2-}）、菱铁矿（Fe^{2+}），其环境显然是还原的，而其上碳酸盐岩中大量存在 CO_3^{2-}（O^{2-}），在膏盐层（$CaSO_4$）中为 S^{6+}，是相对氧化环境；另外碳酸盐岩层又是碱性地球化学障（pH：方解石为 8.3，白云石为 7～8），遇上酸性的成矿热流体，必将发生剧烈的酸碱反应。

（4）恒制的放射性衰变热梯度界面

长江中下游地区泥质岩、碎屑岩中 U、Th、^{40}K 放射性元素含量普遍比碳酸盐岩的衰变产热率（Ao）高出 3～5 倍，在具有 U 异常的黑色页岩中热梯变的变化更为显著，在其形成的几亿年期间内，放射性元素无时无刻、永无休止地衰变着，所产生的衰变热是区域地壳内热流体不可忽视的驱动力。

从以上的讨论来看，成矿作用实际上是一个庞大的“元素富集工厂”。它由天然动力而运转，主要功能是运输原料（成矿元素），其结果是一些元素富集了，一些元素分散了。为此，要形成一个大型、特大型矿床必须有高效率的富集机制，同时能持续不断地运转。这首先是要有成矿物质供给的背景，其次是要有足够的运矿介质：熔体、热液和络合剂及有利的使元素富集的物理化学环境，同时这些作用的每个环节还必须配合良好地持续进行，例如深断裂的产生与深源岩浆上侵时机的吻合，侵位的深度，温度、压力降低的幅度，矿质沉淀反应速率与矿质输运速度的默契，以及作为地球化学障的围岩条件等，这些都统归于元素的富集机制，而长江中下游地区就具备良好的 Cu 等成矿元素的富集机制。

三、长江中下游成矿带铜、铁两个成矿亚系列的成矿地质特征

据常印佛等（1992）研究，长江中下游成矿带铜、铁两个成矿亚系列的成矿地质特征如下：

1. 大地构造位置

长江中下游成矿带总体上属于大别陆块的前陆盆地，分布着两个成矿亚系列：

以铜矿为主的成岩成矿亚系列深部构造：为沿长江地幔鼻状隆起带（幔隆）；浅部构造：块段的皱隆起区（从西到东：鄂东南→九瑞→怀宁月山→铜陵等块段隆起区）。

以铁矿为主的成岩成矿亚系列深部构造：为鼻状隆起带隆脊的两侧（幔坡）；浅部构造：断陷火山岩盆地区及边缘（从西到东：金牛-保安→庐江-枞阳→宁芜→溧水-溧阳等火山岩盆地）。

2. 岩浆岩系列

对应于长江中下游成矿带的两个成矿亚系列，分布着两个岩浆岩系列。以 Cu、Au 为主的岩浆岩系列主要分布在大别地块前陆盆地块断隆起区，而以 Fe（S）为主的岩浆岩系列主要分布在前陆盆地断陷火山岩盆地及其盆地边缘过渡区。

（1）以铜矿为主的成岩成矿亚系列

高碱富钾中酸性岩浆岩系列（闪长岩、石英闪长岩、花岗闪长（斑）岩、花岗岩和石英斑岩等），其常量元素平均值：SiO_2 63%，Na_2O+K_2O 7.73%，Na_2O/K_2O 0.9～1.3（图 2-10）。

（2）以铁矿为主的成岩成矿亚系列

高碱富钠中酸性岩浆岩系列（辉石闪长岩、闪长岩、石英闪长岩、石英二长岩、花岗闪长岩及

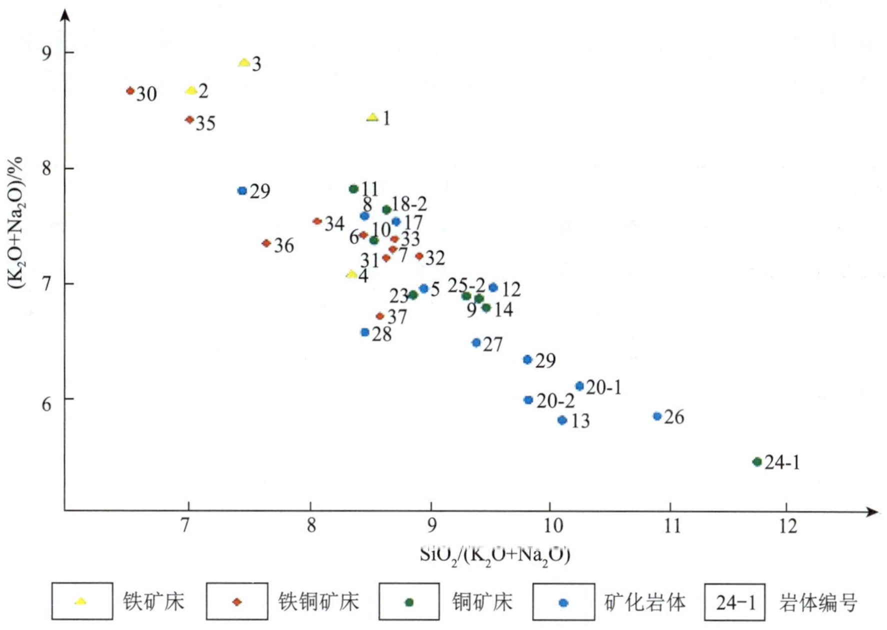

图 2-10　长江中下游铁铜矿床岩体（K_2O+Na_2O）-SiO_2/（K_2O+Na_2O）关系图

（据赣西北地质大队，1998）

花岗岩等），其常量元素平均值：SiO_2 64%，Na_2O+K_2O 8.3%，Na_2O/K_2O 1.48~3.78。

富钠偏中基性岩浆岩系列（辉石闪长玢岩、闪长玢岩、钠长斑岩、粗安岩、粗面岩、正长岩等），其常量元素平均值（宁芜盆地）：SiO_2 52.4%，Na_2O+K_2O 6.98%，Na_2O/K_2O 1.5~5（图 2-10）。

3. 成矿规律

（1）空间上分布规律

带状分布、分段集结。

以长江深大断裂为主线与次级构造要素（基底断裂、断块构造等）的相互交叉，构成了区段的网状构造系统，控制了沿江的岩浆-成矿活动及其产物的宏观表现。

（2）时间上分布规律

长江中下游地区自印支运动开始，处于板块内部变形阶段，板块活动性明显增强。尤其发展到燕山期，受华北（大别）板块、扬子板块以及滨西太平洋板块的挤压和夹持。本区经历了从地幔热流异常→强烈构造活动→岩浆形成、运移、就位→矿质聚集与成矿的全过程。

1）区域上西早东晚：①铜、金成矿系列。鄂东南→九瑞→铜陵→铜井（宁芜）：(150~125 Ma)→(140~120 Ma)→(110~90 Ma)②Fe、S 成矿系列。金牛→保安→繁昌→宁芜→宁镇：(157~126 Ma)→(130~120 Ma)→(123~109 Ma)。

2）矿种上铜先铁后：①铜、金成矿系列。140~120 Ma，平均 137±5 Ma；②Fe、S 成矿系列。135~120 Ma，平均 125±5 Ma。

3）成矿序列上从早→晚，从高温→中低温，元素组合从复杂→简单，矿床类型从矽卡岩型（斑岩型）→高温热液型→中低温热液型（表 2-10）。

4. 成矿模型

以长江中下游成矿带铜、铁矿为例，主要的成矿模型有三类。

（1）铜、金成矿模型：江西城门山铜多金属矿

城门山铜矿是燕山期深源中酸性岩浆侵入活动及成矿作用下，形成了斑岩型铜、钼矿，矽卡岩型铜矿，块状硫化物铜矿。

它们空间上密切共生，时间上相近，在矿物组合、围岩蚀变、成矿物化条件等特征上相似，所有

这些都表明，矿田内的这三种类型矿床是在同一岩浆-成矿作用下，成矿热液在不同构造、围岩空间及物理化学差异环境的下，以不同的沉淀方式，形成了“三位一体”的铜多金属矿床：岩体中的斑岩型铜，钼矿床，接触带的矽卡岩铜矿，五通组和黄龙组假整合面上块状硫化物铜矿（图 2-11）。

表 2-10 长江中下游成矿带两个成矿序列

Cu、Au 成矿系列：			Fe、S 成矿系列：		
早	⟶	晚	早	⟶	晚
高温 ↓	Fe-Cu（W、Mo）-（Au）	矽卡岩型	高温 ↓	Fe-（V、Ti、P）	玢岩型
	Cu-Mo-（Cu）	（斑岩型）		Fe-（V、Ti）	↓
	Cu-S-Au-（Pb、Zn）	↓		Fe -S-$CaSO^{4-}$（Cu）	矽卡岩型
	Au-S（Pb、Zn、Cu）	高温热液型		Fe -（Pb、Zn、Cu）	↓
	Cu-Pb-Zn-Au-Ag	↓		Fe -S-（Cu）	高温热液型
	Pb-Zn-Ag（Cu）	中低温脉		Cu-Au，Au-Cu	中低温脉
低温	Ag-（Pb、Zn、Cu）	状热液型	低温	Pb-Zn（Ag）	状热液型

（据陈毓川等，2007）

另外，在成矿作用后期，由于成矿元素自身地球化学性质的不同，Ag、Au、Pb、Zn 等远程元素在围岩（灰岩、砂页岩）裂隙中形成脉状矿体（图 2-11）。

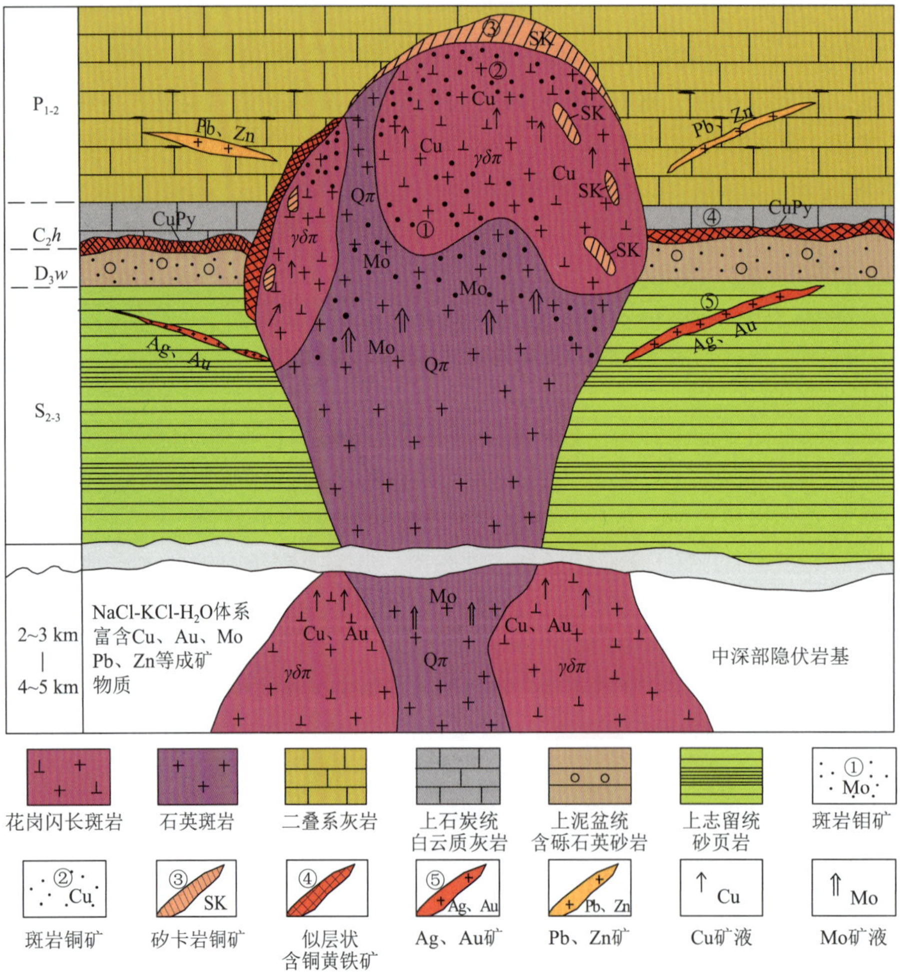

图 2-11 城门山“三位一体”铜多金属成矿模型
（据赣西北地质队资料，2014，有修改）

（2）铜、金、铅、锌成矿模型：安徽狮子山铜多金属矿

安徽铜陵狮子山铜多金属矿成矿模式与城门山铜矿类似但又有所不同，其剥蚀程度相对较浅，地表原生晕、次生晕中出露大面积的 Cu、Au 异常并伴随有规模较大的 Pb、Zn 异常，在二叠系—三叠系的碳酸盐围岩地层中形成多层楼式的广义矽卡岩型铜多金属矿，在其深部（-800 m 左右）形成斑岩型铜矿（图 2-12）。

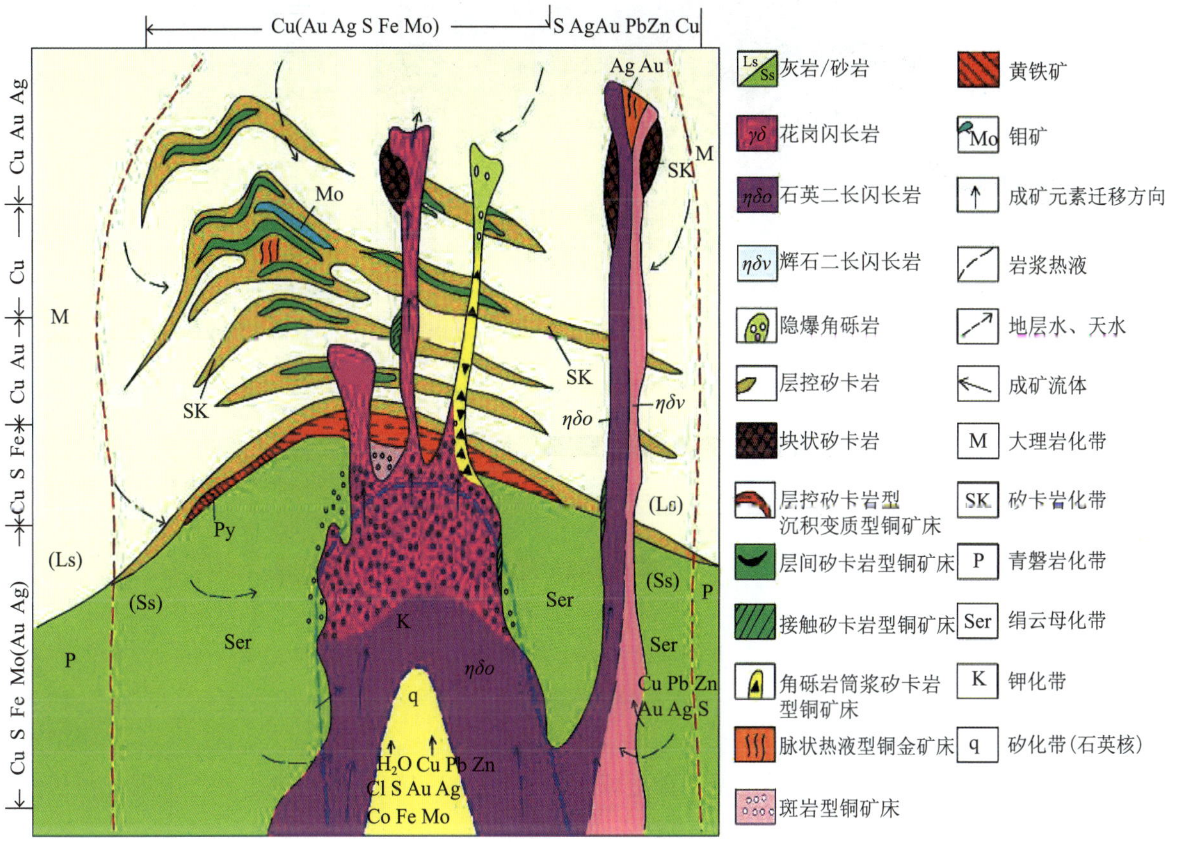

图 2-12 安徽铜矿狮子山铜矿成矿模型

（据常印佛等，1992）

（3）Fe、S（Cu）成矿模型

Fe、S（Cu）成矿模型主要分布在长江中下游成矿带中鄂东南、庐枞、安庆、马鞍山等矿田，其成矿与安山岩-闪长岩质火山-深成岩密切相关，主要包括矽卡岩型和玢岩型两类（图 2-13）。

5. 制约长江中下游铜多金属成矿带成矿系列的三要素

1）岩浆成矿专属性。不同岩类的岩浆岩控制了不同矿化种类（石英闪长玢岩→Au，辉长闪长岩→Fe，花岗闪长斑岩→Cu，石英斑岩→Mo）。

2）赋矿围岩。不同物理化学性质的围岩控制了矿床类型（硅铝质岩→斑岩型，隐爆角砾岩型、碳酸盐岩→矽卡岩型，层间裂隙、假整合面→层控型、脉型）。

3）成矿元素 Fe、Cu（Au、Mo）地球化学性质。三要素的互相叠加、交叉就形成了成矿带内不同类型、不同矿种及元素组合的矿床系列（斑岩型铜-钼矿、矽卡岩型铜-铁矿、玢岩型铁矿、似层状含铜黄铁矿型、隐爆角砾岩型金矿、脉状铅-锌矿等），呈现了“二位一体”“三位一体”“多位一体”的复合性矿床或“单”元素矿床。

四、长江中下游全矿带的 1∶20 万水系沉积物地球化学特征

按照地球化学对数据处理的要求，对长江中下游全矿带的 1∶20 万水系沉积物测量数据进行各种

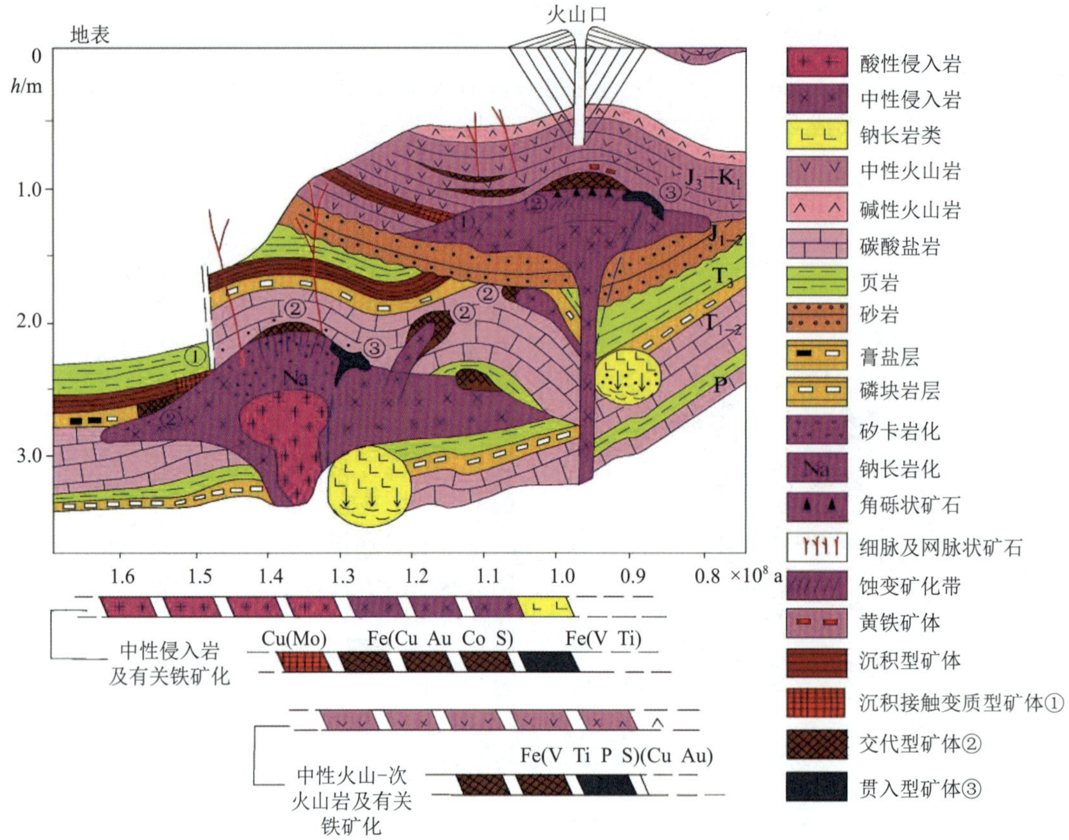

图 2-13　长江中下游安山岩-闪长岩质火山-深成岩铁矿系列理想模型图

（据翟裕生等，1992）

地球化学参数的统计，并制作 Cu 等元素各种地球化学图（图 2-14）。并对全矿带的数据进行多元统计分析，长江中下游成矿带因子分析结果如表 2-11 所示。

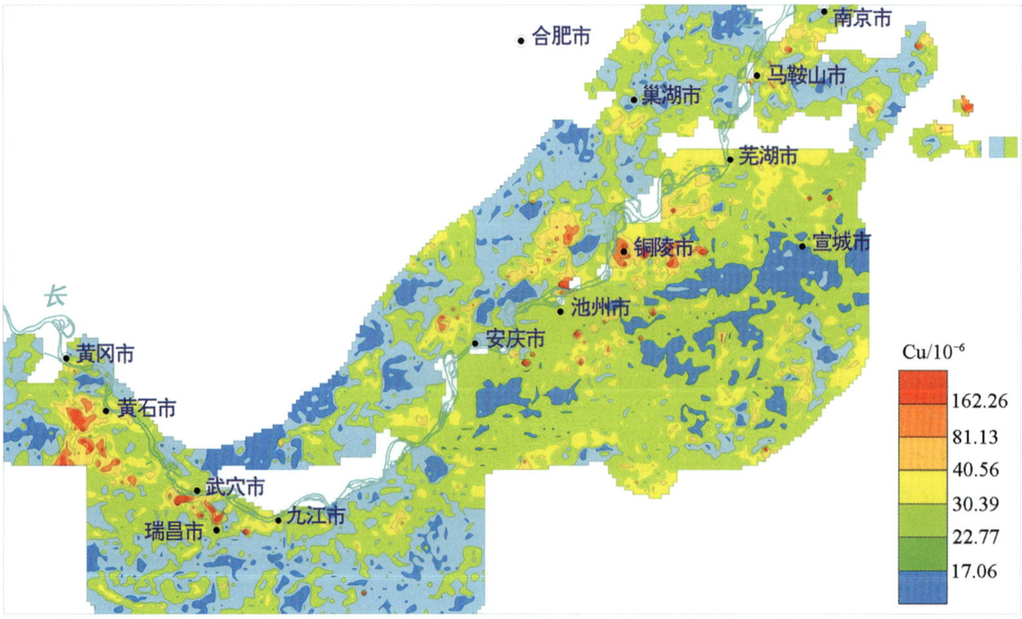

图 2-14　长江中下游 Cu 元素地球化学图

表 2-11　长江中下游成矿带元素多元统计分析元素组合与异常解释

序号	元素组合	地球化学信息
1	Cu、W、Mo	显示与中酸性岩体密切相关的矿田、矿床，如九瑞、鄂东南、铜陵等铜多金属矿田的元素特征组合（主成矿元素与主要伴生元素）
2	Pb、Zn、Ag、Mn、As	
3	Au、Hg、Sn	
4	V、Cd	
5	Al_2O_3、K_2O	显示长江中下游成矿带其他地质体的地球化学性质的元素特征组合（成矿环境元素）
6	Nb、Y、Th	
7	Li、Na_2O	

从图 2-14 与表 2-11 获知：

1）矿带中 Cu-Mo-W 因子显示度高（异常值高、分带清晰、异常面积大）的有九瑞矿田、鄂东南矿田（南区），其次是铜陵矿田，另外，戴家汇铜矿床、安庆铜矿、庐枞的沙溪铜矿也显示清晰。

2）矿带中主要伴生元素 Pb-Zn-Cd-Ag-As-Sb 因子显示度最高的是铜陵矿田、鄂东南矿田（南区），其次是九瑞矿田。

3）Al_2O_3、K_2O、Nb、Y、Th、Li、Na_2O 显示长江中下游成矿带其他地质体（燕山期花岗岩岩基、中新生代火山岩系等）的地球化学性质的元素特征组合（成矿环境元素）。

第三节　区域岩石圈铅稳定同位素地球化学特征及示踪地质意义

区域成矿带铅等稳定同位素地球化学研究是地球化学分区、示踪物质源、阐明矿床成因的有效途径。在长江中下游成矿规律的地球化学研究中，我们把铅同位素示踪作用与构造环境中物源和物理化学条件结合起来，把矿带内铅等同位素示踪作用互相结合起来，较好地揭示长江中下游及邻区区域岩石圈演化过程中成岩、成矿机制。

一、长江中下游及邻区铅同位素组成背景及其指示意义

近年来，国内外铅同位素地球化学研究方兴未艾，大量研究结果表明：全球、区域岩石圈铅同位素组成特征及演化，受原始地幔的不均一性，壳幔交换的动力学过程，层圈铀、钍、铅丰度及作用发生的时间等诸多因素的控制。为此，开展区域各类地质体铅同位素组成特征的研究，可为地球化学分区（铅同位素填图）、示踪物质来源及区域地球化学找矿预测提供有意义的信息。这次工作中我们运用了当今国内外最新研究铅同位素的思路和方法，对长江中下游及邻区进行了较系统的研究，试图从更广阔的时、空领域及难观察的微观变化来探讨铅同位素的示踪作用。这里需要说明的是，绝大部分岩浆岩的长石铅及矿石铅同位素数据是收集 20 世纪 80 年代到 90 年代初前人的分析测试结果（岩浆岩长石、全岩铅 139 件、矿石铅 104 件），本次研究侧重分析前人未做工作的基底到盖层中各沉积黄铁矿的铅同位素组成（共 22 件），各岩类及花岗岩岩基的 U、Th 元素含量。依据这些资料进行区域铅同位素组成背景的综合整理和分析。

1. 区域地层沉积黄铁矿（全岩）铅同位素组成

在区域的地壳发展演化历史中，长江中下游地区的构造运动经历了从活动到稳定，再到活化的 3 个阶段，形成了相应的 3 个构造层：即第一构造层为中元古代基底；第二构造层为震旦纪—早三叠世海相沉积盖层；第三构造层为中晚三叠世—新生代陆相火山碎屑岩系。第一、第二构造层各群、系沉积黄铁矿（全岩）铅同位素组成见表 2-12，第一、第二构造层各岩类 U、Th 元素含量见表 2-13。据表 2-12、表 2-13 的数据分析：

表 2-12　区域地层各岩类沉积黄铁矿（全岩）铅同位素组成

构造层	地层	采样位置	岩类	测定对象	$^{206}Pb/^{204}Pb$	$^{207}Pb/^{204}Pb$	$^{208}Pb/^{204}Pb$
第二构造层	二叠系	赣北	碳质页岩	黄铁矿（1）	18.430（0.18）	15.748（0.16）	38.697（0.38）
	石炭系	铜陵	灰岩、白云岩*	全岩（5）	18.533	15.698	38.638
	泥盆系	赣北	砂岩*	黄铁矿（1）	18.625	15.695	38.590
		铜陵	泥岩	黄铁矿（1）	18.077（0.10）	15.637（0.08）	38.480（0.21）
	奥陶系	鄂南	瘤状灰岩	黄铁矿（1）	18.222（0.05）	15.662（0.05）	38.333（0.12）
	寒武系	滁县	泥条白云质灰岩	黄铁矿（1）	21.584（0.15）	16.045（0.11）	38.720（0.27）
		赣北	灰岩	黄铁矿（1）	19.238（0.16）	15.769（0.13）	38.660（0.315）
		皖南	钙质页岩	黄铁矿（1）	18.822（0.05）	15.765（0.05）	39.130（0.11）
		赣北	灰岩	黄铁矿（1）	18.556（0.23）	15.815（0.19）	38.754（0.48）
		皖南	泥灰岩	黄铁矿（1）	18.481（0.19）	15.957（0.17）	38.944（0.41）
		皖南	泥条灰岩	黄铁矿（1）	18.396（0.09）	15.760（0.08）	38.680（0.19）
		赣北	硅质页岩	黄铁矿（1）	31.270（0.15）	15.527（0.08）	38.180（0.19）
		皖南	碳质页岩	黄铁矿（1）	19.091（0.04）	15.708（0.03）	38.560（0.08）
	震旦系	赣北	石英砂岩	黄铁矿（1）	17.849（0.14）	15.574（0.13）	37.742（0.31）
			冰碛砾岩	黄铁矿（1）	17.922（）0.12	15.491（0.11）	37.824（0.26）
			灰岩透镜岩	黄铁矿（1）	17.976（0.15）	15.598（0.13）	38.059（0.32）
			碳硅质页岩	黄铁矿（1）	17.816（0.07）	15.596（0.06）	37.606（0.14）
		皖南	砂岩	黄铁矿（1）	17.665（0.09）	15.531（0.08）	37.820（0.19）
			灰岩	黄铁矿（1）	17.966（0.12）	15.647（0.10）	38.342（0.25）
第一构造层	双桥山群	赣北	杂砂岩	黄铁矿（1）	17.982（0.11）	15.600（0.10）	37.960（0.23）
			粉砂质板岩	黄铁矿（1）	18.073（0.08）	15.714（0.07）	38.196（0.18）
	上溪群	皖南	黑色板岩	黄铁矿（1）	17.693（0.15）	15.503（0.13）	37.918（0.31）
			千枚状细砂岩	黄铁矿（1）	17.973（0.13）	15.728（0.11）	38.388（0.27）

注：铅同位素由有色金属总公司桂林矿产地质研究院同位素实验室测试，同位素比值括号内的数据为标准偏差。测定对象括号中的数字为样品数，以下均同。* 来自赣西北地质大队（1990）。

第一构造层中元古界泥砂质复理石建造中沉积黄铁矿铅同位素组成，代表了扬子陆块当时的物源环境，其 U/Th 值稳定在 4.5~5 之间。

震旦系主要由滨海相碎屑岩及大陆冰碛岩或冰水沉积物组成，为此铅同位素组成及 Th/U 值反映了初始盖层与基底之间物质成分的继承关系。

早寒武世沉积环境发生了变化（为陆缘裂陷海盆），水体较深，含氧度很低。陆源化学风化、化学沉积明显增强，U^{4+} 易氧化为 U^{6+}，并形成易溶解的 UO^{2+}（铀酰络离子）大量进入海盆。由于环境的变化，铀大量沉淀下来，被碳泥质吸附，造成了寒武系（尤其是硅、碳质岩石）普遍含较高的 U、Th/U 值明显减小（含碳硅质页岩 Th/U：035）。而 Th 元素在风化过程中仍为四价状态，溶解度低，故其含量变化甚小（表 2-13）。为此，寒武系成为区域盖层中第一个异常铀铅同位素层。

奥陶系以后为正常沉积环境，铅同位素组成逐渐正常增大，这是陆壳物质分异，地壳趋于成熟，正常放射性衰变的结果。然而，从表 2-12 可见在泥盆系、石炭系、二叠系沉积物（碳酸盐岩、沉积黄铁矿）中铅同位素组成呈现了较强的异常特征，这一特征与这些地层局部含有较高 U 含量相吻合（表 2-13）。它们构成了区域盖层中第二个铀铅同位素异常场，但其分布范围较小，且不均匀。

表 2-13　区域地层各岩类 U、Th 元素含量表

构造层	地层		岩类	U/10^{-6}	Th/10^{-6}	Th/U
第二构造层	二叠系	上统	泥质岩（3）	8.37	15.20	1.82
			硅质岩（1）	12.50	2.40	0.19
		下统	碳酸盐岩（7）	3.12	0.35	0.11
			硅质岩（3）	18.83	4.31	0.23
	石炭系		粗碎屑岩（3）	2.29	9.08	3.97
			碎屑岩（3）	3.53	13.45	3.78
			泥质岩（1）	3.18	14.48	4.55
			碳酸盐岩（1）	1.15	2.01	1.75
	泥盆系		碎屑岩（6）	3.25	13.20	4.06
			泥质岩（1）	5.06	19.10	3.77
	志留系		碎屑岩（6）	3.19	14.27	4.47
			泥质岩（12）	2.95	15.85	5.37
	奥陶系		碎屑岩（2）	4.65	12.65	2.72
			泥质岩（9）	3.54	16.10	4.55
			碳酸盐岩（2）	2.05	5.30	2.59
			碳质页岩（2）	12.20	11.70	0.96
	寒武系		泥质岩（15）	4.59	16.80	3.66
			碳酸盐岩（18）	2.37	3.79	1.70
			含碳硅质页岩（2）	23.70	8.20	0.35
	震旦系		碎屑岩（16）	1.51	8.42	5.58
			泥质岩（10）	2.16	10.30	4.77
第一构造层	中元古界双桥山群		泥质岩（9）	2.35	11.55	4.91
			碎屑岩（6）	2.23	10.87	4.61
			凝灰岩（1）	2.20	11.10	5.05
			细碧玄武岩（1）	0.23	2.20	4.23

注：U、Th 由中国原子能科学研究仪器中子活化法（INAA）分析，U 误差平均小于 15%，Th 误差平均小于 2%，以下均同。

2. 区域岩浆岩长石铅（全岩铅）同位素组成

区域内同源和不同岩源岩浆岩其铅同位素组成明显有别，见表 2-14。

从表 2-14 上清楚可见：同一陆块（如扬子陆块）不同时期不同成因的岩浆岩、火山岩铅同位组成具有明显的相似性，即所谓的块体效应。$^{206}Pb/^{204}Pb$、$^{207}Pb/^{204}Pb$、$^{208}Pb/^{204}Pb$ 各值的最大差值分别仅为 0.59%、0.18%、0.88%。而处于不同陆块，即使是相同成因的岩浆岩、火山岩，其铅同位素组成迥然有别。这主要是由于它们分别隶属于扬子陆块和大别隆起、华北陆块，具有明显不同的基底 U、Th 含量，扬子陆块相对高 U 低 Th，而大别隆起则以低 U 高 Th 为特征，为此两者中生代花岗岩的 Th/U 值亦明显有别，扬子陆块中生代花岗岩的 Th/U 值：3.06～3.94，大别隆起中生代花岗岩的 Th/U值：6.13～13.22（表 2-15）。

而同一陆块中不同岩源的花岗岩类其铅同位素组成是有差别的，如扬子陆块内中生代壳熔的江南花岗岩岩基铅同位素组成（表 2-14）普遍比沿江壳幔同熔型的含矿中酸性小岩体（表 2-16）要偏高些，这是由于这两类花岗岩的岩源不同所致，江南花岗岩岩基重熔于略富 U、Th 的中上地壳，含矿中酸性小岩体则是贫 U、Th 的深源幔壳熔融的产物。而同一岩源区的与铜、铁成矿有关的沿江中酸性小岩体，其铅同位素组成却具有十分惊人的趋同性（表 2-16）。

表 2-14　侵入岩长石铅、火山岩（全岩）铅同位素组成表

时代	陆块	岩浆-火山岩	测定对象	$^{206}Pb/^{204}Pb$	$^{207}Pb/^{204}Pb$	$^{208}Pb/^{204}Pb$	资料来源
新生代	扬子	句容-江宁碱性玄武岩	全岩（3）	18.186	15.529	38.299	支霞臣，1994
		六合碱性玄武岩	全岩（3）	17.865	15.514	37.985	
		六合超铁镁橄榄岩包体	全岩（2）	17.700	15.492	37.552	
	华北	嘉山-女山碱性玄武岩	全岩（5）	17.157	15.395	37.630	支霞臣，1994
中生代	扬子	沿江与铜、铁成矿有关的中酸性小岩体	长石（22）	17.961	15.540	38.162	综合资料
		沿江“A”型花岗岩	长石（10）	18.152	15.483	38.205	章邦桐，1988
		江南花岗岩岩基	长石（10）	18.291	15.613	38.503	张理刚，1995
	大别	大别花岗岩岩基	长石（3）	16.547	15.373	37.421	本书
元古宙	扬子	花岗闪长岩	长石（2）	17.851	15.520	37.979	张理刚，1995
		细碧玄武岩、石英角斑岩	全岩（4）	18.043	15.661	38.287	朱贤甲等，1986

表 2-15　不同陆块基底岩石及花岗岩岩类 U、Th 元素含量表

陆块	花岗岩岩基或基底		岩体或地层	岩石类型	$U/10^{-6}$	$Th/10^{-6}$	Th/U
扬子	花岗岩岩基	中生代	太平	二长花岗岩	5.52	17.2	3.12
			膏阳	花岗闪长岩	5.59	17.1	3.06
			九华	钾长花岗岩	6.30	24.8	3.94
			总铺	似斑状闪长岩	1.51	4.9	3.25
		元古宙	九岭	斜长花岗岩	2.28	9.4	4.12
			休宁	花岗闪长岩	1.43	6.7	4.69
	前震旦基底		双桥山群		2.31	11.1	4.01
			星子群		1.72	7.6	4.42
			董岭群		1.63	6.6	4.05
大别	花岗岩岩基	中生代	主薄	花岗岩	3.46	28.4	8.21
			万山	二长花岗岩	2.43	14.9	6.13
			白马尖	二长花岗岩	1.79	22.3	12.46
				二长花岗岩	2.08	25.8	12.40
			司空山	花岗闪长岩	1.25	7.7	6.16
			垄坪	二长花岗岩	1.46	19.3	13.22
	前震旦基底		大别群		1.25	10.2	8.18

表 2-16　沿江与铜、铁成矿有关的中性、中酸性小岩体铅同位素组成表

岩体	岩类	测定对象	$^{206}Pb/^{204}Pb$	$^{207}Pb/^{204}Pb$	$^{208}Pb/^{204}Pb$	矿产	资料来源
铁山	石英闪长岩	长石（1）	17.920	15.500	38.400	Fe，Cu	舒全安，1991
金山店	石英闪长岩	全岩（1）	17.933	15.442	38.141	Fe，Cu	
封山洞	花岗闪长岩	长石（1）	18.080	15.570	38.470	Cu，Mo	
武山	花岗闪长斑岩	长石（2）	17.877	15.546	37.937	Cu	赣西北地质大队，1990
城门山	花岗闪长斑岩	长石（1）	18.042	15.572	37.733	Cu，Mo	
金口岭	石英闪长岩	长石（3）	17.882	17.520	38.070	Cu	黄斌，1991
马山	石英闪长岩	长石（2）	17.969	15.588	38.315	Cu	
铜官山	石英闪长岩	长石（3）	17.834	15.540	38.108	Cu	

代表地幔成分的碱性玄武岩也与花岗岩一样，由于产出的陆块不同，其铅同位素组成有异。属于华北陆块的嘉山-女山碱性玄武岩（$^{206}Pb/^{204}Pb$：17.157）与属于扬子陆块的句容-江宁碱性玄武岩（$^{206}Pb/^{204}Pb$：18.186）其比值之差达1%，这一信息示踪着它们的源区-上地幔的不均一性。

3. 区域各类矿床矿石铅同位素组成

长江中下游及邻区分布着沿江铜、铁成矿带，江南台隆与沿江坳陷过渡区中的钨、锡成矿带及江南台隆内中元古界含金建造中的金矿带，由于它们各自的成矿物质来源不同，其矿石铅同位素组成各具特征（表2-17）。

长江中下游沿江铜、铁成矿带中矽卡岩型和斑岩型矿床的矿石铅同位素组成（表2-17）与具有密切时、空关系的中酸性小岩体长石铅同位素组成十分相似（表2-16），而与块状黄铁矿型多金属矿床的铅同位素组成有较明显的差别（表2-17）。

表2-17　区内各类矿床矿石铅同位素组成表

矿带	矿床类型	矿床	$^{206}Pb/^{204}Pb$	$^{207}Pb/^{204}Pb$	$^{208}Pb/^{204}Pb$	资料来源
沿江铜铁成矿带	矽卡岩型铜矿床	武山（6）	17.826	15.561	37.905	赣西北地质大队，1990
		城门山（3）	17.885	15.530	37.876	
		金口岭（5）	18.096	15.547	38.227	黄斌，1991
	矽卡岩型钨、铜矿床	阮宜湾（1）	17.804	15.526	37.940	舒全安，1992
	斑岩型铜、钼矿床	城门山（3）	18.000	15.910	37.901	赣西北地质大队，1990
	块状黄铁矿型多金属矿床	城门山（7）	18.504	15.788	39.155	赣西北地质大队，1990
		马山（10）	18.397	15.624	38.489	黄斌，1991
		新桥（8）	18.558	15.646	38.591	
		其他（9）	18.318	15.647	38.490	刘裕庆，1991
	层状、似层状铅、锌矿床	栖霞山（8）	17.494	15.474	37.768	有色金属总公司华东地勘局，1990
钨，锡成矿带	矽卡岩型锡矿床与锡成矿有关的碱性花岗岩	曾家垅（1）	21.046	16.808	38.306	九一六地质大队，1985
		长石（2）	25.287	18.690	39.347	
江南台隆金成矿带	中元古界含金建造中金矿床	万古（2）	18.022	15.600	38.341	马振东，1994
		高田（5）	18.085	15.614	38.166	刘英俊，1992
		黄金洞（13）	17.852	15.533	38.106	桑祖南，1991
		大背坞（3）	17.704	15.623	37.900	沈庭远，1993（私人通信）
		金山（7）	17.471	15.515	37.495	朱恺军，1992
		小连口 天井山（3）	18.068	15.600	38.285	马荣生，1993（私人通信）

钨、锡成矿带中曾家垅矽卡岩型矿床中矿石铅同位素组成与其成矿母岩（二云母碱性长石花岗岩）长石铅同位素均具异常铀铅的特征。在江南台隆与沿江坳陷过渡区中发育着高挥发分、富硅、富碱铝过饱和的壳熔酸性至超酸性花岗岩岩类，其中含有较富的Sn、W、U、Th等亲氧元素。为此，曾家垅二云母碱性长石花岗岩及与之有关的锡矿石中富铀铅（表2-17）。

江南台隆中金矿床矿石铅同位素组成（表2-17）与中元古界泥砂质复理石含金建造中黄铁矿铅同位素组成（表2-12）如出一辙，显示了其源区的一致性。

从以上区域各地质体铅同位素组成背景的特征分析表明：①可应用不同陆块铅同位素组成的差异来进行区域地球化学分区；②应用相同陆块的块体（同步）效应和不同层圈之间的变化来示踪各层圈之间演化机制及岩浆源；③通过区域铅同位素背景的研究可为示踪成矿物质来源及区域成矿远景预测提供有意义的信息。

4. 区域铅同位素组成背景的应用

自 1974 年 R. E. Zartman 对北美西部科迪勒拉地区中生代花岗岩岩基及有关矿床的 240 个铅同位素数据开始研究以来，国内外不少学者对铅同位素组成应用于基础地质及成矿预测的研究工作，取得了一系列的成果。这些成果无疑给区域地球化学研究带来了新的生机和活力。

（1）中生代花岗岩长石铅同位素组成填图

花岗岩长石铅同位素组成主要受区域的地壳铀、钍、铅储库的 U/Pb、Th/U 值的控制。为了避免时间因素对铅同位素组成的影响，为此选用了同时代（$T=130$ Ma）中生代花岗岩，与同时代地幔铅相对偏差的表示方法，并用铅同位素三维空间拓扑图解的矢量值（V_1 和 V_2）（朱炳泉等，1998）来突出不同陆块对铅同位素组成的控制。这次研究选择了从华夏陆块，通过赣东北、皖南、长江中下游的扬子陆块，到大别隆起和北淮阳为止的温州-屯溪-霍山剖面。将剖面上（或附近）中生代各类花岗岩长石铅同位素组成的 V_1 矢量值投影在纬度剖面线上（表 2-18；图 2-15）。从表 2-18 和图 2-15 上清楚可见：

表 2-18 温州-屯溪-霍山中生代岩浆岩长石铅同位素组成及 V_1 及 V_2 值表

地层	岩体	岩类	$^{206}Pb/^{204}Pb$	$^{207}Pb/^{204}Pb$	$^{208}Pb/^{204}Pb$	$\varepsilon\Delta rp$	V_1	V_2	资料来源
温州屯溪	缙云村前	花岗岩	18.428	15.677	38.847	0.38	69.7	50.7	张理刚等，1994
	武义	英安流纹斑岩	18.209	15.693	38.907	1.62	65.5	39.7	
	遂昌苏村	斜长花岗岩	18.263	15.612	38.860	0.69	65.7	41.0	
	马头	二长花岗岩	18.129	15.603	38.617	0.83	56.4	36.9	
	龙游北界	二长花岗岩	18.306	15.655	39.276	1.22	76.9	39.5	
	江山洪公	花岗岩	18.133	15.619	38.848	1.10	62.1	34.9	
赣东北	银山	石英斑岩	17.957	15.492	37.883	-0.91	34.4	34.2	沈渭洲等，1991
		英安斑岩	18.023	15.467	37.900	-0.60	36.5	36.6	
皖南	绩溪伏岭	花岗音	18.255	15.580	38.455	0.16	55.8	44.4	张理刚等，1993
	桐坑	花岗岩	18.298	15.623	38.196	0.28	50.6	50.3	
	桐坑	花岗岩	18.279	15.586	38.475	0.16	56.9	45.5	
	歙县长陔	花岗岩	18.254	15.545	38.577	-0.09	58.7	42.2	
	黟县	黑云母花岗岩	18.242	15.659	38.622	1.04	59.5	43.7	
	祁门大历	花岗岩	18.234	15.642	38.508	0.83	56.5	44.2	
		花岗岩	18.321	15.613	38.611	0.38	61.2	46.6	
	太平	花岗闪长岩	18.295	15.636	38.576	0.64	50.7	46.3	
	太平坞石墟	花岗岩	18.337	15.599	38.385	0.06	56.2	49.6	
铜陵	马山	石英闪长岩	17.969	15.588	38.315	0.94	45.1	32.1	黄斌，1991
	金口岭	石英闪长岩（3）	17.882	15.520	38.070	0.40	36.9	29.1	
	铜官山	石英闪长岩（3）	17.834	15.540	38.108	0.74	36.6	29.1	
枞怀	毛王庙	二长斑岩	18.091	15.604	38.342	0.83	51.0	37.2	任启江
	城山	碱性长石花岗岩	18.120	15.510	38.370	-0.17	50.3	37.2	章邦桐，1988
	大龙山	花岗岩（2）	18.064	15.472	38.218	-0.47	45.2	35.2	
	洪镇	花岗岩	16.990	15.370	36.950	0.79	-12.9	-5.6	邢凤鸣，1993
大别	舒城	石英闪长岩	16.990	15.452	37.623	1.98	3.5	-11.3	张理刚，1994
	河棚	石英闪长岩	16.539	15.454	37.220	3.00	-18.0	-28.7	陈江峰等，1991
	舒城	石英正长岩	16.539	15.350	37.215	2.03	-18.1	-31.0	
	龙眠寨	石英正长岩	16.968	15.350	37.192	0.82	-7.1	-9.8	
北淮阳	金寨	霞石正长岩	17.242	15.423	37.715	1.06	12.0	-0.5	周泰禧等，1992
	响洪甸	含霞石正长岩	17.202	15.494	38.064	2.0S	19.0	-4.7	

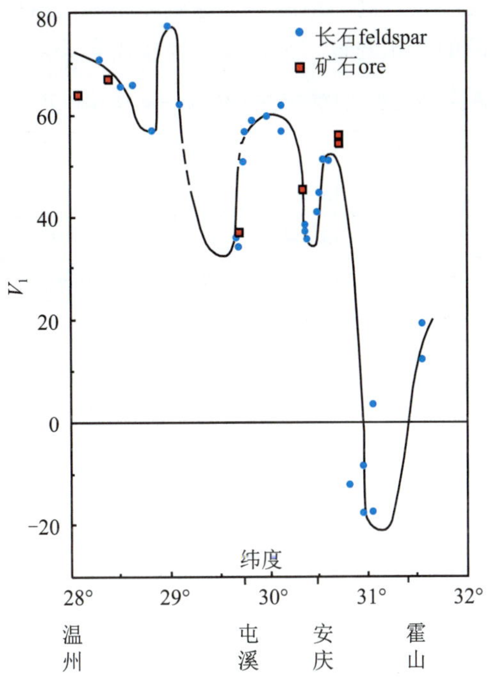

图 2-15　温州-屯溪-霍山中生代岩浆铅同位素 V_1 值纬向投影图

1）确定了陆壳间的界线。华南与扬子陆壳的界线可用 V_1 值为 58（相当于$^{207}Pb/^{204}Pb>15.60$，$^{208}Pb/^{204}Pb>38.60$）作为划界值，根据这一值，华南与扬子陆壳的界线与江绍断裂带的位置吻合。这一位置与朱炳泉根据新生代拉斑玄武岩 V_1 值所确定的界线相一致。而扬子与大别隆起的界线为 V_1 值梯度急变带，V_1 值从+30～+45 急剧降到-18～-7，界线处于纬度为 30.8°N～30.9°N 之间的滁县-洪镇一线的南侧。

2）厘定不明块体的性质。通过对洪镇（滁县、管店）岩体铅同位素 V_1 值示踪表明：①这 3 个岩体源区性质与大别-华北陆壳性质相似，绝非扬子陆壳；②验证了地球物理资料，"滁县坳陷带的深部结构接近华北陆块，与沿江深部结构出入较大"；③洪镇等 3 个岩体铅同位素"越位"现象，示踪了大别-扬子陆壳的界线往东南推至滁县-洪镇一带。

3）示踪同一陆块内不同岩源。从图 2-15 可见扬子陆块内部中生代岩浆岩铅同位素 V_1 值呈"Ω"形，这是陆块内不同岩源（层圈）铅同位素组成的清晰反映。位于江南台隆上壳熔花岗岩岩基 V_1 值为 50～60，反映中、上地壳铅同位素组成特征；而位于两侧坳陷中与成矿有关的中酸性小岩体 V_1 值为 30～45，反映下地壳、上地幔混合源的铅同位素组成。

4）指示矿带空间位置。扬子陆块内大型超大型矿床都在铅同位素 V_1 值梯度急变带的附近。华南与扬子陆块之间的急变带有德兴斑岩铜矿，银山铜、铅、锌、银矿；冷水坑铜、金、银矿；扬子与华北（大别）之间急变带展布着长江中下游沿江铜、铁成矿带。

（2）新生代碱性玄武岩铅同位素组成填图

新生代碱性玄武岩代表地幔组成特征。在长江中下游及邻区范围内主要有两个新生代火山岩群：一个分布在郯庐断裂南侧的嘉山-六合火山岩群；另一个位于江绍断裂带东南侧的嵊县-新昌火山岩群，其铅同位素组成特征及沿纬向剖面 V_1 值变化见表 2-19 和图 2-16。

嵊县-新昌一带的碱性玄武岩与江苏当涂-江宁一带碱性玄武岩的铅同位素组成相似，其 V_1 值为 40～50，其间无明显界线，呈过渡状态。安徽嘉山-女山碱性玄武岩的 V_1 值为+16～-22，显示了华北地幔的特征（汉诺坝及大同新生代拉斑玄武岩、碱性玄武岩：$^{206}Pb/^{204}Pb$ 为 17.175～17.947，$^{207}Pb/^{204}Pb$ 为 15.322～15.439，$^{208}Pb/^{204}Pb$ 为 37.112～37.935）。

江苏句容赤山、六合方山碱性玄武岩 V_1 值为 23～33（表 2-19），与宁镇地区中生代深源岩浆岩长石铅及矿石铅同位素组成特征一致。这一地区各类地质体铅同位组成在扬子陆块东部明显偏低，其原因是否是与华北陆块间各层圈的互相叠置、契合及交换作用有关。

表 2-19　峰县-女山新生代碱性玄武岩铅同位素组成及 V_1 与 V_2 值表

地区	岩体	岩类	$^{206}Pb/^{204}Pb$	$^{207}Pb/^{204}Pb$	$^{208}Pb/^{204}Pb$	$\varepsilon\Delta rp$	V_1	V_2	资料来源
嵊县新昌	N-AL	嵊县城隍山	18.362	15.584	38.478	0.18	49.7	43.7	朱炳泉，1993
	N-AL	新昌上梓州	18.276	15.444	38.171	-1.10	40.2	39.4	
江宁—句容	ADFF	当涂斧山	18.150	15.574	38.469	0.66	44.1	33.0	支霞臣等，1992
	UNF	江宁方山	18.252	15.547	38.369	0.07	44.3	38.4	
	JJT	句容赤山	18.103	15.467	38.058	-0.46	33.1	32.8	
六合—仪征	JLHT	六合	17.962	15.489	37.911	0.04	26.0	28.1	
	JLHF-1	六合方山	17.844	15.517	38.046	0.72	26.2	21.5	
	JLHF-5	六合方山	17.789	15.536	37.999	1.02	23.7	19.8	
	PSS2	六合盘石山二辉橄榄岩包体	17.882	15.473	37.774	0.03	20.7	25.4	陆启行等，1993
	PSS6		17.784	15.534	37.822	0.90	19.9	21.5	
	PSSl2		17.435	15.468	37.060	0.78	-7.8	11.5	
嘉山—女山	AJSM-3	明光	17.147	15.370	37.624	1.01	-1.6	-11.0	支霞臣等，1992
	AJSD-2	嘉山大横山	16.594	15.317	37.352	1.88	-22.2	-36.0	
	AJSL-2	老虎山	17.266	15.414	37.684	1.13	2.8	-4.9	
	AJSQ-2	嘉山	17.009	15.437	37.782	2.12	-1.3	-17.9	
	AJSN-1	女山	17.771	15.437	37.707	-0.04	16.2	19.9	

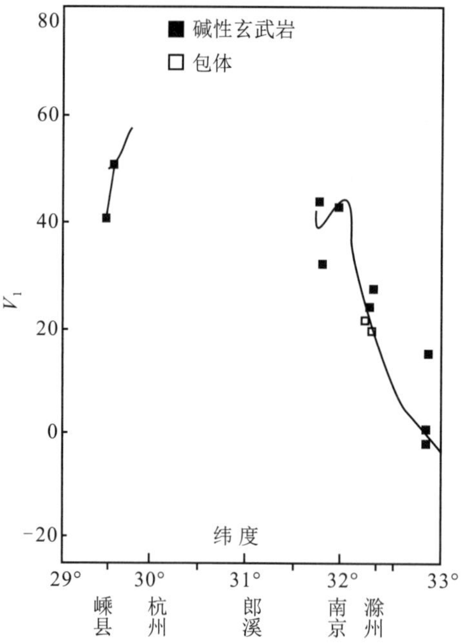

图 2-16　嵊县-霍山新生代碱性玄武岩铅同位素 V_1 值纬向投影图

从图 2-16 清晰可见，扬子与华北碱性玄武岩铅同位素 V_1 值之间的陡度变化没有陆壳之间（图 2-15）那样急陡和截然，两者之间呈过渡状态。这种过渡性很可能是扬子地幔向华北陆块俯冲所造成的，与前述华北（大别）陆壳的仰冲“越位”是相辅相成的，这是否就是块体互相作用动力学机制铅同位素的示踪反映。幔源超铁镁二辉橄榄岩包体与其寄主岩石（碱性玄武岩）相比，其铅同位素组成略偏低些（表2-19），这其中的原因推测有二：其一是包体与碱性玄武岩所代表的是地幔纵向成分的差异；其二可能是碱性玄武岩浆上侵过程中受地壳混染所致。

二、我国新生代地幔铅同位素地球化学场对斑岩型铜矿及铜镍硫化物矿成岩成矿物质来源的制约

本次研究运用了当今国内外研究铅同位素的新思路和方法，以我国特有的大地构造背景为基础，以我国新生代上地幔铅同位素组成的地球化学场为依据，示踪我国大型、超大型斑岩型铜矿床及铜镍硫化物型矿床的成岩、成矿物质来源，试图从更广阔的时、空领域及难观察的微观变化来探讨铅同位素的示踪意义。

多年来的地质、地球物理和地球化学研究已初步揭示：主要组成中国大陆的华北、扬子-华南、塔里木等陆块长期位于冈瓦纳大陆和劳亚大陆交接的过渡带，而且各陆块的壳和幔具有不同的铅同位素组成特征（壳幔间具耦合性）与演化历史。深入研究地幔铅同位素组成特征对于来自深源（上地幔、下地壳）的斑岩型铜矿及铜镍硫化物型矿床具有重要的理论和实践意义（马振东等，2019）。

1. 中国新生代地幔铅同位素地球化学场的特征

路凤香等（2009）收集了301件近年来（20世纪80年代末至2004年）在国内外杂志上发表的幔源玄武岩的铅同位素资料，为了保证这些玄武岩为地幔来源，它们要符合下面两个条件之一：①其中含有地幔捕虏体或高压巨晶；②通过微量元素及同位素示踪该玄武岩确属幔源岩浆结晶产物。这样所获得的成果能清楚地反映新生代上地幔的特征，而不受地壳和壳-幔过渡带组成的干扰。所收集的玄武岩的时代，除个别地区为中生代喷发（如新疆托云盆地、辽宁阜新等）外，均为新生代时期。因此基本上可以代表新生代地幔铅同位素地球化学场。由图2-17可知：中国大陆具有比较明显的南北向铅同位素的差异，依据目前已有资料点的控制，粗略划分的南北界限是：从合肥-郑州-银川-汗腾格里峰（路凤香等，2009），分界线以北的$^{206}Pb/^{204}Pb<18$，以南的$^{206}Pb/^{204}Pb>18$。

结合我国华北、扬子、华夏、塔里木陆块及西藏冈底斯造山带、“三江”造山带的空间分布，由图2-17可见：

1）华北陆块新生代地幔铅同位素：$^{206}Pb/^{204}Pb\leqslant17.5$（渤海周边地区除外）；扬子陆块：$^{206}Pb/^{204}Pb$ 17.5~18.5；华夏陆块：$^{206}Pb/^{204}Pb>18.5$；塔里木陆块：$^{206}Pb/^{204}Pb$ 17.5~18.5。

2）西藏冈底斯造山带、“三江”造山带新生代地幔铅同位素$^{206}Pb/^{204}Pb>18.5$。

综观全图：华北新生代地幔铅同位素，$^{206}Pb/^{204}Pb\leqslant17.5$，扬子、塔里木陆块新生代地幔铅同位素，$^{206}Pb/^{204}Pb$ 17.5~18.5；华夏陆块、西藏冈底斯造山带、“三江”造山带新生代地幔铅同位素，$^{206}Pb/^{204}Pb>18.5$。

3）朱炳泉（1993）、张理刚（1998）等对中国东部开展的大尺度铅（结合部分Nd、Sr数据）同位素填图，已证明华夏、扬子、华北等陆块的幔、壳具有不同的Pb同位素组成，并据之划分了相应的铅同位素省和亚省。

2. 我国斑岩型铜矿$^{206}Pb/^{204}Pb$铅同位素组成特征

众所周知，斑岩型（矽卡岩型）铜矿的成矿母岩主要是基性岩、中性岩及中酸性岩石。我国铜矿的主要类型：斑岩型（矽卡岩型）铜矿与深源中酸性浅成侵入体有关（见图2-5）。

为此，斑岩型铜矿成矿母岩、铜矿质的深源特征，必然继承了上地幔、下地壳U、Th、Pb元素丰度和铅同位素组成特征（表2-20中★1~★6矿床）。

3. 我国新生代地幔铅同位素地球化学场对斑岩型铜矿铅同位素组成的制约

铅同位素组成变化不外于两个因素：时间和源区U、Th、Pb的丰度。在时间因素确定后，源区U、Th、Pb的丰度是铅同位素组成变化的主导因素。

从表2-20获知，我国大型-超大型斑岩铜矿成岩、成矿时代：特提斯-喜马拉雅成矿域（冈底斯造山带、“三江”造山带）、滨太平洋成矿域（扬子板块）、古亚洲成矿域（塔里木板块）分别是新生代（中生代）、中生代和古生代。

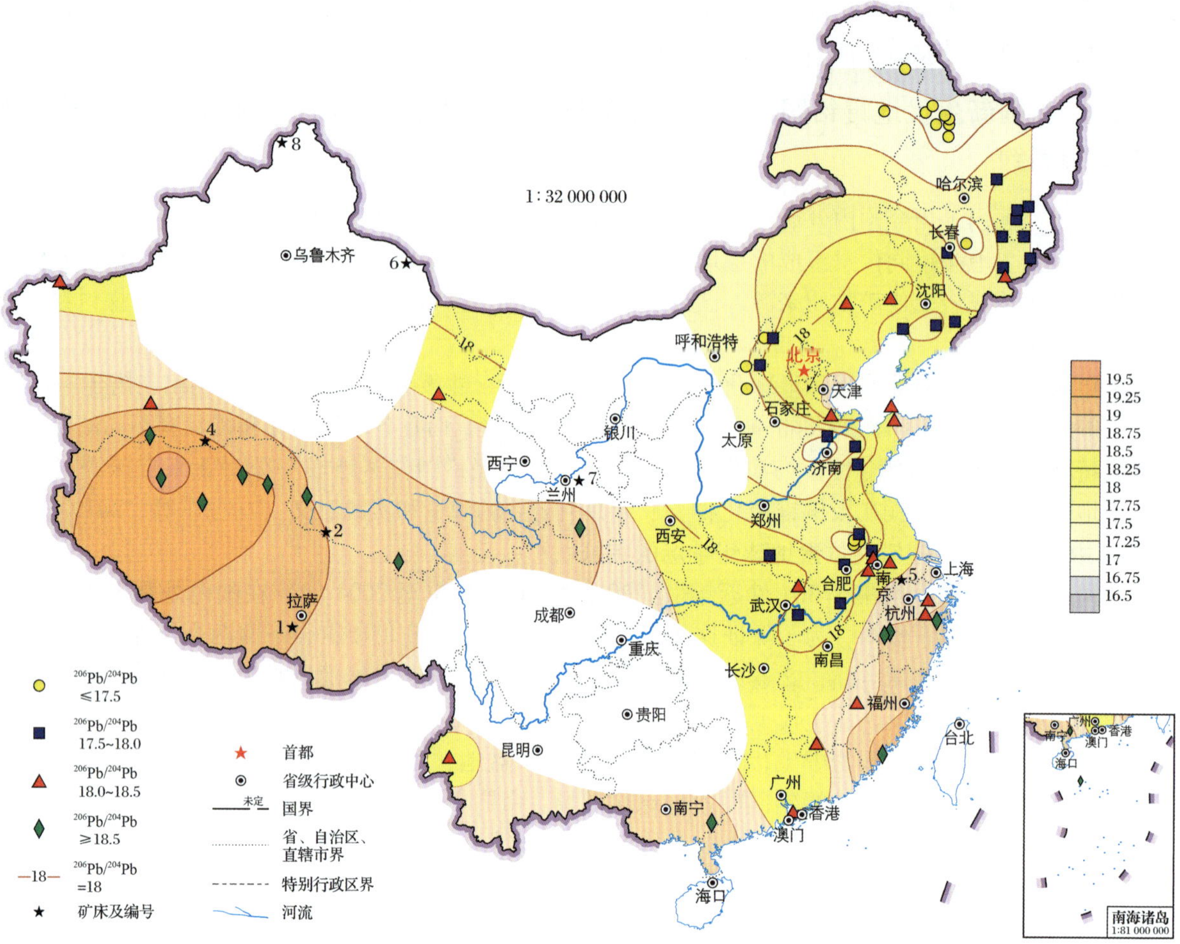

图 2-17　中国新生代地幔及斑岩型铜矿$^{206}Pb/^{204}Pb$铅同位素组成分布图

（据路凤香，2009，有修改）

★1—驱龙；★2—玉龙；★3—雄村；★4—多龙；★5—德兴；★6—土屋-延东；★7—金川；★8—喀拉通克

（1）特提斯-喜马拉雅成矿域

位于印度洋板块和亚洲大陆强烈碰撞、挤压、伸展地带。西藏冈底斯铜多金属成矿带属中新世后，冈底斯造山带由汇聚造山向伸展走滑转换的过渡，由于软流圈上涌，深部物质减压、分熔等因素，诱发深熔作用，形成富含挥发分、侵位能力极强的花岗岩浆，沿次级北东向控盆控岩（控矿）断裂侵位，形成一系列的斑岩体、成矿小岩体及火山岩，造就了驱龙等矿床的巨型的斑岩铜多金属成矿带。

雄村斑岩型铜（金）矿集区位于冈底斯南缘晚燕山期—早喜马拉雅期陆缘岩浆弧东段南缘，岩浆弧与昂仁-日喀则中生代弧前盆地转换部位。它是冈底斯成矿带上目前发现的唯一与新特提斯洋壳早期俯冲作用有关的斑岩-浅成低温热液型铜金矿床。

多龙矿集区地处班公湖-怒江成矿带，班公湖-怒江成矿带地跨青藏高原中部班公错-怒江缝合带两侧，早白垩世，伴随着南羌塘-三江复合板片与冈底斯-念青唐古拉板片之间弧-陆碰撞，在班公错-怒江缝合带西段措勤-申扎火山岩浆弧内形成与上地幔或初生下地壳重熔并受上地壳物质不同比例混染的斑岩-矽卡岩铜金矿成矿系列。

结合图 2-17、表 2-20 可知，驱龙铜、钼多金属矿床含矿岩体$^{206}Pb/^{204}Pb$：18.486~18.715，（平均 18.537），矿石矿物$^{206}Pb/^{204}Pb$：18.443~18.591，（平均 18.521）；与西藏冈底斯造山带新生代地幔铅同位素$^{206}Pb/^{204}Pb>18.5$完全吻合。这充分佐证了驱龙含矿岩体和成矿物质源于上地幔、下地壳。

表 2-20　我国大型-超大型斑岩铜矿地质、$^{206}Pb/^{204}Pb$ 铅同位素组成特征表

大地构造背景	斑岩铜矿及铜镍硫化物型矿	成矿环境	含矿岩体成岩时代/Ma	成矿时代/Ma	含矿岩体	矿石矿物	新生代上地幔
					$^{206}Pb/^{204}Pb$ 铅同位素组成（平均）		
西藏冈底斯造山带	★1 驱龙铜-钼多金属矿床	冈底斯造山带由汇聚造山向伸展走滑转换的过渡环境	黑云母二长花岗斑岩锆石 SHRIMP U-Pb 加权平均年龄分别为 16.35 ± 0.40 Ma，16.38±0.46 Ma（王亮亮等，2006）	6 件辉钼矿 Re-Os 等时线年龄为 16.41±0.48 Ma（孟祥金等，2003）	18.486 ~ 18.715（平均 18.537）(17)（孟祥金等，2006）	18.443 ~ 18.591（平均 18.521）(5)（孟祥金等，2006）	$^{206}Pb/^{204}Pb$：>18.5
"三江"造山带	★2 玉龙斑岩铜（钼）矿床	金沙江缝合线和班公湖-怒江缝合线之间羌塘地体	锆石 SHRIMP 测年成矿前石英二长斑岩为 43.6±0.8 Ma，成矿期黑云母二长花岗斑岩为 41.0 ± 1.0 Ma（郭利果等，2006）	Re-Os 等时线年龄为 41.6 ± 1.4 Ma（唐菊兴等，2009）	18.712 ~ 18.824（平均 18.736）(10)（马鸿文，1988）	18.355 ~ 18.892（平均 18.733）(7)（马鸿文，1988）	
西藏冈底斯造山带	★3 雄村斑岩型铜（金）矿床	冈底斯南缘晚燕山期—早喜马拉雅期陆缘岩浆弧	U-Pb 锆石成岩年龄 173±3 Ma（唐菊兴等，2010）	Ⅰ矿体辉钼矿 Re-Os 加权平均模式年龄：161.5±2.7 Ma（郎兴海等，2010）	18.170 ~ 18.432（平均 18.231）(6)（郎兴海，等，2012）	18.162 ~ 18.260（平均 18.189）(5)（郎兴海，等，2012）	$^{206}Pb/^{204}Pb$：17.5~18.5
	★4 多龙斑岩型铜（金）矿床	多龙矿集区地处班公湖-怒江成矿带，班公湖-怒江成矿带地跨青藏高原中部班公错-怒江缝合带两侧	多不杂含矿斑岩中锆石的 U-Pb(SHRIMP) 年龄 120.9±2.4 Ma（佘宏全等，2009）	多不杂辉钼矿 Re-Os 等时线年龄为 118.0±1.5 Ma（佘宏全等，2009）	多不杂铜矿燕山期花岗闪长斑岩 $^{206}Pb/^{204}Pb$：18.514 ~ 18.631（平均 18.585）（辛洪波，2009）	尕尔穷矿床 18.522 ~ 18.615（平均 18.565）(5)（姚晓峰等，2012）波龙铜矿床 $^{206}Pb/^{204}Pb$：18.552 ~ 18.701（平均 18.590）（周玉等，2013）	$^{206}Pb/^{204}Pb$：>18.5
扬子板块	★5 德兴斑岩型铜矿田（富家坞、朱砂红、铜厂）	扬子陆块和华夏陆块在晋宁期发生碰撞拼贴形成的钦-杭结合带	SHRIMP 锆石 U-Pb 年龄为 171±3 Ma（王强等，2004）	富家坞矿床的辉钼矿 Re-Os 加权平均年龄为 170.9±1.1 Ma（周清等，2011）	17.688 ~ 18.377（平均 17.995）(8)（周清等，2011）	17.954 ~ 18.320（平均 18.097）(10)（周清等，2011）	$^{206}Pb/^{204}Pb$：17.5~18.5
塔里木板块	★6 土屋-延东铜矿床	塔里木板块和准噶尔板块碰撞带北侧的觉罗塔格晚古生代石炭纪火山岛弧	矿化斜长花岗斑岩体锆石 SHRIMP 微区原位 U-Pb 测年，其中土屋矿区为 334±3 Ma，延东矿区为 333±4 Ma（陈富文等，2005）	辉钼矿 Re-Os 等时线年龄为晚石炭世 323±2 Ma（芮宗瑶等，2002）	17.913 ~ 18.059（平均 17.986）（侯广顺等，2005）	17.806 ~ 17.820（平均 17.814）（侯广顺等，2005）	$^{206}Pb/^{204}Pb$：17.5~18.5
华北板块	★7 金川铜镍矿床	金川铜镍（PGE）矿床产于华北古陆阿拉善陆块西缘龙首山裂谷带中	含斜长石二辉橄榄岩（斜锆石）SHRIMP U-Pb 年龄为新元古代 812±26 Ma（Li et al，2005）（吕林素等，2007）	块状硫化物富镍矿石 Re-Os 等时线年龄为 840±79 Ma（杨胜洪等，2007），833±35 Ma（杨刚等，2005）	含矿镁铁岩 16.747 ~ 17.050（平均 16.872）(6)（高亚林等，2009）	16.924~17.031，（平均 16.978）(2)（高亚林等，2009）	$^{206}Pb/^{204}Pb$：≤17.5
哈萨克斯坦-准噶尔板块	★8 喀拉通克铜镍矿床	位于西伯利亚板块与哈萨克斯坦-准噶尔板块之间的陆缘裂谷带中	镁铁质岩体锆石 SHRIMPU-Pb 年龄 287±5 Ma（韩宝福等，2004）	Re-Os 等时线年龄为 Y1：282.5 MaY2：290.2 Ma（韩春明等，2006）	镁铁质岩体 17.913 ~ 18.078（平均 17.981）(3)（柴凤梅，2006）	17.893 ~ 18.408（平均 18.059）（王润民等，1991；柴凤梅，2006）	$^{206}Pb/^{204}Pb$：17.5~18.5

"三江"造山带属特提斯-喜马拉雅构造成矿域的东段，位于印度洋板块和亚洲大陆强烈碰撞、挤压、伸展地带。受到印度洋板块北东部犄角突兀构造作用的影响。藏东地区在三江陆内裂谷构造作用下，地质构造复杂多样，岩浆作用频繁发育，成矿条件十分有利，是我国重要的铜、金多金属等矿床的成矿远景区域。其中有著名的"三江"藏东玉龙铜多金属巨型成矿带及青海纳日贡玛斑岩铜钼矿床。

新生代玉龙铜多金属矿床含矿岩体$^{206}Pb/^{204}Pb$：18.712~18.824（平均18.736），矿石矿物$^{206}Pb/^{204}Pb$：18.355~18.892（平均18.733）；中生代多不杂铜矿燕山期花岗闪长斑岩$^{206}Pb/^{204}Pb$：18.514~18.631（平均18.585）（辛洪波，2009），尕尔穷矿床矿石矿物$^{206}Pb/^{204}Pb$：18.522~18.615（平均18.565），波龙铜矿床矿石矿物$^{206}Pb/^{204}Pb$：18.552~18.701（平均18.590）。与"三江"造山带新生代地幔铅同位素$^{206}Pb/^{204}Pb$>18.5完全吻合。这也充分佐证了藏东玉龙、班公湖-怒江含矿岩体和成矿物质源于上地幔、下地壳。

与中生代新特提斯洋壳早期俯冲作用有关的雄村斑岩-浅成低温热液型铜金矿床含矿岩体$^{206}Pb/^{204}Pb$：18.170~18.432（平均18.231），矿石矿物$^{206}Pb/^{204}Pb$：18.162~18.260（平均18.189），明显比班公湖-怒江Cu、Au多金属矿床含矿岩体、矿石矿物$^{206}Pb/^{204}Pb$偏低。其原因可能是地幔铅同位素组成还具"延迟效应"。

（2）滨太洋成矿域

江西德兴斑岩型铜矿田位于滨太平洋成矿域，是我国东部大陆环境最具代表性的特大型斑岩铜矿床，它处于扬子陆块与华南陆块碰撞拼合而成的钦杭成矿带的东段，位于扬子陆块东南缘赣东北深大断裂附近，地质构造和成矿因素复杂，成矿作用具有多期叠加、多源混杂等特点。

江西德兴斑岩型铜矿田成岩、成矿时代为中生代（171±3 Ma，170.9±1.1 Ma），含矿岩体$^{206}Pb/^{204}Pb$：17.688~18.377（平均17.995），矿石矿物$^{206}Pb/^{204}Pb$：17.954~18.320（平均18.097）。与扬子陆块东部新生代地幔铅同位素$^{206}Pb/^{204}Pb$ 17.5~18.5基本一致。

（3）古亚洲成矿域

新疆东天山土屋-延东铜矿田隶属于古亚洲成矿域，位于塔里木板块和准噶尔微板块碰撞带北侧的觉罗塔格晚古生代石炭纪火山岛弧北侧，北为大草滩断裂，南以康古尔塔格深大断裂为界。在晚石炭世早期汇聚阶段沉积了复理石建造夹基-中-酸性火山岩建造，中期大规模钙碱性系列花岗岩侵入，土屋-延东含矿岩体属该阶段的产物（含矿岩体斜长花岗斑岩体锆石SHRIMP微区原位U-Pb测年，其中土屋矿区为334±3 Ma，延东矿区为333±4 Ma）。土屋-延东铜矿床辉钼矿Re-Os等时线年龄为晚石炭世323±2 Ma。

土屋-延东铜矿床含矿岩体$^{206}Pb/^{204}Pb$：17.913~18.059（平均17.986），矿石矿物$^{206}Pb/^{204}Pb$：17.806~17.820（平均17.814），古亚洲成矿域塔里木板块新生代地幔铅同位素$^{206}Pb/^{204}Pb$：17.5~18.5。两者十分一致。

综上所述，从中国新生代地幔$^{206}Pb/^{204}Pb$铅同位素组成及斑岩型铜矿$^{206}Pb/^{204}Pb$铅同位素组成分布特征中获知：

1）斑岩型铜矿成矿母岩继承了上地幔U、Th、Pb元素丰度和铅同位素组成特征。

2）斑岩型铜矿含矿岩体与矿石矿物铅同位素组成十分一致，示踪两者同源（图2-18，图2-19）。如江西德兴斑岩铜矿矿石铅（黄铁矿）铅同位素相对较均一（虚线投点域），$^{206}Pb/^{204}Pb$：17.954~18.320，$^{207}Pb/^{204}Pb$：15.407~15.517，$^{208}Pb/^{204}Pb$：37.933~38.153，而与之有成因联系的含矿斑岩体具铅同位素组成（实线投点域）与矿石铅相似，相应的比值分别为17.688~18.377，15.478~15.614，37.210~38.491，两者投点域基本吻合（图2-18）。而在德兴矿田东南侧的大茅山壳熔黑云母花岗岩基的铅同位素组成（点线投点域）（图2-18）与含矿斑岩体矿石铅迥然有别，其投点域明显具较高的放射成因铅同位素组成，3类地质体的铅同位素组成特征清晰地示踪了德兴斑岩铜矿的矿质来源：深源花岗闪长斑岩小岩株（铜厂、富家坞、朱砂红）。又如藏东玉龙斑岩铜矿含矿斑岩体全岩铅同位素组成变化范围小（虚线投点域），在投点图中集中分布。$^{206}Pb/^{204}Pb$：18.714~

18.824, $^{207}Pb/^{204}Pb$：15.646~15.673, $^{208}Pb/^{204}Pb$：38.867~38.999。此外，Ⅱ号矿体的矿石铅同位素组成（实线投点域）与含矿斑岩体铅同位素组成十分相似，二者落在同一投点域内，示踪其物源的一致性（图2-19）。

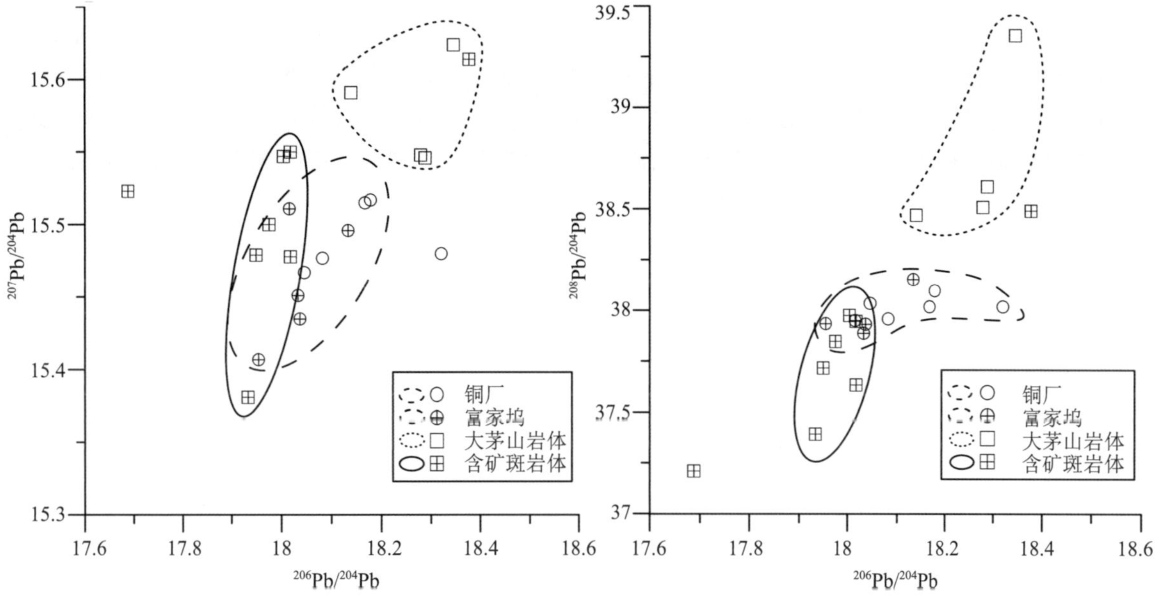

图2-18　德兴斑岩铜矿床矿石铅、含铜斑岩体、大茅山岩体铅同位素组成投点图

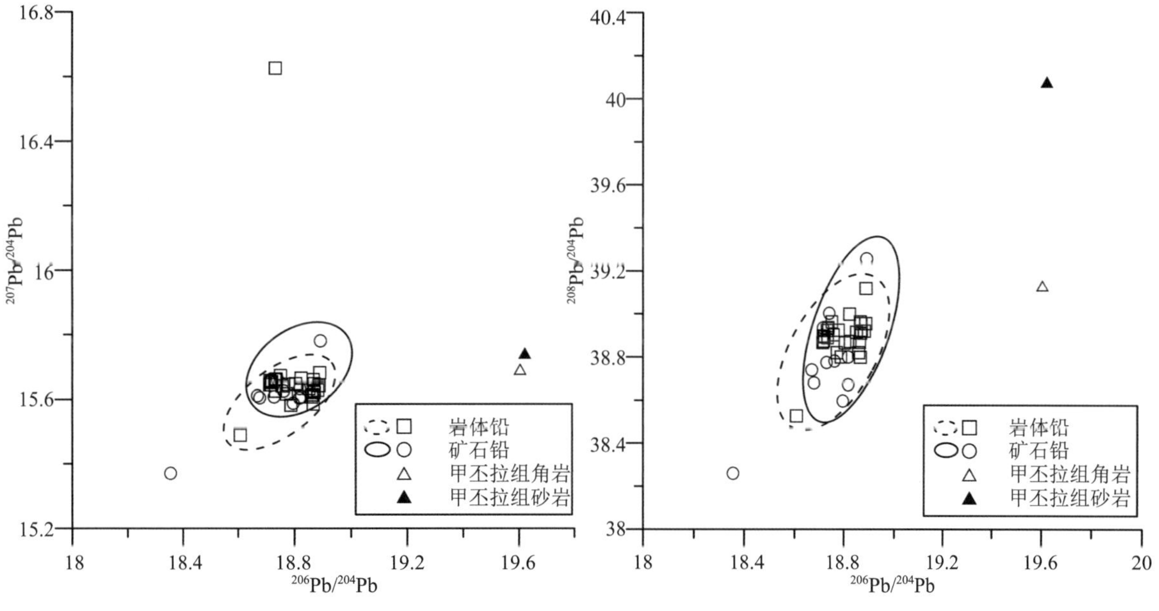

图2-19　玉龙斑岩铜矿带含矿岩体全岩铅及矿石铅同位素组成投点图

而围岩（甲丕拉组角岩、砂岩）及赋存其中的黄铁矿具有较高的放射性成因铅，明显落在与Ⅱ号矿体及玉龙含矿斑岩体投点域范围外，这一特征示踪两者不同的物源，地层中物源明显受U、Th放射性元素的影响。

3）除了各陆块的壳和幔具有不同的铅同位素组成特征及壳幔间耦合性的“块体效应”外，地幔铅同位素组成还具“延迟效应”。所谓“延迟效应”，就是新生代地幔$^{206}Pb/^{204}Pb$铅同位素组成可以示踪不同时代（古生代、中生代）源于地幔物质（基性-超基性岩浆岩、Cu、Ni硫化物）的$^{206}Pb/^{204}Pb$铅同位素组成，如与新生代新特提斯洋壳早期俯冲作用有关的雄村斑岩铜矿铅同位素组成却呈现了$^{206}Pb/^{204}Pb$：17.5~18.5的地幔铅同位素组成。地幔物质铅同位素组成的“延迟效应”的原因还有待进一步探讨，因为自然界铅同位素组成变化的另一个因素：时间不起作用了。

4. 我国新生代地幔铅同位素地球化学场对铜镍硫化物矿床铅同位素组成的制约

铜镍硫化物矿床的赋矿岩体是基性-超基性岩，起源于软流圈地幔的基性-超基性岩浆携带大量Cu、Ni等亲铜元素，当岩浆中硫达到饱和与亲铜元素结合形成硫化物，进而硫化物熔体从硅酸盐岩浆中熔离出来，在一定的空间内与足够的硅酸盐岩浆混合，并保存在合适的空间，形成了具工业价值的岩浆熔离型铜镍硫化物矿床。该类矿床以岩体底部矿体最为重要，规模最大，常呈似层状。其次，还有产于岩体上部或附近（特别是接触带）围岩中的脉状贯入矿体和靠近底部岩体内上悬矿体。

铜镍硫化物矿床主要分布于陆缘拉张带、大陆裂谷带及裂陷槽中。我国甘肃金川铜镍硫化物矿床处于新元古代华北古大陆边缘裂谷带内，其成矿母岩是二辉橄榄岩-橄榄岩。而新疆克拉通克铜镍硫化物矿床处于中生代造山带内碰撞后弛张时期的裂谷带中，其成矿母岩是闪长岩-辉长苏长岩-橄榄岩（表2-20中★7，★8矿床）。

（1）金川铜镍硫化物矿床

该矿床产于华北古陆阿拉善陆块西缘龙首山裂谷带中，沿龙首山裂谷带南缘断裂分布有大小20余个镁铁、超镁铁岩体（群）和若干个中酸性岩体，组成北西西向转折为近东西向的龙首山构造岩浆带，东西延伸200 km左右，金川矿床正处在其构造转折处。

表2-21中显示I-⑥矿体的含矿镁铁岩（矿石全岩）和矿石铅同位素组成极为相似，两者均为上地幔同源分异的产物（实线投点域），与华北陆块地幔铅同位素：$^{206}Pb/^{204}Pb \leqslant 17.5$一致。而后期花岗岩全岩及附近的矿体受后期壳源物质的混染，具相对较高的放射性成因铅（相对富Th），与早期形成的超基性岩体及矿体在铅同位素投影图上呈明显不同的投点域（虚线投点域）（图2-20）。

表2-21 I-⑥隐伏矿体与花岗岩全岩及其附近矿体铅同位素组成

样号	采样地点	测试对象	$^{206}Pb/^{204}Pb$	$^{207}Pb/^{204}Pb$	$^{208}Pb/^{204}Pb$	资料来源
6B-5	1220水平6行隐伏矿体	矿石全岩	16.852	15.360	37.071	高亚林，2009
		磁黄铁矿	16.924	15.385	37.175	
6B-11	1280水平6行隐伏矿体	矿石全岩	17.050	15.372	37.116	
		磁黄铁矿	17.031	15.401	37.168	
6B-13		矿石全岩	16.852	15.414	37.143	
6B-14		矿石全岩	16.747	15.350	36.790	
6B-16		矿石全岩	16.813	15.358	37.076	
6B-22		矿石全岩	16.919	15.349	37.032	
6B-18	1280水平6行花岗岩	花岗岩全岩	17.420	15.423	38.074	
7H-20	1270水平7行正常贫矿石	矿石全岩	17.476	15.482	37.673	
		磁黄铁矿	17.509	15.512	37.705	
		黄铁矿薄膜	17.349	15.378	37.343	

（2）喀拉通克铜镍硫化物矿床

喀拉通克铜镍矿床位于西伯利亚板块与哈萨克斯坦-准噶尔板块之间的陆缘裂谷带中，位于额尔齐斯断裂带与二台断裂带交汇处的西南侧。

矿区分布有11个铁镁质岩体。含矿超基性岩体具有富铁镁、贫钙，略富碱、贫硅铝的特征，属正常类型的镁铁质侵入岩。岩体侵位于下石炭统南明水组中上段，围岩主要为含碳质细-粗碎屑沉凝灰岩、夹碳质板岩、含砾沉凝灰岩。产出有铜镍硫化物矿体的主要为Ⅰ、Ⅱ、Ⅲ矿体，分别对应于Y_1、Y_2、Y_3铁镁质岩体，Y_1岩体几乎全岩矿化，为大型铜镍矿床。Y_2、Y_3岩体中的Ⅱ、Ⅲ矿体主要分布在岩体的中下部，为中型矿床。Ⅰ矿体在平面上呈不规则脉状，剖面上呈巢状或囊状，矿体主

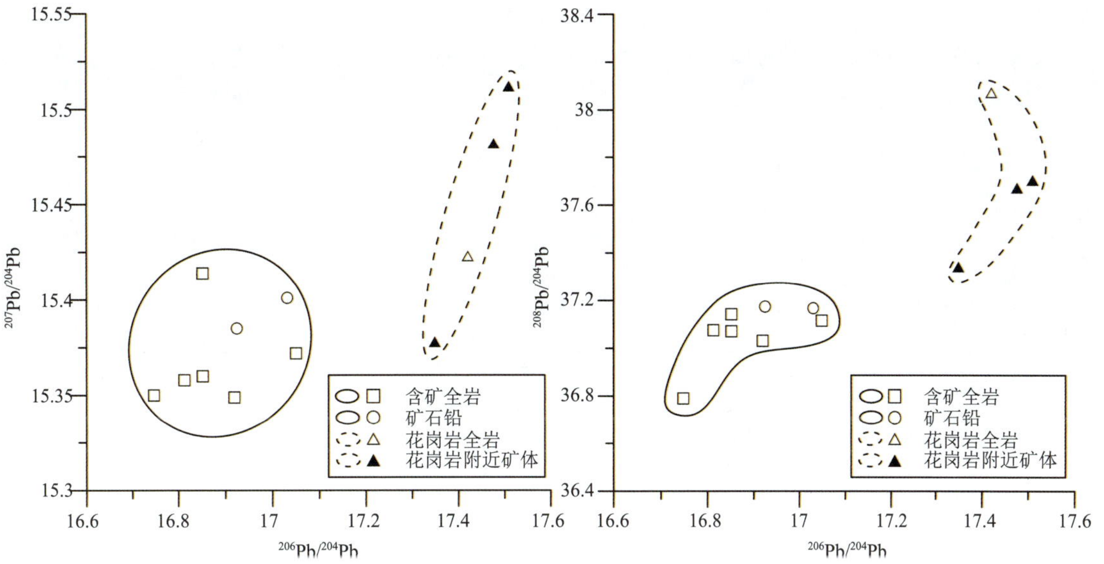

图 2-20　金川铜镍矿床铅同位素组成投点图

要由浸染状矿石和致密块状原生硫化物矿石组成。

表 2-22 列出了超基性成矿母岩体（Y_1）岩石铅同位素组成变化范围，$^{206}Pb/^{204}Pb$ 17.9427~18.0782，$^{207}Pb/^{204}Pb$ 15.4887~15.4999，$^{208}Pb/^{204}Pb$ 37.6581~37.7126。明显具深源地幔低 U、Th 丰度特征（实线投点域）。大部分浸染状矿石和致密块状矿石的铅同位素组成与超基性成矿母岩体（Y_1）十分相似：$^{206}Pb/^{204}Pb$ 17.893~18.007，$^{207}Pb/^{204}Pb$ 15.432~15.517，$^{208}Pb/^{204}Pb$ 37.474~37.686。示踪两者同源（图 2-21）。与新生代塔里木陆块地幔铅同位素组成（$^{206}Pb/^{204}Pb$ 17.5~18.5）相吻合。

表 2-22　喀拉通克一号铜镍矿床铅同位素组成

样品编号	矿石类型	矿物名称	$^{206}Pb/^{204}Pb$	$^{207}Pb/^{204}Pb$	$^{208}Pb/^{204}Pb$	资料来源
157/28-221	块状矿石	黄铜矿	17.922	15.433	37.524	王润民等，1991
157/28-272	块状矿石	黄铜矿	17.912	15.447	37.548	
157/28-330	块状矿石	磁黄铁矿	17.958	15.467	37.610	
157/28-304	块状矿石	磁黄铁矿	17.975	15.433	37.632	
160/26-330	块状矿石	磁黄铁矿	17.944	15.445	37.594	
159/26-347	块状矿石	磁黄铁矿	17.893	15.432	37.474	
155/28-235	浸染状矿石	磁黄铁矿	17.923	15.465	37.582	
151/30-336	浸染状矿石	磁黄铁矿	18.007	15.517	37.813	
162/24-293	特富块状矿石	磁黄铁矿	18.323	15.605	38.521	
13/28-342	特富块状矿石	磁黄铁矿	18.379	15.658	38.525	
159/26-344	特富块状矿石	黄铁矿	18.408	15.670	38.375	
160/26-343	晚期矿脉	黄铁矿	18.656	15.658	38.516	
$Y_1$104-3	镁铁质岩体	全岩	17.9427	15.4901	37.6951	柴凤梅，2006
Y_1Z_2-12	镁铁质岩体	全岩	18.0782	15.4999	37.7126	
Y_1Z_{-2}-21	镁铁质岩体	全岩	17.9524	15.4887	37.6581	

由于受到岩浆期后热液阶段（贯入矿脉）及地壳混染，部分样品（特富块状矿石、晚期矿脉）放射性成因铅增加（虚线投点域）（图 2-21）。

本次研究探索性地应用了我国新生代上地幔铅同位素组成的特征，来示踪我国各构造单元中大

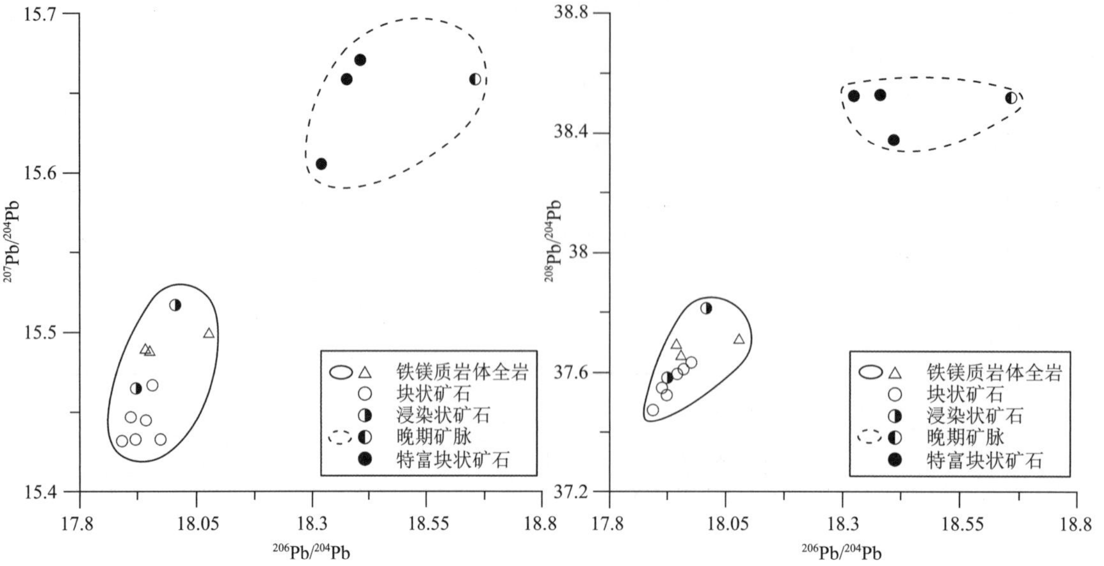

图 2-21 喀拉通克铜镍矿床铅同位素组成投点图

型、超大型斑岩型铜矿和铜镍硫化物矿床的成岩、成矿物质来源。研究显示：①斑岩型铜矿床及铜镍硫化物型矿床成矿母岩继承了所属陆块的上地幔铅同位素组成特征；②两类矿床的含矿岩体和矿石矿物铅同位素组成十分一致，示踪两者同源，壳熔花岗岩和围岩地层的铅同位素组成与矿石铅同位素组成迥异；③位于不同陆块的斑岩型铜矿床及铜镍硫化物型矿床的成矿母岩和矿石铅同位素组成特征除了继承了各陆块壳幔具有不同的铅同位素组成特征外，还示踪了壳幔间耦合性的“块体效应”，同时，上地幔铅同位素组成可能还具“延迟效应”。

需要指出的是，20 世纪 70 年代，B. R. Doe 和 R. E. Zartman 的铅同位素构造模式示踪物源的图解风靡一时，至今国内仍有不少研究者用我国大陆构造环境中铅同位素组成数据在此图解上投点，来探讨成岩、成矿物质来源。作者认为这是不合适的，因为 B. R. Doe 和 R. E. Zartman 的铅同位素构造模式的数据主要来源于北美大陆构造环境，不宜盲目套用。而应以我国特有的大地构造背景为基础，以我国各层圈内地质体的铅同位素组成的地球化学场（域）为依据来示踪成岩、成矿物质来源，这才能获得相对接近实际的认识。

第四节　区域岩石圈各时期构造环境中成矿作用的地球化学分析（以扬子陆块东部为例）

众所周知，各类矿床是区域岩石圈各种构造环境中所形成主岩的一部分，在某个时期一定的构造环境中，由于岩浆作用、沉积作用、变质作用等，而形成了时间、空间和成因上相近的岩石和矿石。人们之所以把矿床形成环境与构造环境联系起来，其目的是为了认识在各种构造环境中所形成岩石的含矿潜力，以确定各构造环境中成矿的有利部位。通过多年来，从事区域成矿规律地球化学研究的实践，我们深刻认识到，构造环境对岩石组合、岩石地球化学特征及成矿过程起决定性作用。因为不同性质的构造动力机制在岩石圈中通过部分熔融、变质分异、风化剥蚀等作用，造成物质活化，迁移层次的深度和程度是不同的，这也必然导致元素在层圈之间，层圈内部富集和贫化的机制、规模及程度是迥异的。简而言之，即一定性质的构造运动决定成岩、成矿作用的物质来源及成因机制。

长江中下游及邻区经历了长期地质构造演化历史，从总体上来看，研究区构造演化经历了 3 个大的时期。第一个时期为前震旦纪扬子（华北、华夏）陆块独立发展时期，形成了各具特征的基底和地壳结构。中新元古代扬子陆块东部南北两缘经历了沟、弧、盆体系的碰撞、造山、大陆增生等过程。第二个时期从震旦纪开始，扬子陆块从活动转向稳定盖层沉积时期，广泛接受了巨厚层海相碳酸岩和碎屑岩的沉积。第三个时期为中-新生代陆内活化再造时期，中生代印支期扬子陆块与华北陆块碰撞造山开始，研究区进入了强烈活化期，以壳幔不同层次的物质交换、调整、改造为特征，形成复杂的推覆构造体系、广泛的花岗岩侵入和火山岩的喷溢。在以上各个时期构造环境演化过程中进行着各具特色的成矿作用，但是对本区成矿作用最有意义的构造环境是中生代受扬子陆块和华北陆块碰撞造山，加上其后太平洋板块及印澳板块对中国东部大陆联合制约的板内俯冲构造环境。

一、中新元古代扬子陆块东部南北两缘构造环境中的成矿作用

据汪东波等（1991）研究表明，扬子陆块北缘中元古界武当山群相当于主动大陆边缘的岛弧环境，而与之相对应的是位于其南侧的神农架群，则相当于弧后盆地的构造环境。在这期间古秦岭洋板块向南俯冲于扬子板块之下，引起强烈的火山活动，形成了广泛分布的钙碱性火山岩系列的岛弧火山岩，在火山活动的中期喷溢了大量酸性火山岩（武当山群挡鱼河组上亚组的变石英角斑质晶屑凝灰岩，石英角斑岩等），并伴随着银、金矿化作用，形成了大型银硐沟银、金、铅、锌火山热液矿床。其后该地区连续下降，沉积了杨坪组一套富含硫、磷、碳的复理石建造，同时间有火山喷发活动及金、银、碲矿化，形成了许家坡金、银、碲中型火山沉积矿床（图 2-22）。到了新元古代（850 Ma 左右），扬子陆块北缘发生了强烈地壳运动，构造应力发生了逆转，由挤压转为了引张，形成了边缘裂陷海槽，在这个环境中喷发了具有双峰模式的耀岭河群、张八岭群等火山岩系。此后，扬子陆块北缘进入了被动大陆边缘演化时期。

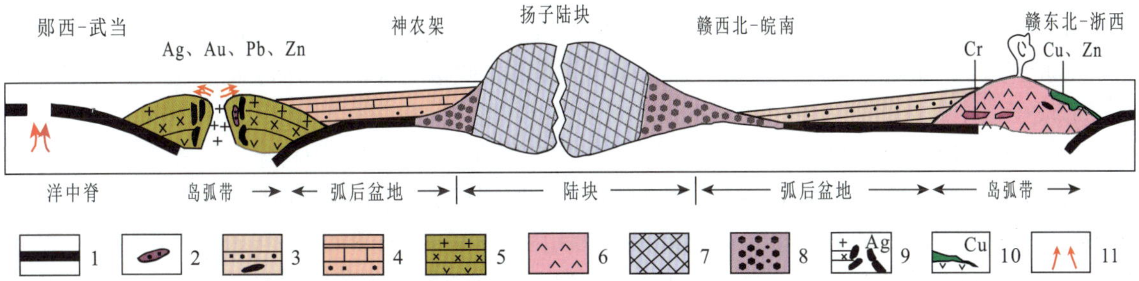

图 2-22　中新元古代扬子陆块南北两侧主动大陆边缘构造环境中矿产分布示意图

1—洋壳；2—蛇绿岩；3—双桥山群、上溪群；4—神农架群；5—武当山群；6—双溪坞群；7—扬子陆块基底；8—过渡壳；9—火山热液型 Ag、Au 矿；10—海相火山岩型 Cu、Zn 矿；11—地幔上涌方向

扬子陆块南缘、东南缘，中元古代时发育着江南古岛弧，古岛弧的产生和发展是不平衡的，西段发育较早，古元古代末就已开始，即形成四堡群复理石建造和基性、超基性岩建造（文通组火山岩 Sm-Nd 等时线年龄为 2219 Ma；毛景文 1990），中段冷家溪群、双桥山群、上溪群沉积了一套泥砂质、凝灰质复理石建造夹少量细碧-角斑岩，为弧后盆地的构造环境，南侧却发育着岛弧火山岩组合，如赣东北铜厂群、浙西北双溪坞群，绍兴西裘细碧-角斑岩系型含铜块状硫化物矿床就产在双溪坞群中（图 2-22）。下面着重就当时扬子陆块东南缘的成矿环境进行矿源和富集机制的分析。

1）处于弧后盆地中的双桥山群、上溪群泥质岩和凝灰岩的 $\varepsilon_{\mathrm{Nd}}(t)$（$t=1000$ Ma）值为 -2.57～4.21，其投点在 $\varepsilon_{\mathrm{Nd}}(t)$-$t$ 图上（图 2-23）（沈渭洲等，1993）接近球粒陨石演化线，明显高于上部地壳的值，这一信息表明以上两群泥质岩和凝灰质岩中除了含有陆壳再循环的碎屑物质外，还包含着幔源物质（海底火山喷发）。

2）从前述的中元古代江南基底 Cu 等成矿元素含量特征分析表明：Cu 在泥质岩、凝灰质岩中是呈现各为分散贫化的趋势，泥质岩中 Cu 含量为 23.8×10^{-6}～32.7×10^{-6}，而 TureKian（1961）泥质岩中 Cu 含量为 40×10^{-6}。虽然在细碧-角斑岩系中 Cu 等元素有较高的含量，但是在从基性→中性→酸性演化过程中，Cu 等元素含量却呈现降低的趋势，而甘肃白银厂折腰山、火焰山铜、锌矿床则产在分异良好的中酸性和基性-酸性钠质火山岩类中。

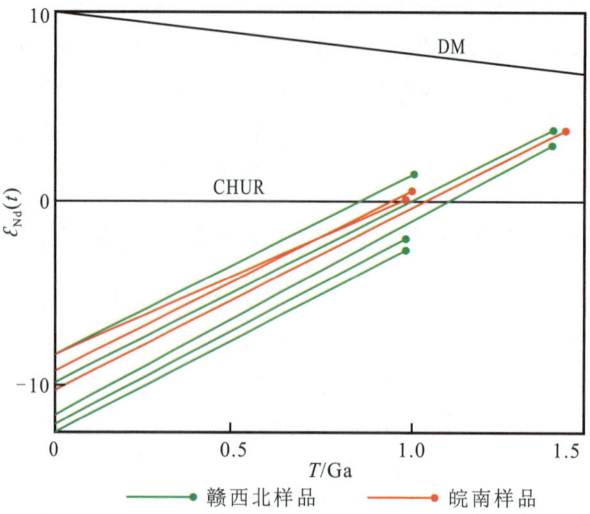

图 2-23　赣西北和皖南浅变质沉积岩 Nb 同位素演化
（据沈渭洲等，1993）

3）海相火山岩块状硫化物矿床的形成环境与海底火山喷溢或海底含矿热液的规模和强度有关。从上溪群、双桥山群中岩类特征来看，在几十米至几百米甚至更大间隔才出现一层几米厚的火山熔岩层，这样的火山喷溢强度 Cu 等成矿元素是很难堆积富集，形成一定规模的工业矿床的。

4）而处于岛弧环境中的双溪坞群（铜厂群），其火山喷溢强度大，时间间隔短。在浙江绍兴西裘地区形成了以中基性熔岩为主，具水下强烈喷发特征的细碧-角斑岩型含铜块状硫化物矿床。

5）至新元古代（970~800 Ma）华夏陆块沿江绍一线向扬子陆块碰撞拼接，形成了伏川蛇绿岩套（夹小型铬铁矿床）和赣东北蛇绿岩套（图 2-18）。同时形成大型同碰撞江西九岭堇青石斜长花岗岩岩基和晚碰撞皖南休宁、许村、歙县 3 个堇青石花岗闪长岩体及造山阶段的邓家组山前磨拉石建造和铺岭组、井潭组陆相火山岩系。至晋宁期末，华夏陆块和扬子陆块完成了对接碰撞后，震旦纪开始接受盖层沉积。

二、震旦纪—晚三叠世盖层沉积时期扬子陆块东部被动大陆边缘构造环境中的成矿作用

扬子陆块东部南北两缘自震旦纪开始演化为被动大陆边缘的构造环境，转入了长达 6 亿~7 亿年的相对稳定时期。在这个时期沉积了巨厚层的海相碳酸盐岩和碎屑岩系。其厚度之大是世界上其他标准地台所少见的。这一特征充分表明扬子陆块沉积过程是在拉张、松弛的应力环境下，基底变薄，沉降作用范围广泛且十分强烈。基底地壳的减薄主要依靠拉张减薄，它是风化剥蚀减薄和地幔侵蚀地壳底部而变薄等因素共同作用的结果。在两侧被动大陆边缘稳定构造环境时期，其成矿作用总特点是：

1）在时、空分布上存在着相对稳定和不稳定的两类亚环境和沉积岩系。一类是稳定陆棚-陆坡沉积，以浅水相的厚层灰岩、白云岩及碎屑岩为主；另一类是陆缘裂陷海槽沉积，岩类以碳质泥岩、硅质岩、薄层灰岩为主，并夹有海底火山或热卤水活动，呈现了相对活动环境（图 2-24）。

2）在这些环境中沉积作用占主导地位。金属元素的补给源主要有 3 个途径：①陆源带入；②外海补给；③海底热卤水或火山源。成矿元素只有源源不断地补给、沉淀，才有可能在有利沉积环境下形成大规模矿化层。通过以上系统的盖层沉积地球化学研究表明，后两种来源的信息很微弱；即使以陆源带入为主，在沉积盆地形成早期（震旦纪、寒武纪、奥陶纪）由于海盆相隔，陆源供给也有限，北区主要源自华北陆块，南区则是华南陆块成分占优势。

3）本区沉积盖层的物源主要源自相邻陆壳的风化剥蚀产物，Cu、Pb、Zn、Ag、Au、U、V、P、Mo、Sb 等成矿元素在表生作用条件下，通过风化、剥蚀、迁移在海盆中相对还原的水域中再沉淀下

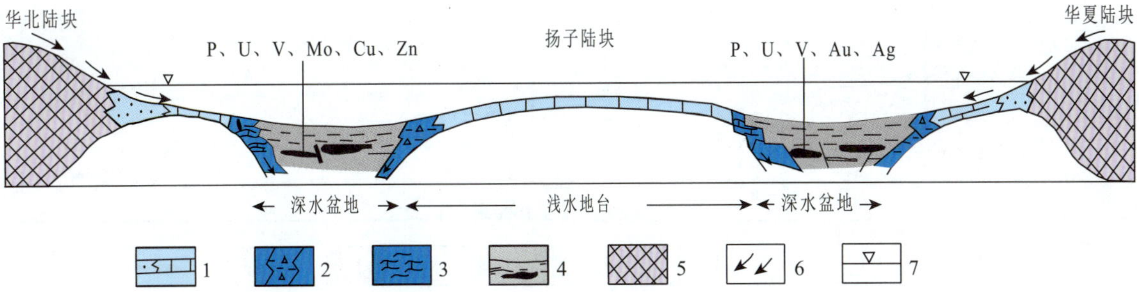

图 2-24　震旦纪—早三叠世扬子陆块东部被动大陆边缘构造环境中矿产分布示意图

1—浅水台地碳酸盐岩、碎屑岩；2—滑塌角砾岩；3—斜坡相泥灰岩；
4—深水盆地相炭质泥岩、硅质岩、薄层灰岩；5—陆块基底；6—元素迁移方向；7—海平面

来。其中有些亲硫的重金属元素被"捕获"在还原性沉积层中，其富集机制有以下 3 类：①有机质还原 SO_4^{2-} 生成亲硫元素的沉淀剂 S^{2-}，促使其沉淀；②活的生物体吸收金属元素；③生物死亡后有机质或有机碳吸附金属离子。从本区盖层中成矿元素的赋存状态来看，第一类机制占主导优势。为此，在 Z_2、$\in_1$、O_3、P_2 等地层中形成了重金属等元素的富集层（图 2-24）。

4）根据对早震旦世—晚三叠世构造环境物源和富集机制的分析表明：本区由沉积作用、海底热卤水和火山热液等成因所形成的大型重金属硫化物矿床的可能性不大。然而它们的积极意义不容忽视，即为后期成矿作用储备了诸多丰富多彩的衍生矿源层。

总之，扬子陆块东部震旦纪—晚三叠世盖层沉积时期是 Cu 等重金属元素成矿作用的低潮期、沉闷期、分散期。然而宇宙间万物都是利弊相辅、正反共存的，区域岩石圈的成矿作用也是一样，也正是在这一时期，是本区地幔能量的积蓄期、成矿物质调整储备期、赋矿空间的构筑期。低潮、沉闷、分散之后必将是成矿作用的高潮期、活跃期、富集期，这就是事物的矛盾转化、事物的发展规律。

三、中-新生代扬子陆块东部板内活化再造时期的成矿作用

扬子陆块东部岩石圈经过了长时期的能量积蓄和漫长的地壳稳定演化时期，终于在晚三叠世（244~245 Ma）（李曙光，1992）扬子陆块开始向华北陆块俯冲，并很快过渡为陆块碰撞，与随后陆内大规模滑脱俯冲、推覆叠置的强烈构造活化阶段，同时在太平洋板块及印澳板块构造应力场对东亚大陆的制约下，导致了大规模岩浆侵入和火山喷发活动，致使华北、扬子两块大陆最终拼接在一起（古地磁研究表明晚侏罗世中国东南部南、北极移轨迹完全相同），从此中国东部进入了环太平洋构造岩浆带的新格局。

由于各构造单元岩石圈地球化学组成的差异、各类岩浆源于不同层圈、成岩方式各异、富集金属的基底和盖层的性质、分布的不同等因素，导致在不同构造位置形成了丰富多彩、形态各异的矿产。

1）在华北（大别）陆块及扬子陆块碰撞造山带缝合线的附近，是软流圈上拱部位，那里地壳最薄。经强烈地幔交代作用而分异出来的富 Cu 熔浆，熔融了石英闪长质-英闪质-花岗闪长质的火成片麻岩的下地壳，构成了玄武-安山质岩浆房，分异出的富 Cu 熔体，沿着壳幔断裂，在具强烈富集机制的成岩作用下，于地壳浅部的有利位置侵位，形成了与 Cu、Fe 有密切时、空和成因关系的中酸性岩浆系列（图 2-25）。

2）在碰撞造山带的北南两侧（大别隆起和江南台隆），由于陆内深层滑脱俯冲，诱发了大规模壳熔酸性花岗岩岩浆的上侵，由于所熔的地壳的地球化学组成的差异，各自打上了明显的"遗传基因"的烙印，江南台隆花岗岩熔融了富 W、Sn 储层的基底地壳、致使其花岗岩具较普遍的 W、Sn、Nb、REE、U 等矿化，其中有些花岗岩体（曾家垅二云母碱长花岗岩、高湖二长花岗岩、大湖塘似斑状黑云母花岗岩）形成了大型、特大型钨、锡矿床（图 2-25）；而已是"山根"的、分

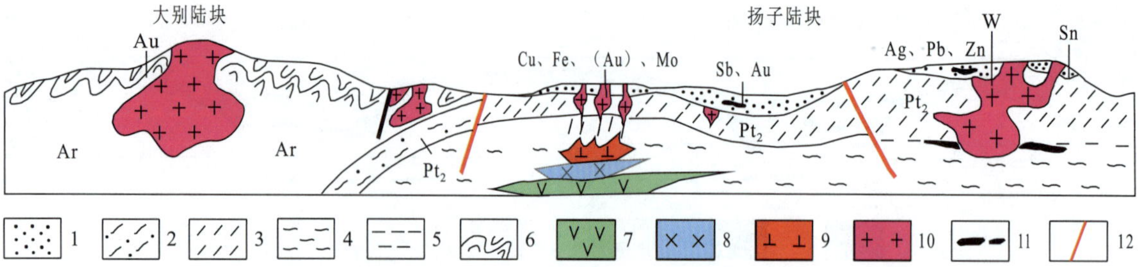

图 2-25　中新生代扬子陆块东部陆内活化再造时期的矿产分布示意图

1—盖层；2—正变质岩基底；3—副变质岩基底；4—变质中基性火成片麻岩；5—变质泥砂质片麻岩；6—太古宙基底；7—幔源熔浆；8—基性岩；9—中性岩；10—酸性岩；11—W、Sn 储层；12—深断层

异程度高、成熟度又好的大别基底，经重熔后的花岗岩往往在亲氧元素的成矿作用方面也已无能为力了。

3）中生代岩浆的上侵不仅带来了深源的成矿物质，而且它也是驱动各矿源层中金属元素活化、迁移、重新富集沉淀的热场源，在基底和盖层中形成了组合多变、丰富多彩的沉积叠加改造型矿床。

这一时期是长江中下游及邻区乃至中国东部成矿作用的鼎盛时期。

第三章　成岩、成矿作用与元素地球化学场关系

成岩、成矿、成晕是地壳内的同一地质体沿着基本相同的运动途径，经历着大致相同的地质作用，在同一个成矿系统中不同的时空尺度下演化的不同产物。前二者以宏观的岩石、矿物的形式出现，而后者是以微观的元素场（同位素场）的形式体现。因此在研究元素地球化学场（同位素场）与成矿关系时，首先要考虑成岩-成矿-成晕同系统特性，所谓同系统即既要表示成岩、成矿的规律，又要反映成晕（原生晕、次生晕）的地球化学特征及元素（元素组合）在不同物理化学条件下时空分布的规律。

第一节　与岩浆成矿作用有关的元素地球化学场

岩浆作用对成矿的三大贡献是：①提供矿质（基性-超基性岩铜、镍硫化物矿床、深源中酸性斑岩铜、钼矿床、壳熔酸性花岗岩钨、锡矿床）；②提供热能使围岩中成矿元素活化、迁移、富集地质营力（铅、锌、银、锑矿床等）；③提供成矿热液（破碎带蚀变岩型、石英脉型及火山-次火山热液型金矿床等）。

一、华南地区 W（Sn）等元素成岩、成矿、成晕的地球化学机制

钨是我国优势矿种，钨储量（资源量）居世界首位，尤其是华南成矿省。在这仅占世界面积 0.7% 的区域内，却集中了世界 75%以上的钨矿储量，这在各种金属矿产的空间分布上是罕见的（图 3-1）。

处于华南丘陵地球化学省 W 平均值达 5.76×10^{-6}（Sn 达 8.68×10^{-6}），华南表壳岩系 1∶20 万水系沉积物 W 等元素地球化学异常是如何形成的？这就需从华南地区 W 等元素成岩、成矿、成晕的地球化学机制寻找答案。

近年来，华南钨矿成矿研究的特点是与 W 等元素区域地球化学场及成岩、成矿作用地球化学紧密结合起来的，积累了大量有关岩浆岩、地层、矿床中 W 等成矿元素定量分析数据。在研究对象上，从主要研究与 W 矿化有成因联系的花岗岩扩大到区域地层（基底到盖层）、矿床原生晕、矿区土壤、水系沉积物等介质。在时间和空间上，从区域地质演化的观点出发，将华南地区 W 矿化与有关的地层、岩浆岩、构造及矿床等各种地质单元视为一个相互关联的统一体，即所谓的成岩、成矿、成晕同系统的研究思路。

（一）华南地区含钨建造

含钨建造是含有一系列钨的同生富集层位，即含钨层位或矿源层的沉积建造。它包括与该沉积建造形成有关的、彼此共生的火山岩系（火山活动的产物）。在大多数情况下，含钨建造本身不直接形成矿床，但它是后期花岗岩化、再生-重熔过程和改造叠加成矿作用中成矿物质的主要来源。

根据含钨建造中钨的物质来源和形成方式，可分为原始含钨建造和衍生含钨建造。

原始含钨建造中钨的物质来源主要与地壳演化早期不均一地幔分异作用有关，这种作用主要通过活动带早期的火山喷发作用向地壳提供最原始的钨富集层位。例如华南元古宇火山-陆源碎屑含钨建造，主要可分布在扬子陆块的双桥山群、冷家溪群、上溪群及华夏陆块震旦系，形成于浅海-次深海环境。它们是由区域变质火山岩、火山碎屑岩和沉积岩组成。它们具有 W 等元素的高含量，一般为地壳克拉克值（1×10^{-6}）（Wedepohl，1995）的几倍、十几倍（表 3-1）。

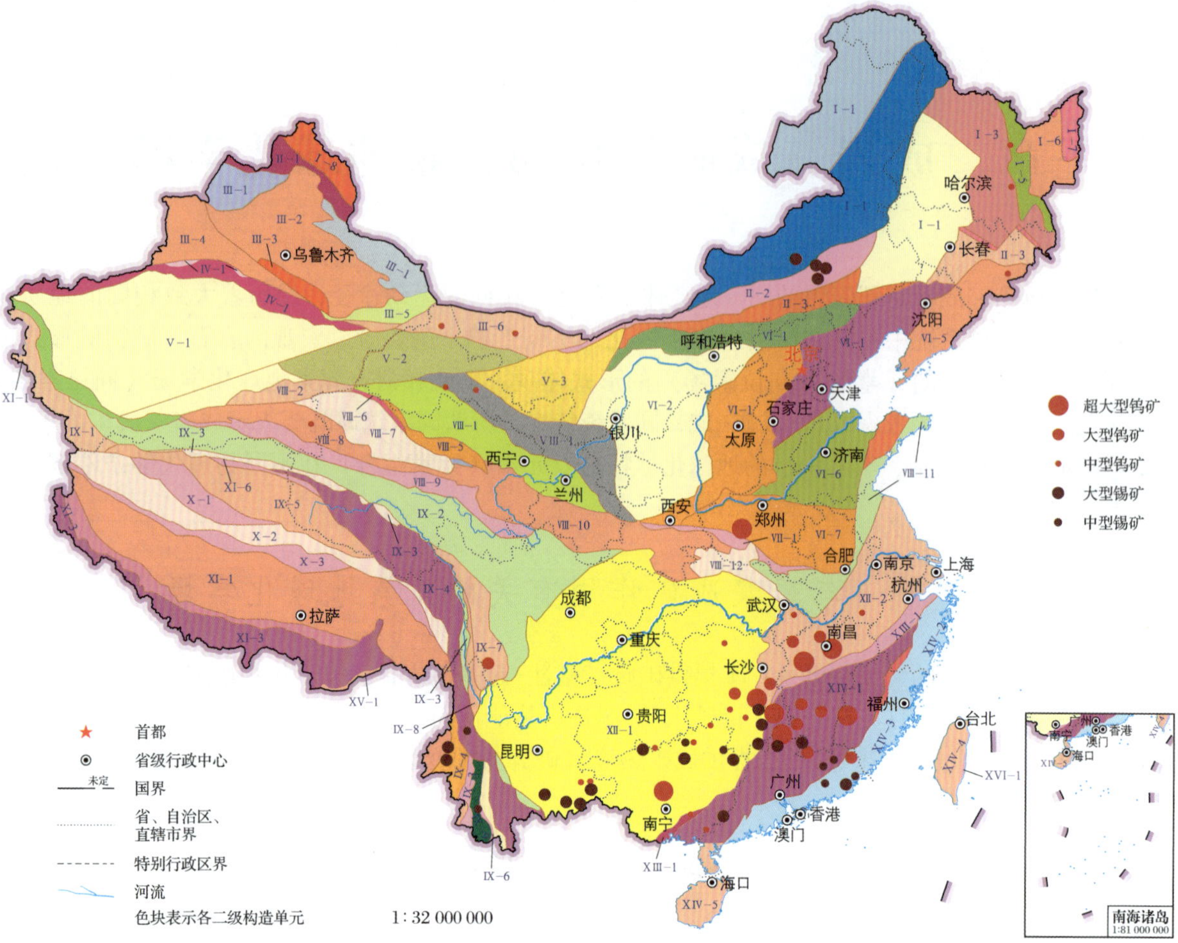

图 3-1　我国钨（锡）矿分布图

（据叶天竺等，2017；有修改）

表 3-1　扬子陆块东部地区基底（原始矿源层）各岩类 W 等成矿元素含量表

地区	群	岩类	W	Sn	Mo	Cu	Au
赣北（修水）	双桥山群（Pt_2）	泥质岩（3）	2.43	2.4	0.24	24	1.40
		碎屑岩（4）	2.00	2，0	0.29	25	1.10
		凝灰质泥岩（1）	2.80	2.2	0.42	34	1.00
	落可岽组（Pt_3）	陆相碎屑岩（3）	6.25	1.8	0.28	4.8	0.65
赣西（宜春）	双桥山群（Pt_2）	板岩（3）	3.30	4.6	0.40	28	0.40
		云母片岩（2）	2.50	4.1	0.35	275	0.70
		凝灰质板岩（2）	2.30	4.4	0.26	25	1.30
		石英角斑岩（1）	2.50	5.9	0.53	24	0.40
赣东北	铜厂群（Pt_2）	板岩（4）	2.10	5.0	0.13	45	4.50
		变玄武岩（1）	0.35	0.8	0.59	42	0.80
皖南（祁门）	上溪群（Pt_2）	泥质岩（6）	4.67	3.3	0.29	33	4.42
		碎屑岩（2）	10.54	2.7	0.19	28	0.90
		玄武岩（1）	1.50	0.7	0.08	92	2.80

注：括号中的数为分析样品数，每分析样为组合样，分别由 2~8 个单样组合而成；W、Sn、Mo、Cu 含量单位：10^{-6}；Au 含量单位：10^{-9}。

（据马振东，1998）

衍生含钨建造的形成必须以原始含钨建造的存在为前提，后期的各类地质作用对原始含钨建造进行风化剥蚀及穿越基底原始含钨建造的火山活动、岩浆侵入等方式，为衍生含钨建造提供 W 等成矿元素的物质来源。如寒武系陆源碎屑-火山沉积和碎屑岩-碳酸盐沉积含钨建造，泥盆系陆源碎屑-火山沉积和碎屑岩-碳酸盐沉积含钨建造，石炭系海陆过渡带碎屑沉积和火山沉积含钨建造等（表 3-2）。尤其是赣南寒武系、泥盆系、石炭系沉积盖层衍生含钨建造中泥质岩、碎屑岩中 W 元素含量 $4.23\times10^{-6}\sim22.84\times10^{-6}$（表 3-3，表 3-4）。

表 3-2　扬子东部地区（皖南、皖北）基底及盖层 W 等成矿元素含量表

地区		群、系		W	Sn	Mo	Cu	Au
皖南、皖北	盖层	三叠系（T）（7）		1.80	4.40	0.87	12.6	3.90
		二叠系（P）（6）		0.6	2.90	7.01	24.6	3.80
		石炭系（C）（9）		0.74	3.90	0.39	6.7	1.30
		泥盆系（D）（2）		2.14	5.20	0.42	17.8	1.30
		志留系（S）	皖北（4）	1.87	3.20	0.31	32.9	0.85
			皖南（4）	2.26	4.00	0.42	24.8	1.10
		奥陶系（O）	皖北（7）	0.43	2.70	1.36	18.4	1.85
			皖南（4）	1.58	1.80	0.68	27.4	3.00
		寒武系（∈）	皖北（9）	1.19	3.70	4.39	18.1	2.00
			皖南（3）	1.07	3.50	7.05	43.1	8.80
皖南	基底	震旦系（Z）（5）		1.47	2.30	1.51	23.9	3.63
		邓家组、铺岭组（Pt_3）（2）		1.84	0.80	0.28	17.3	2.50
		井潭组（Pt_3）（3）		3.39	2.77	0.35	16.4	0.60
		上溪群（Pt_2）（9）		5.88	3.30	0.27	31.7	4.42

注：括号中的数为分析样品数，每分析样为组合样，分别由 2~8 个单样组合而成；W、Sn、Mo、Cu 含量单位：10^{-6}；Au 含量单位：10^{-9}。

（据马振东，1998）

表 3-3　扬子东部地区（赣西北、鄂东南）基底及盖层 W 等成矿元素含量表

地区		群、系	W	Sn	Mo	Cu	Au
赣西北、鄂东南	盖层	三叠系（T）（7）	1.08	4.40	0.33	4.7	1.10
		二叠系（P）（4）	0.52	2.30	0.89	1.7	1.10
		石炭系（C）（1）	0.96	0.30	0.59	4.6	0.30
		泥盆系（D）（1）	2.30	1.30	0.51	11.5	1.20
		志留系（S）（5）	1.91	3.10	0.20	34.7	1.35
		奥陶系（O）（7）	2.04	3.00	3.91	44.3	3.98
		寒武系（∈）（6）	1.27	4.30	1.60	25.6	2.13
	基底	震旦系（Z）（6）	1.84	2.80	0.70	13.5	2.00
		落可岽组（Pt_3）（2）	6.25	1.80	0.28	4.8	0.65
		双桥山群（Pt_2）（8）	2.19	2.40	0.27	24.8	1.40

注：括号中的数为分析样品数，每分析样为组合样，分别由 2~8 个单样组合而成；W、Sn、Mo、Cu 含量单位：10^{-6}；Au 含量单位：10^{-6}。

（据马振东，1998）

从总体趋势来看，华南地区多时代的含钨建造的规模具有从早到晚（元古宙—中生代）逐渐减小、逐渐局部化的特征，在空间上含钨建造由北西往南东方向递增，在时间上则以元古宙、早古生代为形成高潮阶段。

原始含钨建造中元素组合，除了 W 的含量明显高于一般地层外，往往伴随着其他成矿元素和微量元素（如 Sn、Mo、Cu、Sb、Au 等元素）的高浓度。为此，在后期作用叠加下形成湘西沃溪钨-

锑，钨-金层控矿床。又如江西元古宙基底双桥山群中普遍存在钨-铜高相关系数的特征，这也解释了后期岩浆热液钨矿床中钨、铜元素紧密共生的现象。

表 3-4 华南地区（赣南、湘西）岩类 W 成矿元素含量表

<table>
<tr><th colspan="2" rowspan="2">地区</th><th colspan="2" rowspan="2">群、系</th><th colspan="2">岩类</th></tr>
<tr><th>泥质岩 $W/10^{-9}$</th><th>碎屑岩 $W/10^{-9}$</th></tr>
<tr><td rowspan="8">赣南</td><td rowspan="5">盖层</td><td colspan="2">石炭系（C_1）</td><td>18.88（5）</td><td>22.84（7）</td></tr>
<tr><td colspan="2">泥盆系（D）</td><td>15.23（4）</td><td>16.29（15）</td></tr>
<tr><td colspan="2">寒武系（$€_3$）</td><td>20.34（12）</td><td>12.73（14）</td></tr>
<tr><td colspan="2">寒武系（$€_2$）</td><td>13.28（22）</td><td>17.67（7）</td></tr>
<tr><td colspan="2">寒武系（$€_1$）</td><td>14.17（15）</td><td>8.20（6）</td></tr>
<tr><td rowspan="7">基底</td><td colspan="2">震旦系（Z_3）</td><td>19.57（3）</td><td>9.96（5）</td></tr>
<tr><td colspan="2">震旦系（Z_2）</td><td>13.08（5）</td><td>9.27（6）</td></tr>
<tr><td colspan="2">震旦系（Z_1）</td><td>8.90（2）</td><td>6.20（1）</td></tr>
<tr><td>赣北</td><td colspan="2">双桥山群（Pt_2）</td><td>11.44（16）</td><td>11.28（28）</td></tr>
<tr><td rowspan="3">湘西</td><td rowspan="2">板溪群</td><td>五强溪组（Pt_3）</td><td>7.13（6）</td><td>4.23（17）</td></tr>
<tr><td>马底驿组（Pt_3）</td><td>8.51（64）</td><td>7.75（11）</td></tr>
<tr><td colspan="2">冷家溪群（Pt_2）</td><td>10.23（62）</td><td>6.11（7）</td></tr>
</table>

注：岩类括号中为样品数。（据刘英俊等，1987）

原始含钨建造中 W 元素赋存形式：①泥碳质、铁锰质吸附；②白钨矿、黑钨矿单矿物；③在铁族元素（Fe、Mn、Ti）矿物、铌钽矿物和造岩云母类（尤其是白云母）矿物中呈类质同象和杂质混入物。

（二）华南地区含钨花岗岩

华南地区是我国著名的钨、锡等内生金属成矿省，区内各时期岩浆活动异常剧烈，尤其是花岗岩类分布广泛，面积达十几万平方千米之多。花岗岩类形成时代自中元古代至中生代，其中以燕山期重熔壳源硅铝质岩石的花岗岩为主，中生代华南地区在伸展板内构造环境下，受富挥发分幔源物质上涌的影响下，下地壳古老硅铝质岩石发生重熔，形成大规模重熔型（S 型）花岗岩岩基，以二长花岗岩为主。这些大范围的岩浆在富含挥发分的作用下经强烈分异作用，成矿元素 W 等逐渐富集在晚期岩浆熔体中。从表 3-5 可知，燕山晚期壳熔花岗岩中 W、Sn 等成矿元素含量达到高丰度（W：21.6×10^{-6}，Sn：151×10^{-6}）。另外，岩体中长英质包体（重熔壳源硅铝质残留体）W 元素达 9.6×10^{-6}，这与原始含钨建造碎屑岩、泥质岩中富 W、Sn 的信息相吻合。

在 150~160 Ma 期间，大岩基顶部岩叉（小岩株）形成碱长花岗岩岩浆，其中富含 Li、Be、B、F 等挥发分和 W、Sn、Bi、Mo 等成矿元素（白云母钠长石花岗岩中钨高达 224.3×10^{-6}）（表 3-6），上侵至距地表 1.5~4 km 的深度，随着围岩压力的减小，使其中的挥发分和 W、Sn、Bi、Mo 等成矿元素从岩浆中分离形成高温气成热液，在适宜的成矿空间沉淀下来，富集成矿。

碱长花岗岩是钨、锡成矿作用的母岩。与钨多金属成矿作用有关的碱长花岗岩体规模一般较小，大多数钨矿床花岗岩出露面积小于 2 km^2。这些含钨花岗岩往下规模逐渐增大，与深部大规模区域性花岗岩基相连，为上部含矿岩体源源不断地提供热源和成矿物质。

（三）含钨岩体地球化学特征（以江西武宁石门寺钨多金属矿区为例）

1. 岩体地球化学特征

江西武宁石门寺矿区内产出的岩浆岩主要有晋宁期黑云母花岗闪长岩、燕山期似斑状黑云母花岗岩、中细粒黑云母花岗岩、花岗斑岩等，均发育不同程度的矿化蚀变，并与 W、Cu、Mo 矿化密切相关。两期岩体具有相似的地球化学特征：明显偏酸性、钙碱性、低钠富钾高钙的特点，且属于铝过饱和型岩石。低 Sr、低 Sr/Y，轻、重稀土分馏较强，富集轻稀土元素，亏损重稀土元素，稀土元素配分曲线呈右倾型，铕负异常明显，表明成岩过程中有强烈的结晶分异作用。两期岩体仍略有区别，燕山期岩体酸性偏高（与晋宁期相比显示 SiO_2 分别为 73.59%和 68.43%），贫铁、镁（$FeO+F_2O_3$ 分别为 1.40%、5.23%；MgO 分别为 0.36%、1.55%）；稀土元素含量不高（∑REE 分别为 87.72×10^{-6}、153.41×10^{-6}）（表 3-7）。

表 3-5　江南-粤北地区壳源花岗岩中钨、锡等成矿元素含量表

地区	时期		岩体	岩类	W	Sn	Mo	Cu	Au
皖南	燕山期		大平	二长花岗岩	1.10	2.4	3.40	23	0.5
				长英质微粒包体	9.60	4.9	0.76	14	0.20
				暗色微粒包体	1.00	3.2	0.68	25	0.80
			九华山	钾长花岗岩	1.60	20.0	0.46	2.6	0.30
赣东北			大茅山	花岗岩	12.9	7.2	2.8	2.5	0.30
皖南			黄山	钾长花岗岩	6.30	1.7	0.51	1.8	0.46
赣东北	晋宁期		九岭	黑云母花岗闪长岩	1.20	4.1	0.64	24.9	0.60
				黑云斜长花岗岩	0.68	4.0	0.30	26.3	0.50
				细粒暗色包体	0.75	3.5	0.20	14.9	0.50
				黑云长英质包体	9.60	1.5	0.16	41.5	0.50
皖南			休宁	花岗闪长岩	1.00	14.6	0.30	14.5	0.70
				长英质微粒包体	1.50	12.2	0.27	23.6	0.50
粤北	燕山期	晚期	诸广山**	黑云母碱长花岗岩	21.6	151.0	2.0	37	
		早期		黑云母二长花岗岩	3.9	58.7	1.3	9.2	
			贵东*	黑云母（二长）花岗岩	6.11				
			大东山*	黑云母（二长）花岗岩	5.83				
	加里东期		扶溪*	黑云母花岗闪长岩	0.98				

注：每分析样为组合样，分别由 2~8 个单样组合而成；W、Sn、Mo、Cu 含量单位：10^{-6}；Au 含量单位：10^{-9}；*据於崇文等，1987；**据张术根等，2014。（据马振东，1998）

表 3-6　华南地区花岗岩大岩基花岗岩和含钨花岗岩中钨成矿元素含量表

岩体按大小和岩性分类	$W/10^{-6}$	样数/岩体数	岩体
黑云母花岗岩基（>100 km^2）	5.9	34/7	大浦、河田、诸广山、桂姑、花山、千亩山、凤凰山
黑云母花岗岩株（<100 km^2）	15.4	93/6	赣华、大王山、万峰山、五里亭、笼箱盖、千里山
白云母钠长石花岗岩（成矿母岩）	224.3	16/10	千里山、九窝、414、粤张、桂水、桂栗、101、525、6812、赣婆

（据冶金部南岭钨矿专题组，1985）

2. 岩体高场强微量元素特征

微量元素由于受到后期矿化蚀变的影响，已不能代表未蚀变矿化岩石的特征，所以本书只讨论研究高场强元素的地球化学特征。一般来说高场强元素（Nb、Ta、Zr、Hf、Ti、Th、U 等），离子半径小，离子电荷高，因此离子电位［$\pi=W$(离子电价)$/R$(离子半径)>3］，难溶于水，化学性质稳定，为非活动性元素。由于它们在自然作用过程中的稳定性，往往某些比值可作为“原始”物质组成特征的示踪剂。因此，探讨岩体高场强微量元素的地球化学行为特征，来示踪“原始”物质组成，如表 3-8 所示。

1）从燕山期似斑状黑云母花岗岩、细粒黑云母花岗岩两期岩体的 Nb/Ta、Zr/Hf 值来看（除个别样品外）：Nb/Ta：4.0~4.6，Zr/Hf：31.6~35.6，变化范围小，示踪它们可能来自同一源区。

表 3-7　石门寺矿区燕山期成矿岩体和晋宁期岩体（赋矿围岩）地球化学特征表

氧化物/元素	燕山期岩体	晋宁期岩体（赋矿围岩）
SiO_2	72.52～75.87	67.84～68.77
Al_2O_3	13.11～14.57	13.90～14.49
CaO	0.54～1.13	1.61～1.94
Na_2O	2.70～3.84	2.34～2.53
K_2O	4.43～5.02	3.39～4.21
A/CNK	1.48～1.70	1.70～1.81
Na_2O/K_2O	0.56～0.86	0.56～0.71
Na_2O+K_2O	7.13～8.37	5.8～6.57
MgO	0.16～0.51	1.49～1.62
$FeO+F_2O_3$	0.98～1.64	5.12～5.33
TiO_2	0.098～0.24	0.71～0.72
σ	1.55～2.35	1.31～1.73
Sr	22.60～94.00	88.8～112
Y	6.40～10.60	14～24.6
Yb	0.572～0.824	1.18～2.53
$(Sr/Y)_N$	0.56～2.09	0.78～1.73
ΣREE	45.19～114.63	151.41～156.29
$(La/Yb)_N$	9.35～25.70	8.56～18.84
δEu	0.21～0.53	0.52～0.66
LILE、HFSE	富集 Rb、Th、U、La、Ce、Pb 等，强烈亏损 Ba、Sr、Ti、P	

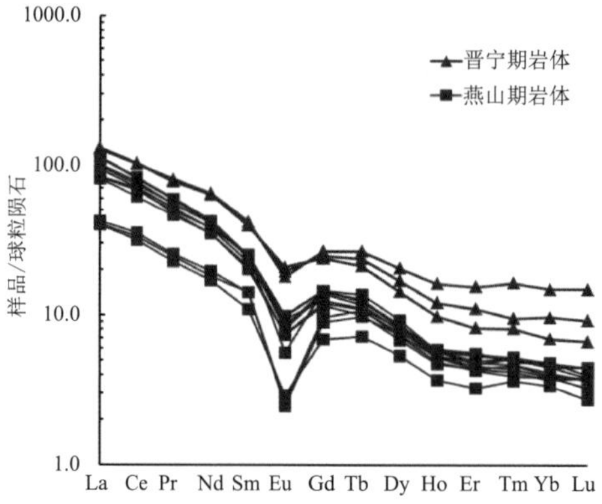

石门寺矿区稀土元素配分模式图

注：燕山期岩体包括似斑状黑云母花岗岩（4）、中细粒黑云母花岗岩（4）、花岗斑（3），括号内数字为样品件数，晋宁期岩体包括黑云母花岗闪长岩；氧化物质量分数单位%，微量元素和稀土元素质量分数单位 10^{-6}；原始数据据项新葵等（2012）；δEu 采用几何平均值计算，用于标准化的球粒陨石数据均据 Sun & Mc Donough，1989。

2）花岗斑岩 Nb、Ta、Zr、Hf 元素的丰度及其 Nb/Ta、Zr/Hf 与前两者略有不同，而且富铀（U：12.4×10^{-6}～19.1×10^{-6}）特征明显，Th/U 值为 0.48～1.25。与这期岩体形成的长石铅、矿石铅具放射性成因的比值（$^{206}Pb/^{204}Pb$、$^{207}Pb/^{204}Pb$）一致。

3）矿区晋宁期黑云母花岗闪长岩在燕山期岩浆热液成矿作用的多期叠加改造下，Zr、Hf、Th 等元素含量及 Zr/Hf 值与区域晋宁期黑云母花岗闪长岩有较大变化，而 Nb、Ta 及 Nb/Ta 值两者相似。

4）从区域晋宁期黑云母花岗闪长岩中 Nb/Ta、Zr/Hf、Th/U 值与区域双桥山群浅变质岩系具有十分相似的特征，可作为示踪前者是重熔后者的产物的证据。

表 3-8 赣北 W、Cu 矿集区、区域、矿区岩石高场强微量元素特征表

范围	岩体	Nb	Ta	Nb/Ta	Zr	Hf	Zr/Hf	Th	U	Th/U	资料来源
矿区	黑云母花岗闪长岩	10.9	1.21	9.0	44.4	1.69	26.3	13.5	4.89	2.76	项新葵，2012
		10.4	0.95	10.9	18.5	0.74	24.7	13.3	5.93	2.24	
		10.9	0.92	11.4	18.3	0.71	25.8	12.8	2.04	6.27	
	似斑状黑云母花岗岩	16	5.58	2.9	64.9	2.64	24.6	7.3	13.5	0.54	
		10.2	2.22	4.6	126	3.88	32.5	17.0	12.5	1.36	
		9.4	2.31	4.1	115	3.36	34.2	13.4	12.1	1.07	
		9.82	2.18	4.5	128	3.60	35.6	16.8	10.7	1.57	
	细粒黑云母花岗岩	7.95	1.71	4.6	104	3.22	32.3	18.6	10.4	1.79	
		8.54	1.92	4.4	106	3.35	31.6	16.4	8.92	1.84	
		9.59	2.37	4.0	116	3.50	33.1	15.9	8.01	1.99	
		8.24	1.88	4.4	95.5	2.57	33.3	19.5	10.1	1.93	
	花岗斑岩	15.2	3.71	4.1	62.7	2.4	26.1	9.08	19.1	0.48	
		12.7	3.13	4.1	54.5	2.1	26.0	8.67	16.8	0.52	
		13.1	2.36	5.5	90.0	2.89	31.1	15.5	12.4	1.25	
区域	黑云母花岗闪长岩	11	0.90	12.2	149	4.85	30.7	9.5	1.90	5.0	马振东，1994
		11	0.98	11.2	150	4.72	31.8	9.4	2.28	4.1	
	双桥山群浅变质岩	15**	1.19	12.6	219	6.07	36.1	12.3	2.51	4.9	
		13*	0.82	15.9	214	6.37	33.6	10.1	2.27	4.4	
		13***	0.87	14.9	205	6.67	30.7	11.1	2.20	5.0	
		15*	0.95	15.8	252	7.29	34.6	10.8	2.22	4.9	

注：* 表示碎屑岩；** 表示泥质岩；*** 表示凝灰岩；元素含量单位：10^{-6}。

3. 燕山期含矿岩体的含矿性、赋矿地质体含矿性（图 3-2）

1）燕山期含矿岩体似斑状黑云母花岗岩、中细粒黑云母花岗岩、花岗斑岩的 W、Cu、Mo 成矿元素含量均值分别是 W：405×10^{-6}、584×10^{-6}、318×10^{-6}，Cu：834×10^{-6}、1451×10^{-6}、1285×10^{-6}，Mo：55×10^{-6}、88×10^{-6}、29×10^{-6}，是扬子陆块正常花岗岩的几十倍至几百倍；稍晚侵入的中细粒黑云母花岗岩、花岗斑岩中 Cu 的平均含量：$1285\times10^{-6}\sim1451\times10^{-6}$，示踪晚期侵入的岩体硫化物矿化作用较强。

2）赋矿围岩构造角砾岩筒、晋宁期黑云母花岗闪长岩、由张扭性裂隙控制的石英大脉是成矿元素有利的赋矿空间。W、Cu、Mo 含量在 3 个赋矿地质体中均值分别为 W：999×10^{-6}、908×10^{-6}、462×10^{-6}，Cu：2534×10^{-6}、1012×10^{-6}、1964×10^{-6}，Mo：104×10^{-6}、62×10^{-6}、327×10^{-6}。构造角砾岩筒是 W、Cu 最有利的赋矿空间，尤其是胶结物位置空隙大、疏松破碎，是矿液沉淀有利场所。石英大脉中矿化不均，主成矿期石英脉 W、Cu、Mo 元素富集，部分石英脉基本无矿化，导致各元素离散程度大。Mo 元素富集于石英大脉中（327×10^{-6}）。

（四）华南成矿省钨矿床地质、地球化学特征

华南成矿省、扬子成矿省东部钨（锡）矿床类型众多，主要有接触交代型（矽卡岩型）、斑岩型、石英脉型、矽卡岩-云英岩型、蚀变花岗岩型、层控热液型等类型（图 3-1）。近年来，随着“南钨北扩”扬子成矿省东部钨（江西武宁石门寺钨铜多金属矿床、江西朱溪钨铜多金属矿床）找矿潜力巨大。现以湖南新田岭矽卡岩型钨矿床、江西武宁石门寺斑岩型钨铜多金属矿床、广西贺州珊瑚石英脉型钨矿床为例。

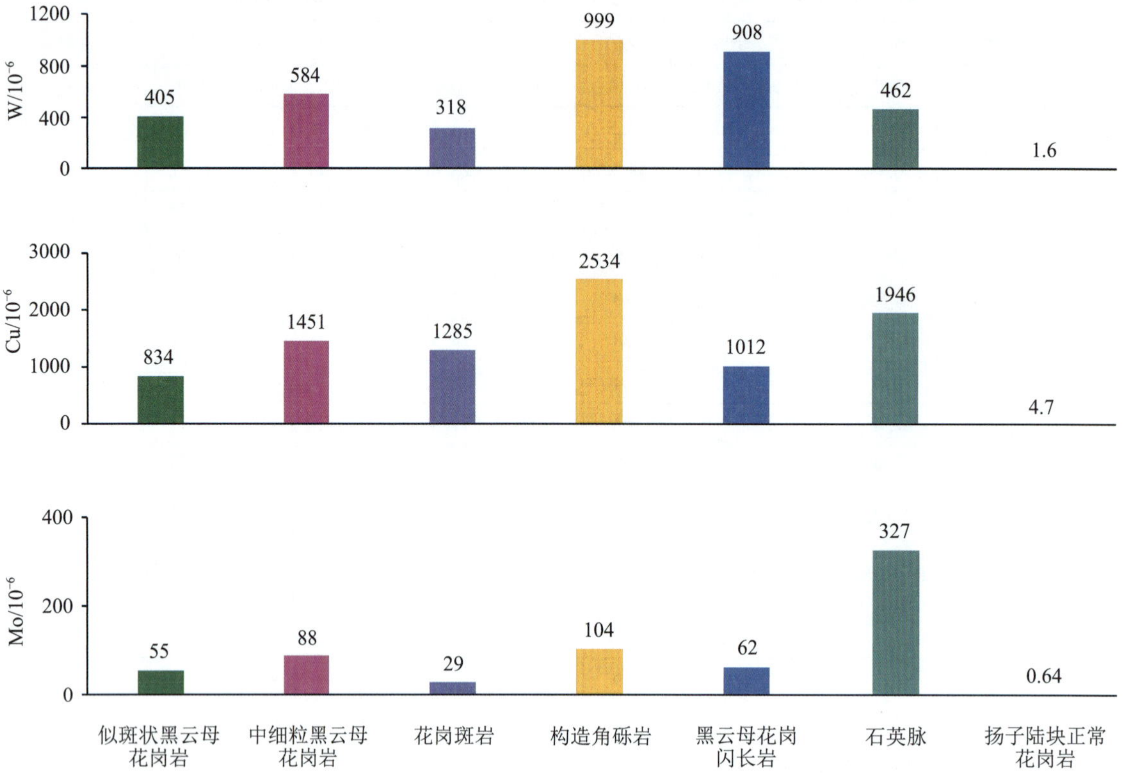

图 3-2　江西武宁大湖塘石门寺燕山期含矿岩体和赋矿地质体成矿元素含量图

1. 湖南新田岭钨矿床

（1）区域地质特征

新田岭钨矿床位于南岭中段（湘南-粤北坳陷）成矿亚带。区域内出露地层有震旦系、泥盆系、石炭系、二叠系、三叠系和第四系（图 3-3）。石炭系灰岩为矿区主要容矿地层。

区域内岩浆岩发育，主要出露为骑田岭复式岩体。面积约 520 km^2。岩石类型主要包含第一阶段的中粗粒角闪石黑云母二长花岗岩、第二阶段的中细粒黑云母二长花岗岩以及第三阶段的细粒花岗岩（袁顺达等，2012）。

（2）矿床地质特征

新田岭白钨矿床位于骑田岭复式花岗岩体的东北部与石炭系灰岩的接触部位，区内出露的地层自下而上依次为下石炭统孟公坳组、石磴子组、测水组、梓门桥组和中石炭统壶天群（图 3-4）。孟公坳组为一套白云质灰岩夹砂页岩；石磴子组下部为含燧石结核灰岩，上部为泥质条带灰岩；测水组为石英砂岩、页岩荚煤层及少量豆荚状灰岩；梓门桥组为白云质灰岩和白云岩；壶天群为白云质灰岩。石磴子组灰岩是新田岭白钨矿床最主要的赋矿地层（袁顺达等，2012；蔡明海等，2008）。

（3）矿体地质特征

A. 矿体特征

主矿体产于花岗岩体与石蹬子组的接触带的矽卡岩中，其次为内接触带矿体，产于花岗岩体内，受石磴子组灰岩捕虏体控制，外接触带矿体呈薄层状产于石磴子组与测水组的接触面上。钨矿体多隐伏于地下，形态简单，主要为透镜状、似层状，少数为形态复杂的树枝状、囊状（图 3-5）（蔡明海等，2008）。

新田岭钨钼矿床的成矿时限大致可限定为 157. 1～161. 7 Ma（Re-Os 法），骑田岭岩体早期角闪石黑云母花岗岩成岩年龄为 160～163 Ma，两者具有密切的时间关系（袁顺达等，2012；蔡明海等，2008）。

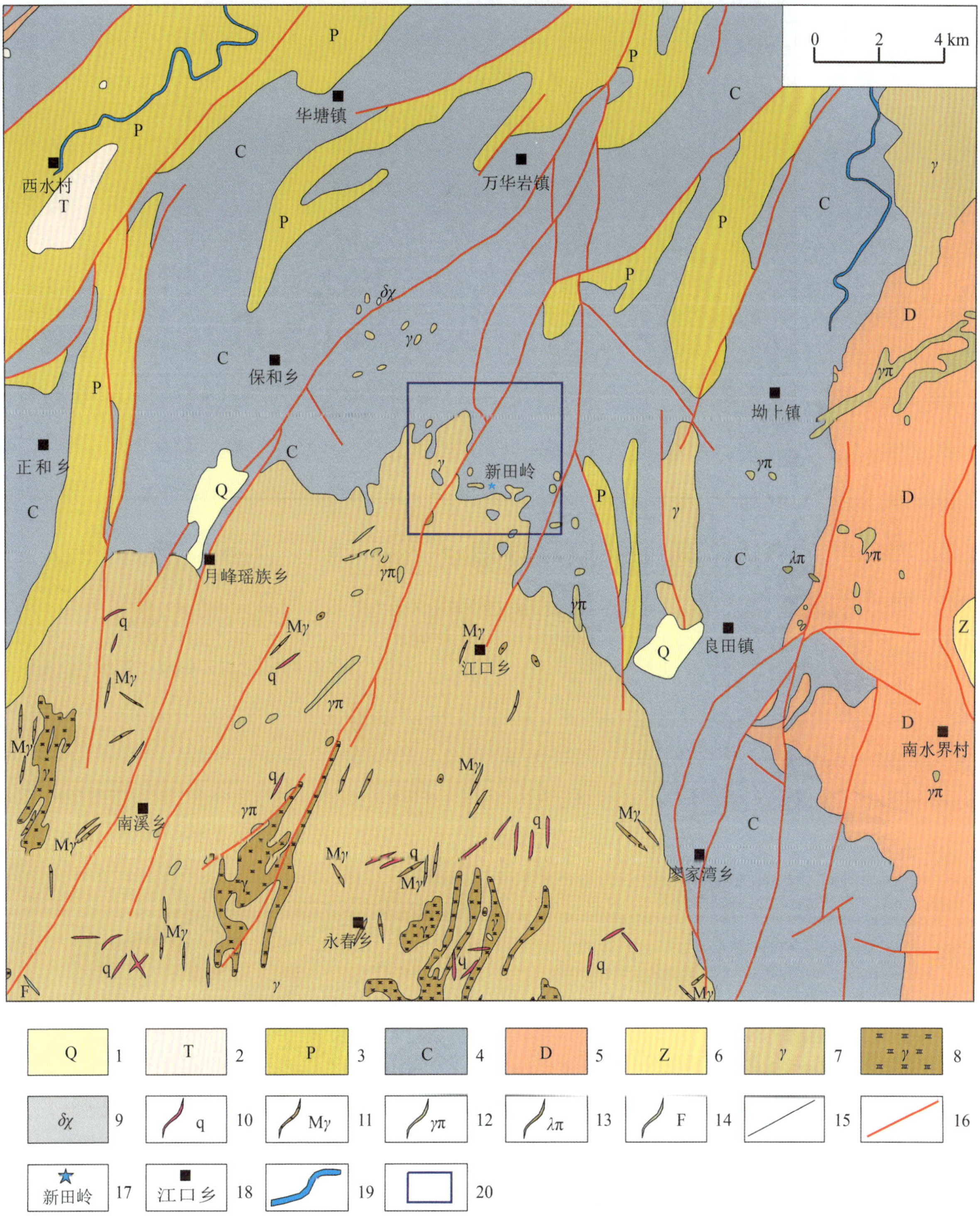

图 3-3 新田岭钨矿区域地质图

（据殷顺生等，1994）

1—第四系砂、粉砂及粘土；2—三叠系灰岩；3—二叠系砂岩、粉砂岩及泥质灰岩；4—石炭系灰岩；5—泥盆系砂岩、灰岩；6—震旦系石英砂岩、泥岩及硅质岩；7—黑云母花岗岩；8—细粒花岗岩；9—闪斜煌斑岩；10—石英脉；11—细粒花岗岩脉；12—花岗斑岩脉；13—石英斑岩脉；14—萤石脉；15—地质界线；16—断层；17—钨矿床；18—地名；19—湖泊；20—钨矿矿区范围

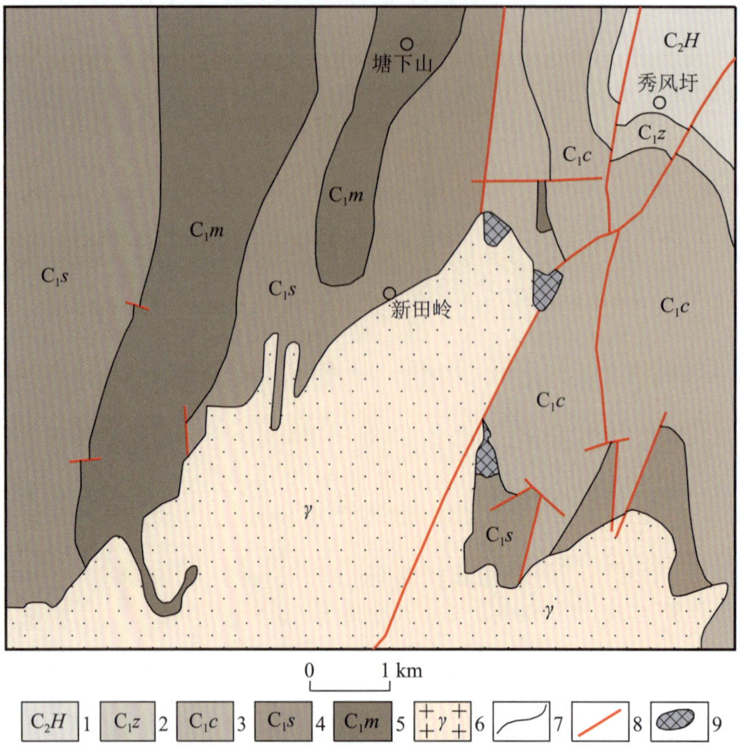

图 3-4 新田岭白钨矿矿区地质图

（据蔡明海等，2008，有修改）

1—中石炭统壶天群白云质灰岩；2—下石炭统梓门桥组白云质灰岩、白云岩；3—下石炭统测水组石英砂岩、页岩夹灰岩；4—下石炭统石蹬子组含燧石结核灰岩及泥质条带灰岩；5—下石炭统孟公坳组白云质灰岩夹砂页岩；6—花岗岩；7—地质界线；8—断层；9—矽卡岩

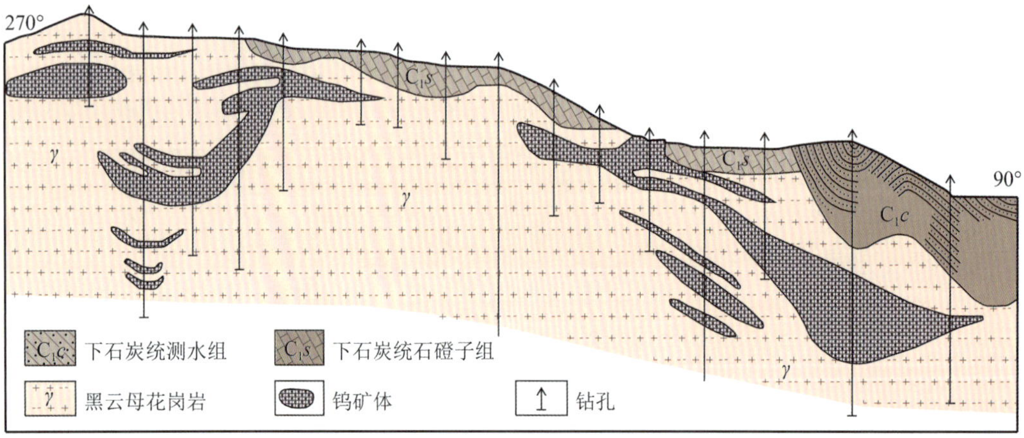

图 3-5 新田岭白钨矿 13 勘探线剖面图

（据蔡明海等，2008）

B. 矿石特征

该矿床主要矿石类型为矽卡岩型钨钼矿石和石英脉型钨钼矿石，在矽卡岩矿石裂隙内部可见到石英脉型矿石充填。金属矿物以白钨矿为主，伴生辉钼矿、辉铋矿、闪锌矿、磁黄铁矿、黄铁矿、方铅矿、黄铜矿、斑铜矿、毒砂等。脉石矿物有石榴子石、透辉石、符山石、硅灰石、透闪石、阳起石、绿帘石、绿泥石、金云母、萤石、方解石和石英等（殷顺生等，1994）。

矿石以自形-半自形粒状结构、他形粒状结构为主，次为交代作用形成的溶蚀、残余结构。矿石构造以浸染状为主，次为块状、斑杂状、网脉状、条带状等。

C. 围岩蚀变

矿区的围岩蚀变比较发育，主要的围岩蚀变有矽卡岩化、云英岩化和大理岩化，其次为角岩化、硅化、绢云母化、绿帘石化及绿泥石化等，其中以矽卡岩化与矿化最为密切。

（4）区域地球化学特征

从区域1∶20万水系沉积物地球化学异常图（图3-6）（据中南地区矿产资源潜力评价化探成果报告）及成矿元素含量表清晰可见（表3-9）。

表3-9 新田岭钨矿区域1∶20万水系沉积物成矿元素含量表

元素	W	Sn	Bi	Mo	Cu	Pb	Zn	Cd	Au	Ag	As	Sb
最大值	354	1110	249	19.4	187	3626.4	1740	32000	46	17500	3555	201
最小值	0.90	1.80	0.24	0.1	8.0	15.4	50	100	0.2	27	5.0	0.38
平均值	13.35	22.58	5.09	2.43	35.45	94.37	151.5	949.0	4.06	286.97	57.1	4.80
中位数	8.0	11.5	1.18	1.7	28.0	51	106.0	430.0	2.1	120.0	25.2	2.28
中国*	1.8	3.0	0.31	0.84	22.0	24.0	70.0	140	1.32	77	10.0	0.69
*K***	4.44	3.83	3.81	2.02	1.27	2.31	1.51	3.07	1.59	1.56	2.52	3.30

注：样品数256件；*为中国水系沉积物（鄢明才等，1997）；**为*K*富集系数：中位数/中国水系沉积物，元素含量单位为10^{-6}，Cd、Au、Ag单位为10^{-9}。

1）W、Sn、Bi元素中等异常示踪了骑田岭角闪石黑云母二长花岗岩（含钨花岗岩）的出露范围；

2）W、Sn、Bi、Mo、Cu、Pb、Zn、Cd、Au、Ag、As、Sb等元素组合在石炭系碳酸盐岩-碎屑岩中（衍生矿源层）呈现了中等异常（图3-6）。

3）在骑田岭角闪石黑云母二长花岗岩与下石炭统石蹬子组灰岩内外接触带上，W、Sn、Bi元素呈强异常，并叠合了Mo、Cu、Pb、Zn、Cd、Au、Ag、As、Sb等元素异常，异常分带清晰，强异常呈现北北东向展布，与区域断裂构造方向一致（图3-6）。

4）在区域北东角花岗岩与灰岩接触带具W、Sn、Bi元素强异常（图3-6）。

5）W、Sn、Bi元素在区域1∶20万水系沉积物中其富集系数（*K*）分别为4.44、3.83、3.81。

从新田岭钨矿区地质-地球化学特征分析获知："S"型壳熔花岗岩基-骑田岭角闪石黑云母二长花岗岩是钨成矿母岩，*W*衍生矿源层：石炭系碳酸盐岩-碎屑岩是有利的成矿围岩，内外接触带矽卡岩是有利的赋矿空间。

2. 江西石门寺钨铜多金属矿床

（1）区域地质特征

江西石门寺钨铜多金属矿床位于扬子板块东南缘江南地块中段。

区域内除第四纪残坡积层外，主要分布着九岭黑云母花岗闪长岩岩基（$b\delta\gamma_2^{3(1)}$），岩基为硅铝过饱和和钙性"S"型花岗岩。晋宁运动晚期黑云母花岗闪长岩侵位于江南地块基底中元古界双桥山群的一套岩性以灰绿色杂砂岩和板岩互层为主的浅变质岩系（Pt_2sh）。九岭黑云母花岗闪长岩岩基总体呈东西向展布，面积达2500 km^2，而双桥山群浅变质岩系呈顶盖或残留体赋存其中。

燕山期九岭地区经历了多期酸性岩浆的侵入，侵位于晋宁期黑云母花岗闪长岩和双桥山群浅变质岩系中，岩体规模较小，呈小岩株、岩瘤、岩脉、岩枝状产出。岩性为似斑状黑云母花岗岩、中细粒黑云母花岗岩、白云母花岗岩、花岗斑岩等。矿床勘查实践表明燕山期岩体与成矿有着密切的成因与时空关系（图3-7）。

（2）矿床地质特征

石门寺矿区地层较单一，分布有小部分第四纪残坡积层及双桥山群变质岩系，其余全为晋宁期黑云母花岗闪长岩基岩和燕山期花岗岩（图3-8）。

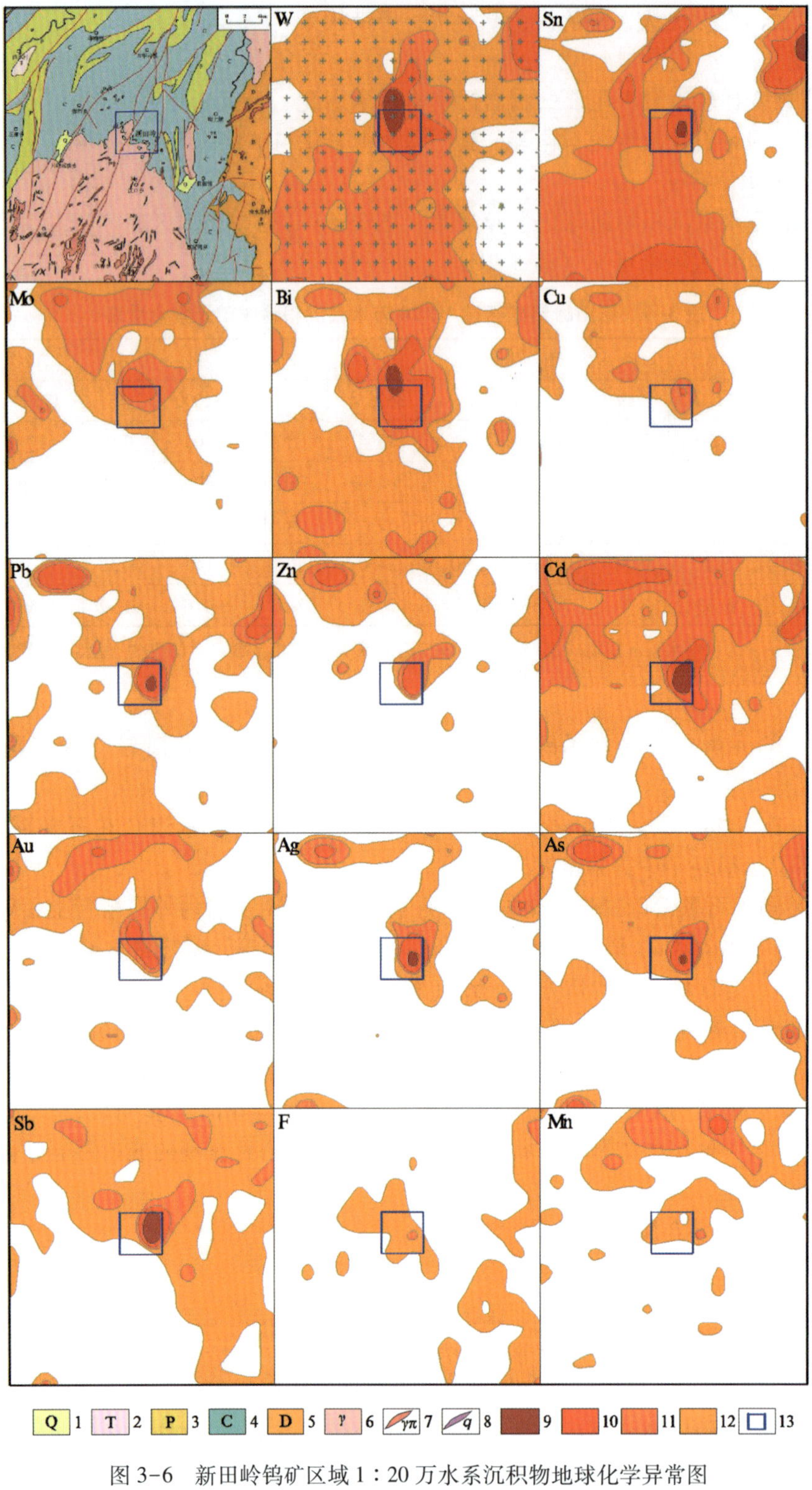

图 3-6　新田岭钨矿区域 1∶20 万水系沉积物地球化学异常图

（据湖南省地球物理地球化学勘查院，2013）

1—第四系；2—三叠系；3—二叠系；4—石炭系；5—泥盆系；6—花岗岩；7—花岗斑岩；8—石英脉；9—强异常；10—中等异常；11—弱异常；12—背景；13—矿区范围

矿区内岩浆岩主要为晋宁晚期黑云母花岗闪长岩岩基（$b\gamma\delta_2^{3(1)}$），燕山中期先后侵入的似斑状黑云母花岗岩（$b\gamma_5^{2(2)a}$）、细粒黑云母花岗岩（$b\gamma^{2(2)b}$）和黑云母花岗斑岩（$\gamma\pi_2^{5(2)b}$）（图 3-8）。燕山中期岩体分布较广，但岩体的规模出露较小，均侵入于晋宁期基岩中。燕山中期侵入的岩浆岩，形态

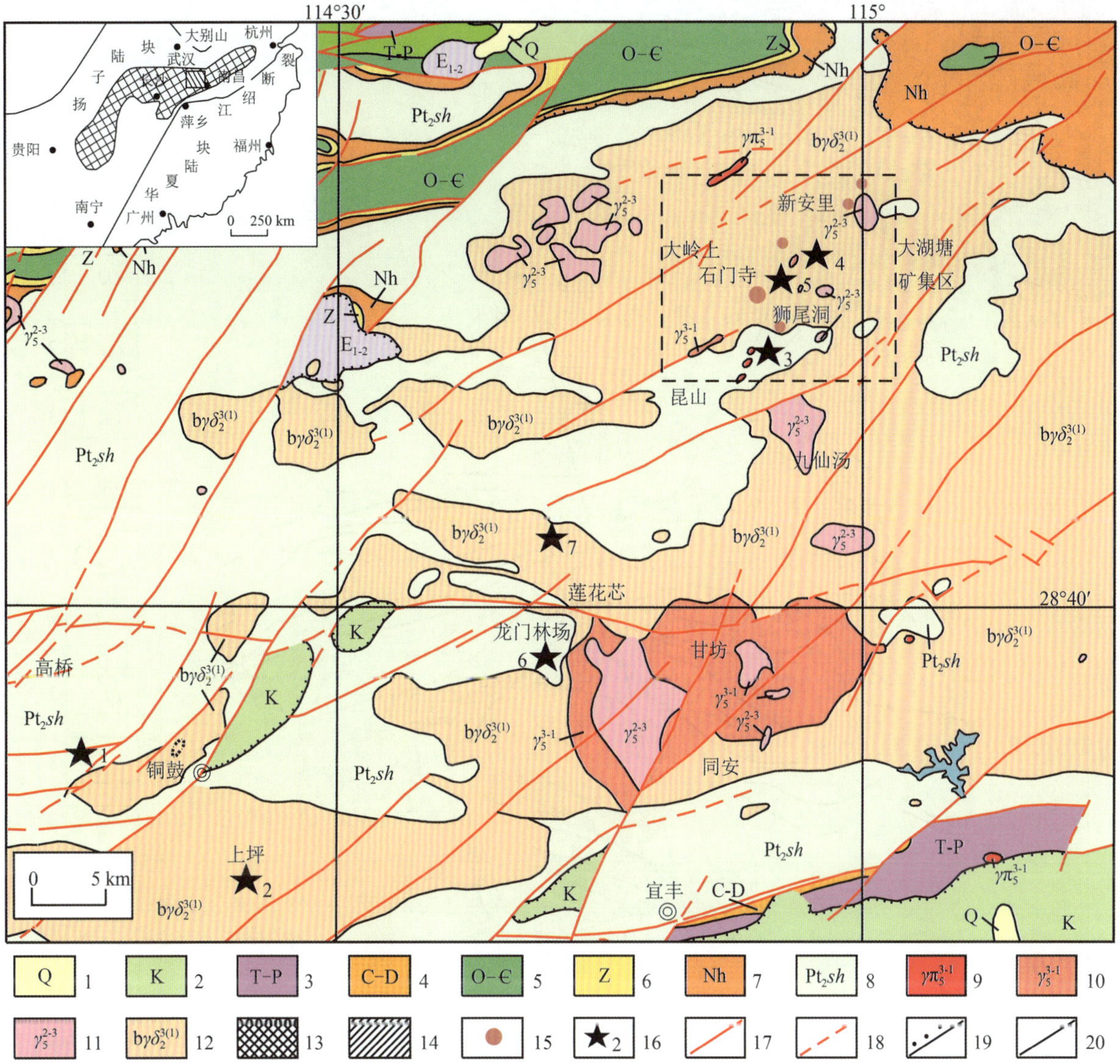

图 3-7　赣北九岭矿集区区域地质简图

（据项新葵，2012，修编）

1—第四系；2—白垩系；3—三叠系—二叠系；4—石炭系—泥盆系；5—奥陶系—寒武系；6—震旦系；7—南华系；8—中元古界双桥山群；9—燕山晚期花岗斑岩；10—燕山晚期花岗岩；11—燕山早期花岗岩；12—晋宁晚期黑云母花岗闪长岩；13—江南隆起区；14—研究区；15—矿床及矿点；16—试验采样点位置及编号；17—实测性断层；18—推测性断层；19—不整合界线；20—地质界线

各异，侵入接触关系清楚。

矿区构造主要发育有韧性剪切带、断层及节理。韧性剪切带发育于矿区北部的黑云母花岗闪长岩中。断裂构造以北西向断层较为发育（图 3-8，F_{20}等），它们属于东西向构造体系和北北东向构造体系及其复合的产物，产状多数较陡，力学性质主要为压扭和扭性。构造节理大致有四组，节理面平整或呈缓波状，力学性质以扭性为主，成矿时转化为张扭性。构造节理在成矿时期作为成矿流体的通道及储存空间，可形成厚大的细脉浸染型矿体。

（3）矿体地质特征

A. 矿体特征

石门寺矿区的矿体总体走向为北西—南东向，与地表地质体大脉走向一致。矿体呈似层状、透镜状、筒状、脉状分布于成矿母岩-燕山中期花岗岩岩体上部及晋宁期黑云母花岗闪长岩外接触带大致

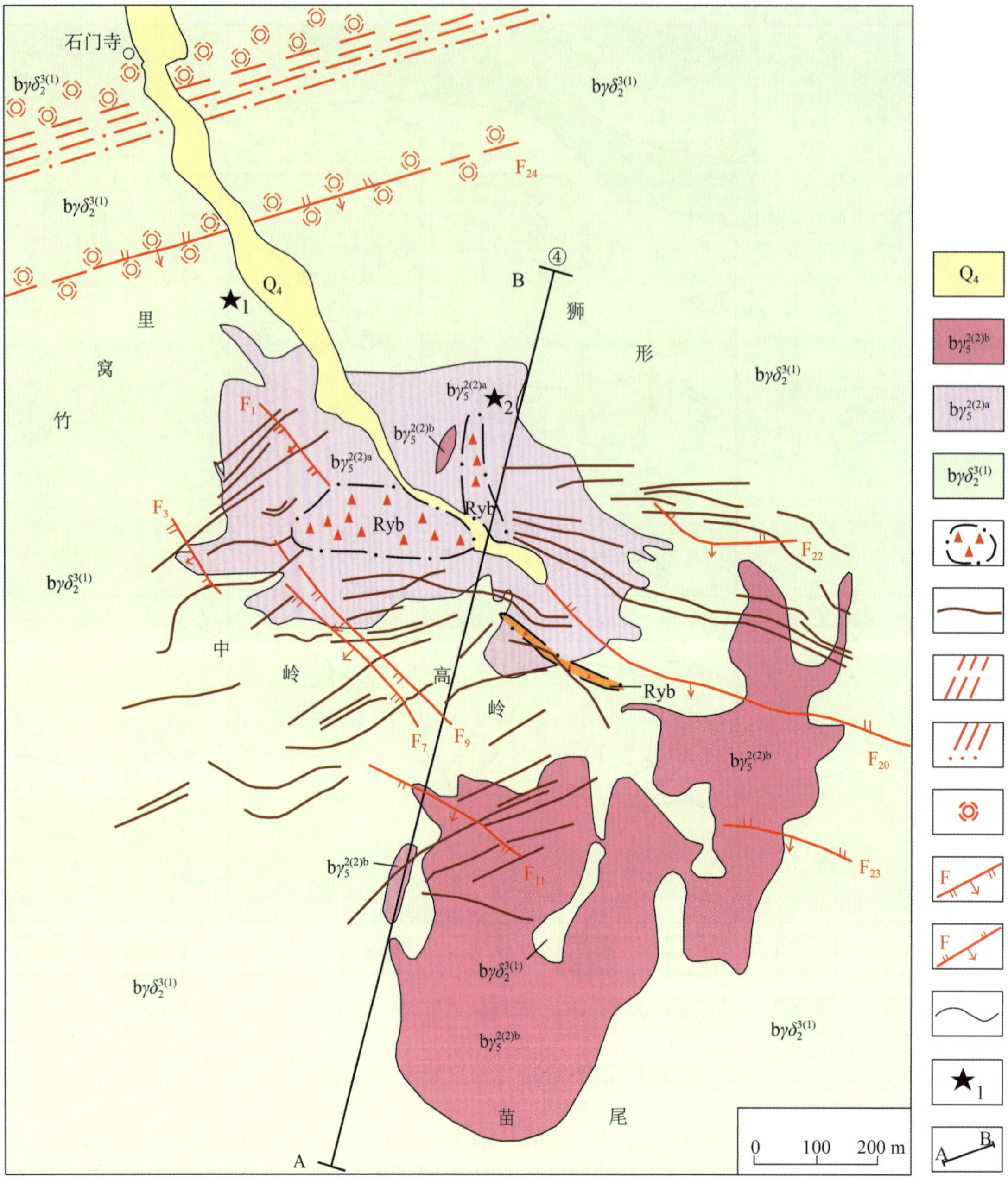

图 3-8　石门寺钨多金属矿区地质略图

（据项新葵，2017）

1—第四系残坡积层；2—燕山中期细粒黑云母花岗岩；3—燕山中期似斑状黑云母花岗岩；4—晋宁晚期黑云母花岗闪长岩；5—热液隐爆角砾岩矿体；6—含矿石英大脉；7—千枚糜棱岩及糜棱片岩；8—糜棱岩；9—硅化；10—正断层；11—逆断层；12—地质界线；13—土壤剖面采样点位置及编号；14—4 线剖面

300~600 m 的范围内。按照矿石结构，主要发育有三种类型的矿体，分别为似层状细脉浸染型、筒状热液隐爆角砾岩型和石英大脉型矿体，其次还有蚀变花岗岩型、云英岩型等钨锡矿，各主要矿体具体特征如下：

似层状的细脉浸染型矿体主要分布在晋宁期黑云母花岗闪长岩和燕山期似斑状黑云母花岗岩的内外接触带，燕山后期岩浆活动使前期矿化更加富集，该类型为石门寺矿区主要矿石类型，主要表现为矿石矿物呈细粒、细脉浸染穿插于蚀变花岗岩类岩石中。

热液隐爆角砾岩型矿体位于矿区中部，主要分布在似斑状黑云母花岗岩中。热液角砾岩原岩主要为似斑状黑云母花岗岩，矿石呈角砾状构造，大小不一，胶结物主要为石英（石英中含有肉红色钾长石、灰白色斜长石）。

石英大脉型矿体在分布上相对较广泛，在矿区石英大脉型矿体穿切所有岩石单元（图 3-9，图例 9）。石门寺钨矿区有石英大脉型矿体 50 余条，成群成带的产出，且多具等距产出特征，产于成矿花岗岩体内、外接触带，产状以走向近东西为主，倾向北或南，倾角 60°~85°。石英脉矿体一般较短，长度以 20~30 m 为主，少数长达 200~300 m（江西省地质矿产勘查开发局九一六大队，2015）。

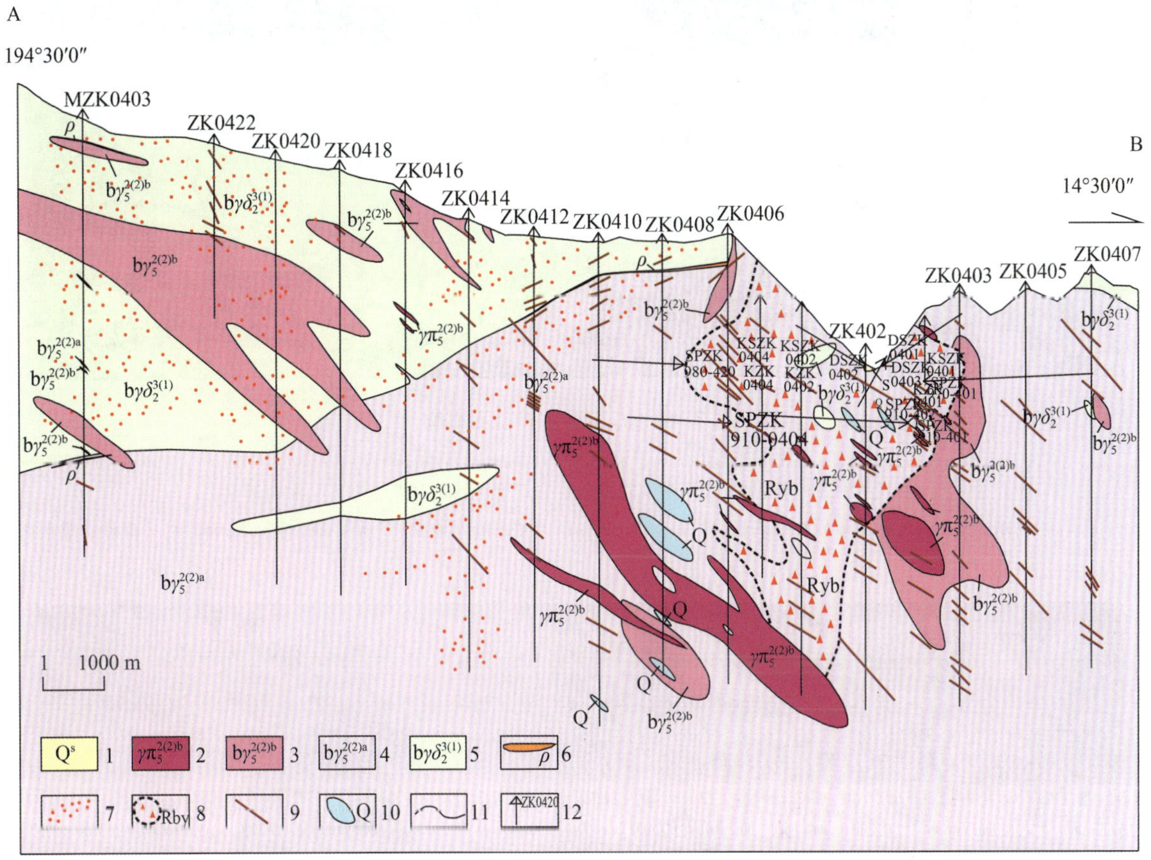

图 3-9　石门寺矿区 4 线剖面简图

（据江西省地质矿产勘查开发局九一六大队，2015，有修改）

1—第四系；2—燕山中期黑云母花岗斑岩；3—燕山中期细粒黑云母花岗岩；4—燕山中期似斑状黑云母花岗岩；5—晋宁晚期粗粒黑云母花岗闪长岩；6—似伟晶岩；7—细脉浸染状似层状矿体；8—热液隐爆角砾岩矿体；9—石英大脉型矿体；10—石英团块，石英脉带；11—地质界线；12—钻孔及编号

B. 矿石特征

主要矿石矿物有黑钨矿、白钨矿、辉钼矿、黄铜矿，少量锡石、闪锌矿、黄铁矿、毒砂、斑铜矿等，脉石矿物有石英、斜长石、黑云母（蚀变白云母）、角闪石、层解石、萤石等。常见的矿物组合有黑钨矿-石英-黄铜矿、黑钨矿-白钨矿-黄铜矿、白钨矿-黑钨矿-辉钼矿，伴有少量黄铁矿、闪锌矿（图 3-10）。并在本矿区首次发现自然铋、铋-铜-钼（Bi^{3-}、Cu^{2+}、Mo^{2+}）和钼-铜-砷-锑金属互化物（Mo^{2+}、Cu^{2+}、As^{3-}、Sb^{3-}），反映了硫化物阶段后期缺硫少氧的形成环境。

矿石结构主要有结晶结构、交代结构、固溶体分离结构；构造主要有角砾状构造、细脉状构造、浸染状构造、条状构造、脉状构造、团块状构造、梳状构造、放射状构造。

（4）围岩蚀变

石门寺矿区围岩蚀变既有面型蚀变，又有线型蚀变。面型蚀变主要发育在似斑状黑母花岗岩体的顶部和边部、中细粒黑云母花岗岩体的顶部，蚀变类型有钾长石化、云英岩化等。线型蚀变沿含钨石

图 3-10　石门寺主要矿石矿物

（据江西省地质矿产勘查开发局九一六大队，2015）

a—石英大脉型中黑钨矿；b—热液隐爆角砾岩型中白钨矿（荧光灯下）和黄铜矿；

c—石英大脉型脉壁中辉钼矿等金属硫化物共生的矿石；d—在石英大脉破碎处形成黄铜矿、黝锡矿、硫砷铜矿（毒砂、黝铜矿）

图 3-11　石门寺矿区蚀变类型钾长石化

（据江西省地质矿产勘查开发局九一六大队，2015）

a—钾长石沿似斑状黑云母花岗岩中斜长石斑晶的边缘交代，即所谓“红皮白心”；

b—热液隐爆角砾岩胶结物中粉红色钾长石交代斑块

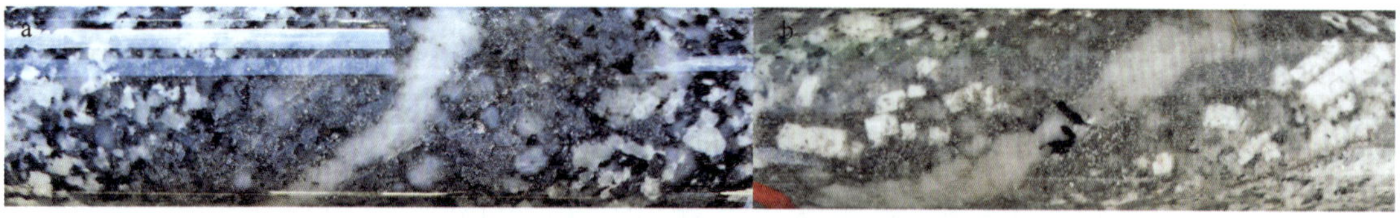

图 3-12　石英细脉两侧形成对称带状云英岩化蚀变

（据江西省地质矿产勘查开发局九一六大队，2015）

a—黑云母花岗闪长岩中石英细脉两侧形成对称带状云英岩，原岩中的斜长石和黑云母全部消失，原生石英也被改造；

b—似斑状黑云母花岗岩中黑钨矿石英细脉两侧形成对称带状云英岩，

在云英岩上又叠加了晚期的钠长石化，钠长石自形程度高，晶形完好英脉旁侧发育，主要蚀变有钾长石化（图 3-11）云英岩化（图 3-12）、绿泥石化等。其他蚀变有硅化、萤石化、叶蜡石化、碳酸盐化（图 3-13）等。

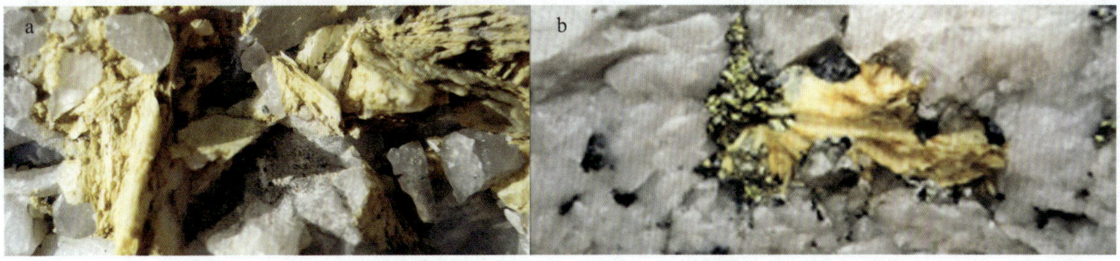

图 3-13　黑钨矿石英大脉晶洞中石英晶体及层解石集合体
（据江西省地质矿产勘查开发局九一六大队，2015）
a—热液隐爆角砾岩胶结物之中晶洞内的石英晶体及层解石集合体；
b—石英大脉中分布的小晶洞，其中见具六方锥和六方柱晶形的石英晶体及层解石集合体，黑钨矿（被黄铜矿交代）

3. 广西钟山县珊瑚钨锡矿床

（1）区域地质特征

广西钟山县珊瑚钨锡矿床位于扬子陆块与华夏板块结合部位的桂东富贺钟（富川、贺县、钟山）钨锡矿集区内（图 3-14），属于南岭（湘、赣、粤、桂）钨锡成矿带典型矿床之一，矿床处于南岭东西向构造带、湘南南北向构造带和桂东南北北东向构造带的交汇部位。

区内地层除缺失奥陶系和志留系外，自震旦系到第四系均有出露，其中泥盆系和石炭系分布最为广泛，泥盆系下部以碎屑岩为主，上部为碳酸盐岩，泥盆系不整合于早古生代地层之上，石炭系以碳酸盐岩为主，已发现的矿床（矿点）主要赋存于泥盆系中。构造以北北东向、北西向和近南北向断裂及北西向的复式背斜为主；东部出露岩体有加里东期（大宁岩体）、华力西期（桂岭岩体）和大面积分布的燕山期（花山-姑婆山岩体），钨锡矿床（点）与燕山期岩体的成矿关系最为密切，矿体主要分布在燕山期花岗岩体的内外接触带。而在珊瑚矿田内未出露燕山期花岗岩体（图 3-14）。

（2）矿区地质概况

矿区内出露的地层主要为泥盆系，由下泥盆统、中泥盆统和上泥盆统组成。下泥盆统由莲花山组和那高岭组砂岩、页岩组成；中泥盆统由郁江组和东岗岭组砂岩、页岩及灰岩组成；上泥盆统由桂林组灰岩组成。

断裂构造以北北东向为主，北西向、北东向次之。珊瑚矿床产于中部北东向挤压构造带，严格受 F_1 和 F_3 断裂带的控制（图 3-15）。

矿区内出露的岩浆岩主要是盐田岭花岗岩体。该岩体呈岩株状，出露于矿区西部葫芦岭背斜的南翼，距长营岭矿床约 4 km，地表出露面积约 0.16 km^2。岩石呈灰白色，蚀变强烈，所见皆为云英岩化花岗岩。此外，据地物化综合资料推断，在长营岭和松宫两处的深部存在隐伏花岗岩体。

（3）矿脉特征

珊瑚钨锡矿床由钨锡石英脉组成，主要矿物为黑钨矿、锡石，共有 740 余条矿脉，其中工业矿脉 200 多条，矿脉可划分为 6 个脉组，Ⅱ、Ⅲ、Ⅵ脉组构成了矿床的主体。矿脉产状主要有两组：倾向南东组矿脉和倾向北西组矿脉。

A. 矿脉平面分布特征

脉组在平面上的形态无明显差异，其走向均为北东向 15°~40°，近于平行或有一小角度交叉，呈左行雁列排布（图 3-16），由北东向→南西向脉组依次为Ⅲ→Ⅱ→Ⅵ，构成长约 3 km、宽约 1 km 的矿带。这些矿脉带的延伸总方向稳定，不因雁行褶皱或岩层产状而变化。在中段剖面中，单条矿脉平行排列、分支复合，也有少量矿脉通过桥构造连通，矿脉呈透镜状，矿脉的中部较厚，往两端逐渐变小或尖灭；矿脉局部形态变化较大，分支复合，弯曲扭折，膨大缩小，尖灭再现等现象十分常见。从

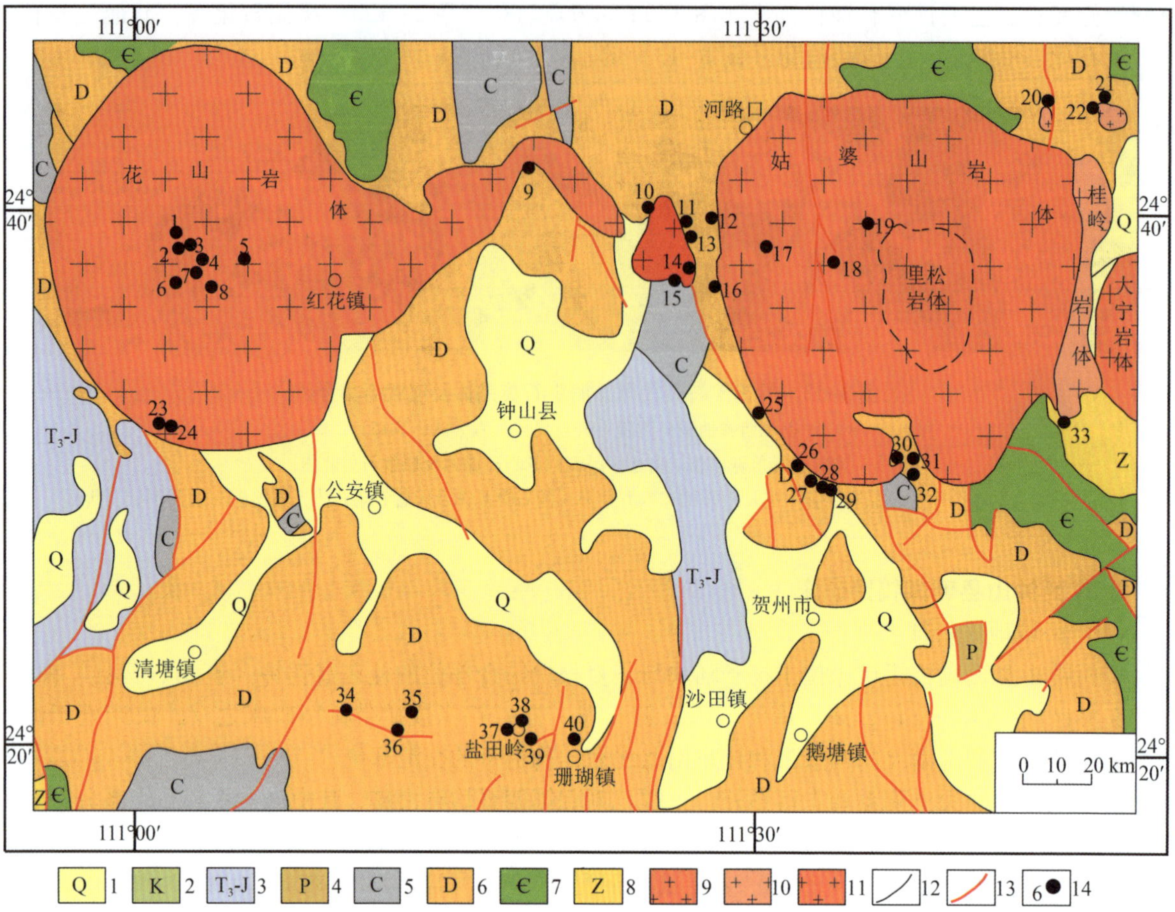

图 3-14　桂东地区地质矿产略图

（引自张诗启，2010）

1—第四系；2—白垩系；3—三叠系—侏罗系；4—二叠系；5—石炭系；6—泥盆系；7—寒武系；8—震旦系；9—燕山期花岗岩；10—华力西期花岗岩；11—加里东期花岗岩；12—地质界线；13—断裂；14—矿床（点）及其编号［1—蒙冲(Sn)，2—冬荀唐(Sn)，3—甘四冲(Sn)，4—富足冲(Sn)，5—银坪(Sn)，6—蘑菇庄(Sn)，7—水晶冲(Sn)，8—美华(Sn)，9—金子岭(Sn)，10—单水岭(W)，11—大水塘(W)，12—可达(WFe)，13—中南(Sn)，14—白石(W)，15—铁屎坪(Sn)，16—平头山(Sn)，17—两人巷(WSn)，18—笔架山(W)，19—关刀山(Sn)，20—张家凹(Pb)，21—正水口(Cu)，22—盘龙(Cu)，23—山口岭(Sn)，24—大木根(Sn)，25—将军岭(PbZnCu)，26—烂头山(WSn)，27—白沙塘(Sn)，28—董家凹(Sn)，29—金窝肚(Sn)，30—木桥面(Sn)，31—白面山(Sn)，32—石门(Sn)，33—养牛坪(W)，34—将军岭(Hg)，35—土新村(PbZn)，36—白鹤岭(Hg)，37—金盆地(Sb)，38—大槽(W)，39—九华(W)，40—珊瑚(WSn)］

矿带中心向外，矿脉为石英薄（大）脉→云母、石英细脉→云母细脉过渡。

B. 矿脉剖面分布特征

根据钻孔揭露，珊瑚矿床在垂向剖面上主要为陡倾斜的钨锡石英脉矿体，在那高岭组上段与下段岩性分界处附近有白钨矿细脉产出（图 3-17）。

钨锡石英脉矿体主要受断裂控制而呈陡倾斜脉状，树形分叉现象明显，矿脉总体上由上而下呈线细脉→薄脉→大脉带过渡，具“五层楼”模式特征。矿脉在上部的中段，脉幅较小，矿脉多呈树形分叉，主脉与主脉之间支脉较多，均为南东组陡矿脉与北西组缓矿脉交叉呈菱格状，所以脉数较多，尾端分叉现象明显，矿脉中的矿石构造呈角砾状、块体较少；矿床在下部的中段，矿脉脉幅增大，矿脉形态变化由复杂趋于简单，脉数较少，矿脉呈雁行排列，未见或少见树形分叉。

钨锡石英脉在剖面上呈脉组形式，脉组整体呈透镜状，由上到下依次为Ⅲ→Ⅱ→Ⅵ，从 3 个脉组的中心从南东向北西埋藏深度加大，即Ⅲ脉组中心在 1 线约 100 m 标高附近；Ⅱ脉组中心在 3 线约-100 m 标高附近；Ⅵ脉组产于 0m 标高以下Ⅱ脉组的下盘，为盲脉组。各脉组中矿脉的产状由上往下

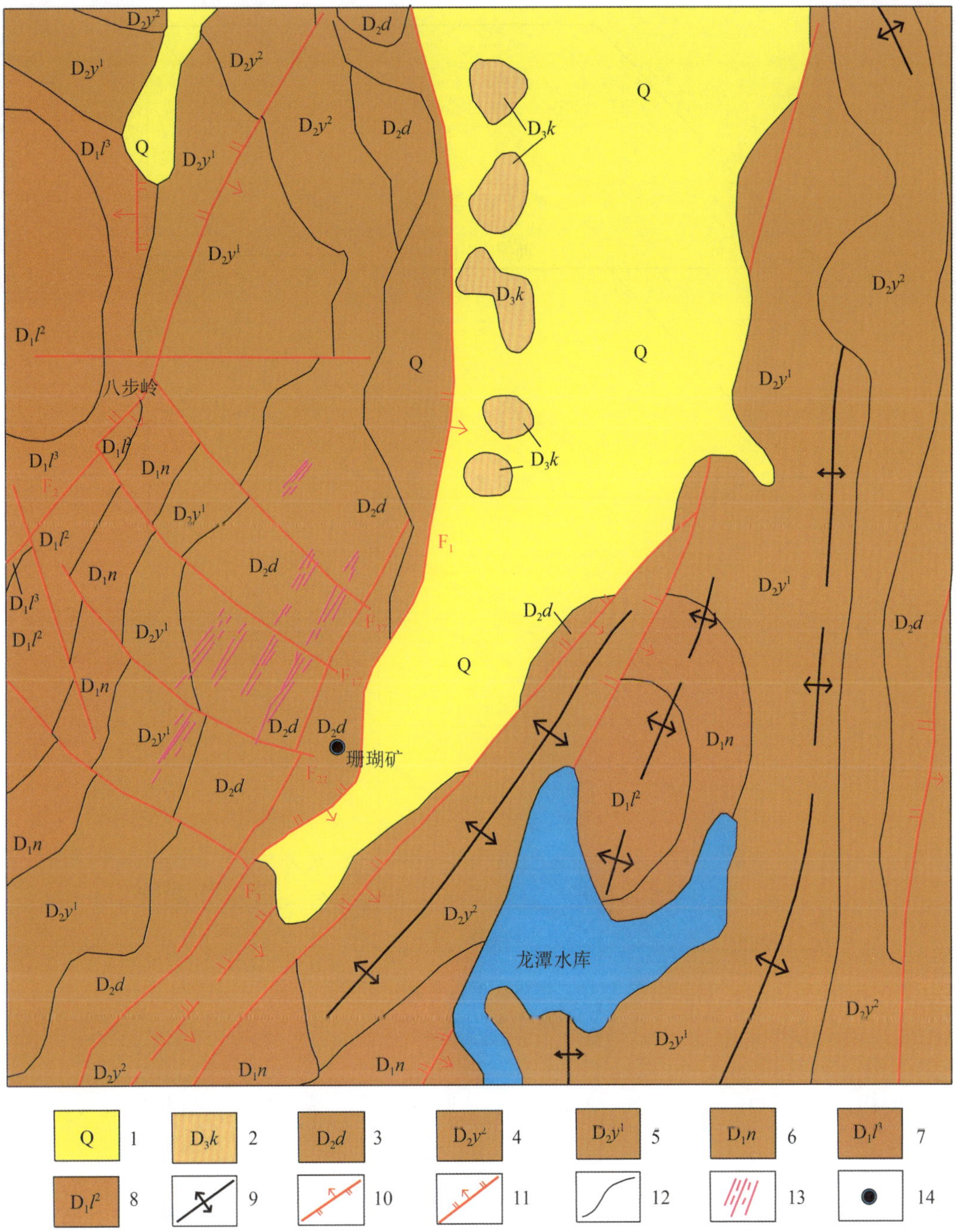

图 3-15　广西珊瑚钨锡矿田地质略图（比例尺 1：1000）

（据宋慈安，2001，修编）

1—第四系；2—上泥盆统桂林组；3—中泥盆统东岗岭组；4—中泥盆统郁江组上段；5—中泥盆统郁江组下段；6—下泥盆统那高组；7—下泥盆统莲花山组上段；8—下泥盆统莲花山组中段；9—背斜轴；10—逆断层；11—正断层；12—地质界线；13—钨矿脉；14—珊瑚钨矿矿部

倾角变陡，向下逐渐收敛趋于合并（图 3-17）。脉组间呈后行侧幕排列，向南西侧伏，侧伏角近 10°（马振东等，2015）。

（4）矿石特征

珊瑚矿床主要金属矿物有：黑钨矿、锡石、白钨矿、黄铜矿、闪锌矿、毒砂、黄铁矿、氟磷酸铁锰矿、菱锰矿、黝锡矿、磁黄铁矿、白铁矿、方铅矿、辉铋矿等；主要脉石矿物有：石英、方解石、白云石、白云母、萤石、磷灰石、绿泥石、自然砷、雄黄等（肖荣等，2011）（图 3-18）。

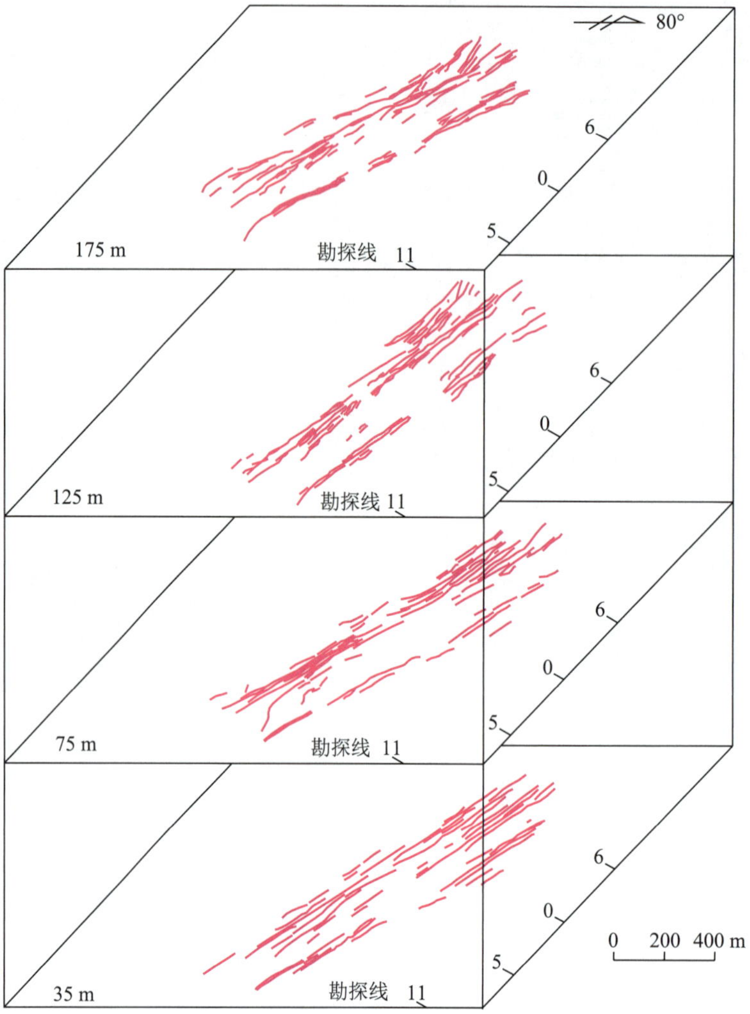

图 3-16 钨锡石英脉平面分布特征

（据马振东等，2015，修编）

矿石主要构造有：对称条带构造、角砾状构造、脉状构造、晶洞构造、梳状构造（图 3-19）及浸染状构造等。

白钨矿细脉产于那高岭组上段与下段的岩层分界处，品位达到 0.1%，矿化体大体上呈层状延伸，呈细脉-浸染状、星点浸染充填在围岩的裂隙中（图 3-20），特别是云英岩化页岩的岩段，围岩呈条带状，白钨矿呈密集点状分布，矿体总体上由几段组成，层状或似层状白钨矿矿体受控于围岩的层间裂隙。

（5）珊瑚钨锡矿区地球化学特征

A. 赋矿围岩 W、Sn 元素含量

钨锡石英脉矿体主要赋矿围岩为中泥盆统郁江组砂页岩、下泥盆统那高岭组页岩、下泥盆统莲花山组砂岩陡倾斜断裂中。泥盆系赋矿碳酸盐岩-碎屑岩 W、Sn 含量高（表 3-10），为同类岩石的几倍至几十倍。

B. 地表岩石原生晕

由珊瑚矿区地表岩石原生晕（图 3-21）可知：钨锡型矿床的地表异常元素种类多，具有清晰的元素组合分带，长营岭矿区北东部 W、F、As、Sn 等异常尚未封闭。钨锡型矿床、钨锑型矿床的地表异常元素种类多，分带性较清晰；角砾岩型矿床异常元素简单，分带不明显，异常规模也不大。

珊瑚矿区钨锡型矿床特征指示元素组合 W、Sn、F、As、B、Be 等元素。

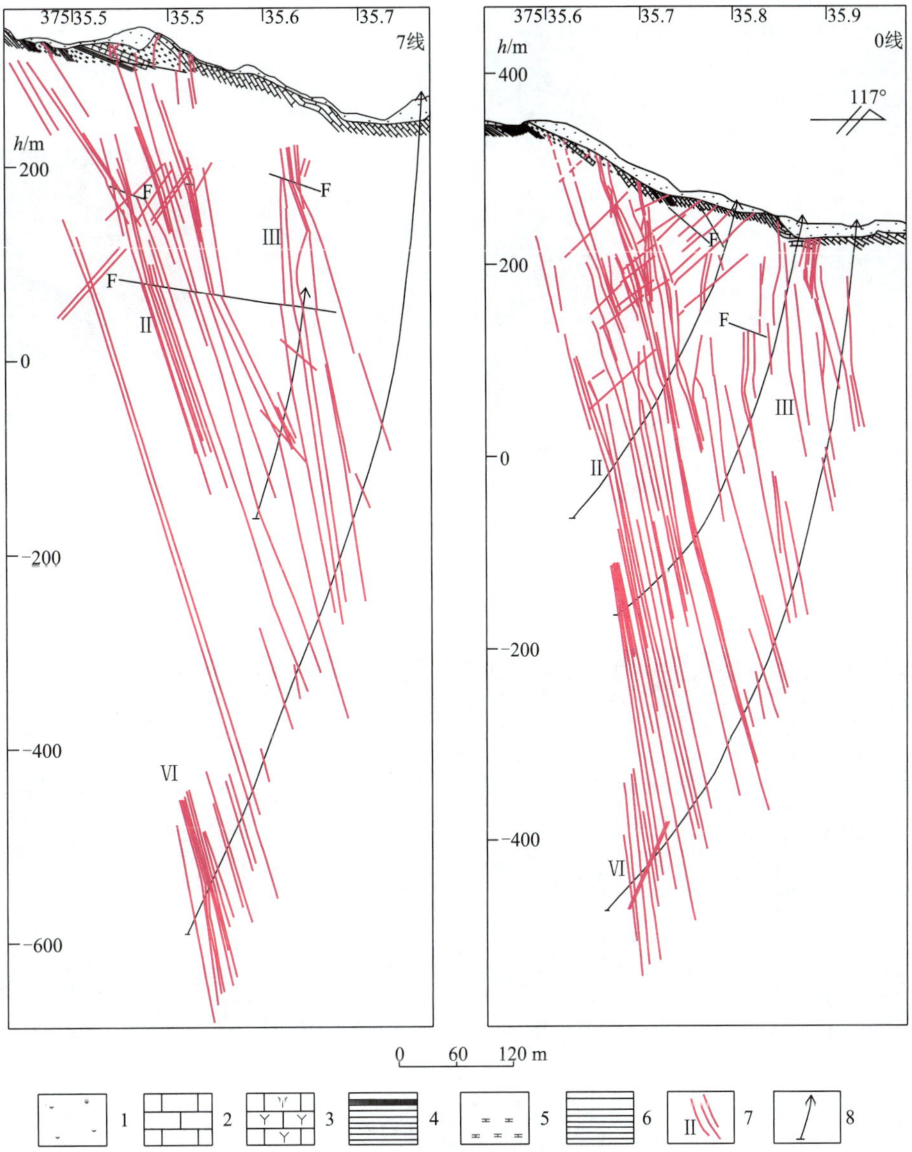

图 3-17　珊瑚钨锡矿床勘探线剖面图

（据马振东等，2015，修编）

1—松散层；2—石灰岩；3—泥灰岩；4—页岩；5—页状砂岩；5 砂质页岩；7—矿脉及脉组；8—钻孔

表 3-10　珊瑚矿区泥盆系地层成矿元素丰度　　单位：10^{-6}

地层	岩性	W	Sn	Cu	Pb*	Zn	Sb	As
东岗岭组（D_2d）	灰岩	24	90	120	>6	330	10	112
郁江组（D_2y）	泥灰岩	30	108	53	7	89	10	30
	泥质砂岩	41	75	55	7	64	5	80
	页岩	49	65	29	7	66	15	4
那高岭组（D_1n）	页岩、灰岩*	43.3	8.6	28.8	9	32	20	31
莲花山组（D_1l）	砂页岩、含砾砂岩*	127	7.9	30.7	12	23	<30	34
鄢明才等，1997（扬子陆块）	碎屑岩	1.8	2.1	11.8	20.2	78	0.71	5.6
	泥质岩	1.7	3.1	31	22	81	0.73	8.1
	碳酸盐岩	0.3	0.6	5.6	9	22	0.32	3.7

注：*据赖汝林等光谱定量分析，其余为夏宏远等（1986）所作的化学分析。

图 3-18　含钨石英脉矿物组合

（据肖荣等，2011）

图 3-19　含钨石英脉梳状构造

（据许贵林，2013）

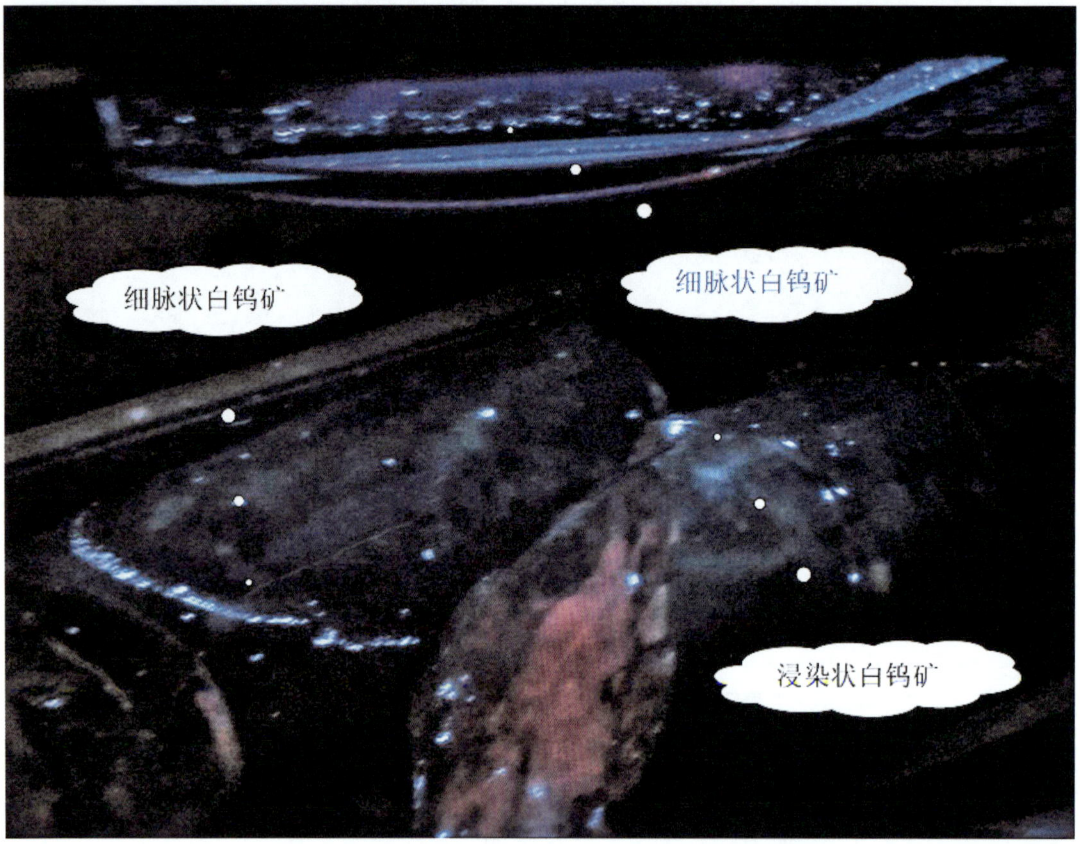

图 3-20　珊瑚钨锡矿床那高岭组页岩中细脉-浸染状星点白钨矿

（据马振东等，2015）

地表异常元素种类多，钨锑型矿床异常元素种类较多，分带性较清晰；角砾岩型矿床异常元素简单，分带不明显，异常规模也不大。

珊瑚矿区钨锡型矿床特征指示元素组合 W、Sn、F、As、B、Be 等元素。

C. 剖面岩石原生晕

据图 3-22 中 13 号勘探线剖面各元素浓集中心在空间上的轴向分带以及它们之间的相对空间位置

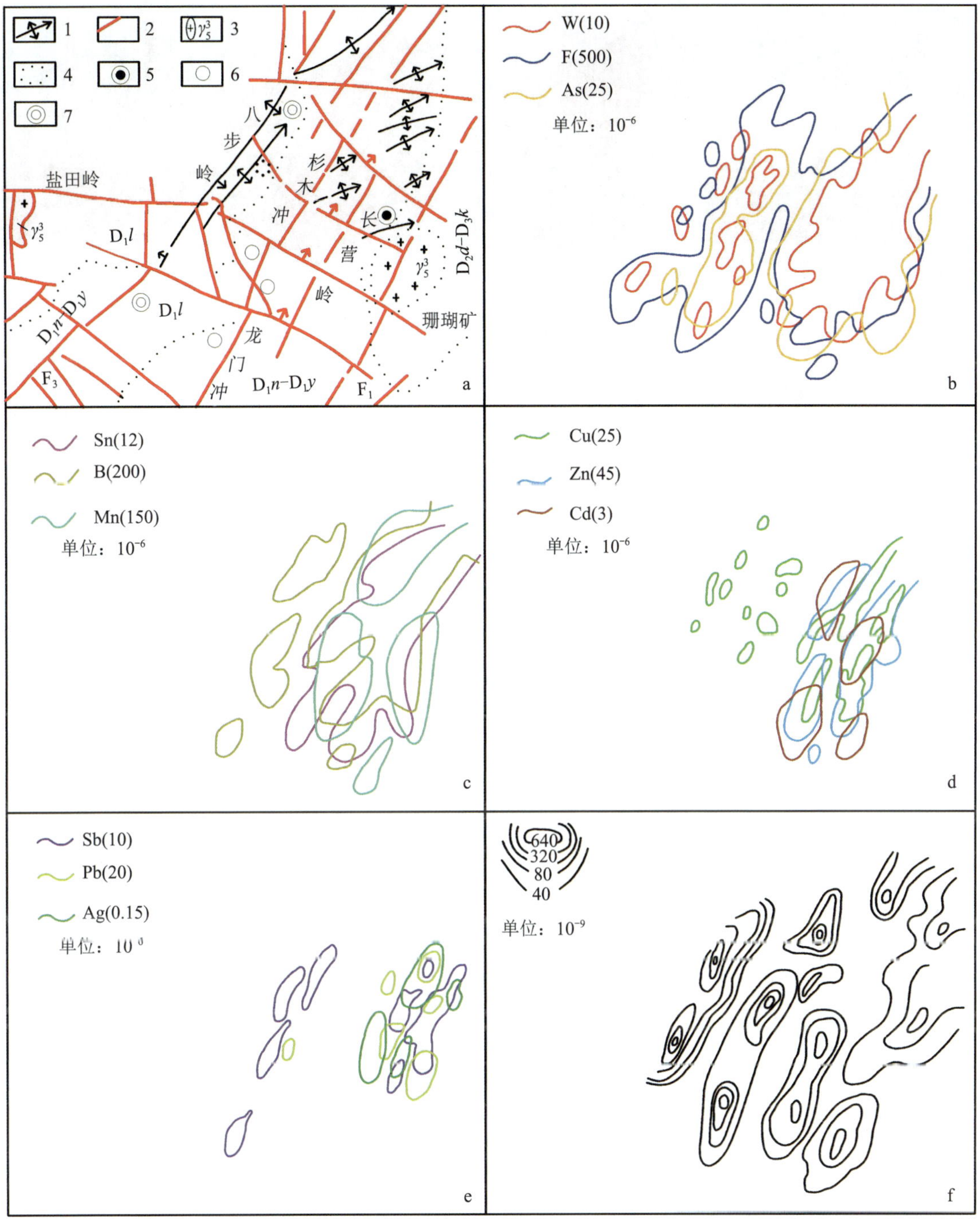

图 3-21　珊瑚钨锡矿田岩石地球化学、热释汞异常平面图

（据宋慈安，1996）

a—地质图；b、c、d、e—岩石地球化学异常图；f—热释汞异常图（地质图图例：D_2d—东岗岭组-桂林组灰岩；D_2n-D_1y—那高岭组-郁江组砂页岩；D_1l—莲花山组砂岩；1—背斜；2—断裂；3—出露花岗岩；4—隐伏花岗岩；5—钨锡型矿床；6—钨锑型矿床；7—角砾型矿床

获知：沿矿脉轴向元素具有明显的分带规律。Sn、W、F、As、Cl 在地表形成宽阔的异常，称为前缘晕元素组合，而 Cu、Pb、Zn 等亲硫元素则位于矿床的中下部，形成近矿晕。即长营岭矿床分带序列具有 Sn、W（F）等元素在上，亲硫元素在下的“逆向”特征，与矿床矿石矿物逆向垂直分带具有一致性。

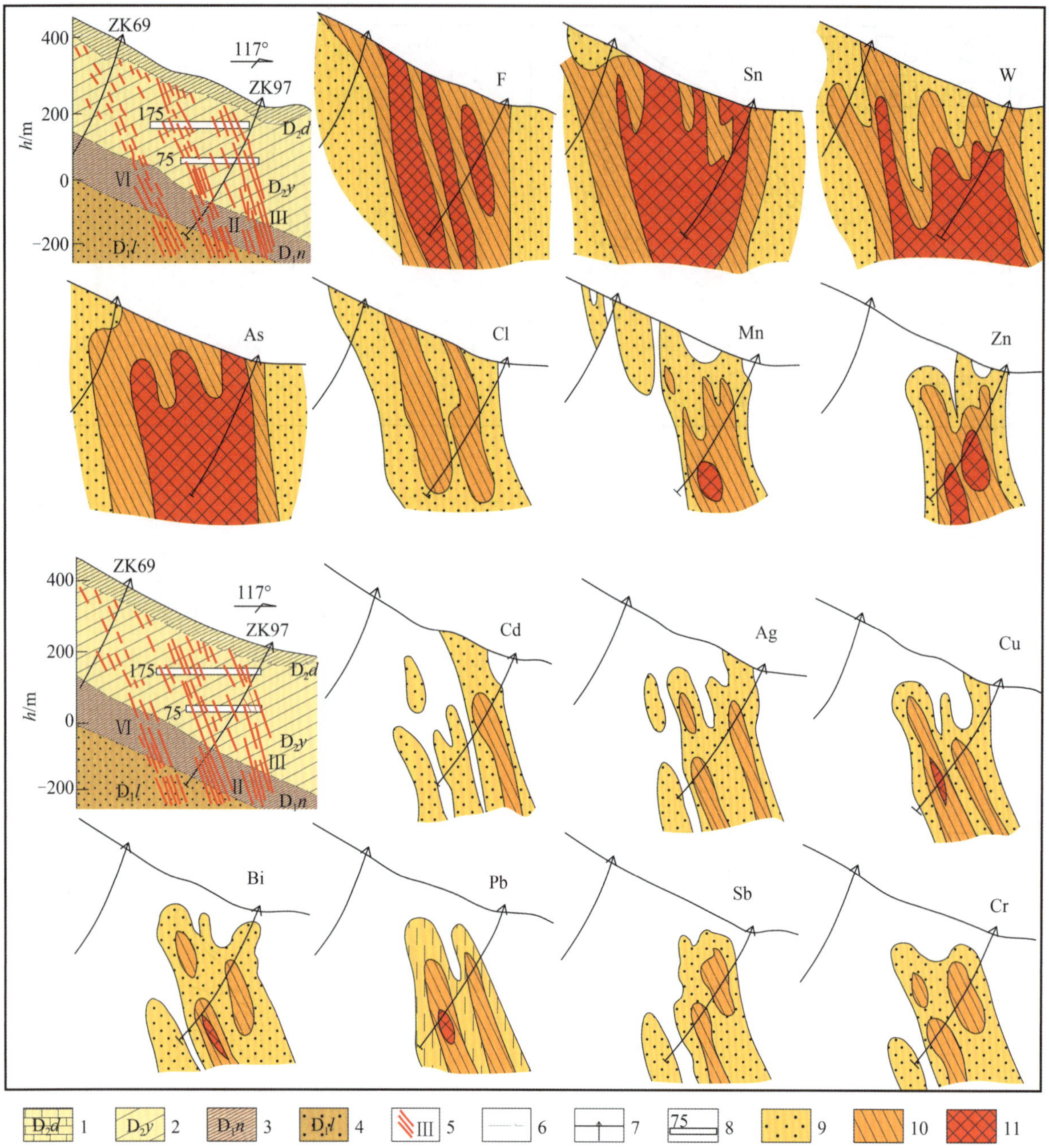

图 3-22　珊瑚钨锡矿床 13 号勘探线原生晕浓度分带剖面图

（据宋慈安，1991）

1—中泥盆统东岗岭组灰岩；2—中泥盆统郁江组砂页岩；3—下泥盆统那高岭组页岩；4—下泥盆统莲花山组砂岩；5—矿脉带及编号；6—地层界线；7—钻孔及编号；8—穿脉坑道及编号；9—低浓度带（外带）；10—中等浓度带（中带）；11—高浓度带（内带）

（6）成矿模式

珊瑚矿区钨锡石英脉矿体受断裂控制而呈陡倾斜脉状，脉体分支复合、雁行排列，矿脉（浅→深）总体呈线细脉→薄脉→大脉带，具“五层楼”+地下室模式特征（表 3-11）。

珊瑚矿区钨锡石英矿脉与深部隐伏燕山期花岗岩有关，在花岗岩浆侵入、演化、冷凝过程中，伴随构造裂隙的张开，富挥发分的含矿流体迅速沿构造裂隙向上运移，早期析出的矿液沿岩体的顶部溢出，在同阶段矿脉的形成过程中，由于矿液内 F、W、Sn、S、Ag 等元素的地球化学性质的差异（地球化学亲和性），以及他们所形成化合物沉淀的物理化学条件不同（溶度积、氧逸度、酸碱度等），形成了云母、萤石、黄玉、锡石等矿物分布在脉体上部，黑钨矿、块状石英居中，向深部硫化物和碳酸盐矿物增多的垂直逆向分带。与此同时在岩层含钙质较高岩石层间裂隙中形成层状白钨矿体。深部矿化发生在层间破碎带和岩体内接触带。

表 3-11　华南钨矿五层楼+地下室模式

部位	带名	深度/m	工业价值	形态示意图	含脉密度/(条·m^{-1})	含脉率%	带宽/m	单脉厚/m	主要矿物组合
顶部	矿化标志带	80~100	无	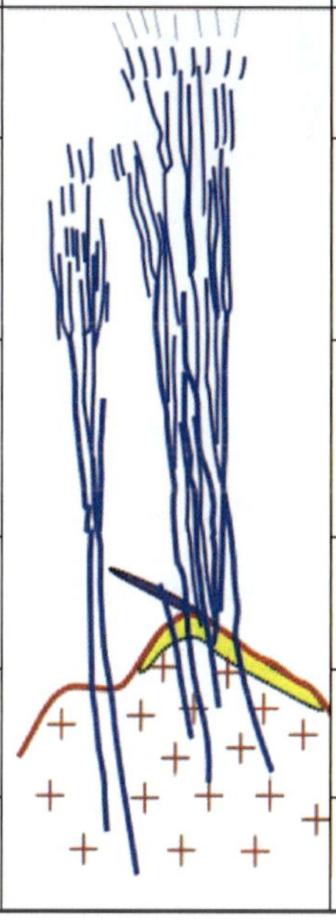	0.5~5	0.1~3	20~200	0.001~0.01	锡石-黑钨矿-白云母-电气石
上部	细脉带	100~250	大		5~20	6~50	10~50	0.02~0.10	黑钨矿-锡石-绿柱石-黄铜矿-黄铁矿-白云母等
中部	细脉-大脉混合带	40~500	巨大		1~8	10~70	5~30	0.05~0.5	黑钨矿-白钨矿-锡石-黄铜矿-黄铁矿-方铅矿-闪锌矿-白云母等。组份复杂，矿化重叠
下部	大脉带	100~800	大		0.03~2	10~50		0.2~2	黑钨矿-黄铜矿-黄铁矿-方铅矿-辉钼矿等
深部	地下室	不固定	大		钨锡多金属矿化沿断裂破碎带或钨铌钽矿化沿岩体顶部云英岩化发育，多呈层状似层状				黑钨矿-白钨矿-黄铜矿-黄铁矿-方铅矿-辉钼矿-铌钽等
根部	大脉-巨脉-尖灭带	50~800	小—无		0.05~0.1			2~0.05	黑钨矿-辉钼矿-黄铁矿-方铅矿-碳酸盐

（据王登红等，2010）

（7）华南钨成矿省脉状钨矿地球化学异常分带模式

成岩、成矿、成晕同系统是研究成岩、成矿作用和地球化学成晕（原生、次生）的统一体系，它是成岩、成矿作用与表生地球化学作用联系的纽带；也是表生地球化学异常指导找矿的理论基础。

钨等元素的地球化学晕异常不仅包含各种地球化学特征参数，而且包括地球化学异常所示踪的成矿作用（“源”“动”“储”）信息，以及成岩、成矿、成晕机制的深入分析和相互联系。

20 世纪 90 年代初欧阳宗圻等人已进行了石英脉型钨矿成岩、成矿、成晕的各种地球化学特征研究，并用各种晕的分布、规模、组合、分带、介质环境等图解形式来表达钨等成矿和伴生元素在时间、空间、成因上的联系及演化关系（图 3-23）。

（五）钨成矿和伴生元素原生晕地球化学特征（以江西武宁石门寺矿区 4 线剖面为例）

本次原生晕研究选取了了石门寺矿区 4 号勘探线 13 条垂直钻孔，5 条水平钻孔和 1 条坑道共计 4250 个化学样的副样，根据岩矿石类型及蚀变特征，总体上以 5～10 个原始样品为一组（破碎带、石英脉样品单独分析），以原始样品样长为基准按比例称重，共组合了 432 个组合样（每个样品重量 100g 左右，按每个单样长度加权称量），定量分析了成矿元素、主要伴生元素、矿化剂元素、高场强元素、稀土元素、常量元素等项目。对 4 线勘探线上另外 7 个钻孔（2267 个单样）组合计算了 211 个样的 W、Cu、Mo 元素化学分析的组合含量。以便了解成矿岩体含矿性、赋矿围岩特征、成矿物质来源（“源”），成矿元素运移形式、成矿物质运移方向（“动”），成矿元素赋存空间（构造对元素富集空间形态的制约）（“储”）等方面的特征。同时还进行了石门寺矿区构造角砾岩型矿体中典型矿石电子探针分析，以查明微区矿物成分及元素赋存形式。

1. 成矿元素及主要伴生元素空间分布特征

（1）成矿元素空间分布特征

W、Cu、Mo 成矿元素在 4 线剖面上总体分布特征为：浓集部位赋存空间为“一筒二带”三种构

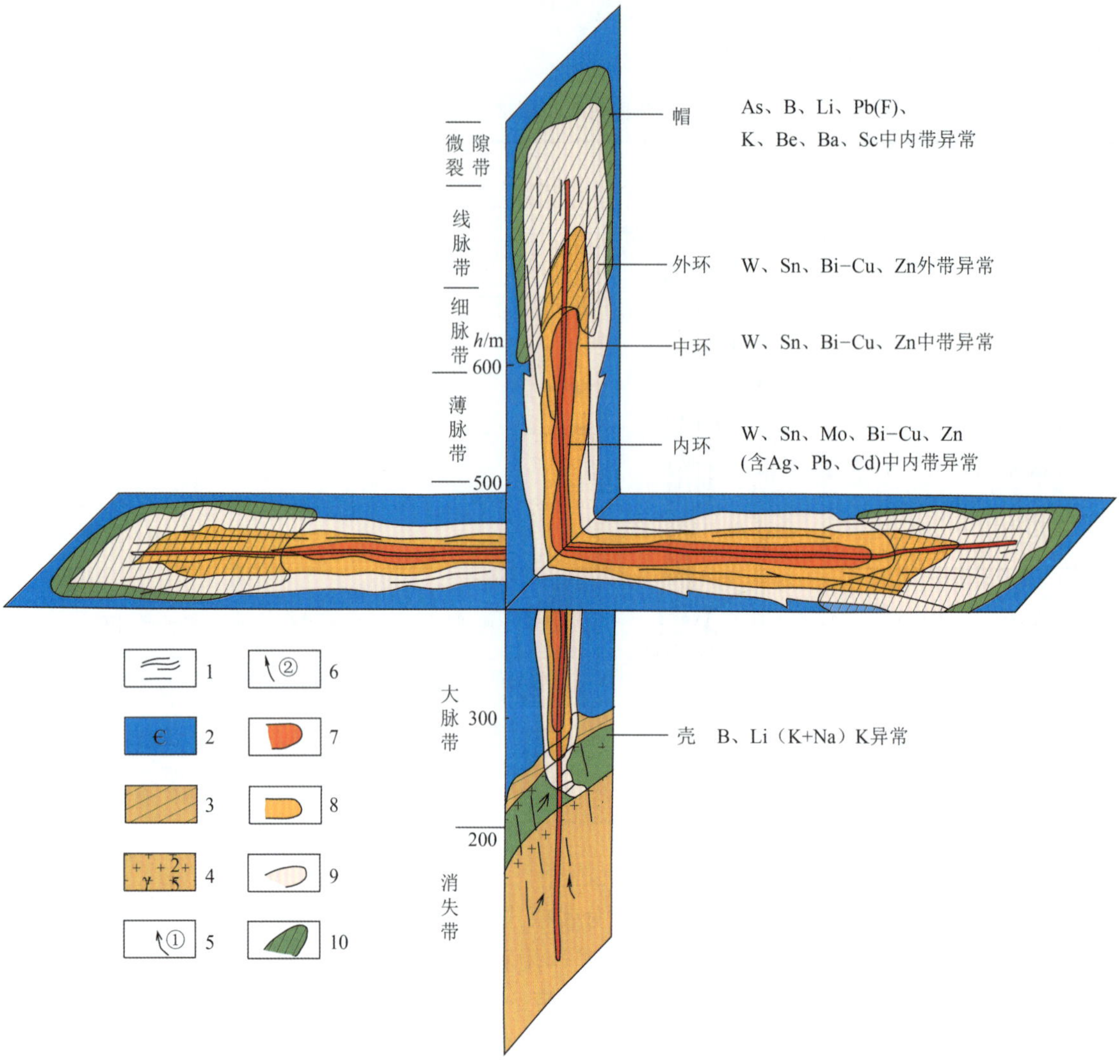

图 3-23　脉状钨矿床地球化学异常分带模式图

（引自欧阳宗圻等，1990）

1—石英脉带；2—寒武系砂板岩；3—伟晶岩壳；4—花岗岩；5—岩浆演化晚期矿液汇集方向；6—花岗岩碱质交代 W 进一步富集；7—异常内环；8—异常中环；9—异常外环；10—帽晕、壳晕

造形迹。“一筒”：燕山期似斑状黑云母花岗岩中构造角砾岩筒，“二带”：燕山期似斑状黑云母花岗岩与晋宁期黑云母花岗岩接触带和走向北西西、倾向北东、倾角 45°~50°的构造裂隙带（张扭性裂隙及微细裂隙）（图 3-24）。

W 元素：受“一筒二带”构造形迹控制，500×10^{-6}（边界品位）富集在“火炬状”的构造角砾岩筒（其火炬柄往下延伸，未见封闭）及燕山期似斑状黑云母花岗岩与晋宁期黑云母花岗闪长岩内外接触带。950×10^{-6}（工业品位）赋存于两个部位：一是位于构造角砾岩筒中心，尤其是构造角砾岩筒的两侧接触带为富矿赋存空间，2000×10^{-6}的浓集中心陡而直立，为后期中细粒黑云母花岗岩侵入叠加富集所致；二是内外接触带两侧的构造裂隙带（张裂隙含钨石英大脉及微细裂隙带含钨石英细脉）的展布（图 3-24）。

Cu 元素：浓集部位赋存空间为“一筒一带”二种构造形迹。“一筒”：其 500×10^{-6}界线形态与 W 元素在构造角砾岩筒处十分相似，呈“火炬状”，2000×10^{-6}（边界品位）、4000×10^{-6}（工业品位）的浓集中心在构造角砾岩上部接触带陡而直立；“一带”：在构造角砾岩筒南西侧 Cu 元素的富集主要受构造裂隙带的制约，而且在中细粒花岗岩脉内明显富集（图 3-24）。

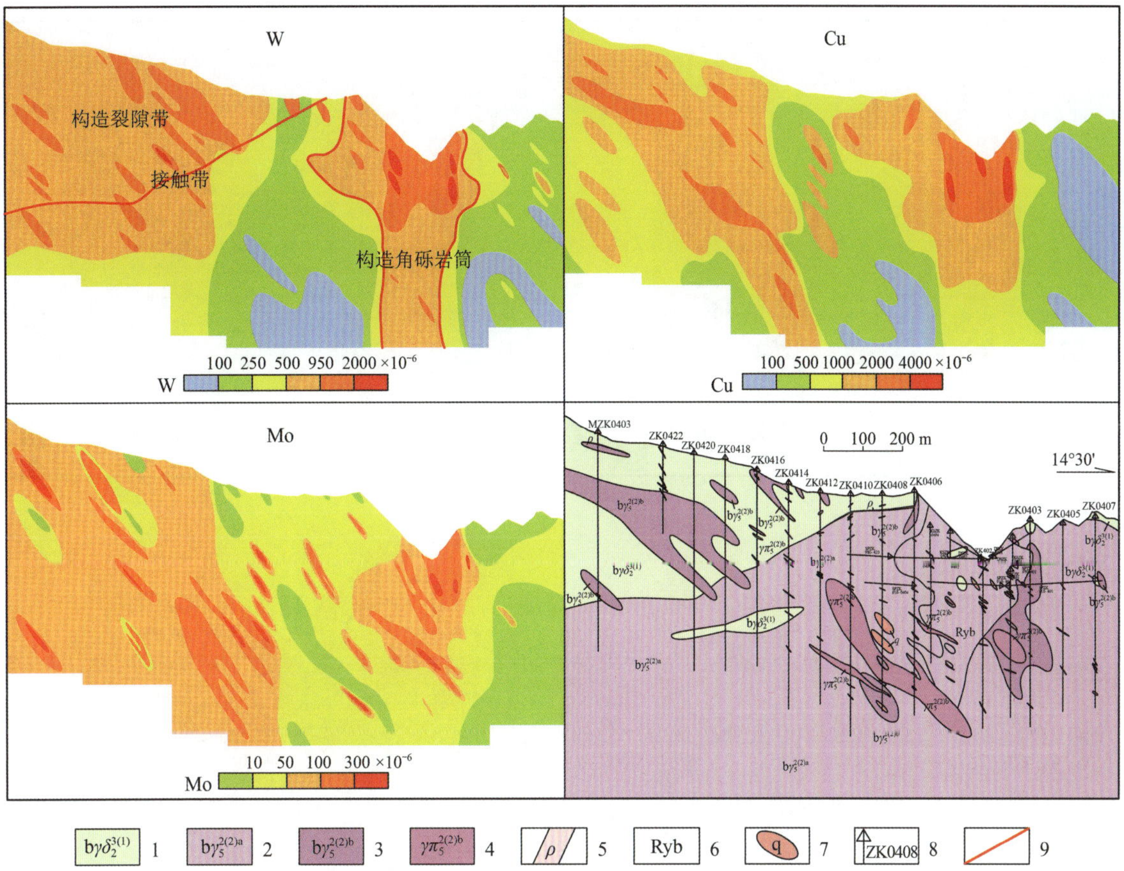

图 3-24 江西武宁县石门寺钨铜矿 4 线 W-Cu-Mo 原生晕剖面图

1—燕山中期黑云母花岗斑岩；2—燕山中期细粒黑云母花岗岩；3—燕山中期似斑状黑云母花岗岩；4—晋宁晚期黑云母花岗闪长岩；5—似伟晶岩；6—热液隐爆角砾岩；7—石英团块，石英脉带；8—钻孔及编号；9—构造形迹界限

Mo 元素：富集强度相对较弱，浓集部位赋存空间为“一筒一带”二种构造形迹。“一筒”：其 100×10^{-6} 界线形态在构造角砾岩上呈上窄下宽“倒钟状”；“一带”：大于 300×10^{-6}（边界品位）的浓集中心在剖面上零星分布，主要受构造裂隙带的控制（图 3-24）。

（2）主要伴生元素（Sn、Ag、Bi、Zn、Cd）空间分布特征

主要伴生元素 Sn、Ag、Bi 的富集趋势在空间分布上与 Cu、Mo 十分相似，在构造角砾岩筒北北东侧接触带富集明显，均达到了伴生利用的工业指标（Sn、Bi$\geqslant 300\times10^{-6}$，Ag$\geqslant 1\times10^{-6}$是伴生工业指标）（图 3-25）。

根据反光显微镜、电子显微镜及电子探针的观察分析结果显示：Bi 以自然铋、铋-铜-钼（Bi^{3-}、Cu^{2+}、Mo^{2+}）和钼-铜-砷-锑金属互化物（Mo^{2+}、Cu^{2+}、As^{3-}、Sb^{3-}），（在石门寺矿区中首次发现）（图 3-26，图 3-27，图 3-28），反映了硫化物阶段后期缺硫少氧的形成环境。

目前尚未发现含 Ag 的独立矿石，由于其较低的含量几至二十几$\times10^{-6}$，可能在黝铜矿、黝锡矿、黄铜矿、斑铜矿呈类质同象产出，相关分析结果显示 Cu、Ag 强相关（图 3-29）；

Zn 元素及以类质同象形式赋存在其中的 Cd 元素空间分布形态十分相似，均在剖面上出现“一筒一带”的浓集形态。相关分析结果同样显示 Zn、Cd 强相关（图 3-29）。

（3）F、Hg 及蚀变作用指示元素 Li、Cs、B（图 3-30）

A. 矿化剂元素 F（图 3-30）

F 是 W、Sn 等成矿元素运移的载体，W、Sn 元素和 F 形成配位体（Na，K）$_2$［WO_3F_2］、（Na，K）$_2$［SnF_6］以络合物形式在成矿流体中运移，当物理化学环境变化（如氧化环境）时，络合物分

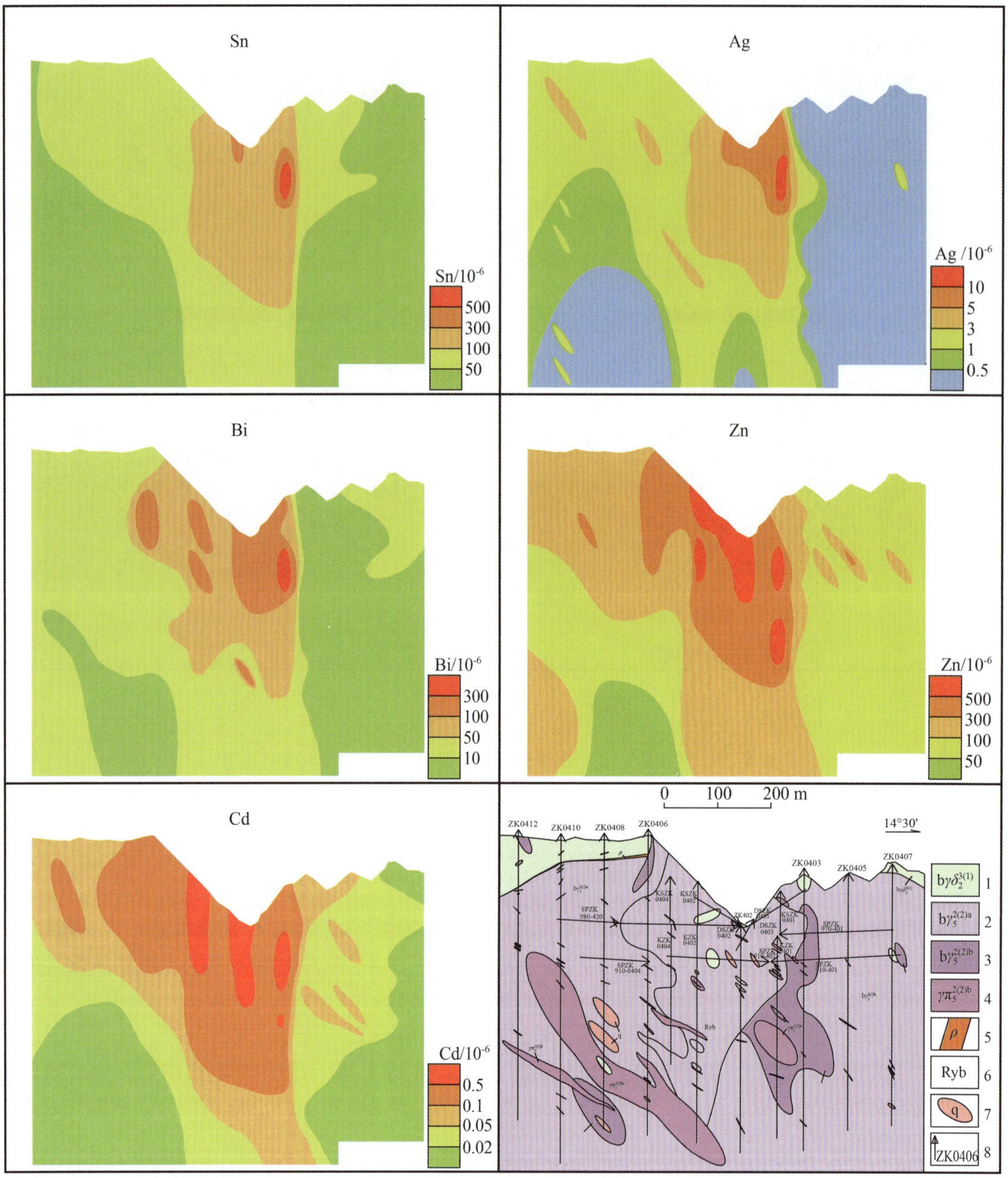

图 3-25　江西武宁县石门寺钨铜矿 4 线 Sn-Ag-Bi-Zn-Cd 原生晕剖面图

1—燕山中期黑云母花岗斑岩；2—燕山中期细粒黑云母花岗岩；3—燕山中期似斑状黑云母花岗岩；4—晋宁晚期黑云母花岗闪长岩；5—似伟晶岩；6—热液隐爆角砾岩；7—石英团块，石英脉带；8—钻孔及编号

解，形成黑钨矿、白钨矿沉淀，同时 F^- 与 Ca^{2+} 结合形成萤石。

$$[WO_3F_2] + O_2 \rightarrow [W\,O4]^{2-} \quad + \quad 2F^-$$

$$\downarrow \qquad\qquad \downarrow$$

Fe^{2+}，Mn（黑钨矿）　　Ca^{2+}（萤石）

Ca^{2+}（白钨矿）

在石门寺钨铜矿 4 线剖面上 F 元素含量异常高，均在 3000×10^{-6} 以上；构造角砾岩筒及构造裂隙

成分	含量/%	At/%
SiK	01.15	07.97
BiM	98.85	92.03
Matrix	Correction	ZAF

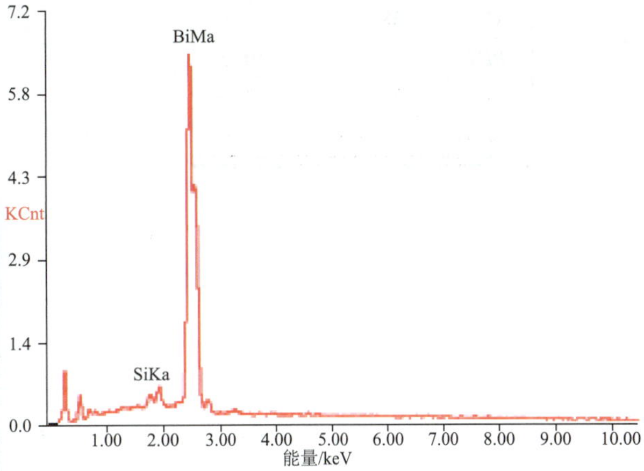

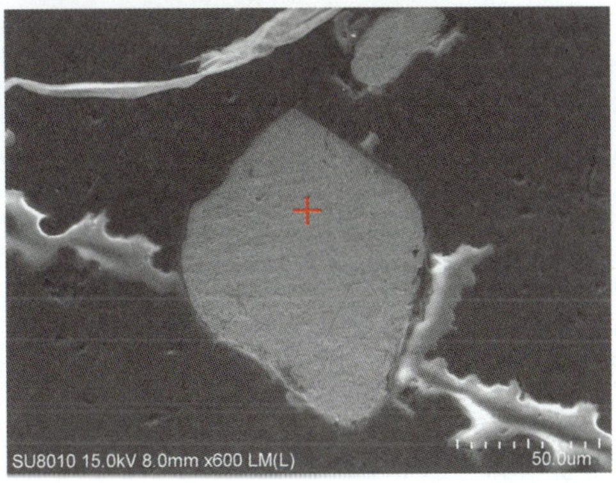

图 3-26　自然铋电子探针分析结果

成分	含量/%	At/%
CK	10.00	37.39
OK	04.63	12.99
CuL	34.33	24.26
MoL	41.25	19.31
SbL	01.68	00.62
FeK	01.51	01.21
ZnK	03.00	02.06
AsK	03.60	02.16
Matrix	Correction	ZAF

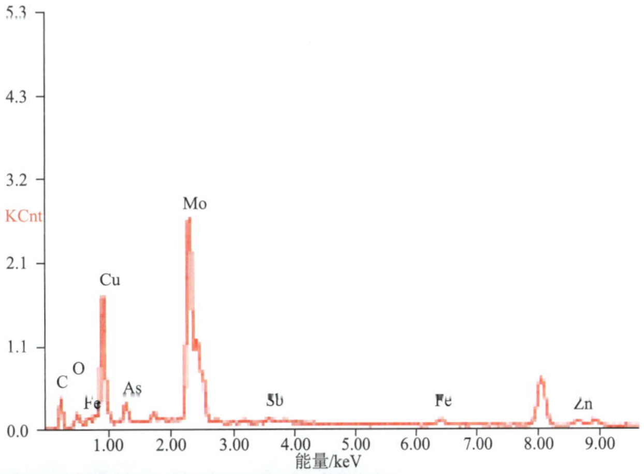

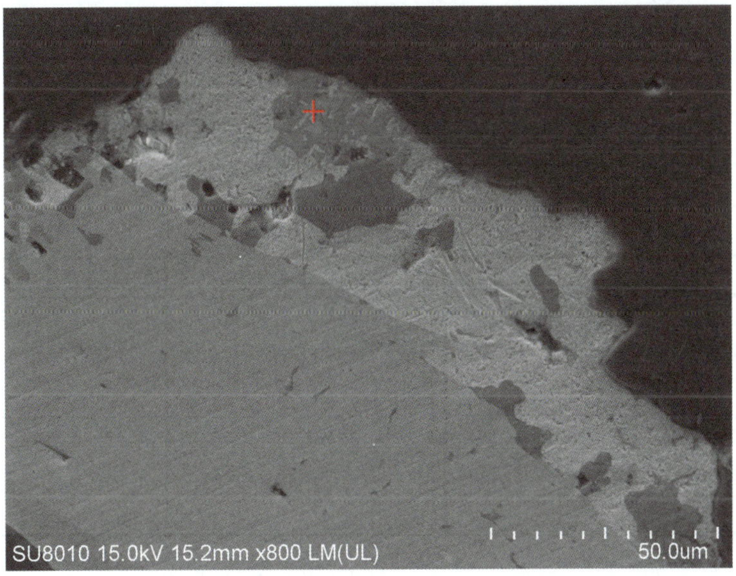

图 3-27　钼-铜-砷-锑电子探针分析结果

成分	含量/%	*At*/%
MoL	38.56	36.59
BiM	24.68	10.75
CuK	36.75	52.66
Matrix	Correction	ZAF

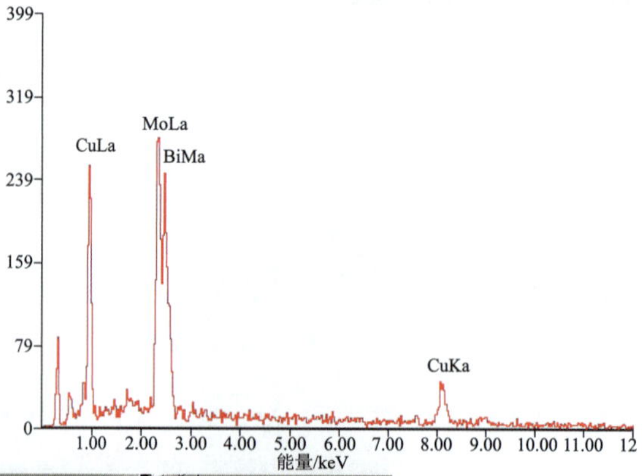

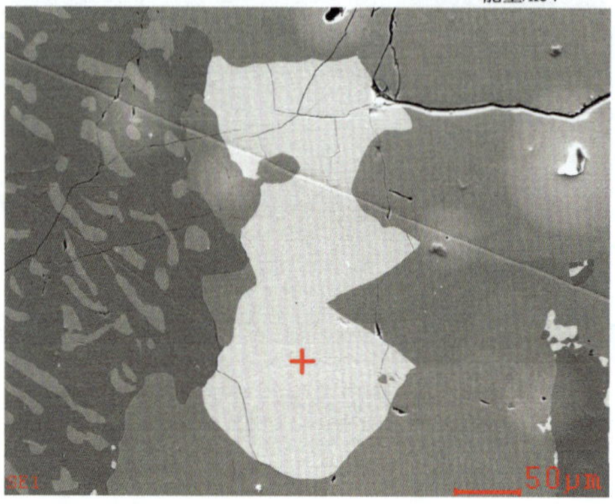

图 3-28 钼-铜-铋电子探针分析结果

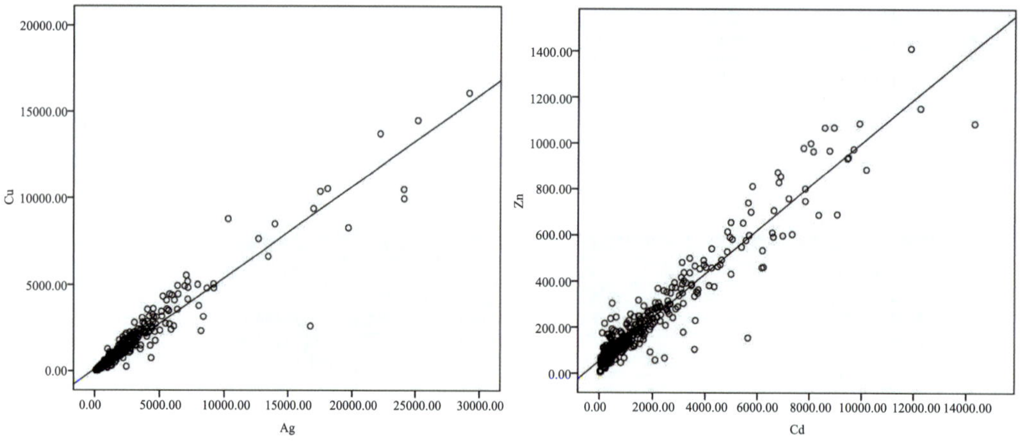

相关性

		Cu	Ag
Cu	Pearson相关性	1	0.959**
	显著性(双侧)		0.000
	N	430	430
Ag	Pearson相关性	0.959**	1
	显著性(双侧)	0.000	
	N	430	430

相关性

		Zn	Cd
Zn	Pearson相关性	1	0.958**
	显著性(双侧)		0.000
	N	430	430
Cd	Pearson相关性	0.958**	1
	显著性(双侧)	0.000	
	N	430	430

图 3-29 423 个组合样 Cu-Ag，Zn-Cd 相关分析结果图

＊＊表示在 0.01 水平（双侧）上显著相关

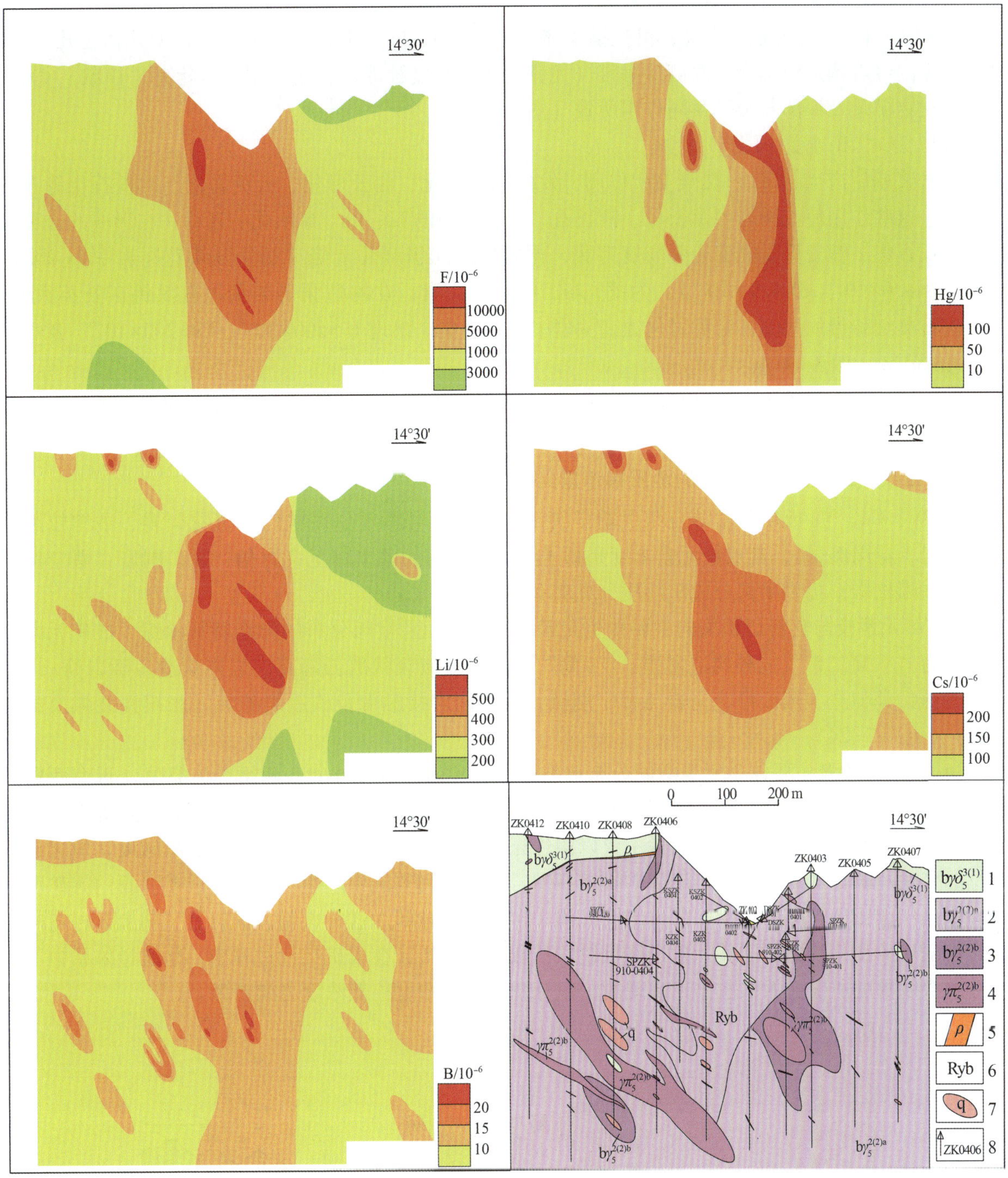

图 3-30　江西武宁县石门寺钨铜矿 4 线 F-Hg-Li-Cs-B 原生晕剖面图

1—燕山中期黑云母花岗斑岩；2—燕山中期细粒黑云母花岗岩；3—燕山中期似斑状黑云母花岗岩；4—晋宁晚期黑云母花岗闪长岩；5—似伟晶岩；6—热液隐爆角砾岩；7—石英团块，石英脉带；8—钻孔及编号

5000×10^{-6}至 10000×10^{-6}以上，是扬子陆块花岗岩中 F 元素含量（580×10^{-6}）的几倍至十几倍，矿区中普遍可见蚀变矿物萤石。F 在构造角砾岩筒接触带两侧形成陡直的异常带，指示热液在构造角砾岩筒自下而上运移方向（图 3-30）。

B. Hg 元素地球化学行为

Hg 是典型的亲 Cu 元素，由于它与 Cu、Ag、Zn、Cd、Bi、Pb 等元素地球化学性质接近，使之能在成矿作用过程中进入到这些元素所形成的矿物中去。另外 Hg 元素是以气态赋存于深部的断裂带中，为此它也是深大断裂构造赋存位置的有效示踪剂。

4 线剖面 Hg 元素含量异常高，可达扬子陆块花岗岩中 Hg 元素含量（5×10^{-9}）的几倍至几十倍，异常梯度围绕着构造角砾岩筒两侧接触带（尤其是北北东接触带）急剧变化，呈陡直“筒状”，为接触带硫化物矿化及深部断裂带共同作用所致（图 3-30）。

C. Li、Cs、B 蚀变作用指示元素

在岩浆期后产生的气成-热液交代作用，发生钠长石化、白云母化、云英岩化、钾长石化等自变质作用。这些作用使花岗岩中黑云母、钾长石、斜长石中的 Li、Cs、B 活化、迁移，在形成的云英岩化、钾长石化、锂云母化蚀变岩中高度富集，比原岩高几倍至几十倍（扬子陆块花岗岩中 Li 20.4×10^{-6}，Cs 4.6×10^{-6}，B 4.9×10^{-6}）。为此，Li、CS、B 元素，在构造角砾岩筒，在黑钨矿石英大脉、白钨矿石英细脉带的两侧，云英岩化蚀变围岩中明显富集。出现 Li>500×10^{-6}，Cs>200×10^{-6}，B>20×10^{-6}的高值区（图 3-30）。

在岩体深部自变质作用（钠长石化，白云母化）花岗岩淋滤带出 Li、Cs、B，使得其含量低于原岩的黑云母花岗岩。

2. 4 线原生晕地球化学特征的地质指示意义

1）W、Cu、Mo 成矿元素源自燕山期三次侵入的酸性岩体（似斑状黑云母花岗岩、中细粒黑云母花岗岩、花岗斑岩），其成矿元素丰度是扬子陆块花岗岩的几十倍至几百倍；赋矿围岩（晋宁期黑云母花岗闪长岩）提供了部分成矿物质（尤其是 Fe、Mn、Ca）；

2）W 元素及与其密切相关的主要伴生元素在 4 线剖面上空间分布的形态特征示踪了成矿元素浓集空间为“一筒二带”三种构造形迹：“一筒”为燕山期似斑状黑云母花岗岩中构造角砾岩筒，“二带”为燕山期似斑状黑云母花岗岩与晋宁期黑云母花岗岩接触带及构造裂隙带（张扭性裂隙及微细裂隙）（见图 3-24）；

3）成矿元素及主要伴生元素空间分布形态示踪成矿热液运移方向：两组交叉裂隙（近东西向与北东向）垂直通道及北北东→南南西方向元素迁移的轨迹（图 3-31）。在化学性质不甚活泼的围岩裂隙中运动时元素迁移的动力学因素主要以渗透充填作用为主，由于温度、压力、酸碱度、氧化还原电位的变化及矿化剂的分解等，使成矿物质在围岩的裂隙和空洞中发生沉淀富集成矿。石门寺矿区燕山期似斑状黑云母花岗岩中构造角砾岩筒矿体和含矿石英脉即为这种机制。而以晋宁期黑云母花岗闪长岩为围岩的浸染状钨矿体其元素迁移机制以扩散作用为主，在成矿交代过程中，是通过体系中不同组分的浓度梯度所引起的扩散作用实现的，组分总是从高浓度往低浓度方向扩散。

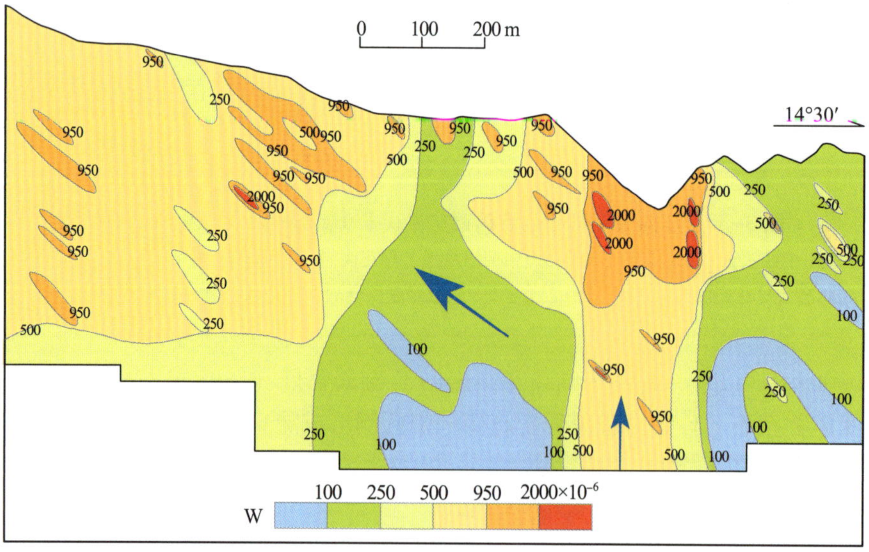

图 3-31 石门寺 4 线勘探线剖面图中 W 元素迁移轨迹示意图

4）原生晕特征研究为石门寺矿区矿体形态产状的修正提供了理论和实际的依据（图 3-32a 为原 4 线 W 矿体形态产状，b 为修正后 4 线 W 矿体产状）。

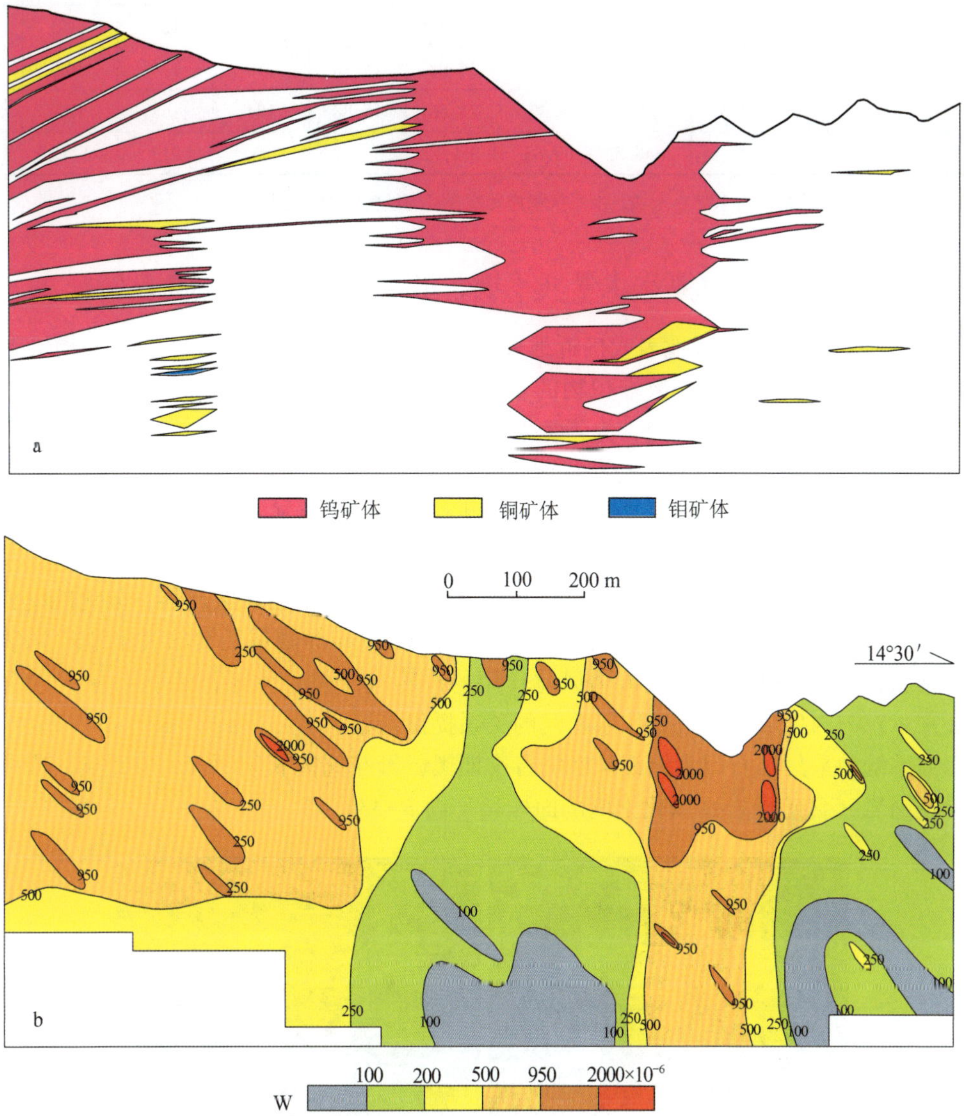

图 3-32　石门寺 4 线原 W 矿体剖面图和修正后 4 线 W 矿体产状

a—原 4 线 W 矿体形态产状；b—修正后 4 线 W 矿体产状

5）Li、Cs、B、F 等元素空间分布示踪矿区蚀变类型的空间形态：钾长石化、云英岩化、锂云母化、萤石化的面型和线型特征；

6）W、Sn 成矿元素迁移形式为：$(Na,K)_2[WO_3F_2]$,$(Na,K)_2[SnF_6]$络合物为主，Cu 等亲硫元素迁移形式为：$[Cu(HS)_3]^{1-}$,$[CuS(HS)_3]^{3-}$硫氢络合物。自然铋、铋-铜-钼（Bi^{3-}、Cu^{2+}、Mo^{2+}）和钼-铜-砷-锑金属互化物（Mo^{2+}、Cu^{2+}、As^{3-}、Sb^{3-}）存在，反映了硫化物阶段后期缺硫少氧的形成环境。

7）原生晕特征和电子探针微区分析为土壤和水系沉积物中伴生元素组合提供了可解释的证据，并在一定程度上解释了矿区次生晕中元素地球化学行为（如次生晕中 Sn、Bi、Ag、Cd、F 元素高异常）（表 3-12）。

表 3-12 矿区次生晕、原生晕中元素含量

介质	W	Cu	Mo	Sn	Bi	Ag	Zn	Cd	F
水系沉积物（10~60 目）	433.5	735.1	66.29	95.98	53.36	1664	76	687	2761
水系沉积物（-60 目）	1255.6	2642.1	110.53	100.00	166.30	5458	163	2343	3015
土壤（B2）	117.3	444.1	1.79	30.08	15.20	210	174	107	1425
土壤（B1）	93.5	376.7	1.37	23.56	15.88	184	168	122	1304
原生晕平均含量	585.5	1348.5	69.63	104.12	53.37	2353	217	1713	4829

注：除 Ag、Cd 为 10^{-9}，其余均为 10^{-6}；土壤、水系沉积物元素含量为试验剖面中的值。

（六）钨等成矿和伴生元素次生晕（土壤、水系沉积物）地球化学特征

风化作用（weathering）是指地表或接近地表的坚硬岩石、矿物与大气、水及生物接触过程中产生物理、化学变化而在原地形成松散堆积物的全过程。这一过程中内生的岩石（矿石）进入地壳表层后，由于环境物理化学条件的改变，为了要与表生环境取得平衡，岩石（矿石）原有的物质存在形式（元素含量、元素组合、赋存形式等）将发生巨大的变化。含矿岩体及赋矿围岩风化作用的研究对反演成岩、成矿的地球化学过程及规律，指导勘查地球化学找矿有重要的理论和实际意义。

1. 矿区土壤、水系沉积物地球化学特征

为了试图弄清石门寺钨铜矿区主要成矿元素及伴生元素从内生到表生迁移、演化的过程，主要对矿区两个时期岩体（燕山期和晋宁期）风化作用过程中 W、Cu 等微量元素的表生地球化学行为（元素含量、元素组合）进行研究，以便能为风化作用的产物（土壤、水系沉积物）中元素含量、元素组合等特征来示踪与内生成岩、成矿作用之间的关系提供借鉴。

本次研究系统地采集了石门寺钨铜矿区的晋宁期黑云母花岗闪长岩（赋矿围岩）、燕山期中期似斑状黑云母花岗岩（含矿母岩）风化土壤剖面样品（图 3-33）。

图 3-33 石门寺钨铜矿区风化土壤剖面图
a—晋宁期黑云母花岗闪长岩土壤剖面；b—燕山期似斑状黑云母花岗岩土壤剖面

风化作用产生的碎屑和溶解物是水系沉积物的物质来源，因此水系沉积物记录的信息也离不开对化学风化过程的深入理解。那么石门寺矿区从岩体到土壤，再到水系沉积物，各主要成矿元素含量的变化趋势如何呢？由于在不同介质中没有标准参照物而无法比较，因此，在同一成岩成矿构造单元背景下，在同一自然地理景观条件下，通过元素在各介质中含量及与其相应岩体平均含量的比值来分析元素变化趋势。本次研究在采集区域晋宁期黑云母花岗闪长岩和燕山期似斑状黑云母花岗岩土壤剖面

的同时，配套地采集了矿区相应岩石汇水盆地一级水系中的水系沉积物样品（表3-13）。

表3-13　石门寺矿区岩石-土壤-水系沉积物W、Cu等成矿元素含量变化

岩性	采样介质	样号	Ag	Cd	Cu	Mo	Sn	W	Zn
晋宁期黑云母花岗闪长岩	岩石（3）			66.7	77.2	0.6		69.9	98.9
	C	JW67	136.9	42.2	255.5	0.4	23.6	33.4	201.4
	B1	JW57	184.1	121.5	376.7	1.4	23.6	93.5	167.9
	B2	JW53	210.2	106.7	444.1	1.8	30.1	117.3	173.6
	一级水系沉积物（10~60目）	JW13	1664.1	686.8	735.1	66.3	96.0	433.5	76.2
	花岗闪长岩均值①		53.0	52.0	15.0	0.4	2.5	0.6	53.0
	岩石/花岗闪长岩均值			1.3	5.1	1.5		127.1	1.9
	C 岩石（3）			0.6	3.3	0.6		0.5	2.0
	B1/岩石（3）			1.8	4.9	2.3		1.3	1.7
	B2/岩石（3）			1.6	5.8	3.0		1.7	1.8
	水系/岩石（3）			10.3	9.5	111.4		6.2	0.8
燕山期似斑状黑云母花岗岩	岩石（4）			95.3	88.2	2.5		85.3	82.2
	C	JW66	93.8	10.7	101.0	1.2	31.2	76.5	29.2
	B1	JW47	560.9	170.8	728.9	17.6	26.8	249.9	134.6
	B2	JW43	790.8	189.8	813.6	21.5	21.8	375.3	137.7
	一级水系沉积物（10~60目）	JW11	201.8	161.9	250.7	2.5	45.7	222.1	134.6
	花岗岩均值②		60.0	54.0	4.7	0.6	3.0	1.6	47.0
	岩石/花岗岩均值			1.8	18.8	3.9		53.3	1.8
	C/岩石（4）			0.1	1.2	0.5		0.9	0.4
	B1/岩石（4）			1.8	8.3	7.0		2.9	1.6
	B2/岩石（4）			2.0	9.2	8.5		4.4	1.7
	水系/岩石（4）			1.7	2.8	1.0		2.6	1.6

注：Ag、Cd单位为10^{-9}，其余10为$^{-6}$；①扬子地台（东）花岗闪长岩平均化学组成；②扬子地台（东）花岗岩平均化学组成，数据据鄢明才等（1987）。

由表3-13可知：石门寺矿区晋宁期黑云母花岗闪长岩（赋矿围岩）在各介质岩石、土壤、水系沉积物中成矿元素含量较高，且在风化作用过程中成矿元素从岩体到风化岩石碎块、B层土壤，再到水系沉积物，含量逐步提高，W：$69.9\times10^{-6}\rightarrow33.4\times10^{-6}\rightarrow93.5\times10^{-6}\sim117.3\times10^{-6}\rightarrow433.5\times10^{-6}$，Cu：$77.2\times10^{-6}\rightarrow255.5\times10^{-6}\rightarrow376.7\times10^{-6}\sim444.1\times10^{-6}\rightarrow735.1\times10^{-6}$。这一信息示踪：W、Cu等成矿元素在风化作用中形成的次生风化产物呈逐步富集的过程。W元素在土壤B层（B1，B2）和水系沉积物中的含量是矿区晋宁期花岗闪长岩平均含量的几倍，W：1.3→1.7→6.2倍，Cu：4.9→5.8→9.5倍（表3-13）。另外，矿区晋宁期黑云母花岗闪长岩汇水盆地一级水系沉积物中W、Cu等成矿元素含量代表了该汇水盆地表壳岩石的平均含量；为此，一级水系沉积物和B层土壤是九岭W、Sn、Cu、Mo多金属矿集区地球化学找矿的绝佳采样介质。

由表3-13中获知：燕山期似斑状黑云母花岗岩的主要成矿元素也有相似的特征。与晋宁期岩体风化产物不同的是，各元素在一级水系沉积物中的含量明显不如土壤B层高，如W、Cu元素在一级水系沉积物中的含量分别是矿区燕山期似斑状黑云母花岗岩平均含量的2.6倍和2.8倍。其原因可能与两期岩体的风化程度有关，风化程度越高淋滤出成矿元素越多，在次生风化产物中越富集。

综上所述，在风化作用过程中石门寺矿区无论是赋矿围岩晋宁期黑云母花岗闪长岩，还是含矿岩体燕山期似斑状黑云母花岗岩，从岩石→土壤→一级水系沉积物W、Cu等成矿元素具有明显的富集趋势。为此，B层土壤和一级水系沉积物是赣北九岭W、Cu多金属矿集区地球化学找矿的绝佳采样介质，是矿集区内找矿新突破的有效手段。

2. 区域土壤、水系沉积物地球化学特征

每种矿床类型的成矿、成晕作用在不同级次（矿带、矿田、矿床、矿体）地质体的地质、地球化学特征既相互关联，又各具特性。因此地球化学找矿也必须具有尺度性、层次性和级次性。在勘查地球化学体系中的区域地球化学勘查、地球化学普查、地球化学详查分别对应于：缩小远景区指明找矿方向→选择地球化学找矿靶区、预测矿床类型→查明地表找矿地球化学指标、预测矿体位置的不同级次任务，是逐步逼近找矿目标的过程。

在完成1：20万区域地球化学调查工作后，如何根据区内水系沉积物的元素异常空间分布，结合成岩、成矿特征，进一步选择有利的找矿预测区开展地球化学普查（1：2.5万—1：5万）及地球化学详查（1：5000—1：1万）工作，必然要涉及选择找矿指示元素，合适的采样介质、样品粒度等问题。为此开展工作区内典型土壤剖面、水系沉积物地球化学研究工作是弄清以上问题的有效途径，是一项“事半功倍”的工作，切不可忽视这一环节的重要性。

本次研究开展了江西赣北九岭钨铜多金属矿集区典型土壤剖面和水系沉积物的地球化学研究工作。为此，在江西赣北九岭钨铜多金属矿集区较系统地采集了区域、矿区及找矿预测区6套水系沉积物及相应风化土壤剖面。水系沉积物及相应风化土壤剖面的选择严格控制在九岭地区晋宁期黑云母花岗闪长岩和双桥山群浅变质岩系两大岩类范围内，在一级、二级水系的汇水盆地中，以期获得各具代表意义的样品（图3-34；表3-14）。

表3-14　江西赣北九岭钨铜矿集区区域水系沉积物及土壤剖面

编号	地区	地质意义	取样位置	汇水盆地
1	江西铜鼓县高桥乡	中元古界双桥山群浅变质岩系（区域背景）	二级水系沉积物及相应土壤剖面	双桥山群浅变质岩系（Pt_2sh）
2	江西万载县上坪村	晋宁期黑云母花岗闪长岩（区域背景）	一级水系沉积物及相应土壤剖面	晋宁期黑云母花岗闪长岩（$b\delta\gamma_2^{3(1)}$）
3	江西武宁县狮尾洞	赋存于浅变质岩系中的W、Cu多金属矿区	一级水系沉积物及相应土壤剖面	赋矿围岩为双桥山群浅变质岩系（Pt_2sh）
4	江西武宁县石门寺	赋存于黑云母花岗闪长岩中的W、Cu多金属矿区	一级水系沉积物及相应土壤剖面	赋矿围岩为黑云母花岗闪长岩（$b\delta\gamma_2^{3(1)}$）
5	江西铜鼓县龙门林场	中元古界双桥山群浅变质岩系中找矿预测区	二级水系沉积物及相应土壤剖面	双桥山群浅变质岩系（Pt_2sh）
6	江西修水县莲花芯	晋宁期黑云母花岗闪长岩中找矿预测区	二级水系沉积物及相应土壤剖面	晋宁期黑云母花岗闪长岩（$b\delta\gamma_2^{3(1)}$）

各采样点土壤剖面发育比较完整（图3-35；矿区风化土壤剖面见图3-33），为黄棕壤土壤类型。在风化土壤剖面分段采集A、B、C层样品，其中C层为岩石碎块。水系沉积物粒度10~60目和-60目，样量500 g。

（1）水系沉积物区域背景及矿区异常特征

从九岭钨、铜矿集区区域、矿区、找矿预测区中元古界双桥山群浅变质岩和晋宁期黑云母花岗闪长岩两岩类汇水盆地中一、二级水系沉积物W、Cu等成矿元素含量表中（表3-15）清晰可见：

1）区域背景：双桥山群浅变质岩水系沉积物（-60目）W：$4.4\times10^{-6}\sim4.9\times10^{-6}$，Sn：$5.08\times10^{-6}\sim7.26\times10^{-6}$，Cu：$35.0\times10^{-6}\sim35.8\times10^{-6}$，Mo：$0.43\times10^{-6}\sim0.45\times10^{-6}$；晋宁期黑云母花岗闪长岩（-60目）W：$3.8\times10^{-6}$，Sn：$7.20\times10^{-6}$，Cu：$24.4\times10^{-6}$，Mo：$0.20\times10^{-6}$。

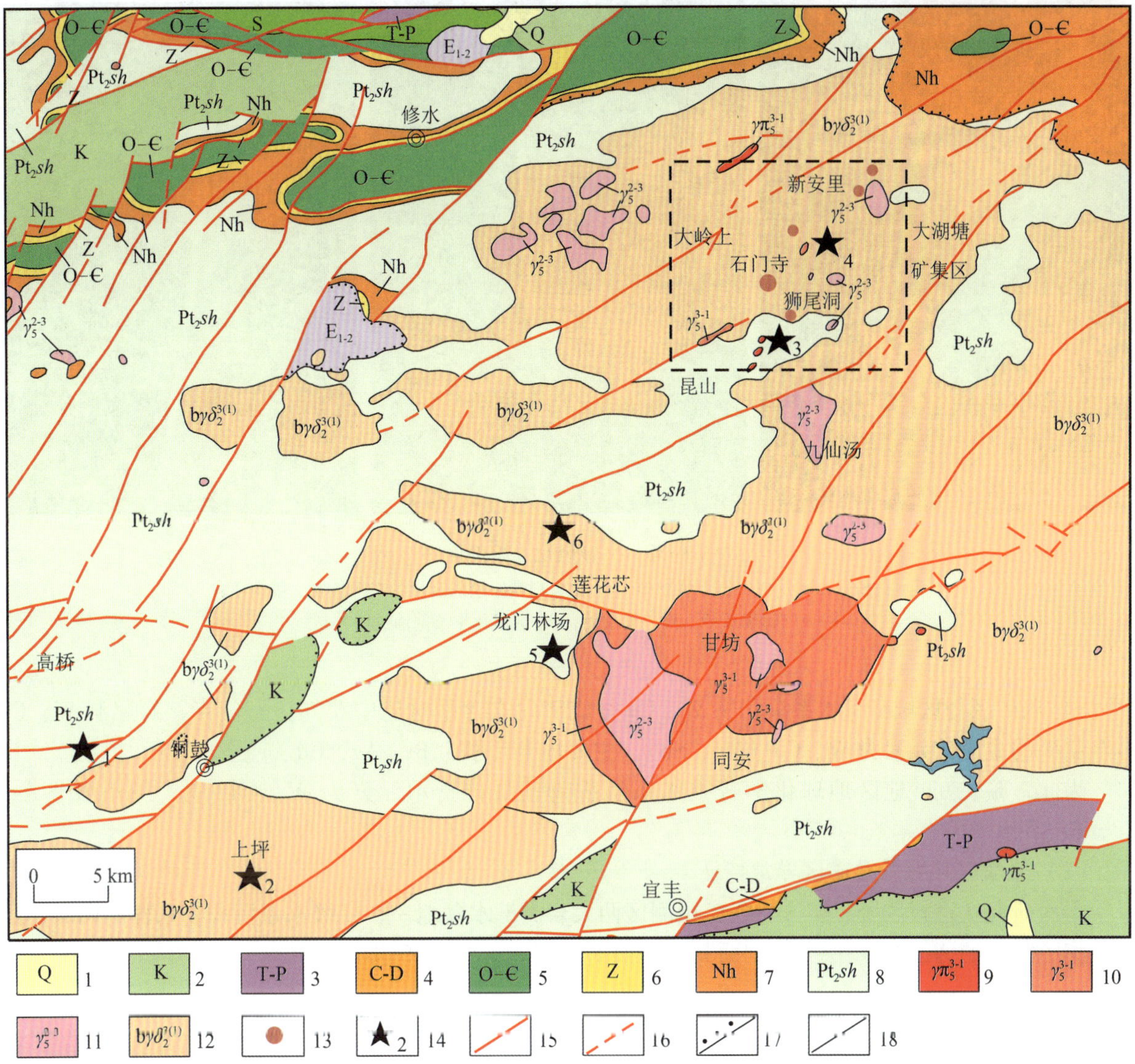

图 3-34 赣北九岭矿集区区域典型土壤剖面和水系沉积物采样点位置

（据项新葵等，2015，有修编）

1—第四系；2—白垩系；3—三叠系—二叠系；4—石炭系—泥盆系；5—奥陶系—寒武系；6—震旦系；7—南华系；8—中元古代双桥山群；9—燕山晚期花岗斑岩；10—燕山晚期花岗岩；11—燕山早期花岗岩；12—晋宁晚期黑云母花岗闪长岩；13—矿床及矿点；14—试验点位置及编号；15—实测性断层；16—推测性断层；17—不整合界线；18—地质界线

表 3-15 九岭区域、矿区水系沉积物（-60 目）W、Cu 等成矿元素含量表 单位：10^{-6}

区域	采样位置	岩类	W	Sn	Cu	Mo
背景区	铜鼓县高桥乡	双桥山群浅变质岩	4.4~4.9	5.08~7.26	35.0~35.8	0.43~0.45
	万载县上坪村	黑云母花岗闪长岩	3.8	7.20	24.4	0.20
矿区	狮尾洞矿区	双桥山群浅变质岩	2593.5	100	953.1	21.33
	石门寺矿区	黑云母花岗闪长岩	1255.6	100	2642.1	110.53

2）钨、铜矿区内两岩类采集避开人为污染，一级水系沉积物中 W、Sn、Cu、Mo 等成矿元素是区域背景值的几十至几百倍，呈现了明显高强异常，Bi、Ag、Cd、F 等伴生元素亦有相似的趋势；高强异常原因是矿区内钨、铜矿体裸露地表。

图 3-35　区域风化土壤剖面图

a—高桥乡区域双桥山群土壤剖面；b—上坪村晋宁期黑云母花岗闪长岩土壤剖面；
c—龙门林场双桥山群土壤剖面；（矿区风化土壤剖面见图 3-33）

3）从矿区与区域背景水系沉积物 W、Cu 等成矿元素含量对比中获知：石门寺、狮尾洞 W、Cu 多金属矿的主成矿元素为 W、Cu（Mo、Sn），主要伴生元素为 Bi、Ag、Cd、F。

为此，赣北九岭地区地球化学普查水系沉积物的最佳指示元素为 W、Cu、Mo、Sn、Bi、Ag、Cd、F（图 3-36）；

（2）土壤区域背景及矿区异常特征

本次研究在进行区域、矿区、找矿预测区两大岩类汇水盆地一、二级水系沉积物采样的同时，配套采集了相应的 A、B、C 层土壤剖面其特征如下（图 3-37；表 3-16）：

表 3-16　九岭区域、矿区土壤 B 层 W、Cu 等成矿元素含量表　　单位：10^{-6}

区域	采样位置	岩类	W	Sn	Cu	Mo
背景区	铜鼓高桥乡	双桥山群浅变质岩	5.22~5.49	4.90~5.51	31.73~35.12	0.43~0.52
	万载上坪村	黑云母花岗闪长岩	3.87	6.68	31.43	0.28
矿区	狮尾洞矿区	双桥山群浅变质岩	34.78	16.39	66.41	1.24
	石门寺矿区	黑云母花岗闪长岩	93.49~117.27	23.56~30.08	376.66~444.13	1.37~1.79

1）区域两大类岩石的土壤 A、B、C 层中 W、Sn、Cu、Mo 等成矿元素与原岩相比均有一定程度的富集，晋宁期花岗闪长岩 W 元素尤为显著，富集了 4.1~5.7 倍，而 Cu、Mo 等元素在风化土壤各层中略有富集，为 0.6~1.3 倍。

2）赣北九岭区域两大类岩石 B 层土壤的 W、Sn、Cu、Mo 等成矿元素含量：双桥山群浅变质岩的含量范围，W 5.22×10^{-6}~5.49×10^{-6}，Sn 4.90×10^{-6}~5.51×10^{-6}，Cu 31.73×10^{-6}~35.12×10^{-6}，Mo 0.43×10^{-6}~0.52×10^{-6}；晋宁期花岗闪长岩的元素含量，W 3.87×10^{-6}，Sn 6.68×10^{-6}，Cu 31.43×10^{-6}，Mo 0.28×10^{-6}。这些值可作为赣北九岭地区两类岩石 B 层土壤参考背景值。

3）从狮尾洞、石门寺 W、Cu 矿区相应两类风化土壤剖面 B 层中获知：狮尾洞双桥山群浅变质岩的元素含量，W 34.78×10^{-6}，Sn 16.39×10^{-6}，Cu 66.41×10^{-6}，Mo 1.24×10^{-6}；石门寺晋宁期花岗闪长岩的含量范围，W 93.49×10^{-6}~117.27×10^{-6}，Sn 23.56×10^{-6}~30.08×10^{-6}，Cu 376.66×10^{-6}~444.13×10^{-6}，Mo 1.37×10^{-6}~1.79×10^{-6}；矿区两类岩石 B 层土壤中 W、Sn、Cu 成矿元素是区域背景

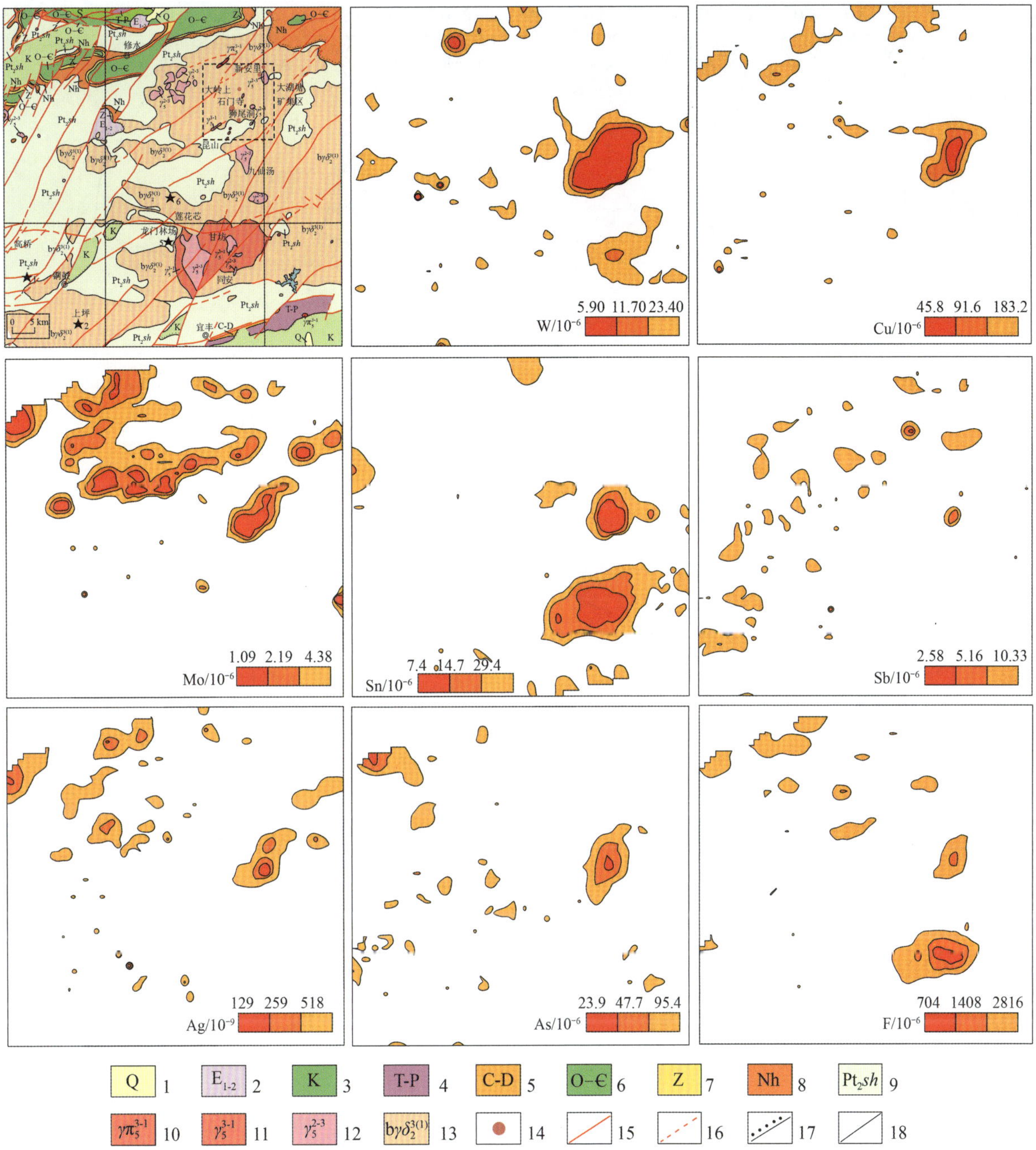

图 3-36 大湖塘区域 1∶20 万水系沉积物地球化学异常剖析图

1—第四系；2—第三系；3—白垩系；4—三叠系—二叠系；5—石炭系—泥盆系；6—奥陶系—寒武系；7—震旦系；8—南华系；9—中元古界双桥山群；10—燕山晚期花岗斑岩；11—燕山晚期花岗岩；12—燕山早期花岗岩；13—晋宁晚期黑云母花岗闪长岩；14—矿床及矿点；15—实测性断层；16—推测性断层；17—不整合界线；18—地质界线

值的几倍至几十倍。

为此，赣北九岭地区地球化学详查（1∶5 千—1∶1 万）土壤地球化学测量采样层位为残积土壤 B 层，是寻找区域内 W、Cu 矿床有效的采样介质。

（七）中国各成矿省 W 元素地球化学场空间分布与成岩、成矿关系小结

通过钨等元素成岩、成矿、成晕研究得出如下几点认识：

1）成岩、成矿、成晕同系统是研究成岩、成矿作用和地球化学成晕（原生、次生）的统一体

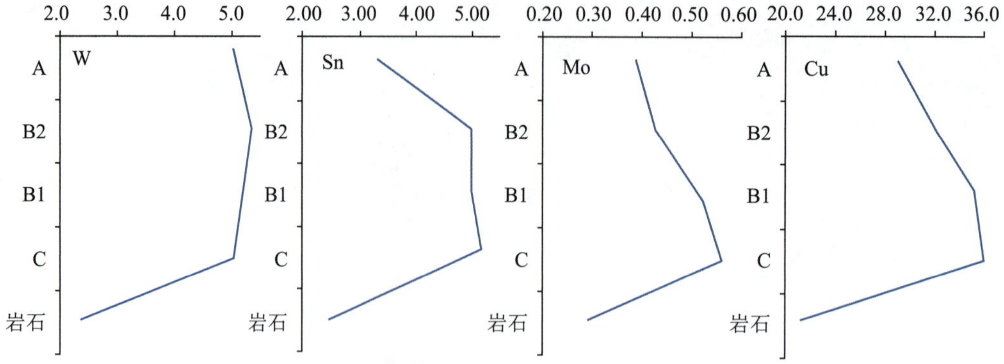

a.高桥乡双桥山群浅变质岩系(区域背景)

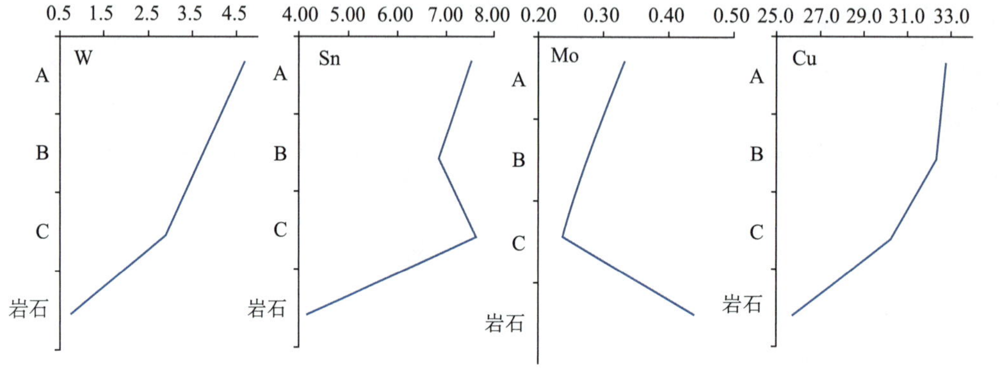

b.上坪村晋宁期黑云母花岗闪长岩(区域背景)

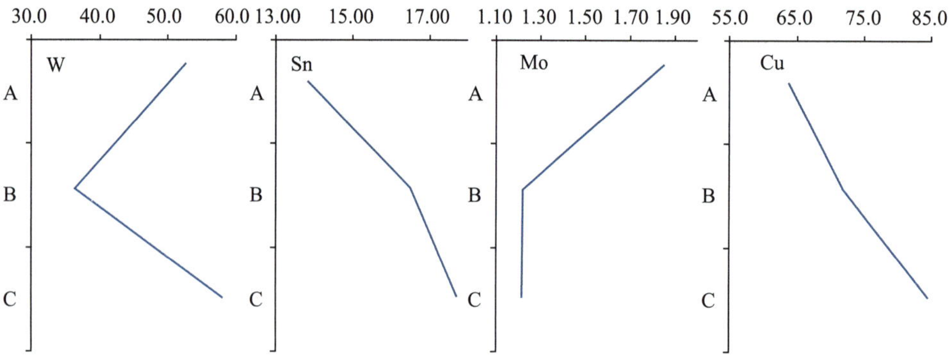

c.狮尾洞双桥山群浅变质岩系(矿区)

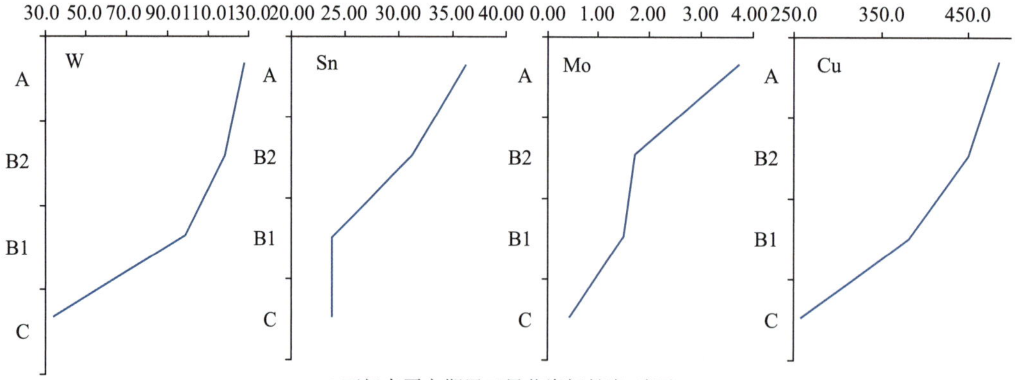

d.石门寺晋宁期黑云母花岗闪长岩(矿区)

图 3-37　主要成矿元素在土壤剖面中的变化趋势

A、B2、B1、C 为土壤剖面各层；岩石为各土壤剖面的新鲜原岩；单位均为 10^{-6}

系，它是成岩、成矿作用与表生地球化学作用联系的纽带；也是表生地球化学异常指导找矿的理论基础。

钨等元素的地球化学晕它不仅包含各种地球化学特征参数，而且包括地球化学异常所示踪的成矿作用（“源”“动”“储”）信息，以及成岩、成矿、成晕机制的深入分析和相互联系。

研究地球化学晕是一个从成矿作用（“源”→“动”→“储”）到表生作用（“变”）的正演过程。“源”是指成矿的金属元素、成矿的热液流体以及成矿的热能等成矿要素的提供者；“动”又称为“运”，指成矿物质在岩浆→流体→成矿过程中（成矿元素活化、迁移直至沉淀富集）的动力机制（温度、压力、E_h、pH、氧逸度……），根据成矿物质运移的轨迹，成矿作用可划分出不同的成矿期次和成矿阶段；“储”指成矿作用的产物赋存的空间、数量和种类，包括成矿元素和金属矿物的空间分带、不同类型矿体的赋存位置、矿床的金属储量或资源量等；“变”指成矿后的次生作用（表生作用），也就是成矿元素从内生环境到表生环境中，由于物理化学条件的改变，使其从岩石（矿石）→土壤→水系沉积物中的含量、赋存状态和空间分布发生了变化。只有在准确分析成矿作用（“源”“动”“储”）的基础上，才可能科学合理解释表生作用条件下形成的各类地球化学异常（“变”），而解释评价地球化学异常的过程恰好为从表生作用到成矿作用的反演过程，也就是“变”“储”“动”和“源”四个环节相互有机融合的过程。

2）通过赣北九岭地区成岩-成矿-成晕同系统地球化学研究表明：在华南地区完成 1：20 万（1：25万）区域地球化学调查工作后，进一步选择钨等成矿元素找矿预测区进行地球化学普查（1：2.5万—1：5 万）及地球化学详查（1：5000—1：1 万）前，开展工作区内 W 等成矿元素成岩、成矿的规律及水系沉积物、土壤剖面地球化学研究是一项切不可忽视的重要环节，是解决选择找矿指示元素、合适的采样层位及采样粒度等问题的有效方法，这是一项实施找矿突破“事半功倍”的途径。

3）通过钨成岩-成矿-成晕同系统地球化学研究表明：在华南地区 1：20 万水系沉积物 W 含量大于 4.5×10^{-6}异常的面积约 30×10^4 km^2 之多，主要由燕山期壳熔酸性花岗岩大岩基、含钨建造所引起；W 含量大于 15×10^{-6}的浓集区主要为大岩基顶部岩叉（小岩株）形成含矿碱长花岗岩及钨矿床所致（图 3-38）；在全国成矿省 W 元素地球化学图上赣西北呈碎斑状异常是江西武宁大湖塘钨矿集区的反映（图 3-38）。

二、东秦岭-大别钼矿带 Mo 成矿元素成岩、成矿、成晕的地球化学机制

中国钼矿资源丰富，总保有储量钼 840×10^4 t，居世界第 2 位，以河南省钼矿资源为最丰富，钼储量占全国总储量的 30.1%，陕西、吉林次之，以上 3 省钼储量占全国 56.5%以上。

我国钼矿大型矿床多，是一个重要特点，如陕西金堆城、河南栾川、辽宁杨家仗子、吉林大黑山钼矿均属世界级规模的大矿。矿床类型以斑岩型钼矿和斑岩-矽卡岩型钼矿为最重要，前者如陕西金堆城、江西德兴，后者如河南南泥湖钼矿；矽卡岩型、碳酸盐型、石英脉型次之。

我国钼成矿作用受到了环太平洋成矿域（东秦岭-大别、兴蒙、长江中下游和华南）、中亚成矿域（天山北山、兴蒙）和特提斯成矿域（青藏）三大成矿域体制的影响。钼矿床空间上可分为东秦岭-大别、兴蒙、长江中下游、华南、青藏和天山北山六大钼成矿带（图 3-39）。从钼矿形成时代来看，除少数钼矿形成于前古生代之外，绝大多数钼矿床均形成于中生代，其中燕山期是最主要的成矿期，形成了约 76.69%钼资源，其次为新生代的喜马拉雅期。

下面以东秦岭-大别钼矿带为例，探讨 Mo 地球化学场空间的展布特征与已知矿床成岩、成矿的关系

（一）东秦岭-大别钼矿带地质地球化学特征

东秦岭钼矿带西起陕西金堆城，东至河南栾川、嵩县一带，燕山期中酸性小岩体受东西向和北北东—北东向区域构造的控制，成群、成带地侵入在从基底到盖层的各个层位中（图 3-40）。带内燕山

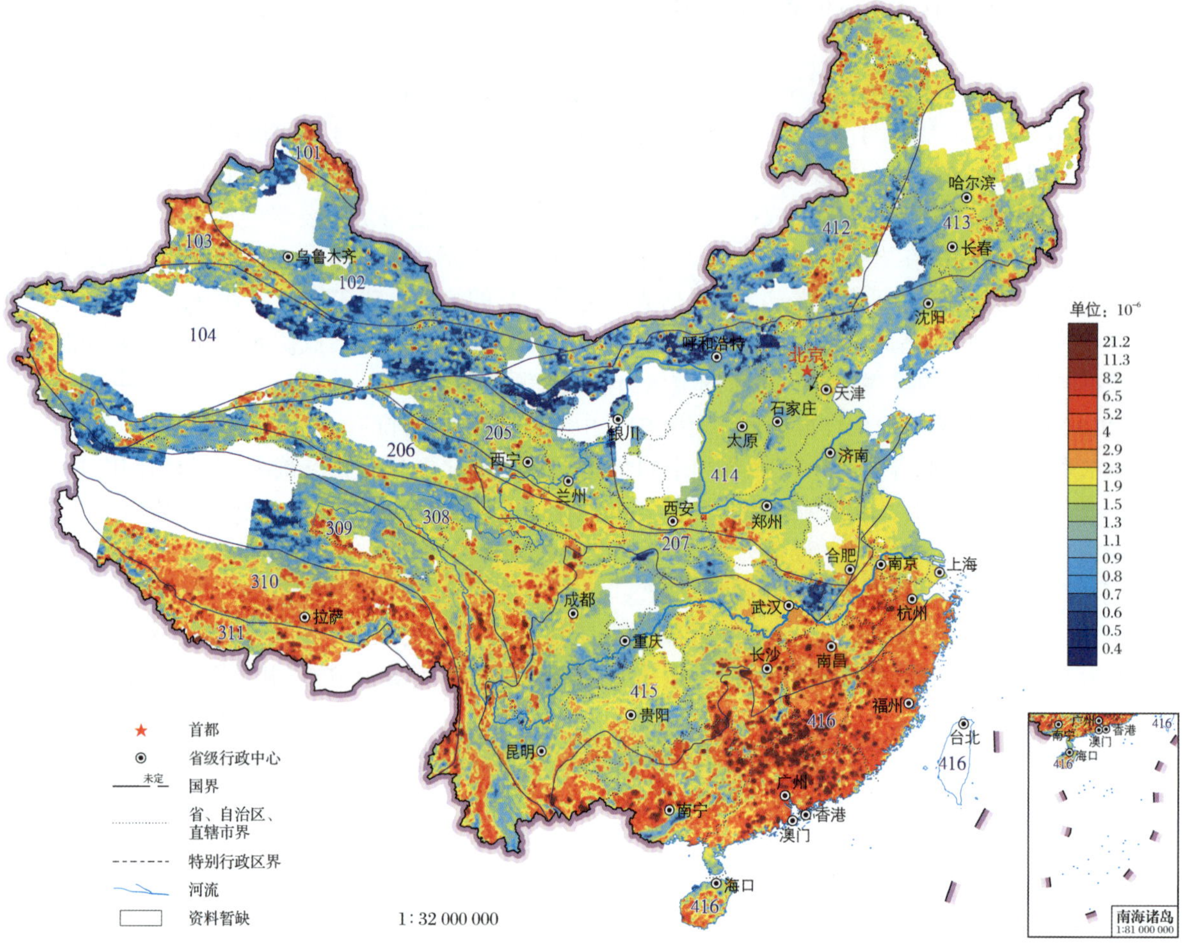

图 3-38　中国各成矿省 W 元素地球化学图

（据向运川等，2018）

期中酸性岩体明显地控制着钼多金属矿床的成矿作用，无论从小斑岩体与矿体时空分布特征、小斑岩体的成矿元素丰度，还是岩浆演化过程中成矿元素富集趋势等方面都论证了这一认识。

1. 东秦岭钼矿带各类地质体 Mo 等成矿元素丰度特征

从第二章表 2-3 与表 2-5 中获知，位于华北陆块南缘的东秦岭钼矿带其上地幔（Mo：1.7×10^{-6}）和地壳具富 Mo（$1.3\times10^{-6}\sim1.7\times10^{-6}$）贫 Cu 的地球化学特征，据调查表明带内各类地质体（岩浆岩、沉积岩）Mo 等元素的丰度有同样的特征，见表 3-17 至表 3-19。

表 3-17 列出华北陆块南缘和北秦岭基性和中性岩浆岩 Mo 和 Cu 平均含量。这些岩石分别具有幔源和壳源混源成因，形成的时间跨度由新太古代至中生代。由表 3-17 列数据可以看出，它们共同具有富 Mo 贫 Cu 的特征，这从另一侧面反映出它们的源区（上地幔、下地壳）是富 Mo 亏损 Cu 的，而且这种特征在地质历史中是长期延续的，直至中生代斑岩体形成时达到高峰。

从表 3-18 可见东秦岭钼矿带中酸性小岩体是明显富 Mo、W 等成矿元素的（注意到其中不少矿体受后期矿化蚀变的影响），但是有一点是可以肯定的，它们比正常花岗岩类的丰度要高得多。小岩体的 Mo、W 元素高丰度特征无疑地说明了它们是 Mo、W 金属矿床的有利成矿母岩。

统计东秦岭钼矿带中所产生的地层中 Mo、W、Pb、Zn、Cu 的平均含量（表 3-19）表明：富 Mo 的地层主要为大华群（1.70×10^{-6}），熊耳群（下段：2.47×10^{-6}，上段：5.54×10^{-6}）、含碳质白术沟组（下段：1.48×10^{-6}，中段：1.49×10^{-6}，上段：3.03×10^{-6}）及大红口组（1.30×10^{-6}）。其中除太华群和熊耳群厚度巨大（分别为 9 km 和 6.38 km）外，其余地层厚度平均较小，并多见于河南栾川南泥湖钼矿田地段。

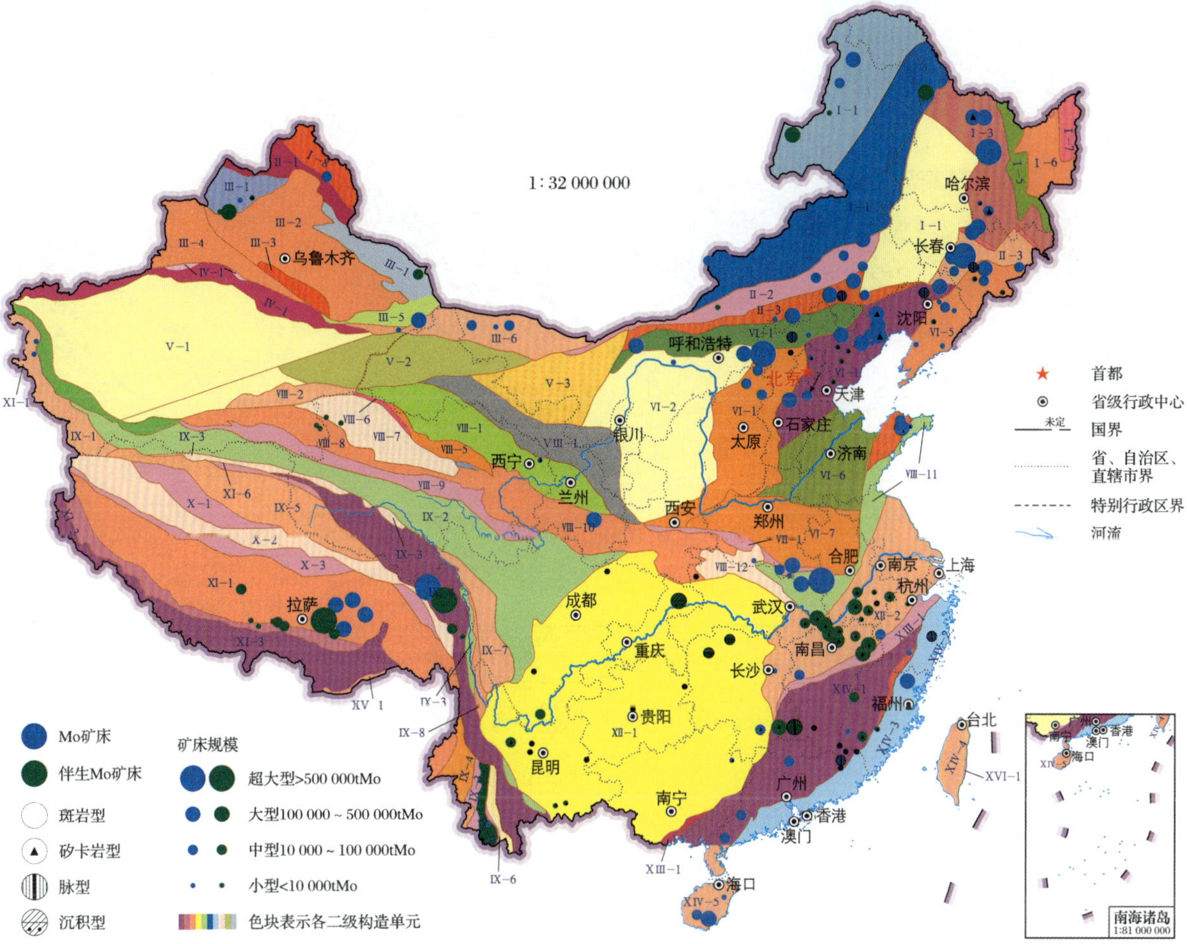

图 3-39　我国钼矿分布图

（据叶天竺等，2017，改编）

表 3-17　华北陆块南缘与北秦岭基性和中性岩浆岩 Mo 和 Cu 平均含量　　单位：10^{-6}

时代	地层或岩体	岩石	Mo（n）	Cu（n）
新太古代（Ar_3）	太华群	变玄武岩	3.24（24）	49（20）
古元古代（Pt_1）	秦岭群	变基性岩	3.37（81）	57（11）
中元古代（Pt_2）	熊耳群	上组中基性熔岩	6.72（40）	14（40）
		中组中基性熔岩	4.59（34）	14（34）
中、新元古代（Pt_{2-3}）	宽坪群	变玄武岩	9.29（11）	19（55）
新元古代（Pt_3）	栾川群中岩脉	辉长岩	2.5（33）	35（33）
早古生代（Pz_1）	二郎坪群	变玄武岩	1.87（54）	37（30）
早古生代（Pz_1）	西沟岩体	闪长岩	4.54（21）	22（21）
中生代（Mz）	太华群中岩脉	辉绿岩	8.15（33）	24（33）
中生代（Mz）	蒲阵沟岩体	闪长岩	1.41（40）	13（40）
①秦岭-大别造山带前寒武纪基性岩（据鄢明才等，1997）			0.40	75
②秦岭-大别造山带前寒武纪中性岩（据鄢明才等，1997）			0.65	36

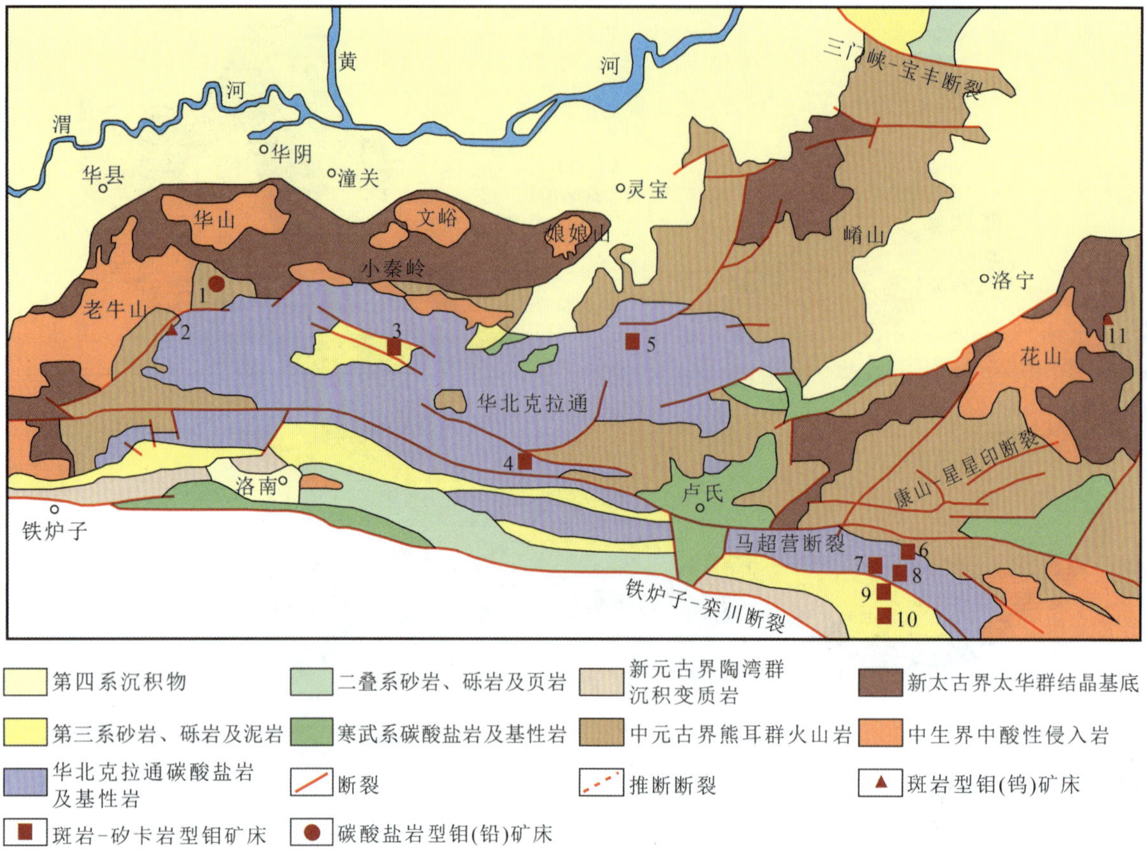

图 3-40　东秦岭钼矿带地质示意图

（据 Mao et al.，2002 修改）

1—黄龙铺；2—金堆城；3—木龙沟；4—夜长坪；5—银家沟；6—马圈；
7—上房沟；8—南泥湖；9—三道庄；10—石宝沟；11—雷门沟

表 3-18　东秦岭钼矿带燕山期中酸性小岩体 Mo 等成矿元素丰度　　单位：10^{-6}

位置	岩石名称	样品数	Mo	W	Cu	Pb	Zn	矿床类型
银家沟	钾长花岗斑岩	105	12.3	14.4	59.1	69.7	59.0	中型多金属矿
夜长坪	钾长花岗斑岩	50	83.6	78.7	50.4	40.0	32.3	特大型钼、钨矿
八宝山	钾长花岗斑岩	37	17.5	1.76	135.1	39.4	50.1	中型铁（铜）矿
上房	钾长花岗斑岩	22	442.1	44.9	6.4	13.3	30.3	特大型钼矿
金堆域	二长花岗斑岩	40	443.1		36.8	102.4	255	特大型钼矿
后瑶峪	二长花岗斑岩	98	1.4	0.4	9.5	56.5	61.2	中型铅、锌矿
马圈	二长花岗斑岩	4	8.4	6.9	92.3	56.8	74.9	小型钼矿
鱼库	二长花岗斑岩	5	38.4	18.3	20.3	25.0	59.2	小型钼矿
雷门沟	二长花岗斑岩	7	4.9	6.8	49.4	52.6	151.4	大型钼矿
南泥湖	斑状二长花岗岩	23	94.2	62.1	23.6	10.1	25.7	特大型钼（钨）矿
南泥湖	斑状黑云花岗闪长岩	38	51.8	89.1	17.2	25.1	48.4	
黄背岭	斑状黑云二长花岗岩	6	19.7	8.7	27.8	98.8	118.2	小型钼矿

表 3-19 东秦岭钼矿带及邻区地层中 Mo 等成矿元素平均含量 单位：10^{-6}

时代	群	组	段	样品数	Mo	W	Pb	Zn	Cu
中新元古代 Pt_{2-3}	栾川群	鱼库组		21	0.13	—	6.3	87.6	4.0
		大红口组		31	1.30	0.85	19.0	23.0	83.0
		煤窑沟组	上	46	0.77	0.58	5.0	44.4	8.4
			中	41	0.34	0.32	7.0	30.0	6.0
			下	41	0.92	0.58	10.0	21.4	8.5
		南泥湖组	上	43	0.83	0.33	12.0	32.9	5.9
			中	43	0.50	0.50	9.5	34.0	10.0
			下	36	0.90	—	5.3	15.9	7.0
		三川组	上	56	0.49	0.05	5.5	15.7	3.2
			下	38	0.93	0.60	5.2	19.3	6.2
		白术沟组	上	62	3.03	0.61	39.9	19.4	11.7
			中	54	1.49	0.59	16.0	32.2	16.8
			下	42	1.48	1.01	11.3	30.3	10.1
中元古代 Pt_2	官道口群	冯家湾组		40	0.38	—	4.7	63.3	9.0
		杜关组		83	0.55	1.07	30.0	7.60	8.6
		巡检司组		64	0.15	0.69	32.4	12.5	8.0
		龙家园组	上	53	0.26	1.12	40.5	16.9	6.1
			中	38	0.20	1.25	41.5	12.6	5.9
			下	23	0.26	0.66	32.9	26.7	8.5
		高山河组		26	0.68	1.19	15.9	24.4	18.9
	熊耳群		上	53	5.54	0.63	32.4	93.5	14.2
			下	77	2.47	1.09	25.4	93.3	11.7
新太古代 Ar_3		太华群		33	1.70	0.74	32.0	55.0	20.0

2. 矿带内中酸性小岩体与钼多金属矿床的时空分布特征

根据矿带内中酸性小岩体的地质特征、稀土元素及同位素年龄等方面的分析，矿带中钼多金属成矿作用主要划分为两个岩浆成矿亚期（旋回）。其特征如下：①岩浆旋回由中性岩开始，结束于酸性岩；②每个岩浆旋回末期呈现大量成矿岩体；③每个岩浆旋回又有两个以上的岩浆侵入期次，如栾川南泥湖钼矿田的南泥湖岩体和上房岩体（马圈岩体）。

栾川南泥湖钼矿田的南泥湖岩体和上房岩体（马圈岩体）就是两个岩浆成矿亚期（旋回）的产物：

1）从岩体地质特征来看前者呈现了较为典型的中-浅成相特征，而后者超浅成相特征明显，目前这两个岩体又出露在同一标高上（1450~1500 m），而且它们又都基本属于未受剥蚀类型的岩体，为此它们不可能是同一岩浆旋回的产物。

2）从两个岩体的成岩，蚀变和成矿同位素年龄上表明：第Ⅰ岩浆成矿亚期为 173 Ma→163 Ma→139 Ma，第Ⅱ岩浆成矿亚期为 145 Ma→140 Ma→72 Ma（罗铭玖，1991；李永峰，2003）。

3）另外，它们的稀土元素特征有着明显的差异：南泥湖岩体的稀土总量为 $243.46\times10^{-6}\sim132.13\times10^{-6}$，上房岩体为 $124.84\times10^{-6}\sim52.09\times10^{-6}$；轻重稀土比值前者为 108.64~37，后者为 40.63~25.03；Eu 的丰度和 δEu 值亦有较大的不同；再从两个岩体的稀土配分模式来看，南泥湖岩体没有负铈异常，而上房岩体有较明显的负铈异常。根据铈的地球化学性质，铈可以从三价被氧化为四价。这样 Ce^{4+} 就与具三价的稀土"整体"分离了。由于 $Ce^{3+}\rightarrow Ce^{4}+e$ 的氧化电位较高（1.61 V）。这正说明上房岩体是在超浅成的氧化环境下侵入成岩的，以上例子充分地说明了矿带内中酸性小岩体与钼等成矿作用密切的时空关系。

3. 中酸性小岩体演化过程中成矿元素浓集趋势及程度

据大量研究表明东秦岭钼矿带中成矿中酸性小岩体控矿元素具有明显的高硅、富碱、高钾的特点，SiO_2 含量为 70.22%~74.88%。K_2O+Na_2O 为 8.26%~9.28%，K_2O/Na_2O 值为 2.30~3.00。随着岩浆结晶分异作用进行从早到晚 Si、K 等元素的含量不断增加，Na 等元素相应减少，这种变化控制着岩类的演化，反映在南泥湖钼矿田中酸性岩体 Ab-Or-Q 相图上（图 3-41）。

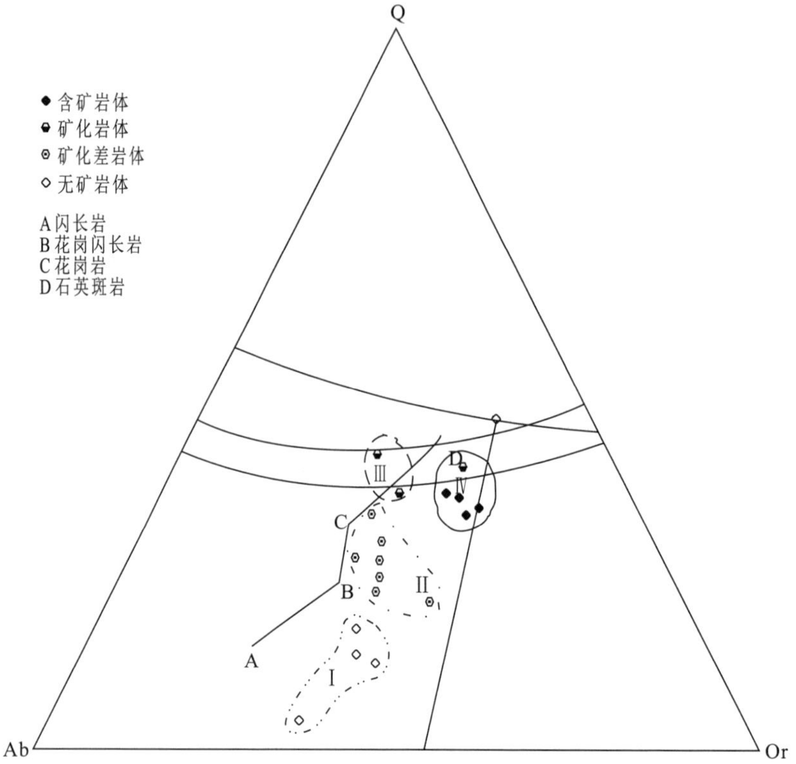

图 3-41　南泥湖钼矿田中酸性岩体 Ab-Or-Q 相图

Ⅰ—辉石闪长岩；Ⅱ—花岗岩；Ⅲ、Ⅳ—花岗斑岩和花岗岩

小岩体明显分成 3 个岩区：辉石闪长岩（Ⅰ）、花岗岩（Ⅱ）、花岗斑岩和花岗岩（Ⅲ、Ⅳ）。矿田岩类演化趋势与理论曲线基本一致。从相图上直观地显示了 Si、K、Na 的变化对钼矿化控制意义是不同的，高硅、富碱，高钾是与钼矿化有关岩体的特征。

Feiss（1978）根据 Cu^{2+}（Cu^{2+} 和 Mo^{2+} 均属过渡族元素）离子晶体效应以及随长英质岩浆中从 $Al_2O_3/(CaO+Na_2O+K_2O)$ 值增大，Cu^{2+}在硅酸盐熔体中占据的八面体位置愈多，从而使八面体择位能（OSPE）较大的 Cu^{2+}难于进入已结晶硅酸盐晶格，而在熔体中残余富集成矿。Feiss 对美国西南部地区斑岩矿带中含矿与不含矿岩体作了 SiO_2 含量与 $Al_2O_3/(CaO+Na_2O+K_2O)$ 含量关系图解（图 3-42a）。从图上结果来看含矿与不合矿岩体被较好地分开了。对于东秦岭钼矿带内中酸性小岩体也作了同样图解（图 3-42b），很明显 $Al_2O_3/(CaO+Na_2O+K_2O)$ 值将矿带内岩体明显地分为两群，其中 SiO_2 含量在 70~75%之间，$Al_2O_3/(CaO+Na_2O+K_2O)$ 值 1.00~1.15 为含矿岩体。

4. 岩浆中运矿元素（F、Cl）的丰度及演化

含矿岩体中运矿元素（络合剂）F、Cl 丰度很高（表 3-20）。黑云母花岗闪长岩内 F 主要赋存在黑云母中，黑云母 F 含量高达 1.46%，表上清楚地显示随着岩体从中酸性向酸性演化，F 的丰度从 2600×10^{-6}降到 600×10^{-6}~1000×10^{-6}，F 的这种变化指示着与其他运矿元素在岩浆演化过程中，在残余岩浆中逸出转入气液相的趋势。转入到岩浆期后汽水热液的 F、Cl 是 Mo、W 的络合剂，在运移过

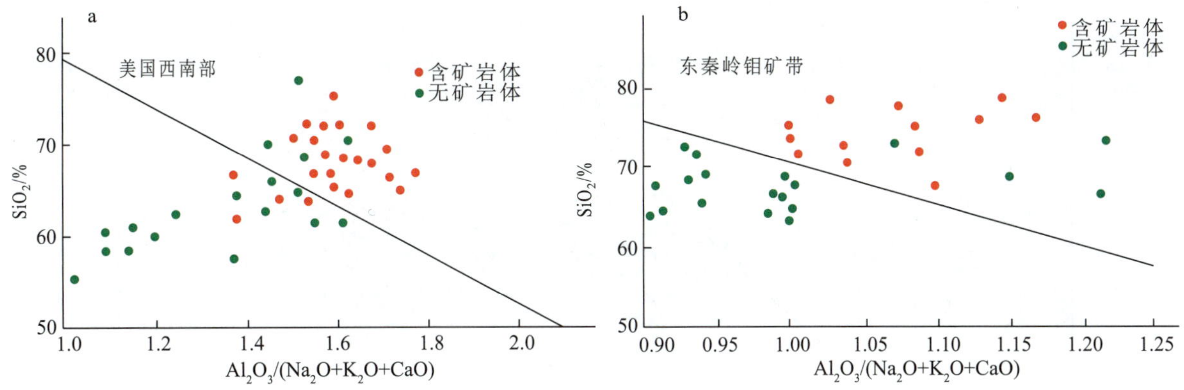

图 3-42 美国西部与东秦岭含矿与不含矿岩体 SiO_2 含量与 $Al_2O_3/(CaO+Na_2O+K_2O)$ 含量关系图解

（据 Feiss，1978）

程中，在接触带或外侧围岩中由于物理化学条件的剧变，致使 Mo、W、F 分别以不同矿物沉淀下来，F 与 Ca 结合形成萤石，与辉钼矿、白钨矿、石英相伴产出。

表 3-20 南泥湖钼矿田中酸性小岩体成矿元素、造矿元素丰度

时代	岩石类型		样品数	SiO_2	K_2O	Na_2O	Mo	W	F	Cl
早	南泥湖	闪长岩	10	66.73	5.00	3.75	40	3.6	2600	
↓		花岗斑岩	18	73.63	6.14	2.67	54	54	1040	383
晚	上房	石英斑岩	14	75.48	6.85	2.74	328	44.6	600	

注：SiO_2、K_2O、Na_2O 单位为%；Mo、W、F、Cl 单位为 10^{-6}。

（二）东秦岭-大别钼矿带典型矿床地质-地球化学特征

1. 河南栾川南泥湖-三道庄钼钨矿床

（1）区域地质概况

河南栾川南泥湖-三道庄钼钨矿床为我国著名的钼矿床，位于秦岭-大别成矿省豫西断隆三川-栾川断陷褶皱断裂带中，中新元古代构造环境为华北陆块南缘陆缘裂谷盆地（Pt_2-Pt_3），出露有中新元古界官道口群及栾川群；中生代构造环境属小秦岭-伏牛山碰撞造山岩浆弧，出露岩浆岩主要有新元古代正长斑岩、辉长岩，晚侏罗世花岗斑岩岩体。

（2）矿区地质特征

南泥湖-三道庄矿床包括两个矿区，即北面的三道庄矿区，钼钨矿体主要赋存于矽卡岩和大理岩中；南面的南泥湖矿区，钼矿体主要赋存于黑云母长英角岩和花岗斑岩中、其次赋存于矽卡岩中，钨矿体赋存于矽卡岩中。矿床 Mo 储量：140.12×10^4 t（表内矿 82.69×10^4 t），WO_3 储量 59.20×10^4 t（表内矿 48.30×10^4 t），属超大型钼钨矿。

矿区出露地层主要为新元古界蓟县系栾川群三川组、南泥湖组及煤窑沟组。三川组为一套浅海相碎屑岩及碳酸盐岩；南泥湖组为碎屑岩-火山碎屑岩及碳酸盐岩；煤窑沟组为富含生物礁及有机质海陆交互相的碎屑岩、碳酸盐岩，各组之间整合接触。矿区东北部有官道口群巡检司组的硅质条带白云石大理岩和杜关组透辉石角岩出露。整个栾川群受燕山期中酸性岩浆活动影响，形成范围广泛的各类角岩和矽卡岩（图 3-43）（据河南省地质调查院，2013）。

矿区褶皱主要为南庄口-三道庄箱状倾伏背斜及南泥湖向斜。矿床内断层发育北西西—北西向、北北东向断裂。其中南泥湖-三道庄矿区断裂主要有两组，一组走向 275°~305°、倾向南西，倾角 50°~70°；另一组走向 30°~40°，倾向北西，倾角 60°~70°（罗铭玖等，1985）。

区内出露的侵入岩主要有新元古代辉长岩体及细晶正长岩脉和晚侏罗世南泥湖岩体-斑状花岗岩

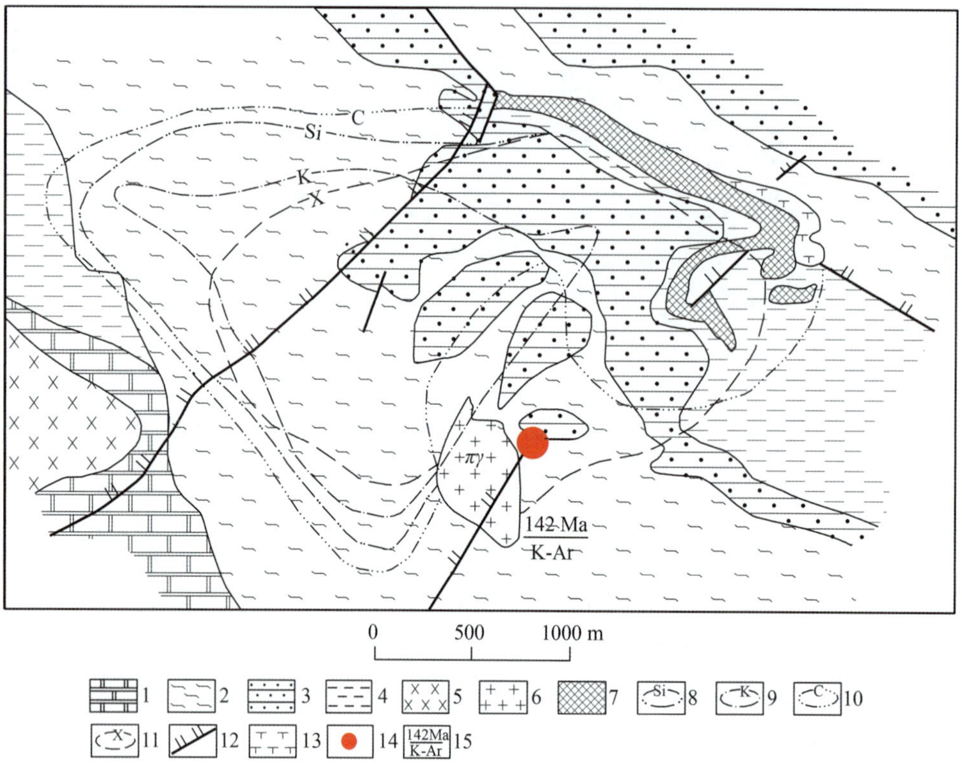

图 3-43 栾川南泥湖-三道庄矿区地质略图

（据河南省地质调查院，2013）

1—煤窑沟组中段；2—南泥湖组中段；3—南泥湖组下段；4—三川组中段；5—变辉长岩；6—斑状花岗岩；7—矽卡岩；8—硅化带；9—钾化带；10—沸石-碳酸盐带；11—阳起石-绿泥石-绿帘石带；12—断裂；13—正长斑岩；14—矿床；15—岩体年龄及测试方法

岩体。新元古代变晶正长斑岩零星分布于矿田北部南泥湖组中，呈岩席状，走向为北西西，片理化发育；辉长岩沿北西西向断裂呈不规则岩墙状侵入煤窑沟组和南泥湖组中。晚侏罗世与钼（钨）矿化有关的南泥湖复式小岩体，呈小岩株状，属浅-超浅成相，岩石类型为钙碱性。岩浆演化方向为花岗闪长岩→二长花岗岩→花岗斑岩，在岩浆演化过程中，随着岩浆酸度增高，钼、钨丰度大幅度的增长，可高于维氏值几十至几百倍。成矿岩石普遍具高碱、富钾、超酸的岩石化学特征（徐兆文等，1995）。

（3）矿体特征

在三道庄矿段，钼钨矿体赋存于三川组上部大理岩交代形成的矽卡岩及钙硅酸角岩中。矿体规模大，形态简单，呈层状或似层状产出。南泥湖矿段钼矿体最多，其中占该地段钼矿储量 92% 的一号钼矿体规模最大，分布于岩体内外接触带，矿体呈似层状产于矽卡岩中。为三道庄地段钨矿体的南西延伸部分。钼钨矿体在纵横剖面上形态见图 3-44。

总体来讲，该矿床钼矿化范围大于钨矿化范围，钨矿体主要分布于钼矿化范围内的矽卡岩和钙硅酸角岩中。钨矿体一般多出现在钼矿体的下部，在矿体边部，钼钨矿体形态与分布范围相差较大，可出现单独钨矿体，这可能反映了钼钨在空间上的分异。

（4）矿石特征

矿石矿物主要为辉钼矿、白钨矿、黄铁矿，以及少量磁铁矿、黄铜矿、方铅矿、闪锌矿、钼钙矿、铁钼华等；脉石矿物：矽卡岩型矿石主要脉石矿物为硅灰石、透辉石、石榴子石；长英角岩型矿石主要脉石矿物为长石、石英等。

矿石构造主要为稀疏浸染状构造、细脉状构造，前者多分布于矽卡岩中，后者多分布于角岩中。角砾状构造仅在断层带附近产出。矿石结构主要为片状、束状、放射状结构，自形-半自形粒状结

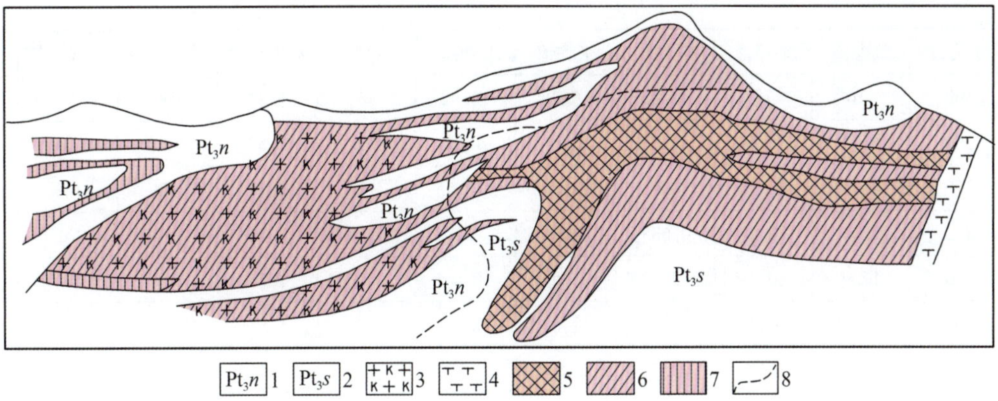

图 3-44　南泥湖—三道庄钼钨矿床 9 横勘探线剖面矿体形态简图

（据河南省地质调查院，2013）

1—南泥湖组；2—三川组；3—斑状钾长花岗岩；4—正长岩；5—钼钨矿体；6—钼表内矿体；7—钼表外矿体；8—推测地质界线

构，镶嵌结构；次为包体结构、交代残余结构、充填结构。

矿石类型为矽卡岩型（占全区金属储量的 51%）、长英角岩型（34%）、透辉石斜长石角岩型（8%）和花岗岩型（7%）。

（5）围岩蚀变

区内蚀变主要有矽卡岩化、钾交代、硅交代三种。矽卡岩化包括钙铁辉石化、钙铁榴石化、硅灰石化；钾交代主要有钾长石化、黑云母化、白云母-绢云母化、绢（云）英岩化、黄铁云英-黄铁绢英岩化；硅交代则以石英化为主。各类蚀变、矿化类型随岩体、围岩特性不同有显著的差别，形成明显的蚀变矿化分带。这种分带自岩体向围岩大体可分为：钾化带、石英-钾长石化带、矽卡岩化带、青磐岩化带。前者主要分布在岩体内，后三种蚀变主要分布于围岩中，围绕着南泥湖岩体北西、北东部位呈扇形展开，表现为明显的面形蚀变特征。

根据区域和矿区地质构造特征，南泥湖岩体形态、产状与矿体的关系；岩体化学成分与钼矿化的关系；岩体与钼矿化的空间、时间关系等，确认南泥湖-三道庄钼钨矿床为斑岩-矽卡岩型钼钨矿床。

（6）地球化学特征

A. 区域地球化学特征参数

收集到南泥湖钼区 1∶20 万水系沉积物 360 件样品的 39 项元素含量数据，并计算 18 项元素在 1∶20 万水系沉积物中的中位值相对其在华北地台中的富集系数，将其地球化学参数特征列于表 3-21 中（据河南省地质调查院，2013）。

表 3-21　1∶20 万水系沉积物地球化学特征参数表

元素名称	样品数	最大值	最小值	中位数	平均值	标准差	地壳	富集系数	异常外带	异常中带	异常内带
Ag	360	8180	10	87	200.57	638.85	55	1.58	200	322	1185
As	360	131.6	2.1	6.8	8.11	8.35	1.9	3.58	11	12	18
Au	360	207	0.4	1.3	2.38	11.16	0.74	1.76	2.4	3.3	6.6
Bi	360	28.1	0.05	0.3	0.66	1.85	0.13	2.31	0.8	1.4	3.4
Cd	360	14.55	0.06	0.235	0.42	0.92	0.072	3.26	0.5	0.7	2.3
Cu	360	260	5	26.6	31.68	24.46	18	1.48	41	50	92
F	360	3720	223	688.25	755.56	305.13	540	1.27	1007	1174	1398
Hg	360	230	10	18	29.62	33.99	8	2.25	30	90	137

续表

元素名称	样品数	最大值	最小值	中位数	平均值	标准差	地壳	富集系数	异常外带	异常中带	异常内带
La	360	110	15	42.85	45.28	13.92	35	1.22	58	66	81
Mo	360	61.2	0.09	0.91	1.79	4.61	0.6	1.52	2	3	13
Pb	360	4695	12.8	38	100.54	377.55	17	2.24	92	141	647
Sb	360	22.3	0.2	0.685	0.86	1.48	0.18	3.81	1.1	1.5	3
Sn	360	12.9	0.7	2.6	2.86	1.18	1.5	1.73	3.9	4.6	5.4
Th	360	106.58	4.58	11.8	17.83	18.15	8.6	1.37	26	47	84
U	360	18.24	0.94	2.1	2.83	2.20	1.5	1.40	4	7	11
W	360	236	0.3	2	4.91	15.52	0.9	2.22	5	8	32
Y	360	94	8	30	31.31	10.29	17	1.76	39	45	61
Zn	360	6100	56	117	165.08	347.14	60	1.95	177	239	616

注：富集系数=中位值/地壳的值，地壳中值数据引自中国东部大陆地壳上陆壳华北地台（鄢明才等，1997）。异常外、中、内带下限的确定采用累频85%、92%、98%。Au、Ag、Hg单位为10^{-9}，其他为10^{-6}。

与华北地台中元素含量相比，南泥湖地区1∶20万水系沉积物富集Sb、As、Cd、Bi、Hg、Pb、W、Zn、Y、Au、Sn、Ag、Mo、Cu、U、Th、F、La等元素。Mo元素平均值1.79×10^{-6}，最大值61.2×10^{-6}，富集系数1.52；W元素平均值4.91×10^{-6}，最大值236×10^{-6}，富集系数2.22。另外，Pb、Zn、Cu、As、Sb、Cd等元素亦明显富集，富集系数均大于1.5。

B. 1∶20万水系沉积物地球化学剖析图

从南泥湖-三道庄钼（钨）矿区域地球化学剖析图（图3-45）可知：存在Mo、W、Ag、Bi、Cd、Cu、Hg、Pb、Sn、Zn等元素异常。Mo、W元素围绕燕山期成矿岩体-花岗斑岩小岩株呈北北西向展布，异常强度和规模均很大，内、中、外分带清晰，向外围过渡为Pb-Zn-Ag异常。

C. 上房矿段矽卡岩型钼（钨）矿原生晕剖面图

从图3-46可知，上房矿段矽卡岩型钼（钨）矿成矿元素空间形态受接触带控制，平面上呈环状，剖面上呈倒钟状。成矿元素从外到内，由上至下的空间分带为：Ag→Pb→Cu-Zn→F→Sn→W-Mo。

（7）东秦岭钼（钨）多金属成矿带成矿模式

东秦岭钼（钨）多金属成矿带成矿模式为“一体多型”，即围绕一个深源富钼（钨）成矿母岩，在不同的成矿环境条件下，有规律地分布着各种元素组合的矿床，既反映了岩浆结晶分异作用成矿元素的富集机制，又表现了岩浆侵入不同岩类地层及围岩的地质环境对成矿元素组合特征的制约（图3-47）。

2. 安徽金寨沙坪沟钼矿床

（1）区域地质背景

安徽金寨沙坪沟钼矿床位于秦岭-大别山造山带的东部，属东秦岭-大别山钼成矿带东段南成矿亚带（图3-48），区域构造格架大致表现为近东西向与北东向两组构造所形成的格子状构造体系。成矿亚带产于桐柏-桐城断裂带中，主要指受中生代火山岩盆地内或其边缘隆起区控制的与火山-次火山作用有关的矿床，矿化类型以钼矿化为主，典型矿床有肖畈、千鹅冲、汤家坪、沙坪沟钼矿床等。

区域地层自下而上划分为4个构造岩石地层单位，分别为中元古界庐镇关（岩）群（苏家河群、红安群），新元古界—下古生界佛子（岩）群（信阳群），石炭系杨山群及中生新生代一套未变质的陆相盆地堆积。

区内岩浆岩较发育，形成时代为元古宙、古生代和中生代，其中与成矿关系密切的岩浆岩主要为燕山期。燕山期岩浆岩可分为钙碱性和碱性两个岩石系列，晚侏罗世毛坦厂第一旋回钙碱性岩石系列

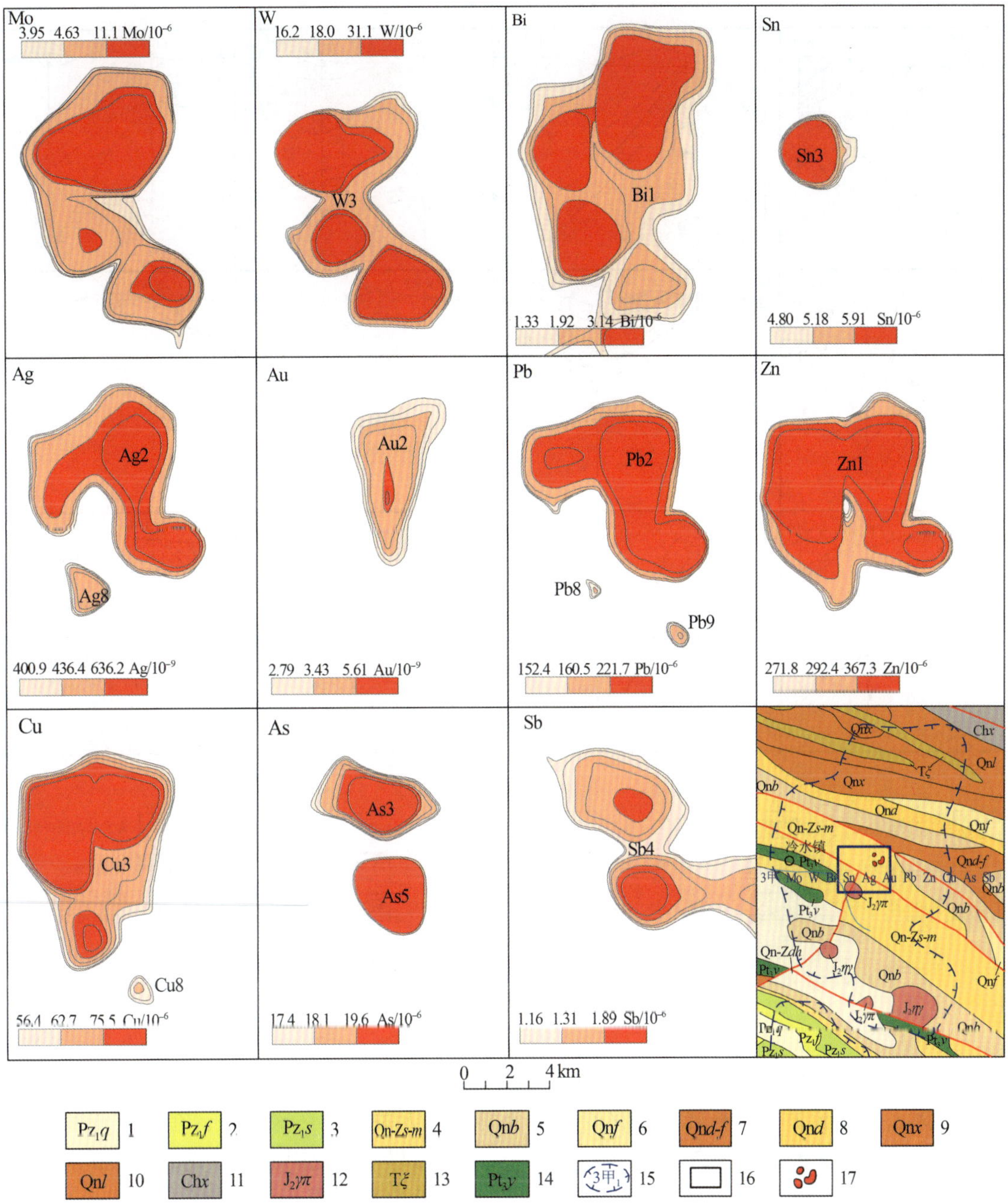

图 3-45　栾川南泥湖-三道庄钼（钨）矿区域 1∶20 万水系沉积物地球化学异常剖析图

（据河南省地质调查院，2013）

1—秋水沟组；2—凤脉庙组；3—三岔口组；4—南泥源组-煤窑沟组；5—白术沟组；6—冯家湾组；7—杜关组-冯家湾组；8—杜关组；9—巡检司组；10—龙家园组；11—许山组；12—花岗斑岩；13—正长岩；14—辉长岩；15—综合异常及编号；16—矿区范围；17—矿体

形成于燕山期陆内挤压构造环境；早白垩世晓天第二旋回碱性岩石系列形成于陆壳拉张环境。

（2）矿区地质

矿区内出露的地层为中元古界卢镇关岩群变火山-沉积岩，出露于矿区的西部和北部，由于强烈的岩浆侵入该套地层被肢解呈残留体产出。

区内断裂构造发育，区域性桐（柏）-桐（城）断裂带呈北西西向从矿区南部穿过。另外，区内还发育次级张性、张扭性断裂构造，尤以北东向断裂最为发育，其次为北西向断裂。脆性断裂是矿区浅部铅锌、银、萤石等脉状矿体的主要控矿构造（图 3-49a）

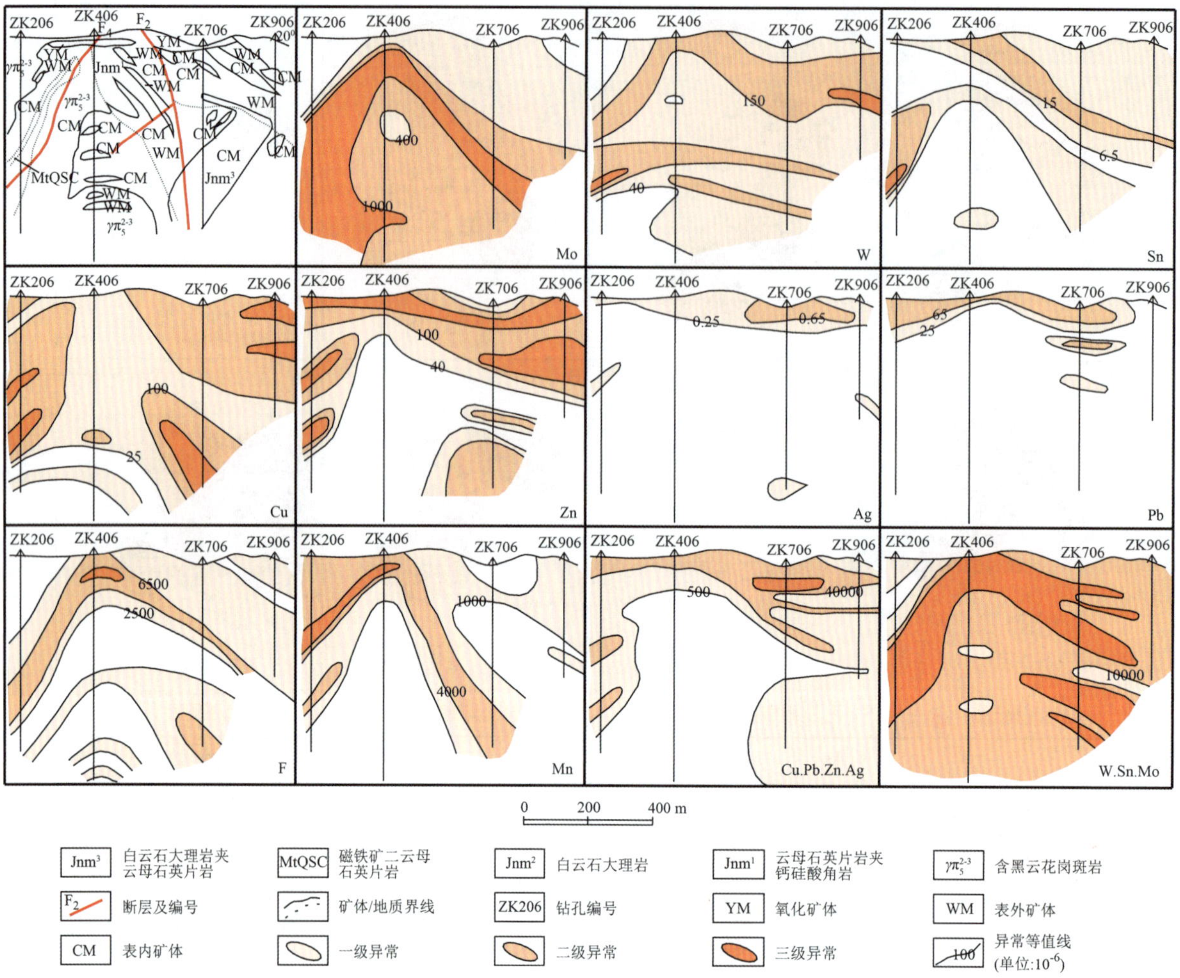

图 3-46　上房矿段矽卡岩型钼（钨）矿原生晕剖面图
（据河南省第一地质大队，1983）

矿区中生代岩浆岩发育，岩浆岩分布面积广泛，岩性以中细粒二长花岗岩为主，次为花岗闪长岩、石英（黑云）正长岩、闪长岩等，它们与多金属矿化无关；经钻探验证，在石英正长岩体下部存在隐伏斑岩体，由含黑云母花岗斑岩、花岗斑岩、含黑云母二长花岗岩等组成，与钼矿关系密切。

沙坪沟隐伏花岗斑岩体赋存于矿区中部，仅在部分钻孔内有揭露，已知顶部标高 0～-100 m，与围岩呈侵入接触，界面清楚。岩体与围岩接触带蚀变强烈，类型有钾化、硅化和绢云母化，并伴生钼矿化（图 3-49b）。

沙坪沟隐伏斑岩体为中酸性花岗岩，与之有成因联系的是钼、铅、锌（铜）等有色金属矿产，这与东秦岭地区的栾川和东沟矿集区相似。在空间分布上，相关矿化与岩浆岩的关系十分密切，围绕母体形成矿化分带。钼矿体主要产于岩体上部内、外接触带，其中工业矿体主要产在内接触带，在矿区外围则形成（银）、铅锌铜等中低温热液矿床。

（3）矿床特征

沙坪沟钼矿床钼主矿体只有一个（M1），占总金属资源量的 99.93%；数量众多的零星小矿体多围绕 M1 矿体分布，以分布在主矿体两侧边部的居多。以沙坪沟钼矿床为中心，铅锌矿点围绕沙坪沟钼矿床呈环形分布（图 3-49a）。

沙坪沟钼矿床为隐伏矿，矿体保存完整，呈筒状分布，矿体厚度大、矿化连续，钼矿体赋存在隐伏花岗斑岩体与正长岩（围岩）的接触带中，富矿体主要分布在花岗斑岩体顶部，低品位矿主要产在正长岩及远离接触带的围岩中。

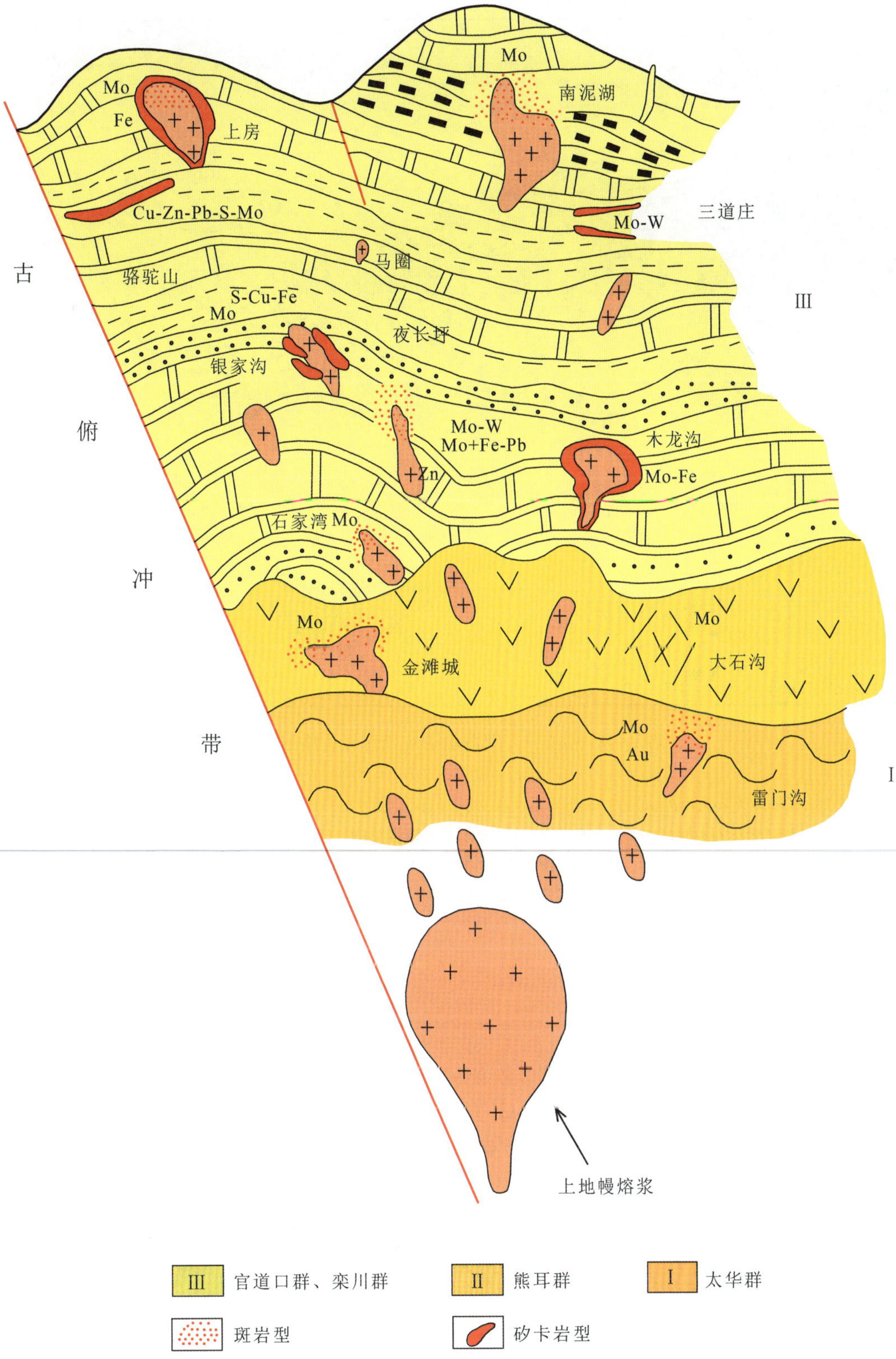

图 3-47　东秦岭钼（钨）多金属成矿带成矿模式图

（据马振东等，1986）

矿体总体形态呈巨大的椭球体状，长轴北西西向。矿体东西长 1350 m、南北宽 1000 m、最大见矿厚度 945.15 m，平均厚 661.32 m。在剖面上可以看出低品位矿石呈环状分布在工业矿石的四周。由于受花岗斑岩穹窿控制，矿体中心部位也是厚度最大的主体部位，处于岩体穹状隆起的中心部位，总体近乎水平，向四周逐渐变薄直至尖灭，产状也是不同程度地有向中心内倾的趋势。矿体与围岩呈

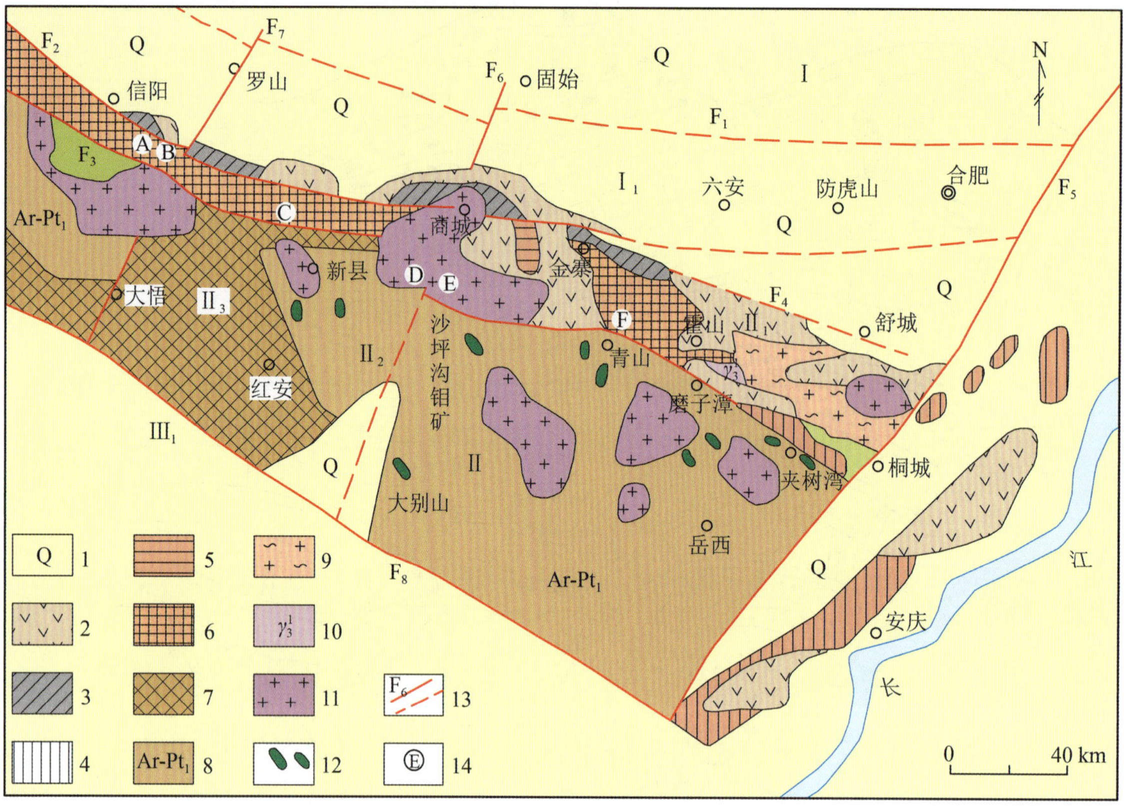

图 3-48　秦岭-大别造山带东段区域地质图

（据张怀东等，2012）

1—第四系；2—中生界火山沉积岩；3—石炭系；4—扬子地台盖层；5—下古生界纬子岭（岩）群浅变质岩；6—新元古界信阳群（云母石英片岩、斜长角闪岩）；7—中元古界庐镇关群、苏家河群（变粒岩、大理岩、石墨片岩）；8—古元古界-新太古界大别变质杂岩；9—晋宁期花岗岩；10—加里东期花岗岩；11—中生代花岗岩；12—基性岩块；13—实测/推测断裂及编号；14—钼矿床及编号（A—肖畈钼矿；B—母山钼矿；C—千鹅冲钼矿；D—汤家坪钼矿；E—沙坪沟钼矿；F—青山钼矿点）

渐变关系，无明显界限（图 3-49b）。

（4）矿石特征

矿石的金属矿物主要是黄铁矿、辉钼矿，次要的为磁铁矿、黄铜矿，含微量的方铅矿、钛铁矿等。脉石矿物有石英、钾长石、斜长石、绢云母（白云母）、黑云母、绿泥石、萤石、方解石、石膏等。表生矿物有褐铁矿、黄钾铁矾、高岭土、铁钼华等。辉钼矿主要沿各种脉体分布，在钾长石-石英细脉、黄铁矿-绢云母-石英细脉中，辉钼矿集合体呈稀疏浸染状填隙于石英等脉石矿物中。

矿石常见的结构为鳞片（粒）状结晶结构、熔蚀交代结构、压碎结构、固溶体出溶结构、填隙结构、他形-半自形粒状结构等。矿石构造主要为网脉状构造，次为浸染状构造（张怀东等，2012）。

（5）蚀变类型与分带特征

矿区围岩蚀变十分发育，主要与隐伏花岗斑岩有关。据其蚀变类型及矿物组合，自斑岩体向外，呈现钾长石化、黄铁绢英岩化、绿泥石化的分带现象（图 3-49b）。

（6）地球地球化学特征

据金寨沙坪沟矿区 1：20 万水系沉积物 30 件样品的 39 项元素含量数据，计算水系沉积物元素平均值与中国水系沉积物平均值之比的富集系数，沙坪沟钼矿区明显富集 Mo、Bi、W、Pb、Zn、Cd、Ag、Mn 等元素，其富集系数大于 1.20。各元素异常内、中、外分带清晰，Mo、Bi、W 元素围绕隐伏钼矿体呈等轴状，Pb、Zn、Cd 元素异常呈椭圆状，其异常面积大，其原因是钼矿体外围的铅锌矿体所致（图 3-50）。

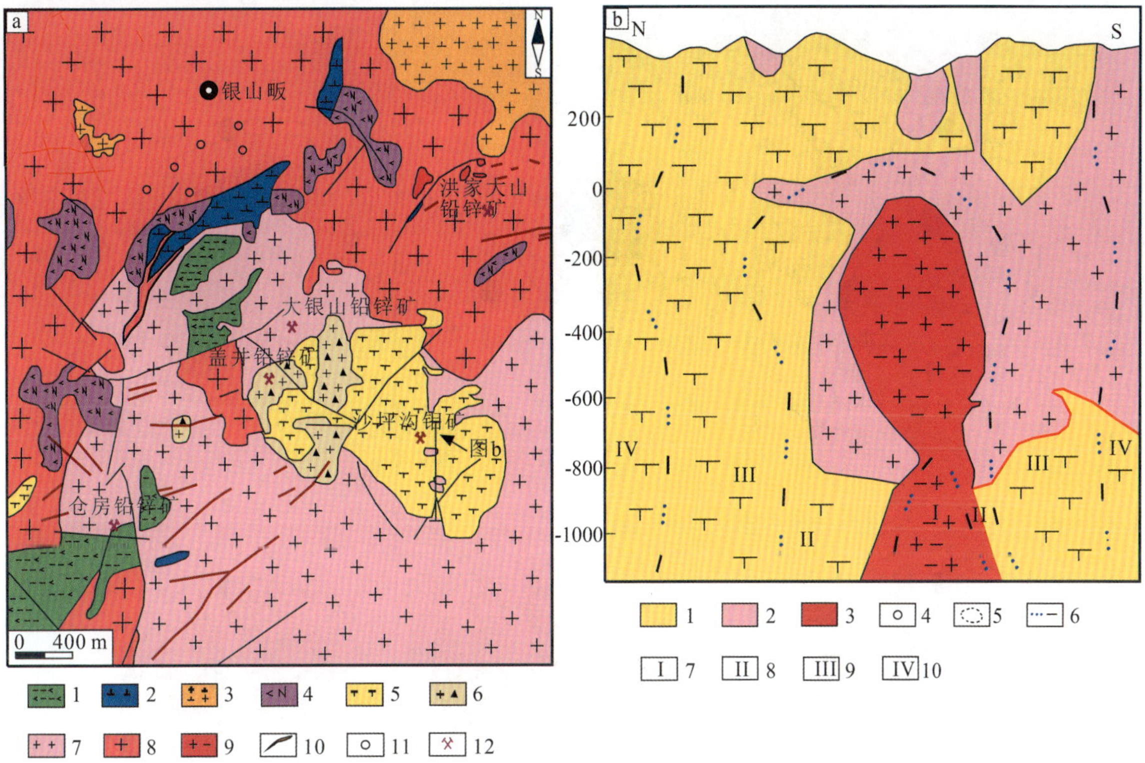

图 3-49 沙坪沟钼矿区地质图（a）和 0 线剖面图（b）

（据倪培等，2018，有修改）

图 a：1—角闪辉石岩；2—角闪石闪长岩；3—黑云母二长岩；4—角闪斜长片麻岩；5—石英正长岩；6—爆破角砾岩；7—石英二长岩；8—正长花岗岩；9—石英斑岩；10—铅锌矿体；11—钻孔；12—矿床

图 b：1—石英正长岩；2—石英二长岩；3—花岗斑岩；4—钻孔；5—钼矿品位界限；6—蚀变界限；7—硅化带；8—钾化带；9—绢云母化带；10—青磐岩化带

（7）成矿时代

据陈红瑾等（2013）研究，辉钼矿的 Re-Os 年龄测定结果表明，沙坪沟钼矿床的模式年龄为 111.1±1.2 Ma，同时获得花岗斑岩的锆石 U-Pb 年龄为 111.5±1.7 Ma，正长岩的年龄为 111.6±1.9 Ma，成矿时间和岩体年龄一致。沙坪沟钼矿床获得辉钼矿的 Re-Os 年龄与矿区外围银山银矿床内辉钼矿的 Re-Os 年龄（112.6±1.3 Ma 和 113.5±1.3 Ma）和邻区河南商城汤家坪大型钼矿床内辉钼矿的 Re-Os 年龄（等时线年龄 113±7.9 Ma）相一致。

（三）中国各成矿省 Mo 元素地球化学场空间分布与成岩、成矿关系小结

从中国各成矿省 Mo 元素地球化学场空间分布图（见图 1-16）和我国钼矿分布图（见图 3-39）清晰可见：

Mo 元素明显呈东高西低的分布态势，高值区主要分布在我国中东部的滨太平洋成矿域的各成矿省（华南成矿省、秦岭-大别成矿省、扬子成矿省中东部及大兴安岭成矿省等）。这些成矿省是中生代燕山期西太平洋板块与亚洲大陆板块碰撞，形成亚洲东缘构造带和我国中东部陆缘活化带的产物。这期间除了发生与 W、Sn 成矿有关的大规模的壳熔酸性花岗岩的岩浆活动外，还导致在陆陆碰撞带内及附近软流圈上拱，后经强烈地幔交代作用而分异出来的 Mo（Cu）熔浆沿壳幔深大断裂上侵，在具有强烈富集机制的成岩作用下，于地壳浅部的有利部位形成了与 Mo（Cu）有密切时、空关系的酸（中）性岩浆岩系列，最终富集成矿。

从上述东秦岭-大别钼成矿带内钼矿床（河南栾川南泥湖-三道庄钼钨矿床、安徽金寨县沙坪

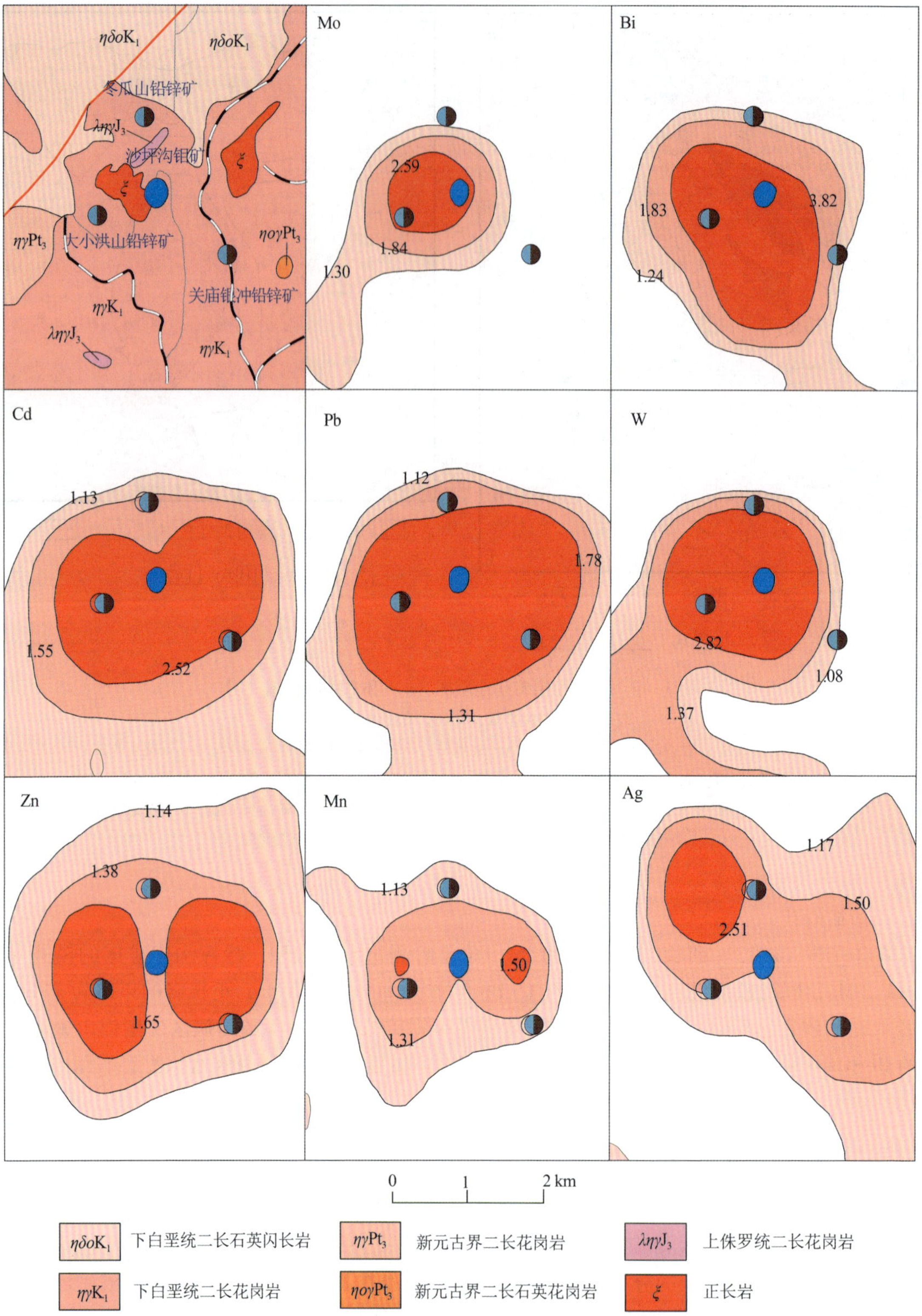

图 3-50 金寨县沙坪沟钼矿 1∶20 万化探异常富集系数剖析图

（据安徽省地质调查院，2013）

沟钼矿）的成岩、成矿、成晕特征分析表明，我国中东部富 Mo 的地球化学空间分布特征原因是，Mo 高值带（区）的展布受我国中东部陆缘活化带内壳幔深大断裂及附近深源富 Mo 酸性岩浆岩的制约。

三、胶东、小秦岭金矿带 Au 元素成岩、成矿、成晕的地球化学机制

我国金矿类型繁多，金矿床的工业类型主要有：石英脉型、破碎带蚀变岩型、构造蚀变岩型、铁帽型、火山-次火山热液型、微细粒浸染型等矿床。其中主要产于破碎带蚀变岩型、石英脉型及火山-次火山热液型，三者约占金矿总储量的94%。

金矿成矿时代的跨度很大，从距今28亿年左右的太古宙开始，一直到第四纪都有金矿形成。但56%的金矿储量集中在前寒武纪，其次为中生代和新生代金矿储量占总储量的36%，古生代的金矿相对较少，只占5.7%。

由于我国东西部构造环境、含矿建造、岩浆活动及变质作用等因素的差异，致使在东西部 Au 元素空间展布的不同。在东部 Au 异常多呈东西向、北东向和北东东向分布，其中东西向连带成片异常最醒目，如胶东、小秦岭、燕辽-乌拉山、辽吉东部（图 3-51）。此外，还有湘西-湘北、云开、海南等地，这反映了与 Au 成矿有关的东西向基底构造的特征。我国东部著名的一些大型、超大型金矿几乎都分布在东西向 Au 异常带上。我国西部 Au 异常多呈北西向、北北西向展布，仅在东昆仑和雅鲁藏布江一带 Au（Cu、Mo）异常呈东西向分布，这与我国西部主要断裂构造带分布格局基本吻合。

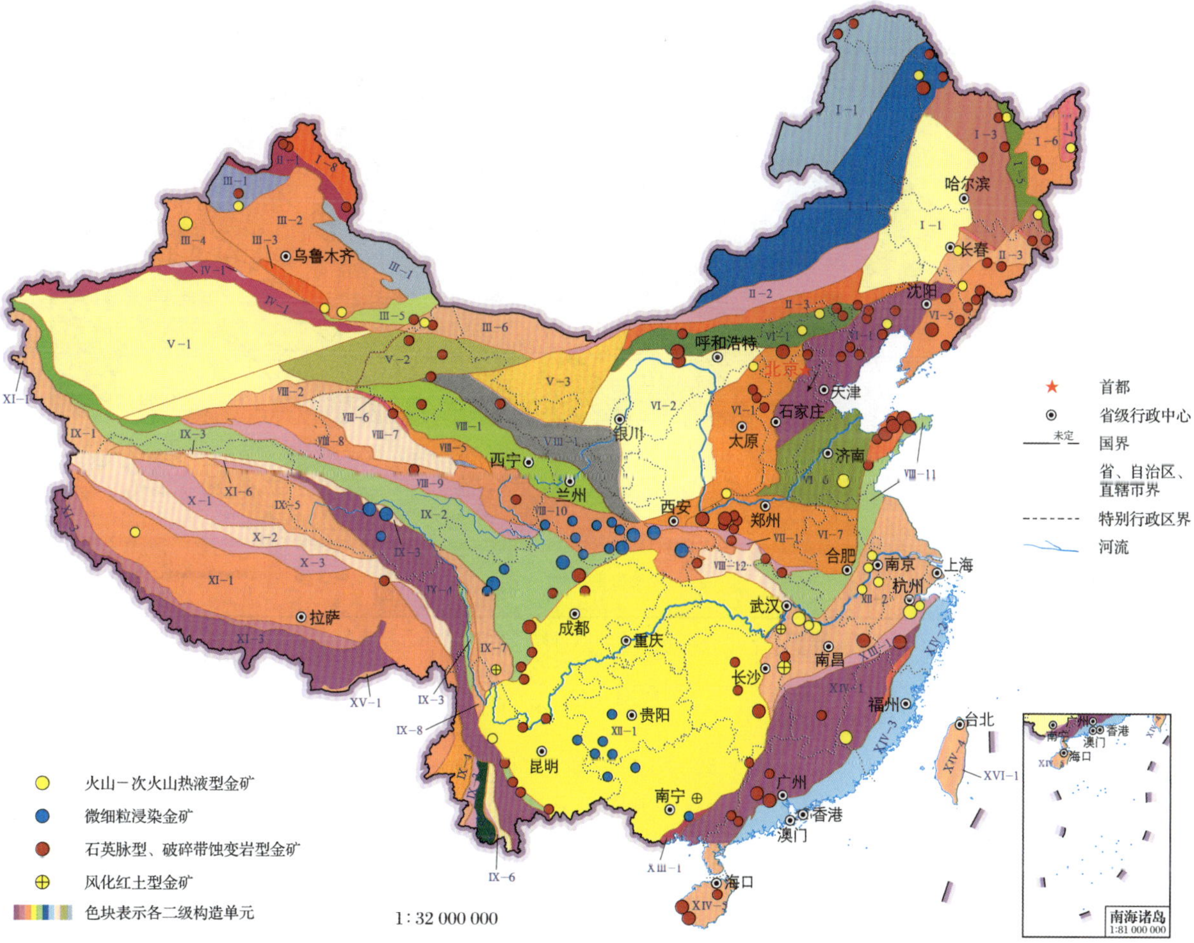

图 3-51　中国各类金矿分布图

（据叶天竺等，2017）

现以胶东、小秦岭金矿带为例探讨 Au 成矿元素富集机制、时空演化关系及华北陆块中各金矿带铅同位素组成对金成矿物质来源的示踪。

（一）胶东金矿带 Au 成矿地质、地球化学特征

1. 区域地质概况

位于华北陆块东缘的胶东金矿带内前寒武纪地层发育，基底为太古宇胶东群和古元古界荆山群、粉子山群。胶东群的原岩为超镁铁质-镁铁质及长英质火山岩、碎屑沉积岩；古元古界古荆山群和粉子山群不整合于新太古界胶东群之上，为一套含碳质富铝的泥质碎屑岩和富镁碳酸盐岩建造。新元古界蓬莱群碎屑岩和碳酸盐岩不整合于古元古界荆山群和粉子山群之上，二者之间缺失中元古界。在胶莱盆地中，堆积了中新生代巨厚的陆相碎屑岩和火山岩，整个古生代地层缺失（图 3-52）。

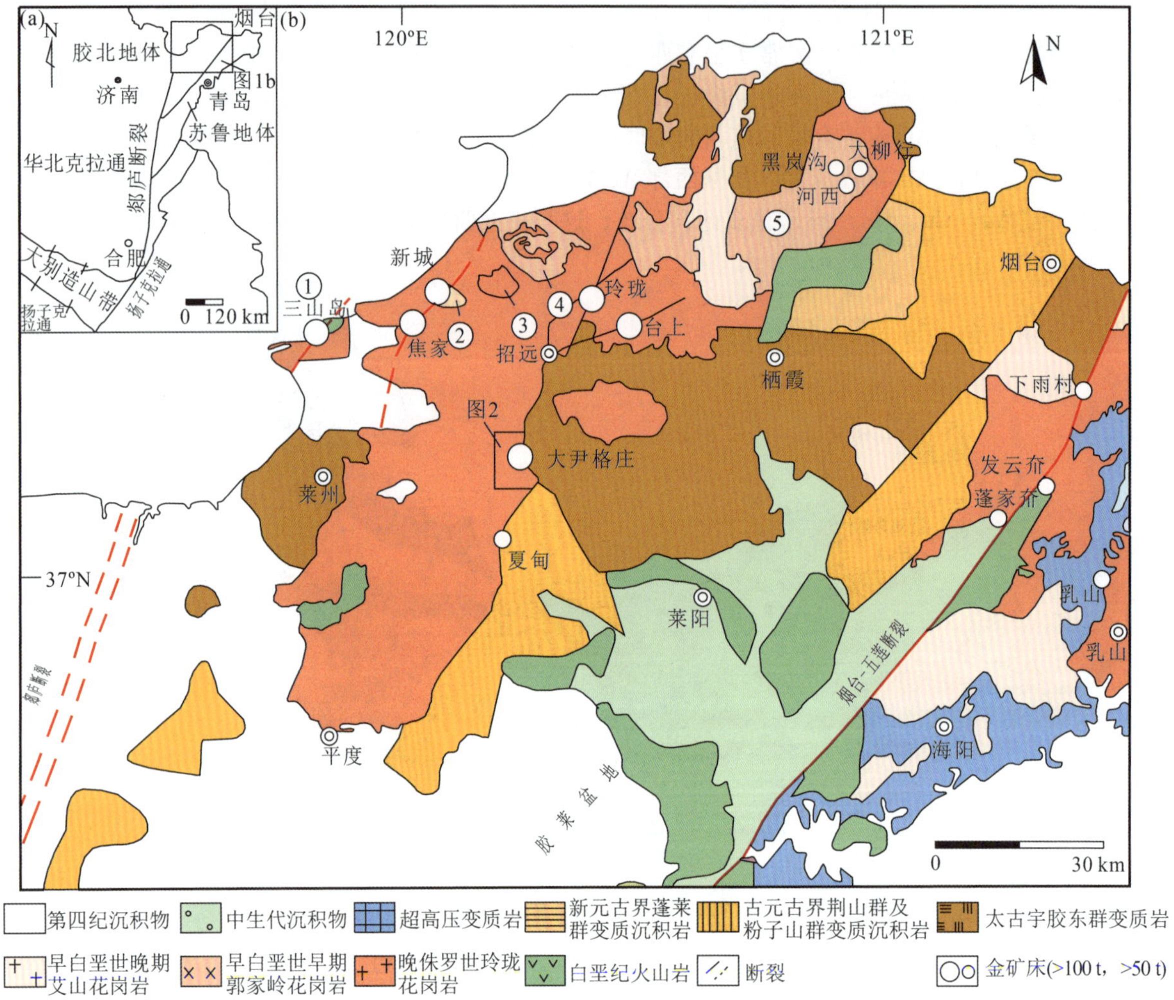

图 3-52　招远-莱州金矿区地质图

（据张良等，2014）

①三山岛；②上庄；③北截；④丛家；⑤郭家

胶东地区区域构造格架为东西向构造带和北北东、北东向断裂带。东西向构造带既是燕山运动前基底构造，又是燕山运动以来长期活动的构造系统，其构造形迹是褶皱和韧性剪切带。北北东、北东向断裂带主要由一系列沿玲珑型花岗岩体和胶东群变质岩接触带发育的北北东、北东向断裂以及发育在玲珑型花岗岩体和郭家岭型花岗岩体中的较小规模的北北东、北东向断裂节理组成，它们控制了胶东金矿床的产出。

区域内花岗质岩石覆盖了70%以上的基岩露头，可分为玲珑型、郭家岭型和艾山型 3 种类型。玲珑型花岗岩体以黑云母花岗岩为主，呈北北东向带状分布于焦家断裂与招平断裂之间，是加厚的下地

壳（主要是新太古界胶东群岩石）部分熔融的产物，无地幔的成分加入；郭家岭型花岗岩体由石英二长岩、二长花岗岩和花岗闪长组成，呈近东西向岩株状侵入到玲珑型花岗岩体中，自东向西包括郭家岭、丛家、北截、上庄和三山岛5个侵入体。艾山型花岗岩体由二长花岗岩和正长花岗岩组成，呈北东向侵入到玲珑型或郭家岭花岗岩体中。其中，玲珑型和郭家岭型花岗岩体内赋存了95%的胶东金资源量，为胶东地区金矿床的主要赋矿围岩。现以玲珑金矿为例。

2. 玲珑金矿地质地球化学特征

（1）矿区地质特征

玲珑金矿位于招平断裂的中部，由西山、东山和九曲3个矿段组成（图3-53），矿区内出露地层主要为胶东群苗家岩组，分布在矿区东南部，岩性为黑云母片岩和斜长角闪岩。

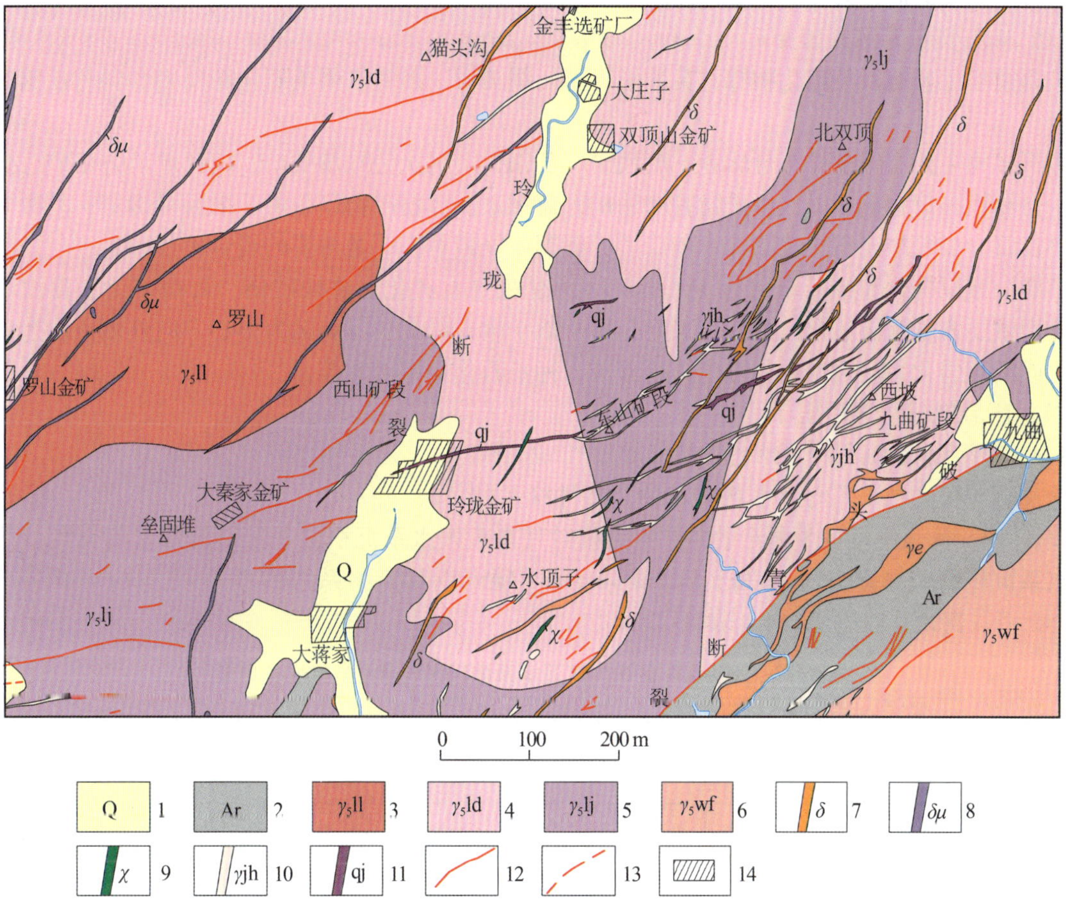

图3-53 玲珑金矿地质简图

（据山东省第四地质矿产勘查院，2013）

1—第四系；2—胶东群苗家岩组；3—玲珑型罗山花岗岩；4—玲珑型大庄子花岗岩；5—玲珑型九曲花岗岩；6—文登型阜山花岗岩；7—闪长岩；8—闪长玢岩；9—煌斑岩；10—绢英岩化花岗质碎裂岩；11—含金石英脉；12—断层；13—推测断层；14—村庄及地名

矿区内岩浆岩主要为玲珑型花岗岩，玲珑型花岗岩可进一步细分为罗山花岗岩（$\gamma_5$ll）、大庄子花岗岩（$\gamma_5$ld）和九曲花岗岩（$\gamma_5$lj），此外在矿区东南部出露有文登型阜山花岗岩（$\gamma_5$wf）。罗山花岗岩分布于矿区的西部，岩性为中细粒二长花岗岩，弱片麻状构造。大庄子花岗岩在矿区内大面积出露，是玲珑金矿田的主要赋矿围岩，岩性为中粗粒二长花岗岩，弱片麻状构造。玲珑型九曲花岗岩主要分布在破头青断裂以北，也是玲珑金矿的重要赋矿围岩，岩性为中细粒二长花岗岩，弱片麻状构造，岩体内常有黑云变粒岩及斜长角闪岩包体，大小数厘米至数米不等。文登型阜山花岗岩分布在破头青断裂以南，岩性为中粗粒二长花岗岩，块状构造。矿区内脉岩较发育，多为北东走向，主要脉岩类型有闪长岩脉、闪长玢岩脉、煌斑岩脉和石英脉。

矿区内构造以断裂为主，规模较大的有破头青断裂和玲珑断裂。破头青断裂带总体走向北东东，倾向南东，倾角约 40°。玲珑断裂走向北北东，倾向南东（局部北西倾），倾角 60°左右，是西山矿段与东山矿段的分界断裂（龚庆杰等，2012）。

（2）矿体地质特征

根据矿脉的展布特征，大体可分为北东向，北北东向和北东东向 3 组，而以北东向矿脉规模较大，是主要矿脉；后二组矿脉的规模一般较小，常与主矿脉沿走向或倾向相交构成分支矿脉；北东组矿脉沿倾斜也有相交现象。矿体形态简单，主要为脉状、透镜状，沿走向呈雁列状。

矿脉由含金石英黄铁矿脉，含金黄铁矿石英脉、黄铁绢英岩及黄铁绢英岩化花岗岩所组成，这几种矿脉沿走向及倾向常常相互交替过渡。

（3）矿石特征及围岩蚀变

矿石类型主要有石英硫化物脉、黄铁绢英岩、绢英岩、强黄铁绢英岩化花岗岩、弱黄铁绢英岩化花岗岩。

矿石矿物主要有银金矿、自然金、黄铁矿、黄铜矿，其次为磁黄铁矿、闪锌矿、方铅矿，少量自然铜、自然银、辉钼矿等，次生矿物有褐铁矿、蓝铜矿。脉石矿物以石英、绢云母为主，其次为方解石、斜长石，少量绿泥石、萤石等。黄铁矿、黄铜矿、磁黄铁矿是主要的载金矿物。

早期蚀变以钾化和绢云母化为主，成矿期蚀变主要有硅化、黄铁矿化、黄铜矿化、黄铁绢英岩化。晚期主要表现为碳酸化。蚀变带宽度几米至数十米，以充填石英脉为中心，向外侧依次为黄铁绢英岩化或绢英岩化带、黄铁绢英岩化花岗岩带，钾长石化花岗岩带等。

（4）区域地球化学特征

A. 1∶20 万水系沉积物地球化学特征参数

玲珑金矿田区域 1∶20 万水系沉积物 272 件样品的 Au、Ag、Cu、Pb、Zn、Cd、Bi、Hg 元素含量见表 3-22。从表中可见 8 项元素的平均值相对其在全国水系沉积物中平均值的富集系数：玲珑金矿区水系沉积物明显富集 Au、Ag、Cu、Pb、Hg 5 项元素其富集系数大于 1.18，Au 平均值 Au 达 31.02×10^{-9}，富集系数达 22.64（表 3-22）。

表 3-22 玲珑金矿区 1∶20 万水系沉积物地球化学特征参数表

元素	样品数	最大值	最小值	中位数	平均值	标准差	中国水系沉积物	富集系数	异常外带	异常中带	异常内带
Au	272	690	0.70	3.4	31.02	90.52	1.37	22.64	4.5	10.8	33.0
Ag	272	1368	16.0	50.0	95.54	169.8	81.0	1.18	76	101	164
Cu	272	207.7	11.0	22.9	28.04	18.42	22.0	1.27	33.5	40.0	48.0
Pb	272	162.4	12.0	27.0	32.07	21.54	25.0	1.28	34.2	41.6	53.4
Zn	272	299.2	37.3	57.5	62.66	25.17	69.0	0.91	73.1	85.1	100.0
Cd	272	0.48	0.01	0.05	0.06	0.06	0.16	0.38	0.1	0.13	0.19
Bi	272	0.84	0.070	0.06	0.22	0.11	0.34	0.65	0.3	0.4	0.61
Hg	272	1034	6.0	36.0	43.92	68.73	36.0	1.22	58.0	78.0	98.0

注：富集系数=算术平均值（未剔特异值）/中国水系沉积物平均值，中国水系沉积物平均值数据引自迟清华等（2007）；Au、Ag、Hg 单位为 10^{-9}，其他为 10^{-6}；异常外、中、内带下限的确定采用省级图件累频 90%、95.5%、98%。

B. 地球化学异常图

在 1∶20 万水系沉积物中玲珑金矿床的成矿指示元素组合为：Au、Ag、Cu、Pb、Zn、Cd、Bi、Hg8 项（图 3-54）。

近矿元素异常主要是 Au-Ag-Cu-Pb-Zn-Cd 等，矿区外围异常为 As-Bi-Hg-F-Ba-Mo 等元素。

其中，Au、Ag 为主矿种元素，Cu、Pb、Zn、Cd 为伴生矿种元素，其他为指示元素。

玲珑矿床的 Au 元素 1∶20 万区域地球化学异常和焦家矿床的区域地球化学异常连成一片，异常面积大，强度高，整个矿区及周围地区均处于金异常的内带中。Au、Ag、Cu、Pb、Zn、Cd 等元素异常与矿体重合度较好，具有明显的浓集中心及浓度分带。Bi、Hg、As、F、Ba 等元素异常分布在矿区外围，强度较弱（图 3-54）。

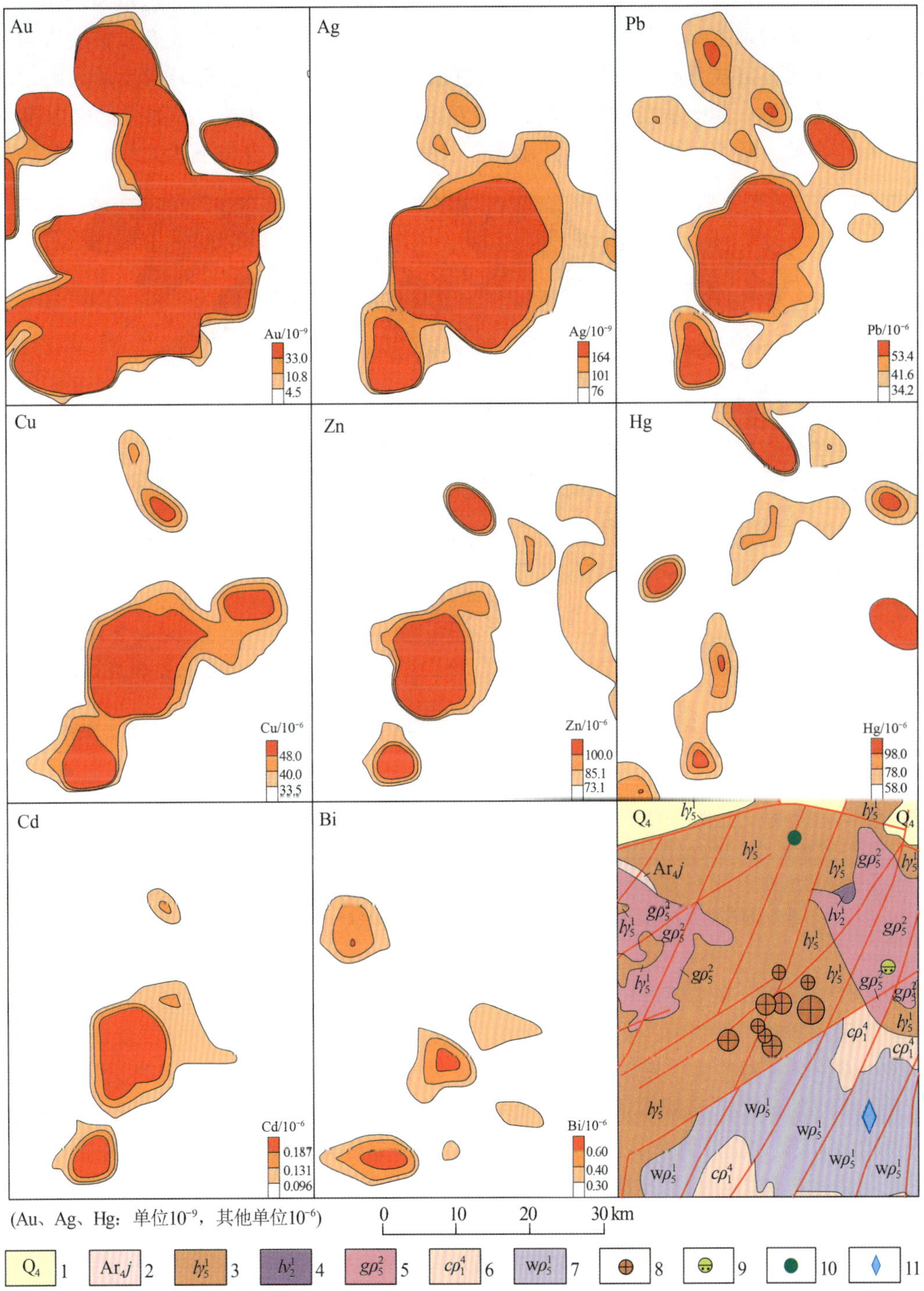

图 3-54　石英脉型玲珑金矿田 1∶20 万区域地球化学异常图

（据山东省第四地质矿产勘查院，2013）

1—第四系；2—胶东岩群；3—玲珑超单元；4—莱州超单元；5—郭家超单元；6—硒霞超单元；7—文登超单元；8—金矿；9—砂金；10—铜矿；11—滑石

（二）小秦岭金矿带 Au 成矿地质、地球化学特征

1. 小秦岭熊耳山金矿带区域地质简况

小秦岭-熊耳山金矿带西起陕西潼关经河南灵宝，直至洛宁熊耳山，东西绵延几百千米（图 3-55）。在大地构造上属于华北地块南缘。其区域地层由结晶基底和盖层岩系组成。结晶基底由新太古界太华群变质岩系构成，为一套以片麻岩为主的中深变质岩系，变质程度普遍达角闪岩相，局部达麻粒岩相。太华群变质岩系主要分布在小秦岭崤山、熊耳山等山岭的核部，构成变质核杂岩的主体。带内盖层岩系主要由元古宙浅变质岩系和少量古生代沉积岩构成，中元古界熊耳群变质火山岩系是区内最主要的盖层岩系，为一套中基性-中酸性火山熔岩组成的浅变质火山岩，局部可见火山碎屑岩和沉积岩夹层，在小秦岭、崤山、熊耳山均广泛出露，以断层或角度不整合与下伏太华群接触。

图 3-55　东秦岭金矿带及邻区各构造成矿域地质略图

1—第四系；2—华北地台沉积盖层；3—南秦岭沉积盖层；4—元古宇；5—二郎坪群；6—太古宇；7—晚中生代花岗岩；8—晚中生代—早中生代花岗岩；9—早古生代花岗岩；10—中-新元古界花岗岩；11—基性-超基性侵入岩；12—金、银矿床；13—钼矿床；14—铅、锌矿床；15—汞、锑矿床

带内中生代中晚期以来主要以拉张伸展背景下的岩浆浅成侵位活动为主要特征，形成了燕山期大规模酸性岩浆侵入活动，如华山、文峪、娘娘山、花山岩体等，岩性以黑云母二长花岗岩岩体为主。燕山期中酸性花岗岩体侵位集中发生在 110~145 Ma 之间。同期还有众多的中基性岩墙侵位活动。

带内大大小小的金矿床星罗棋布（潼关、闵峪、东闯、金洞岔、秦岭、大湖、灵湖、杨寨峪、上宫、祁雨沟金矿等），迄今为止，已发现各种规模的含金石英脉 1000 余条，探明金矿床 40 余处，累计探明黄金储量约 620 t。但从矿床类型来看，可归结为含金石英脉型和含金构造蚀变岩型两大类。

下面从 1∶20 万区域地球化学特征、金元素丰度、燕山期花岗岩对 Au 成矿的贡献、金的选择性富集等方面讨论 Au 成矿元素富集机制及时空演化关系。

2. 小秦岭 1∶20 万区域地球化学特征

小秦岭金矿带面积为 8000 km^2，矿带 1∶20 万水系沉积物 Au 平均值达 55.606×10^{-9}。

河南境内小秦岭 Au 元素区域地球化学异常围绕文峪岩体西、南、东呈半环状分布，异常面积 332 km^2。异常元素主要有 Au、Ag、Pb、Cu、W、Zn、Bi、Th、Cd、Mo 等，以金异常为主。在空间分布上，Au-Ag-Pb-Cu-Bi-Th-W 元素套合一致，Au、Ag、Pb、Cu、Cd、Bi、Th 异常强度高，具清

晰的浓集中心和浓度分带（图 3-56）如 Au2 异常区：异常下限 95.64×10^{-9}，异常平均值 488.83×10^{-9}，最大值达 1867.00×10^{-9}（表 3-23）。

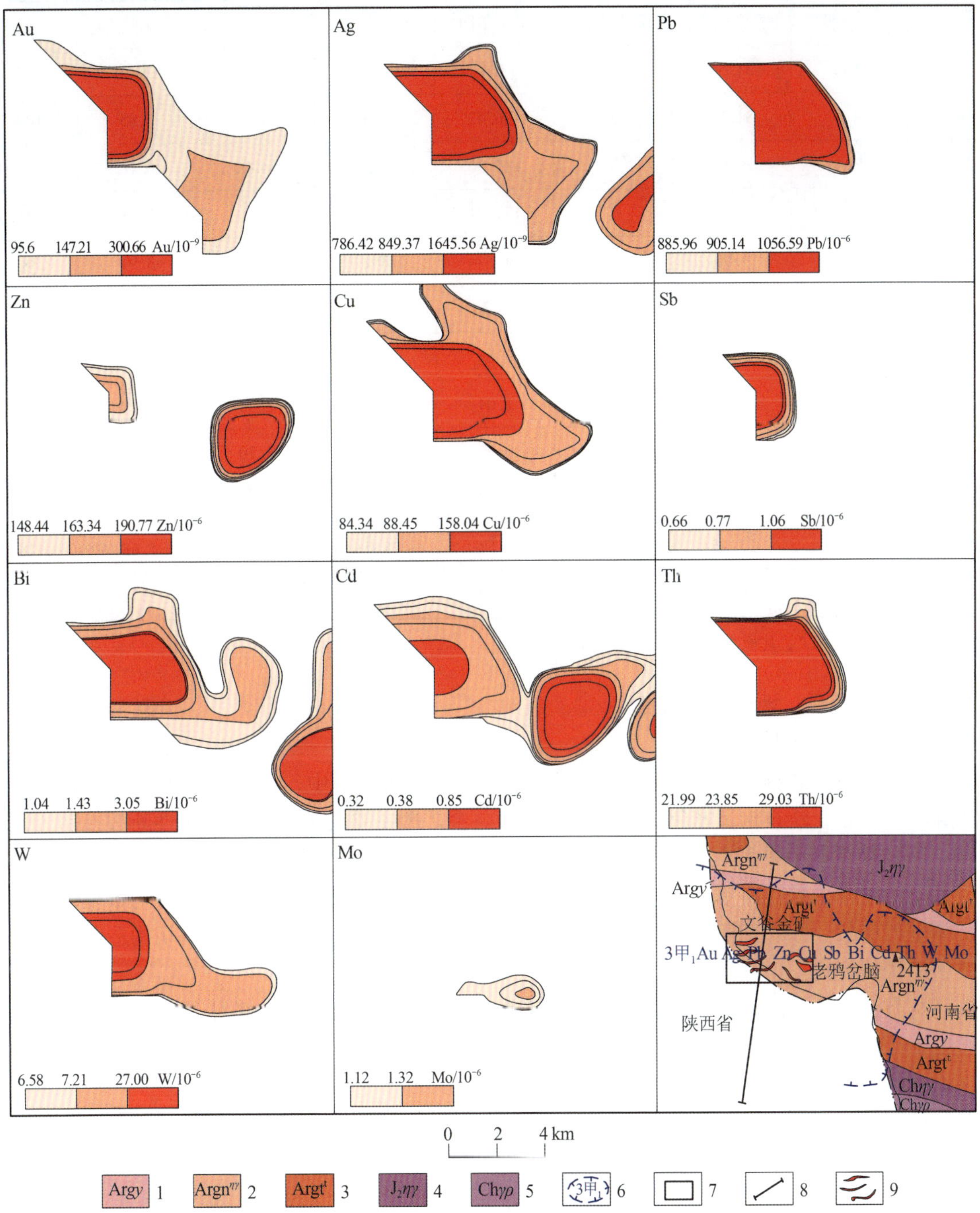

图 3-56 小秦岭 1∶20 万水系沉积物异常剖析图

（据河南省地质调查院，2013）

1—太古宇观音堂组；2—二长花岗片麻岩；3—灰色片麻岩；4—二长花岗岩；5—花岗伟晶岩；6—综合异常及编号；7—矿区范围；8—剖面位置；9—金矿位置

小秦岭地区水系沉积物测量中的 Au、Ag、Cu、Mo、Co、Bi、Cd 等元素地球化学异常与区域金矿成矿作用密切有关，异常集中区反映了矿化密集分布地段。具有与金矿成矿作用关系密切的以金为主的地球化学异常元素组合，异常强度高，有明显的浓集中心和梯度变化。从地球化学异常的空间分布点分析，其主体大多围绕文峪花岗岩体是半环状，反映异常的形成受到文峪黑云母二长花岗岩岩体的控制，而娘娘山岩体对地球化学异常则无明显控制作用。

表 3-23　小秦岭 1：20 万水系沉积物 Au、Ag 等元素综合异常特征值表

元素	异常编号	异常面积	异常点数	异常下限	异常均值	极大值	衬度	规模
Au	Au2	31.54	6	95.64	488.83	1867	13.76	434.20
Ag	Ag4	31.71	5	786.42	2800	7000	5.95	188.77
Pb	Pb4	20.06	4	885.96	4954	14300	6.18	123.97
Zn	Zn6	3.316	1	131.81	172	172	2.18	7.23
	Zn7	9.96	1	148.44	382	382	3.91	38.97
Cu	Cu3	33.68	10	84.34	301.10	1460	4.14	139.53
Sb	Sb7	6.79	1	0.66	2.30	2.30	11.31	76.82
Bi	Bi4	33.12	7	1.04	3.31	7.40	4.20	138.93
Cd	Cd4	54.69	16	0.32	0.74	3.70	3.42	187.28
Th	Th2	17.35	3	21.99	67.90	129.6	4.79	83.13
W	W5	22.56	4	6.58	28.78	75.00	5.68	128.22
Mo	Mo5	3.83	1	1.12	1.50	1.50	2.21	8.45

注：Au、Ag 单位为 10^{-9}；其他为 10^{-6}，异常面积单位为 km^2。

3. 文峪金矿地质、地球化学特征

（1）文峪金矿区地质特征

文峪金矿区位于老鸦岔-娘娘山背形西端南冀近轴部庙沟向斜中，出露地层为新太古界太华群四范沟片麻状花岗岩，断裂构造密集分布，脉岩发育。金矿床主要受近东西向压扭性断裂控制。

金矿体主要赋存于文 512、S505 含金构造蚀变岩带（含金石英脉）中，并严格受各断裂构造带控制，构造带中除少数存在单一矿体外，其余均为复脉型矿体。总体上，矿体与构造带呈同向倾斜关系，矿体呈似层状、脉状相互平行排列，走向上与构造带基本一致，倾向上有斜切构造带之势，具有同步波状起伏的变化。

矿区共有 5 个金矿体，其中主矿体 2 个。矿体呈似层状、脉状产出，矿体最大长度 3170 m，矿体平均厚度 1.25 m。矿体总体走向 180°~210°，倾向 270°~310°，倾角 37°~55°，属于中等倾斜矿床。矿区平均品位 12.05 g/t。

矿体控制斜长 900 m，埋深 841 m，估算金资源储量 48.037 t。

矿床除主元素 Au 外，矿床尚伴生 Ag、Cu、W、Pb、S 5 种有益元素。

A. 矿石特征

矿物成分：金矿物单一为自然金，金属矿物以黄铁矿为主，黄铜矿、方铅矿次之，磁黄铁矿、斑铜矿、白钨矿等微量；次生矿物主要以赤铁矿、褐铁矿为主，磁铁矿、孔雀石、蓝铜矿、辉铜矿、白铅矿、铅矾等微量。脉石矿物以石英为主，微斜长石、斜长石、方解石次之，绢云母、黑云母、绿泥石、榍石、磷灰石少量。

B. 围岩蚀变

矿脉的围岩主要为片麻状花岗岩，多为混合质斜长角闪岩、黑云斜长片麻岩及少量黑云二长花岗岩，辉绿岩等。在近脉 0~10 m 范围内，均有不同程度的矿化蚀变，总体表现为近脉蚀变强，远离矿脉蚀变弱。矿化蚀变类型主要有：①黄铁矿化和方铅矿化，多形成细脉、小团块呈星状分布于微裂隙中；②绢云母化、绢英岩化及黄铁绢英岩化；③碳酸质化产于石英脉与顶底板围岩之间或微裂隙中；

④硅化最发育且分布普遍，从矿化开始到结束均可见到；⑤绿泥石化、绿帘石化分布较为普遍。

（2）文峪金矿区地球化学特征

文峪金矿区大比例尺地球化学特征（图3-57）具有与区域地球化学特征基本相同的异常元素组合，同时验证了矿床的脉状空间分布特征。

小秦岭地区，主要是石英脉型和构造蚀变岩型金矿，所形成的地球化学异常多为带状（线状），浓集中心往往直接指示金矿体或含矿构造带的空间位置。

在平面和剖面上，Au、Ag异常具有直接指示意义。Hg、As、Sb异常为矿体前缘异常，无论出在哪些部位，也不管其海拔多少，其下部均指示可能有金矿体存在。Co、Ni、Mn异常，为矿体尾部异常，当发育的时候，一般指示金矿体的终结，其下部不再有金矿体。

Pb、Zn、Cu、Mo、W、Bi等元素异常，一般在矿体中发育，由于矿体剥蚀程度不同，成矿热液的脉动造成叠加矿化，其强度和规模往往变化较大。就矿田内不同矿带分析，中矿带发育Pb、Zn、Cu、W等异常；北矿带主要发育Au、Mo异常。

综上所述，提出Hg、As、Sb为前缘指示元素；Co、Ni、Mn尾部指示元素；Au、Ag、Cu为矿体元素的垂向分带模式，以此指导深部找矿（图3-57）。

（三）小秦岭金矿带Au成矿元素富集机制及时空演化关系

1. 华北陆块南缘基底太华群Au丰度特征

华北陆块南缘小秦岭-熊耳山金矿带的宏观分布明显受华北陆块结晶基底太华群的控制。目前，绝大部分学者认为太华群是Au的矿源层，作为矿源层的太华群，Au丰度特征的研究是一个十分引人注目的问题，随着对微量Au测试技术的提高，太华群中Au的丰度特征日趋明朗（表3-24）。从表上可知，太华群中Au主要特征如下：

表3-24 华北陆块南缘基底太华群Au丰度

地区	样数	变化范围/10^{-9}	平均值/10^{-9}	分析方法	资料来源
鲁山太华群	33	0.2~0.7	0.4	化学光谱法	②
鲁山背孜太华群	43	0.5~1.6		化学光谱法	①
熊耳山太华群	66	0.88~2.21	1.44	化学光谱法	①
崤山太华群	38	0.72~1.43	1.13	化学光谱法	①
小秦岭太华群	58	0.8~1.12	0.88	化学光谱法	①
小秦岭太华群	258	1.13~2.38	1.86	化学光谱法	①
华北地台南缘			1.76	化学光谱法	②
商丹断裂带			0.76	化学光谱法	②
扬子地台北缘			0.72	化学光谱法	②

注：华北地台南缘、商丹断裂带、扬子地台北缘3个地区为上地幔近似丰度；①据张荫树（1983）；②据高山（1989）。

1）主要金矿地段的小秦岭-熊耳山太华群Au的丰度在1×10^{-9}~2×10^{-9}之间已是无可争议的事实了。目前太华群中Au的丰度已不是初始丰度，而是经过一系列后期变质-变形后的剩余含量，可以认为初始含量的相当部分已活化迁移、富集成矿。

2）以往在讨论矿源层时常常把丰度值作为决定因素来考虑，认为只有在含金丰度值高的地区才是金的成矿远景区。我们认为含矿层的Au元素丰度高是成矿的有利因素，但不是决定因素。从目前世界及我国对含金岩系大量分析测定数据表明（表3-25）：①绝大部分样品金的含量低于（Wedepohl，1995）大陆地壳丰度估计值2×10^{-9}；②除了部分沉积岩（砂岩、砾岩、炭泥质岩外），各类岩石之间金的平均值差别不大；③随着高灵敏度金的分析方法的测定及金分析数据的不断积累，

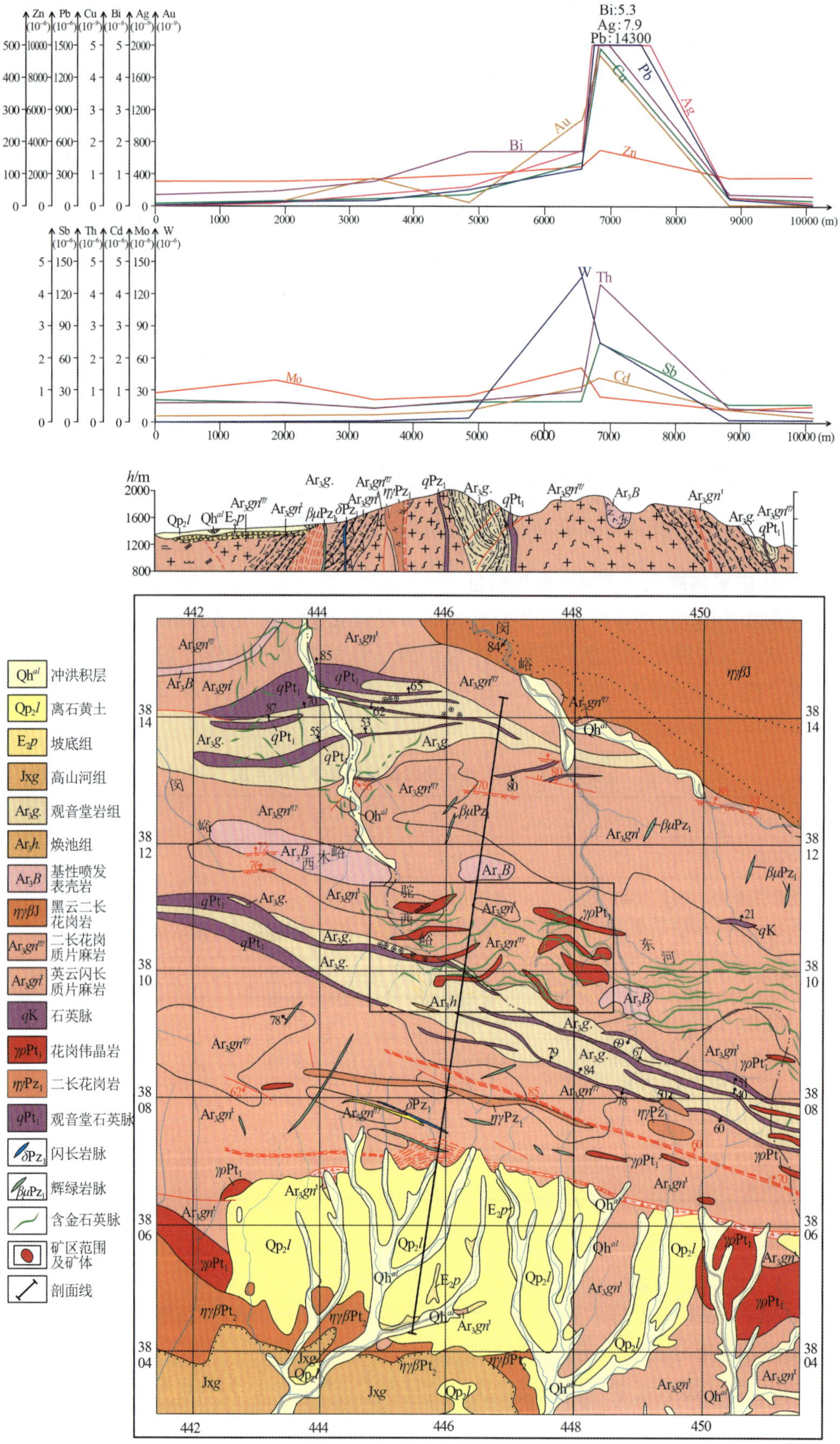

图 3-57　文峪金矿区地质-地球化学剖面图

（据河南省地质调查院，2013）

对原有金的地壳丰度值（3.5×10^{-9}~4×10^{-9}）提出质疑。

表 3-25　世界和我国某些含金岩系金丰度值　　单位：10^{-9}

地区	主要岩类	样数	变化范围 几何平均值	分析方法	资料来源
苏联科拉半岛	片状斜长角闪岩、二云母片麻岩、石榴云母片麻岩、含铁石英岩等	122	0.3~80.0 3.65	化学光谱法	③
加拿大安大略卡卡奇湖绿岩带	铁镁—长英质火山岩、铁镁—超铁镁火山岩、沉积岩等	166	0.09~17.75 0.98	放射性化学法、中子活化法测定	④
南非贝林圭、巴顿等绿岩带	玄武岩、拉斑玄武岩、蛇纹岩、科马提岩、含铁石英岩等	284	0.1~667.0 1.8	中子活化法	⑤
河南省午阳-济源（太华群、登封群等）	斜长角闪岩、黑云斜长片麻岩、混合岩化斜长角闪片岩、含铁石英岩等 126	392	0.3~42.0 1.46	化学光谱法	①
河南小秦岭一带（太华群）	斜长角闪片麻岩，条痕状混合岩，均质混合岩、石英岩等	126	0.18~5.8 0.69	活性碳吸收光谱法	②

注：①张树荫，1983；②王亨治，1986；③Б. В. ГаВ рИЛеНКО 等，1974；④Kwong 等，1978；⑤Saager 等，1982。

3）矿源层太华群中金的丰度为1×10^{-9}~2×10^{-9}，那么，为什么恰在华北地台南缘金成为优势矿产呢？这需要从华北陆块南缘岩石圈的物质分异及区域地壳体系的地质、地球化学特征来考虑：①区域上地幔金的丰度，上地幔是岩石圈上部层圈物质供应的源区，它的地球化学特征及与地壳的物质交换控制着上部地壳的物质组成及其矿产的空间分布格局。根据各构造单元上地幔近似丰度的计算（见表2-5），华北地台南缘较商丹断裂带和扬子陆块北缘相对富集金，其丰度分别为1.76×10^{-9}、0.76×10^{-9}、0.72×10^{-9}。②矿源层金的演化历史，要从n×10^{-9}的原始丰度富集成n×10^{-6}~（10+n）×10^{-6}的工业矿石，绝非是一次地质作用就能形成的，而是要经过多次变质、变形、混合岩化及岩浆熔融等后期作用叠加改造、相互继承，最终在某一较晚时期富集成矿。

太华群原岩的变质、变形及混合岩化作用至少在中元古代之前就发生了。在这些过程中 Au 元素随着岩石矿物组合、结构构造的改变而不断演变着，表现在金从深变质带大量地往较浅变质带迁移；混合岩化过程中 Au 等成矿元素的贫化（表3-26）；构造变形过程中，某些应力集中部位 Au 的浓集（糜棱岩中强烈破碎黄铁矿含 Au 达500×10^{-6}~900×10^{-6}）等方面，这是一个特定的地质环境，而太华群古老变质岩系具备了这得天独厚的条件，它比寒武纪后的地质体演化历史更悠久，构造更复杂，岩浆活动更频繁，变质作用更广泛、更强烈，这些都会在时间上、空间上为金的活化、迁移和富集、沉淀创造了极为有利的条件，这就决定了我国及世界上有相当部分金矿床都产在古老的变质岩系中。

表 3-26　小秦岭太华群混合岩化过程 Au 等成矿元素的贫化

混合岩化作用	岩类	样数	Au	Pb	Cu	Zn	趋势
弱 ↓ 强	黑云母斜长片麻岩	110	2.17	25.90	53.66	57.01	高 ↓ 低
	角闪斜长片麻岩	9	1.64	39.98	57.59	42.76	
	斜长角闪岩	43	1.79	23.63	85.71	101.21	
	混合片麻岩	16	1.25	12.19	30.13	9.38	
	混合岩化黑云斜长片麻岩	11	1.45	22.13	50.48	38.18	
	混合岩	13	1.73	12.35	30.90	24.18	

注：Au 单位为10^{-9}，其余单位为10^{-6}

4）华北陆块南缘中生代具特殊的岩浆构造环境，在侏罗纪—白垩纪初该区发生了中生代第二次影响全区的陆内俯冲构造作用，造成了在深部与浅部构造活动方式的明显不同，深部具有陆内板块俯冲性质，而浅部则以滑脱、推覆挤压、隆起构造为特征，前者通过俯冲消减界面而控制深熔岩浆形成，并以中酸性小斑岩体形式成群、成带产出在华北地台南缘从基底到盖层的所有层位；后者使壳内物质发生部分熔融形成壳源型花岗岩大岩基，在这些过程中成矿元素在各自的演化历史中活化、迁移富集成矿，最终形成了东秦岭最富有特色的 Au（Ag）和 Mo（W）优势矿产。Mo（W）的成矿作用明显受中生代深源中酸性小岩体控制，而 Au（Ag）的成矿作用与中生代壳熔花岗岩活化、迁移古老结晶岩系中的成矿元素有关。

2. 花岗岩不是金的成矿母岩

酸性岩基各阶段侵入体（以洛宁花山岩基为例）无论是常量元素，微量元素，还是成矿元素都无明显的规律性变化（表 3-27）。这说明形成花岗岩基的岩浆结晶分异过程中成矿元素的富集甚微，难于设想它们是 Au 的成矿母岩。

表 3-27 花岗岩岩基的岩石化学、微量元素、成矿元素含量表

岩体		岩石类型（样品数）	$w_B/\%$			K_2O/Na_2O	$w_B/10^{-6}$		
			SiO_2	K_2O	Na_2O		Rb	Sr	Ba
洛宁花山岩体	早	斑状黑云母二长花岗岩（34）	70.05	4.69	4.58	1.02	144	1059	2024
	↓	斑状角闪黑云二长花岗岩（42）	67.83	4.41	4.13	1.06	211	469	1014
	晚	斑状黑云母二长花岗岩（25）	69.70	4.48	4.22	1.06	177	413	1162

岩体		岩石类型（样品数）	Rb/Sr	Ba/Rb	$Au/10^{-9}$	$w_B/10^{-6}$				
						Ag	Mo	Cu	Pb	Zn
洛宁花山岩体	早	斑状黑云母二长花岗岩（34）	0.1	14.1	1.05	0.067	1.92	14.46	47.18	16.78
	↓	斑状角闪黑云二长花岗岩（42）	0.4	4.8	0.83	0.073	2.08	12.41	38.74	28.84
	晚	斑状角闪黑云二长花岗岩（42）	0.4	6.6	1.23	0.079	1.80	13.66	40.67	9.08

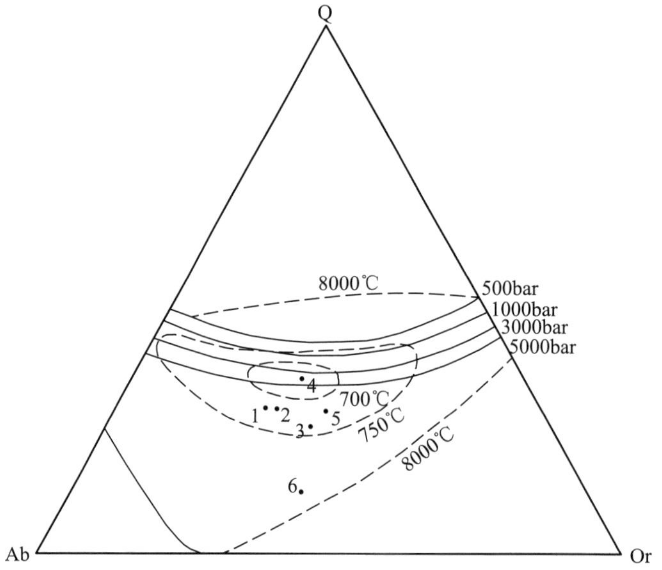

图 3-58 燕山期花岗岩 Ab-Or-Q 图解
（据 Tuttle et al.，1958）

3. 花岗岩浆作用是 Au 等元素活化迁移的地质营力

由于重熔古老基底的酸性岩浆结晶于较高的温度和压力，例如对闵峪、娘娘山和花山等岩体的 CIPW 标准矿物成分计算结果投点到 Ab-Or-Q 图解上，大部分点落在温度为 700～750℃，压力为

3000~5000 bar[1] 范围内（图 3-58）。然而，这仅仅是岩浆的结晶温度和压力，而重熔岩浆的形成温度和压力则更高了。花岗岩浆作用的这些物理条件引起了以下三方面的影响：

1）作为热源，促进了矿质的活化转移。岩浆作用改变了局部地壳的地热梯度，形成以岩浆为中心的热场，引起了围岩中一系列复杂的过程。首先是水和其他挥发分发生活动转移，在其影响下 SiO_2 和围岩中的 Au、Ag、Pb、Zn、Cu 等矿质元素发生了不同程度的活化转移。

2）直接提供热液，从小秦岭和上宫的脉石矿物石英气液包体成分和氧，氢同位素组成可以推断成矿热液主要为岩浆热液（表 3-28）。

3）作为形成构造裂隙的机械营力。

表 3-28　小秦岭、上宫金矿脉石矿物石英气液包体成分

气液包体成分	小秦岭金矿		上宫金矿	重熔-交代重熔岩浆热液石英	华北地台南缘燕山期花岗岩基
	第Ⅰ期成矿	第Ⅱ期成矿	早期石英		
δD/‰	-52.27		-66.4~-87.6	-52.96~-92.49	
$\delta^{18}O$/‰	4.26~5.24	1.82~2.74	5~9	5~9，8.5~12.5	
Na/K	2.22~3.06	2.45~3.86	1.78	1.66~3.33	Na_2O/K_2O：1.67~1.79
Ca/Mg	5.00~8.29	11.45~17.06	4.81	3.7~7.9	CaO/MgO：3.20~2.80
Cl/F	39.9~78.22	2.93~5.60	48.27	16.8~104	

4. 金的选择性富集

矿带内金矿脉赋存围岩大部分是变基性火山岩和中、基性火山熔岩（表 3-29）。有人认为这是由于基性岩中 Au 的丰度较高，我们认为这是由于富含 Fe、Mg 组分的基性岩在后期的变质、变形、混合岩化及岩浆等作用过程中，容易使 Au 沉淀下来，即变基性岩有利于 Au 的选择性富集。例如太华群的闾家峪组变基性火山岩和熊耳群许山组的中、基性火山熔岩 Au 富集的原因是由于它们在蚀变过程中形成了有利于 Au 沉淀的“地球化学障”。表 3-30 中列出了小秦岭金矿田变基性火山岩（斜长角闪片麻岩）蚀变过程中元素的变化趋势，各成矿阶段包裹体中元素的变化也反映了这种趋势。这种变化可以导致以下地球化学过程：

表 3-29　金矿带内金矿脉主要赋存围岩的岩类特征基性岩含脉率

地层	金矿脉主要赋存围岩的岩类特征	闾家峪组含金石英脉数/太华群中含金石英脉数	百分比/%	1 km 以上闾家峪组含金石英脉数/1 km 以上太华群中含金石英脉数	百分比/%
太华群闾家峪组	斜长角闪片麻岩、斜长角闪岩、黑云母斜长片麻岩、混合岩	360/464	77.6	26/30	86.7
熊耳群许山组	安山岩、玄武岩	构造蚀变岩型金矿脉均产在中基性火山熔岩中（上宫、前河金矿等）			

1）易挥发组分（H_2O、CO_2、H_2S）的大量逸出，溶液浓缩，可迅速降低溶液中各种金属元素的溶解度。

2）溶液中 K_2O 的大量排出（蚀变岩中 K_2O 增加）将使成矿流体的碱度降低，促使溶液向中-弱酸转变。

3）溶液中 Fe^{2+} 浓度增高，而 Fe^{3+} 浓度有所降低，从而增加热液还原能力，为 Au 的主要载体黄铁矿的形成提供了充足的 Fe；同时高还原的环境促进 Au 络合物的分解和 Au 的沉淀（$Au^{3+} \rightarrow Au^+$，Au^0）。

$$2(AuS)^- + Fe^{2+} \rightarrow FeS\downarrow + Au^0 + Au^+$$

$$2(AuS)^- + Pb^{2+}(Zn^{2+}) \rightarrow 2PbS(ZnS)\downarrow + Au^0 + Au^+$$

[1] 1bar=100kPa。

表 3-30 斜长角闪片麻岩（变基性火山岩）蚀变过程中元素变化趋势

主量元素/%	原岩	中等蚀变岩石	强蚀变岩石	蚀变过程中元素的变化趋势	小秦岭金矿各成矿阶段包裹体中元素含量变化
	斜长角闪片麻岩	黄铁绢云黑云蚀变岩	黄铁碳酸盐绢云蚀变岩		Ⅰ→Ⅱ→Ⅲ
K_2O	1.16	4.44	4.72	成矿溶液中 K_2O 析出，在蚀变岩中 K_2O 增加	K^+ 含量无明显增加
FeO	12.20	9.50	5.65	原岩中 Fe^{2+} 大量进入溶液	S、Fe、Pb、Zn、Cu 大幅度上升
S	0.248	0.194	3.75		
Na_2O	2.16	0.56	1.04	Na^+、Ca^{2+}、Mg^{2+} 进入溶液	Na^+、Ca^{2+}、Mg^{2+} 含量上升
CaO	9.17	6.97	5.91		
MgO	5.50	4.29	2.78		
L、O、I	2.49	6.17	9.88	H_2O、CO_2、CO、H_2S 等挥发组分大量逸出	CO_2、CO、CH_4 含量上升

另外，相同的条件也有利于 SiO_2 沉淀。

4）Na、Ca、Mg 带入溶液后除在饱和状态下晶出相应矿物外，剩余部分残存在热液中造成了矿物气液包裹体中富 Na、Ca、Mg 等成分。

这里还需要指出的是，矿带内基性煌斑岩脉与金矿脉在时、空上密切共生，对这一事实的认识是极不一致的。我们认为它可能是金成矿作用在基性岩中选择性富集的地球化学还原障。

上述分析表明，含 Au 成矿溶液由于进入化学成分差异较大的变基性岩时，大量挥发分、K^+、S^{2-} 等组分自溶液中析出，相当数量的 Fe^{2+} 转入热液，促使热液向中-酸性、还原性增高及高矿化度溶液转化，从而导致 Au 的沉淀。

5. 裂隙带中 Au 等元素富集，沉淀的条件

华北陆块南缘金矿带的含金石英脉和含金蚀变岩带都产在花岗岩基周围的构造裂隙带中。有的平行岩体与围岩的接触带，有的受某组断裂带或两组裂隙交汇处的控制，不少矿体的形成多出现在裂隙构造演化过程中的相对扩张阶段。另外，基性围岩的化学组成对矿脉的空间位置也有明显的控制作用。这些现象反映了裂隙带是含金成矿溶液良好的物理-化学的地球化学障。另外，两组裂隙的交切部位往往是不同组分溶液混合，相互作用的场所（嵩县祁雨沟金矿）。为此，破碎带中 Au 的富集是受综合因素的控制，早期黄铁矿、石英都是脆性矿物、受压力易破碎，当热液进入较浅的开放裂隙时，局部压力骤减，其他的物理化学条件也相应变化，促使热液中金络合物的沉淀，金就沉淀在这些破碎矿物中。小秦岭金矿的糜棱岩带中弱破碎黄铁矿含金 $1\times10^{-6}\sim2\times10^{-6}$，而强烈破碎的黄铁矿含金达 $500\times10^{-6}\sim900\times10^{-6}$。某些产在构造破碎带中浸染状富矿也可能是这种原因造成的。

据栾世伟等的研究，金矿的成矿温度范围为 310～150℃，主成矿期为 300～200℃；成矿压力 1.63～1.08 kbar（相当 3.8～5.9 km 深度）；pH 值为 5.7～6.03；热液的 E_h 值为-0.115～0.14 V。另外，对时间稍早于矿化，而空间上与金矿脉一致的糜棱岩进行研究，估算出糜棱岩的形成条件为：温度 350～235℃；围压 4.13～0.55 kbar（相当 2～15 km 深度）。以上数据表明两者所处的物理化学条件基本一致，可见，糜棱岩也是金矿脉赋存的空间之一。

为此，构造裂隙带、糜棱岩带是金矿脉赋矿的绝佳空间。

6. 华北陆块铅同位素所指示的构造环境和金成矿物质来源

铅同位素的特征为华北陆块构造环境演化的总趋势所提供的信息。

首先，对构成华北陆块结晶基底的高级变质岩系铅同位素组成的研究发现：

1）处于同一火山沉积旋回的样品，就是相距上千千米，无论是全岩，还是其中的硫化物，它们的铅同位素组成有着惊人的相似性。这可能是由于原始的中基性火山岩和沉积岩是源于 μ、ω 值较均一的环境，后经高级区域变质作用成为华北陆块的结晶基底。

2）不同时期火山沉积旋回的变质岩系显示了不同的铅同位素组成特征，位于华北地块北部的冀北-辽吉金矿带赋存于太古宙早期火山沉积旋回，其铅同位素及 μ、ω 值偏低，而位于华北陆块南缘的小秦岭金矿带和东部胶北金矿带均赋存于晚期的火山沉积旋回，其相应的值均偏高。

3）这些古老变质岩系的铅同位素组成，特别是钾长石，不含或极少含有 U、Th 放射性元素，因此，在区域变质作用后一般很少有放射成因铅的积累，至今仍保留着变质作用时的初始铅同位素组成。

其次，从中生代活化期的产物花岗岩和金矿床的铅同位素组成分析表明，除了金矿床矿石铅与岩浆岩两者铅同位素成分的一致性外，它们亦与太古宙变质岩系的铅同位素组成相似。这一信息揭示了它们之间的内在联系，即太古宙变质岩系为 Au 等元素的提供者（金），中生代原地或半原地花岗岩化作用是 Au 等元素活化、富集的地质营力，随之而进行的是金沿构造裂隙的迁移、集中、沉淀的成矿作用。依据铅同位素组成所建立的这种成因机制，为华北陆块上寻找同类原生金矿床确定了“太古代变质岩系（金源）-中生代花岗岩浆作用（金的活化、富集的地质营力）-变质岩系构造裂隙（金的沉淀、富集的成矿空间）”的成矿模式，图 3-59 为华北地台南缘金矿床“两层”成矿模式：第一构造层的含金石英脉型-小秦岭地区，第二构造层的构造蚀变岩型-熊耳山地区。

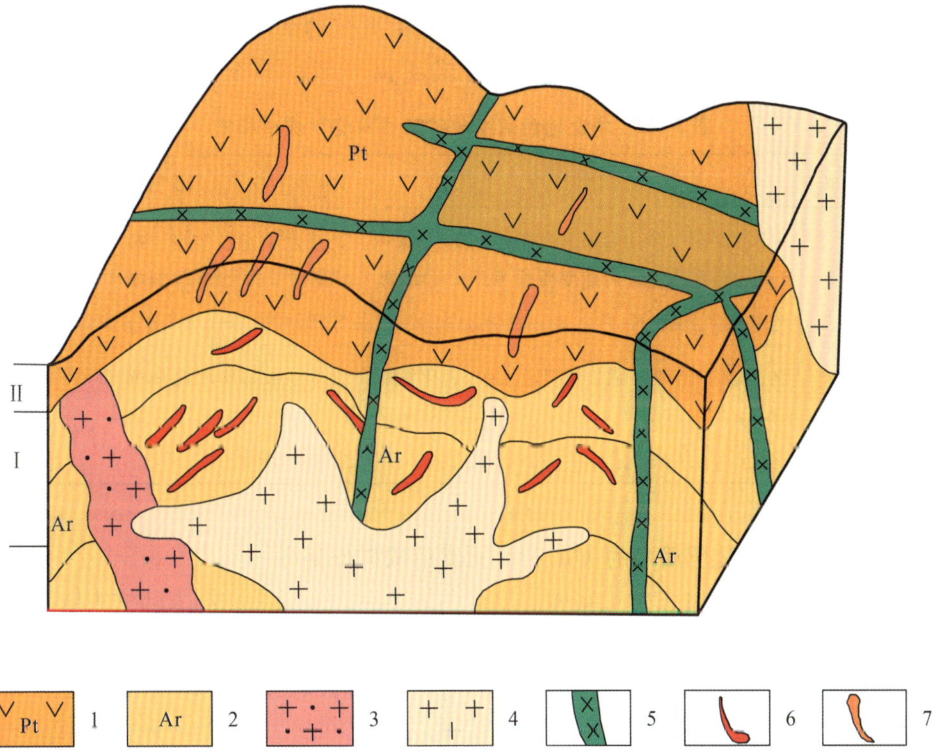

图 3-59　华北地台南缘金矿床“两层”成矿模式

（据马振东等，1996）

1—熊耳群；2—太华群；3—前燕山期花岗岩；4—燕山期花岗岩；5—基性煌斑岩脉；6—含金石英脉；7—构造蚀变岩型金矿

Ⅰ—第一构造层；Ⅱ—第二构造层

这是大陆环境中的一种特殊环境。在较老地壳内演化最慢的岩石铅保持了下地壳、上地幔低 U 值的特征，后期由于岩浆和成矿作用，使这种铅活化混入到岩浆岩和矿石中，呈现了非放射性成因的“老铅”的异常特征。我们把这种环境称为活化陆块（rejuvcnated craton）。

综合以上资料，将铅同位素组成、地质事件、地质事件发生时间及所处的构造环境列表进行分析对比（表 3-31）。

表 3-31　铅同位素组成示踪华北陆块构造环境的演化及金成矿的关系

地质事件		陆核及基性火山及沉积旋回形成	陆块结晶基底形成		赋矿围岩	壳熔花岗岩	断裂活动及金成矿作用
时间/亿年		30~26/27	25~20	20~18	1.8~0.6（以胶东矿带为例）		
构造环境		（陆核）活动带		稳定陆块	活化陆块（软流圈上涌→下地壳拆沉）		
铅同位素组成	$^{206}Pb/^{204}Pb$	12.931	14.088	15.159	17.303	17.301	17.423
	$^{207}Pb/^{204}Pb$	14.343	14.870	15.192	15.403	15.447	15.536
	$^{208}Pb/^{204}Pb$	32.736	33.780	35.299	37.38	37.789	38.161

注：华北陆块从活动到稳定铅同位素组成采用 J. S. 斯塔西两阶段演化模式的 30、25 和 20 亿年的值。

由表 3-31 可知，华北陆块与金矿有关的岩浆岩（华力西—印支—燕山期花岗岩），均为壳熔酸性花岗岩（“S”型花岗岩），它们在金成矿作用中是 Au 元素活化、迁移、最终富集成矿的热动力。由于它们的岩源为融熔基底地壳，华北陆块金矿石、太古宙变质岩系及花岗岩三者的铅同位素组成十分相似，均具低 μ 值（$^{238}U/^{204}Pb$），示踪了华北陆块铅同位素地球化学场低 U 的特征。

根据以上 Au 的成矿元素丰度、花岗岩岩基的地球化学特征、、金的选择性富集机制及铅同位素的讨论，归纳出小秦岭地区金矿床成矿的地质-地球化学模式：太古代变质岩系（金源）-中生代花岗岩浆作用（金活化迁移的地质营力）-裂隙带（金富集沉淀的空间）。

在此基础上提出了本区金矿床“两层”成矿模式（表 3-32；图 3-59）：

表 3-32　华北地台南缘金矿床“两层”成矿模式

	金矿床类型	赋矿围岩特征	赋矿围岩变形及裂隙特征	主要蚀变类型
上矿层	含金构造蚀变岩型	中基性熔岩（安山岩，玄武岩），SiO_2：51%~56%，基本未经受后期变质作用，Fe、Mg 含量较高（上宫金矿等）	岩石发生脆性变形，形成剪切带的上部带-裂隙岩带	绢云母化，黄铁矿化，铁白云石化
下矿层	含金石英脉型	斜长角闪片麻岩，斜长角闪岩，混合岩化作用强烈，SiO_2 含量增高，Fe、Mg 含量相对减少（闵峪金矿等）	岩石发生塑性变形和重结晶，形成剪切带下部带-糜棱岩带	硅化，黄铁绢云岩化，黄铁碳酸盐化

7. 中-新生代东秦岭构造环境中的 Mo、Au 元素的成矿作用

随着扬子地块和华北地块晚古生代碰撞造山运动的结束，形成了中国大陆的主体部分，分南北联合陆块，奠定了秦巴地区总体构造格架。然而联合陆块内构造活动并没有平静下来，在印度板块对欧亚板块的俯冲碰撞作用和太平洋板块对中国板块的俯冲作用的大构造背景下，秦巴地区继承和持续着深层由南往北俯冲和上部地壳的大规模收缩构造运动，在侏罗纪—白垩纪初秦巴地区发生了中生代第二次影响全区的陆内俯冲构造作用，在深层部位扬子地块基底沿商丹断裂向北滑脱，并俯冲到华北地块基底和加里东造山带之下，迫使南秦岭-北大巴地区褶皱盖层向南逆冲滑脱。而在陆内俯冲主界面（商丹分界断裂）以北的仰冲块体强烈隆起，深层部位出现以糜棱岩为特征的韧性剪切带。为此，在本区深部与浅部构造活动方式明显不同，深部具有陆内板块俯冲性质，而浅部则以滑脱推覆挤压，隆起构造为特征。前者通过俯冲消减界面从而控制深熔岩浆形成并以中酸性小斑岩体形式成群、成带产出在华北地台南缘从基底到盖层的所有层位；后者使壳内物质发生部分熔融，形成壳源型花岗岩大岩基，在这些过程中，成矿元素在各自的演化历史中活化、迁移，富集成矿，最终形成了东秦岭最富有特色的 Au（Ag）和 Mo（W）优势矿产。Mo（W）的成矿作用明显受中生代深源中酸性小岩体的控制，而 Au（Ag）的成矿作用与中生代壳熔花岗岩活化迁移古老结晶岩系中的成矿元素有关。东秦岭中-新生代的构造环境所导致的岩浆作用，是 Au（Ag）、Mo（W）等元素成矿的主导因素。

第二节 与岩浆成岩+表生成矿作用有关的元素地球化学场

一、成岩、成矿作用与U元素地球化学场的关系

中国各成矿省（徐志刚，2008）1：20万水系沉积物U、Th异常总的分布趋势是南高北低，尤其是华南、扬子地区（U>2.9×10^{-6}，Th>13.0×10^{-6}），均大于全国算术平均值。U、Th异常区的空间分布明显与我国华南、西南地区的大面积花岗岩出露区相吻合，尤其是华南地区，既是我国著名的钨、锡等内生金属成矿省，又是花岗岩型铀矿主要产地。

（一）中国东部地壳与岩石的U、Th元素化学组成

鄢明才等（1997）对中国东部各构造分区出露地壳和沉积盖层与基底U、Th元素平均化学组成的统计表明（表3-33）：华南褶皱带出露地壳（去碳酸盐岩）U、Th元素平均化学组成分别为：U 3.7×10^{-6}，Th 17.0×10^{-6}，沉积盖层与基底U、Th元素平均化学组成分别为：U 3.0×10^{-6}，Th 14.0×10^{-6}，均明显高于东部其他构造分区。对出露基底、变质地层及花岗岩平均化学组成分类计算表明（表3-34）：华南褶皱带出露基底、变质地层U、Th元素分别为：U 4.30×10^{-6}，Th 19.0×10^{-6}；U 2.34×10^{-6}，Th 12.6×10^{-6}，均明显高于东部其他构造分区；尤其是华南褶皱带花岗岩类富集U、Th元素（U 5.55×10^{-6}，Th 23.20×10^{-6}）。

再从华南褶皱带各时代地层U、Th平均化学组成来看（表3-35）：东南沿海火山岩带和闽西-赣南褶皱带的中新生代盆地中古近纪、白垩纪、侏罗纪地层U、Th元素呈现较高的丰度，这是盆地中砂岩型铀矿和火山岩型铀矿的反映；而奥陶系、寒武系中U、Th元素可能为碳硅泥岩型铀矿化所致。

表3-33 中国东部各构造分区出露地壳和沉积盖层与基底U、Th平均化学组成 单位：10^{-6}

中国东部各构造分区	出露地壳（去碳酸盐岩）		沉积盖层与基底	
	U	Th	U	Th
中国东部	2.3	11.0	2.0	8.4
内蒙古兴安-吉黑造山带	2.3	10.0	1.9	7.6
华北陆块	1.7	10.0	1.7	7.6
秦岭-大别造山带	2.1	12.0	1.8	7.8
扬子陆块（东）	2.8	12.0	2.6	9.3
华南褶皱带	3.7	17.0	3.0	14.0
东南沿海火山岩带	3.7	18.0		
闽西-赣南褶皱带	3.5	16.0		

（据鄢明才等，1997）

表3-34 中国东部各构造分区出露基底、变质地层及花岗岩U、Th平均化学组成 单位：10^{-6}

中国东部各构造分区	基底		变质地层		花岗岩	
	U	Th	U	Th	U	Th
中国东部	2.27	12.3	1.49	8.3	2.27	14.9
内蒙古兴安-吉黑造山带	2.35	12.5	1.97	9.0	2，41	13.1
华北陆块	1.34	9.5	0.93	5.8	1.74	13.6
秦岭-大别造山带	1.81	10.9	1.35	8.2	2.93	17.8
扬子陆块（东）	2.50	12.0	2.00	10.5	3.69	16.2
华南褶皱带	4.30	19.0	2.43	12.6	5.55	23.2

（据鄢明才等，1997）

表 3-35　华南褶皱带区域地层 U、Th 平均化学组成　　单位：10^{-6}

区域地层		N	E	K	J	T	P	C	D	O	€	Z	*	**
甲	U	0.8		3.0	3.2									
	Th	3.3		16.0	17.0									
乙	U		5.1	2.5	2.9	3.2	3.3	1.4	2.0	2.9	3.8	2.4	1.4	2.9
	Th		16.0	14.0	15.0	14.0	11.0	3.0	9.2	18.0	15.0	13.0	9.2	13.0

注：甲表示东南沿海火山岩带；乙表示闽西-赣南褶皱带；* 陈蔡群（Pt_3ch）；** 麻源群（Pt_3my）。（据鄢明才等，1997）

现以研究程度高的华南花岗岩型铀矿为例，讨论 U 元素的成岩、成矿、成晕的地球化学机制。

（二）华南成矿带 U 元素成岩、成矿特征

华南成矿带是我国最为重要的花岗岩型铀矿聚集区，就目前铀矿化特征来看，主要为花岗岩型铀矿。花岗岩型铀矿指的是发育在花岗岩岩体内及其外围地层（小于 2 km）的热液铀矿。根据赋矿围岩可分为花岗岩内带型和外带型铀矿，矿体主要受断裂破碎带控制，成矿时代明显晚于花岗岩成岩时代。铀源主要来自已固结的含铀高的酸性花岗岩（铀源体），它们是多期多阶段侵入的复式酸性岩体。

例如华南从诸广山岩体南部 1∶5 万水系沉积物异常剖析图（图 3-60）清晰可见：U、Th、W、Sn、Bi、Pb、La 和 F 元素地球化学异常形态和印支期—燕山期花岗岩岩体形态完全一致，基本可以反映岩体的展布和位置。诸广山岩体南部燕山期早岩体富 U、Th、La 的高背景高异常：其中 U $212\times10^{-6}\sim432\times10^{-6}$，Th $128\times10^{-6}\sim216\times10^{-6}$，La $246\times10^{-6}\sim402\times10^{-6}$，La 最高 527×10^{-6}。U 异常晕成团块状，具有明显的浓集中心，由于花岗岩型铀矿往往存在于中酸性岩浆岩体的内、外带，以及 U 元素表生地球化学的活泼性，因此，铀矿床并不位于异常的中心，而是位于异常晕的边部，而 U 异常的内、外边缘就是花岗岩型铀矿的可能产出部位，规模较小的花岗岩体铀矿床可能位于异常的浓集中心。

从图 3-60 可见，元素地球化学异常明显分成 3 个小区：中-新生代陆相沉积岩盆地子区（Ⅰ）、古生代地层子区（Ⅱ）和印支期—燕山期花岗岩岩体子区（Ⅲ）：

1）印支期—燕山期花岗岩岩体子区（Ⅲ）：其以 W、Sn、Bi 元素代表的与花岗岩有密切成因联系早期中高温热液成矿作用和 U、Th 元素代表的晚期中低温热液铀成矿作用，两者仅在空间上叠置，而无成因联系。

子区（Ⅲ）中的 La 异常为在表生作用条件下原赋存于印支期—燕山期花岗岩岩体中独居石、褐钇铌矿、褐帘石、氟碳钙铈矿、等含稀土副矿物风化解体，La（Ce）等稀土元素呈离子状态被胶体矿物（蒙脱石、多水高岭石、铁和锰的氢氧化物等）吸附所致，这种赋存形式主要产于风化壳中，形成风化壳淋积型或离子吸附型稀土矿床。

2）古生代地层子区（Ⅱ）：印支期—燕山期花岗岩岩体外围地层主要为震旦系—寒武系—奥陶系的浅变质碎屑岩（浅变质碎屑岩有的在岩体中呈残留的顶垂体），是一套巨厚的古生代类复理石含碳硅的砂泥石建造，平均铀含量 $2.4\times10^{-6}\sim3.8\times10^{-6}$（表 3-33），岩体顶垂体中的含铀量平均高达 10×10^{-6}，为一套富铀地层。古生界（泥盆系、石炭系、二叠系）地层中富集 Pb、Zn、Cu、Co、Ni、Cr、Cd、Mn、Au、Ag、As、Sb 等元素。在仁化县西北 12 km 处泥盆系、石炭系中赋存有超大型铅锌矿床（凡口铅锌矿），铅：279×10^4 t，锌：549×10^4 t，汞：3000×10^4 t。

3）中新生代为陆相白垩纪、古近纪—新近纪红盆区（Ⅰ），多为城镇居民区，以南雄断裂为界的南雄盆地因人为污染造成 U、Th、W、Sn、La、F 等元素沿浈江呈带状分布。

1. 酸性花岗岩（铀源体）的地质、地球化学特征（以诸广山岩体南部为例）

（1）诸广山岩体（南部）侵入期次

诸广山岩体为一多期多次活动的巨型复式岩体，出露面积大于 4000 km^2，诸广山岩体南部出露面

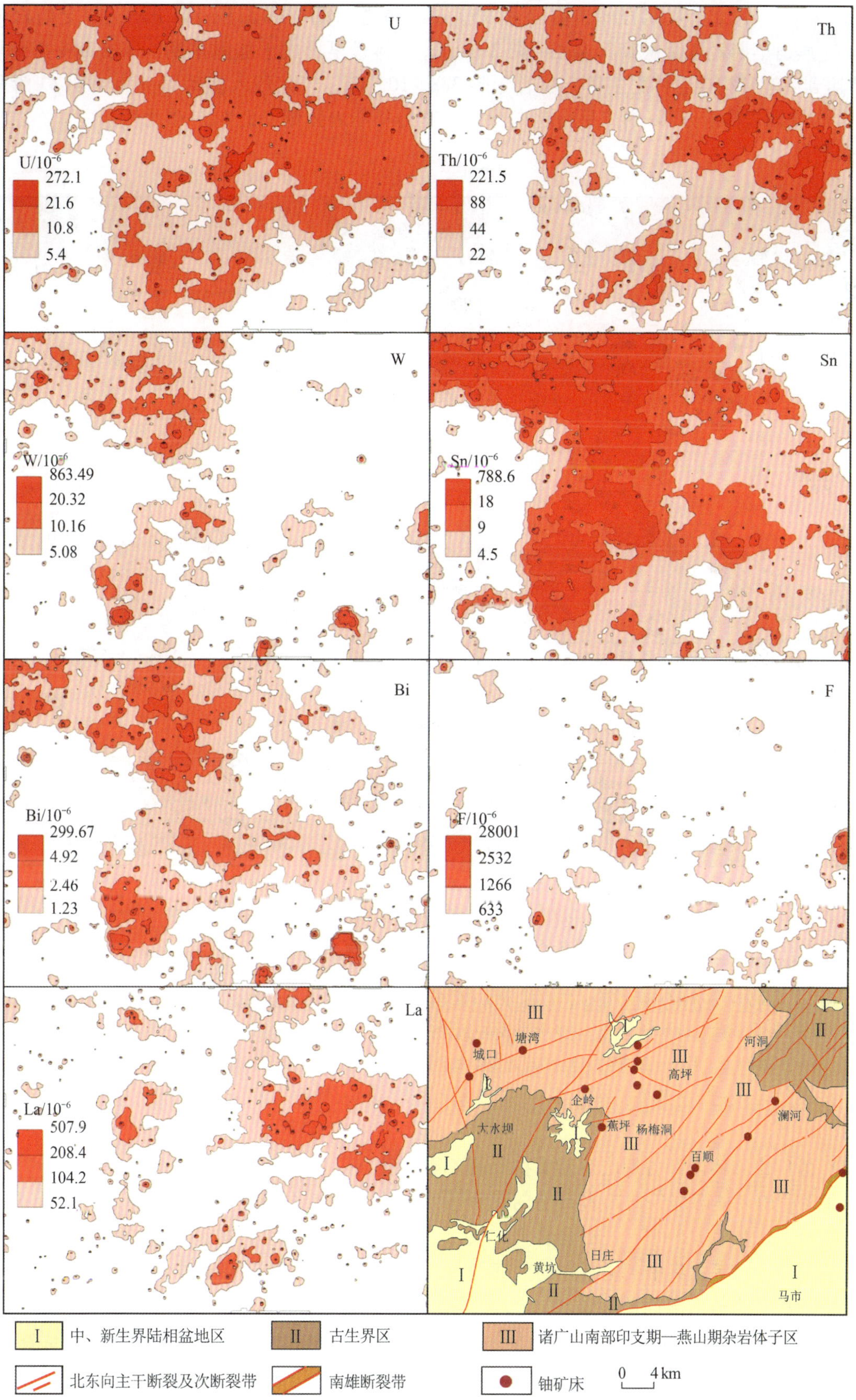

图 3-60　诸广山岩体南部 1∶5 万水系沉积物异常剖析图

（据广东省核工业地质局二九一队，2018，资料；任利民绘制）

积 2880 km^2，其中加里东期岩体出露面积 75 km^2，华力西期岩体面积 144 km^2，印支期岩体面积 937 km^2，燕山早期岩体面积 1576 km^2（图 3-61）。岩体最早形成于加里东期，印支期—燕山早期侵入活动达到高潮，构成岩体之主体，成岩年龄 388~105 Ma。岩浆侵入活动可分为 4 期 13 阶段（表 3-36）。印支期岩体沿万洋-诸广呈南北向分布，燕山早期岩体则呈北东东和北西西向展布，构成五峰-大余岩体。

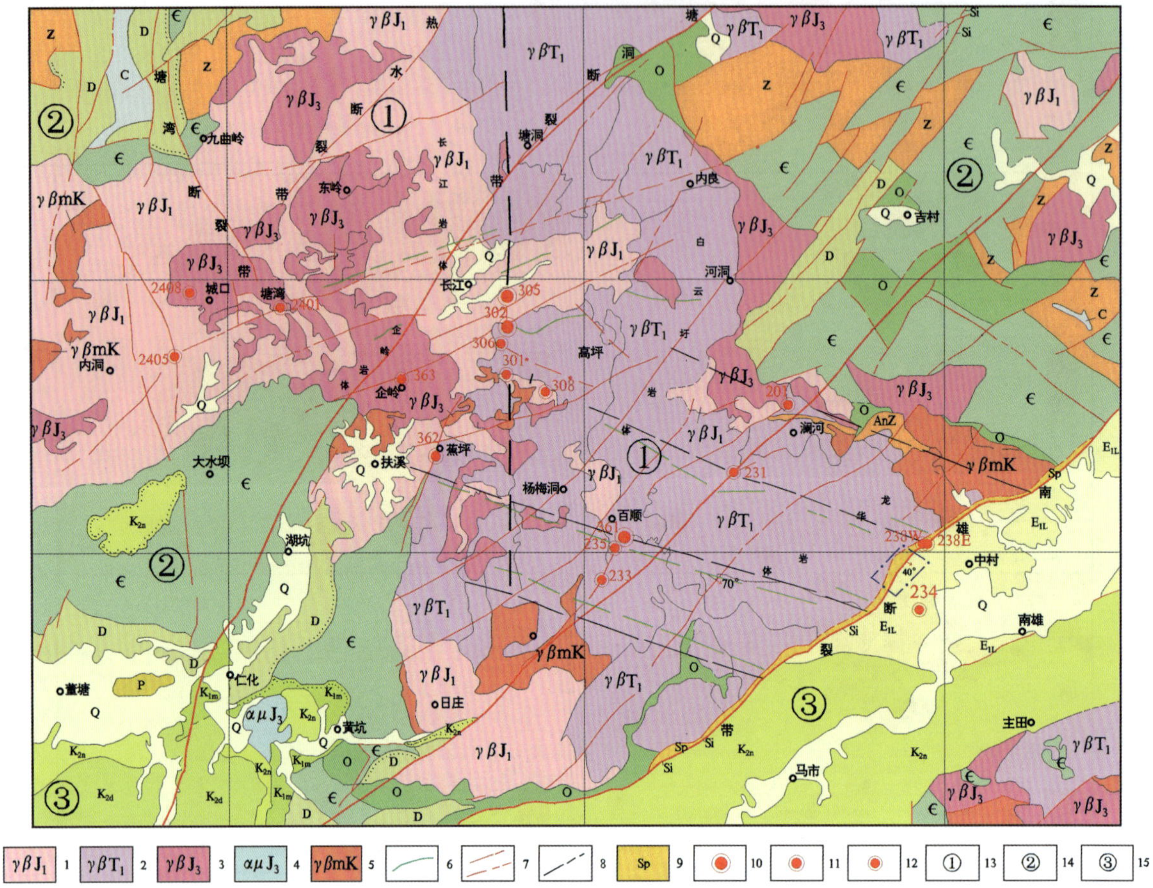

图 3-61 诸广山岩体南部铀矿地质简图

（据广东省核工业地质局二九一队，2017）

1—中粗粒斑状黑云母花岗岩；2—粗粒斑状黑云母花岗岩；3—细粒斑状黑云母花岗岩；4—安山玢岩；5—中细粒二云母花岗岩；6—辉绿岩脉；7—北东向主干断裂及次级断裂带；8—北西向、南北向断裂；9—蚀变碎裂岩；10—大型铀矿床；11—中型铀矿床；12—小型铀矿；13—诸广山岩体南部印支期—燕山期杂岩体子区；14—古生界（震旦系、寒武系、奥陶系、泥盆系、石炭系、二叠系）子区；15—新生界（第四系、新近系、古近系、白垩系）陆相盆地子区

（2）诸广山岩体南部各期次造岩矿物和副矿物含量

铀在诸广山岩体南部各期次岩石中的赋存特点从岩石中诱发裂变径迹的分布可见，造岩矿物 U 含量均很低，一般小于 5×10^{-6}，占全岩 U 含量多为 2%~5%；而副矿物包括晶质铀矿、锆石（以类质同象形式存在）等则集中了岩石中的大部分铀。裂隙粒间铀仅在 γ_4^3 中有少量出现，其余期次少见。

（3）诸广山岩体南部铀钍含量

诸广山岩体南部各期次新鲜花岗岩几乎都具有 U 含量较高、Th/U 比值较低的特点（表 3-37）。铀含量大多为 9×10^{-6}~19×10^{-6}，高出花岗岩平均铀含量 3~6 倍。加里东期、华力西期铀含量为 7×10^{-6}~11×10^{-6}，印支和燕山期的铀含量有明显增加，为 16×10^{-6}~19.8×10^{-6}；钍含量在加里东、华力西期岩体和燕山晚期（γ_5^3）岩体中含量都低，只有 13×10^{-6}~19.5×10^{-6}，而其他各阶段含量在 40×10^{-6}左右；Th/U 比值大多在 2~3 之间，较正常花岗岩平均值 5.4 小得多。

表 3-36　诸广山岩体（南部）侵入期次划分表

侵入时代			主要岩性	产状	展布方向	同位素年龄/Ma
期	阶段	代号				
燕山期 晚期		N	辉绿岩、石英脉	岩脉（墙）	近东西向，少量南北向	105
燕山期 晚期		$\gamma\pi \cdot Q\pi$	花岗斑岩、石英斑岩	岩脉（墙）		
燕山期 晚期		γ_5^3	细中粒二云母花岗岩	岩株	沿早期岩体接触带	115、119
燕山期 早期	三	γ_5^{2-3}	细粒(含斑)黑云母花岗岩	岩枝（株）	沿大断裂两侧分布	145
燕山期 早期	二	γ_5^{2-2}	中细粒斑状二云母（黑云母）花岗岩	岩基	北西向	141、143、155、165
燕山期 早期	一	γ_5^{2-1}	粗中粒斑状黑云母花岗岩	大岩基	近东西向	142、161、178（171）
印支期	三	γ_5^{1-3}	中粒斑状二云母花岗岩	岩基	构成南北向大岩基	152、155、176、244*
印支期	二	$\eta\gamma_5^{1-2}$	中粗粒斑状黑云母二长花岗岩	大岩基		168、188、205*、266*
印支期	一	γ_5^{1-1}	粗粒巨斑状黑云母花岗岩	岩基		214*、215*
华力西期	三	$\eta\gamma_4^3$	细粒含斑黑云母二长花岗岩	小岩基	等轴状	187*、247*
华力西期	二	$\gamma\delta_4^2$	中粒斑状花岗闪长岩	小岩基	北东向	176、193、238、388*
华力西期	一	$V\xi_4^1$	云辉二长岩	岩株	近东西向	281、246*
加里东期	一	$M\gamma_3^1$	片麻状、眼球状花岗岩	悬垂体	北西西向	241、365

注：* 为锆石年龄值；( ) 中为晶质铀矿年龄值。　　（据广东省核工业地质局二九一队，2016）

表 3-37　诸广山南岩体铀钍含量

各期次侵入岩岩性	$U/10^{-6}$		$Th/10^{-6}$		Th/U		晶质铀矿 $(g \cdot t^{-1})$
	变化范围	均值	变化范围	均值	变化范围	均值	
片麻状眼球状花岗岩($M\gamma_3^1$)	5~13	9.0(4)	16-23	18.7(4)	2.02~2.17	2.08	
云辉二长岩($V\xi_4^1$)							
中粒斑状花岗闪长岩($\gamma\delta_4^2$)	5~12	6.3(5)	23~45	30.0(5) 30.0(5)	4.61~5.46	4.76	1(1)
细粒斑状黑云母二长花岗岩($\eta\gamma_4^3$)		11.0(1)	36~47.5	41.9(3)	3.28~4.07	3.81	2(1)
粗粒(巨)斑状黑云母花岗岩(γ_5^{1-1})	10~28	17.0(10)	30~56	45.4(10)	2.18~3.62	2.67	7(1)
中粗粒斑状黑云母二长花岗岩($\eta\gamma_5^{1-2}$)	6~34	17.3(34)	21~76	45.6(34)	2.57~3.75	2.64	[2.5](2)
中粒小斑状二云母花岗岩(γ_5^{1-3})	7~36	19.4(27)	14~60	34.9(27)	1.11~2.02	1.80	7(1)
粗中粒斑状黑云母花岗岩(γ_5^{2-1})	8~42	19.5(70)	27~60	41.1(70)	1.43~2.70	2.11	6~10(2)
中粒斑状二云(黑云母)花岗岩(γ_5^{2-2})	4~28	16.4(36)	10~54	33.7(36)	2.04~2.09	2.06	2~10(2)
细粒(含斑)黑云母花岗岩(γ_5^{2-3})	8~27	17.0(25)	22~60	37.8(25)		2.22	[1.12](2)
细(中)粒二云母钾钠花岗岩($a\gamma_5^3$)	4~35	19.8(29)	3~30	15.0(29)		0.76	0~6(2)

注：( ) 内为样品数；晶质铀矿含量为定量分析结果；[ ] 中为半定量分析结果。（据广东省核工业地质局二九一队，2016）

前人对未蚀变燕山期粗粒斑状黑云母花岗岩分析发现：全岩铀含量 3.88×10^{-6}，造岩矿物中的铀含量 0.93×10^{-6}，占全岩的 23.97%；锆石、磷灰石等副矿物中的铀含量 2.89×10^{-6}，占全岩的 74.54%；处于裂隙内或其他形式的活动铀含量 0.06×10^{-6}，仅占全岩的 1.49%。在正常的花岗岩中，岩石铀主要以类质同象形式存在于副矿物中，占全岩铀含量的 74%~90%，但经多种地质作用改造的花岗岩，岩石中铀的分配、赋存状态，即随之发生变化，副矿物中的铀可能转化为裂隙铀的活性铀，如贵东岩体中经期后的碱质流体交代作用发育次生白云母化，白云母化中粒黑云母花岗岩中裂隙铀可占全岩铀 83.3%，而副矿物中铀则大量减少，仅占全岩 1.9%。

2. 诸广山岩体南部花岗岩型铀矿特征

（1）成矿时间长、矿岩时差大

诸广山岩体铀成矿时间为104~47 Ma，延续57 Ma，在时间上与晚白垩世、古近纪断陷红盆形成同步，为地壳拉张期-构造活动相对宁静期。各矿床的成矿年龄与相应的含矿主岩年龄相差较大，间隔时间最长的为蕉坪（362）矿床达199~166 Ma，最短的为书楼丘（305）矿床80~70 Ma。

根据沥青铀矿年龄资料，诸广山岩体南部铀成矿期大致可分为早、中、晚3个成矿亚期5个阶段（图3-62）。

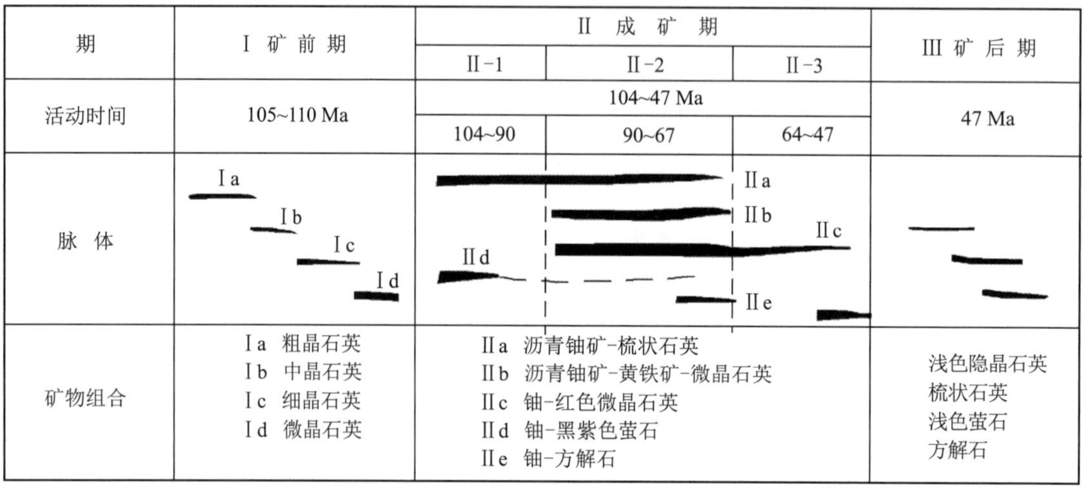

图3-62 诸广山岩体南部铀成矿期3个成矿亚期5个阶段

（据广东省核工业地质局二九一队，2016）

3个成矿亚期限分别为：

1）早亚期（104~90 Ma）主要形成沥青铀矿-胶黄铁矿-灰黑色微晶石英；

2）中亚期（90~67 Ma）是铀成矿的高峰期，各种组合都可以形成；

3）晚亚期（67~47 Ma）主要形成沥青铀矿-红色微晶石英。

5个成矿阶段分别为：

1）玉髓-梳状石英-沥青铀矿阶段（Ⅱa），成矿年龄为104~70 Ma；

2）沥青铀矿-黄铁矿-微晶石英阶段（Ⅱb），成矿年龄为90~67 Ma；

3）铀-红色微晶石英阶段（Ⅱc），成矿年龄为100~50 Ma；

4）铀-黑紫色萤石英阶段（Ⅱd），成矿年龄为104~90 Ma；

5）萤石-石英-碳酸盐阶段（Ⅱe），成矿年龄为75~47 Ma。

（2）铀矿床类型多样

区内铀矿床多样，根据矿床地质特征、矿体形态，可分为大脉型、群脉型、交点型和新生代盆地砂岩型。

1）大脉型矿床是岩体中最主要的矿床类型，其特点是矿体呈单脉状，侧列状或厚大的透镜状产出。根据矿床产出条件和特征又可分为：①北北西向的大脉型矿床：断裂长由数百米至数千米，由矿前期硅化岩和成矿期铀-赤铁矿-红色微晶石英组成。沿断裂的大部分地段有矿体产出，矿体的大小与构造带的规模呈正相关，矿体厚度变化大，规模较大，如棉花坑（302）（图3-63）矿床；②北东或北东东向大断裂中的大脉型矿床：断裂规模大，由矿前白色块状石英和硅化岩组成，成矿期热液活动和脉体活动只在局部地段产生，形成厚大的透镜状矿体，如东坑（361）、塘湾（2401）等矿床。

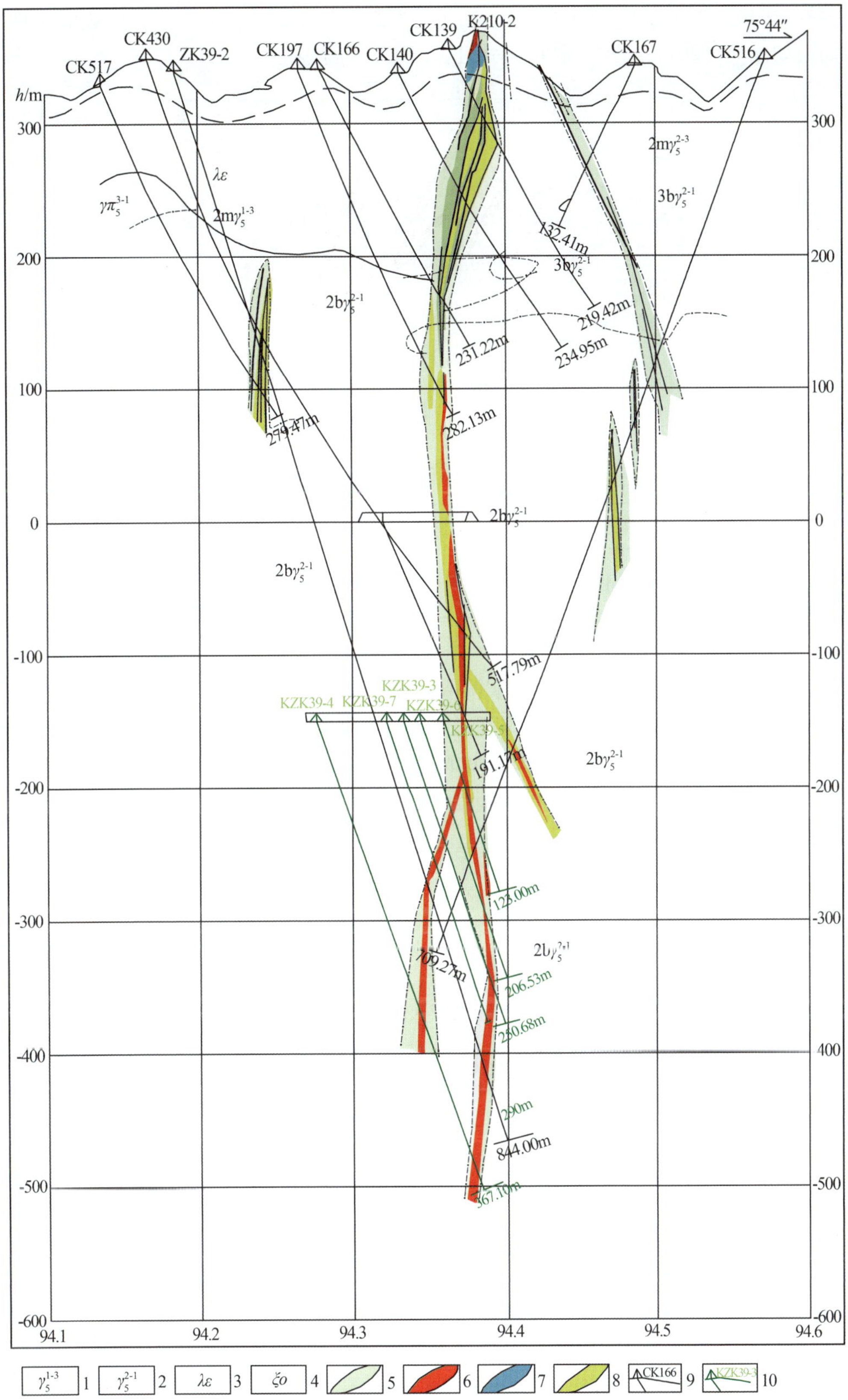

图 3-63　棉花坑铀矿床 39 号勘探线剖面图

（据核工业二九〇研究所，2013）

1—中粒小斑状二云母花岗岩；2—中粒黑云母花岗岩；3—石英正长岩；4—碱交代岩；5—构造蚀变带；6—工业矿体；7—矿化体；8—铀异常体；9—钻孔及编号；10—已完工钻孔及编号

2）群脉型矿床：矿床多产于岩体边缘，矿化受裂隙群控制，单体规模小，但成群出现，形态多变、品位高，如澜河（201）（图 3-64）、书楼丘（305）等矿床。

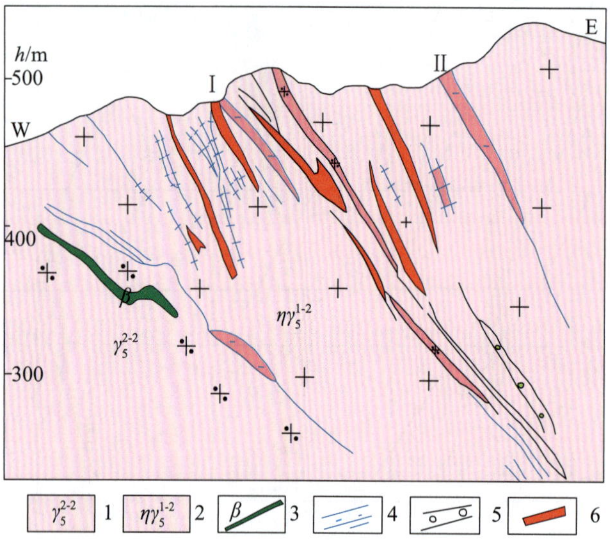

图 3-64　澜河矿床 0 号线地质剖面示意图

1—中细粒斑状二云母花岗岩；2—粗中粒斑状黑云母花岗岩；3—辉绿岩；4—硅化带；5—构造砾岩；6—铀矿体

3）交点型矿床：特点是控矿构造与含矿构造或含矿构造与含矿构造相交，其交线轨迹是矿体赋存部位。矿体形态为柱状，其沿倾向延伸深度大大超过长度，但规模不大，矿量较集中。根据交点类型不同可分为：含矿构造与中基性岩脉相交形成的柱状矿体，如牛矽（231）（图 3-65）、烟筒岭（235）、棉花坑（302）等矿床；和含矿构造主带与次带相交分支形成的柱状矿体，如罗坑（233）、黄沙桥（2405）等矿床。

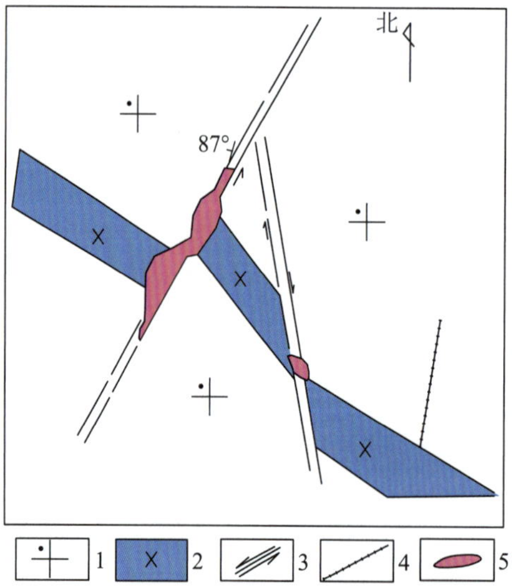

图 3-65　牛矽 231 铀矿床交点矿示意图

1—粗粒似斑状黑云母花岗岩；2—辉绿岩；3—断层及移动方向；4—石英脉；5—铀矿体

4）蚀变带矿床：粘土化蚀变带型铀矿化特点是矿体小而多，品位低而均匀，铀呈微脉浸染状，矿石与围岩呈渐变过渡，矿体产状与含矿构造产状常不一致，是典型构造带外矿体，如棉花坑（302）、企岭（363）、塘湾（2401）、蕉坪（362）、城口（2408）等矿床。

5）新生代盆地砂岩型铀矿床：矿床产于南雄盆地北缘紧靠诸广岩体部位，是岩体内铀矿化在新生代盆地中富集的表现，矿体呈似层状，缓倾角，形态简单，属低-中品位矿石，如暖水塘（234）、中村（238）（图 3-66）等矿床。

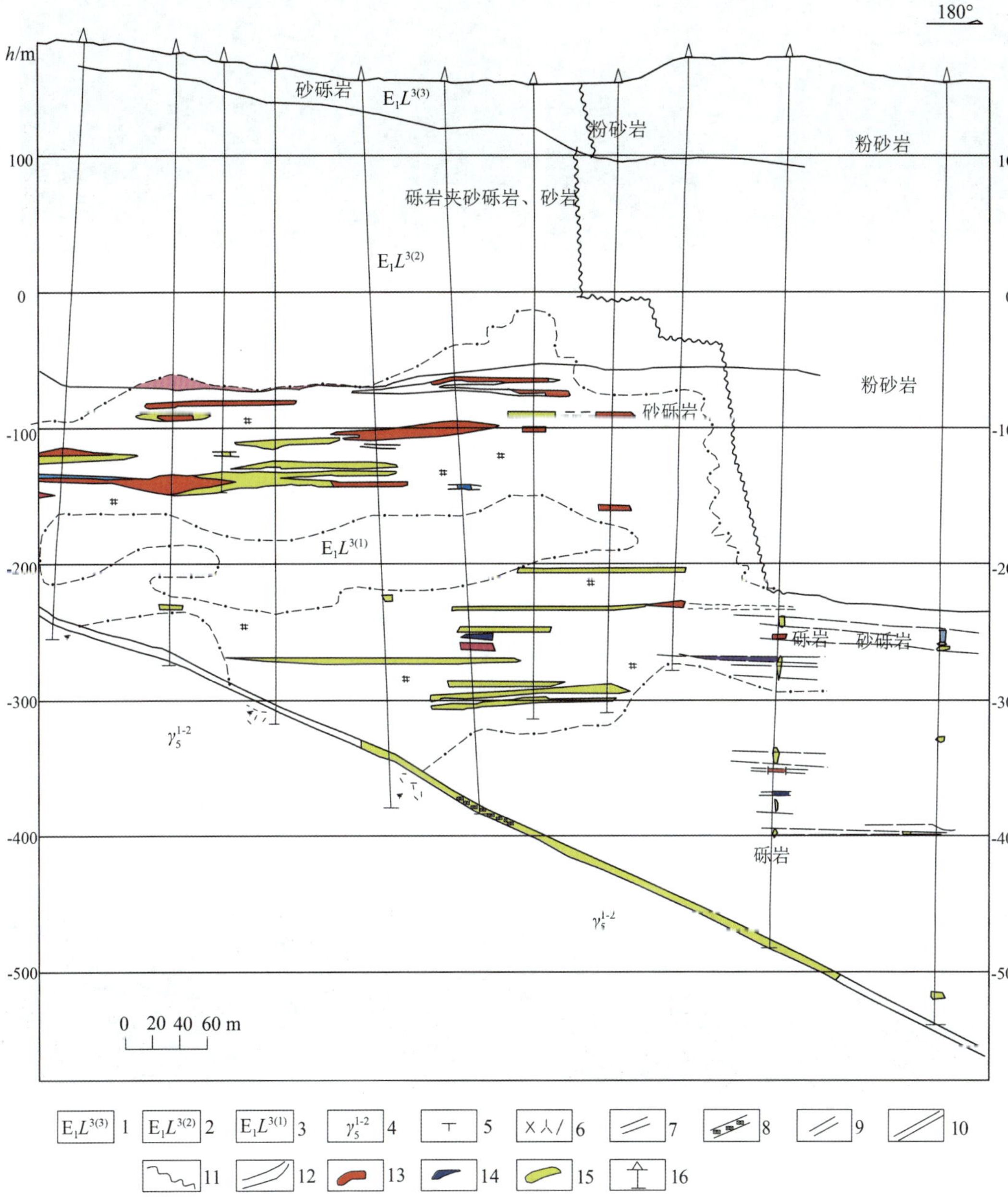

图 3-66　中村东矿床南北向剖面图

（据广东省核工业地质局二九一队，2017，资料绘制）

1—古城段；2—大塘圩段；3—竹桂坑段；4—中粒斑状黑云母二长花岗岩；5—构造千糜岩；6—绿泥石化、硅化、糜棱岩化碎裂岩；7—微晶石英岩；8—硅化构造砾岩；9—断层砾岩；10—断层泥；11—岩性相变界线；12—褪色层（体）及蚀变界线；13—工业矿体即编号；14—矿化体；15—异常矿化体；16—钻孔

（3）多种矿石类型

诸广山岩体南部铀矿化均属单铀型。矿物成分简单，有多种矿石类型。

1）沥青铀矿-梳状石英类型，这种组合类型往往形成富矿（图 3-67a）。

2）沥青铀矿-胶黄铁矿-灰黑色微晶石英类型，也属富矿组合类型。但富矿程度不及前种，361 矿床最为典型（图 3-67b）。

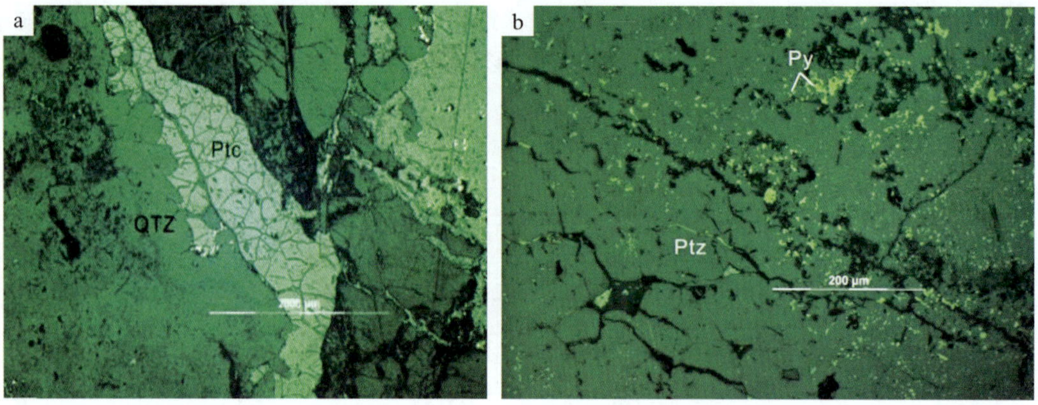

图 3-67　石英（QTZ）与沥青铀矿（Ptz）(a) 胶状黄铁矿（Py）与沥青铀矿（Ptz）(b)

（据广东省核工业地质局二九一队，2017）

3）沥青铀矿-红色微晶石英类型。视微晶石英中起染色剂作用的细分散状矿物分布的情况，又可进一步将其分为 3 个亚类：猪肝色微晶石英组合，含赤铁矿及少量黄铁矿；红色微晶石英组合，含赤铁矿，有时见微量黄铁矿星点；棕红或褐红色微晶石英组合，含赤铁矿。

4）沥青铀矿-紫黑色萤石或含铀紫黑色萤石类型，这种组合类型形成的矿化一般较贫。很少单独形成铀矿床。多叠加在其他类型之上。

5）沥青铀矿-方解石类型。此类型少见，一般中基性岩中出现较多，如 231 矿床。此外在城口地区还出现有少量含铀磷灰石，含铀沸石等组合，它们一般都叠加在早期矿化之上。

6）富矿脉体的矿物组合。除肉眼就可见到较多沥青铀矿外，还常见到胶状、团块状黄铁矿及少量其他金属硫化物，其矿石的颜色较黑，常被人们称为“黑矿”（图 3-68a）。这种矿物组合特征，显示出矿是较还原的环境下沉淀的；而沥青铀矿-红色微晶石英组合则以含细分散至云雾状细分散为特征，含黄铁矿少，矿石较红，常称“红矿”（图 3-68b），显示出铀矿化是在弱还原或氧化-还原过渡环境中沉淀。

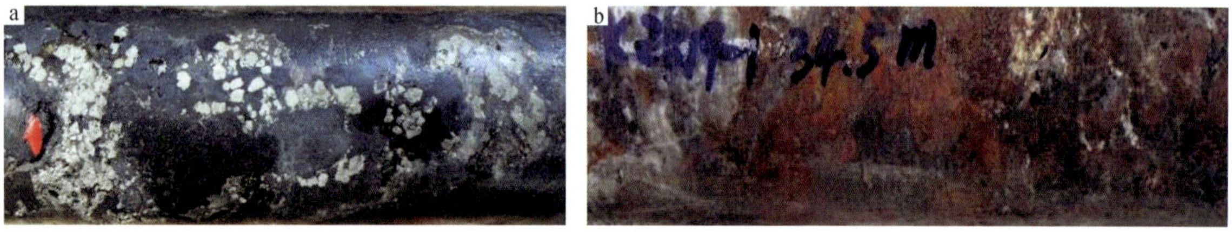

图 3-68　沥青铀矿与团块状黄铁矿（“黑矿”）(a) 与沥青铀矿与红色（细分散细分散）微晶石英（“红矿”）(b)

（据广东省核工业地质局二九一队，2017）

7）脉石矿物的含铀量。由于矿石富集程度的不同，脉石矿物的含铀量也有较大差异（58×10^{-6}～8330×10^{-6}）（表 3-38），富矿脉石矿比贫矿高，少则半倍，多则达十余倍，其 Th/U 值要比贫矿低数倍至数十倍。

（4）矿体蚀变发育

沿断裂构造带两侧往往不同程度地经受多期构造活动及大量硅质热液充填交代而产生的多种构造、热液活动改造的产物。主要有呈线状展布的碱交代（斜长石的钠长石化，黑云母的白云母化）（图 3-69）、硅化、绿泥石化、绢云母化，铀矿体无一例外分布在这些含矿花岗岩蚀变带中铀活化区，只有碱交代的花岗岩在表生风化作用环境下，能使铀元素更易大量活化迁移，是后期铀富集成矿的前提条件。

表 3-38　成矿期脉石矿物铀钍含量

矿床	矿物名称	U/10^{-6}	Th/10^{-6}	Th/U
201	黑灰色微晶石英	8330	1	0.0001
362	红色微晶石英	515	2	0.004
363	红色微晶石英	200	3	0.015
302	红色微晶石英	58	10	0.172
361	紫黑色萤石	2890	4	0.001
363	黑紫色萤石	500	12	0.024
302	黑紫色萤石	320	10	0.031

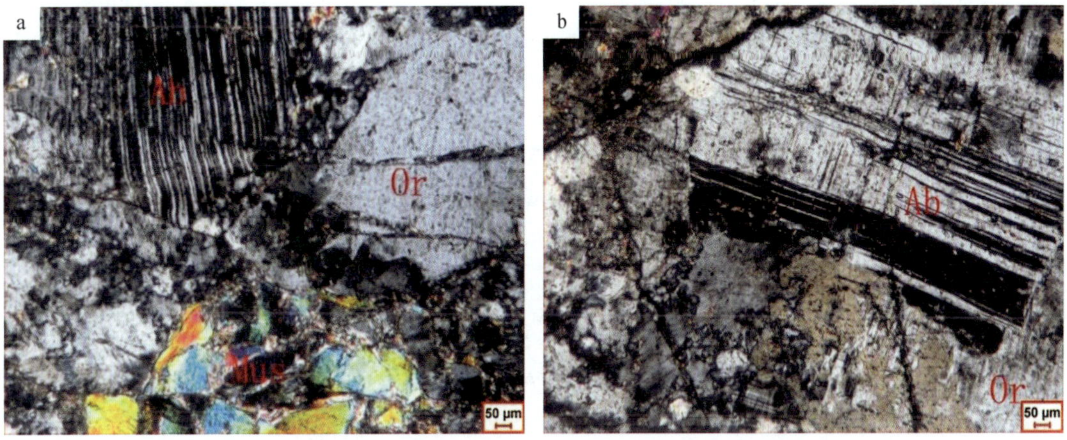

图 3-69　含矿花岗岩中的碱交代作用斜长石钠长石（Ab）化（a）与黑云母白云母（Mus）化（b）
（据广东省核工业地质局二九一队，2017）

近矿围岩蚀变主要为水云母化及红化，均伴随铀矿化作用发生，并紧靠矿带两侧分布，强水云母化及强红化花岗岩往往本身就是矿体的组成部分。矿体严格受硅化断裂带控制，诸广山岩体南部的所有矿体，包括个别产在中基性脉岩内的矿体，均与硅化带密切有关系，绝大部分矿体就分布在不同级别的硅化带内或两侧。

区内蚀变赤铁矿化有两种，一种为矿前期赤铁矿化，其特征是岩石发暗黑色，类似褐铁矿化，石英未变色，呈无色，他形，岩石伽马强度未见有异常；另一种为成矿期赤铁矿化，岩石普遍发红，石英呈烟紫色，有次生加大或边晶现象，岩石伽马强度普遍增高，大部分地段有异常。

在诸广地区，赤铁矿分布范围越宽，矿脉也越大；矿石越红，铀含量越高。

（5）成矿热液主要来自大气降水

对几个主要矿床的矿前、矿期及矿后脉石矿物氢、氧同位素组成测定结果及计算热液的氢、氧同位素组成表明（表 3-39）：

1）热液的氢同位素组成（δD：-51.2‰～-87.3‰）清楚反映了受地理位置控制的特点，其 δD 值与推算的中生代大气降水值相近；

2）热液的氧同位素组成：δ^{18}O：-3.18‰～-11.05‰，也在中生代大气降水值范围内；

3）在 δ_D-δ^{18}O 相关图上（图 3-70），样点均落在大气降水范围内（深褐色点为表 3-39 修正后的投点），而且大致分布在张理刚划分的中国东部地区中生代大气降水热液矿床的南岭-江南古陆区的范围内；δ^{18}O 出现不同程度的 δ^{18}O“漂移”，表明含矿热液与围岩曾发生过氧同位素交换反应。

表 3-39　诸广岩体南部部分花岗岩型铀矿床的氢、氧同位素组成

序号	样号	测定矿物	取样地点	形成温度/℃	$\delta^{18}O$(SMOW)矿物/‰	$\delta^{18}O_{H_2O}$(SMOW)/‰	δD_{H_2O}(SMOW)/‰	计算公式
1	201-21	矿前白色石英	201 矿床	338	+8.31	-4.11	-87.3	<1，3>
2	201-35	矿前柱状石英	201 矿床	356	+6.99	-4.95	-72.8	<1，3>
3	201-46	矿后方解石	201 矿床	225	+11.35	-3.54	-77.6	<2，3>
4	361-3	矿前白色石英	361 矿床	308	+6.50	-6.90	-62.6	<1，3>
5	361-4	矿期紫黑色萤石	361 矿床			-5.39	-62.0	
6	361-8	矿后浅灰色石英	361 矿床	190	+8.12	-11.05	-51.2	<1，3>
7	302-20	矿期红色微晶石英	302 矿床	250	+12.58	-3.18		<1，3>
8	302-54	矿期红色微晶石英	302 矿床	200	+13.18	-5.33		<1.3>

注：形成温度均为爆裂温度，故 $\delta^{18}O_{H_2O}$ 值偏高，T=℃+273；公式：<1> $1000\ln\alpha_{石英-H_2O}=3.38\times10^6T^{-2}-3.40$；<2> $1000\ln\alpha_{方解石-H_2O}=2.78\times10^6T^{-2}-3.40$；<3> $\delta^{18}O_{H_2O}=\delta^{18}O_{石英}-3.38\times10^6/T^2-3.40$；$\delta^{18}O_{H_2O}=\delta^{18}O_{方解石}-2.78\times10^6/T^2-3.40$；$\delta D_{H_2O}=\delta D_{矿物}$（由于大部分岩石中氢的含量很低，因此，在水/岩交换反应中氢同位素成分变化不大）。

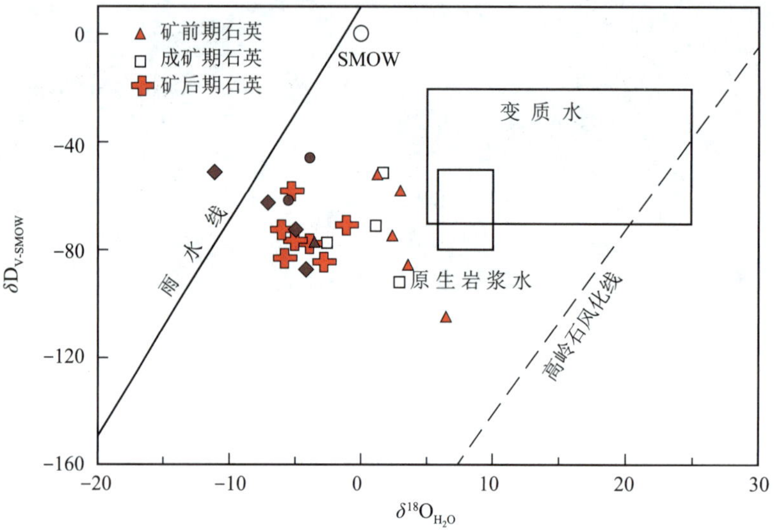

图 3-70　诸广岩体南部部分花岗岩型铀矿床的 $\delta D-\delta^{18}O$ 相关图（深褐色为表 3-39 修正后的投点）
（据庞雅庆等，2015，有修改）

总之，上述氢、氧同位素组成特征清楚地显示了成矿热液具有典型的大气降水性质。

（6）各期热液脉体包体成分

1）几个主要矿床包体成分中阴阳离子的热液组分总体上属于 $Ca^{2+}-Na^+-Mg^{2+}/HCO_3^--F^--Cl^-$ 型，与岩体南部分布的现代热泉的主要水质类型相似，但成矿期的含矿热液中 SO_4^{2-} 含量显著增加，应为 $Ca^{2+}-Na^+-Mg^{2+}/HCO_3^--F^--SO_4^{2-}$ 型，包体气相成分均以富 CO_2 为特征，少量 CH_4，有时出现 H_2。

2）收集到的成矿期矿物的包体均一温度多为 120～250℃，据此按成矿热水区地温梯度 10.7℃/100 m（按赵乙英）推算，成矿时的深度在 1～2 km 范围内；再以 275 barPa/km 推算出的上覆岩石的静压力在 600～300bar 之间。

综上所述，诸广岩体岩体南部的铀矿是从 $Ca^{2+}-Na^+-Mg^{2+}/HCO_3^{-1}-F^--SO_4^{2-}$ 型的弱碱、弱还原性溶液中沉淀，在中低温、低压和浅成的环境中形成。

（7）铀在热液中的存在形式

据北京铀矿产研究院刘正义（1990 年）对诸广南部地区铀矿床研究认为，富矿成矿溶液中 52%

以上的铀呈 $UO_2(CO_3)_2^{2-}$ 形式存在，部分呈 $UO_2F_4^{2-}$ 和 $UO_2(SO_4)_2^{2-}$ 形式存在；而贫矿则80%以上呈 $UO_2(CO_3)_2^{2-}$ 形式搬运，部分呈 $UO(CO_3)_3^{4-}$ 形式。铀在热液中主要呈碳酸铀酰络合物形式搬运，这是由于富矿成矿溶液 pH 值较低、富含 F 和 S 化物，而贫矿溶液 pH 值较高和富含 CO_3^{2-} 之故。

（8）铀赋矿空间中 U 元素与其伴生元素的关系

从南岭区域成岩、成矿、成晕的时空关系分析：W、Sn 成矿时代 165～145 Ma；Cu、Pb、Zn 成矿时代 145～135 Ma；而 U 成矿时代 95～0 Ma，W、Sn-Cu、Pb、Zn-U 三组元素之间的关系是"祖辈-父辈-孙辈"的关系。在诸广山岩体南部花岗岩型铀矿床中 U 元素与 W、Sn 伴生，或与 Cu、Pb、Zn 伴生，形象地说是"孙子继承了爷爷的房产"，或是"儿子继承了父亲"的房产。它们之间没有成因（亲缘）关系，仅为空间上的套叠（非亲缘占有）关系。

（三）粤北岩浆热隆伸展构造盆-山演化与铀成矿关系

粤北南雄陆相红色盆地及其紧邻的诸广山高耸花岗岩构成了南岭地区一处独特的盆山地貌景观。粤北盆-山配置为巨大的花岗岩体组成了一系列近东西向展布的高耸山脉，及其南北两侧为低洼的盆地，南侧为南雄盆地（北侧为汝城盆地）（图 3-71）。盆地与山体之间以大型韧性拆离断层（南雄断裂带）为界。韧性剪切带、山前的南雄盆地和诸广岩体（晚期）形成的时代相近。南雄韧性拆离断层主体变形形迹属于地壳浅层变形域（深度小于 10 km），故称其为岩浆热隆伸展构造。

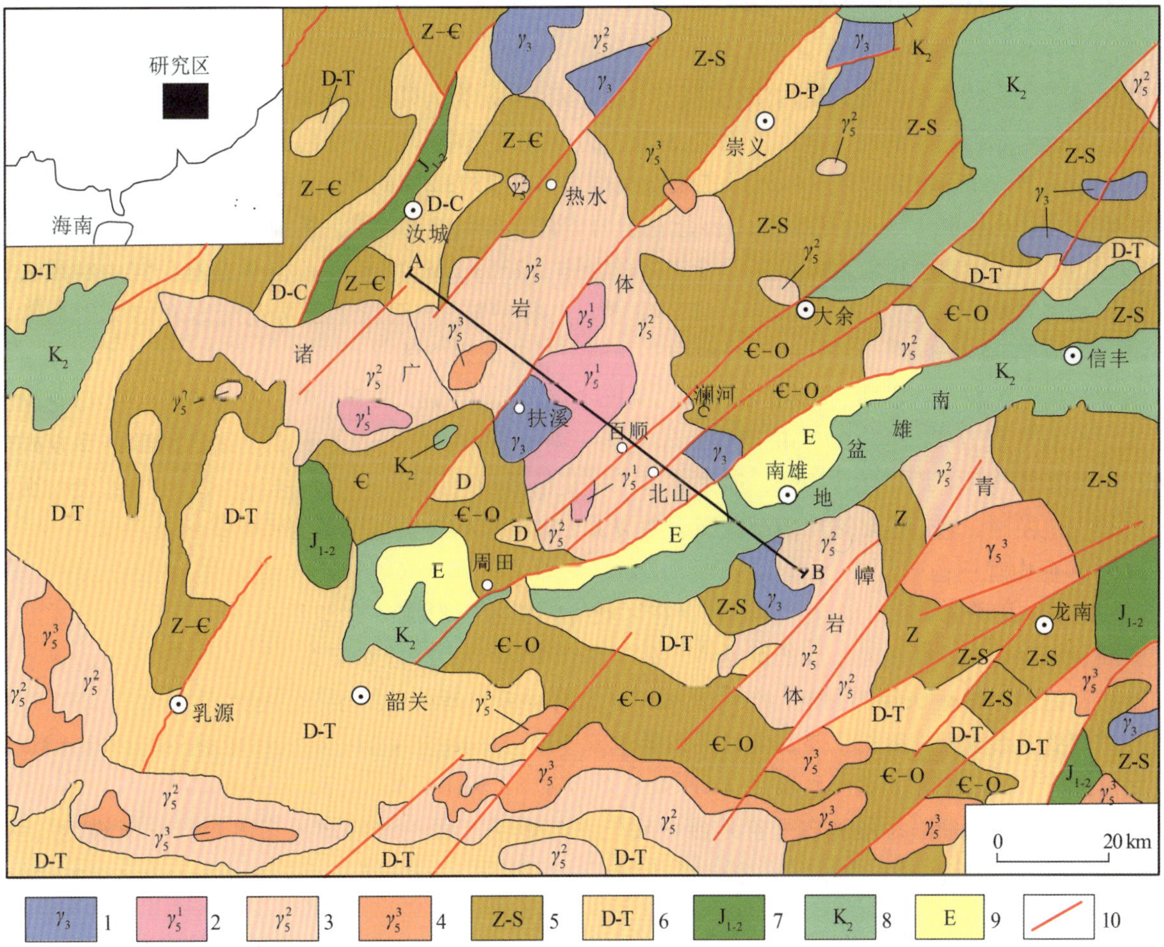

图 3-71 南雄-诸广地区区域地质略图

（据舒良树，2004）

1—加里东早期花岗岩类；2—印支期花岗岩类；3—燕山早期花岗岩类；4—燕山晚期花岗岩类；5—震旦系—志留系；6—泥盆系—三叠系；7—下-中侏罗统；8—上白垩统；9—古近系；10—断层

1. 粤北盆-山演化地质体的年代学分布规律（表 3-40）

粤北盆-山演化地质体是发育在特提斯-古亚洲构造加里东期褶皱变质基底之上，经历了加里东期、印支期、燕山早期和燕山晚期的盆-山构造演化及 W、Sn、Nb（Ta）、REE 及 U 等成矿作用，其中 U 的成矿作用与南雄-诸广岩浆热隆伸展构造密切有关（表 3-40）。

表 3-40　粤北盆-山演化地质体的年代学分布

地质时期	地质年龄/Ma	地质体
加里东期	400~424	扶溪花岗闪长岩、澜河眼球状片麻状花岗岩
印支期—燕山早期	154~239	花岗岩铀源岩体
燕山晚期	88~117	南雄断裂带
	95	南雄盆地始兴吊当排玄武岩
铀矿成矿期	47~104	印支期—燕山早期岩体内裂隙型铀矿
	$E_1L^{3(1)}$、（$K_{3nx}{}^{1(3)}$、$K_{2s}{}^{2+3(2)}$）	南雄盆地砂岩型铀矿

（1）加里东期

加里东期岩体仅出露在始兴扶溪、澜河一带，扶溪花岗闪长岩锆石 U-Pb 年龄为 400 Ma，澜河二长花岗岩（眼球状片麻状花岗岩）锆石 U-Pb 年龄为 424 Ma。

（2）印支期—燕山早期

区域上华南印支期后进入陆内演化阶段，中侏罗世开始为大陆裂解伸展构造环境，为岩浆活动高峰期，形成了东西向和南北向诸广南部复式岩体的主体。其中印支期有白云粗粒黑云母花岗岩岩体（239±4 Ma）❶、江南粗粒似斑状二云母二长花岗岩岩体（239±2 Ma）❶、龙华山粗粒似斑状黑云母花岗岩岩体（236±4 Ma）❶、寨地中粒二云母花岗岩岩体（231±3 Ma）❶、乐洞中粒二云母花岗岩岩体（239±5 Ma）❶、大窝子粗粒似斑状黑云母花岗岩岩体（231±2 Ma）❶等；燕山早期有长江中粒黑云母花岗岩岩体（锆石常规 U-Pb 年龄 164±12 Ma）❷、九峰中粒-中粗粒黑云母花岗岩岩体（锆石常规 U-Pb年龄 154±0.6 Ma）❷、三江口中粗粒似斑状黑云母花岗岩岩体（锆石常规 U-Pb 年龄 170 Ma）❷、红山细粒黑云母花岗岩岩体（SHRIMP 锆石 U-Pb 法精确定年 155±2 Ma）❷、企岭中粒二云母花岗岩岩体（锆石常规 U-Pb 年龄 170 Ma）❷等，印支期—燕山早期的花岗岩体形成了诸广南部巨型复式岩体。这些岩体均具有均一块状构造，而未见显示岩浆结晶期挤压构造，这一特征示踪了岩浆侵位明显受断裂构造控制。它们也是诸广南部花岗岩中裂隙型铀矿和南雄盆地中砂岩型铀矿的铀源体。

（3）燕山晚期：

粤北盆-山演化从晚白垩世至古近纪，在区域拉伸背景下形成一大型犁式滑脱正断层-南雄断裂带，断裂由碎裂岩、糜棱岩组成的脆性变形带，李出安等（2011）对糜棱岩中白云母（构造热事件的产物）进行 Ar-Ar 法年龄测定，结果表明：南雄断裂带伸展活动始于早白垩世（117.3±2.7 Ma），强烈的伸展变形和韧性剪切主要发生在早白垩世末—晚白垩世初（Ar-Ar 法坪年龄 94.36±0.4 Ma），其后可能有二次较明显的热扰动事件（Ar-Ar 法坪年龄 88.9±1.0 Ma 和 81.1±2.0 Ma）。

与此同时在南断陷盆地晚白垩世地层中侵位着与地层产状一致的橄榄玄武岩床（南雄走马莲、始兴吊当排），其中始兴吊当排玄武岩中自形锆石 SHRIMP U-Pb 法精确定年 95.5±0.8 Ma（She，2004）。

（4）铀矿成矿期

诸广山岩体内裂隙型铀成矿时间为 104~47 Ma，延续 57 Ma，在时间上与晚白垩世、古近纪断陷

❶ 邓平（2012）SHRIMP 锆石 U-Pb 法精确定。

❷ 李献华、邓平等作者所发布。

红盆形成同步，为地壳拉张期-构造活动相对宁静期，由3个亚期组成，分别为：

1）早亚期（104~90 Ma）主要形成沥青铀矿-胶黄铁矿-灰黑色微晶石英；

2）中亚期（90~67 Ma）是铀成矿的高峰期，各种组合都可以形成；

3）晚亚期（67~47 Ma）主要形成沥青铀矿-红色微晶石英。

与诸广山岩体内裂隙型铀成矿形成的同时，南雄断陷盆地内中-晚白垩世和古近纪地层中发育着砂岩型铀矿：

1）中白垩统松山组大坑段（$K_2s^{2+3(2)}$）中的236矿床；

2）上白垩统南雄组乌径段（$K_3nx^{1(3)}$）中的371矿床；

3）古近系古新统罗佛寨群浓山组竹坑洼段（$E_1L^{3(1)}$）中的234（暖水塘）矿床和238E（中村东）矿床（见图3-66）。

2. 粤北盆-山演化地质体的空间分布规律

南雄-诸广热隆伸展构造是从中深部到中浅部、从岩体到盆地的构造变形演化及其产物都受制于岩浆热隆伸展构造的制约。

（1）盆-山构造格架展布特征

据舒良树等（2004）研究表明：南雄-诸广岩浆热隆伸展构造的变质变形具双层结构，由脆性变形带和低绿片岩相变质变形带（板岩、绿泥绢云千枚岩和长英质片岩）所组成。脆性变形带主要分布在盆地区和远离诸广岩体的中、新生代岩层中，低绿片岩相变质变形带分布在前泥盆纪的变质基底岩石和盆山交接带，主拆离断层分布在诸广岩体南东缘盆山交接带的南雄-周田一带，发生在韧性与脆性变形带之间，为一大型犁式滑脱正断层，大多沿寒武系、奥陶系、泥盆系薄弱层及花岗岩边部发育，下拆离盘由糜棱岩化的花岗岩和下古生界变质岩所组成，上拆离盘是由正断层和碎裂岩组成的脆性变形带，广泛发育在南雄盆地中。在下拆离盘的岩体轴部塘洞-扶溪一带发育走滑型韧性剪切带，在岩体轴部南东侧还发育澜河韧性剪切正断层和百顺脆性正断层（图3-72）。

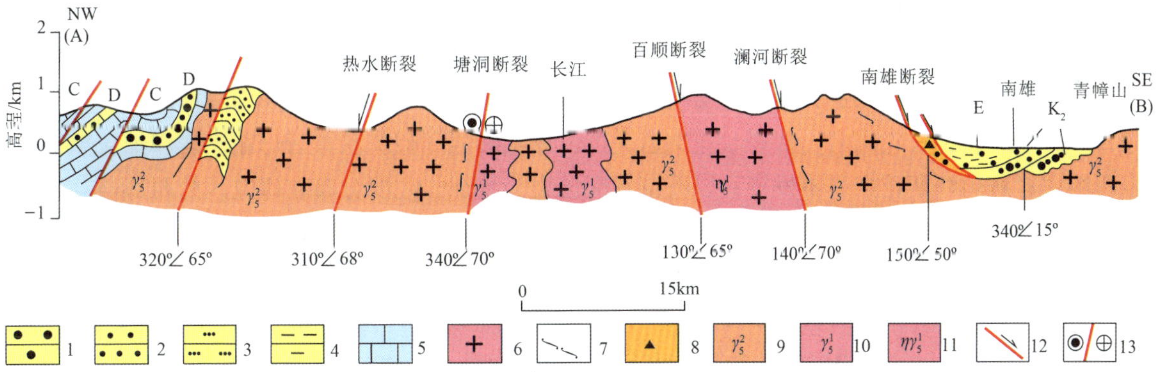

图3-72 诸广岩体和南雄盆地地质剖面图

（据舒良树等，2004）

1—砾岩；2—砂岩；3—粉砂岩；4—泥岩；5—灰岩；6—花岗岩；7—糜棱岩；8—碎裂岩；

9—燕山早期花岗岩；10—印支期花岗岩；11—印支期二长花岗岩；12—正断层；13—左旋走滑断层

在诸广岩体和南雄盆地的盆山结合带，构造变形分带性最为明显。以南雄断裂为界，上盘（东南盘）为脆性变形域，宽2000~3000 m，下盘（北西盘）为韧性变形域，宽1500~2000 m。从岩体到盆地，具明显变形演化规律，可分出似斑状花岗岩带→片麻状花岗岩带（1200 m）→花岗质片麻岩带（500 m）→眼球状片麻岩带（300 m）→走滑型长英质千糜岩带（20 m，下盘顶部）→硅化岩、硅化角砾岩带（50 m，上盘底部）→红层的破碎角砾岩带（100 m）→红层的碳酸盐化蚀变带（褪色带）（0.5~1.0 m）→红色砂砾岩带等若干个构造变形带。

研究表明：南雄盆地总体上是一个不对称的宽缓向斜构造，具“北断南超”特征：盆地北缘，古近纪砂砾岩以上陡下缓的犁式正断层与诸广山花岗岩接触，断面朝东南中-陡倾斜；盆地南缘，晚白垩世砾岩夹砂岩岩层不整合沉积在青嶂山花岗岩（γ_5^2）之上（图3-72）。

（2）盆-山地层分布特征

野外观察证实：诸广山花岗岩体发育在浅变质的华南加里东期褶皱基底之上，基底岩石主要由板岩化-弱千枚岩化的下古生界和震旦系所组成，沉积盖层主要由古近系、白垩系、中-下侏罗统和上三叠统所组成，局部出露石炭系和泥盆系。

南雄盆地发育在诸广山和青嶂山两大花岗岩山体之间（图3-71，图3-72），走向北东，长130 km，宽15~18 km，面积1800 km^2，由晚白至世和古近纪的红色泥砂质岩石所组成；两个时代岩层的分界线大致位于始兴-南雄-信丰公路一线。古近系厚500~650 m，为灰紫、暗红色粗碎屑岩系，含石膏层和油页岩，上白垩统厚1300~2100 m，为砖红色粉砂岩、泥岩、石膏层，含橄榄玄武岩夹层，产龟鳖、腹足类、介形类、恐龙蛋化石等，其和下白垩统呈假整合接触；下白垩统厚110~1800 m，为灰紫、紫红色流纹岩、熔结凝灰岩、晶屑凝灰岩夹灰绿色玄武岩、安山岩层组合；中-下侏罗统厚度大于800 m，分布零星，为灰紫、深灰、灰白色砂砾岩、石英砂岩、杂砂岩夹碳质泥岩，中部夹杏仁状玄武岩和流纹岩薄层，底砾岩层呈角度不整合覆盖于老地层之上。上三叠统为砾岩、砂岩夹碳质泥岩，局部见下三叠统泥灰岩、页岩，中三叠统缺失。上古生界零星出露，仅见石炭系和泥盆系，为浅海-滨海相碎屑岩-碳酸盐岩组合，与下古生界多呈断裂接触。寒武系—奥陶系主要为一套板岩化、千枚岩化的泥砂质复理石（寒武系含碳质泥岩），缺失志留系，震旦系为千枚岩化的泥砂质复理石、硅质岩夹火山碎屑岩、细碧岩、角斑岩；测年数据表明，其中有部分岩石属于中元古代。

（3）盆-山岩浆岩特征

诸广岩体南部是华南铀矿的主要产区之一，上述的古生代和前寒武纪地层构成了南雄-诸广岩浆热隆伸展构造发育和演化的基底，岩体和基底岩石的交接处存在角岩化带。诸广岩体为一个位于粤赣湘边境近东西向的多期复式岩体，由加里东期（γ_3）、印支期（γ_5^1）和燕山早期（γ_5^2）花岗岩复合而成，以印支期和燕山早期花岗岩分布面积最大（图3-71，图3-72）。加里东期岩体只出露在扶溪和澜河一带，扶溪为似斑状花岗闪长岩，而澜河则为眼球状片麻状花岗岩。印支期岩体由似斑状黑云母花岗岩和二云母花岗岩所组成，主要分布在百顺、鲁溪、下庄和北山一带。燕山早期花岗岩在全区广泛分布，由粗斑状钾长花岗岩、似斑状花岗岩、二云母花岗岩、似斑状黑云母花岗岩和细粒黑云母花岗岩所组成；燕山晚期花岗岩不发育，以石英花岗斑岩为特征，主要分布在研究区的西部。

岩体中普遍发育暗色基性岩墙，多属辉绿岩，具辉绿结构，由细粒状拉长石、辉石和少量角闪石所组成，宽2~10 m不等，沿北西西向和北东向侵入燕山期花岗岩中。燕山早期花岗岩中还常见基性岩包体，包体6 cm×12 cm~40 cm×80 cm不等，基性岩包体的边缘多呈火焰状，和花岗岩呈渐变接触。

南雄盆地晚白垩世地层中多处发育气孔状玄武岩，如南雄走马连、始兴吊当排均出露有厚5~20 m的中细粒玄武岩层，岩石中气孔含量约10%~15%，内充填沸石、石英和蛋白石等矿物，斑晶成分为拉长石（10%）和橄榄石+辉石（3%~5%）多分布在上白垩统底部粗碎屑岩中，和上下地层产状平行。

3. 粤北盆-山演化地质体的地球化学特征

为了解粤北盆-山热隆伸展构造中花岗岩和盆地中火山岩的岩浆成分和岩浆源区的性质，收集了39件代表性的新鲜样品（粤北34件花岗岩、花岗闪长岩；2件玄武岩，1件基底地层；赣北2件花岗闪长岩）作常量元素、高场强元素和稀土元素的分析。稀土元素配分曲线采用球粒陨石数值标准化（6个Leedy球粒陨石平均值；Masada，1973），分析结果见表3-41。

（1）常量元素特征

岩石的含量SiO_2和矿物成分表明，诸广岩体主要存在花岗闪长岩和花岗岩两种岩石类型，前者以扶溪岩体为代表，后者分布面积占绝对优势，按矿物成分可分为黑云母花岗岩、二长花岗岩、钾长花岗岩、二云母花岗岩等多种类型。岩石化学数据表明（表3-41）：加里东期花岗岩类（澜河的

表 3-41　粤北岩浆热隆伸展构造盆-山演化中岩浆岩岩石化学特征　单位：%

地区	期次	岩石名称	粒度	SiO_2	TiO_2	Al_2O_3	Fe_2O_3	FeO	MnO	MgO	CaO	Na_2O	K_2O
粤北南雄走马莲	燕山晚期	橄榄玄武岩		51.13	2.34	14.17	4.7	7.24	0.17	6.25	8.61	2.88	1.14
粤北南雄吊排当		橄榄玄武岩		53.43	1.69	15.37	3.73	5.58	0.13	6.35	8.52	2.86	0.73
粤北仁化长江	燕山早期	黑云母花岗岩(粗)(6)		73.50	0.18	12.90	0.48	1.63	0.11	0.49	1.32	2.81	5.26
		黑云母花岗岩(中)(6)		73.30	0.22	13.20	0.89	1.61	0.15	0.49	1.34	3.34	5.13
		黑云母花岗岩(细)(6)		75.70	0.13	11.90	0.35	1.29	0.15	0.55	0.73	3.10	5.02
粤北仁化白云	印支期	黑云母花岗岩(粗)(5)		73.47	0.15	13.47	0.78	1.31	0.04	0.54	0.60	2.99	5.90
粤北长排地区	燕山早期	中粒黑云母花岗岩(4)、不等粒黑云母花岗岩(γ_5^{2-1})(3)、细黑云母花岗岩(γ_5^{2-3})(3)	(细)	74.77	0.06	13.02	0.40	0.76	0.10	0.27	0.89	3.51	5.51
			(不等)	75.42	0.08	12.50	0.41	1.00	0.01	0.27	0.83	3.33	5.07
			(中)	72.23	0.04	13.39	0.57	1.64	0.14	0.59	1.52	3.28	5.55
	印支期	粗粒黑云母花岗岩(γ_3^{1-2})(2)、中粒二云母花岗岩(γ_5^{1-3})(2)	(粗)	71.07	0.58	13.87	0.18	2.11	0.12	1.18	0.83	3.39	5.59
			(中)	70.69	0.28	14.60	1.19	1.53	0.08	0.54	1.37	2.78	5.89
粤北始兴澜河	加里东期	二长花岗岩		70.32	0.56	14.38	1.25	2.75	0.15	0.88	1.48	3.16	3.76
粤北始兴扶溪		花岗闪长岩		63.89	0.68	14.96	1.25	3.96	0.16	2.66	4.26	2.98	4.15
赣北	晋宁期	花岗闪长岩		67.61	0.57	15.59	0.62	3.31	0.08	1.75	2.60	2.81	2.77
				67.65	0.59	15.33	0.65	3.32	0.08	1.74	2.38	2.69	3.08
华南褶皱系		基底地层		70.06	0.48	13.95	2.01	1.67	0.07	1.34	1.31	2.46	4.07
华南褶皱系(去碳酸盐岩)		出露地壳		71.12	0.48	13.92	2.25	1.34	0.07	0.90	1.00	2.12	4.05

地区	期次	岩石名称	粒度	P_2O_5	LOI	总计	*A/CNK*	*A/NK*	K_2O/Na_2O	FeO/FeO+MgO	资料来源
粤北南雄走马莲	燕山晚期	橄榄玄武岩		0.31	2.14	100.1	0.65	2.40	0.40	0.54	舒良树等，2004
粤北南雄吊排当		橄榄玄武岩		0.23	1.04	99.66	0.67	2.57	0.76	0.47	
粤北仁化长江	燕山早期	黑云母花岗岩(粗)(6)		0.05	0.67	99.59	1.02	0.98	1.91	0.32	黄国龙等，2014
		黑云母花岗岩(中)(6)		0.04	0.64	100.1	0.98	1.20	1.54	0.77	
		黑云母花岗岩(细)(6)		0.04	0.85	100.1	1.01	1.14	1.67	0.71	
粤北仁化白云	印支期	黑云母花岗岩(粗)(5)		0.08	1.04	100.3	1.09	1.20	1.99	0.71	张善果等,2011
粤北长排地区	燕山早期	中粒黑云母花岗岩(4)不等粒黑云母花岗岩(γ_5^{2-1})(3)、细粒黑云母花岗岩(γ_5^{2-3})(3)	(细)	0.04		99.33	0.97	1.10	1.57	0.74	叶永钦等，2015
			(不等)	0.03		99.04	1.00	1.14	1.56	0.79	
			(中)	0.08		99.38	0.94	1.07	1.70	0.74	
	印支期	粗粒黑云母花岗岩(γ_5^{1-2})(2)、中粒二云母花岗岩(γ_5^{1-3})(2)	(粗)	0.20		99.20	1.05	1.19	1.68	0.64	
			(中)	0.15		99.55	1.08	1.32	1.12	0.74	
粤北始兴澜河	加里东期	二长花岗岩		0.20	0.92	99.81	1.21	1.56	1.19	0.76	舒良树等，2004
粤北始兴扶溪		花岗闪长岩		0.25	0.76	99.96	0.84	1.60	1.39	0.60	
赣北	晋宁期	花岗闪长岩		0.14			1.28	2.07	0.99	0.65	马振东等，1998
				0.16			1.26	1.97	1.14	0.66	
华南褶皱系		基底地层		0.15			1.29	1.65	1.65	0.55	
华南褶皱系(去碳酸盐岩)		出露地壳		0.14			1.43	1.77	1.91	0.60	鄢明才等，1997

二长花岗岩和扶溪的花岗闪长岩)，富含 $A1_2O_3$（14.38%~14.96%）和 K_2O（4.15%~3.76%），K_2O/Na_2O 为 1.19 ~1.39，其碱质指数属于钙碱系列岩石。扶溪花岗闪长岩 *A/NKC* 值 [$A1_2O_3/(Na_2O + K_2O + CaO)$] 为 0.84（澜河的二长花岗岩 *A/NKC* 值为 1.21，可能为后期作用叠加所致)，具 I 型花岗岩之特征（赣北晋宁期花岗闪长岩岩石化学特征与其相似)。印支期和燕山早期花岗岩类的主量元素含量差别不大，化学成分上的显著特点是普遍富含 Si、Al 和 K，Si_2O：70.69%~75.70%，$A1_2O_3$：11.90%~14.60%，K_2O：5.02%~5.90%，K_2O/Na_2O：1.312~1.99，其碱质指数从印支期到燕山早期呈升高趋势（2.8 ~3.6)，表明一种富钾的钙碱岩系列，其 *A/NKC* 值为 0.95~1.10，平均 1.02，属于 S 型花岗岩。南雄盆地中的晚白垩世玄武岩，Si_2O：50.13%~53.43%，Al_2O_3：14.17%~15.37%，Na_2O：2.86%~2.88%，K_2O：0.73%~1.14%，碱含量偏低，碱质系数 1.4，*A/NKC* 值 0.66~0.73，属拉斑系列玄武岩类。

（2）高场强微量元素特征

微量元素由于受到后期矿化蚀变的影响，已不能代表未蚀变矿化岩石的特征，所以仅讨论高场强元素的地球化学特征。一般来说高场强元素（Nb、Ta、Zr、Hf 等)，离子半径小，离子电荷高，因此离子电位 [$\pi = W$（离子电价）/R（离子半径）>3]，难溶于水，化学性质稳定，为非活动性元素。由于它们在自然作用过程中的稳定性，往往某些比值可作为“原始”物质组成特征的示踪剂。因此，探讨岩体高场强微量元素的地球化学行为特征，来示踪“原始”物质组成，粤北岩浆热隆伸展构造盆-山演化中高场强元素的地球化学特征如表 3-42 所示。

1）诸广山复式岩体最早为扶溪和澜河等地加里东期岩体（γ_3)，它们的 Nb/Ta 为 11.6~15.9，平均 13.8；Zr/Hf 为 13.5~14.7，平均 14.1。从常量元素呈现的特征其岩源为深源的 I 型花岗岩，与原始地幔（Taylor et al，1985）Nb/Ta（14.0）十分接近，而 Zr/Hf 差异较大（30.7)，究其原因可能为上部地壳混染或后期岩浆作用干扰所致。

赣北晋宁期花岗闪长岩岩基 Nb/Ta 值为 12.2、Zr/Hf 值为 31.8，十分接近华南褶皱系基底地层相应比值（Nb/Ta 值为 11.1，Zr/Hf 值为 32.7)。

2）印支期和燕山早期花岗岩类（γ_5^{1-2}、γ_5^{1-3}、γ_5^{2-1}）是诸广山复式岩体中与铀成矿关系密切的岩体，是铀源岩。其岩石化学成分上的显著特点是普遍富含 Si、Al 和 K，属于 S 型花岗岩，为重熔古老基底之产物。它们的 Nb/Ta 值为 2.8~8.1，平均 5.8；Zr/Hf 值为 16.0~34.0，平均 26.8。从表 3-42 获知绝大部分印支期和燕山早期花岗岩岩体的 Nb/Ta、Zr/Hf 比十分相似，这一信息示踪它们来自同一个源区。而与华南褶皱系基底地层及华南褶皱系（去碳酸盐岩）出露地壳 Nb/Ta 比值差异较大（11.1、12.68)，而 Zr/Hf 值相对比较接近（32.7、34.1)，究其原因可能为后期 Nb、Ta 矿化叠加所致。

3）而侵位于南雄盆地（走马莲、吊排当）呈岩床状燕山晚期橄榄玄武岩，其 Nb/Ta 值为 16.4~16.5，平均 16.45；Zr/Hf 值 39.1~41.5，平均 40.3。与原始地幔（Taylor et al，1985）Nb/Ta 值（14.0）比较接近，而 Zr/Hf 值有一定的差异（30.7)，很显然，玄武岩浆沿深断裂上侵过程中受地壳混染所致。

4）值得关注的是印支期—燕山早期各类花岗岩 U、Th 元素的丰度和比值，各类花岗岩 U 含量 9.04×10^{-6}~34.6×10^{-6}，平均 19.59×10^{-6}；Th 含量 12.1×10^{-6}~45.8×10^{-6}，平均 32.03×10^{-6}。Th/U 值 0.61~3.86，平均 1.94，而与华南褶皱系基底地层及华南褶皱系（去碳酸盐岩）出露地壳 Th/U 值差异较大（4.42、4.59)，这一信息清晰地示踪着印支期—燕山早期各类花岗岩在重熔基底地壳成岩及后期岩浆热液叠加改造过程中 U 元素的富集趋势，从而使 Th/U 值往低值方向演化，尤其是在印支期中粒二云母花岗岩（γ_5^{1-3}）中 U 元素高达 33.1×10^{-6}~34.6×10^{-6}，Th/U 值 1.18~0.84（正常花岗岩 Th/U 值为 3.0~5.0 之间)。

粤北岩浆热隆伸展构造盆-山演化中印支期—燕山早期各类花岗岩 U、Th 元素丰度是华南褶皱系花岗岩 U、Th 元素丰度（5.55×10^{-6}、23.2×10^{-6}）的 3.5 倍和 1.4 倍。

表 3-42　粤北岩浆热隆伸展构造盆-山演化中岩浆岩高场强元素的地球化学特征

地区	期次	岩石名称	Nb		Ta	Nb/Ta	Zr	Hf	Zr/Hf	Th	U	Th/U	资料来源
粤北南雄走马莲	燕山晚期	橄榄玄武岩	22.6		1.4	16.4	123.0	3.0	41.5	2.6			舒良树等，2004
粤北南雄吊排当	燕山晚期	橄榄玄武岩	24.5		1.5	16.5	127.4	3.3	39.1	3.0			舒良树等，2004
粤北仁化长江	燕山早期	黑云母花岗岩（粗）(6)	13.7		2.3	6.0	145.0	4.7	30.7	31.2	15.1	2.07	黄国龙等，2014
粤北仁化长江	燕山早期	黑云母花岗岩（中）(6)	19.3		3.8	5.1	131.0	5.1	25.8	22.7	19.8	1.15	黄国龙等，2014
粤北仁化长江	燕山早期	黑云母花岗岩（细）(6)	19.4		4.2	4.7	106.7	4.8	22.2	21.3	20.0	1.07	黄国龙等，2014
粤北仁化白云	印支期	黑云母花岗岩（粗）(5)	14.6		2.2	6.6	127.4	4.6	27.7	34.9	9.04	3.86	张善果等，2011
粤北长排地区	燕山早期	中粒黑云母花岗岩、不等粒黑云母花岗岩（γ_5^{2-1}）、细粒黑云母花岗岩（γ_5^{2-3}）	细	41.6	15.0	2.8	95.3	6.0	16.0	23.7	28.6	0.83	叶永钦等，2015
粤北长排地区	燕山早期	中粒黑云母花岗岩、不等粒黑云母花岗岩（γ_5^{2-1}）、细粒黑云母花岗岩（γ_5^{2-3}）	不等	21.0	3.5	6.0	144.0	6.0	24.0	45.8	14.6	3.14	叶永钦等，2015
粤北长排地区	燕山早期	中粒黑云母花岗岩、不等粒黑云母花岗岩（γ_5^{2-1}）、细粒黑云母花岗岩（γ_5^{2-3}）	不等	37.0	9.6	3.9	93.3	5.7	16.4	12.1	19.9	0.61	叶永钦等，2015
粤北长排地区	燕山早期	中粒黑云母花岗岩、不等粒黑云母花岗岩（γ_5^{2-1}）、细粒黑云母花岗岩（γ_5^{2-3}）	中	31.4	4.6	6.9	180.0	6.5	27.7	43.3	15.5	2.79	叶永钦等，2015
粤北长排地区	印支期	粗粒黑云母花岗岩（γ_5^{1-2}）、中粒二云母花岗岩（γ_5^{1-3}）	中	24.5	4.1	6.0	182.0	5.8	31.4	29.1	34.6	0.84	叶永钦等，2015
粤北长排地区	印支期	粗粒黑云母花岗岩（γ_5^{1-2}）、中粒二云母花岗岩（γ_5^{1-3}）	中	29.7	4.9	6.1	200.0	6.3	31.6	38.9	33.1	1.18	叶永钦等，2015
粤北长排地区	印支期	粗粒黑云母花岗岩（γ_5^{1-2}）、中粒二云母花岗岩（γ_5^{1-3}）	中	25.5	3.9	6.5	163.0	5.9	27.7	36.7	15.2	2.41	叶永钦等，2015
粤北长排地区	印支期	粗粒黑云母花岗岩（γ_5^{1-2}）、中粒二云母花岗岩（γ_5^{1-3}）	粗	27.9	3.5	8.1	239.0	7.1	33.8	40.3	15.7	2.57	叶永钦等，2015
粤北长排地区	印支期	粗粒黑云母花岗岩（γ_5^{1-2}）、中粒二云母花岗岩（γ_5^{1-3}）	粗	23.3	3.3	7.1	210.0	6.2	34.0	36.4	13.5	2.70	叶永钦等，2015
粤北始兴澜河	加里东期	二长花岗岩	28.15		1.8	15.9	196.4	14.5	13.5	24.46			舒良树等，2004
粤北始兴扶溪	加里东期	花岗闪长岩	21.84		1.9	11.6	186.7	12.7	14.7	15.46			舒良树等，2004
赣北	晋宁期	花岗闪长岩	11.0		0.98	12.2	150.0	4.7	31.8	9.50	2.09	4.55	马振东，1998
华南褶皱系		基底地层	19.0		1.72	11.1	180.0	5.5	32.7	19.0	4.30	4.42	鄢明才等，1997
华南褶皱系（去碳酸盐岩）		出露地壳	18.0		1.42	12.68	201.0	5.9	34.1	17.0	3.70	4.59	鄢明才等，1997

注：元素含量单位为 10^{-6}，括号中为样品数。

（3）稀土元素特征

从表 3-43 获知：

1）印支期—燕山早期各类花岗岩稀土总量（ΣREE）：$104\times10^{-6}\sim302\times10^{-6}$，平均 188×10^{-6}。尤其是印支期粗粒黑云母花岗岩（γ_5^{1-2}）稀土总量（ΣREE）达 $267\times10^{-6}\sim302\times10^{-6}$，其风化壳是形成离子吸附型轻稀土矿的有利成矿母岩；

2）印支期—燕山早期各类花岗岩均显示出轻稀土富集的特点，LREE/HREE：2.08～11.50，平均 7.29。δEu 值 0.05～0.36，平均 0.24，为铕亏损型，其球粒陨石标准化曲线明显呈具铕负异常的右倾=半坦型（图 3-73，图 3-74），这一特征示踪了印支期—燕山早期各类花岗岩的岩源为重熔陆壳物质；

3）南雄盆地中的燕山晚期走马莲、吊排当橄榄玄武岩配分曲线与大陆裂谷玄武岩相似，呈向右倾斜的轻稀土轻度富集型（图 3-75），LREE/HREE：6.03～6.25，δEu 值 1.0，铕无分异，稀土总量（ΣREE）达 $100.24\times10^{-6}\sim104.23\times10^{-6}$，推测其物质来源于上地幔。

表 3-43　粤北岩浆热隆伸展构造盆-山演化中岩浆岩稀土元素的地球化学特征

地区	期次	岩石名称		La	Ce	Pr	Nd	Sm	Eu	Gd	Tb	Dy	Ho
粤北南雄走马莲	燕山晚期	橄榄玄武岩		17.96	38.19	4.46	19.38	4.41	1.59	4.85	0.64	4.00	0.81
粤北南雄吊排当		橄榄玄武岩		18.86	39.59	4.62	20.20	4.95	1.63	4.92	0.61	3.87	0.85
粤北仁化长江	燕山早期	黑云母花岗岩（粗）(6)		27.22	50.40	6.64	24.30	4.09	0.41	4.19	0.56	4.00	0.82
		黑云母花岗岩（中）(6)		31.80	55.60	7.64	29.15	6.62	0.58	5.75	1.06	6.65	1.35
		黑云母花岗岩（细）(6)		19.14	40.58	5.17	20.38	5.49	0.24	4.75	0.89	5.74	1.20
粤北仁化白云	印支期	黑云母花岗岩（粗）(5)		37.06	95.75	9.27	34.03	6.57	0.53	5.72	0.97	5.75	1.08
粤北长排地区	燕山早期	中粒黑云母花岗岩、不等粒黑云母花岗岩（γ_5^{2-1}）、细粒黑云母花岗岩（γ_5^{2-3}）	细	13.4	37.3	4.96	19.2	6.37	0.099	6.12	1.55	10.20	2.110
			不等	30.9	65.0	8.00	29.3	6.60	0.518	5.55	1.07	5.71	1.070
				12.9	41.5	4.12	15.9	4.91	0.108	4.52	1.05	6.49	1.260
			中	54.8	110.0	12.9	45.4	9.35	0.728	7.74	1.37	6.92	1.210
	印支期	粗粒黑云母花岗岩（γ_5^{1-2}）、中粒二云母花岗岩（γ_5^{1-3}）	中	33.8	71.8	8.05	29.5	6.62	0.529	5.56	1.04	5.09	0.841
				52.2	108.0	12.7	45.8	9.21	0.555	7.75	1.36	7.09	1.331
				42.8	83.4	9.75	35.5	7.35	0.737	6.41	1.15	5.94	1.020
			粗	63.3	127.0	15.6	59.2	11.20	1.110	8.43	1.41	6.63	1.110
				57.7	113.0	14.1	50.0	9.46	1.010	7.33	1.20	5.73	0.995
粤北始兴澜河	加里东期	二长花岗岩		46.34	74.67	7.86	33.71	7.47	1.07	8.72	1.39	6.82	1.22
粤北始兴扶溪		花岗闪长岩		40.36	68.78	8.92	27.35	7.08	1.12	7.53	1.27	8.85	1.86
赣北，1998	晋宁期	花岗闪长岩		25.1	52.3		23.9	5.4	1.11	4.5	0.76		
华南褶皱系		基底地层		46.5	80.0		36.0	7.0	1.10	6.3	0.99		
华南褶皱系(去碳酸盐岩)		出露地壳		51.0	87.0		39.0	7.5	1.38	5.8	1.13		

地区	期次	岩石名称		Er	Tm	Yb	Lu	ΣREE	LREE/HREE	δEu	资料来源
粤北南雄走马莲	燕山晚期	橄榄玄武岩		2.07	0.27	1.42	0.19	100.24	6.03	1.0	舒良树，等 2004
粤北南雄吊排当		橄榄玄武岩		2.12	0.27	1.53	0.21	104.23	6.25	1.0	
粤北仁化长江	燕山早期	黑云母花岗岩（粗）(6)		2.37	0.36	2.35	0.36	128.07	7.53	0.31	黄国龙，等 2014
		黑云母花岗岩（中）(6)		4.04	0.63	4.18	0.63	155.68	5.41	0.30	
		黑云母花岗岩（细）(6)		3.62	0.55	3.69	0.56	112.00	4.23	0.14	
粤北仁化白云	印支期	黑云母花岗岩（粗）(5)		3.28	0.50	3.30	0.49	204.30	8.69	0.27	张善果，等 2011
粤北长排地区	燕山早期	中粒黑云母花岗岩、不等粒黑云母花岗岩（γ_5^{2-1}）、细粒黑云母花岗岩（γ_5^{2-3}）	细	7.07	1.33	9.33	1.470	121	2.08	0.05	叶永钦，等 2015
			不等	3.15	0.516	3.42	0.495	161	6.69	0.25	
				4.17	0.827	5.51	0.869	104	3.22	0.07	
			中	3.52	0.555	3.74	0.564	259	9.10	0.25	
	印支期	粗粒黑云母花岗岩（γ_5^{1-2}）、中粒二云母花岗岩（γ_5^{1-3}）	中	2.33	0.375	2.38	0.344	168	8.37	0.26	
				3.83	0.709	4.63	0.646	256	8.35	0.20	
				3.09	0.486	3.05	0.446	201	8.31	0.32	
			粗	3.21	0.460	2.95	0.420	302	11.30	0.34	
				2.73	0.424	2.51	0.359	267	11.50	0.36	
粤北始兴澜河	加里东期	二长花岗岩		4.12	0.48	3.64	0.60	198.11	6.34	0.41	舒良树，等 2004
粤北始兴扶溪		花岗闪长岩		3.74	0.83	4.51	0.72	182.98	5.23	0.47	
赣北	晋宁期	花岗闪长岩				2.68	0.39		9.37*	0.68	马振东,1998
华南褶皱系		基底地层				3.0	0.52		15.5*	0.50	鄢明才,1997
华南褶皱系(去碳酸盐岩)		出露地壳				3.1	0.50		16.5*	0.62	

注：元素含量单位为 10^{-6}，括号中为样品数，* 为 La/Yb。

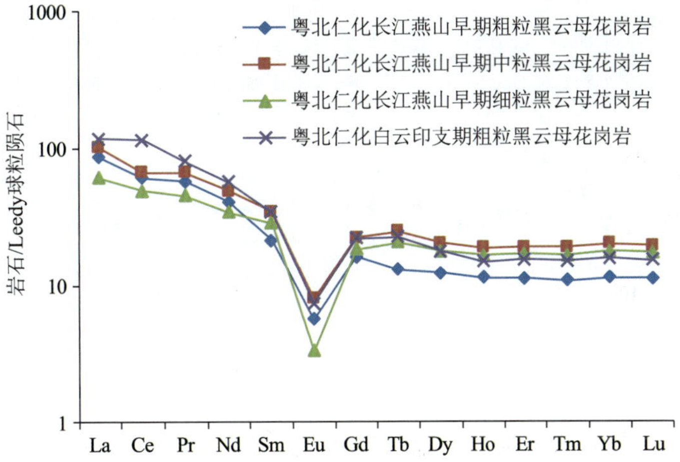

图 3-73　粤北仁化长江、白云印支期—燕山早期各类花岗岩稀土配分曲线

（据任利民等，2017）

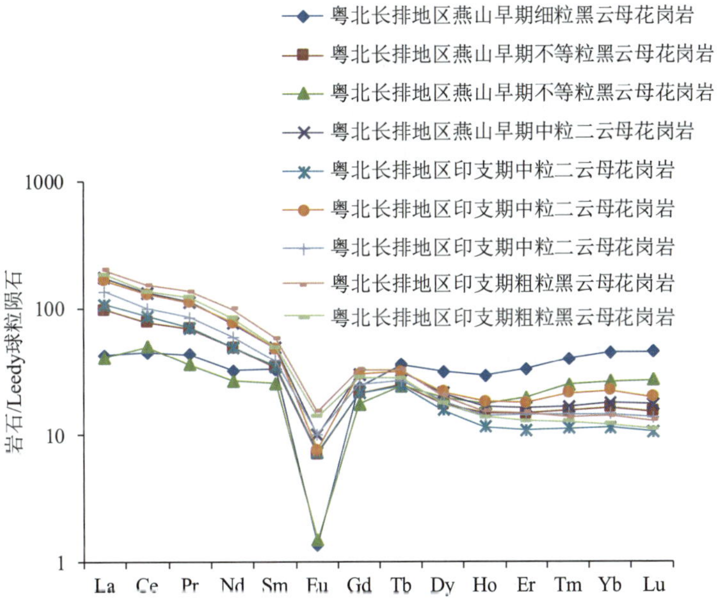

图 3-74　粤北长排地区印支期—燕山早期各类花岗岩稀土配分曲线

（据任利民等，2017）

4）粤北始兴澜河、扶溪加里东期二长花岗岩、花岗闪长岩稀土配分曲线呈向右倾斜的轻稀土轻度富集型（图 3-75），LREE/HREE：5.23~6.34，δEu 值 0.41~0.47，铕中等分异，与华南褶皱系基底地层和去碳酸盐岩出露地壳 δEu 值相当（0.50~0.62），稀土总量（ΣREE）182.98×10^{-6}~198.11×10^{-6}。

4. 粤北盆-山演化铀成矿作用的“源-动-储”分析

（1）粤北诸广山岩体南部铀资源量估算

诸广山南部印支期岩体面积 937 km^2，燕山早期岩体面积 1576 km^2，印支期、燕山早期岩体面积共计 2513 km^2，成矿后剥蚀深度达 3.58 km。自印支期和燕山早期含铀岩体成岩以来至今共剥蚀其岩体体积 9675 km^3。按花岗岩的体重 2.8 t/m^3，印支和燕山早期的铀含量 16.0×10^{-6}~19.8×10^{-6}（平均 17.9×10^{-6}）计算，则每立方千米含铀 50120 t，剥蚀的印支期、燕山早期岩体 9675 km^3 估算约含铀 484911000 t。

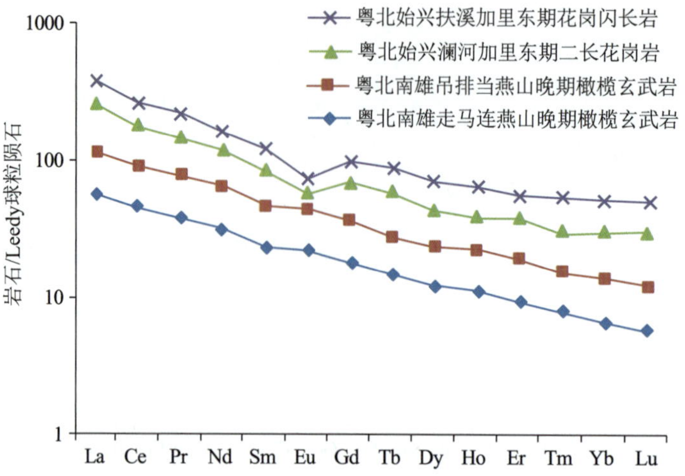

图 3-75　粤北南雄走马莲、吊排当燕山晚期橄榄玄武岩和加里东期始兴澜河、扶溪二长花岗岩、花岗闪长岩稀土配分曲线

（据任利民等，2017）

诸广山岩体南部由于自变质、它变质作用所形成的面状分布的白云母化、绿泥石化、绢云母化和碱交代等，形成了面积达 800~1000 km^2 的铀内生活化区，岩石经自变质、它变质作用后大量副矿物解体，铀从稳定状态转化为活动状态，为铀成矿提供了丰富的铀源。按印支期、燕山早期岩体形成 800~1000 km^2（平均 900 km^2）的铀内生活化区，岩体剥蚀深度为 3.58 km，剥蚀的自变质、它变质岩体 3222 km^3，按花岗岩的体重 2.8 t/m^3，印支和燕山早期的铀含量 16.0×10^{-6} ~ 19.8×10^{-6}（平均 17.9×10^{-6}）计算，则每立方千米，可活化铀 50120 t，剥蚀的印支期、燕山早期自变质、它变质岩体 3222 km^3，估算约活化铀 161486640 t。

诸广山岩体南部铀内生活化区在强氧化气候条件下，使岩石中的铀发生强烈的表生再分配过程，表现为 4 价铀转化为 6 价铀，形成铀酰络合物进行活化、搬运，沿岩石破碎带渗透淋积，后在各种还原的物理化学环境下发生再沉淀富集成沥青铀矿等次生矿物。如果仅用析出铀的千分之一（铀从地壳丰度富集到最低工业品位的比例：$2.5\times10^{-6}\rightarrow3.0\times10^{-4}$，约千倍富集系）富集成矿的话，诸广山岩体南部内、外带铀的资源量估算约 161486.64 t。

（2）铀成矿作用的“源-动-储”分析

“源”：指的是金属元素成矿前是从哪一个（主要）地质体中活化-迁移-沉淀富集成矿的？

“动”：指的是哪一次（主要）地质作用具备使金属元素富集的机制？

“储”：指的是金属元素在哪些空间位置最有利于沉淀富集？

1）“源”：印支期、燕山早期含铀花岗岩经自变质、它变质作用所形成的面状分布白云母化、绿泥石化、绢云母化和碱交代铀内生活化区，岩石经自变质、它变质作用后大量含铀副矿物解体，铀从稳定状态转化为活动状态，为铀成矿提供了丰富的铀源（达 161486.64 t）。

2）“动”：在区域伸展构造的背景下，在印支期、燕山早期花岗岩铀内生活化区的大气降水沿岩体内外张剪性断裂、裂隙及盆地层间裂隙下渗过程中，不断萃取内生活化区中的铀形成含铀热液，在还原物理化学环境下，发生氧化-还原反应，使得含铀热液中携带铀沉淀富集（图 3-76）。

$$U^{6+} + 2Fe^{2+} \rightarrow U^{4+} + 2Fe^{3+} \rightarrow UO_2\downarrow$$

3）“储”在中生代晚期（80~95 Ma）区域伸展裂陷构造作用下，形成北东向、北北东向为主的深源断裂构造，沿诸广山岩体东南部在一系列断陷作用下形成了断陷带，同时伴随发生的次级断裂，并与各类界面复合及南雄盆地的盆山结合带，它们均为有利的铀元素导矿、储矿空间。由于各级次的断裂、破碎带、裂隙的方向、强度、规模迥异，决定了铀赋矿空间的方向、强度和规模。

从而形成了“内生变价活化，外生天水富集成矿”的成矿机制！无论是印支期、燕山早期花岗岩中裂隙型铀矿，还是南雄盆地中砂岩铀矿均为此成矿机制，仅赋存于不同的铀矿储矿空间而已（表3-44）。

表 3-44　印支期、燕山早期花岗岩中裂隙型铀矿和南雄盆地中砂岩铀矿

位置	广东诸广山岩体南部	广东南雄盆地
赋矿地质体	中生代杂岩体	晚白垩世—古近世（K_2-E_1）砂砾岩
岩类/岩相	印支期—燕山早期花岗岩类	盆地边缘冲洪积前缘河流相、河湖过渡相与低洼谷地平原中的三角洲、河漫滩、河曲的河流相浅色岩系
赋矿岩石	印支期：似斑状黑云母花岗岩和二云母花岗岩；燕山早期：粗斑状钾长花岗岩、似斑状花岗岩、二云母花岗岩、似斑状黑云母花岗岩和细粒黑云母花岗岩	浅色含砾砂岩、砂砾岩、浅色长石石英砂岩、蚀变长石石英含砾砂岩、粗砂岩和花岗质砾岩等
控矿构造	岩体内陡倾斜张剪性断裂、裂隙	盆地内缓倾斜层间破碎带、浅色体中氧化-还原界面、含碳层
矿体产状	大脉状、群脉状、透镜状等	透镜状、层状、似层状、扁豆状、豆荚状等
矿石组成	矿石矿物主要为沥青铀矿，少量的铀石及铀的次生矿物硅钙铀矿、铀黑、钙铀云母等。伴生的金属矿物较少，主要黄铁矿、白铁矿、方铅矿、闪锌矿及赤铁矿和水针铁矿； 脉石矿物主要为含硅质矿物，如石英、玉髓、水云母、绿泥石、绢云母，以及萤石、方解石等	矿石矿物：沥青铀矿，少量铀黑；次生矿物，钙铀云母、硅钙铀矿、铜铀云母； 金属矿物：常见黄铁矿，其次赤铁矿，少量黄铜矿、闪锌矿、褐铁矿； 脉石矿物：绿泥石、方解石、水云母、微晶石英、有机质等
矿石结构构造	矿石结构有变余碎裂结构、变余碎裂花岗结构、胶状结构和花岗变晶结构。矿石构造主要有条带状和块状构造，其次有浸染状、环带状、脉状、团块状、斑点状、角砾状，局部可见葡萄状构造； 沥青铀矿常呈胶状、肾状、球粒状及葡萄状产出，有时铀呈微脉浸染状、少数呈吸附状态	沥青铀矿、铀黑等单矿物成板状、脉状，吸附状态散布于粘土矿物周围，呈分散状分布于砂岩碎屑及胶结物中
围岩蚀变	硅化、绿泥石化、水云母化、红化和碱交代	深红色、猪肝色石英细脉、硅化、赤铁矿化（红化）、粉末状胶状黄铁矿化、萤石化、褪色化等
成矿温度	120~240℃之间，为中低温流体	120~240℃之间，为中低温流体
地球化学障	深部还原流体、基性脉岩	氧化-还原界面、有机质层、含碳层
成矿时代	104~47 Ma	$E_1L^{3(1)}$、$K_3nx^{1(3)}$、$K_2s^{2+3(2)}$
矿床类型	花岗岩岩体内裂隙型铀矿	砂岩型铀矿
典型矿床	棉花坑、书楼丘、澜河、烟筒岭等	中村东、暖水塘、下俄井、236矿等

其“内生变价活化，外生天水富集成矿”的成矿机制依据有7个：

依据一：成岩成矿时差大：诸广山岩体铀成矿时间为104~47 Ma，延续57 Ma，在时间上与晚白垩世、古近纪断陷红盆形成同步，为地壳拉张期-构造岩浆活动相对宁静期。各矿床的成矿年龄与相应的含矿主岩年龄相差大，间隔时间最长的为蕉坪矿床（362矿）达166~199 Ma，最短的为书楼丘矿床（305矿）70~80 Ma；

依据二：在成矿热液 δD-$\delta^{18}O$ 相关图上，样点落在大气降水范围附近（图3-70）；

依据三：在 ^3He-^4He 同位素演化图解（图3-77a）上，成矿流体的氦同位素组成的投点多数位于地壳氦演化线附近；

依据四：流体包裹体的He和Ar同位素组成投入 $^3He/^4He$-$^{40}Ar/^{36}Ar$ 图（图3-77b）上，主要点集中在地壳流体范围附近；

依据五：成矿温度120~250℃（图3-78）；

依据六：矿石矿物单一，以沥青铀矿为主，呈肾状、胶状（图3-79a）、葡萄状（图3-79b）、皮

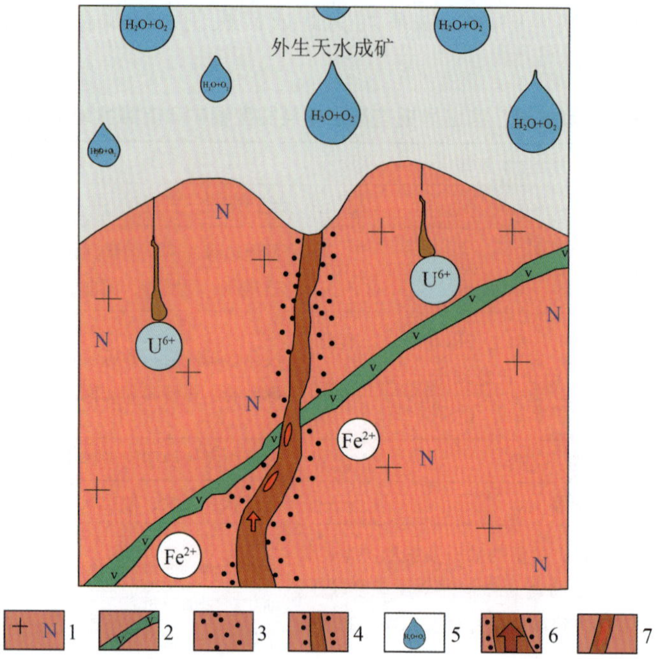

图 3-76　诸广山岩体棉花坑铀活化、迁移、富集机制

（据李子颖等，2015，有修改）

1—铀内生活化区（中粒二云母花岗岩）；2—辉绿岩；3—中-低温蚀变带；4—硅化构造裂隙带；5—大气降水；6—还原流体；7—沥青铀矿矿体

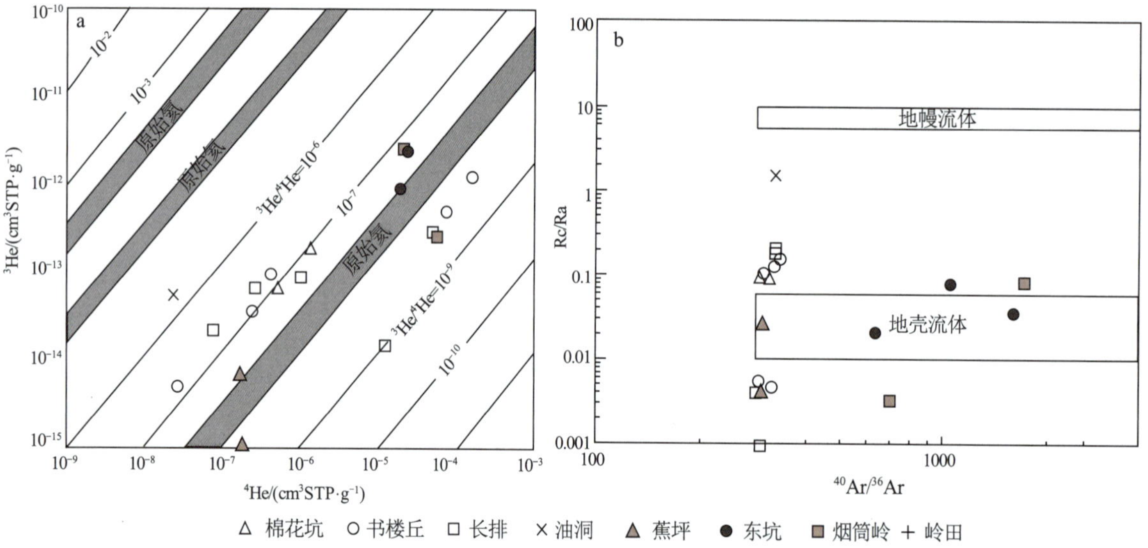

图 3-77　诸广山岩体南部各矿床萤石、方解石中流体包裹体的 He 同位素组成(a)及 Rc/Ra-$^{40}Ar/^{36}Ar$ 图解(b)

（据庞雅庆等，2019）

图 a 底图据 Mamyrin（1989）数据修编，图中投点为庞雅庆（2019）数据

壳状、分散球粒状等形式产出，少量铀石及其次生矿物硅钙铀矿、铀黑、钙铀云母等；

依据七：中低温蚀变矿物：紫红色-黑色玉髓，紫黑色萤石，灰色-红色微晶石英，胶状黄铁矿，赤铁矿等（图 3-80）。

（四）中国 U 元素浅表地球化学异常场空间分布特征

鉴于 U 元素的地球化学性质，在表生作用条件下较易形成易溶的铀酰络离子［UO_2］$^{2-}$，它所形

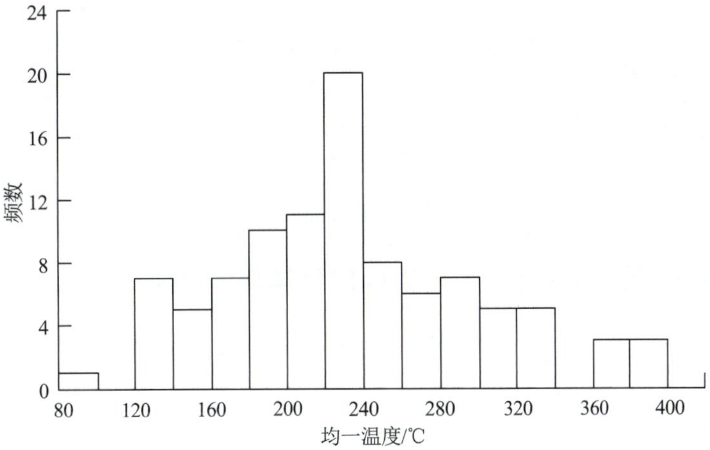

图 3-78　诸广山岩体南部地区热液铀矿成矿期流体包裹体均一温度直方图

（据广东省核工业地质局二九一队，2017）

图 3-79　胶状黄铁矿（Py）与沥青铀矿（Ptz）（a）与下庄矿田西 20 矿带 ZK20-1 孔矿芯断面（b）

（据广东省核工业地质局二九一队，2017）

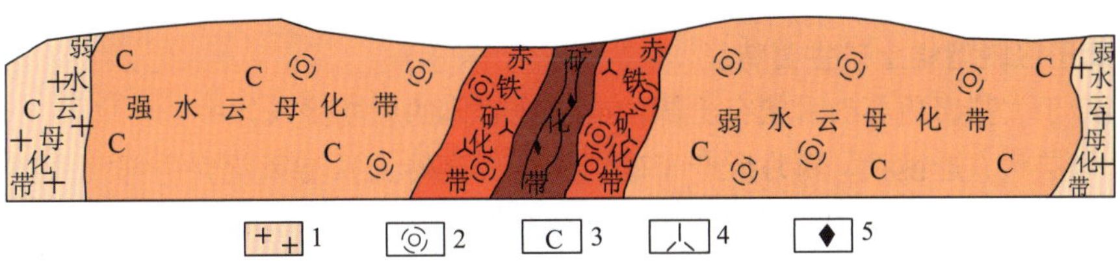

图 3-80　302 矿床剖面矿化蚀变分带示意图

（据广东省核工业地质局二九一队，2017）

1—中粒黑云母花岗岩；2—硅化；3—水云母化；4—赤铁矿化；5—紫黑色萤石

成的络合物在浅表十分活泼。为此，在地表水、地下水作用下 U^{6+} 活化、迁移、富集成矿，形成了我国独特的浅表地球化学异常场，总结我国浅表地球化学异常场分布特征如下：

1）有铀源岩：成熟的含铀结晶基底、含铀酸性花岗岩及其派生的含铀煤系、含铀砂体；

2）铀源岩的内生活化：含铀花岗岩、酸性火山岩经自变质、它变质作用，原生铀矿物解体（$U^{4+} \rightarrow U^{6+}$），形成了铀活化体；铀活化体持续抬升、剥蚀、风化；

3）在地表水、地下水作用下活化、迁移，在花岗岩、火山岩内外张剪性断裂、裂隙及中新生代盆地层间裂隙下渗过程中，不断萃取活化体中的U^{6+}形成含铀热液，在还原物理化学（深部还原流体、基性地质体、煤系层、灰绿色还原砂体等）环境下，发生氧化-还原反应，使得含铀热液中携带铀沉淀（$U^{6+} \rightarrow U^{4+}$）富集成矿。

综上所述，这就是铀成矿的“源、动、储”所形成的我国浅表地球化学异常场分布。为此，我国浅表铀元素地球化学高异常场分布在我国华南结晶基底、含铀酸性花岗岩类（见图1-36上），而北方中新生代盆地中砂岩铀矿由于上覆地层的覆盖而铀异常不显。

二、成岩、成矿作用与La（Y）元素地球化学场的关系

全球稀土资源分布比较集中，稀土储量最多的5个国家依次是：中国、独联体、美国、印度、澳大利亚。但就产量而言，据2017年统计数据显示：当年中国的稀土产量可谓“一枝独秀”，无论从储量还是产量来说，中国稀土资源均居世界首位，是世界稀土资源最丰富的国家，中国稀土金属和化合物产量占到全球总产量的80%以上。中国对美国稀土出口占美国稀土进口的78%。稀土被称为“超级工业味精”。

我国稀土元素La（Y）空间分布规律不仅受区域地质特征的控制，而且也明显受到表生地球化学作用的影响（见图1-37）。在表生作用条件下原赋存于花岗岩中独居石、褐钇铌矿、褐帘石、氟碳钙铈矿、等含稀土副矿物风化解体，La、Ce（Y）等稀土元素呈离子状态被胶体矿物（蒙脱石、多水高岭石、铁和锰的氢氧化物等）所吸附，这种赋存形式主要产于风化壳中，形成风化壳淋积型或离子吸附型稀土矿床。这类矿床分布主要在热带、亚热带气候，温湿多雨，植被发育，有机酸来源丰富自然景观条件下，以化学风化为主的表生作用强烈，基岩风化剥蚀发育厚度较大的面型风化壳，致使风化壳中稀土含量高出基岩数倍至数十倍，我国华南地区是风化壳淋积型或离子吸附型稀土矿床的主要产地。

（一）华南离子吸附型稀土矿床La（Y）元素成岩、成矿、成晕的地球化学机制

离子吸附型稀土矿床，是指稀土元素大部分（比例大于50%）呈交换型阳离子状态赋存于风化壳粘土中的工业富集体，可采用NaCl、$(NH_4)_2SO_4$等电解质溶液提取。

离子吸附型稀土矿床的形成，需要良好的成矿母岩（可以是花岗岩类、火山岩类、碱性岩等，也可以是沉积变质岩系），有利于化学风化作用发育的温暖潮湿的气候条件以及低缓的丘陵地貌。华南七省（江西、广东、广西、福建、湖南、云南、浙江）是我国特有的离子吸附型稀土矿矿集区，尤其以产重稀土闻名中外。

1. 花岗岩离子吸附型稀土矿主要特征

1）矿体多产于大基岩边部的舌状突出部位或复式岩体的后期侵入体中；

2）矿体呈似层状、透镜状、新月形产于硅铝粘土（高岭土）型风化壳中部（主要为全风化层），风化壳发育在500 m标高以下，切割深度在50~60 m的低山丘陵，呈面型风化壳（图3-81）；

3）矿石矿物组合主要为粘土矿物、长石、石英及云母。粘土矿物主要为高岭石、埃洛石、水云母、蒙脱石、三水铝石，副矿物主要有磁铁矿、赤褐铁矿、钛铁矿、独居石、磷钇矿、褐钇铌矿。矿石保留了原岩结构，常见土状、块状、粉状等构造；

4）稀土元素在风化壳中的含量是上、下贫，中间富（图3-82），即坡残积层一般含量低，很少形成工业矿体。全风化层（硅铝粘土型）含量高，多数成为工业矿体，半风化层稀土含量介于上述两层之间，上部含量较高，部分形成矿体，下部稀土含量低，接近于母岩丰度。稀土富集层（矿体）厚度一般2~8 m，最厚逾15 m；

5）富集层位是全风化层．矿物成分主要是粘土（50%~65%）和石英（30%~45%），为松散砂土状、亚砂土状、亚粘土状结构。砂土状结构者，疏松渗透性好，富集层位偏低，富集度高；亚粘土结构者，渗透性差，富集层位偏高，富集程度低。

图 3-81　花岗岩风化壳剖面

（据深圳市地质环境监测中心，龚鹏等，2016）

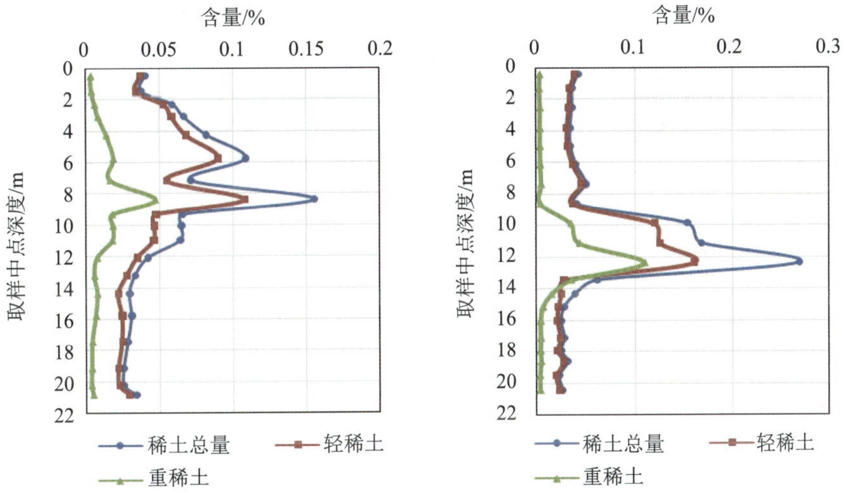

图 3-82　稀土元素含量在风化壳中中间富集

（据深圳市地质环境监测中心，龚鹏等，2016）

花岗岩风化壳离子吸附型稀土矿床是在含矿花岗岩经表生风化作用，稀土元素次生富集的基础上形成的。它经历了内生作用和外生作用两阶段，前者是成矿物质的来源，后者对成矿物质进行了“天然洗矿”，使其富集成具有工业价值的地质体。离子吸附型稀土矿床内生条件是成矿母岩（可以是花岗岩类、火山岩类、碱性岩等，也可以是沉积变质岩系）是物质基础——“源”，表生风化作用是稀土元素富集机制——“动”，风化壳是稀土元素富集的空间——“储”。为此，稀土元素的富集与花岗岩岩体的岩石学、矿物学、地球化学特征密切有关。

2. 含稀土花岗岩的岩石学、矿物学、地球化学特征

（1）含稀土花岗岩的岩石学、矿物学特征

华南离子吸附型稀土矿含矿原岩主要为各类侵入岩，侵入岩形成时代有加里东期、华力西期、印支期和燕山期，以燕山期含稀土岩体最为发育，岩体的锆石 U-Pb 年龄集中在 189~94 Ma，时间跨度较大，但多数岩体集中在 189~153 Ma 之间，可见侏罗纪花岗岩更有利于稀土成矿。江西省南部花岗岩岩性为钾长花岗岩、二长花岗岩、黑云母花岗岩、二云母花岗岩等（图 3-83）。

轻稀土矿以大型岩基和复式岩体主体的舌状突出部中心相最有利，重稀土矿产于复式岩体中心，

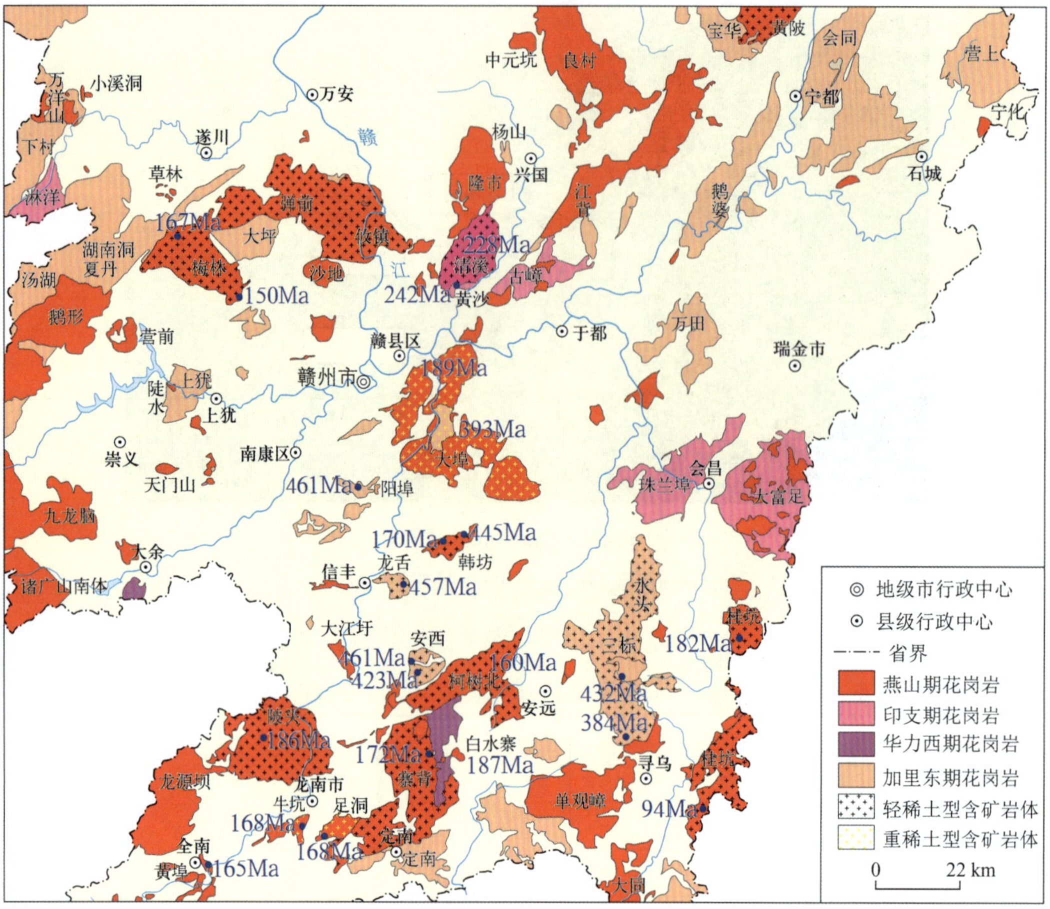

图 3-83　江西省南部花岗岩分布图

（据赵芝等，2014，修改）

或边缘侵位相对较高的岩脉群或复式岩体中分异演化程度高、侵位时间相对较晚的岩体或岩脉，并与白云母化、钠长石化自变质作用岩体关系密切。

离子吸附型稀土矿的含矿原岩以酸性岩（花岗岩）为主，其次为中性岩（石英闪长岩、石英二长岩）。轻稀土的含矿原岩主要为黑云母花岗岩和二长花岗岩，岩石的矿物成分有钾长石、斜长石、角闪石、黑云母，副矿物中常见含稀土矿物，如磷灰石、褐帘石等，特别是产稀土独立矿物，如氟碳铈矿、独居石、硅铍钇矿、氟碳钙钇矿等。其次为闪长岩、石英二长岩、闪长花岗岩和中酸性火山岩及花岗斑岩。重稀土矿含矿原岩主要为碱长花岗岩或钾长花岗岩和二云母（白云母）花岗岩等。岩石副矿物成分复杂，多含褐钇铌矿、铌钇矿、硅铍钇矿、氟碳钙钇矿等稀土独立矿物。除含稀土矿物外，还常有钨、锡、铌、钽矿物共生，富含萤石，锆石、磷灰石含量少的特征。

（2）含稀土花岗岩的地球化学特征

1）主量元素特征：据赵芝等（2014）对 13 个含矿岩体（包含轻稀土型和重稀土型）79 件母岩样品的主量元素进行了分析统计，结果显示：SiO_2 含量较高，介于 61%～77%之间，均值为 72%；TiO_2 含量普遍偏低，介于 0.01%～0.7%之间，均值为 0.3%；Al_2O_3 含量较高，介于 11.5%～18.6%之间，均值为 13.7%。*A/CNK* 指数均大于 1.1；CaO 含量介于 0.2%～3.2%之间；具有低铁、低镁（均值 0.3%）、低锰（均值 0.1%）、高碱（$Na_2O+K_2O=7\%\sim13\%$），且钾的含量大于钠（$K_2O/Na_2O>1$）的特征。

2）稀土元素特征：各含稀土花岗岩岩体稀土总量普遍偏高，据赵芝等（2014）统计的所有花岗岩岩体稀土均值为 289×10^{-6}，高于南岭花岗岩的平均值（227×10^{-6}）。另外，各岩体由于岩性、产状、副矿物种类和含量及岩体受自变质程度，其稀土总量存在显著差异。为此，各岩体的稀土配分模式也各具特色，多数岩体稀土配分曲线呈右倾型，轻重稀土分馏明显，属轻稀土型，具有明显的 Eu 负异常（图 3-84a、b、c）；少数岩体，如足洞、大埠、韩坊岩体，稀土配分曲线呈略左倾平坦式，重稀土含量高于轻稀土，属重稀土型，具有明显的 Eu 负异常（图 3-84d）。同一岩体、不同岩性的岩石，稀土配分类型也存在较大差异。如黄埠岩体霓辉石正长岩显示 Eu 正异常（图 3-84b），有别于石英正长岩和石英二长岩的 Eu 负异常。武平岩体石榴石花岗岩因产石榴石，而引起中重稀土含量明显偏高，稀土配分类型变为重稀土型，而不含石榴石的黑云母花岗岩稀土配分类型为轻稀土型（图 3-84c）。

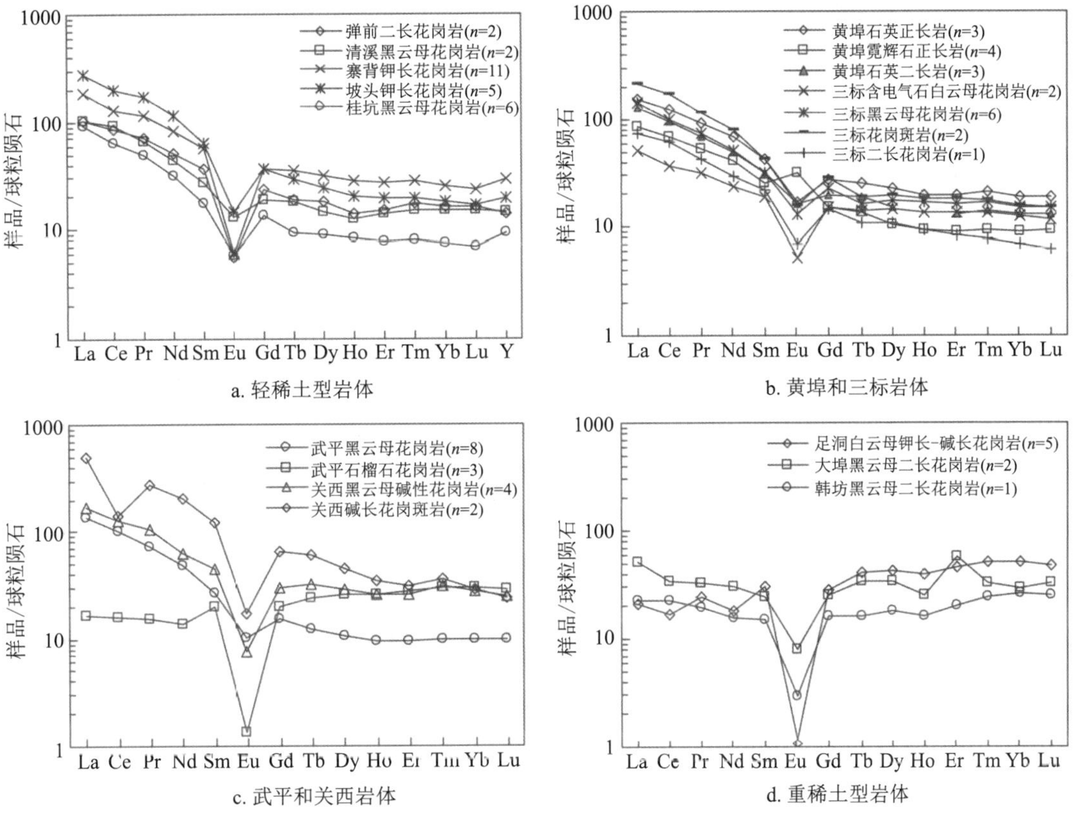

图 3-84　南岭代表性成矿花岗岩的球粒陨石标准化 REE 配分图

（据赵芝等，2014）

（3）含稀土花岗岩稀土元素赋存状态

稀土元素在岩体中的赋存状态是能否形成离子吸附型稀土矿床的重要因素。花岗岩中矿物结晶程度好，稀土元素主要赋存在矿物中，故含稀土元素矿物的物理、化学性质对形成本类矿床至关重要。如果含稀土花岗岩岩中稀土元素赋存在易风化矿物（如长石、云母、角闪石、榍石、磷灰石、褐帘石和氟碳酸盐类矿物）中，对形成离子吸附型稀土矿床最有利。如果含矿原岩中稀土元素主要赋存在不易被风化的矿物（如独居石、磷钇矿、褐钇铌矿等矿物）中，则对形成离子吸附型稀土矿床不利。另外，火山岩类岩石中矿物结晶程度差，在成岩过程中温度冷却迅速，形成独立稀土元素矿物的可能性小，而以分散状态赋存于深色的玻璃质中，在风化过程中随载体（火山岩岩石）解体，呈离子状态释放后被风化壳中粘土矿物吸附，富集形成矿体，故火山岩在风化条件下最易形成离子吸附型稀土矿床。

（4）含稀土花岗岩的表生作用

离子吸附型稀土矿床的形成必须经历内生作用和表生作用两个成矿阶段，二者缺一不可。表生作用与含稀土花岗岩所处的地理气候、地势地貌等条件有密切的关系。

A. 内生作用阶段

张祖还（1990）研究表明：稀土矿化与含矿岩体的自交代蚀变作用有关，主要有钾长石化、钠长石化、白云母化、萤石化等。钾长石化在黑云母花岗岩中普遍表现为微斜长石化，含独居石略高；白云母化、钠长石化分别表现为黑云母被白云母交代形成蚀变黑云母、铁白云母等，更长石被钠长石交代，在铁白云母边部常见氟碳钙铈矿、钛钇矿、含钇钍石的包体和连生体，萤石化呈浸染状分布，常和白云母、铁白云母等呈连生体或在其附近出现，有的交代斜长石、黑云母，萤石含稀土品位可高达 0.3% 以上（江西足洞）。

自交代蚀变作用早期以钾化为主，鉴于此期溶液碱性较强，而不利于稀土的大量沉淀，其稀土元素除部分呈独居石、磷忆矿晶出外，大部分趋于分散；随自交代蚀变作用的进行和加强，溶液向弱碱性或弱酸性方向发展，紧接着相继发生钠长石化、白云母化，原来以类质同象或微包体形式赋存于造岩矿物中的稀土元素亦随载体受到破坏和解析，到了晚期萤石化阶段，稀土的沉淀剂 Ca、Fe 等相对富集，因此大量的稀土矿物在此期产出。

如江西足洞富重稀土矿，据黄典豪等（1988）研究表明：

a）足洞富重稀土花岗岩和关西富轻稀土花岗岩是燕山中晚期及燕山早期两个不同阶段的异源岩浆结晶的产物。二者所富集重轻稀土元素的不同，主要归因于生成这两个岩体的原始岩浆中所含稀土元素的差异。

b）足洞岩体的黑云母钾长花岗岩演变成白云母钠长石化花岗岩，稀土元素发生明显的分馏，同时 Y 对全岩 ΣREE 的占有率由 35.78%增长到 54.5%，充分说明后者的富钇族稀土元素的地球化学特征，而且这与岩浆演化和晚期自交代的钠长石化、白云母化和萤石-氟碳钙钇矿化有关。

c）足洞岩体平均的 ΣREE 为 264×10^{-6}，造岩矿物的稀土元素含量只占全岩平均稀土量的 14% 左右，所以绝大部分 REE 主要赋存于稀土矿物和含稀土矿物中。

d）足洞岩体结晶演化过程中，在结晶作用的早期，少量稀土元素形成独居石、磷钇矿、锆石等副矿物，或分散于造岩矿物内，而在岩浆结晶晚期的碱性-弱碱性条件下，大部分稀土元素与主要挥发分氟形成稀土氟络合物转入岩浆晚期的残余流体中，并与 CO_2、Ca、As、Si 等发生反应形成氟碳钙钇矿、氟碳钇矿、硅铍钇矿、砷钇矿等内生稀土矿化现象。这些矿物在适宜的物理-化学风化条件下发生分解，所释放出来的钇族稀土元素成为该花岗岩风化壳内重稀土元素次生富集的主要来源。

B. 表生作用阶段

据现有资料，本类矿床分布于北纬 22°~29°、东经 106°30′~119°40′区域内，尤以北纬 24°~26°之间矿床分布最为密集。这一区域属热带、亚热带气候，温湿多雨，植被发育，有机酸来源丰富，以化学风化为主的表生作用强烈（风化>剥蚀），这对矿物的分解和稀土元素的淋滤起着非常重要的作用，在风化速度快、冲刷剥蚀弱的情况下，常发育厚度较大的面型风化壳，且保存完好，厚度大，多呈硅铝粘土型风化壳，且顶部常有对其具保护作用的红土型风化壳层，对成矿极为有利。致使风化壳中稀土含量高出基岩数倍，富矿地段可高出 10 倍以上。如足洞基岩白云母花岗岩稀土氧化物总量 TRO：0.0365%，而其风化壳中 TRO：0.0465%~0.412%，高出基岩数倍至十几倍；河岭风化壳中稀土含量较基岩中的稀土含量高出 1.51~4.29 倍。

离子吸附型稀土矿床的地势地貌条件不仅控制剥蚀作用的进行，同时还可决定地下水的动态和风化壳的地球化学特征。风化产物的淋滤状况、风化壳的厚度和保留程度等均与地貌有关。一般低山及丘陵区，切割浅，风化壳保存较好，厚度大，对成矿有利；平缓山顶（脊），陡坡地形，“V”形山谷，形成裸脚式风化壳，此类风化壳矿体连续性差；尖棱形山顶（脊），“V”形山谷，陡坡地形，不利于风化壳的形成。从华南离子吸附型稀土矿的分布和保存情况来看，最有利于离子吸附型稀土矿形成与保存的地貌条件为海拔低于 500 m、切割深度一般小于 200 m、坡度小于 30°（一般在 15~20°之间）的低山丘陵缓坡地貌。

风化壳的酸碱度（pH 值）对稀土元素的迁移富集有重要的影响。据研究，在酸性和弱酸性介质条件下（pH<7），稀土元素主要以可溶性水合物阳离子的形式迁移。华南由于降雨量大，水的渗滤、径流作用活跃，易溶的碱金属元素被带出，加上有机酸的产生，常使风化壳呈弱酸性（pH 值约 5~6.5）。此酸度条件有利于稀土元素的迁移（渗滤）富集成矿。

由于轻、重稀土元素的表生地球化学性质的差异，在风化壳的酸碱度（pH 值）条件下，轻、重稀土元素地球化学行为以及富集规律亦有异。轻稀土元素在风化壳中活动性比重稀土大，故主要聚集于风化壳中上部，其中的 CeO 主要富集于表土层中，往下，随深度的增大而逐渐变贫；La、Pr、Nd、Sm 诸元素集中于全风化层中；重稀土元素普遍富集在风化壳的下部。所以，重稀土配分值自上往下逐渐增高，轻稀土向上的迁移意味着增加流失的概率。

总的来说，矿石稀土配分继承了母岩的稀土配分特征，即矿石中 ΣCe/ΣY 值与母岩的比值相似，然而由于稀土元素富集程度不一，矿石中的比值比母岩略有变化。当母岩 ΣCe/ΣY 值在 1~2，且 Ce 的配分值高的情况下，经表生分馏作用，Ce 主要富集在坡残积层中，甚至被淋滤流失，致使矿石中 ΣCe 的配分值逐渐减小，而 ΣY 逐渐增加，以致形成母岩为轻稀土型，而矿石却为重稀土型的现象。

3. 花岗岩分布区 La、Y 元素区域地球化学特征（以江西南部花岗岩为例）

从图 3-83 获知江西南部离子吸附型轻稀土矿床（矿点）产于梅林、弹前、清溪、坡头、寨背、水头-三标和桂坑等岩体，离子吸附型重稀土矿床产于足洞和大埠岩体。

根据图 3-83 江西南部花岗岩分布图，绘制了 1∶20 万水系沉积物 La、Y 元素地球化学异常图，从 La、Y 元素地球化学异常图可见（图 3-85，图 3-86）：

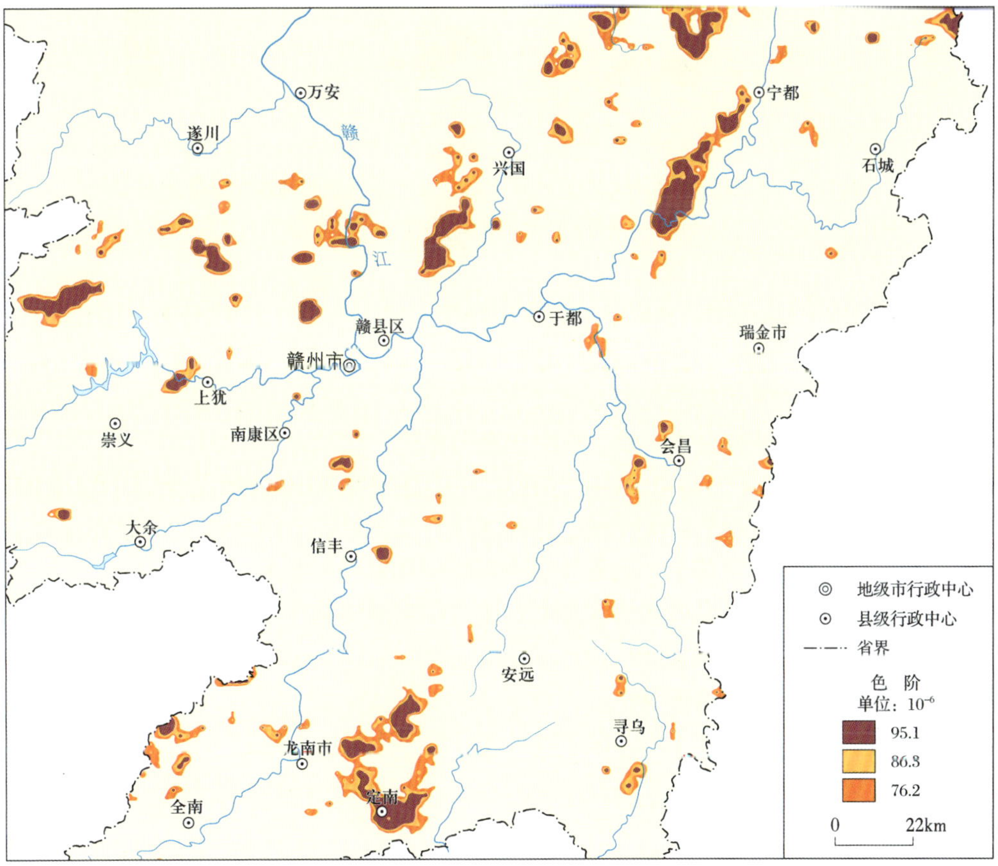

图 3-85　江西省南部花岗岩 La 元素 1∶20 万水系沉积物地球化学异常图

（江西省地质矿产资源勘查开发中心，2018）

1）La 元素在寨背-柯树北岩体处呈三级浓度分带清晰，大于 95.1×10^{-6} 分布范围与岩体出露面积和形态相当；而坡头、三标、桂坑等岩体 La 元素大于 95.1×10^{-6} 三级浓度带仅呈零星小范围分布；梅

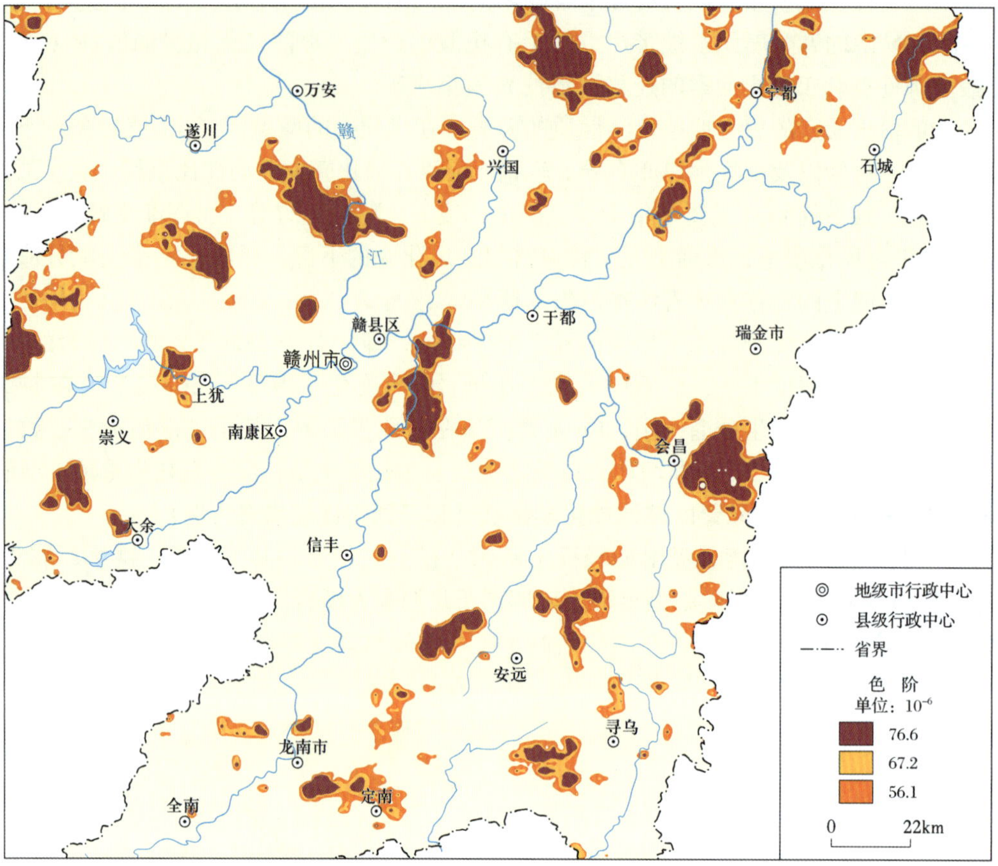

图 3-86　江西省南部花岗岩 Y 元素 1∶20 万水系沉积物地球化学异常图

（江西省地质矿产资源勘查开发中心，2018）

林、弹前、清溪等岩体上 La 异常也呈现了三级浓度分带，但大于 95.1×10^{-6}分布范围比岩体出露面积小，且呈点状展布。

另外，值得注意的是在加里东期的鹅婆（宝华）岩体上 La 元素呈现了范围大，三级浓度分带清晰的异常，且与岩体形态、走向基本一致，应引起充分重视。

2）Y 元素异常在赣南地区分布范围广、强度大（三级浓度 76.6×10^{-6}是全国平均值 25.49×10^{-6}的 3 倍），除了足洞和大埠重稀土矿床所赋存的岩体外，富集轻稀土的岩体 Y 元素亦呈现了范围广、强度大的异常特征。这与 Y（重稀土）元素在表生环境中相对稳定有关。

另外，在江西会昌印支期—燕山期的大富足岩体、印支期的殊兰埠岩体均为 Y 元素 62.7×10^{-6}～76.6×10^{-6}中强异常分布区，值得关注。

4. 花岗岩离子吸附型稀土典型矿床

下面以江西龙南足洞大型重稀土矿、江西寻乌河岭轻稀土矿床为例。

（1）江西龙南足洞大型重稀土矿

A. 矿区地质特征

矿区位于龙南县城东南约 12 m，面积约 40 km^2，是目前中国最大的离子型重稀土矿床。

矿区地层主要为寒武系、二叠系、三叠系、侏罗系、白垩系和第四系。矿区大面积（30 m^2）出露的岩浆岩为燕山晚期的足洞中粒白云母花岗岩和中粒黑云母花岗岩（γ_5^{3b}），呈岩株状侵入于下白垩统火山喷发岩系（其中流纹斑岩含 $TR_2O_3$0.0288%）（图 3-87），在足洞岩体东侧分布着燕山晚期早阶段的塞背花岗岩（γ_5^{3a}）。花岗岩中主要造岩矿物为石英、斜长石、钾长石、白云母、黑云母。副矿物达 50 多种，主要有氟碳钙钇矿、砷钇矿、钛钇矿、磷钇矿、独居石、变种锆石、萤石等，副矿物以稀土矿物为主，含稀土矿物次之。白云母花岗岩中氟碳钙钇矿含量占稀土总量约50%~60%，易风化，对形成离子吸附型稀土矿床具有重要意义。矿区黑云母花岗岩稀土含量（TR_2O_3）一般为0.034%，白云母花岗岩稀土含量（TR_2O_3）一般为0.036%~0.041%，个别可高达0.087%以上，为维氏（1962）酸性花岗岩的1.3~1.5倍。花岗岩中稀土矿物以独立矿物形式存在，占稀土总量的65%~70%。白云母花岗岩中稀土单矿物占稀土总量的69.47%（主要为氟碳钙钇矿）；黑云母花岗岩中稀土单矿物占稀土总量的66.08%，其中难风化的磷钇矿、独居石占稀土总量的41.38%，为此风化壳中有较多稀土单矿物。二类花岗岩风化壳中矿石稀土配分类型有异，黑云母花岗岩 $\Sigma Y_2O_3/\Sigma Ce_2O_3=1.3$；白云母花岗岩 $\Sigma Y_2O_3/\Sigma Ce_2O_3=2.6$，白云母花岗岩重稀土明显比黑云母花岗岩富集。

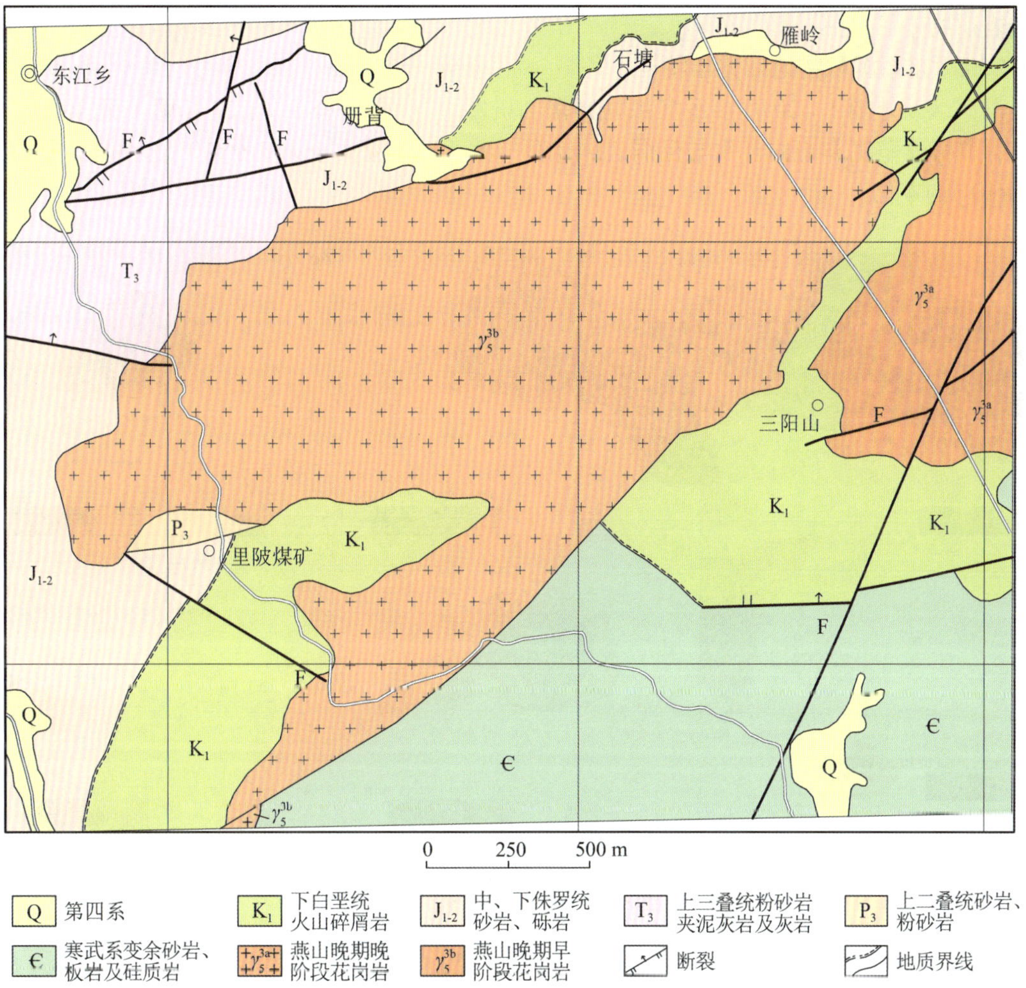

图3-87　江西龙南足洞大型重稀土矿矿区地质图

（据《中国矿产地质志·江西卷》编委会，2015）

B. 矿体地质特征

矿区稀土元素主要呈离子吸附状态赋存于花岗岩风化壳内，矿体呈似层状沿花岗岩全风化壳分布，其形态和产状与地形变化基本一致。矿体大部分裸露地表，部分地段有2~3 m厚的覆盖层。其形态严格受地形控制，具有山顶和山脊厚（8~20 m），山腰次之（5~12 m），山脚薄（0~8 m）的规律。矿体一般厚5.66~13.67 m，最厚29 m，平均10.45 m。

矿区花岗岩风化壳分3层：残坡积层、全风化层、半风化层，三者呈过渡关系，矿体主要产于全风化层和部分残坡积层中。

残坡积层：以花岗岩风化残坡积为主，平均厚 1.3 m，稀土元素含量较低，一般 TR_2O_3 为 0.0725%；

全风化层：为矿体主要赋存部位，TR_2O_3 平均品位 0.0972%，矿石主要由粘土矿物（20%~40%）、石英（30%~40%）、长石（15%~20%）和云母（5%~15%）组成，质地疏松。

半风化层：粘土矿物含量显著减少，TR_2O_3 平均含量 0.05%，残留花岗岩结构，质地坚硬。

矿石类型分两类：离子吸附型矿石和离子吸附-单矿物混合型矿石。前者，稀土元素 80%以上呈离子吸附状态，白云母花岗岩全风化层中矿石属于此类矿石；后者稀土元素一半呈离子吸附状态，一半呈独立矿物状态产出，黑云母花岗岩全风化层中矿石属于此类矿石。

江西龙南足洞为单一重稀土矿床。稀土元素的赋存状态有 3 种：呈离子吸附状态吸附于粘土矿物表面（占 83.93%）；部分呈独立矿物（如磷钇矿、独居石）产出；极少数以类质同象或微包体形式分散于造岩矿物中。

C. 1∶20 万水系沉积物地球化学特征

在足洞矿区及外围 1∶20 万水系沉积物异常剖析图上（图 3-88），清晰可见 Y 元素异常的三级浓度分带，其异常范围和走向几乎与足洞岩体完全一致，Y 元素大于 103.0×10^{-6} 的强异常是全国平均值 25.49×10^{-6} 的 4 倍。

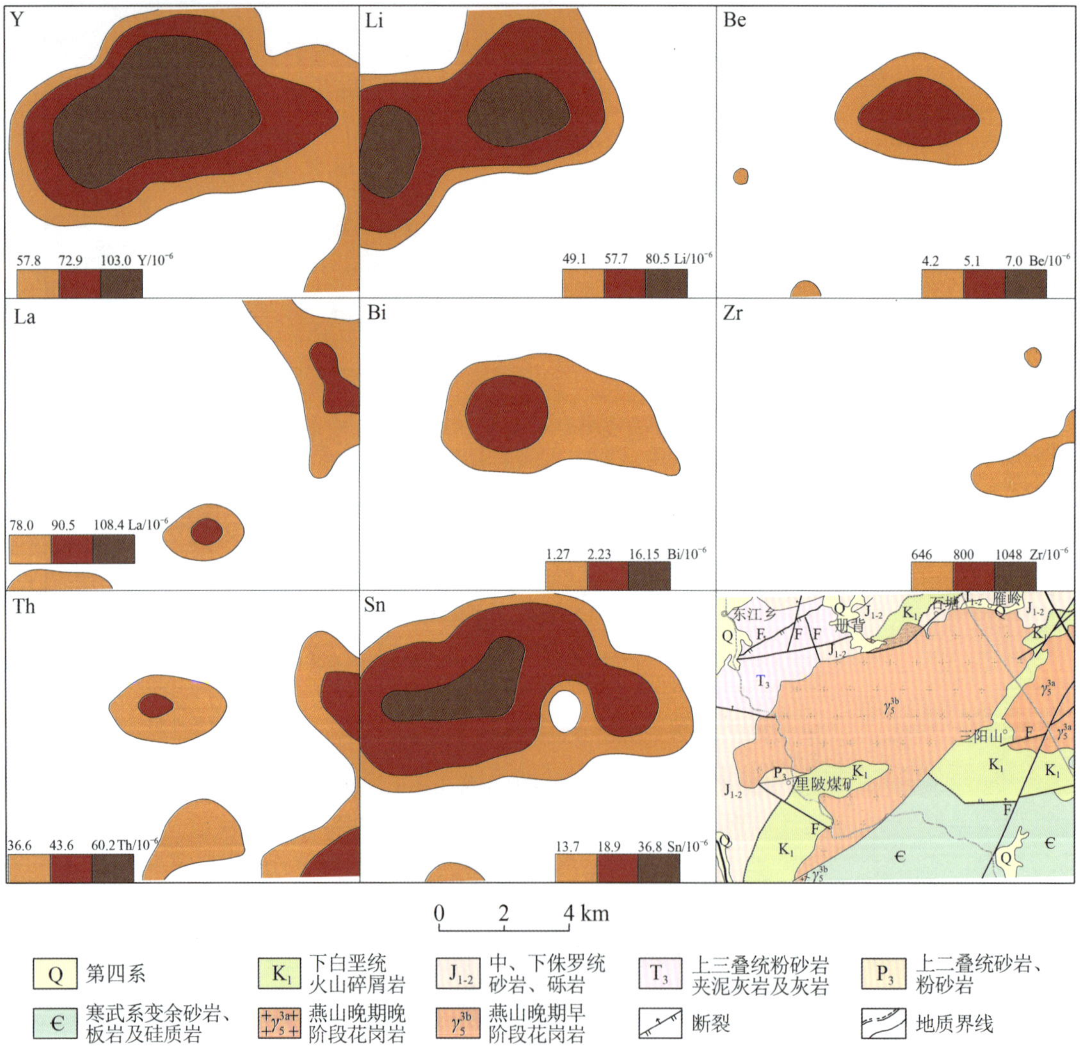

图 3-88 江西龙南足洞重稀土矿 La、Y 等元素异常剖析图

（江西省地质矿产资源勘查开发中心，2018）

La 元素在足洞中粒白云母花岗岩和中粒黑云母花岗岩（γ_5^{3b}）中无异常分布，仅在东侧燕山晚期早阶段的塞背花岗岩（γ_5^{3a}）中呈现了弱-中等异常（$78.0\times10^{-6}\sim90.5\times10^{-6}$）。

示踪酸性花岗岩的 Li、Be 元素异常分布与足洞岩体的范围吻合较好。另外，Sn 元素弱异常范围与足洞岩体的分布一致，其强异常（36.8×10^{-6}）在岩体中部，反映了足洞花岗岩曾经历了 Sn 元素的成矿（矿化）作用。

D. 成矿阶段和成矿模式

江西龙南足洞大型重稀土矿成矿作用经历了内生成矿期的岩浆结晶阶段、自交代作用阶段及热液矿化阶段；外生期的表生成矿阶段。

岩浆结晶阶段：足洞花岗质岩浆在分离结晶过程中，稀土元素发生分馏作用，结晶晚期熔体向富集重稀土和亏损铕方向演化，晚期熔体富 Si、Al、Na、K，贫 Ca、Mg、Fe、Ti 等元素，促使 TR^{3+} 主要与［PO_4］$^{3-}$结合，形成稀土独立矿物磷钇矿、独居石，形成矿床早期初始原生稀土矿化基础。

自变质交代作用阶段：即黑云母花岗岩转化为白云母花岗岩阶段，花岗岩广泛发育钠长石化、白云母化、萤石化。自变质交代热液向富碱、超酸、富含挥发分 F、CO_2，贫 Ca、Ti 方向演化，致使稀土元素以较稳定、可溶的络合物在残余溶液中富集，并在自变质交代作用晚期的萤石化阶段，稀土络合物分解形成氟碳钙钇矿，此阶段是矿床主要原生稀土矿化阶段。

热液矿化阶段：岩浆期后成矿热液沿断裂裂隙带充填、交代形成的萤石-氟碳钙钇矿脉和磷钇矿、独居石、砷钇矿等，进一步加强了岩体稀土矿化。

表生成矿阶段：外生期的表生成矿阶段是离子吸附型稀土矿床的主要成矿阶段。在适合有利的气候条件下，花岗岩强烈风化，原岩中长石类、云母类矿物分解形成高岭石类、水云母类等粘土矿物，K_2O、Na_2O 大量流失，风化壳内 Al_2O_3、Fe_2O_3 显著增加，TR_2O_3 也得以富集。致使风化壳内 pH 由弱碱性转变为弱酸性，原岩中氟碳钙钇矿等矿物分解，析出 TR^{+3}，呈 $TRCl_3$ 等形式迁移，被风化壳中高岭石等粘土矿物表面吸附（TR^{+3} 占被吸附阳离子总和的 75.59%），使风化壳内稀土含量比原岩增高了 1.5 倍以上。

综上所述，江西龙南足洞大型重稀土矿床是在富含重稀土元素的花岗岩基础上，经过岩浆自交代作用，热液蚀变等内生成矿作用形成众多易风化分解的稀土矿物（氟碳钙钇矿等），再经表生风化、富集作用，并在继承和进一步强化原生稀土矿化基础上形成风化壳离子吸附型富钇重稀土矿床（图 3-89）。

（2）江西寻乌河岭轻稀土矿床

河岭轻稀土矿床位于寻乌县南东 10 m，是火山岩风化壳大型离子型轻稀土矿床的典型代表。

A. 矿区地质特征

矿区位于南武夷隆起南段西坡。

矿区出露地层有南华系、震旦系、寒武系浅变质岩及侏罗系、白垩系、古近系等（图 3-90）。

白垩系分布在矿区中部，由下白垩统鸡笼嶂组一套酸性喷发岩和火山碎屑岩组成的火山岩系；上白垩统为厚层红色砾岩，砂砾岩夹砂岩、粉砂岩。

矿区分布的岩浆岩主要是早白垩世酸性火山岩系及侵入其中的潜火山岩-花岗斑岩。

火山岩：早白垩世酸性火山岩系自下而下分为 3 个岩性段：①下段为火山角砾-凝灰岩组，由集块岩、火山角砾岩、熔结角砾岩和熔结凝灰岩组成。②中段为流纹质凝灰熔岩组，由流纹质凝灰熔岩（流纹斑岩）和含砾熔岩凝灰岩组成，分布于矿区中部，易风化，形成厚层状风化壳，是矿区稀土成矿母岩。原岩富含稀土元素，平均 TR_2O_3 为 0.102%，主要稀土矿物有异向硅钛铈矿、磷钇矿和独居石，副矿物有锆石、钍石和钛铁矿等；岩石流纹质凝灰熔岩（流纹斑岩）TR_2O_3：487×10^{-6}，含角砾熔岩凝灰岩 TR_2O_3：810×10^{-6}。③上段为沉积-火山碎屑岩组，主要为粗-细粒碎屑沉凝灰岩。

花岗斑岩呈岩株状侵入于下白垩统火山岩中，为燕山晚期早白垩世岩浆岩，面积约 17 m^2,，岩石风化强烈，地貌上呈平缓低山，风化壳厚十几米至二十余米，为稀土矿的主体。

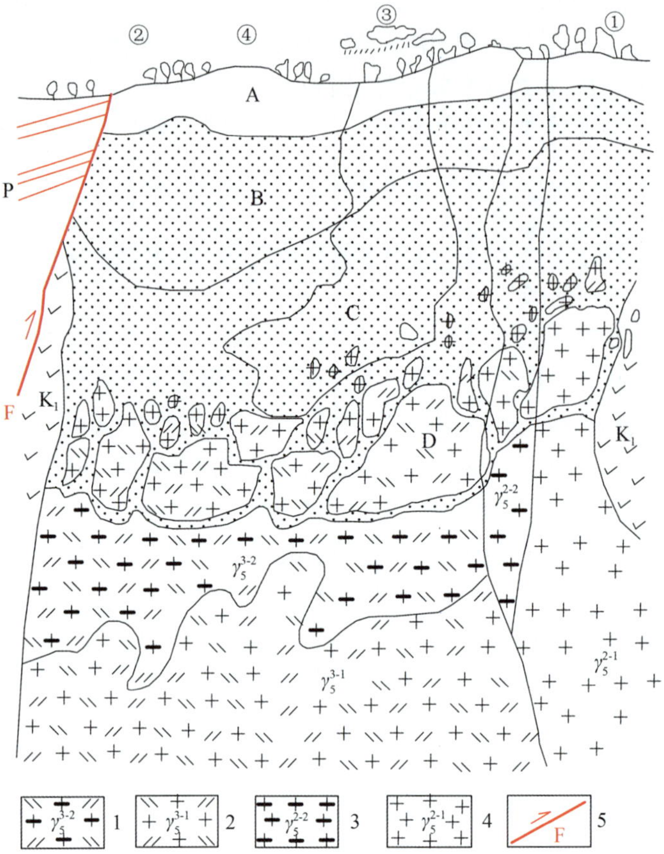

图 3-89　江西龙南足洞重稀土矿床成矿模式图

（据《中国矿产地质志·江西卷》编委会，2015）

1—白云母钾长花岗岩；2—黑云母钾长花岗岩；3—花岗斑岩；4—黑云母碱性长石花岗岩；5—近东西向断裂；①植被；②地下水；③年平均降雨量 1582 mm；④年平均气温 18.8℃；A—表层土，pH：4.5~5.2，Ce 元素残留，其他 TR 元素迁移；B—全风化层，pH：5.4~6.0，TR 元素呈吸附状态集集，构成主要工业矿体；C—半风化层，次要矿体；D—弱风化层；K_1：早白垩世火山岩；P—二叠系，pH：2.7~4.1

花岗斑岩主要造岩矿物为钾长石、斜长石、石英和黑云母，副矿物有磁铁矿、锆石，稀土矿物水独居石、磷钇矿和氟碳铈钡矿等。花岗斑岩 TR_2O_3：992×10^{-6}。

花岗斑岩中稀土元素有 3 种赋存状态：其中 80%以上呈易溶的氟碳铈钡矿、水独居石等，其次为难溶的独居石、磷钇矿等，少量呈类质同象分散赋存在造岩矿物中。

B. 矿体及矿石特征

火山岩和花岗斑岩形成的风化壳，即为河岭矿区的稀土矿体。流纹斑岩风化壳厚一般 5~9 m，最厚 26 m，SRE_2O_3（离子相稀土）品位一般为 0.06%~0.18%，最高达 0.57%，平均 0.107%；花岗斑岩风化壳厚一般 6~10 m，最厚 28 m，SRE_2O_3（离子相稀土）品位为 0.024%~0.760%，一般为 0.120%~0.180%，平均 0.159%。全区共圈矿体 10 个，火山熔岩型 7 个，花岗斑型 3 个。矿体总体走向北东，在平面上呈不连续团块状分布。

矿体剖面具分层特征，从上到下分别为：表土层、全风化层、半风化层和基岩，各层呈渐变关系。

表土层：厚数厘米至 3 m，主要由粘土和细砂组成，上部以粘土为主，该层含稀土，平均 TR_2O_3：0.07%~0.124%；

全风化层：厚 4~26 m，主要由石英（20%）和高岭土类粘土矿物（80%）组成，流纹斑岩全风化层 TR_2O_3：0.16%~0.255%，花岗斑岩全风化层 TR_2O_3：0.1，27%~0.465%，品位变化系数流纹

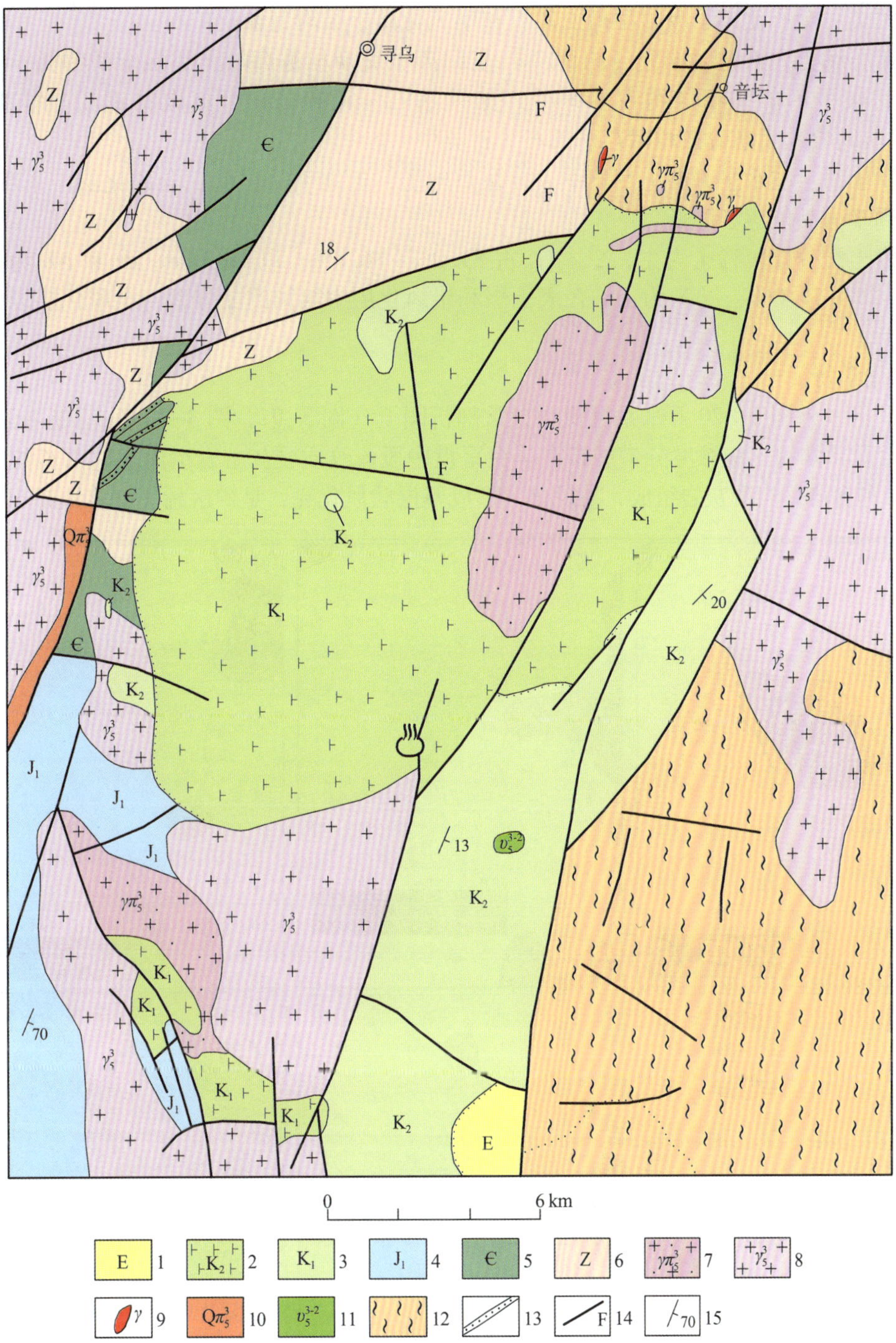

图 3-90　江西寻乌河岭轻稀土矿床矿区地质图

（据《中国矿产地质志·江西卷》编委会，2015）

1—古近系；2—上白垩统；3—下白垩统；4—下侏罗统；5—寒武系；6—震旦系；7—花岗斑岩；8—花岗岩；9—花岗岩脉；10—石英斑岩；11—辉长岩；12—寻乌岩组混合岩化变质岩；13—硅质岩；14—断层；15—地层产状

斑岩 75.48%，花岗斑岩 59.26%；

半风化层：厚 2～5 m，主要由高岭土类粘土矿物（30%～55%）、长石（15%～25%）、石英（25%～30）组成，花岗斑岩平均 TR_2O_3：0.093%，流纹斑岩平均 TR_2O_3：0.102%，品位变化系数流纹斑岩 73.80%，花岗斑岩 106.93%。

矿石的矿物组成主要由高岭土类粘土矿物、石英和长石组成，其次为磁铁矿、黑云母及少量稀土矿物和其他矿物。稀土矿物主要有氟碳铈矿、氟碳铈钡矿和独居石 3 种。

矿石有两类：全风化离子吸附型稀土矿石和半风化离子吸附型稀土矿石。

风化型矿石稀土元素绝大部分（约92%）呈阳离子交换相被高岭土类粘土矿物类、黑云母、褐铁矿吸附；其次呈单矿物相（约占6.5%），如独居石、氟碳铈矿、氟碳铈钡矿；极少数（约占1.5%）呈类质同象或固态分散相赋存于长石、石英中。

矿石中稀土总量在水平方向上变化不大，在垂向上，近地表品位低，全风化层中下部品位较高，从半风化层到基岩品位逐渐降低。

矿石中稀土配分以轻稀土为主，ΣCe_2O_3 占81.0%~86.8%，以La、Ce、Pr和Nb为主，重稀土 ΣY_2O_3 占13.2%~19.0%，以Y为主。在表土层和半风化层中属铈的配分型，全风化层以镧、钕配分型为主。

C. 地球化学特征

在河岭矿区及外围1：20万水系沉积物异常剖析图上（图3-91，图3-92），清晰可见。

1）La元素异常的三级浓度分带展布在早白垩世中段流纹质凝灰熔岩组内，它由流纹质凝灰熔岩（流纹斑岩）和含砾熔岩凝灰岩组成，易风化，形成厚层状风化壳，是矿区稀土元素成矿母岩。异常呈

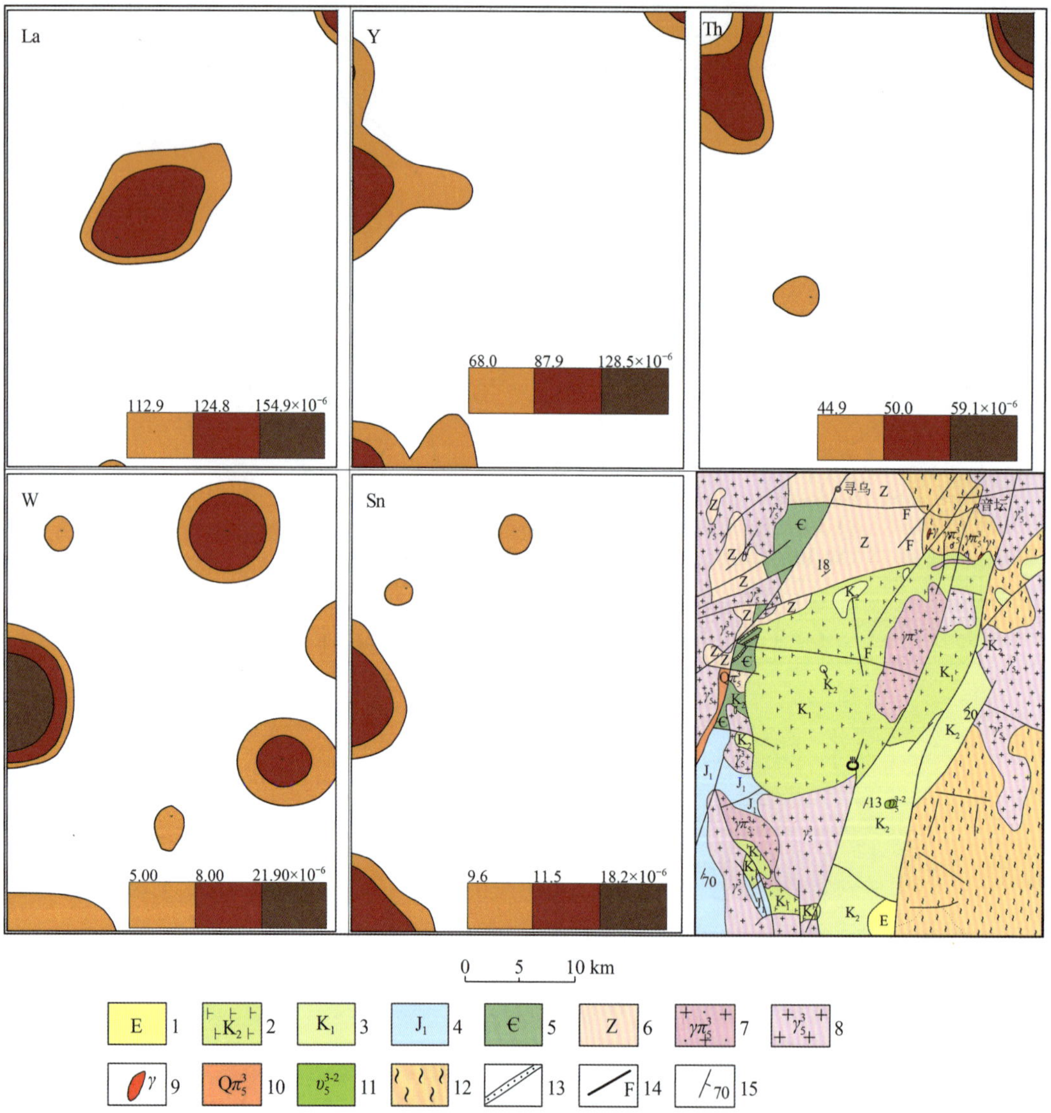

图3-91　江西寻乌河岭轻稀土矿La、Y等元素异常剖析图

（江西省地质矿产资源勘查开发中心，2018）

1—古近系；2—上白垩统；3—下白垩统；4—下侏罗统；5—寒武系；6—震旦系；7—花岗斑岩；8—花岗岩；9—花岗岩脉；10—石英斑岩；11—辉长岩；12—寻乌岩组混合岩化变质岩；13—硅质岩；14—断层；15—地层产状

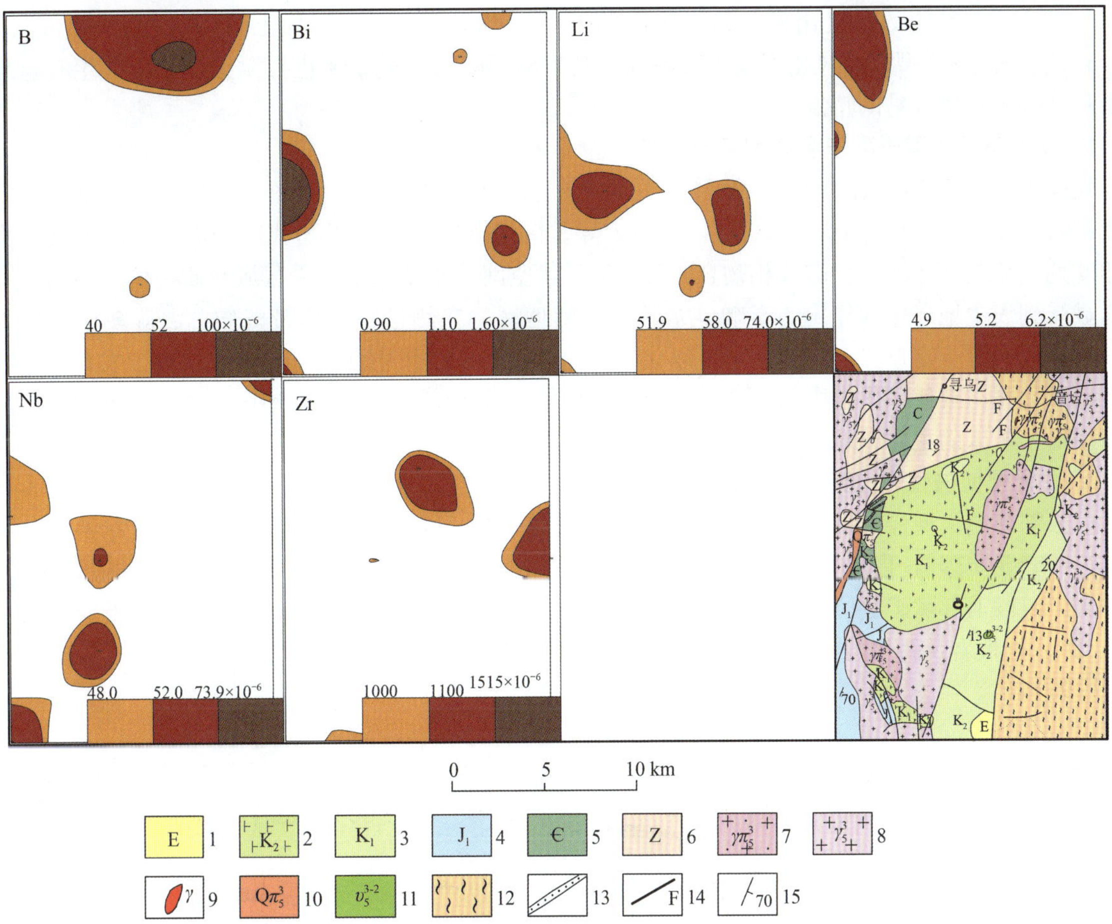

图 3-92　江西寻乌河岭轻稀土矿 Bi、Li 等元素异常剖析图

（江西省地质矿产资源勘查开发中心，2018）

1—古近系；2—上白垩统；3—下白垩统；4—下侏罗统；5—寒武系；6—震旦系；7—花岗斑岩；8—花岗岩；9—花岗岩脉；10—石英斑岩；11—辉长岩；12—寻乌岩组混合岩化变质岩；13—硅质岩；14—断层；15—地层产状

北东走向，与区域北北东向主导断裂构造一致。La 元素大于 145.9×10^{-6} 的强异常是华南丘陵地球化学省平均值 46.69×10^{-6} 的 3 倍。在燕山晚期花岗斑岩岩株上 La 元素亦有中等异常显示，其范围较小。

2）Y、Th、W、Sn、Bi、Be 元素异常围绕白垩系盆地四周花岗岩分布。

3）盆地内流纹斑岩风化壳中粘土矿物使 Li 元素异常突显，难风化的锆石、铌钽矿物使 Zr、Nb 等元素在盆地中富集。

（二）中国浅表 La（Y）地球化学场空间的展布特征与已知矿床的关系

我国稀土矿床类型从矿床形成机理的角度出发，由于我国地质构造的特殊性和稀土成矿的复杂性和多样性，造成我国稀土矿床的成因类型多种多样。以赋矿围岩为主要特征作为成因类型的划分依据，分为以下 7 类：

1）超基性-基性岩系列：包括超基性岩型、碳酸岩型、基性岩型；

2）碱性岩系列：包括霓霞正长岩型、正长岩-碳酸岩型、伟晶岩型、热液脉型；

3）花岗岩系列：包括花岗岩型、伟晶岩型、石英脉型；

4）变质岩系列：包括混合岩型、碳酸岩型；

5）风化壳系列：包括花岗岩风化壳型、混合岩风化壳型、火山岩风化壳型；

6）机械沉积系列：包括碎屑岩型、残坡积型、冲积型、滨海砂矿；

7）化学-生物化学沉积系列：包括磷块岩型、铁质岩型、有机岩型。

从矿床工业利用的角度出发，稀土矿床的工业类型主要有：铁铌稀土型、碱性岩-热液（脉）型、碱性岩-碳酸岩型以及风化壳离子吸附型。其中离子吸附型稀土矿世界罕见、矿床共生有益组分含量高和开采较为容易的特点。

1. 风化壳淋积型或离子吸附型稀土矿床

我国 1∶20 万水系沉积物 La、Y 异常总的分布趋势是南高北低（见图 1-37），尤其是华南、扬子成矿省（$La>42\times10^{-6}$，$Y>28\times10^{-6}$）。La、Y 异常区的空间分布明显与我国华南、西南地区的大面积印支期—燕山期花岗岩出露区相吻合，La、Y 元素空间分布规律不仅受区域地质特征的控制，而且也明显受到表生地球化学作用的影响，尤其是华南地区，在热带、亚热带气候，温湿多雨，植被发育，有机酸来源丰富自然景观条件下，以化学风化为主的表生作用强烈，基岩风化剥蚀发育厚度较大的面型风化壳，致使风化壳中稀土含量高出基岩数倍至数十倍，我国华南地区是风化壳淋积型或离子吸附型稀土矿床的主要产地。

2. 白云鄂博碱性岩-碳酸岩型稀土矿床

白云鄂博超大型稀土矿处于华北陆块北缘陆缘坳陷带，坳陷带内部主要发育中元古界白云鄂博群，为一套变质碎屑-白云岩建造，岩性以陆源碎屑砂泥质建造为主，夹有薄层白云岩碳酸盐沉积。其中尖山组段上部赋矿层位由白云石大理岩、Nb-REE-Fe 矿层、长石板岩（包括浅色板岩、深色板岩）、黑云母板岩及斜长角闪板岩等构成，其原岩是一套由碱性岩-碳酸岩参与的火山沉积变质岩层（图 3-93）。

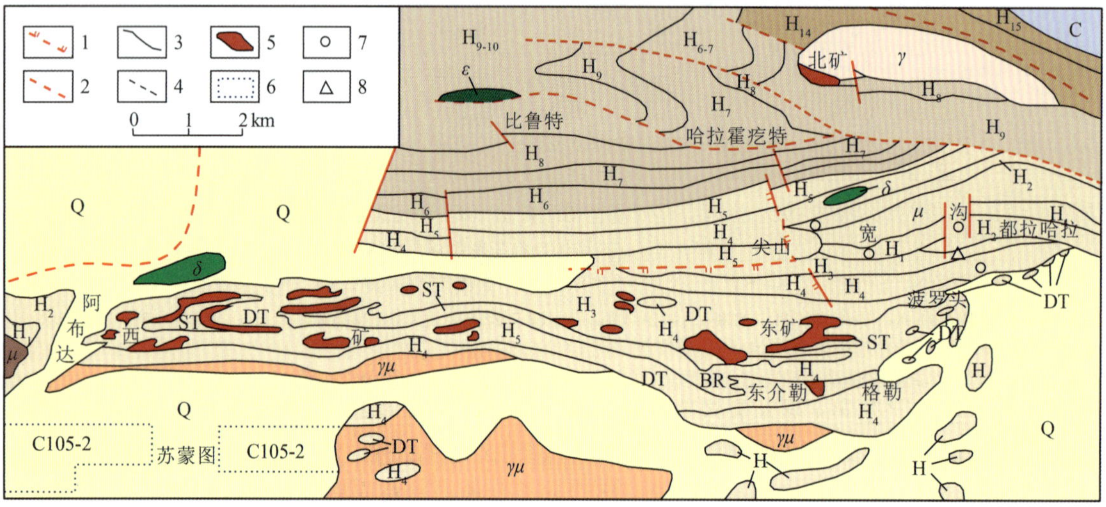

图 3-93　白云鄂博碱性岩-碳酸岩型稀土矿床地质略图

（据袁中信等，1996）

1—逆掩断裂；2—推断断层；3—地质界线；4—推断地质界线；5—铁矿体及编号；6—隐伏磁异常带；7—碳酸岩脉；8—灰岩；H_1H_{13}—白云鄂博群；C—石炭系；Q—第四系；H—白云鄂博群残留体；DT—白云石大理岩；ST—板岩；BR—黑云母岩；ε—变质超基性岩；μ—混合片麻岩；γ—花岗岩；$\gamma\mu$—混合岩化花岗岩；δ—中基性岩

内蒙古白云鄂博铁铌稀土矿床是世界稀土储量最大的稀土矿床，其稀土矿体属于富氟钡型碳酸岩。富氟钡型碳酸岩中稀土元素的富集机制可用液态不混溶作用来解释。碳酸岩体系的不混溶作用它包括碳酸盐-硅酸盐熔体不混溶和碳酸盐熔体-流体不混溶，二者都促使成矿元素选择性富集（袁中信等，1996）。

（1）碳酸盐-硅酸盐熔体不混溶作用

挥发分对不混溶过程中成矿元素的选择性分配起着重要作用，这主要归因于挥发分对稀土元素的亲和性。实验表明稀土元素常以 F^-、P^{5-}、CO_2^{-3}、OH^-、Cl^-、SO_2^{-4}、HCO^{-3} 的络合物形式迁移，其中 F^- 与 REE 的络合能力最强。由于 Ce、La 等稀土离子与 Ca^{2+}、Sr^{2+}、Ba^{2+} 等碱土金属离子半径大小相近，稀土常以类质同象的形式置换 Sr、Ba、Ca 等元素（刘英俊等，1984），故含 Sr、Ba 的矿物中常有 Ce、La，如碳酸钠铈钙锶矿 [$Na_3(Ce,La,Ca,Na,Sr)_3(CO_3)_5$]、硅钛铈矿 [$(Sr,REE,Ca)_4(Fe^{2+},Fe^{3+})(Ti,Zr)_4Si_4O_{22}$]、黄碳锶钠石 [$(Na,Ca)_3(Sr,Ba,Ce)_3(CO_3)_5$] 等矿物都体现了这种类质同象关系。因此，上述碳酸盐熔体相对富集 Sr、Ba、Ca 的特征，显示碳酸盐熔体相对富集轻稀土元素。

（2）碳酸盐熔体-流体不混溶作用

在碳酸盐熔体-气水热液不混溶包裹体对中，气水热液包裹体非常富集稀土元素，REE 浓度高达 3%，Sr 和 Ba 含量也达到百分级，一些包裹体还具有很高的 SO_3 浓度，但 SiO_2 含量较低，这也示踪碳酸盐熔体-流体不混溶作用使稀土元素浓集。

综上所述，在碳酸岩岩浆演化过程中，自硅酸盐-碳酸盐熔体的不混溶，到碳酸盐熔体-气水溶液的不混溶，是稀土元素不断富集的过程。因此，相对于结晶分异，熔体或流体间的不混溶作用更利于稀土等元素的富集成矿，但这仅限于理论分析和实验研究。

白云鄂博矿床则代表了复杂成因富氟钡型碳酸岩的成矿特点，可用富氟钡型碳酸岩岩浆演化机制来探讨成矿规模巨大的原因。

（3）白云鄂博碱性岩-碳酸岩型稀土矿床区域地球化学特征（内蒙古自治区地质调查院，2013）

1）1∶20 万水系沉积物测量区域性统计结果显示，中新元古界，尤其是白云鄂博群哈拉霍乞特组中成矿元素 La、Nb、Th 元素含量明显高于外围其他地层。

2）白云鄂博稀土矿综合异常面积近 200 km^2，异常组分复杂，有 18 种元素组成综合异常，这些元素是：La、Th、U、Y、Nb、F、Mo、Pb、As、Ba、Mn、Fe_2O_3、Bi、Cd、Zn、Ag、P、Ti（图 3-94 至图 3-96）。

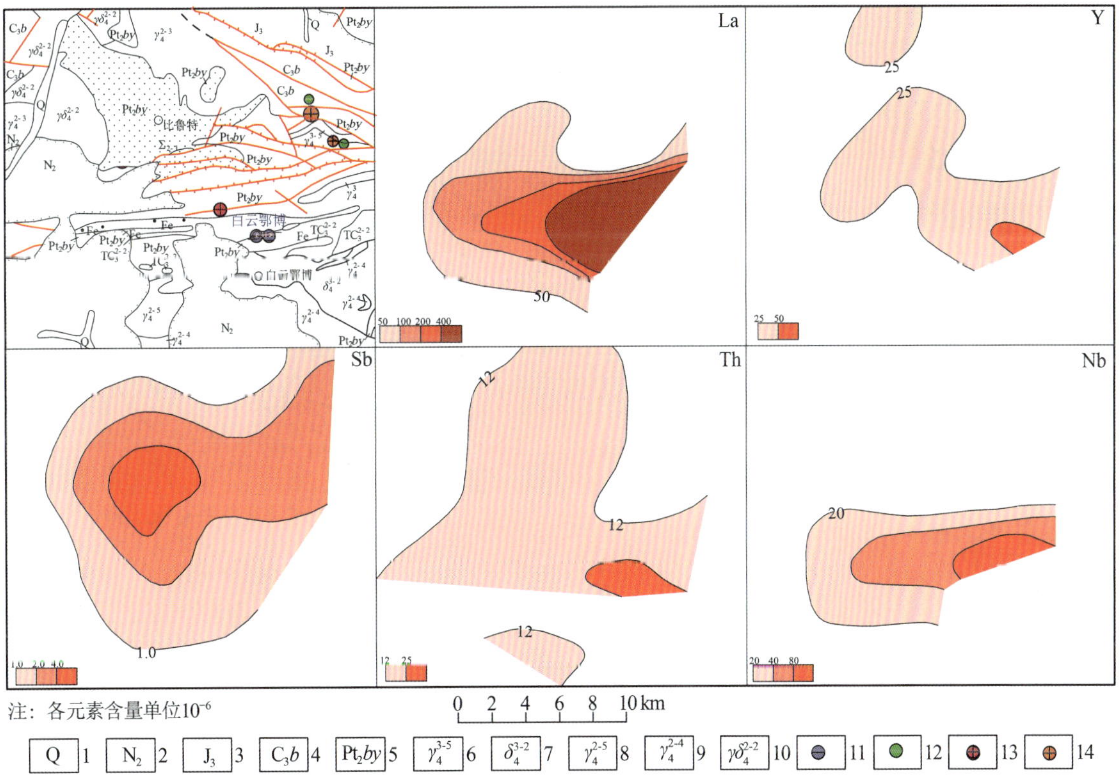

图 3-94　白云鄂博白云鄂博稀土矿 La、Y、Sb、Th、Nb 综合异常剖析图

（据内蒙古自治区地质调查院，2013）

1—第四系；2—新近系上新汽；3—晚侏罗统；4—上石炭统本溪组；5—中元古界白云鄂博群；6—华力西晚期黑云母花岗岩、钾质花岗岩；7—华力西晚期闪长岩；8—华力西中期黑云母花岗岩；9—华力西中期片状黑云母二长花岗岩；10—华力西中期花岗闪长岩；11—稀土矿；12—铜矿；13—铁矿；14—金矿

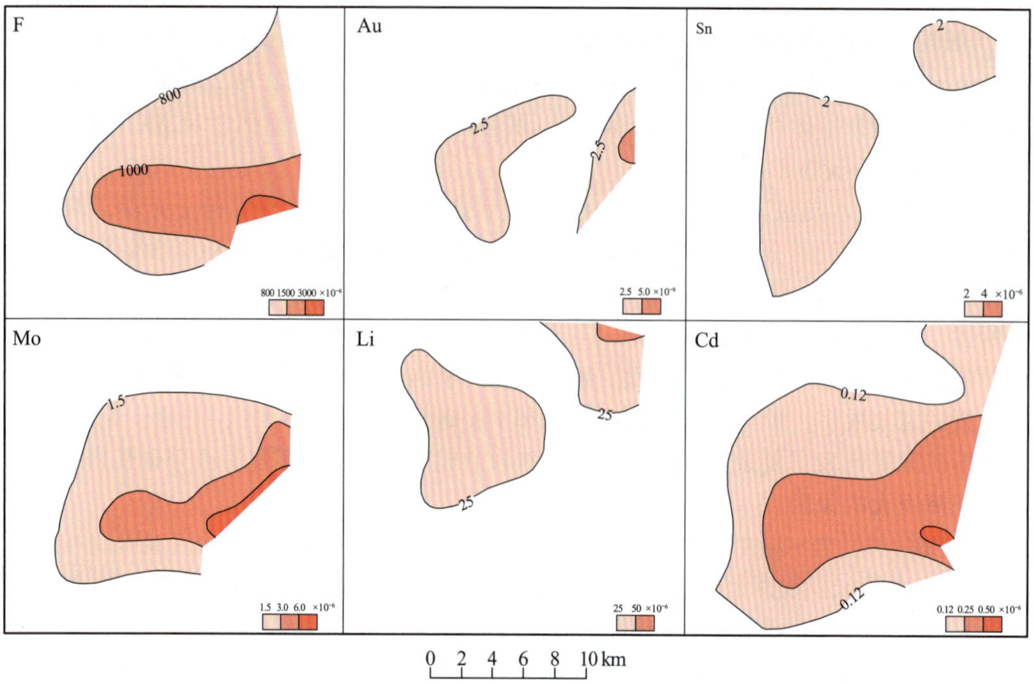

图 3-95　白云鄂博白云鄂博稀土矿 F、Au、Sn、Mo、Li、Cd 综合异常剖析图

（据内蒙古自治区地质调查院，2013）

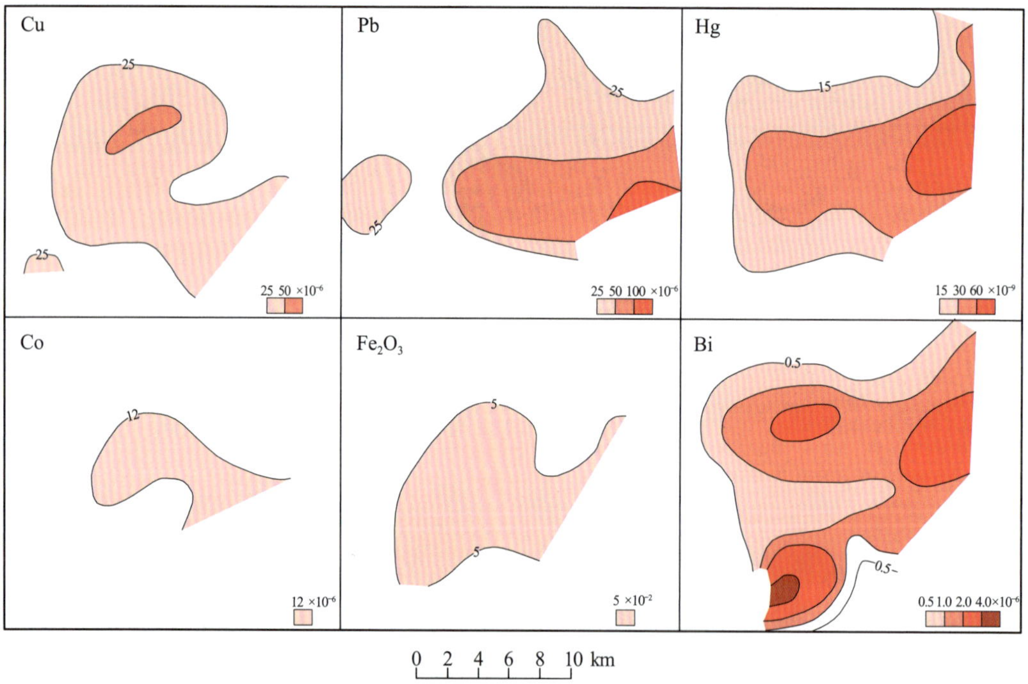

图 3-96　白云鄂博白云鄂博稀土矿 Cu、Pb、Hg、Co、Fe_2O_3、Bi 综合异常剖析图

（据内蒙古自治区地质调查院，2013）

各异常面积不等，最大 172 km^2，最小 12 km^2。形态多种，有圆形、椭圆形及不规则形。La、Y、Nb、F、Mn、Ba 元素异常沿铁矿带分布，呈较规则的带状，其展布方向与矿体走向一致，且浓集中心与矿体在空间上相吻合。

3）以 La、Y、Th、Nb 为主的元素组合特征与矿床（体）的空间关系，制作了白云鄂博碱性岩-碳酸岩型稀土矿地质-地球化学找矿模型（图 3-97）

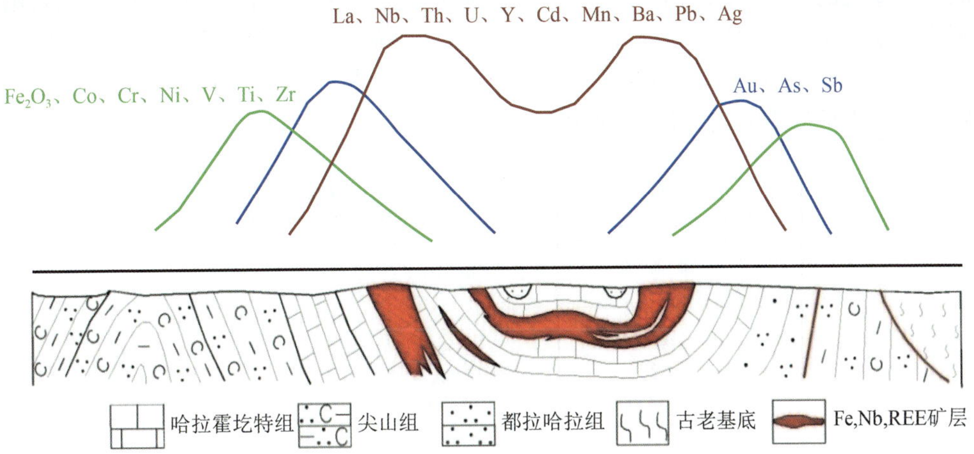

图 3-97 白云鄂博铁铌稀土矿地质-地球化学找矿模型

（据内蒙古自治区地质调查院，2013）

3. 北方中-新生代盆地中碎屑岩型稀土矿

新疆吐-哈盆地碎屑岩型稀土矿

（1）区域地质概况

吐哈盆地位于准噶尔-吐哈板块的南缘，处于哈萨克斯坦板块、西伯利亚板块和塔里木板块三大古板块的交汇部位，是天山褶皱系北天山褶皱带中的一个中型沉积盆地。该盆地是在华力西中期褶皱基底之上发育起来的陆相盆地，沉积地层包括上古生界、中生界和新生界。基底地层主要为泥盆系和石炭系。盖层沉积由二叠系、侏罗系、古近系—新近系与第四系组成（图 3-98）。区内岩浆活动频繁，构造运动强烈，华力西期强烈的构造及岩浆活动在觉罗塔格山地区形成了大范围的花岗岩类和火山岩构造岩浆岩带（觉罗塔格山的华力西晚期花岗岩基）。吐哈盆地划分为吐鲁番坳陷、了墩隆起和哈密坳陷 3 个主要构造单元。稀土元素异常位于吐鲁番坳陷的艾丁湖斜坡带。

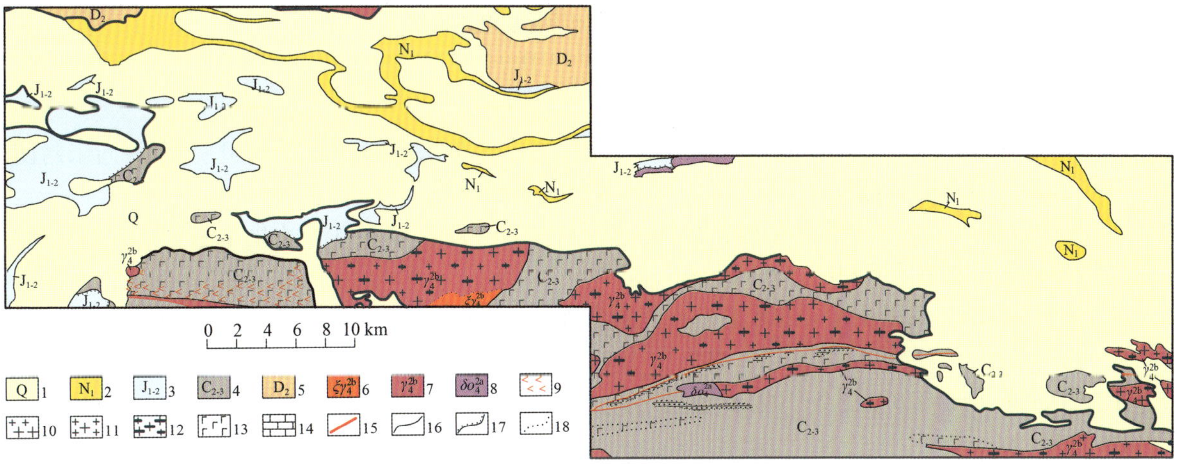

图 3-98 新疆吐-哈盆地区域地质略图

（据杨帆，2016）

1—风化残积细砂，常呈新月形沙丘；2—洪积堆积的碎石、亚砂土和砂；3—陆相含煤砂岩；4—海相泥质岩、基性火山岩、凝灰岩及灰岩；5—海相中-基性火山岩及碎屑岩、砂岩；6—钾长花岗岩；7—花岗岩；8—石英闪长岩；9—角闪岩化；10—细-中粒结构黑云母花岗岩；11—中-粗粒结构黑云母花岗岩；12—斑状结构黑云母花岗岩；13—中-基性火山岩；14—灰岩、大理岩化灰岩；15—断层；16—地质界线；17—角度不整合界线；18—岩相界线

（2）区域地球化学特征

中国地质科学院地球物理地球化学勘查研究所（2016）涉及吐-哈盆地的工作方法 1∶25 万基岩裸露与半裸露区常规的土壤地球化学测量及浅钻化探（含浅钻取样技术）。基岩出露区采用常规土壤地球化学测量方法，采样密度：2 点/km^2，采样介质：风化基岩上部残积物，碎石岩屑（粗粒部分）；机动浅钻进行浅钻化探测量，1 孔/4km^2（重点区段加密至 1 孔/2km^2），采样介质：风化基岩上部残积物和基岩上部碎石岩屑（图 3-99）。

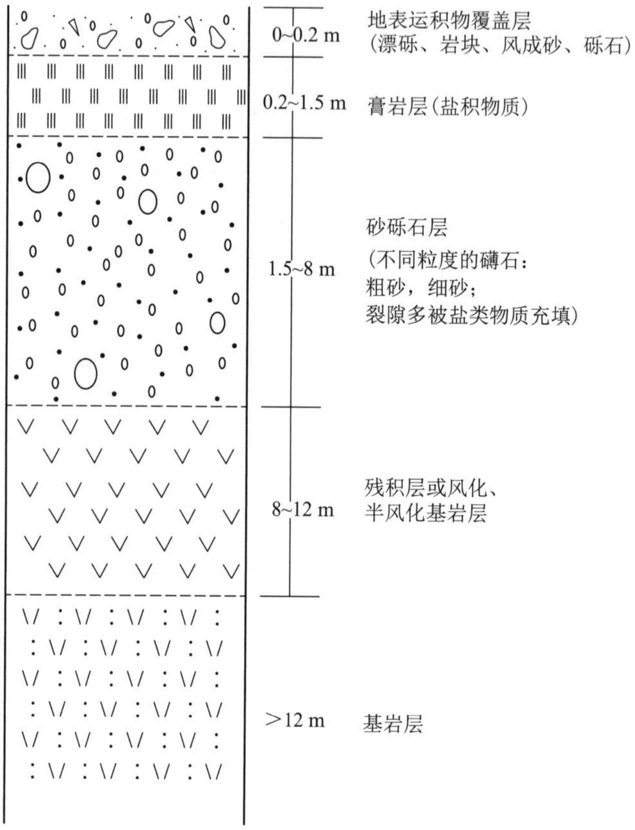

图 3-99　吐-哈盆地覆盖层基本构层
（据杨帆，2016）

稀土元素的整体分布主要体现如下特点：高含量主体分布在西部（图 3-100），向西尚未封闭。各元素高值区的形态呈不规则状，整体具有北西西向展布的趋势。

1）在高值区内，以高含量组成的浓集中心多呈峰状，一般具有 2~3 个浓集中心，具有孤岛状分布的较明显特点，高值区面积约 300 km^2。

2）从 La 至 Lu，各稀土元素的浓集中心范围由外向内逐渐收缩，形成了区域性水平分带。

3）轻、重稀土元素的异常形态和浓集中心明显不同。轻稀土的异常呈锅盖状，有 3 个浓集中心。主要呈北东东向展布（图 3-100）；重稀土异常呈宽带状，一般具有 2 个浓集中心，呈北东向展布（图 3-101）。

4）残积物各元素最高含量分别为：La（35.59×10^{-6}）、Ce（75.05×10^{-6}）、Pr（8.88×10^{-6}）、Nd（34.48×10^{-6}）、Sm（7.23×10^{-6}）、Eu（1.89×10^{-6}）、Gd（8.92×10^{-6}）、Tb（1.55×10^{-6}）、Dy（10.19×10^{-6}）、Ho（2.03×10^{-6}）、Er（5.76×10^{-6}）、Tm（0.92×10^{-6}）、Yb（5.98×10^{-6}）、Lu（1.03×10^{-6}）、Y（64.55×10^{-6}）。

5）浅钻钻孔资料显示，在该区段分布为中-新生代煤系地层（砂岩、泥岩、页岩），该套地层稀土元素为低含量，不足以引起如此高的大面积高值或异常。在出露区侵入岩十分发育，另外，在高值

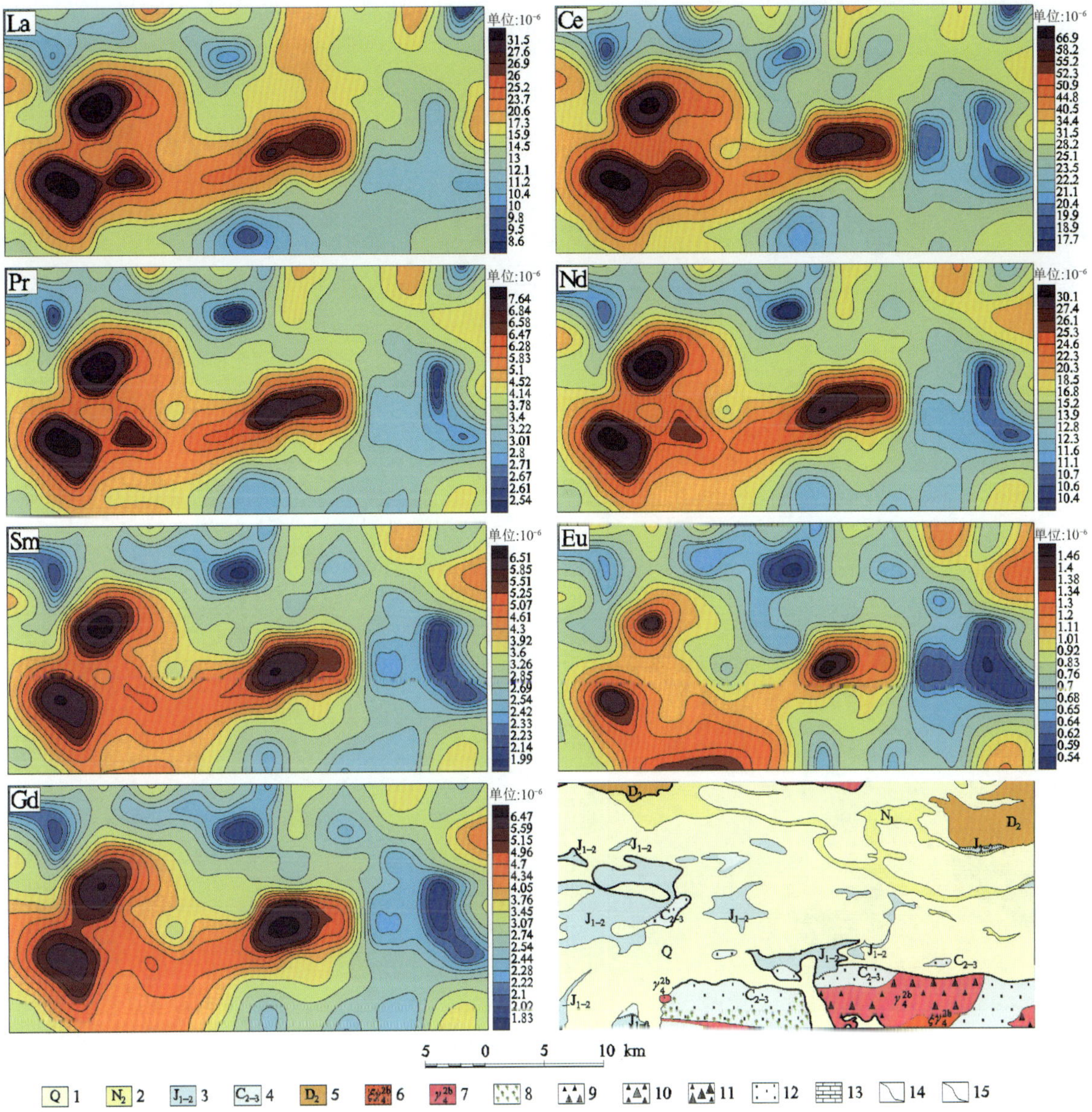

图 3-100 吐哈盆地西部 La-Gd 稀土元素 1∶25 万残积层地球化学剖析图

（据杨帆，2016）

1—风成堆积的细沙，常成新月沙丘；2—洪积堆积的碎石-砾石、亚砂土和沙；3—陆相含煤砂岩；4—海相泥质岩、基性火山岩、凝灰岩及灰岩；5—海相中基性火山岩及碎屑岩、砂岩；6—海相中基性火山岩及碎屑岩、砂岩；7—花岗岩；8—角闪岩化；9—细-中粒结构的黑云母花岗岩；10—中-粗粒结构的黑云母花岗岩；11—斑状结构的黑云母花岗岩；12—中-基性火山熔岩；13—灰岩大理岩化灰岩；14—正常地质界线；15—岩相界线

区的西部和北部浅钻钻孔均见有花岗岩分布，其异常成因有待进一步研究。

4. 中国浅表 La（Y）地球化学场空间的展布特征与已知矿床的关系

中国 1∶20 万水系沉积物 La、Y 异常总的分布趋势是南高北低，为什么会具如此空间分布格局（见图 1-37）。

从稀土矿床形成机理的角度出发，由于我国地质构造的特殊性和稀土成矿的复杂性及自然景观条件的多样性，造成我国稀土元素 La、Y 异常的空间分布南北迥异。

1）华南 La、Y 元素空间分布规律不仅受区域地质特征的控制，而且也明显受到表生地球化学作用的影响。例如，在华南丘陵地球化学省表生作用条件下，原赋存于花岗岩中的独居石、褐钇铌矿、褐帘石、氟碳钙铈矿等含稀土副矿物风化解体，La、Ce 等稀土元素呈离子状态被胶体矿物（蒙脱石、

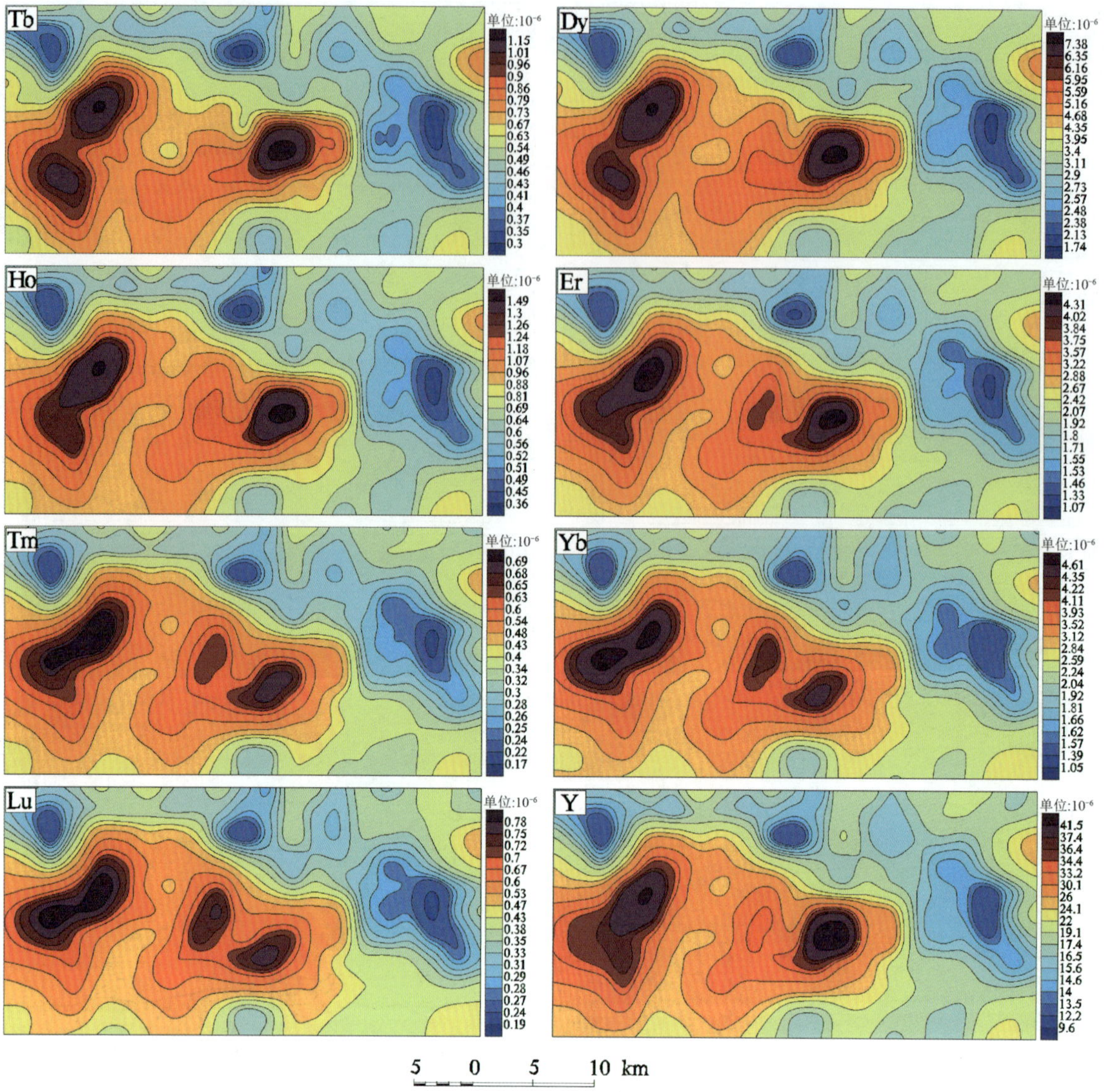

图 3-101 吐哈盆地西部 Tb-Lu+Y 稀土元素 1∶25 万残积层地球化学剖析图

（据杨帆，2016）

多水高岭石、铁和锰的氢氧化物等）所吸附，这种赋存形式主要产于风化壳中，形成风化壳淋积型或离子吸附型稀土矿床。这类矿床分布主要在热带、亚热带气候，温湿多雨，植被发育，有机酸来源丰富的自然景观条件下，以化学风化为主的表生作用强烈，基岩风化剥蚀，发育厚度较大的面型风化壳，致使风化壳中稀土含量高出基岩数倍至数十倍，我国华南地区是风化壳淋积型或离子吸附型稀土矿床的主要产地。

2）而北方由于第四系运积物（漂砾、风成砂、岩块）覆盖层及盐积物质的膏盐层致使原岩的残积层中各类矿床稀土元素地球化学异常（白云鄂博铁铌稀土矿床、中-新生代盆地中碎屑岩型稀土矿等）被掩蔽或减弱！

综上所述，我国稀土成矿条件好，潜力大，具有明显的资源优势。除了华南丘陵地球化学省外，还有苗岭-六诏山、大凉山-乌蒙山-大娄山、冈底斯-含唐-腾冲、喜马拉雅、伏牛山-大别山、长白山-小兴安岭地球化学省等，具有稀土成矿远景。只要有含稀土矿物的地质体（中酸性岩浆岩、火山岩、变质岩），加上热带、亚热带自然景观条件，就有可能形成风化壳淋积型或离子吸附型稀土矿床。

特别需要指出的是：我国南方离子吸附型稀土矿床的重稀土占了全球70%的资源量，其中重稀土占30%~80%，具有绝对优势的战略资源。

第三节　与沉积成岩+叠加成矿作用有关的元素地球化学场

沉积叠加改造型矿床成矿作用的关键在于矿源层的物源基础（成矿元素丰度及赋存形式）在其后叠加改造动力成矿机制（如岩浆-火山热动力、构造热动力、衰变热动力等）的作用下，在一定的成矿空间驱动相应热流体作循环运动，使之某些成矿元素从分散或初始富集状态，经过活化、萃取、迁移后进入有利的容矿层位和容矿构造空间中富集成矿。对于某一沉积叠加改造型矿床来说，以某种后期叠加作用的成矿机制为主，但是在不少情况下，它又是多种作用综合叠加的结果。

通过对我国南方震旦系—下古生界内一些沉积叠加改造型铅锌矿床、锑（金）矿床的物源及富集机制的地球化学研究认识到，在研究该类矿床的成矿作用时，不能仅仅局限在传统的认识和思维模式上，而是应该从更大的时、空域，用地球化学的思维去观察、去分析它们的“源、运、储”；该类矿床成矿的有利因素，除了矿源层的物源基础（成矿元素丰度，赋存形式）外，其决定因素还在于后期叠加改造作用对成矿元素浓集能力的高低和效率强弱的控制。

一、我国重要铅锌矿集区 Pb、Zn 元素成岩、成矿、成晕的地球化学机制

我国具有良好的铅锌矿的成岩、成矿地质环境，四大构造-成矿域地质背景复杂，成矿类型多样，有利于不同类型铅锌矿的形成。从构造环境看，我国既有稳定的陆块及陆块边缘（如华北、扬子、塔里木），又有活动大陆块边缘（环太平洋）；就造山带而言，既有古生代造山带（如天山、兴蒙、钦杭），又有中生代造山带（如秦-祁-昆），还有新生代的喜马拉雅和“三江”造山带。为此，造成了我国铅锌矿成矿的多阶段性，多期成矿、成晕叠加的复杂性，矿床类型的多样性（图3-102）。与世界一样，我国铅锌矿以碳酸盐岩容矿的非岩浆热液型矿床（MVT型）和喷流-沉积型铅锌矿床（Sedex型）为主，其次是矽卡岩型铅锌矿。我国铅锌矿虽探明资源储量大，但贫矿多，富矿少，且铅锌矿床物质成分复杂，共伴生组分多（Ag、Cu、Cd、Bi、Ga、In、Ge等），为此，综合利用价值也大。

（一）碳酸盐岩型铅锌矿床（MVT型）

MVT型铅锌矿床一般是指分布于稳定地块边缘或浅水碳酸盐岩台地边缘，与岩浆活动无明显成因联系的浅成后生层状铅锌矿床，是在中低温条件下由盆地卤水沉淀形成的。现以“三江”北段青海沱沱河铅锌矿集区和湘黔铅锌（汞）矿带为例。

1. 青海沱沱河铅、锌矿集区，湘黔铅、锌矿集区地质地球化学特征

青海沱沱河铅、锌矿集区与湘黔铅、锌矿集区的地质地球化学特征见表3-45。

2. 湘黔铅、锌矿集区地质地球化学特征（表3-45）

现从湘黔铅、锌矿集区的地层中Pb、Zn元素含量分析，来探寻矿源层。矿集区铅锌矿主要产于下寒武统清虚洞组（花垣渔塘寨）、中寒武统敖溪组（凤凰茶田、保靖敖溪）、下奥陶统南津关组、分乡组、红花园组（龙山、永顺），为陆表海碳酸盐台地相沉积。但这套厚大的碳酸盐岩并非就是矿源层。这套岩石铅锌的正常含量很低，清虚洞组（ϵ_2q^2）❶、敖溪组（ϵ_3a^3）、南津关组（O_1n）、分乡组（O_1f）、红花园组（O_1h）等主要含矿层的平均铅含量为2×10^{-6}~16×10^{-6}，锌含量为10×10^{-6}~20×10^{-6}，汞含量为0.1×10^{-6}~0.17×10^{-6}；其高含量岩层均分布于上奥陶统五峰组（O_3w）、下寒武统

❶ 编者注：参照《中国地层表（2014）》，本书采用中华人民共和国国家标准《区域地质图图例》（GB/T 958—2015），寒武系（纪）四分，4个“统”和“世”及“代号”，由下而上依次是“底寒武统/始寒武世（ϵ_1）”“下寒武统/早寒武世（ϵ_2）”“中寒武统/中寒武世（ϵ_3）”和“上寒武统/晚寒武世（ϵ_4）”。

在中国，寒武系由“三分”变为“四分”，是由于在云、贵地区原“下寒武统”含三叶虫化石层位之下，分出含疑源类化石、小壳化石和遗迹化石地层（晋宁阶和梅树村阶）——底寒武统/始寒武世（ϵ_1）。因此，目前只有云贵地区出现了底寒武统/始寒武世，用ϵ_1表示，其他地区寒武系（纪）的叫法不变，只是代号有所变动。

表 3-45 青海沱沱河铅、锌矿集区，湘黔铅、锌矿集区地质地球化学特征

矿集区	青海沱沱河铅、锌矿集区	湘黔铅、锌矿集区	密西西比河谷铅、锌矿集区
区域构造	位于羌塘地块三江弧盆体系	杨子陆块东南缘古生代碳酸盐岩盆地	盆地边缘古生代碳酸盐岩台地
赋矿地层岩性、岩相	赋矿围岩以二叠系碳酸盐岩-碎屑岩、三叠系碎屑岩为主，侏罗纪后为湖盆相沉积	下古生界寒武系—奥陶系碳酸盐岩，厚约5000 m，白云岩发育。属浅水碳酸盐相，台地边缘斜坡相、蒸发相	多数产于古生代厚层碳酸盐岩建造（主要为白云岩），为浅水碳酸盐相（含生物礁、礁滩）、蒸发白云岩相
矿化范围	矿化面积达 6×10^4 km^2	矿带范围达数万平方千米	矿化范围广，形成巨大矿带
矿体形态	矿体呈层状、似层状、透镜状、哑铃状	主要矿体呈层状、似层状，受层间裂隙控制，与围岩产状基本一致	矿体呈层状、似层状、透镜状、脉状，层位控矿
容矿构造	交代灰岩角砾中胶结物及灰岩角砾（呈皮壳状、糖粒状方鉛矿），岩石孔隙及裂隙（脉状）	层间裂隙、构造裂隙、古岩溶、生物礁及各种角砾层	构造裂隙面、不整合面、岩溶、生物礁、滑塌角砾岩及岩石孔隙
容矿岩石	灰岩断层破碎带内构造岩	条带状、层纹状薄层泥晶白云岩、泥灰岩和泥岩	碎屑岩、泥岩及碳酸盐岩
矿石矿物	以方铅矿、闪锌矿、黄铁矿为主，次生矿物有铅矾、菱锌矿、褐铁矿	以闪锌矿、方铅矿、菱锌矿为主，次为黄铁矿、辰砂、异极矿，少量黄铜矿等硫化物矿物	以闪锌矿、方铅矿为主，含黄铁矿、黄铜矿及少量其他硫化物矿物
矿石结构构造	自形-半自形-他形晶粒状结构为主，生物碎屑结构，碎裂结构。构造多为角砾状、细脉状、星点状、稀疏浸染状等构造	各种晶粒状结构、交代填隙结构、溶蚀结构等。构造多为角砾状、斑块状、脉状、网脉状、致密块状、变胶状等构造	粗晶-细晶结构，各种交代、溶蚀、填隙包含结构。构造为块状、角砾状、浸染状、脉状构造
围岩蚀变	白云岩化、硅化、高岭土化，近地表重晶石化、黄铁矿化	以方解石化、白云岩化、硅化为主，次为重晶石化、黄铁矿化、萤石化、沥青化，重结晶及退色化明显	方解石化、白云岩化、硅化、重晶石化、黄铁矿化、萤石化、沥青化等
成矿温度 成矿深度	成矿温度：120~180℃ 成矿压力：5~10 MPa	闪锌矿均一温度：99~190℃，成矿深度：0.9~1.38 km（平均3.5 MPa）	闪锌矿等矿物包裹体均一温度：80~220℃，成矿深度：几百米~千余米
流体特征	流体盐度：NaCl 10.88%~21.89%，平均9.20%，气液两相原生包裹体	流体盐度高，NaCl 普遍大于5%，高盐度为热卤水，含烷类有机质，包裹体以液相为主	地下热卤水，盐度：NaCl 10%~30%
铅、硫同位素特征	$\delta^{34}S$：-4.10‰~+30.1‰，平均-13.8‰，以生物还原硫为主 $^{206}Pb/^{204}Pb$：18.825~19.918 $^{207}Pb/^{204}Pb$：15.647~15.720 $^{208}Pb/^{204}Pb$：38.985~39.253 具特提斯-喜马拉雅成矿域特征	$\delta^{34}S$：11.75‰ ~ 31.33‰，平均25.96‰，以海水硫酸盐为主。 $^{206}Pb/^{204}Pb$：17.057~18.197 $^{207}Pb/^{204}Pb$：14.931~15.630 $^{208}Pb/^{204}Pb$：37.234~39.622 具扬子陆块铅同位素省特征	$\delta^{34}S$：10‰~25‰，富^{34}S，为海水硫酸盐，铅同位素组成大部分矿床均一，少部分矿床变化大
矿石品位	Pb+Zn：2%~12%，以 Zn 为主，局部富矿 Pb+Zn：34%~52%	Pb+Zn：3%~10%，以 Zn 为主，伴生 W、Au、Hg	Pb+Zn：5%~15%，大多数矿床以 Zn 为主，常伴生 Ag、Cu，少量含 Co、Ni
矿床规模	青海沱沱河矿集区中多才玛矿床 PbZn 资源量达 500×10^4 t 以上超大型矿床。矿集区中还有宗隆巴、那日尼亚、纳保扎隆、巴斯湖、楚多曲等多处矿床，资源量巨大	湘黔 Pb、Zn 矿集区分为湘西龙山红岩溪、花垣渔塘寨、保靖敖溪、凤凰茶田4个矿田或矿化区及贵州松桃嗅脑、铜仁卜口塘、万山、凯里柏松、都匀牛角场，已勘查评价了花垣渔塘寨矿田李枚大型锌矿及一批中小型矿床，资源潜力巨大	以中小型为主，成群分布，含大型、超大型矿床，资源总量巨大
与岩浆岩关系	无	无	无
矿源层	海相火山岩-碎屑岩-碳酸盐建造	赋矿围岩 Pb、Zn 含量低，之下老地层碎屑岩及泥质岩中 Pb、Zn 等元素含量高，是其上碳酸盐岩 Pb、Zn 等元素的矿源层（表3-46）	

续表

矿集区	青海沱沱河 Pb、Zn 矿集区	湘黔 Pb、Zn 矿集区	密西西比河谷 Pb、Zn 矿集区
主成矿元素及伴生元素	主成矿元素 Pb、Zn，伴生元素 Cd、Cu、As、Hg、Ag	主成矿元素 Pb、Zn（Hg），伴生元素 Cd、Cu、As、Mo、Ni	主成矿元素 Pb、Zn，伴生元素 Cd、Cu、As、Ag
1∶20 万水系沉积物异常特征	具大规模的 Pb、Zn 异常，Pb、Zn 分别以 28×10^{-6}、60×10^{-6} 为异常下限，圈定的异常面积 34700 km^2 和 34200 km^2		

图 3-102　中国热卤水碳酸盐型铅锌矿床分布简图

（据叶天竺等，2017；有修改）

石牌组（ϵ_2s）、牛蹄塘组（ϵ_2n）、震旦系及元古宇基底，岩性主要为碎屑岩及碳质泥质岩，元古宙基底浅变质板岩、千枚岩锌含量为 124.0×10^{-6}，铅含量为 54.7×10^{-6}，上震旦统灯影组锌含量为 86.1×10^{-6}，铅含量为 101.8×10^{-6}，下寒武统牛蹄塘组锌含量为71.6×10^{-6}，铅含量为 35×10^{-6}，上奥陶统五峰组锌含量为 190.0×10^{-6}，铅含量为 22.7×10^{-6}。各层中锌含量均大于铅含量。它们才是湘黔铅、锌矿集区铅锌矿的矿源层（表 3-46）。

3. 矿源层铅同位素特征

（1）扬子陆块东段中元古基底及震旦系、寒武系沉积黄铁矿铅同位素组成（见表 3-47）

由表 3-47 获知：扬子陆块东段中元古界基底泥砂质复理石建造中沉积黄铁矿铅同位素组成均一，$^{206}Pb/^{204}Pb$：17.693～18.073，均值 17.920，$^{207}Pb/^{204}Pb$：15.503～15.728，均值 15.636，$^{208}Pb/$

^{204}Pb：37.913~38.388，均值 38.116，它代表了扬子陆块当时的沉积物源环境。其 Th/U 值稳定在 4.61~5.05 之间。

表 3-46　湘黔铅、锌矿集区区域地层 Pb、Zn、Hg 元素含量　　单位：10^{-6}

地层		Pb	Zn	Hg	地层		Pb	Zn	Hg
€$_3h^1$		10.2	10.1	0.24	K		5.9	10.1	0.06
€$_3a^{3-2}$		5.2	17.3	0.16	S$_3sh$		16	42.8	0.05
€$_3a^{3-1}$				0.11	S$_2lr$				
€$_3a^2$	敖溪组	16	11.1	0.17	S$_1ln$		11.7	108.2	0.05
€$_3a^1$		30	18.9	0.53	O$_3w$	五峰组	22.7	190.0	0.06
€$_2q^2$	清虚洞组	3.9	15.8	0.11	O$_3l$		36.5	<10	0.02
€$_2q^1$		20.1	20.1	0.13	O$_2b$		5.5	<10	
€$_2s$	石牌组	18.9	73.3	0.08	O$_2g$		2.2	<10	
€$_2n$	牛蹄塘组	35.0	71.6	0.24	O$_1d$		2.9	<10	0.04
Z$_2dn$		101.8	86.1	0.47	O$_1h$	红花园组	<1	<10	
Z$_2d$		41.2	111.9	0.70	O$_1f$	分乡组	1.5	<10	0.05
Z$_1n$		24	107	0.19	O$_1n$	南津关组	1.6	<10	0.05
Z$_1d$		26.1	147.8	0.21	€$_4b^1$		2.3	<10	0.05
Z$_1g$		60.6	53.9	0.42	€$_4c$		1.8	21.5	0.07
Ptbbw		54.7	124.0	0.17	€$_3h^2$		4.6	10.3	0.08

（据湖南四〇五地质队资料，引自钟九思等，2007）

表 3-47　扬子陆块东段中元古基底及震旦系、寒武系沉积黄铁矿铅同位素组成

地层	样点	岩性	测定对象	^{206}Pb/^{204}Pb	^{207}Pb/^{204}Pb	^{208}Pb/^{204}Pb	Th/U *
寒武系	滁县	泥质条带灰岩	沉积黄铁矿	21.584	16.045	38.720	0.35~3.66
	赣北	灰岩	沉积黄铁矿	19.238	15.769	38.660	
	皖南	钙质页岩	沉积黄铁矿	18.822	15.765	38.130	
	赣北	灰岩	沉积黄铁矿	18.556	15.815	38.754	
	皖南	泥灰岩	沉积黄铁矿	18.481	15.975	38.944	
	皖南	泥条灰岩	沉积黄铁矿	18.369	15.760	38.680	
	赣北	硅质页岩	沉积黄铁矿	31.270	15.527	38.180	
	皖南	炭质页岩	沉积黄铁矿	19.091	15.708	38.560	
震旦系	赣北	石英砂岩	沉积黄铁矿	17.849	15.574	37.742	4.77~5.58
		冰碛砾岩	沉积黄铁矿	17.992	15.491	37.824	
		灰岩透镜体	沉积黄铁矿	17.976	15.598	38.059	
		炭硅质页岩	沉积黄铁矿	17.816	15.596	37.606	
	皖南	砂岩	沉积黄铁矿	17.665	15.531	37.820	
		灰岩	沉积黄铁矿	17.966	15.647	38.342	
双桥山群	赣北	杂砂岩	沉积黄铁矿	17.982	15.600	37.960	4.61~5.05
		粉砂质板岩	沉积黄铁矿	18.073	15.714	38.196	
上溪群	皖南	黑色板岩	沉积黄铁矿	17.693	15.503	37.918	
		千枚状细砂岩	沉积黄铁矿	17.923	15.728	38.388	

注：* Th/U 值为沉积黄铁矿所赋岩石的 Th、U 含量之比。　　（据马振东，1996）

震旦系主要由滨海相碎屑岩及大陆冰碛岩或冰水沉积组成，为此，其铅同位素组成及其 Th/U 值反映了初始盖层与基底之间的继承关系。震旦系建造中沉积黄铁矿铅同位素组成均一，$^{206}Pb/^{204}Pb$：17.665~17.992，均值17.877，$^{207}Pb/^{204}Pb$：15.491~15.647，均值15.573，$^{208}Pb/^{204}Pb$：37.606~38.342，均值37.899，其Th/U值稳定在4.77~5.58之间。

晚震旦世—早寒武世沉积作用的一个显著特点是陆源物质分异加剧，风化作用十分强烈，此时的沉积盆地为相对封闭的大陆边缘盆地，水体较深，含氧度很低，生物不断地繁殖死亡，海底形成了大量黑色硅泥质沉积，同时丰富的陆源物质源源不断沉淀下来，陆源中U^{4+}氧化为U^{6+}，并形成易溶的铀酰络离子（UO^{2+}），大量进入海盆，由于海底为还原环境，U^{6+}还原为U^{4+}被碳泥质吸附，铀大量沉淀下来；而钍元素在风化作用中仍为四价状态，溶解度低，故其钍含量变化小，而Th/U值则变化大（0.35~3.66），这样，寒武系成为扬子陆块东段盖层中第一个铀异常层。为此，寒武系建造中沉积黄铁矿铅同位素组成变化范围大，$^{206}Pb/^{204}Pb$：18.369~31.270，均值20.676，$^{207}Pb/^{204}Pb$：15.527~16.045，均值15.796，$^{208}Pb/^{204}Pb$：38.130~38.944，均值38.597。

再加上当时海相火山物质的加入，因此，寒武系中富集了大量碳质（石煤）、黄铁矿和Ni、Co、Mo、V、U、Au、P、Mn、Cu、Pb、Zn、Sb、As、Hg等元素，有时可直接富集成矿（石煤、磷、钒等），而更具普遍意义的是形成多金属元素的衍生矿源层，为其后的成矿作用提供了丰富的成矿物质。另外，不少成矿元素在这些岩系中，呈易活化的赋存状态（硫化物、碳泥质吸附、单质等），这为后期作用的萃取、活化迁移提供了至关重要的条件。

（2）湘黔铅、锌矿田及赋矿围岩和矿源层铅同位素组成（表3-48）

整理了李宗发（1992）27件湘黔铅、锌矿田的方铅矿、闪锌矿、黄铁矿矿石铅同位素组成数据：

1）湖南花垣渔塘铅锌矿床铅同位素组成变化较大，其中一组（18件）较稳定：$^{206}Pb/^{204}Pb$：17.057~18.179，均值17.795，$^{207}Pb/^{204}Pb$：14.931~15.630，均值15.321，$^{208}Pb/^{204}Pb$：37.234~39.622，均值38.101；另一组（2件）明显具放射成因铅同位素组成：$^{206}Pb/^{204}Pb$：18.858~19.315，均值19.087，$^{207}Pb/^{204}Pb$：15.530~16.512，均值16.21，$^{208}Pb/^{204}Pb$：39.239~41.913，均值40.576

2）贵州卜口场、嗅脑Pb、Zn矿田矿石铅同位素组成亦具有相似特征：一组（5件）较稳定，另一组（2件）明显具放射成因铅同位素组成（表3-48）。

表3-48　湘黔铅、锌矿田及赋矿围岩和矿源层铅同位素组成

地质体	类型	湘黔MVT型铅锌矿床矿石铅				扬子陆块东段地层	
	矿床	渔塘（18）	渔塘（2）	卜口场（5）	嗅脑（2）	寒武系（8）	震旦系（6）
$^{206}Pb/^{204}Pb$	范围	17.057~18.197	18.858~19.315	17.707~18.136	18.232~18.263	18.369~31.270	17.665~17.992
	均值	17.795	19.087	17.907	18.248	20.676	17.877
$^{207}Pb/^{204}Pb$	范围	14.931~15.630	15.530~16.512	15.307~15.421	15.826~15.873	15.527~16.045	15.531~15.647
	均值	15.321	16.021	15.388	15.850	15.796	15.573
$^{208}Pb/^{204}Pb$	范围	37.234~39.622	39.239~41.913	37.921~38.421	38.658~39.802	38.130~38.944	37.606~38.342
	均值	38.101	40.576	38.169	38.730	38.597	37.899

3）与扬子陆块东段震旦系、寒武系沉积黄铁矿铅同位素组成比较（表3-47），渔塘铅锌矿（18件）卜口场铅锌矿（5件）铅同位素组成与中元古界基底及震旦系沉积黄铁矿铅同位素组成十分相似，这清晰地示踪着赋存于下寒武统清虚洞组（花垣渔塘）、中寒武统敖溪组（凤凰茶田、保靖敖溪）、下奥陶统南津关组、分乡组、红花园组（龙山、永顺）、贵州卜口场Pb、Zn矿质主要来源于基底及震旦系碎屑岩系矿源层；而其中渔塘、嗅脑的高放射成因的矿石铅同位素组成示踪着下寒武统石牌组（$Є_2s$）、牛蹄塘组（$Є_2n$）碳硅质黑色页岩对成矿Pb、Zn矿质来源的贡献。

（3）喜马拉雅-特提斯构造域古生代—新生代部分地层和沱沱河铅锌矿集区铅同位素组成

三江北段沱沱河铅锌成矿带处于喜马拉雅-特提斯构造域三江造山带，中-新生代构造岩浆活动频繁，形成一系列洋内弧火山、陆缘弧火山-沉积岩带，从表3-49可见各类火山岩和沉积岩铅同位素组成均具高放射成因的喜马拉雅-特提斯构造域（东冈瓦纳古陆）的特征：$^{206}Pb/^{204}Pb>18.583$，$^{208}Pb/^{204}Pb>38.575$，具明显高放射成因的铅同位素块体效应。

三江北段沱沱河成矿带各铅锌矿床铅同位素组成亦呈现了喜马拉雅-特提斯构造高放射成因的特征（表 3-49）：

表 3-49　喜马拉雅-特提斯构造域古生代—新生代部分地层和沱沱河铅锌矿集区铅同位素组成

构造位置	采样位置	测定对象	时代	$^{206}Pb/^{204}Pb$	$^{207}Pb/^{204}Pb$	$^{208}Pb/^{204}Pb$	资料来源
三江中段火山岩	飞来寺	玄武安山岩（1）	P_1	18.796	15.659	39.191	魏启荣等，2003
	阿登各	安山岩（1）	P_1	18.825	15.643	39.367	
		英安岩（1）	P_1	18.298	15.616	38.650	
	德钦南佐	凝灰岩（3）	P_1	18.626～18.927	15.633～15.815	38.624～39.256	
		玄武岩（1）	P_1	18.865	15.910	39.431	
		角斑岩（1）	P_1	18.592	15.714	38.967	
	澜沧老厂	凝灰岩（2）	C	18.723～19.277	15.700～15.822	39.623～40.115	
		玄武岩（2）	C	19.288～19.508	15.915～15.940	39.965～39.992	
	铜厂街	玄武岩（2）	C_1-P_2	18.931～19.288	15.620～15.667	39.031～39.471	
藏南		灰岩（7）	K	18.537～19.368	15.663～15.704	38.602～38.839	彭秀红等，2001
		白云岩（5）	K	18.367～18.795	15.615～15.685	38.770～39.027	
三江北段铅锌矿床	多才玛	硫化物	20～23 Ma	18.854～18.918	15.647～15.720	38.995～39.253	奚小环等，2015
	那日尼亚	硫化物		18.500～18.747	15.691～15.736	38.811～39.191	
	纳保扎陇	硫化物		18.407	15.637	38.552	
	楚多曲	硫化物		18.694～18.738	15.686～15.745	38.914～39.110	

1）赋存于二叠系九十道班组（P_2j）结晶灰岩、生物碎屑灰岩的多才玛铅锌矿床的$^{206}Pb/^{204}Pb$：18.854～18.918，均值 18.875，$^{207}Pb/^{204}Pb$：15.647～15.720，均值 15.678，$^{208}Pb/^{204}Pb$：38.995～39.235，均值 39.093；与处于喜马拉雅-特提斯构造域三江造山带各类火山岩和沉积岩铅同位素组成十分相似。

2）同是 MVT 型铅锌矿床，由于构造环境的不同，与处于扬子陆块构造环境中的湘黔铅锌矿田各铅锌矿床铅同位素组成迥然有异（少部分除外）（见表 3-48）。

4. MVT 型铅锌矿床硫同位素特征

虽然硫同位素组成的变化受诸多因素的控制（硫源及形成矿物时体系的物理化学条件等），因此用硫同位素来反映硫源有一定局限性，但是用来对岩浆热液系统和地层中建造水、海底深循环水热液系统的硫源加以区别，其示踪效应还是十分明显的。例如湘黔铅锌矿田各铅锌矿床硫同位素 $\delta^{34}S$：11.75‰～31.33‰，平均 25.96‰；三江北段沱沱河成矿带各铅锌矿床硫同位素 $\delta^{34}S$：-4.10‰～+31.33‰，平均-13.80‰（图 3-103 左），在硫同位素直方图上明显呈“脉冲式”分布型式。具有这种硫同位素组成矿床是在海盆封闭、半封闭还原环境下形成的，富重硫^{34}S，硫源为海相硫酸盐；湘黔铅锌矿田 $\delta^{34}S$：25.96‰（平均），与世界早古生代海相硫酸盐接近（图 3-103 右）；三江北段沱沱河成矿带各铅锌矿床富轻硫^{32}S，$\delta^{34}S$：-13.80‰（平均），其硫源存在有细菌还原硫酸盐的作用。

5. 碳酸盐岩型铅锌矿床（MVT 型）地质地球化学特征（以沱沱河铅锌多金属矿集区为例）

沱沱河铅锌多金属矿集区位于青海西南部唐古拉山北坡（图 3-104），近东西向展布于沱沱河-雁石坪一带，是西南三江北段成矿带的重要组成部分。2002 年以来，青海省地质调查院、青海省第五地质矿产勘查院、西藏地质五队等多家地勘单位在沱沱河地区开展了以铅锌为主的矿产勘查和远景

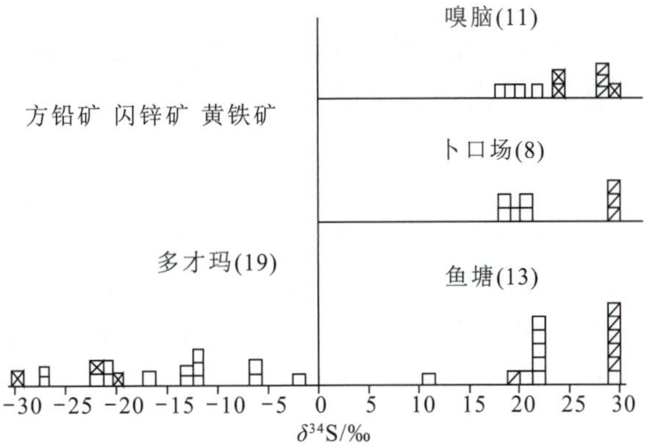

图 3-103　沱沱河铅锌矿田（左）和湘黔铅锌矿田（右）硫同位素直方图

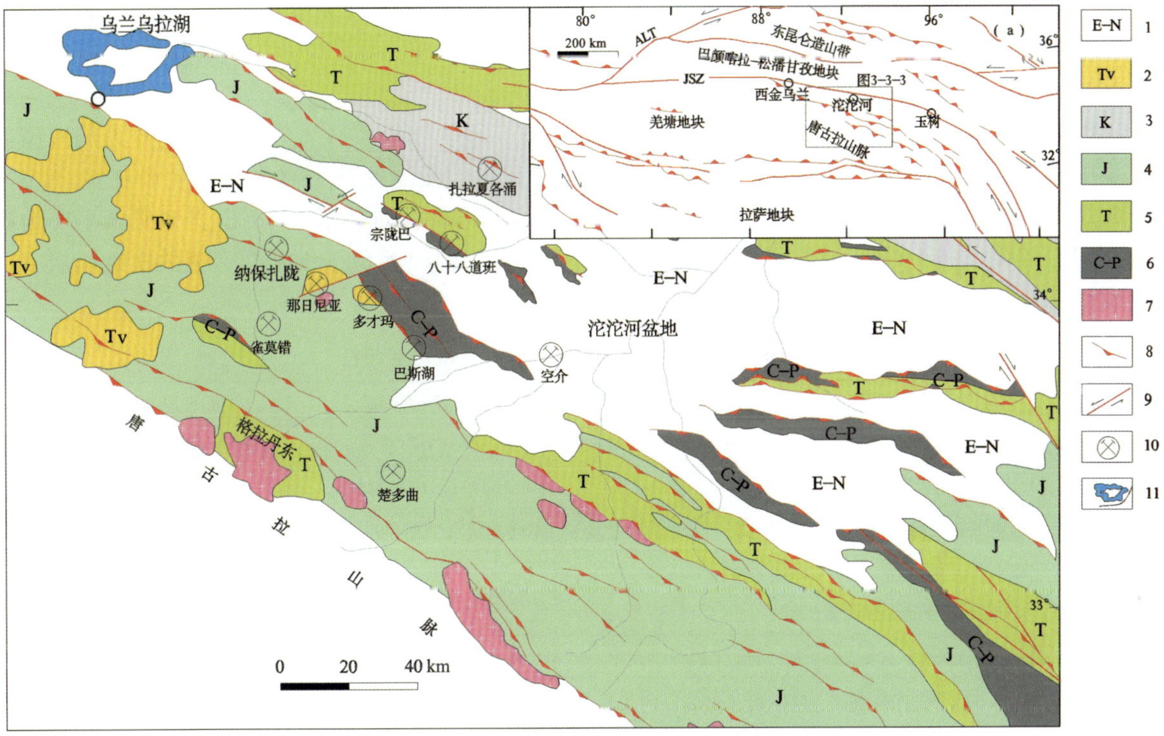

图 3-104　沱沱河铅锌多金属矿集区地质简图

1—始新世—中新世地层；2—火山岩；3—白垩纪地层；4—侏罗纪地层；5—三叠纪地层；6—石炭纪—二叠纪地层；7—新生代花岗岩；8—逆冲断层；9—走滑断层；10—矿床位置；11—湖泊河流；JSZ—金沙江缝合带；ALT—阿尔金断裂

评价，截至 2014 年，发现多才玛超大型铅锌矿床 1 处、楚多曲大型铅锌矿床 1 处，以及那日尼亚、巴斯湖、雀莫错、纳保扎陇等 40 多处中小型铅锌矿床和矿（化）点，是三江北段成矿带最具找矿潜力的矿集区，预测铅锌多金属潜在资源量 1000×10^4 t 以上。

（1）沱沱河矿集区地质特征

青海省第五地质矿产勘查院（2015）调查表明：沱沱河铅锌多金属矿集区大地构造位置地处西藏-三江造山系两个Ⅱ级构造单元（三江弧盆系—羌塘弧盆系）中，夹持于可可西里-金沙江缝合带与龙木错-双湖-澜沧江缝合带之间，是受新生代逆冲推覆构造控制的上千千米长的三江北段 Pb-Zn-Cu-Ag 成矿带的西延部分。因区内构造叠加复合强烈、地质环境多变、成矿地质条件优越，形成了三江北段独具特色的沱沱河铅锌多金属矿集区，产出了多才玛超大型铅锌多金属矿床及 40 多处中小型铅锌矿床和矿（化）点。

区内自晚古生代以来出露的地层时代较全，主要有上石炭统—上二叠统开心岭群、上三叠统结扎群、中上侏罗统雁石坪群、上白垩统风火山群、古近系—新近系及第四系（图3-104）。岩石多样性，奠定了区内多类型成矿的地层条件。从赋矿层岩性特征看，铅、锌矿的赋矿岩石主要为不同时代形成的灰岩，区内有利的含矿地层主要为二叠纪、三叠纪发育的海相火山岩-碎屑岩-碳酸盐建造。由于灰岩具有较好的容矿环境，为后期成矿提供了良好的赋存条件，后期构造改造活动中矿液多沿构造破碎带充填成矿，或部分热液进入灰岩的层理、节理和裂隙充填成矿。

本区位于羌塘地块陆缘造山活动带的沟-弧-盆体系中，挤压造山活动强烈，形成了由推覆构造和断裂构造组成的造山带。不同方向、不同级次的断裂构造发育，形成了规模不等的破碎带，铅、锌矿点、矿化点多产于北西西向和近东西向断裂破碎带中，少量产于南北向破碎带内，断裂多表现为张性和扭性特点。不同断裂级次对成矿的控制作用不同，主要表现在矿床（点）、化探异常沿断裂带分布密集，这些断裂既是区域的导矿构造也是容矿构造，为铅、锌、银、铜等内生矿床的形成具备了良好的构造条件。

区内总体上北部岩浆活动较弱，南部岩浆活动较强，侵入体多表现为不同时代的脉岩，目前与成矿关系不明。

（2）沱沱河矿集区矿床特征

区内所发现的矿床（点）、矿化点多，主要有铅、锌、银、铜等矿种。矿床类型主要为热液型矿床、火山岩型矿床（VMS）和沉积岩型矿床（Sedex），其中中低温热液型（MVT）铅锌矿床（多才玛、雀莫错、楚多曲），热液型矿床主要有斑岩型（扎木曲、扎拉夏各涌），火山岩型矿床主要为铜铅锌（那日尼亚、开心岭），矿床的产出多与构造有关。铅锌银矿多位于大断裂旁侧的次级断层，且切割碳酸盐地层的构造。主要铅锌矿床的成矿特征见表3-50。

表3-50 沱沱河矿集区主要铅锌矿床的成矿特征

矿床名称	多才玛铅锌矿床	楚多曲铅锌矿床	巴斯湖铅锌矿	那日尼亚铅锌矿床
矿床规模	Pb+Zn 资源量 635.16×10^4 t（333+334），超大型规模	Pb+Zn 资源量 56.60×10^4 t（333+334），大型规模	Pb+Zn 资源量 14.13×10^4 t（333+334），中型规模	Pb 资源量 25.56×10^4 t（333+334），中型规模
大地构造	羌北地块（弧后前陆盆地）	羌北地块（弧后前陆盆地）	羌北地块（弧后前陆盆地）	羌北地块（弧后前陆盆地）
主要地层	下二叠统、上三叠统、侏罗系、下白垩统、古近系、新近系	中侏罗统、上侏罗统、下白垩统	二叠系开心岭群	中上侏罗统、下白垩统、古近系、新近系
赋矿地层	二叠系九十道班组	侏罗系夏里组、索瓦组	二叠系九十道班组	新近系查保马组
侵入岩	石英闪长玢岩或石英正长斑岩	燕山期花岗岩、闪长玢岩、斜长花岗岩	印支期和燕山期辉绿玢岩、闪长岩及石英闪长岩	燕山期碱长正长斑岩和正长斑岩岩体
含矿主岩	碎裂岩化硅化泥晶含生物屑砂屑灰岩、碎裂岩化白云石化硅化含生物屑泥晶灰岩	青灰色的泥晶粉晶灰岩（灰黑色含碳质生物碎屑灰岩）	深灰色泥晶灰岩、深灰色蚀变闪长岩	碎裂蚀变粗面岩
控矿构造	近东西、北西西向的张性断裂	北西西、北西向断裂	北西向断裂	东西、北西南向张性断裂
矿体规模形态	20条铅锌矿体，长100～1400 m，厚1～82.5 m；板状、哑铃状、纺锤状等	10条铅锌矿体，长200～1100 m，厚1.27～24.04 m；板状、哑铃状、纺锤状等	7条铅锌矿体，长100～400 m，厚1～20 m；板状、透镜状等	8条铅矿体，长200～800 m，厚2～40 m；板状、透镜状等
矿石类型	角砾状、网脉状、浸染状、星点状、块状铅锌矿石	块状、网脉状、浸染状铅锌矿石	块状、网脉状铅锌矿石	块状、网脉状、浸染状铅锌矿石
矿石品位	Pb：0.66%～8.82%；Zn：0.82%～4.8%；最高Pb+Zn：33.82%～51.92%	Pb：0.64%～4.28%，最高Pb：19.69×10%；Zn：0.23%～3.32%，最高Zn：10.00%，Cu：0.55%～1.00%	Pb：0.81%～2.98%；Zn：1.6%～3.08%	Pb：0.37%～3.3%；最高Pb：6.97×10%

续表

矿床名称	多才玛铅锌矿床	楚多曲铅锌矿床	巴斯湖铅锌矿	那日尼亚铅锌矿床
金属矿物	方铅矿、闪锌矿、黄铁矿、黄铜矿	方铅矿、黄铜矿、闪锌矿、镜铁矿、白铅矿、黄铁矿	方铅矿、闪锌矿、黄铜矿、黄铁矿	方铅矿、白铅矿
脉石矿物	方解石、白云石、重晶石、玉髓、石英和石膏	重晶石、石英、方解石、少许绢云母	长石、石英、角闪石、黑云母	长石、石英、方解石、绢云母
围岩蚀变	碳酸盐化、白云岩化、硅化、高岭土化	重晶石化、碳酸盐化、硅化、高岭土化	碳酸盐化、硅化、高岭土化、褐铁矿化	碳酸盐化、硅化、高岭土化、绢云母化，局部黑云母化、正长石化
元素组合	成矿元素 Pb、Zn；伴生 Ag、Cd、Mo、As、Sb	成矿元素 Pb、Zn；伴生 Ag、W、Sn、Hg、Bi、Sb、Au	成矿元素 Pb、Zn；伴生 Sb、Cd、As、Hg	成矿元素 Ag、Pb；伴生 Zn、Sb、Cu、Hg、Ni、Co
物质来源	成矿物质来源围岩；流体具盆地卤水和大气降水的特点	物质来源于围岩、深部岩浆；流体为大气降水和岩浆水	成矿物质来源于围岩、深部岩浆	成矿物质来源于围岩、深部岩浆
成因类型	MVT	中低温热液脉型	中低温热液脉型	火山岩型
成矿时代	待定，推测 20~23 Ma	待定，推测 20~23 Ma	待定，推测 20~23 Ma	待定，推测 20~23 Ma
资料来源	青海省第五地质矿产勘查院，2014	青海省第五地质矿产勘查院，2014	青海省第五地质矿产勘查院，2014	青海省第五地质矿产勘查院，2013

（据青海省第五地质矿产勘查院，2014）

（3）多才玛铅锌矿床地质特征

多才玛超大型铅锌矿床位于青海南部沱沱河地区，属于青藏高原东北缘的三江北段成矿带，是中国著名的西南三江多金属成矿带的北延部分，构造上属特提斯巨型成矿域的重要组成部分，位于甘孜-理塘结合带南侧。多才玛矿床自东至西由多才玛矿段、茶曲怕查矿段、孔莫陇矿段组成（图 3-105）。

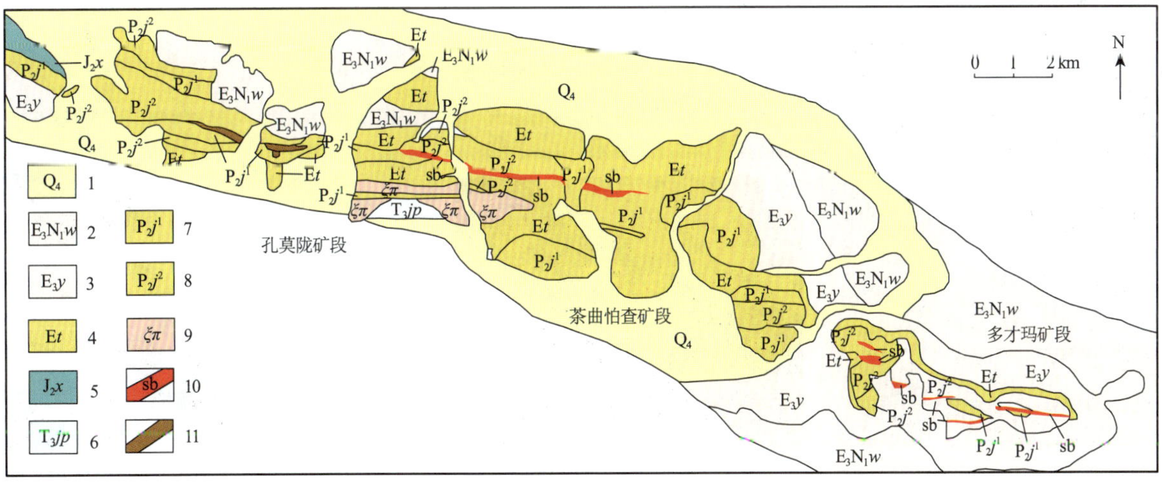

图 3-105　多才玛铅锌矿床地质简图

（据刘长征等，2015）

1—第四系；2—五道梁组；3—雅西措组；4—沱沱河组；5—夏里组；6—甲丕拉组；7—九道班组上岩段；8—九道班组下岩段；9—石英正长斑岩；10—断层破碎带；11—矿体

1）区内出露地层由老到新为：二叠系九十道班组（P_2j）出露于矿区中部，呈长条带状自西段孔莫陇向东段多才玛展布，分为上下 2 个岩性段：下岩段（P_2j^1）主要为浅灰白色块层状结晶灰岩、生物碎屑灰岩夹少量长石岩屑砾岩，所圈定的铅锌矿体大多产于该段，与成矿关系较密切；上岩段（P_2j^2）由浅灰白色层状灰岩组成。三叠系甲丕拉组（T_3jp）主要分布于矿区中部，岩性以灰紫色厚层岩屑石英砂岩、岩屑长石砂岩为主，夹巨厚层复成分砾岩、含砾粗砂岩、长石石英砂岩、泥质粉砂岩及微晶灰岩透镜体，局部夹中基性火山角砾岩及玄武岩。侏罗系夏里组（J_2x）在矿区西部，主要为紫红色长石石英砂岩夹灰绿色长石石英砂岩、含少量深灰色生物碎屑灰岩。古近系沱沱河组（Et）分布较广，主要为紫红色砾岩、复成分砾岩夹泥钙质粉砂岩，底部砾岩中见有铅锌矿化，矿体规模较小、品位较低；雅西措组（E_3y）在矿区东部，为青灰色－灰绿色长石石英岩屑砂岩；五道梁组（E_3N_1w）分布于矿区东部，主要为灰白色灰黄色薄－中厚层状泥灰岩、泥晶灰岩、白云质灰岩夹浅灰色含灰质粘土岩、钙质粉砂岩、石膏层及岩屑砂岩和岩屑砾岩等。第四系（Q）分布于山前平地及沟谷地带，主要为一些砂、砾石层。

区内断裂构造发育，主要有区域 F_1 断裂带及其附近衍生的平行或走滑断层，近东西向和北东向。铅锌矿体位于区域大断裂 F_1 中，为张性正断裂，近东西向，倾向总体向北，倾角 25°～40°，沿断裂带形成长约 19 km、宽 100～400 m 不等的破碎带，呈波状弯曲，破碎带由构造角砾岩、断层泥等组成，具明显的碳酸盐化、泥化及褐铁矿化。角砾成分为灰岩，硅化较弱，偶见针状毒砂矿化。

岩浆侵入活动相对微弱，与成矿无直接关系。

2）铅锌矿体呈薄板状、板状、哑铃状、纺锤状等，长度 300～1400 m 不等，平均厚度为 2.1～82.5 m，铅矿体品位在 0.66%～8.82%，锌矿体品位在 0.82%～4.80%，最高 Pb+Zn：33.82%～51.92%。有铅锌共生矿体，也有独立铅、锌矿体。

矿石类型主要分为角砾状铅锌矿石、块状、网脉状、浸染状、星点状铅锌矿石等几种。原生矿石矿物主要有方铅矿、闪锌矿、黄铁矿，次生矿物主要有白铅矿、铅矾、菱锌矿、水锌矿、褐铁矿等，脉石矿物主要为方解石、白云石、重晶石、玉髓以及少量石英等。镜下可见胶状构造褐铁矿，条带状褐铁矿被白铅矿充填（图 3-106）。

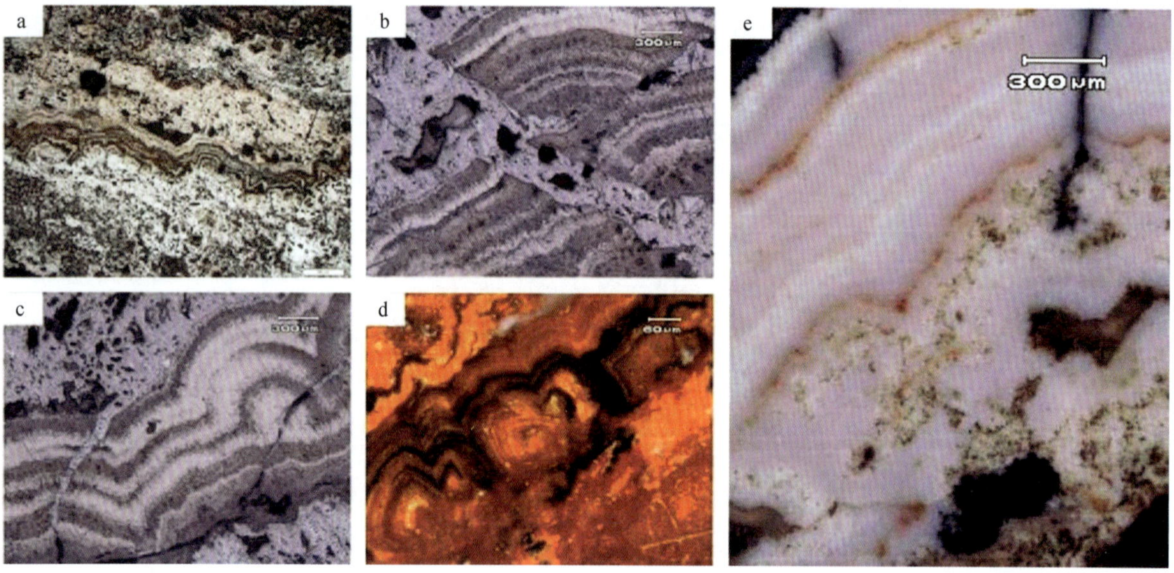

图 3-106　多才玛铅锌矿条带状、胶状构造

（据钱烨，2014）

a、b—条带状褐铁矿；c—条带状褐铁矿被白铅矿充填；d—褐铁矿反射色；e—水锌矿反射色

含矿围岩蚀变类型主要有碳酸盐化（白云石化）、硅化、高岭土化等。

（4）矿集区地球化学特征

A. 元素在地层岩石中分布特征

根据沱沱河一带 11 幅区域化探岩石样品数据资料（表 3-51），可知沱沱河地区不同地层显示了不同富集元素组合。二叠纪地层 Pb、Zn、Cd、Mo、Hg、Sn、Co 呈现较高丰度，元素组合复杂、变化起伏，是区内主要成矿层位，所发现的铅锌矿床主体产于该地层中。三叠纪地层中富含 Pb、Zn、Cd、Mo 元素，是区内比较重要的成矿层位。侏罗纪地层中 Ag、Cu、Bi、Cd 等主要元素显示了较高丰度，也是区内赋矿层位。而二叠纪和三叠纪碳酸盐岩中相对富集 Pb、Ag、Zn、Cu、Cd 等成矿元素，为各类铅、锌矿提供丰富的矿源。

表 3-51　沱沱河矿集区不同地层岩石样品中元素分布特征

时代		岩石地层	元素富集分布特征
新生代	第四纪	Q	富集 As、Sb、Mo、Cd、Ba、Sr 等元素
	新近纪	查保马组（N_1c）	相对富集 Ag、Sb、W、As、Mo、Cr 等元素；在汇水域水系沉积物中 Ag、As、Mn 显示较高丰度，查保马组（N_1c）为那日尼亚铅锌矿床的赋矿地层
	古近纪—新近纪	五道梁组（E_3N_1w）	Pb、Zn、Ag、As、Mn、B、Sr、Ba、Li、Zr 等元素丰度很高
	古近纪	雅西措组（E_2N_1y）、沱沱河组（Et）	富集 Pb、Zn、Cd、As、Mo、Sb、Sr、Ba 等元素。沱沱河组 Au、Ba、Be、Co、Sr、等元素丰度很高
中生代	白垩纪	桑恰山组（K_2s）、洛力卡组（Kl）	相对富集 Zr、Ag、Rb、Sn、Au 等元素
		错居日组（Kc）	Hg、Ag、Sr、MgO、CaO 显示较高丰度，在汇水域水系沉积物中 CaO 的相对丰度较高
	侏罗纪	雪山组（J_3xs）、索瓦组（J_3s）	晚侏罗世地层富含 Ag、Cu、Hg、Cd 等元素，索瓦组（J_3s）为楚多曲铅锌矿床的赋矿地层
		雀莫错组（J_2q）、布曲组（J_2b）、夏里组（J_2x）	Ag、Cu、Mn、B、Bi 显示了较高丰度。夏里组（J_2x）为楚多曲铅锌矿床的赋矿地层。在汇水域水系沉积物中 Pb、Sb、B、Ba、Cr、Hg、Au、Bi、Co、Sn 也显示较高丰度
	三叠纪	巴贡组（T_3bg）、波里拉组（T_3b）、甲丕拉组（T_3jp）	富含 Cd、Mo、Zn、Ba、Sr 等元素，CaO 显示较高丰度，水系沉积物中 Pb、Zn、Cd、Sr、Ba、F、Mo、Mn、P、Sr、Hg、CaO 相对丰度较高
		巴塘群（T_3B）	相对富集 Cr、Ni、W、Sn、F、Hg、Bi、Cu 等元素
晚古生代	二叠纪	拉卜查日组（P_3l）、那益雄组（P_3n）	主要有 V、Cu、Rb、Bi、P、Co、Sn、W、B、、、F、Zn、Be 等元素
		九十道班组（P_2j）、诺日巴尕日保组（P_2nr）、扎日根组（C_2P_2z）	Pb、Zn、Cd、Mo、Hg、Sn 等元素含量高于全域，地层元素组合复杂、变化起伏，九十道班组（P_2j）为多才玛铅锌矿床、巴斯湖铅锌矿床的赋矿地层
	石炭纪	加麦弄群（C_2J）	富集 Cu、Zn、Co、Mn、Mo、Sn、F、Hg 等元素

B. 1 : 20 万水系沉积物区域地球化学特征

根据 1 : 20 万水系沉积物数据资料等（刘长征等，2015），在沱沱河地区圈定了以寻找铅锌多金属矿床为主、面积达 60000 km^2 巨型地球化学异常（地球化学巨省），称之为“沱沱河铅锌镉银地球化学块体”。该块体以铅锌多金属元素异常为主体，具有规模大、多元素组合、环套结构、与区域成矿关系密切的特征。Pb、Zn、Cd、Ag、As、Sb、Sr、Ba、Hg、W、Bi、Sn、Mo 等元素异常规模较大（表 3-52；图 3-107），均达到地球化学巨省的规模；主要元素异常相互套合较好，各元素块体呈不均匀性分布，浓集趋势显著、异常走向总体呈北西西向和近东西向，可分解为北、中、南地球化学子区，具较强分异性：

北部为扎木曲-雅西措 Pb、Zn、Ag、Fe、Cd、As 地球化学异常带，分布扎木曲、扎拉宋可西、扎拉夏各涌、八十八道班等铅锌矿床。

中部地球化学子区以 Pb、Zn、Cd、Ag、Cu、Mo 等元素组合特征，其中铅异常面积达 39502. 92 km^2，具有明显浓集中心。Pb 平均值 62. 8×10^{-6}，衬度值 1. 6，与 Ag、Zn、Cd 异常浓集中

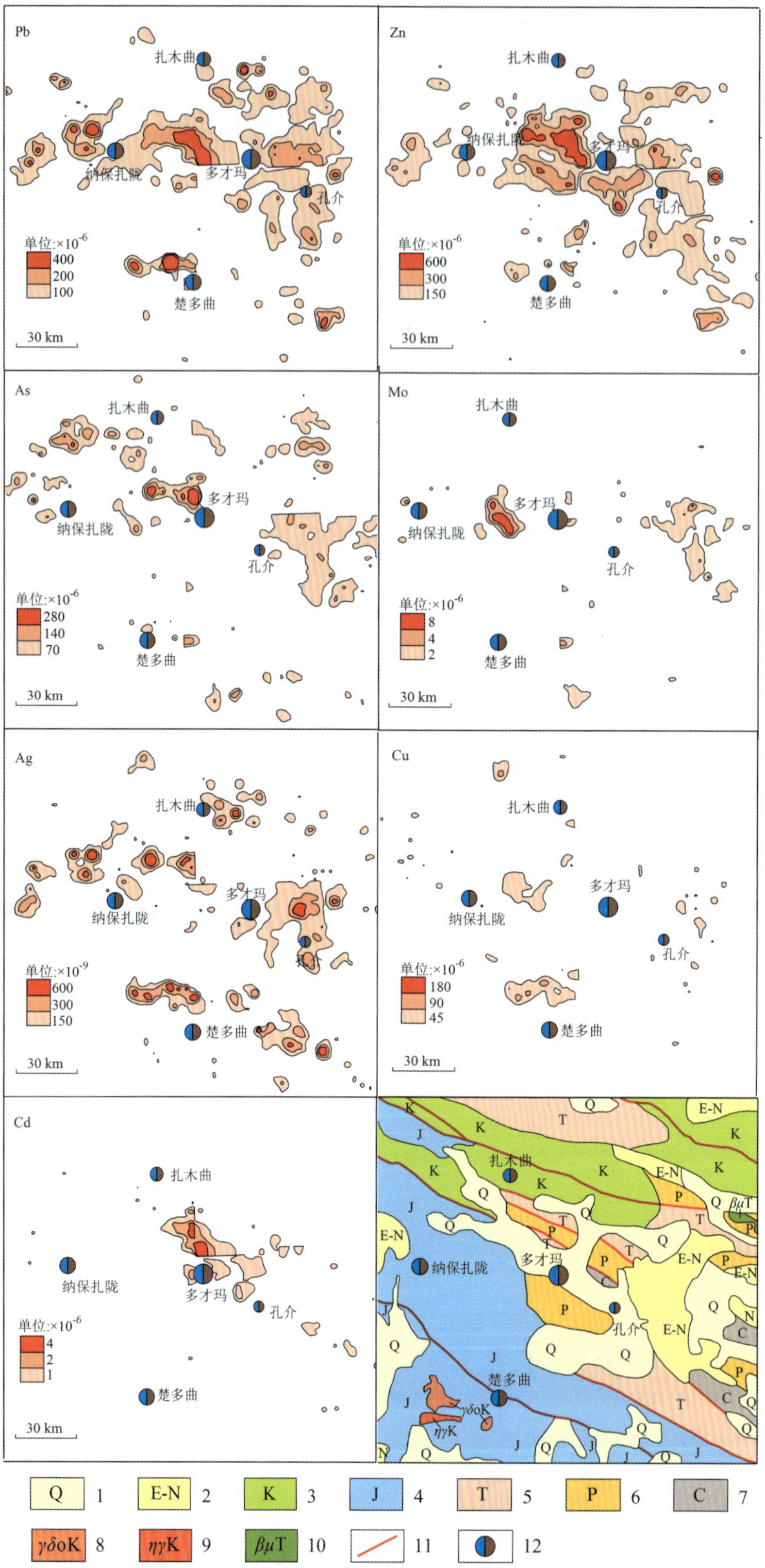

图 3-107 沱沱河铅锌多金属矿集区 1∶20 万水系沉积物区域异常地球化学剖析图

（据刘长征，2015）

1—第四系冲积、冰积、湖积物；2—始新世—中新世泥岩、砂岩夹石膏；3—白垩系碎屑岩夹泥灰岩、石膏；4—侏罗系碎屑岩夹煤层；5—三叠系海陆交互相碎屑岩、碳酸盐岩夹煤层，夹基-中酸性火山岩；6—二叠系碳酸盐岩、碎屑岩夹煤层，中酸性火山岩；7—石炭系碎屑岩夹中酸性火山岩，夹中基性火山岩；8—英云闪长岩；9—二长花岗岩；10—辉绿岩；11—断层；12—铅锌矿心套合，呈不规则状近东西向展布，向西延伸进入西藏（图 3-107）。Zn 异常面积达 27052.0 km^2，Zn 平均值 135.9×10^{-6}，衬度值 1.5，多才玛矿区与镉异常套合明显。Mo 元素异常在桑玛日呈北西向展布，三级浓度分带清晰。中部异常浓集中心部位产出多才玛、巴斯湖、那日尼亚、纳保扎陇、雀莫错等铅锌矿床。

表 3-52 沱沱河铅锌多金属矿集区 1∶20 万水系沉积物区域异常地球化学参数特征

元素	样品数/件	面积/km^2	下限	最大值	最小值	平均值	衬度	离差
Ba	563	57456.97	652	8355.4	653.0	1036.2	1.6	659.9
Cd	494	49560.3	0.33	4.4	0.3	0.6	1.9	0.4
Sb	472	46363.0	1	37.5	1.0	2.9	2.9	2.4
Sr	434	43129.2	337	1750.1	337.8	532.2	1.6	192.7
Pb	401	39502.9	34	546.3	34.0	62.8	1.9	41.2
As	334	33767.7	30	136.2	30.0	50.0	1.7	19.0
Hg	277	27603.6	27	180.7	27.0	56.5	2.1	32.4
Bi	279	27376.8	0.34	2.9	0.3	0.6	1.8	0.4
Zn	270	27052.0	88	566.3	88.3	135.9	1.5	61.1
W	271	26053.0	1.74	20.0	1.7	3.5	2.0	2.1
Ag	208	25426.3	80	303.5	80.2	117.3	1.5	35.9
Mo	170	17256.4	1.05	6.2	1.1	1.4	1.4	0.6
Sn	106	10332.4	3	23.9	3.0	4.6	1.5	3.1
Au	24	2232.7	1.25	5.5	1.3	2.1	1.7	1.3
Au	11	1080.0	1.25	5.3	1.3	2.3	1.8	1.2

注：Au、Ag、Hg 单位为 10^{-9}，其他元素单位为 10^{-6}。

南部为格拉丹东-楚多曲 W、Sn、Bi、Sb、Pb、Zn、Ag 地球化学异常带，分布楚多曲、沙纳陇仁铅锌矿床。

空间分布、元素组合不同的地球化学子区将导致形成时代和成因类型不同的矿床。

6. 成矿模式

碳酸盐岩型（密西西比河谷型，MVT 型）铅锌矿床在缺少后期岩浆作用的条件下，是如何使大面积分散的成矿物质汇集到成矿溶液中富集成矿呢？为此，必须具备有活化、迁移、沉淀富集的条件和容矿空间。该类矿床与油气矿床类似，需要有良好的“生、储、盖”的条件。

1）“生”就是矿质产生地-矿源层，如湘黔铅锌矿带中上奥陶统五峰组（O_3w）、下寒武统石牌组（ϵ_2s）、牛蹄塘组（ϵ_2n）、震旦系及元古宙基底内碎屑岩及碳质、泥质岩 Pb、Zn 等成矿元素含量高，且具相当比例的成矿元素易活化的碳质、泥质吸附态赋存形式；

2）“储”就是有利的容矿空间，碳酸盐岩中生物腐烂后留下的孔隙、藻隙，各种同生角砾岩、鲕粒间的空隙，层面裂隙，古岩溶孔洞及缝合线，岩石重结晶后的剩余缝隙及构造作用产生的各种裂隙等。另外，在拗陷中隆起的背斜鞍部虚脱空间也是成矿物质良好的容矿空间；

3）“盖”就是成矿物质运输中的隔挡层，在碳酸盐岩型铅锌矿床的顶板往往是渗透性差的泥质岩、页岩、构造泥及微晶白云岩等，均可为成矿物质沉淀的屏蔽层。

为此，该类矿床的成矿模式是：大型沉积盆地，深大构造活动带边缘，碳酸盐台地相、灰岩（生物）、蒸发白云岩系列。在上部岩层压力和构造作用下，有大量富含硫酸根离子的高盐度热卤水生成，沿断裂向深部矿源层运移，同时萃取矿源层中的成矿物质并增温，在深部压力差的驱动下含矿热液沿断裂上升，在有利的容矿空间不断地渗滤交代容矿岩石而富集成矿。

（二）喷流-沉积型铅锌矿床（Sedex 型）

喷流-沉积型铅锌矿床是以沉积岩（碎屑岩-碳酸盐岩）为容矿围岩，铅锌矿在容矿围岩中呈层状整合产出，为此，形成此类矿床首先是有沉积盆地的矿质喷流，其次需要有同生断裂及盆下含矿的喷流层，即所谓的“盆地+一刀”成矿模式。南秦岭泥盆系铅锌多金属矿带中铅锌矿床就属于喷流-沉积型铅锌矿床（Sedex 型）。

南秦岭泥盆系铅锌多金属矿带是我国重要的铅锌多金属矿集区之一。矿带位于华北陆块与扬子陆块之间秦岭古生代陆间裂谷系之中，从西至东分布着甘肃西成铅、锌矿田、陕西凤太铅、锌矿田、山阳-柞水铅、锌矿田。在该矿集区中分布着众多的铅锌矿床：甘肃西成矿田的厂坝、李家沟、向阳山、邓家山、毕家山、页水河、尖崖沟、洛坝、焦沟等矿床（点）；陕西凤太矿田铅硐山、八方山、银硐梁、银母寺、手搬崖等一批中大型矿床；山阳-柞水矿田银洞子、桐木沟、黑沟等矿床（图 3-108）。

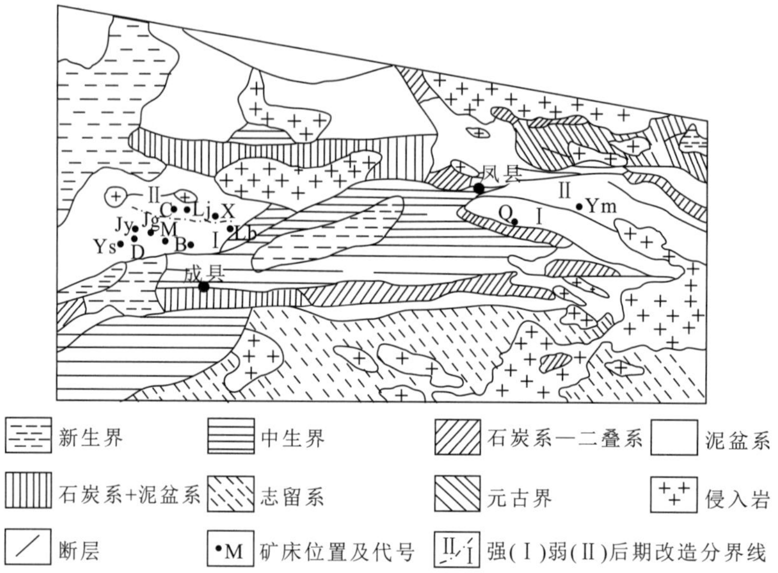

图 3-108　秦岭西部地区泥盆系层控铅锌矿带地质略图

（据林兵，1990，有修改）

Ⅰ区：D—邓家山；B—毕家山；Ys—页水河；Jy—尖崖沟；Q—铅硐山；Lb—洛坝；Jg—焦沟；M—庙沟等；Ⅱ区：C—厂坝；Lj—李家沟；X—向阳山；Ym—银母寺等

南秦岭泥盆系铅锌多金属矿带中矿床的产出严格受中泥盆地层控制，含矿层位在西成矿田为安家岔组和西汉水组，在凤太矿田为古道岭组，在山阳-柞水矿田为大西沟组。按赋矿围岩、矿体形态、矿石构造、后期叠加作用强度等地质特征，可分为两类（表 3-53）：以厂坝、银母寺为代表的后期弱改造矿床，以邓家山、毕家山为代表的后期强改造矿床。

1. 南秦岭泥盆系铅锌多金属矿带区域岩石圈及前泥盆纪、泥盆纪含矿层成矿元素丰度特征

在原地矿部“七五”重点攻关项目：秦巴地区重大基础地质问题和主要矿产成矿规律课题研究中，中国地质大学（武汉）地球化学研究所对南秦岭泥盆系铅锌多金属矿带区域岩石圈及前泥盆纪、泥盆纪含矿层成矿元素丰度特征及成矿规律研究做了大量工作。

（1）区域岩石圈 Pb、Zn、Cu 元素丰度特征

由表 3-54 可知，秦岭地区区域地壳中 Pb、Zn、Cu 元素丰度分布较为均一（仅 Zn 元素在南北秦岭中相对高些），与 Taylor et al.(1985) 发表的地壳丰度相近。在区域上地幔的近似丰度中扬子陆块北缘和华北陆块南缘的高丰度值及华北陆块南缘 Cu 的亏损十分引人注目。

表 3-53　南秦岭泥盆系铅锌多金属矿带矿床地质特征

矿床	同生沉积期+弱改造期矿床	同生沉积期+强改造期矿床	资料来源
赋矿围岩岩性	主要为条带状大理岩、结晶灰岩和黑云石英片岩	产于结晶灰岩和千枚岩之间或接触带附近的硅化-硅质岩	
赋矿层岩相特征	为潮坪-潮下碳酸盐岩相和潮坪细碎屑岩相的过渡带	为浅海陆棚灰岩相、生物礁相和外陆棚细碎屑岩相的沉积环境转化带	
矿体特征	矿体形态简单，一般呈层状、似层状和透镜状产出，产状与围岩一致，且随围岩同步褶曲，矿体厚度、形态和矿石品位受地层岩性、产状、层间裂隙控制	矿体呈鞍状、似层状、透镜状和脉状，矿体受Ⅲ级紧闭背斜褶皱构造控制，产于鞍部虚脱部位和背斜两翼	
矿石矿物	矿石矿物简单，主要为闪锌矿、方铅矿和黄铁矿，金属矿物颗粒细小	矿石矿物中除闪锌矿、方铅矿外，黄铜矿数量明显增多，黄铁矿减少	林兵等，1990
矿石构造	矿石主要呈条带状、纹层状和块状构造	矿石构造主要为角砾状、浸染状、斑杂状和块状	
围岩蚀变	蚀变较弱，主要为碳酸盐化	以明显硅化为特征	
成矿流体含盐度	沉积成矿期：18.0%~20.0% 叠加改造期：6.0%~22.3N%	沉积成矿期：5.1%~7.0% 叠加改造期：3.3%~20.5%	
成矿元素	含矿层异常元素组合为 Zn、Pb、Cd、Ag，Cu 弱	含矿层异常元素组合为 Zn、Pb、Cu、Cd	
成矿期	同生沉积期+变质热液弱改造期	同生沉积期+动力变质热液强改造期	
代表矿床	厂坝、银母寺	邓家山、毕家山、铅硐山	

表 3-54　秦岭地区区域地壳、上地幔 Pb、Zn、Cu 元素丰度　　单位：10^{-6}

构造单元	区域地壳丰度			构造单元	区域地壳丰度			资料来源
	Pb	Zn	Cu		Pb	Zn	Cu	
华北陆块南缘	34	56	19	华北陆块南缘	13	97	18	
北秦岭	30	64	30					张本仁等，2002
南秦岭	24	63	31					
扬子陆块北缘	27	59	24	扬子陆块北缘	47	66	60	
地壳丰度*	20	71	26	地幔丰度**	2.1	60	40	

注：*据 Taylor ct al.(1985)；**据黎彤（1981）。

1）从区域这两个层圈的 Pb、Zn、Cu 元素丰度特征来看，在区域长期壳幔交换作用过程中，这些元素的上地幔不均一性在地壳中似乎有被均一化的趋势。区域岩石圈 Pb、Zn、Cu 元素丰度特征控制着秦岭地铅、锌、铜矿产的时、空分布。

2）由于 Pb、Zn 在区域地壳中分布相对均一，加上 Zn 易活化、迁移的地球化学性质，只要有一定的热化学环境，即可形成局部富集，为此，铅、锌矿化在全区分布是较普遍的，它们可以产出在各个地质时期，几乎所有的地质体中，这是铅、锌矿化普遍性的一个侧面。

3）在南秦岭中泥盆纪大陆裂谷断陷盆地特定的构造环境中，初始富集的矿源层、沉积盆地的矿质喷流、同生断裂、热动力等条件下能形成 Pb、Zn 优势矿产，这是 Pb、Zn 矿化特殊性的另一个侧面。

（2）前泥盆纪、泥盆纪含矿地层 Pb、Zn、Cu 元素丰度特征（表 3-55，表 3-56）

在南秦岭泥盆系铅锌多金属矿带中，对各铅、锌矿田所隶属的地层小区（淅川-内乡、留坝-郧县、勉略、武都-文县）的前泥盆纪地层 Pb、Zn、Cu 元素丰度统计获知（表 3-55）：

1）寒武系泥质岩中 Pb、Zn、Cu 元素分别是秦岭-大别区域内泥质岩的 Pb 1.3 倍、Zn 4.2 倍、Cu 7.3 倍。它们是成矿带内有利的矿源层之一；

表 3-55　南秦岭泥盆系铅锌多金属矿带中前泥盆纪地层 Pb、Zn、Cu 元素丰度特征　单位：10^{-6}

地层小区	地层（岩石类型）	样数	Pb	Zn	Cu	K：地层/上地壳*；K：（岩类）/秦岭-大别区相同岩类**	矿田
淅川-内乡	志留系*	19	25	60	16	K（Pb）：1.3；K（Zn）：0.8；K（Cu）：0.6	柞水-山阳
	寒武系（泥质岩）**	3	85	606	298	K（Pb）：3.9；K（Zn）：6.6；K（Cu）：8.1	
	寒武系*	21	22	88	38	K（Pb）：1.1；K（Zn）：1.2；K（Cu）：1.5	
留坝-郧县	志留系*	42	16	88	21	K（Pb）：0.8；K（Zn）：1.2；K（Cu）：0.8	
	奥陶系*	10	<13	104	26	K（Pb）：0.6；K（Zn）：1.5；K（Cu）：1.0	
	寒武系—奥陶系*	5	29	60	21	K（Pb）：1.5；K（Zn）：0.8；K（Cu）：0.8	
	寒武系（板岩）**	1	29	389	273	K（Pb）：1.3；K（Zn）：4.2；K（Cu）：7.3	
勉略	碧口群（变玄武岩）**	13	130	108	29	K（Pb）：11.8；K（Zn）：1.0；K（Cu）：0.5	凤太
	碧口群（中基性火山岩）**	29	51	80	19	K（Pb）：2.6；K（Zn）：0.8；K（Cu）：0.5	
武都-文县	志留系白龙江群*	19	84	88	41	K（Pb）：4.2；K（Zn）：1.2；K（Cu）：1.6	西成
	碧口群*	41	41	78	32	K（Pb）：2.1；K（Zn）：1.1；K（Cu）：1.3	

注：*地层/上地壳；**（岩类）/秦岭-大别区相同岩类。

表 3-56　南秦岭泥盆系铅锌多金属矿带中泥盆纪地层 Pb、Zn、Cu 元素原始丰度特征　单位：10^{-6}

矿田	层位	样品数	Pb	Zn	Cu	资料来源
西成	上泥盆统	36	20	58	20	张本仁等，1989 林兵等，1990 #原始丰度：剔除离群样品
	中泥盆统	206	23	57	13	
	总平均		22	58	14	
柞水-山阳	上泥盆统	128	55	74	19	
	中泥盆统	466	40	63	21	
	总平均		45	68	20	
上地壳 Taylor and Mclennan，1985			20	71	25	

2）碧口群中基性火山岩（变玄武岩）、中基性火山岩 Pb 元素的富集系数分别为 11.8 和 2.6，它们也是成矿带内有利的矿源层之一。

3）从西成、柞水-山阳矿田的泥盆纪含矿地层中 Pb、Zn、Cu 元素原始丰度来看（表 3-56），除柞水-山阳矿田中泥盆统 Pb：$40\times10^{-6}\sim55\times10^{-6}$（平均 45×10^{-6}）高于地壳丰度外，其他泥盆纪地层总平均 Pb、Zn、Cu 元素丰度均较低，且绝大部分元素都服从正态分布，元素含量变化小。这些都反映了泥盆纪原始正常沉积岩的元素分布特征。

4）李泽九等（1989）在柞水-山阳矿田泥盆纪中统青石垭组泥质岩中进行了 Pb、Zn、Cu 元素的相态（硅酸盐相、硫化物相、碳酸盐相、吸附相）分析（表 3-57），从分析结果看，无论是背景地层金钱河剖面，还是矿区车房沟剖面青石垭组泥质岩中 Pb、Zn、Cu 元素均以硫化物相、碳酸盐相、硅酸盐相占主要比例，Pb、Zn、Cu 元素易活化、迁移的吸附相比例很少。这也就是意味着需很强的热动力作用才能把青石垭组泥质岩中硫化物相、碳酸盐相、硅酸盐相中 Pb、Zn、Cu 元素活化、迁移至流体相，野外及镜下对泥盆纪地层中各类岩石观察，未发现有后期作用叠加改造的迹象。为此，从青石垭组泥质岩中 Pb、Zn、Cu 元素的相态分析的信息来看，南秦岭泥盆系铅锌多金属矿带内 Pb、Zn、Cu 元素成矿物质不是来源于赋矿围岩。

2. 南秦岭泥盆系铅锌多金属矿带铅同位素组成特征

收集整理各时期南秦岭泥盆系铅锌多金属矿带中各矿床矿石铅及赋矿围岩和矿源层铅同位素组成

（表 3-58），表中清晰地显示出从西至东各矿床矿石铅同位素组成均值十分均一，$^{206}Pb/^{204}Pb$：17.976~18.132，$^{207}Pb/^{204}Pb$：15.557~15.635，$^{208}Pb/^{204}Pb$：38.101~38.308。

表 3-57　泥盆系中统青石垭组泥质岩中 Pb、Zn、Cu 不同相态的比例　　单位：%

元素	剖面位置		硅酸盐相	硫化物相	碳酸盐相	吸附相	资料来源
Pb	柞水—山阳	车房沟#	10	31	52	7	张本仁等，1989
		金钱河*	14	45	28	13	
Zn		车房沟	39	45	12	4	
		金钱河	50	46	2	3	
Cu		车房沟	0.5	97	2	/	
		金钱河	/	90	4	6	

注：* 背景；#矿区。

表 3-58　南秦岭泥盆系铅锌多金属矿带矿床矿石铅及赋矿围岩和矿源层铅同位素组成

地质体	类型	Sedex 型铅锌矿床						地层	
	矿床	厂坝（7）	李家沟（9）	毕家山（6）	邓家山（14）	铅硐山（11）	银母寺（7）	泥盆系（3）	碧口群（3）
$^{206}Pb/^{204}Pb$	范围	17.884~18.066	17.574~18.495	17.813~18.604	17.487~18.286	17.903~18.190	17.982~18.022	16.686~17.941	17.644~18.126
	均值	17.976	18.018	18.132	17.990	18.078	18.001	17.370	17.929
$^{207}Pb/^{204}Pb$	范围	15.420~15.679	15.473~15.707	15.526~15.903	15.402~15.936	15.566~15.575	15.559~15.645	15.353~15.698	15.471~15.553
	均值	15.557	15.658	15.633	15.635	15.625	15.589	15.423	15.525
$^{208}Pb/^{204}Pb$	范围	38.007~38.336	37.637~38.733	37.814~39.119	37.009~39.373	38.013~38.722	37.977~38.231	36.668~37.087	38.066~39.394
	均值	38.101	38.178	38.289	38.053	38.308	38.041	36.931	38.196

（据林兵等，1990；任鹏等，2014）

赋矿围岩和矿源层铅同位素组成是采集区域背景地层中沉积黄铁矿（纹层状、镜下具草莓状结构、Co/Ni 值≫1），它们代表了沉积时期的物源环境。泥盆系沉积黄铁矿$^{206}Pb/^{204}Pb$：17.370，$^{207}Pb/^{204}Pb$：15.432，$^{208}Pb/^{204}Pb$：36.931。碧口群沉积黄铁矿$^{206}Pb/^{204}Pb$：17.929，$^{207}Pb/^{204}Pb$：15.525，$^{208}Pb/^{204}Pb$：39.196。后者与矿带各矿床矿石铅同位素组成十分相似！

从铅同位素组成示踪分析南秦岭泥盆系铅锌多金属矿带中各矿床中 Pb、Zn、Cu 元素成矿物质来源于前泥盆纪矿源层（碧口群、寒武系等）。

3. 南秦岭泥盆系铅锌多金属矿带硫同位素组成特征

收集整理各时期南秦岭泥盆系铅锌多金属矿带中各矿床矿石矿物及赋矿围岩沉积黄铁矿硫同位素组成（表 3-59）。

南秦岭泥盆系铅锌多金属矿带各矿床硫化物普遍富重硫（^{34}S），从西成矿田至凤太矿田硫化物 $\delta^{34}S$ 值分布在 1.50‰~28.30‰，离散程度高。另外西成矿田（厂坝矿床、李家沟矿床、毕家山矿床、邓家山矿床）硫化物 $\delta^{34}S$ 均值比凤太矿田（铅硐山矿床、银母寺矿床）高一个数量级（表 3-59）。这些矿物 $\delta^{34}S$ 值与岩浆热液成因硫化物 $\delta^{34}S$ 值迥然不同，前者离散程度大，后者 $\delta^{34}S$ 值集中，并趋于零值附近。

1）从表 3-59 获知：各矿床硫化物 $\delta^{34}S$ 值：黄铁矿>闪锌矿>方铅矿的正常硫同位素分馏系列，示踪它们是在同一硫同位素平衡系统中结晶的产物；

2）泥盆系沉积黄铁矿 $\delta^{34}S$ 值：-9.80‰~12.10‰，波动幅度大，这与沉积盆地中细菌活动强度有关，说明当时南秦岭泥盆系沉积盆地中沉积黄铁矿相对富集轻硫（^{32}S）。从西成矿田硫化物 $\delta^{34}S$ 均值比凤太矿田高一个数量级这信息分析，西成矿田泥盆系沉积盆地处于相对封闭环境（SO_4^{2-} 不能充分供给）

中细菌还原硫酸盐的产物；而凤太矿田泥盆系沉积盆地处于细菌活动还原硫酸盐相对较强环境。

表 3-59 南秦岭泥盆系铅锌多金属矿带矿床矿石矿物及赋矿围岩硫同位素组成（$\delta^{34}S$）

矿田	矿床	黄铁矿		闪锌矿		方铅矿		重晶石		资料来源
		范围/‰	均值/‰	范围/‰	均值/‰	范围/‰	均值/‰	范围/‰	均值/‰	
西成矿田	厂坝矿床	18.75~27.8175	22.75 (22)	11.40~22.84	20.01 (7)	14.80~22.2675	18.42 (15)	23.00~31.8075	25.24 (4)	林兵等，1990 任鹏等，2014
西成矿田	李家沟矿床	17.57~28.307	22.20 (11)	16.28~24.20	20.78 (11)	14.11~24.1075	19.63 (8)	19.17~27.6075	23.39 (2)	林兵等，1990 任鹏等，2014
西成矿田	毕家山矿床	13.700~20.707	15.18 (6)	8.00~19.50	15.70 (18)	4.73~19.3075	13.77 (18)			林兵等，1990 任鹏等，2014
西成矿田	邓家山矿床	9.60~23.607	18.29 (9)	10.50~19.80	16.51 (17)	4.20~16.105	11.53 (12)		28.40 (1)	林兵等，1990 任鹏等，2014
凤太矿田	铅硐山矿床	-1.50~10.307	6.24 (20)	5.80~14.80	8.56 (16)	4.20~7.7075	5.73 (12)			林兵等，1990 任鹏等，2014
凤太矿田	银母寺矿床			9.20~13.20	11.90 (13)	5.90~11.1075	8.79 (14)			林兵等，1990 任鹏等，2014
	泥盆系沉积黄铁矿	-9.80~12.10	0.93 (6)	11.40~22.84						林兵等，1990 任鹏等，2014

以上分析是理想的情况，实际环境要比这复杂得多，需要综合考虑地质和地球化学等各方面的条件才能获得客观的解释。

4. 南秦岭泥盆系铅锌多金属矿带泥盆系含矿地层中硼元素含量

南秦岭泥盆系铅锌多金属矿带铅锌矿床成矿流体为高盐度的热卤水，据测定其沉积成矿期：18.0%~20.0%，叠加改造期：6.0%~22.3%。如何来预测原始沉积盆地海水中的盐度？据国外研究表明：沉积盆地粘土岩中硼元素含量可用作海水盐度的标志，一般淡水相 40×10^{-6}，半咸水相 70×10^{-6}~90×10^{-6}，咸水相（海水）100×10^{-6}~110×10^{-6}。中国地质大学（武汉）地球化学研究所对矿带内背景、近矿及矿区泥盆系含矿地层硼元素含量计算表明（表 3-60）：从背景到矿区泥质岩中的硼含量逐渐增高，反映了由正常海水环境到高盐度的非正常海水环境。从表 3-60 硼的含量特征分析，背景剖面泥质岩中 $B<110\times10^{-6}$的样品占 92.4~95.7%，与正常海水环境相当。而近矿剖面泥质岩中 $B>110\times10^{-6}$的样品达 11.1~22.9%，反映与高盐度海水的过渡环境。矿区三个剖面泥质岩中 $B>110\times10^{-6}$的样品可达 45.7~93.1%，有两个矿区 $B>150\times10^{-6}$的样品可达 50%。

据以上研究可以对南秦岭泥盆系泥质岩中硼含量分级：$B<110\times10^{-6}$为正常海水沉积的一级沉积盆地；B 含量 100~150×10^{-6}为较高盐度正常海水与高盐度热卤水的过渡地段，为二级沉积盆地；$B>150\times10^{-6}$为高盐度热卤水环境的三级含矿盆地。据此指标可在南秦岭泥盆系地层中用泥质岩中硼含量指导找矿（图 3-109）。

5. 南秦岭泥盆系铅锌多金属矿床“盆地+一刀”成矿模式（图 3-110）

“盆地+一刀”成矿模式，即陆陆碰撞后的裂谷盆地及引张作用形成的同生断裂。这类盆地可分为三级，一级盆地常以陆缘断裂为界，其规模超过 100 km，控制矿带分布，其特征是沉积很厚的碎屑岩和碳酸盐岩；二级盆地形成于一级盆地之内，是由于垂直构造运动（基底同生断裂）使其分割成较小的凹地或隆起，其规模约 15 km，矿田范围受其制约；三级盆地是一个海底凹地，保护含矿溶液不被冲淡流失，规模几百米至几千米，控制矿床位置。

盆地中盐度高，有机质亦较高，另外含有较多的金属元素、黄铁矿结核和浸染状黄铁矿。大气降水、海水沿着盆地边缘断裂下渗，与地层中的封存水掺混，在深层静压力的驱动下，淋滤出前泥盆系地层中的Zn、Pb、Ag等成矿元素及SiO_2等，形成了富含金属成矿元素的高盐度热卤水，当热卤水成矿流体沿盆地底部同生断裂喷溢出海底，由于物理化学环境的剧变，导致形成了Zn、Pb硫化物矿物的大量沉淀的层状、似层状同生沉积矿体。同生沉积硫化物矿体在后期遭受了不同程度的变质、变形叠加改造。

表3-60　南秦岭铅锌多金属矿带内背景、近矿及矿区泥盆系含矿地层泥质岩B元素含量*　单位：10^{-6}

剖面位置		样品数及比例	<70	70~90	90~100	100~110	110~150	>150
背景剖面	金钱河（$D_{2,3}$）	145，（%）	1，（0.7）	25，（17.2）	70，（48.3）	38，（26.2）	8，（5.5）	3，（2.1）
	乾佑河（$D_{2,3}$）	13，（%）	1，（7.7）	3，（23.1）	5，（38.5）	3，（23.1）	1，（7.7）	
	大红崖（$D_{2,3}$）	23，（%）	2，（8.7）	7，（30.4）	7，（30.4）	6，（26.1）	1，（4.3）	
	左家坝（D_2）	17，（%）	1，（5.9）	3，（17.6）	8，（47.1）	4，（23.5）	1，（5.9）	
	核桃坝（D_2）	18，（%）	1，（5.5）	4，（22.2）	6，（33.5）	6，（33.5）	1，（5.5）	
近矿剖面	吴家山（D_2）	20，（%）		8，（40.0）	2，（10.0）	3，（15.0）	6，（30.0）	1，（5.0）
	东沟（D_2）	9，（%）		2，（22.2）		6，（66.6）	1，（11.1）	
	红崖寺（D_3）	16，（%）		2，（12.6）	5，（31.3）	7，（43.8）	2，（12.5）	
	李家沟（D_3）	11，（%）			3，（27.2）	6，（54.6）	2，（18.2）	
	舒家坝（D_2）	7，（%）		1，（14.3）		3，（42.9）	3，（42.9）	
矿区剖面	大西沟（D_2）	57，（%）		2，（3.5）	5，（8.0）	24，（42.1）	12，（21.1）	14，（24.6）
	黑沟（D_2）	87，（%）			2，（2.3）	4，（4.6）	32，（36.8）	49，（56.3）
	李家沟（D_2）	26，（%）			6，（23.0）	3，（11.6）	4，（15.4）	13，（50.0）

注：*泥质岩的B含量是用泥质岩中V、Ti、Sr、Ba与B元素多元回归方程：$B=85.4+0.37V-0.0081Ti-0.067Sr+0.0381Ba$计算而得。

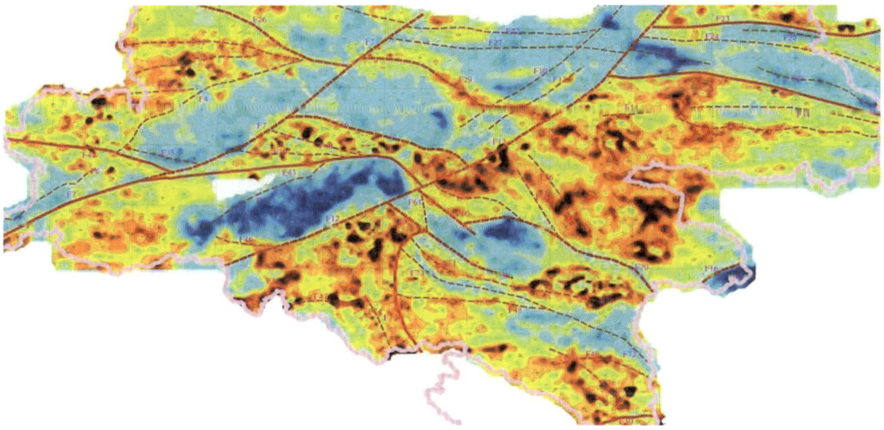

图3-109　陕西南秦岭泥盆系1∶20万水系沉积物B元素地球化学图

（据陕西省地质调查院，2013）

（三）内蒙古大兴安岭中南段铅-锌-银带成矿地质地球化学特征

1. 大兴安岭中南段铅-锌-银成矿带区域地球化学特征

大兴安岭中南段成矿带1∶20万水系沉积物样品31350件（中国地质科学院地球物理地球化学勘查研究所收集），由24幅构成。该地区发育着一条北东向展布的Pb-Zn-Ag异常带，从好来哈达→拜仁达坝→白音诺尔→浩布高→孟恩陶勒盖（图3-111）。异常长500 km，该异常带有3个浓集中心，

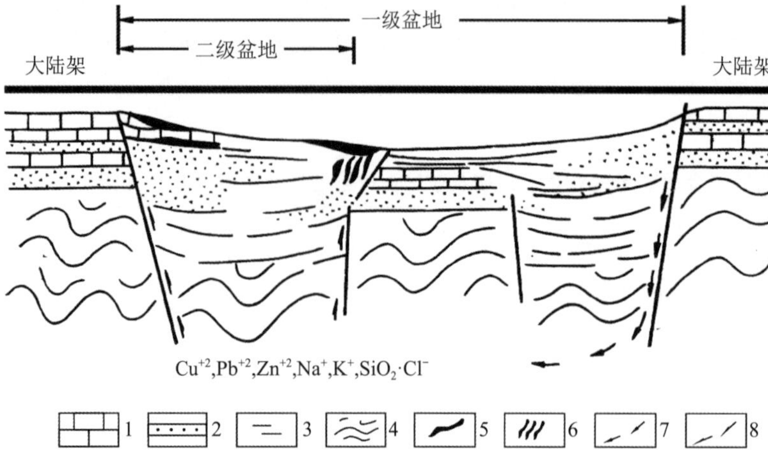

图 3-110 南秦岭泥盆系铅锌多金属矿床“盆地+一刀”成矿模式

（据林兵等，1990）

1—灰岩；2—砂岩、粉砂岩；3—页岩；4—前泥盆系；5—层状矿体；

6—交切状矿体；7—大气降水流动方向；8—成矿热卤水流动方向

好来哈达、白音诺尔、孟恩陶勒盖，其中白音诺尔和孟恩陶勒盖 Pb、Zn 异常规模大，强度高，Pb、Zn、Ag、Cd 异常吻合较好。Pb-Zn-Ag-Cd 平均衬值图（图 3-112）不仅清晰地反映了矿带内所有已知矿床和矿化点（Pb-Zb-Ag 矿化为主），而且凸显了许多与 Pb-Zn-Ag 矿化密切相关的未知区。这里必须指出的是 Pb、Zn、Ag 异常主要分布在基岩出露区，在风成沙覆区异常弱，甚至没有，如新近发现的拜仁达坝、道伦达坝铅锌银矿就在 Pb、Zn、Ag 弱异常区。

成矿带 1：20 万水系沉积 Pb-Zn-Ag 异常外，沿大兴安岭主峰分布着 Sn、W 元素异常，其中有黄岗梁锌、铁矿及众多锡矿床（矿点）。另外在东坡 Cu 异常突显，异常呈北东向分布，与东坡的龙头山铜矿及一系列铜矿点相对应。

2. 内蒙古大兴安岭中南段铅-锌-银带成矿地质特征

内蒙古大兴安岭中南段铅-锌-银成矿带是古生代亚洲构造-成矿域与中生代环太平洋构造-成矿域两大全球性构造-成矿域强烈叠加区域。成矿带区域大地构造格架和构造单元主要是古亚洲洋演化期间形成的，这期间形成 4 个构造层；第一构造层：前寒武纪变质基底，第二构造层：早古生代浅-微变质火山-沉积岩系，第三构造层：晚古生代（主要是二叠纪）浅-微变质火山-沉积岩系，第四构造层是中新生代滨西太平洋边缘活动阶段形成的燕山期陆相中酸性火山岩及陆相碎屑沉积岩。

（1）成矿带空间分布规律

成矿带空间上具有晚古生代沉积作用（二叠纪为主）和燕山期岩浆活动的分布特征，二叠纪时既具残留洋盆性质，也显示活动大陆边缘特征。90%的矿床产在二叠纪地层中，具有整合层状矿化和受沉积相带控制的特征；燕山期陆相中酸性火山岩、花岗岩广泛分布。

1）北东成带，东西成行，等距集结（图 3-113）：内蒙古大兴安岭中南段铅-锌-银成矿带从西向东分成 3 个成矿亚带：西坡-富铅锌、富银铜成矿亚带；主峰-锡、铅锌、铁、铜成矿亚带；东坡-以铜、铅锌为主多金属成矿亚带。西坡有超大型拜仁达坝铅锌、富银多金属矿床（Pb+Zn 平均品位 5%，其中 Pb：50. 3×10^4 t，Zn：105. 43×10^4 t，Ag 平均品位 260×10^{-6}，储量 4598. 28 t），道伦达坝铅锌银矿等。中坡有浩布高、白音诺尔铅锌银矿等。东坡有孟恩陶勒盖铅银矿、龙头山银铅锌矿、长春岭铅锌矿等。

2）二叠系的空间分布控制了银、铅、锌多金属矿床的产出（陈宏威，2007），成矿带内主要矿床赋存在二叠系中，铅锌矿床占 73. 1%，铜占 44. 1%，铜银占 16. 7%，银铅锌占 62. 5%，铜铅锌占 75%，铁铜占 50%，银多金属占 46. 2%（图 3-114）。

3）Sn、Mo、Cu（Bi）等元素为燕山期岩浆热液成矿作用叠加：在燕山期侵入岩从东到西由中

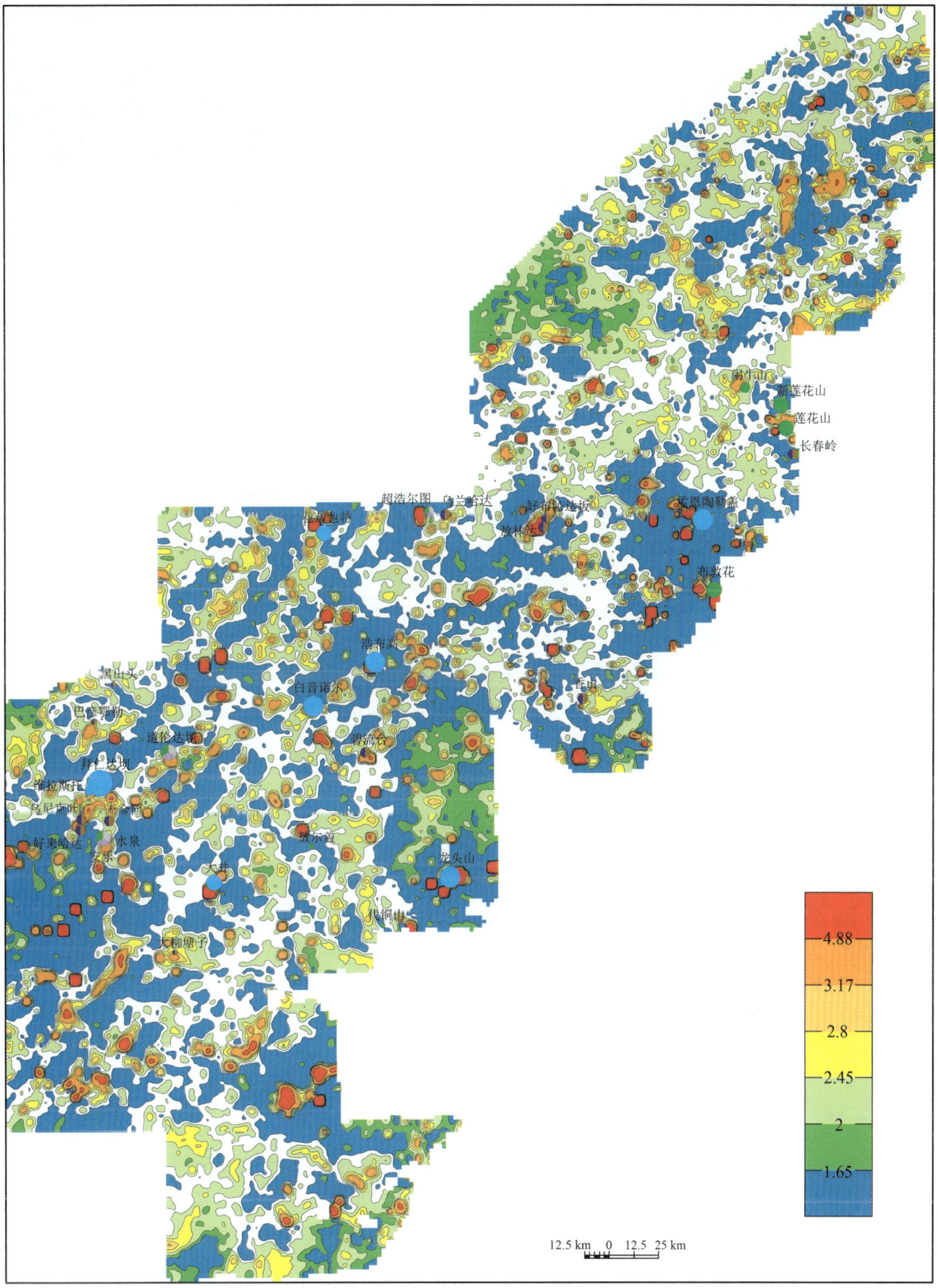

图 3-111　内蒙古大兴安岭中南段 Pb+Zn 地球化学图（累频）
（据杨帆，2018）

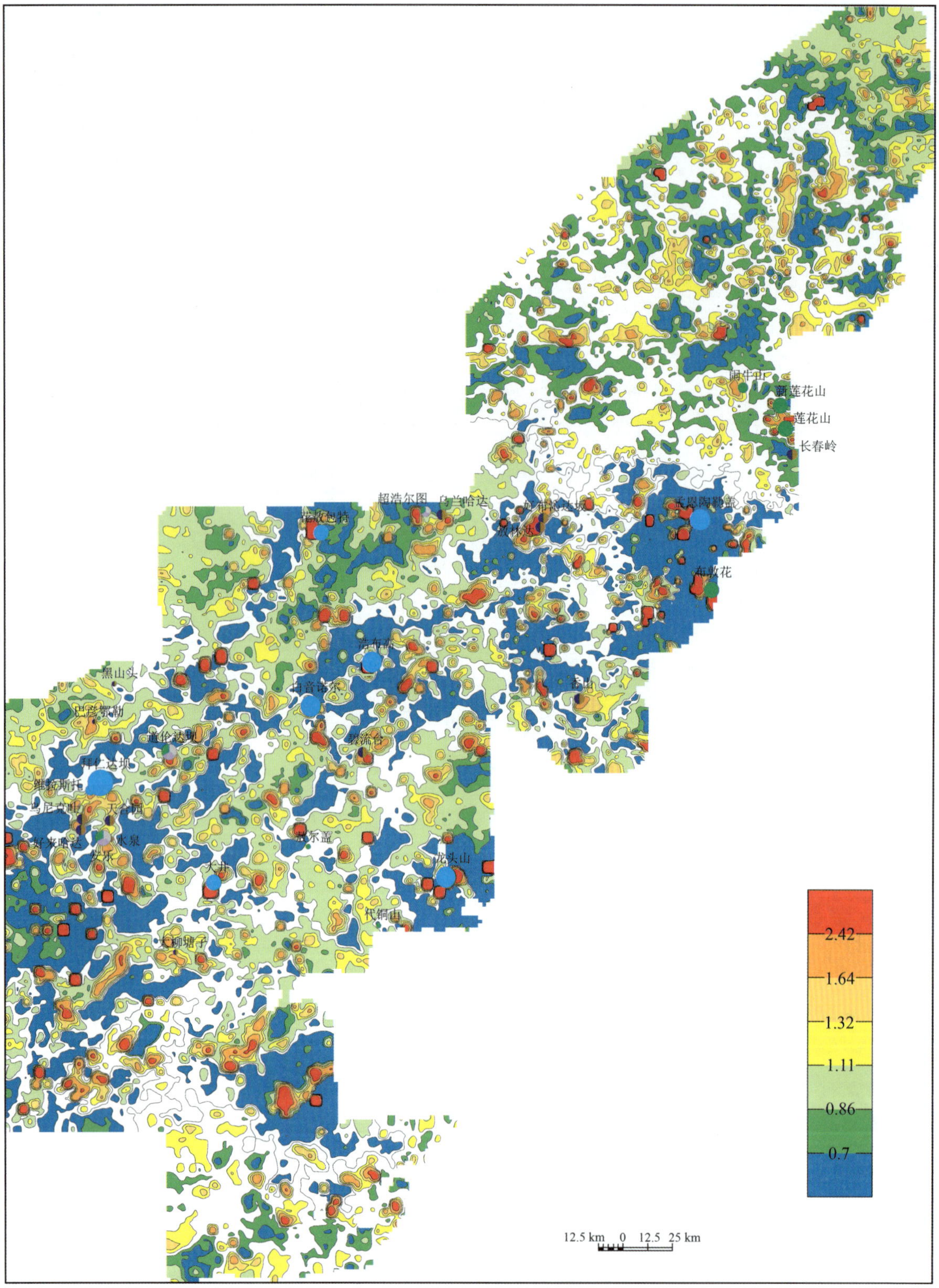

图 3-112　内蒙古大兴安岭中南段 Pb-Zn-Ag-Cd 平均衬值

（据杨帆，2018）

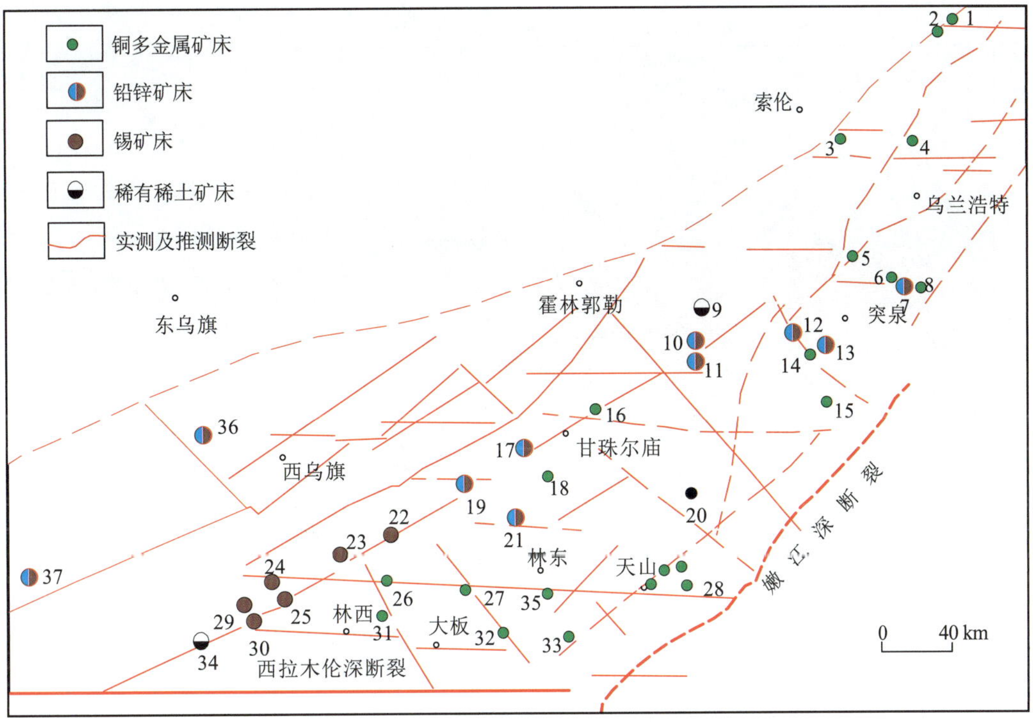

图 3-113 大兴安岭中南段矿床分布图

（据王长明等，2006）

1—小巴音胡硕铜矿点；2—神山铜矿点；3—巨合铜矿点；4—新农村铜矿点；5—闹牛山铜矿床；6—莲花山铜矿床；7—长春岭铅锌矿床；8—巨宝铜矿点；9—巴尔哲稀有稀土矿床；10—好不泌达坂铅锌矿床；11—敖林达铅锌矿床；12—西巴音花铅锌矿点；13—孟恩陶勒盖铅锌矿床；14—毛呼都格铜矿点；15—布敦化铜矿床；16—脑肚木铜矿点；17—浩布高铅锌矿床；18—敖瑙达巴铜矿点；19—白音诺铅锌矿床；20—香山铜矿床；21—中段锌矿床；22—小海清锡矿床；23—宝盖沟锡矿床；24—安乐锡矿床；25—白音皋锡矿床；26—雅马吐铜矿点；27—敖尔盖铜矿点；28—好来宝铜矿点；29—查木罕锡矿床；30—黄岗锡铁矿床；31—大井锡铜矿床；32—台布呆铜矿点；33—代铜山铜矿点；34—苔莱花稀有矿床；35—驼峰山铜矿点；36—拜仁达坝铅锌银矿床；37—哈尔楚鲁图铅锌银矿床

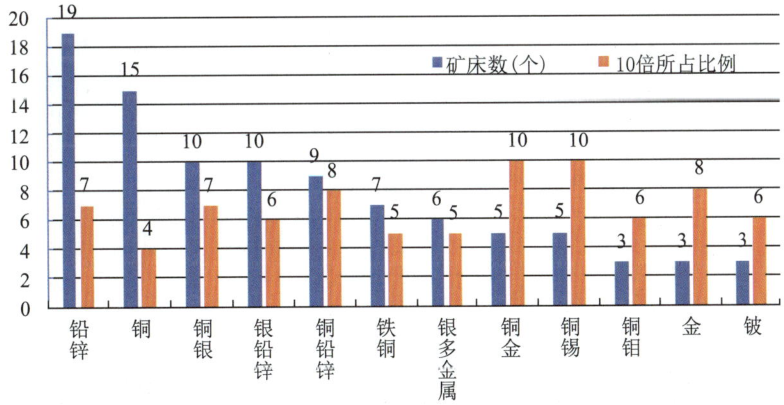

图 3-114 内蒙古大兴安岭中南段铅-锌-银成矿带内主要矿床在二叠系中所占比例

酸性到酸性花岗质岩浆演化，成矿元素从东坡→主峰→西坡：Cu（Mo）、Ag、Pb、Zn、Au→Sn、Cu、Pb、Zn→Ag、Pb、Zn、Cu，矿床类型由斑岩型→矽卡岩型→热液脉型（图 3-115）。

（2）成矿带时间分布规律

A. 两期作用叠加改造

第一期：华力西期喷流沉积成矿，本区早二叠世发生了与细碧-角斑岩建造有关的 VMS 型喷流沉

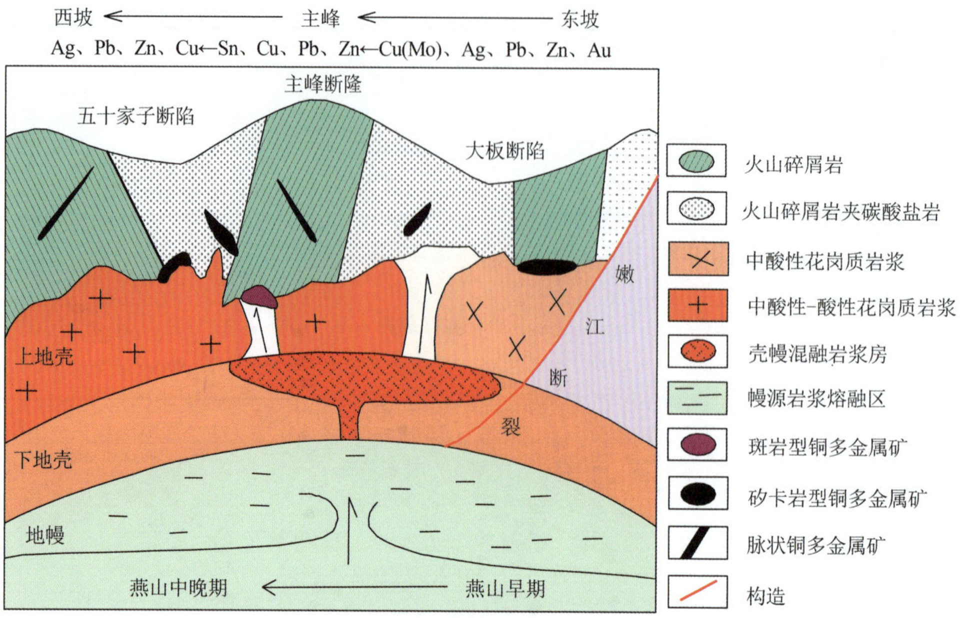

图 3-115　大兴安岭中南段金属元素成矿的时空结构

（据王长明等，2006）

积成矿（VMS 型：与基性火山岩有关矿床）及晚二叠世湖相沉积建造中 SEDEX 型喷流沉积成矿（SEDEX 型：与碎屑岩、碳酸盐岩有关矿床）（图 3-116）。

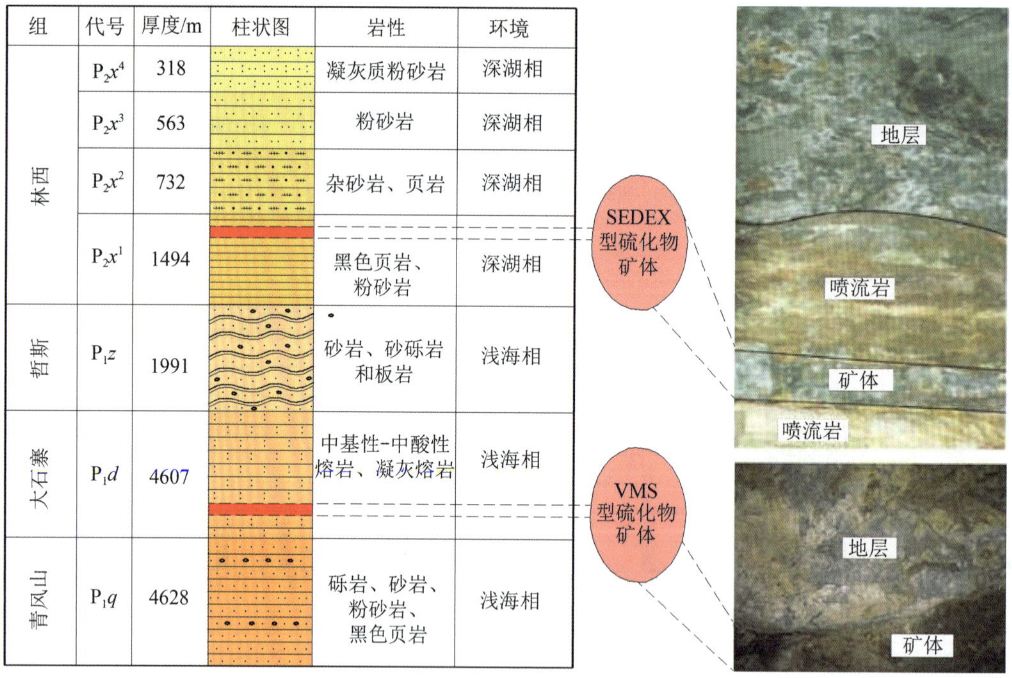

图 3-116　内蒙古大兴安岭中南二叠世喷流沉积成矿（VMS 型、SEDEX 型）

（据王长明等，2006）

第二期：燕山期火山、岩浆热液成矿作用叠加，在东坡铜多金属成矿亚带燕山早期中酸性超浅成-浅成花岗岩浆系列与重融型为主花岗岩关系密切（莲花山铜矿、布敦花铜矿、闹牛山铜矿等）；在主峰锡铅锌-铁铜成矿亚带燕山中期中酸性-酸性火山侵入杂岩与重熔型为主的花岗岩有关（浩布高锡铁铅锌多金属矿）（图 3-117）。

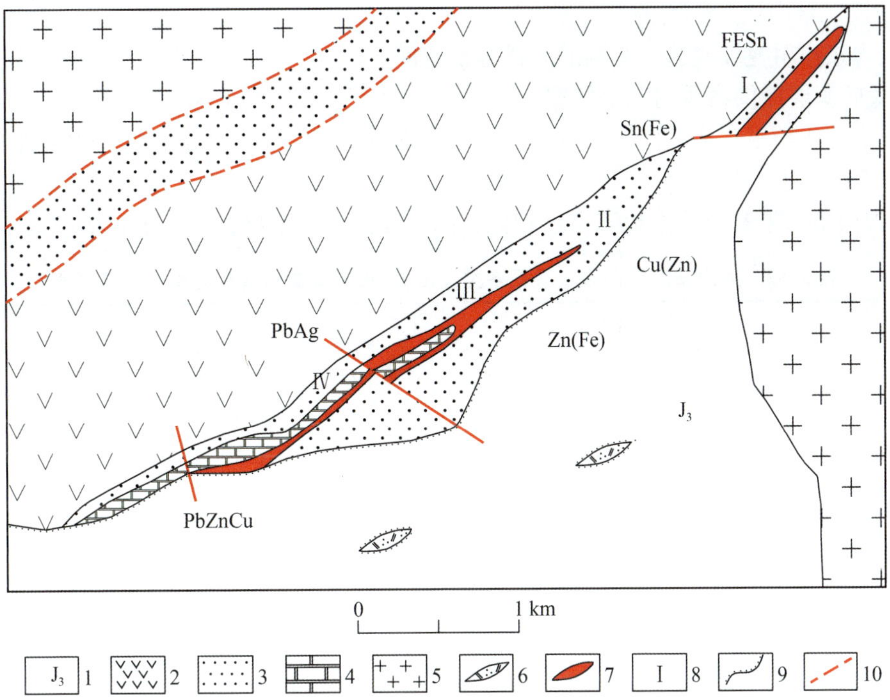

图 3-117　浩布高锡铁铅锌多金属矿床地质略图

（据张德全，1993）

1—侏罗世陆相火山岩；2—早二叠世海相安山质火山岩；3—早二叠世砂、板岩；4—早二叠世大理岩；5—燕山期花岗岩；6—石英二长斑岩岩脉；7—矽卡岩及矿体；8—矿段编号；9—角度不整合；10—断层

因此，大兴安岭成矿带主成矿期有两期——华力西期和燕山期：①华力西期主要形成与二叠纪火山-沉积作用有关的海底热液喷流沉积型的铅、锌-银-铜-锡矿床；②燕山期主要产出与陆相火山侵入杂岩有关的浅成热液型-斑岩型-矽卡岩型铅、锌-铜-锡-银-金矿床。矿带内许多矿床具有两期叠加改造的复杂特征。

B. 成矿时代东早西晚

大兴安岭成矿带东坡成矿年龄 160~180 Ma，主峰 130~150 Ma，而西坡 110~120 Ma（表 3-61）。

表 3-61　燕山期大兴安岭成矿带东坡、主峰、西坡成矿年龄

成矿带	成矿系列	成矿元素	构造背景	矿床成因	典型矿床	成矿年龄/Ma	资料来源
东坡以铜为主成矿亚带	燕山早期中酸性超浅成-浅成岩浆成矿系列	Cu（Mo）Ag，Pb，Zn，Au，Sn	深断裂旁侧的断隆区	斑岩型 热液脉型	孟恩陶勒盖 连花山 布敦花 台布呆 闹牛山	183 161 166 171 170	赵一鸣，1997 王京彬，2002
主峰锡、铅锌、铜成矿亚带	燕山期中酸性火山-侵入杂岩成矿系列	Pb，Zn，Cu，Sn	火山断陷或断裂旁侧断隆区	矽卡岩型 热液脉型	白音诺尔 浩布高 大井	148 132.2 132.8	张德全，1993 赵一鸣，1997 艾永福，1996
西坡富铅、锌富银成亚矿带	燕山期酸性岩浆成矿系列	Ag，Pb，Zn，Cu	断隆区	热液脉型	拜仁达坝	116	刘建民，2004

（3）控制成矿带内成矿作用的三要素

矿源层、岩浆作用叠加改造、有利的导矿容矿空间。

A. 二叠系矿源层提供物质的三个依据

依据一：华力西期早二叠纪区域内古洋壳沉积了细碧角斑岩建造和中基性、中酸性火山岩组成的陆源碎屑沉积，带来了大量的Pb、Zn、Ag、Sn、Cu等成矿物质，形成了初始的矿源层（矿胚）。与内蒙古兴安-吉黑造山带和全球上地壳丰度相比，高出几倍、几十倍，甚至上百倍（表3-62）。

表3-62　大兴安岭中南段二叠系各类火山岩-火山碎屑岩成矿元素平均含量表　单位：10^{-6}

地区	岩性（样品数）	Sn	Cu	Zn	Pb	Ag	As	备注
上大井	凝灰质板岩（370）	7.4	29.9	746.2	143.5	1.0	135.6	内蒙古自治区有色总公司，1985
	凝灰质粉砂岩（1685）	23.3	98.5	1294.8	213.4	1.1	194.8	
	凝灰质细砂岩（803）	40.8	75.8	786.2	116.3	0.6	152.4	
	凝灰质中砂岩（436）	26.5	125.5	827.6	59.3	0.8	151.8	
	凝灰质粗砂岩（31）	7.8	93.6	1650.3	61.0	0.5	112.9	
	矿化碎屑蚀变带（50）	72.5	548.8	2095.6	378.8	3.8	691.0	
	矿化砂岩（161）	712.8	305.3	1430.5	193.4	3.8	1844	
曹家屯	凝灰质细砂岩（168）	130.0	123.0	656.0	113.3	1.08	446.0	
胡家店	凝灰质熔岩、石英角斑岩（91）	130.0	263.0	556.0	365.0	2.3	985.0	
鲁根浑迪	凝灰质细砂岩（272）	13.3	43.3	296.2	52.7	0.25	124.2	
	凝灰质粉砂岩（260）	102.3	231.1	1130.8	263.9	1.42	3342	
中国东部	凝灰质砂岩	1.9	15.0	65.0	17.0	0.08	7.5	鄢明才等，1997
内蒙古兴安-吉黑造山带	上地壳	1.8	13.0	83.0	16.0	0.057	4.2	
全球	上地壳	5.5	25.0	71.0	20.0	0.05	1.5	Taylor and McLenan（1985，1995）

依据二：矿带铅同位素示踪显示：Pb、Zn等成矿物质主要来源于二叠系的矿源层。

东坡孟恩陶勒盖铅锌矿产于燕山期杜尔基似斑状黑云母花岗岩岩基中，呈脉状分布。其矿石铅同位素组成与赋矿围岩花岗岩全岩铅同位素组成十分相似（表3-63），两者平均值分别为：$^{206}Pb/^{204}Pb$：18.104，18.246；$^{207}Pb/^{204}Pb$：15.444，15.477；$^{208}Pb/^{204}Pb$：37.995，37.906；这一信息示踪孟恩陶勒盖脉状铅锌矿与壳熔燕山期杜尔基黑云母花岗岩岩基密切的成因联系。

东坡龙头山银铅锌矿赋矿围岩为二叠系大石寨组上部的结晶灰岩夹凝灰岩，区内岩浆活动不发育，在一号矿带出露华力西期石英斑岩岩株，及一条南北向穿切矿体的燕山晚期花岗斑岩脉。矿体在二叠系大石寨组上部的结晶灰岩夹凝灰岩中呈层状、似层状、透镜状分布。表3-63显示：大石寨组上部的结晶灰岩夹凝灰岩全岩铅同位素组成平均值$^{206}Pb/^{204}Pb$：18.215～18.234，$^{207}Pb/^{204}Pb$：15.590～15.604，$^{208}Pb/^{204}Pb$：37.995～37.906；其矿石铅同位素组成平均值$^{206}Pb/^{204}Pb$：18.121，$^{207}Pb/^{204}Pb$：15.577，$^{208}Pb/^{204}Pb$：38.201。两者平均值极为相似，以上特征示踪了龙头山银铅锌矿为早期热水沉积型矿床。

主峰浩布高铅锌矿产于下二叠统大石寨组海相火山碎屑岩及少量大理岩夹层中，是浩布高铅锌矿主要赋矿围岩，矿区内出露以石英二长岩为主的燕山期小罕山岩体。矿体产于矽卡岩中，矽卡岩呈似层状沿大理岩顶部层间裂隙带分布。从表3-63获知：早二叠世安山质火山岩-玄武玢岩（全岩）铅同位素组成$^{206}Pb/^{204}Pb$：18.262，$^{207}Pb/^{204}Pb$：15.461，$^{208}Pb/^{204}Pb$：37.875；小罕山石英二长岩全岩铅同位素组成平均值$^{206}Pb/^{204}Pb$：18.293，$^{207}Pb/^{204}Pb$：15.537，$^{208}Pb/^{204}Pb$：38.108；浩布高铅锌矿矿石铅同位素组成变化范围较小，平均值明显偏低（10件）$^{206}Pb/^{204}Pb$：18.297，$^{207}Pb/^{204}Pb$：15.531，$^{208}Pb/^{204}Pb$：38.091；产于下二叠统哲斯组泥质、硅质板岩中的边家大院银铅锌矿矿石铅同位素组成平均值（19 件）$^{206}Pb/^{204}Pb$：18.196，$^{207}Pb/^{204}Pb$：15.578，$^{208}Pb/^{204}Pb$：38.291，与浩布高铅锌矿平均值十分相似。

浩布高铅锌矿矿石铅、赋矿围岩玄武玢岩及燕山期小罕山石英二长岩铅同位素组成特征，边家大院银铅锌矿矿石铅同位素组成等信息清晰地示踪主峰矿床成矿物质的多源性及成矿作用的多期性（二期），早期热水沉积加后期岩浆热液叠加。

西坡拜仁达坝银铅锌矿赋矿围岩为华力西期石英闪长岩体，维拉斯托锡多金属矿赋矿围岩为中新元界古宝音图群黑云斜长片麻岩。矿体在赋矿围岩中呈层状、似层状、透镜状分布。拜仁达坝银铅锌矿矿石铅同位素组成平均值呈两组（表 3-63）：一组平均值（6 件）$^{206}Pb/^{204}Pb$：18.453，$^{207}Pb/^{204}Pb$：15.633，$^{208}Pb/^{204}Pb$：38.423；另一组平均值（37 件）$^{206}Pb/^{204}Pb$：18.359，$^{207}Pb/^{204}Pb$：15.534，$^{208}Pb/^{204}Pb$：38.270；维拉斯托锡多金属矿矿石铅同位素组成平均值（20 件）$^{206}Pb/^{204}Pb$：18.346，$^{207}Pb/^{204}Pb$：15.556，$^{208}Pb/^{204}Pb$：38.237；而两者赋矿围岩都具有相对较高的铅同位素组成：华力西期石英闪长岩（全岩）（4 件）$^{206}Pb/^{204}Pb$：18.953，$^{207}Pb/^{204}Pb$：15.625，$^{208}Pb/^{204}Pb$：38.951；中新元古代黑云斜长片麻岩（全岩）（7 件）$^{206}Pb/^{204}Pb$：18.740，$^{207}Pb/^{204}Pb$：15.612，$^{208}Pb/^{204}Pb$：39.083；另外，燕山期花岗岩（全岩）、华力西早期（?）中基性岩脉（全岩）亦具有相对较高的铅同位素组成。

这些信息示踪着拜仁达坝银铅锌矿、维拉斯托锡多金属矿成矿物质来源与赋矿围岩及燕山期、华力西早期岩浆岩关系不密切。

表 3-63　大兴安岭中南段沉积-岩浆热液叠加型铅锌（铜）矿床矿石铅、赋矿地层与岩体铅同位素组成

位置	采样位置	测定对象	时代	$^{206}Pb/^{204}Pb$	$^{207}Pb/^{204}Pb$	$^{208}Pb/^{204}Pb$	资料来源
东坡以铜为主成矿亚带	孟恩陶勒盖铅锌矿	硫化物（2 件）	183 Ma	18.088～18.119	15.412～15.475	37.975～38.014	内蒙古自治区地质一一五队，2002
				18.104	15.444	37.995	
	孟恩陶勒盖杜尔基岩体	似斑状黑云母花岗岩（全岩）（2 件）	燕山期	18.155～18.336	15.452～15.502	37.791～38.021	
				18.246	15.477	37.906	
	龙头山银铅锌矿	硫化物（6 件）	P_1+热液改造	17.872～18.260	15.532～15.634	37.806～38.461	孙兴国，2008
				18.121	15.577	38.201	
	龙头山银铅锌矿赋矿围岩	安山质凝灰岩（全岩）（3 件）	P_1	18.184～18.297	15.549～15.655	38.193～38.552	
				18.215	15.590	38.321	
		灰岩、生物碎屑灰岩（全岩）（3 件）	P_1	18.201～18.287	15.560～15.676	38.218～38.600	
				18.234	15.604	38.366	
主峰锡、铅锌、铜成矿亚带	浩布高铅锌矿	硫化物（10 件）	132.2 Ma	18.248～18.479	15.478～15.634	37.927～38.436	内蒙古自治区地质三队，2005
				18.297	15.531	38.091	
	浩布高铅锌矿赋矿围岩	黑色页岩（全岩）（3 件）	P_1	18.590～20.156	15.498～15.613	38.061～38.551	
				19.073	15.539	38.265	
		玄武玢岩(全岩)(1 件)	P_1	18.262	15.461	37.875	
	浩布高小罕山岩体	石英二长岩（钾长石）（3 件）	燕山期	18.215～18.349	15.492～15.589	37.962～38.237	
				18.293（均值）	15.537	38.108	
	大井锡银铅锌矿	硫化物 A（5 件）	132.8 Ma	18.532～18.624	15.718～15.824	38.615～38.941	王长明，2008 储雪蕾，2002
				18.582	15.761	38.732	
		硫化物 B（8 件）		18.257～18.341	15.476～15.568	37.916～38.274	
				18.298	15.524	38.067	
	边家大院银铅锌矿	硫化物（19 件）	燕山期	18.155～18.248	15.518～15.681	38.100～38.634	王喜龙，2014
				18.196	15.578	38.291	

续表

位置	采样位置	测定对象	时代	$^{206}Pb/^{204}Pb$	$^{207}Pb/^{204}Pb$	$^{208}Pb/^{204}Pb$	资料来源
西坡富铅、锌富银成亚矿带	拜仁达坝银铅锌矿	硫化物 A（6 件）	116 Ma	18. 421～18. 515	15. 594～15. 656	38. 057～38. 610	江思宏，2010
				18. 453	15. 633	38. 423	
		硫化物 A（37 件）		18. 421～18. 515	15. 594～15. 656	38. 057～38. 610	
				18. 359	15. 534	38. 270	
	维拉斯托锡多金属矿	硫化物（20 件）	燕山期	18. 304～18. 377	15. 520～15. 610	38. 112～38. 435	
				18. 346	15. 556	38. 237	
	维拉斯托赋矿围岩	黑云斜长片麻岩（全岩）（7 件）	中新元古代	18. 486～18. 977	15. 565～15. 650	38. 784～39. 762	
				18. 740	15. 612	39. 083	
	锡林浩特宝音图群	斜长角闪岩（斜长石）（2 件）	中新元古代	18. 258～18. 201	15. 545～15. 557	38. 364～38. 166	马振东，2013
				18. 230	15. 551	38. 265	
	拜仁达坝赋矿围岩	石英闪长岩（全岩）（4 件）	华力西期	18. 704～19. 230	15. 607～15. 658	38. 342～39. 825	江思宏，2010
				18. 953	15. 625	38. 951	
	拜仁达坝矿区	花岗岩（全岩）（2 件）	华力西早期	18. 391～18. 478	15. 588～15. 614	38. 452～38. 531	
				18. 435	15. 601	38. 492	
		花岗岩（全岩）（1 件）	燕山期	19. 464	15. 566	38. 851	
		中基性岩脉（全岩）（4 件）	华力西早期（?）	18. 453～18. 954	15. 554～15. 628	38. 356～38. 547	
				18. 659	15. 600	38. 458	

西坡拜仁达坝银铅锌矿、维拉斯托锡多金属矿矿石铅同位素组成的低放射成因特征，与区域上主峰、东坡铅锌多金属矿矿石铅同位素组成相似，与下二叠统大石寨组海相火山碎屑岩及结晶灰岩铅同位素组成接近（图 3-118 实线投点域），西坡富铅锌、富银成矿亚带中矿床的地质、地球化学特征及铅同位素组成特征分析，西坡银铅锌矿矿质主要来源于二叠系的矿源层。后期岩浆作用是矿源层成矿物质活化、迁移、沉淀的地质营力（图 3-118）。

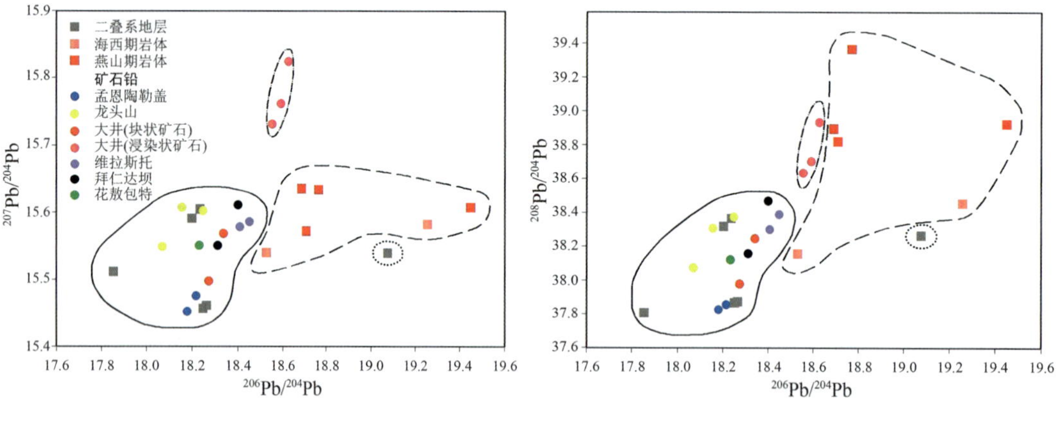

图 3-118　大兴安岭中南段矿带各地质体铅同位素组成投点图

实线—二叠系各岩类全岩投点域；虚线—华力西期、燕山期花岗岩全岩、长石投点域

点虚线—大井锡多金属矿床浸染状矿石投点域；点线—二叠系大石寨组黑色页岩投点域

依据三：矿带硫同位素示踪显示：大兴安岭中南段矿带内各矿床硫化物硫同位素组成 $\delta^{34}S$：-6‰～+12‰，呈现了硫同位素组成变化范围宽的沉积硫化物特征；而在后期岩浆热液作用的叠加下，发生硫同位素的分馏作用，导致硫同位素组成在某些矿床（孟恩陶勒盖、拜仁达坝、浩布高等）相对集中成“塔型”（图 3-119，图 3-120）。

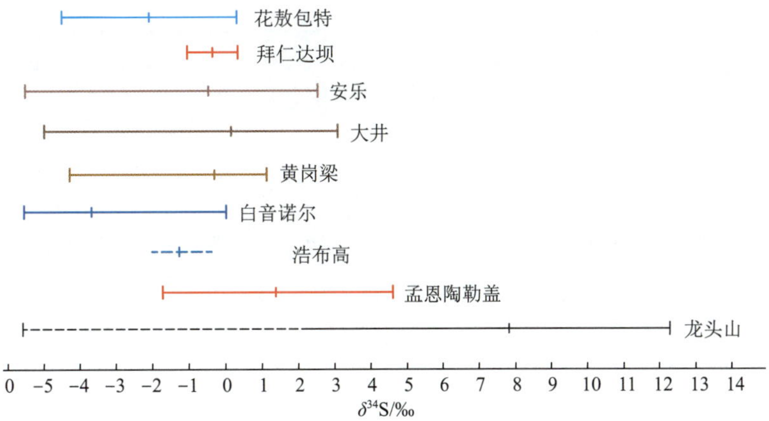

图 3-119　大兴安岭中南段矿带内各矿床硫化物硫同位素组成

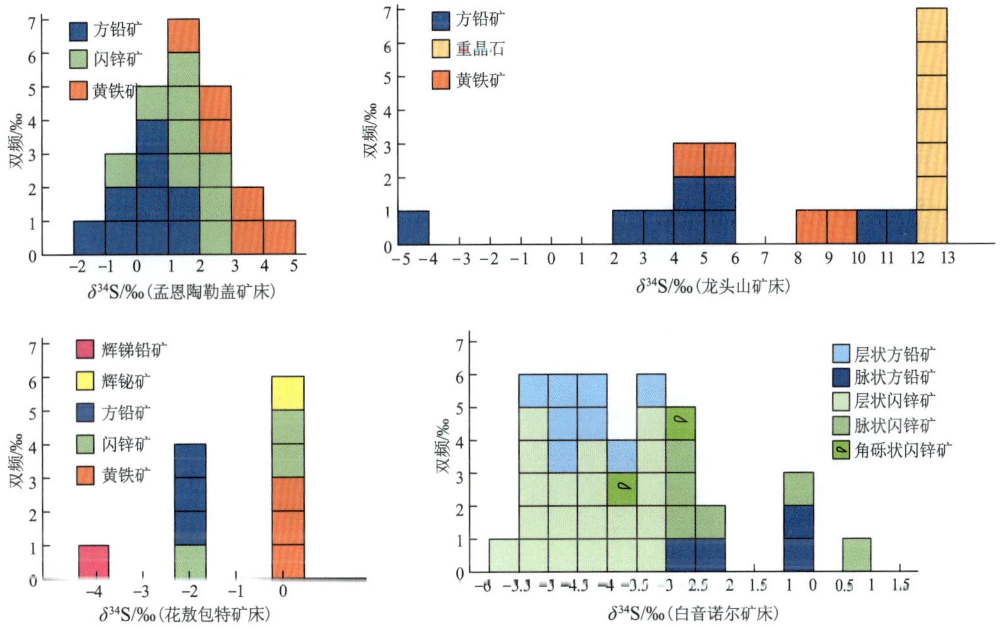

图 3-120　大兴安岭中南段矿带内各矿床硫化物硫同位素组成直方图

由于受到后期岩浆热液作用的叠加，大兴安岭中南段矿带内各矿床硫化物硫同位素组成与床 Sedex 型铅锌矿硫化物硫同位素组成有别，硫同位素的分馏作用明显。

B. 燕山期岩浆作用叠加改造

燕山期陆相火山-侵入岩形成浅成热液型-斑岩型-矽卡岩型铅-锌-铜-钼-锡-银-金矿床，从深部→浅部形成石英脉型、云英岩型钨、锡矿床→矽卡岩型、斑岩型铜、铁、铅、锌及钨、锡矿床→浅成脉型银、铅、锌矿床→热液型浅成金、汞矿床。

C. 各级次断裂构造是导矿、容矿的有利空间

孟恩陶勒盖铅锌矿产在花岗岩近东西向构造裂隙中（图 3-121）。

综上所述，位于东西向古亚洲构造-成矿域与北北东向中新生代环太平洋构造-成矿域的大兴安岭中南段，经受了强烈的叠加、复合、转换的各种地质作用。古亚洲洋期间多块体拼贴、多边界缝合并移置转换，多期次软碰撞造山，多方式侧向增生，以及随后强烈的中生代北北东向陆内火山-岩浆-构造-成盆过程，最终交织成目前所见的构造格局，从而使区域的成矿特征异常复杂。

为此，大兴安岭中南段矿带可归为两大成矿系列：一是与古生代火山-沉积盆地演化有关的海底热液喷流沉积成矿系列；二是与中酸性火山-岩浆侵入作用有关的叠加改造热液成矿系列。

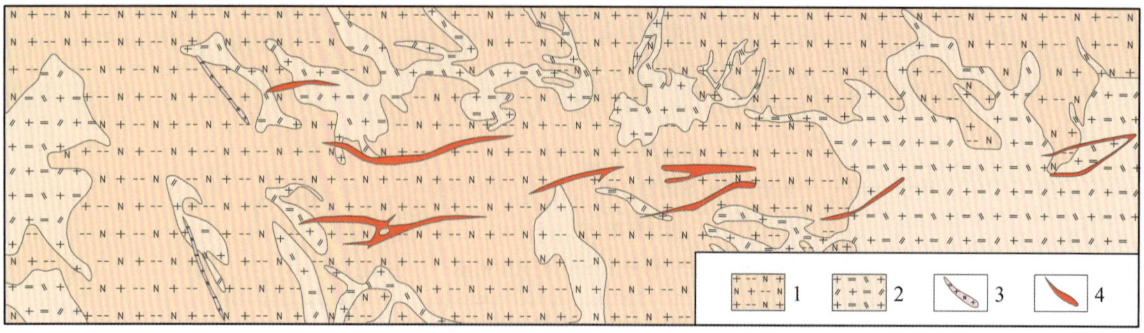

图 3-121　内蒙古孟恩陶勒盖铅锌矿产地质略图

（据张乾等，2002）

1—黑云母斜长花岗岩；2—白云母二长花岗岩；3—白云母斜长花岗岩脉；4—铅锌矿脉

（4）典型矿产地质特征

A. 东坡龙头山银铅锌矿区

该矿区产于二叠系为主的晚古生代基底和燕山期盖层的两层结构模式。燕山期陆相中酸性火山岩、花岗侵入岩广泛出露，其次为二叠系火山沉积岩和华力西期花岗质侵入岩（图 3-122）。

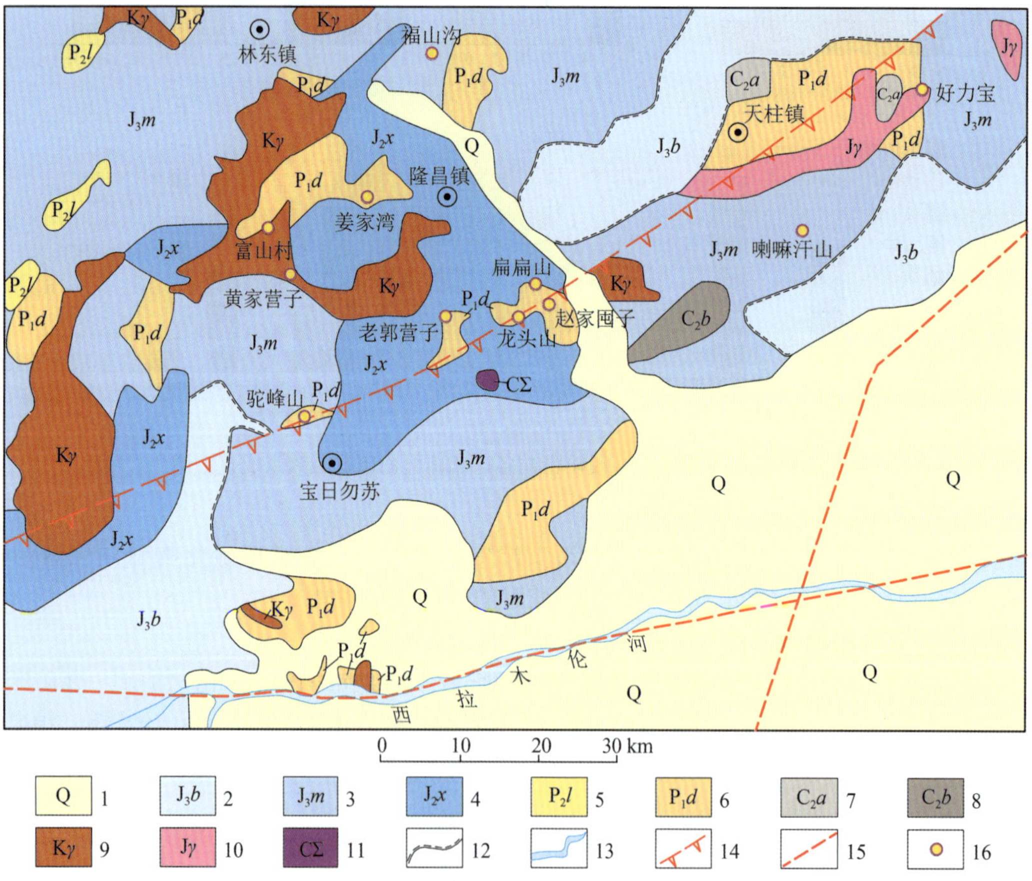

图 3-122　内蒙古龙头山银、铅、锌多金属矿区域地质图

（据孙兴国，2008）

1—第四系；2—侏罗系白音高老组；3—侏罗系满克头鄂博组；4—侏罗系新民组；5—二叠系林西组；6—二叠系大石寨组；7—石炭系阿木山组；8—石炭系本巴图组；9—白垩纪花岗岩；10—侏罗纪花岗岩；11—石炭纪超基性岩；12—平行不整合界线；13—河流；14—地壳拼接断裂带；15—性质不明断裂；16—金属矿床（点）

龙头山银、铅、锌矿的容矿地层为二叠系大石寨组上部的结晶灰岩夹凝灰岩段，矿区控矿断裂为北西走向（F_4、F_5），倾向南西，倾角 70°~80°，区内岩浆岩不发育，在一号矿带北东分布石英斑岩岩株。矿体是似层状、层状产在大石寨组结晶灰岩（大理岩化）和凝灰岩之间（图 3-123）。围岩蚀变不发育，矿脉上下盘具不对称蚀变。下盘绿泥石化，绿帘石化和绢云母化，上盘围岩蚀变基本不发育。

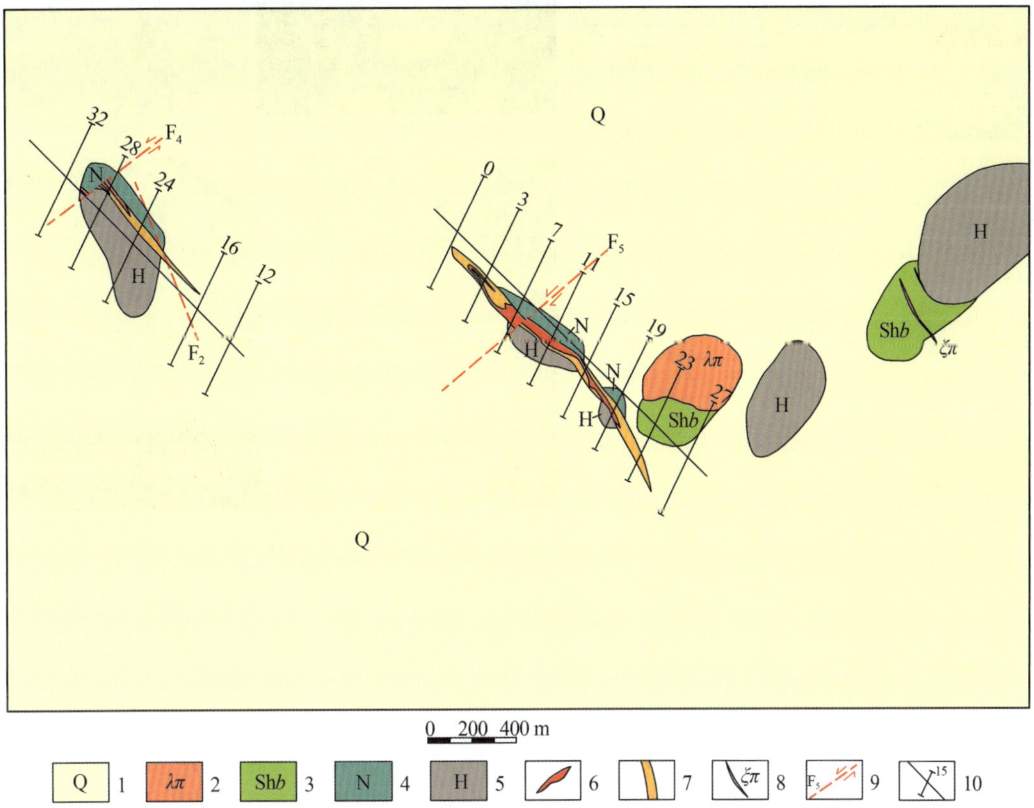

图 3-123　内蒙古龙头山银、铅、锌矿区地质图

（据孙兴国，2008）

1—第四系；2—流纹斑岩；3—粉砂质凝灰岩；4—安山质凝灰岩；5—灰岩；6—矿体；7—矿化带；8—安山玢岩；9—断层；10—勘探线及编号

金属矿物主要有闪锌矿、方铅矿、黄铁矿、辉银矿、角银矿，次为黄铜矿、硫铜锡矿[Cu_2(Fe、Zn)SnS_4]等，非金属矿物主要为重晶石、方解石、铁白云石、萤石等。

矿石中普遍见沉积特征（图 3-124）。

B. 主峰白音诺尔铅锌矿

白音诺尔铅、锌矿赋矿围岩为晚古生代早二叠世哲斯组（P_1zs）的一套浅变质海相砂泥质-碳酸盐岩建造（图 3-125）。

矿区岩浆活动较为发育，矿区西北 2 km 为燕山期花岗岩岩基，矿区内穿插着印支期各类中酸性浅成-超浅成岩脉、岩枝，主要岩性为花岗闪长（斑）岩、闪长玢岩、石英斑岩等。

矿区总体为一背斜构造，其核部地层为上古生界下二叠统哲斯组（P_1zs）第一岩性段的砂泥质板岩，两翼为第二岩性段的灰岩（大理岩）。

白音诺尔铅、锌矿床已查明 163 条矿脉，其特征是矿脉多，形态复杂，厚度、品位及产状变化大，矿体成群、成带分布，总体分为南北两个矿段，白音诺尔北矿段 119 线勘探线剖面（图 3-126）。

金属矿物主要为闪锌矿、方铅矿，少量黄铜矿、磁黄铁矿、毒砂和黄铁矿。

非金属矿物主要为透辉石、钙铁辉石、石榴子石，其次是硅灰石、绿帘石和方解石。

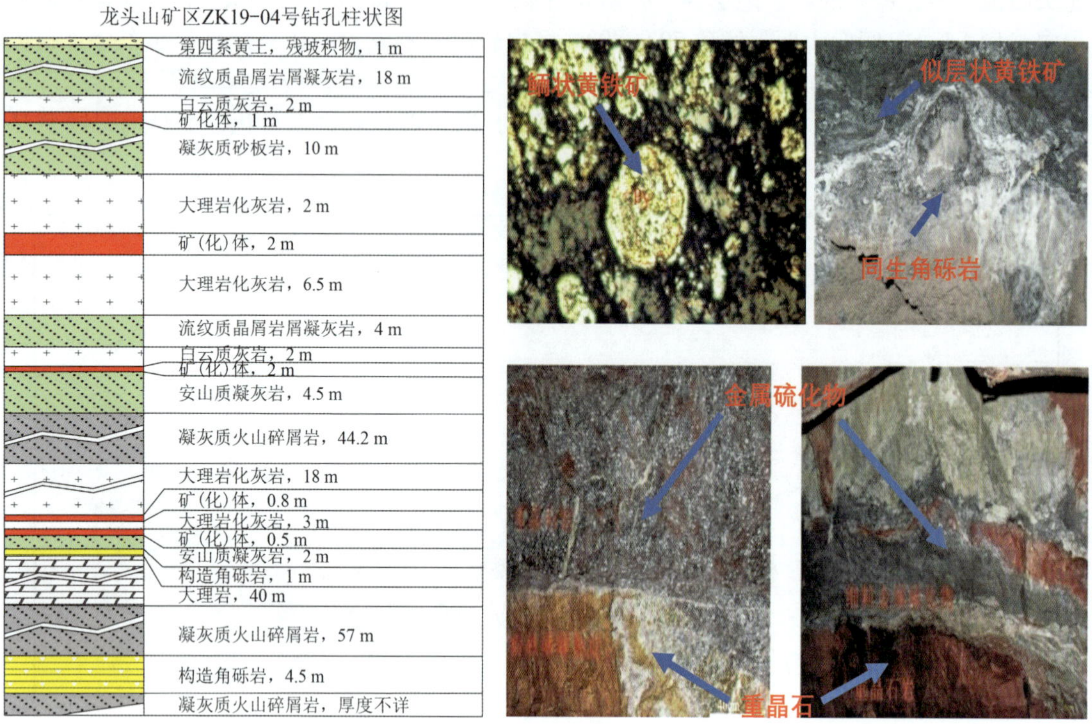

图 3-124　内蒙古龙头山银、铅、锌矿床沉积特征
（据王长明，2008）

矿区围岩蚀变发育，主要有矽卡岩化、绿帘石化、绢云母化、硅化、钾长石化、绿泥石化、碳酸盐化等。

白音诺尔铅锌矿床各地质体铅同位素组成见表 3-64、图 3-127，从表和图中清晰可见：

表 3-64　白音诺尔铅锌矿床各地质体铅同位素组成表

铅同位素采样地质体	$^{206}Pb/^{204}Pb$	$^{207}Pb/^{204}Pb$	$^{208}Pb/^{204}Pb$	资料来源
	上行为变化范围，下行为平均值			
哲斯组大理岩全岩（P_1）（3）	18.283～18.355 平均 18.322	15.515～15.542 平均 15.525	38.050～38.156 平均 38.094	据于琪，2015
黑云母正长花岗岩岩基全岩（130 Ma）（3）	18.622～18.957 平均 18.828	15.548～15.558 平均 15.552	38.421～38.730 平均 38.619	
花岗闪长（斑）岩岩脉全岩（244 Ma）（7）	18.307～18.450 平均 18.363	15.505～15.530 平均 15.515	38.071～38.200 平均 38.131	
闪锌矿（10），方铅矿（2）	18.266～18.372 平均 18.296	15.501～15.579 平均 15.536	38.016～38.339 平均 38.138	

注：岩体年龄 U-Pb，括号中为样品数。

1）位于矿区外围燕山期黑云母正长花岗岩岩基的铅同位素组成具较高的放射成因铅，与矿石铅迥异（图 3-127c、d）；

2）矿石铅与大理岩全岩铅同位素组成投点十分吻合，示踪晚古生代早二叠世海底喷流沉积的相似物源；印支期花岗闪长（斑）岩岩脉全岩铅同位素组成与矿石铅也相似（图 3-127a、b），示踪其岩源与深部喷流源的一致性。

从以上白音诺尔铅锌矿床各地质体铅同位素组成特征清晰地示踪了两期作用，叠加改造成矿的

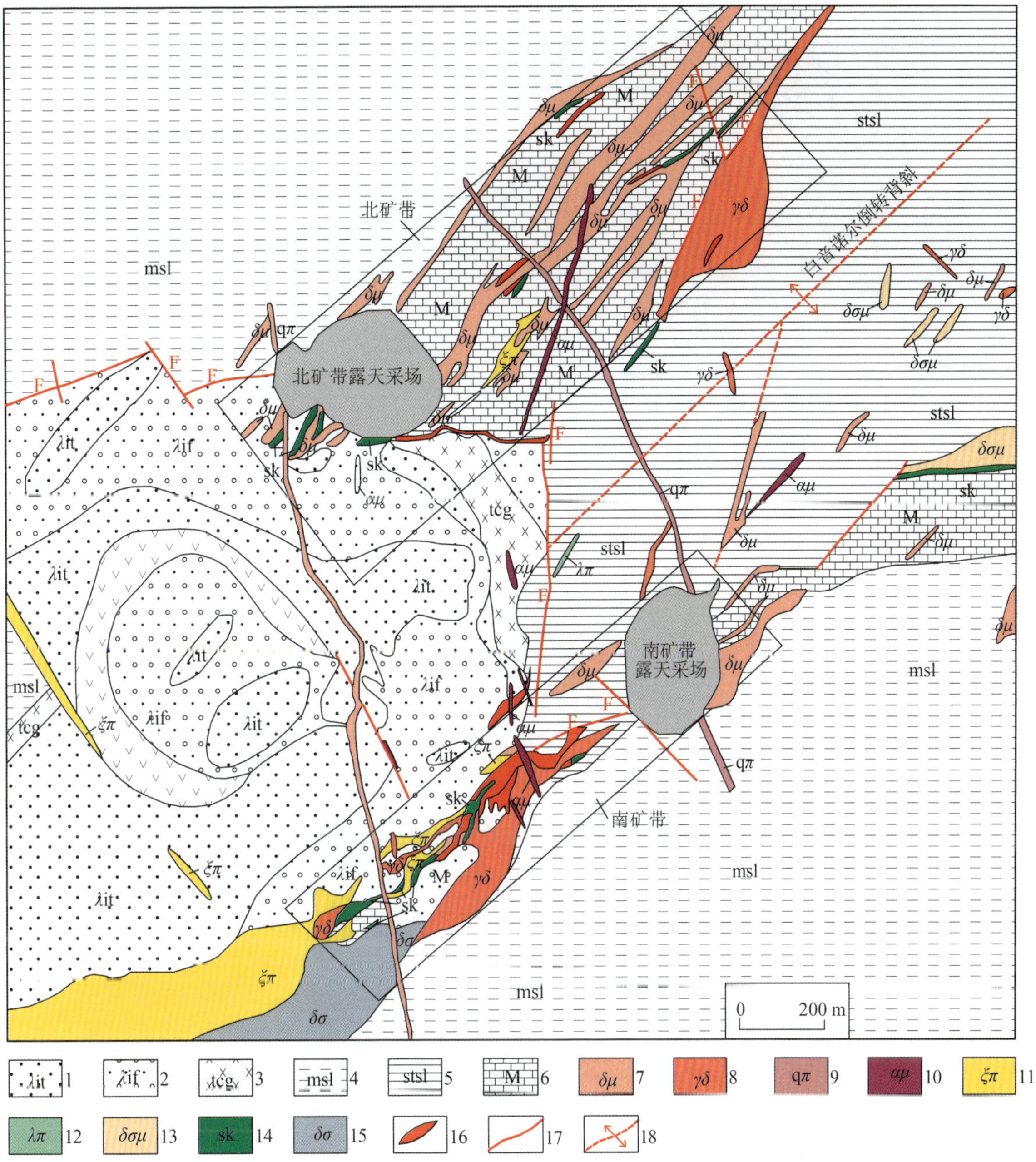

图 3-125 内蒙古白音诺尔铅锌矿床地质简图

（据于琪，2015）

1—流纹质熔结凝灰岩；2—流纹质凝灰熔岩；3—凝灰质角砾岩；4—泥质板岩；5—粉砂质板岩；6—大理岩/结晶灰岩；7—闪长玢岩；8—花岗闪长岩；9—石英斑岩；10—安山玢岩；11—正长斑岩；12—流纹斑岩；13—石英闪长玢岩；14—矽卡岩；15—石英闪长岩；16—铅锌矿脉；17—断裂；18—背斜轴

特征。

C. 西坡拜仁达坝银铅锌矿

西坡拜仁达坝银铅锌矿赋矿围岩为中新元古界宝音图群黑云斜长片麻岩和华力西期石英闪长岩体（图 3-128）。

以 57 号线为界分为东西两个矿段。东矿段已发现 54 个矿体（工业矿体 22 个），其中 1 号矿脉为主矿体，占东矿段资源量/储量的 84%。矿体呈层状、似层状、透镜状，走向东西，倾向北，倾角 10°～50°（图 3-129）。西矿段由 167 个矿（化）体组成，其中达工业品位有 47 个。3 号矿脉占西矿

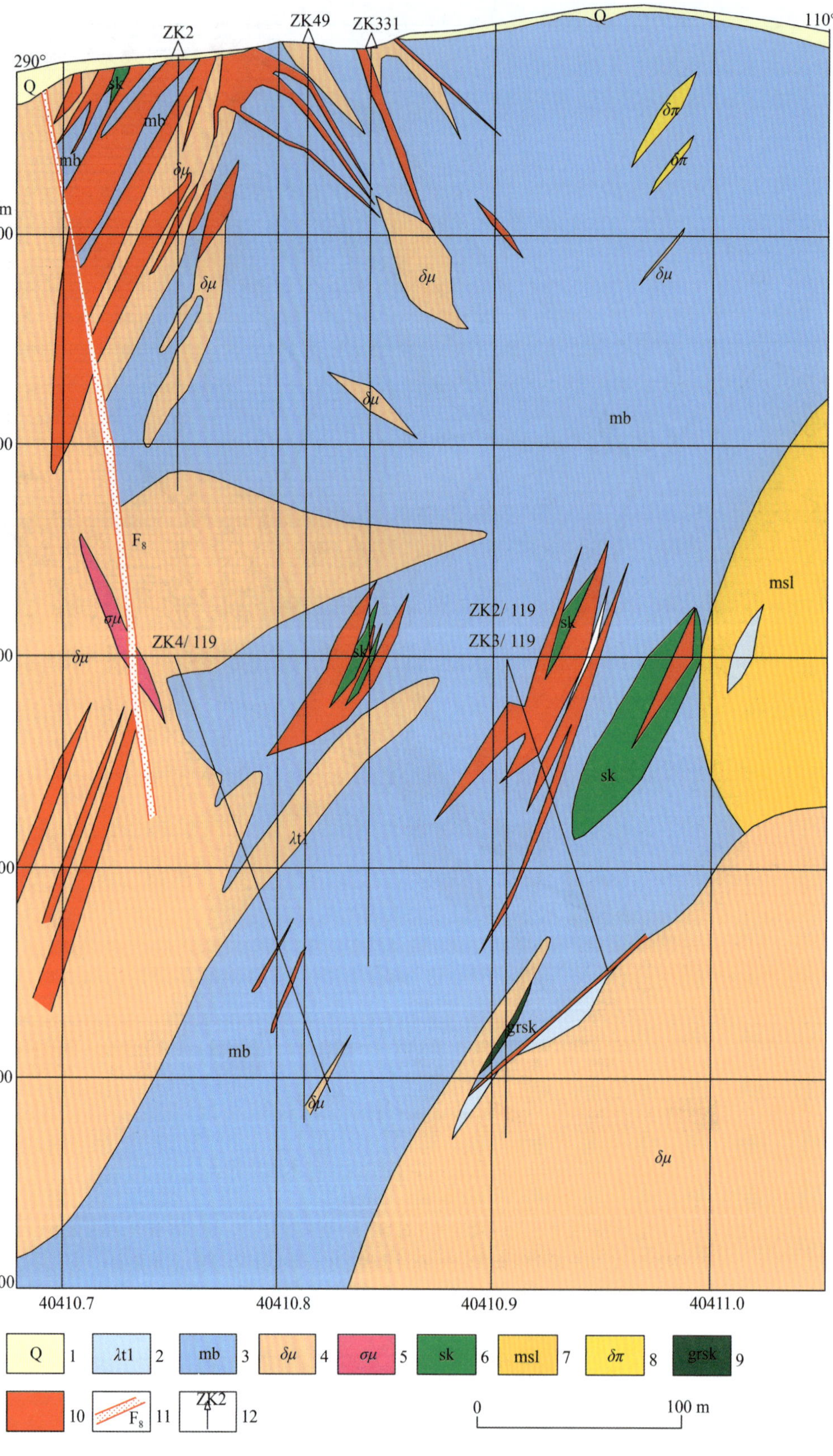

图 3-126　内蒙古白音诺尔北矿段（119 线）勘探线剖面

（据于琪，2015，有修改）

1—第四系；2—流纹质凝灰岩；3—大理岩；4—闪长玢岩；5—安山玢岩；6—矽卡岩 $\xi\pi$ 正长斑岩；7—泥质板岩 $\gamma\delta$ 黑云母花岗岩；8—闪长斑岩；9—柘榴石矽卡岩；10—铅锌矿体；11—破碎带；12—钻孔

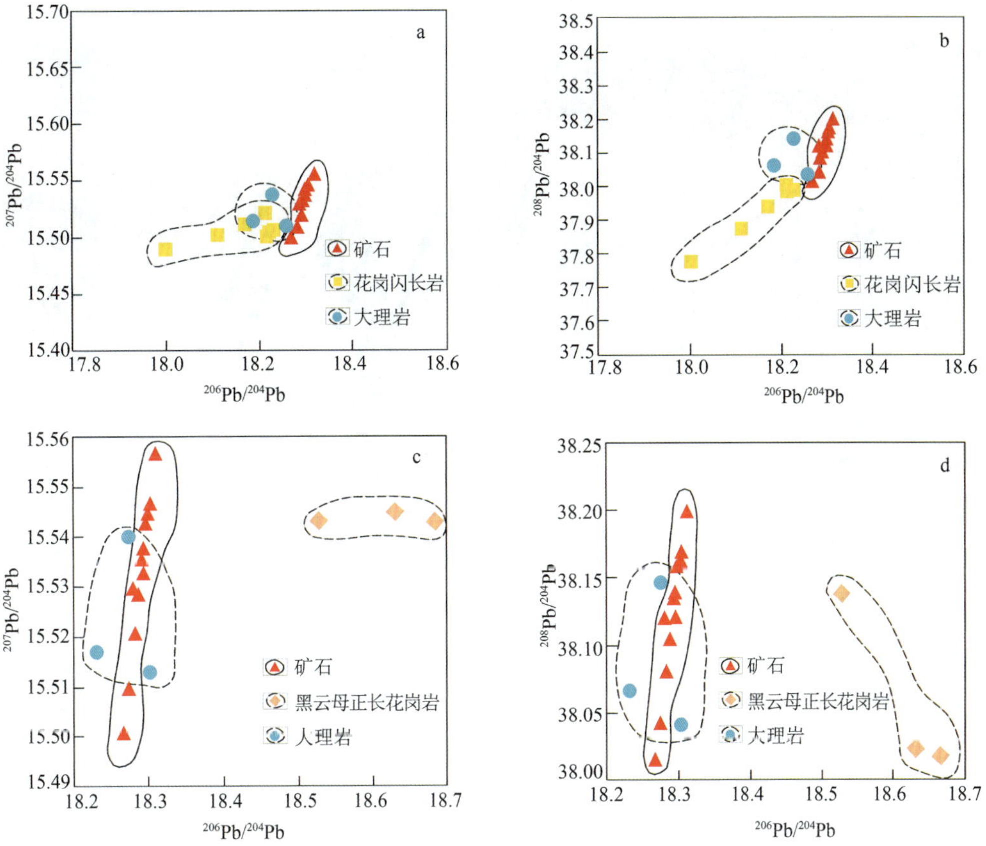

图 3-127　内蒙古白音诺尔铅锌矿床各地质体铅同位素组成

（据于琪，2015）

a、b—印支期花岗闪长（斑）岩与矿石；c、d—燕山期黑云母正长花岗岩与矿石

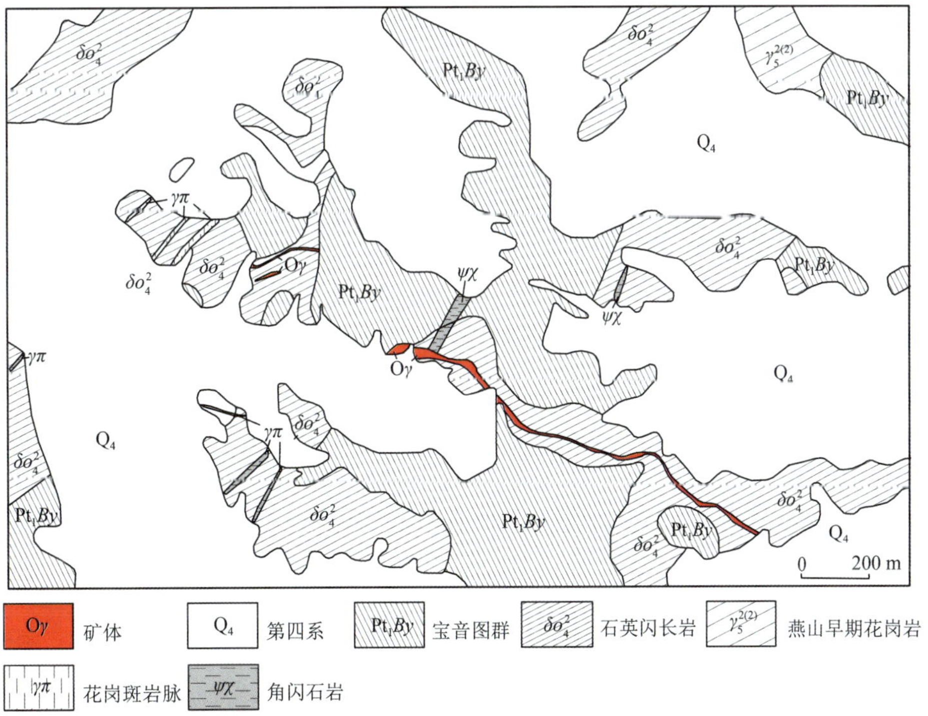

图 3-128　内蒙古拜仁达坝银铅锌矿地质图

（据内蒙古自治区第九地矿勘查院，2004）

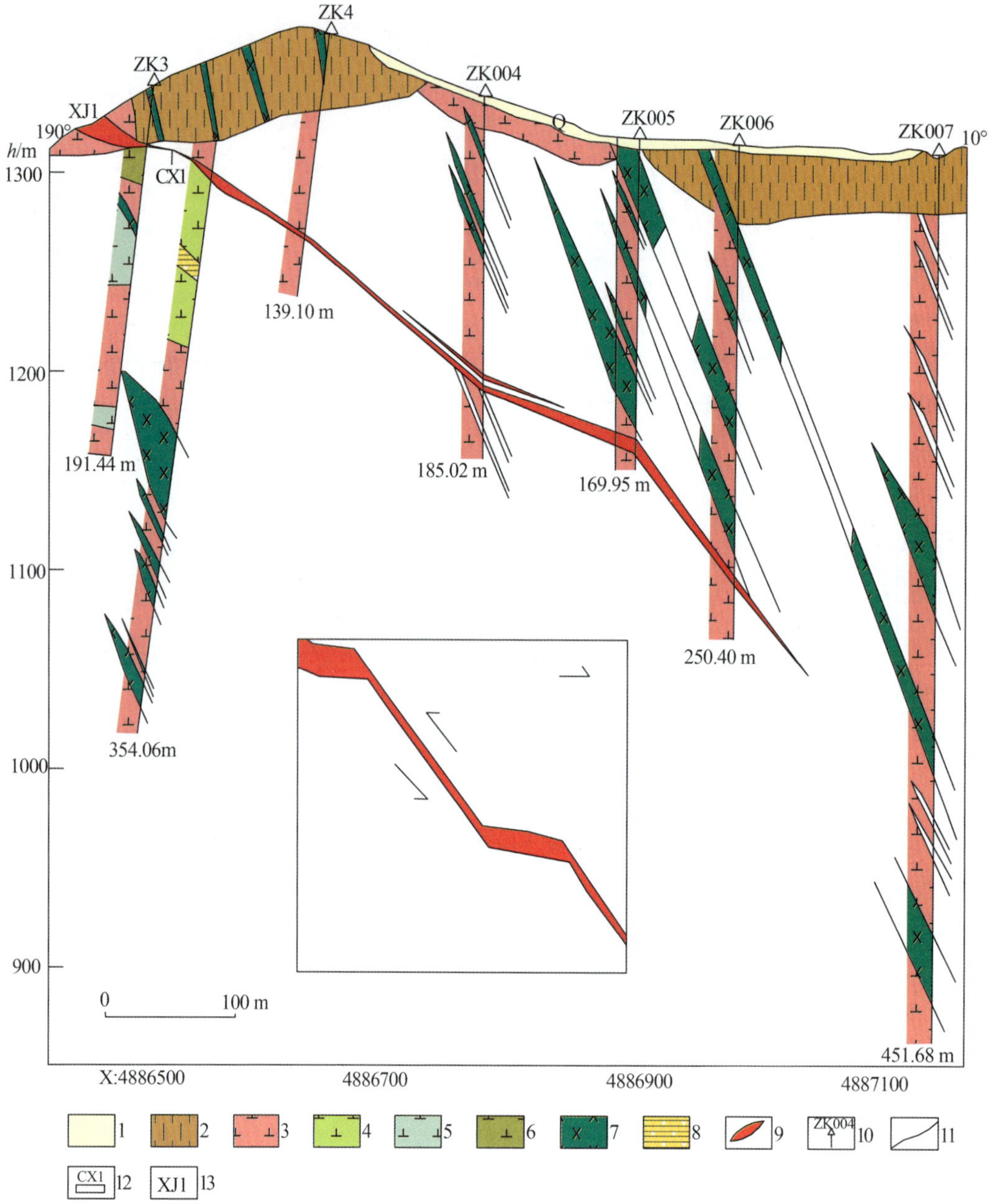

图 3-129 内蒙古拜仁达坝银铅锌矿 0-0′线勘探线剖面图

（据内蒙古自治区第九地矿勘查院，2004）

1—第四系；2—黑云斜长片麻岩；3—石英闪长岩；4—绿泥石化石英闪长岩；5—绿泥石化、绿帘石化石英闪长岩；6—绿泥石化、黄铁矿化石英闪长岩；7—辉绿辉长岩；8—构造角砾岩；9—银多金属矿体及编号；10—钻孔及编号；11—实测及推测地质界线；12—穿脉及编号；13—斜井及编号

段资源量/储量的 65%。矿体呈脉状、透镜状。走向东西，倾向北，倾角 10°～50°。

矿脉蚀变下盘较上盘强烈，从矿脉内侧向外绿泥石化（绿帘石化）→硅化→萤石化→绢云母化→碳酸盐化。

主要原生金属矿物：磁黄铁矿、黄铁矿、铁闪锌矿、方铅矿、闪锌矿、黄铜矿、黝铜矿、辉银矿、自然银、毒砂等，次生氧化矿物：主要为褐铁矿、铅华，次有孔雀石、蓝铜矿、角银矿等。脉石矿物：白云石、绿泥石、石英、绢云母、萤石、白云母，少量重晶石。

矿石主元素 Ag、Pb、Zn，伴生有益组分 Au、Cu。Pb+Zn 平均品位 5%，Ag 270×10^{-6}～605×10^{-6}。

（四）我国浅表 Pb、Zn 元素地球化学异常场的成因分析

如上所述，我国浅表 Pb、Zn 地球化学异常场的成因有成岩、成矿两个因素所致。

1. 成岩作用所致异常场

1）Pb、Zn 矿源层异常场：我国早古生代震旦纪、寒武纪、奥陶纪、泥盆纪等海相碳泥质岩、海底火山碎屑岩沉积地层是 Pb、Zn 等元素的矿源层，它们导致了形成规模可达数百千米的 Pb、Zn 元素的异常场（见图 1-11，见图 1-12），并伴生有 Cu、Mo、Ag、Au、As、Sb、Hg、B 等元素的异常。

2）中-新生代酸性岩浆岩异常场：在酸性岩浆结晶过程中残留在熔体中 Pb^{2+} 以类质同象形式进入钾长石晶格（$Pb^{2+}+Al^{3+}\rightarrow K^{+}+Si^{4+}$），其含量可达几十 $\times10^{-6}$。在花岗岩风化过程中形成的长石、石英、云母是水系沉积物的主要矿物组合，为此，可形成大面积与酸性花岗岩空间分布重叠的钾长石类质同象 Pb 异常，如华南地区。其伴生有 W、Sn、Mo、Bi、Nb、Ta、U、Th、REE 等元素的异常。

2. 成矿作用所致异常场

1）由碳酸盐岩型铅锌矿（MVT）、喷流-沉积型铅锌矿（Sedex）所致的 Pb、Zn 异常在赋矿围岩中呈断续带状分布，其规模可达几百米至几千米。伴生元素视矿体中矿石矿物组合而定（图 3-130）；

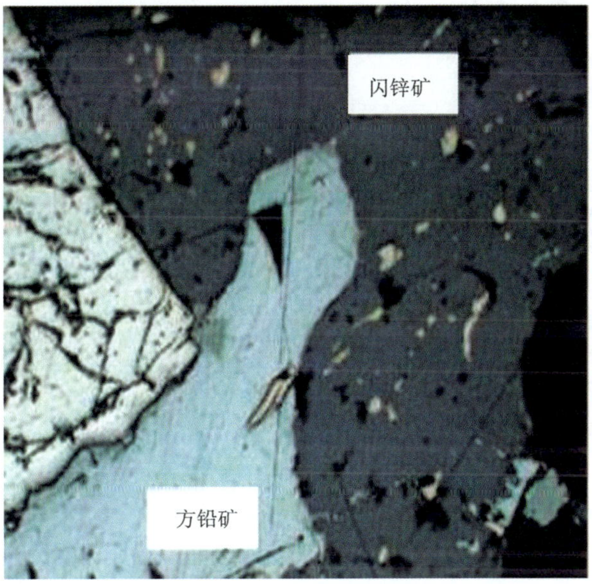

图 3-130 铅锌矿矿石矿物

如矿石矿物有闪锌矿（ZnS）、方铅矿（PbS）等矿物，由于 Ag^{+}、Bi^{3+} 以类质同象形式进入方铅矿晶格（$Ag^{+}+Bi^{3+}\rightarrow 2Pb^{2+}$），$Cd^{2+}$ 以类质同象形式进入闪锌矿晶格（$Cd^{2+}\rightarrow Zn^{2+}$），为此，除了 Pb、Zn 主成矿元素外，还有 Ag、Bi、Cd 等伴生元素。

2）陆相火山岩型铅锌矿（图 3-131）、矽卡岩型铅锌矿（图 3-132）的 Pb、Zn 异常围绕成矿岩体、火山机构呈斑块状、带状分布，一般规模几百至几千平方米。如湖南黄沙坪铅锌多金属矿区域 1∶20 万水系沉积物中 Pb、Zn、Cu、Ag、As、Sb、Cd、W、Mo、Bi 等元素异常围绕成矿岩体（隐伏岩体）（图 3-133）呈斑块状、带状分布。

二、我国重要锑矿集区 Sb 元素成岩、成矿、成晕的地球化学机制

中国作为世界上最大的锑资源国，锑产量约占世界的 80%左右，已探明资源量（307.24×10^{4} t，据国土资源报 2018 年公布的数据）约占世界的 52%左右。在我国，锑矿储量和产量主要集中在扬子陆块南缘的“华南锑矿带”，该带锑矿产量约为全国总产量的 87%以上，（累计总产量达 80×10^{4} t 以上）（张国林等，1998）。我国的十个大型锑矿有九个分布在此矿带，其中湖南锡矿山锑矿是目前世

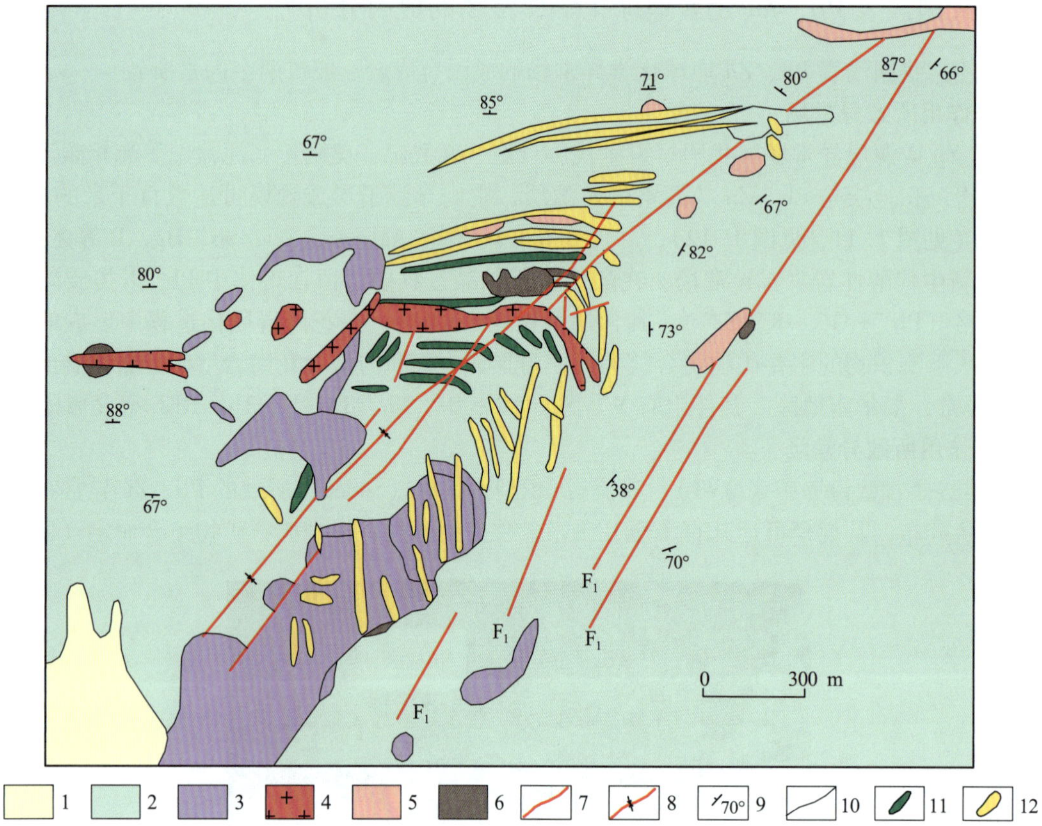

图 3-131　江西银山铜铅锌多金属矿床地质图

（据刘迅等，1994）

1—第四系；2—中元古界双桥山群千枚岩；3—侏罗纪中酸性火山岩；4—侏罗纪英安岩；5—侏罗纪石英斑岩；6—爆破角砾岩；7—断层；8—背斜轴；9—片理产状；10—不整合界线；11—铅锌矿体；12—铜硫矿体

界上唯一的超大型锑矿。那么，如此大量的 Sb 元素聚集在该成矿带中，它们是从哪里来（源）？是什么成矿机制使它们富集（动）？它们的浓集空间位置在哪里（储）？这些都是矿床学家、地球化学家一直关心的问题。

（一）华南巨型锑矿带中锑矿床的地质特征

产于钦-杭成矿带中的华南巨型锑矿带，位于扬子陆块东南缘与华南褶皱系间的过渡带（图 3-134）。锑矿床的主要赋矿层位有江南古陆的中-新元古代的浅变质碎屑岩系、加里东期江南古陆边缘的残留洋盆，及华力西—印支期裂谷盆地中的碳酸盐岩-碎屑岩建造（刘建明等，1998）。矿床具明显的层控性，矿体常呈似层状、层状产出。根据锑矿床的构造环境、赋矿地层、矿体产状、成矿元素组合及矿石类型等将钦-杭成矿带中锑矿床分为 4 种类型：沃溪式、龙山式、锡矿山式及晴隆式（表 3-65）。

1. 产于基底新元古界浅变质岩系中的锑矿床

黔东南产于基底新元古界浅变质岩系中贵州八蒙锑矿床及湖南沃溪锑矿床的主要地质特征如下：

（1）贵州八蒙锑矿床（图 3-135）

1）矿区地层均为新元古界下江群平略组浅变质陆源碎屑岩和火山碎屑岩；

2）控矿构造系断层破碎带，主要是叠加于过渡性剪切带的北北东向断层带，以及北东向断层带穿越过渡性剪切带的地段；

3）容矿岩石为断层破碎带的构造岩；

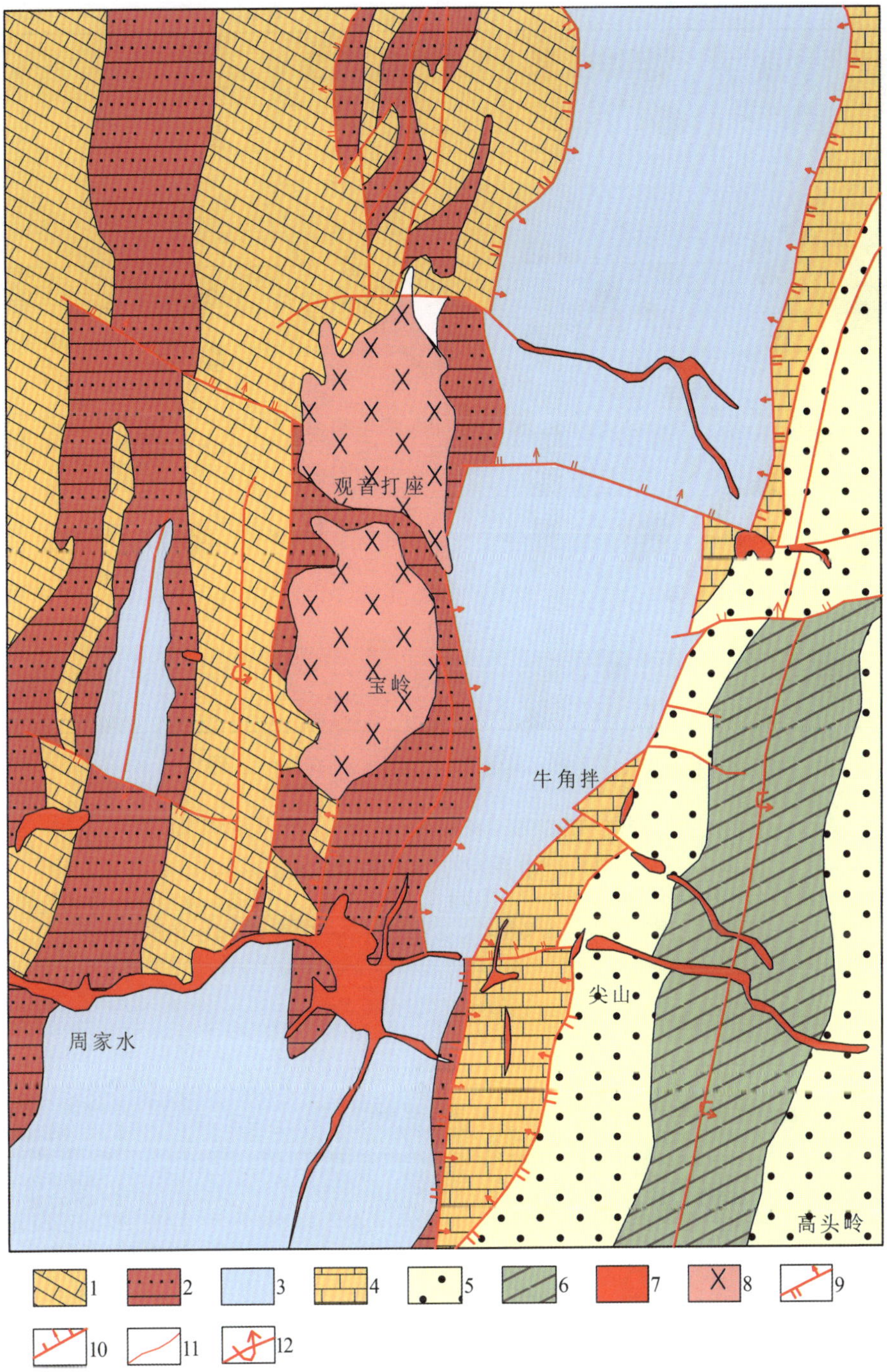

图 3-132　湖南黄沙坪铅锌多金属矿床地质图

（据雷泽恒等，2010）

1—石炭系梓门桥组；2—石炭系测水组；3—石炭系石蹬组；4　石炭系陡岭坳组；5—泥盆系锡矿山组；6—泥盆系佘田桥组；7—英安斑岩；8—石英斑岩；9—逆断层；10—正断层；11—性质不明断层；12—倒转背斜轴

4）矿体呈透镜状、脉状产出，矿体几何形态要素与控矿断层基本一致，矿体与围岩界线分明；

5）矿石矿物组分简单，属单一的石英-辉锑矿组合，其他矿物都在少量和微量范围；

6）矿石结构以结晶粒状结构为主，矿石构造多为致密块状、粗脉状构造，另外还有细脉状、网脉状、浸染状、角砾状等构造；

7）化学组分中锑含量变化较大，但局部富集程度较高，而出现致密块状辉锑矿矿石，局部地段可出现有含金高达 1 g/t 以上的矿化富集；

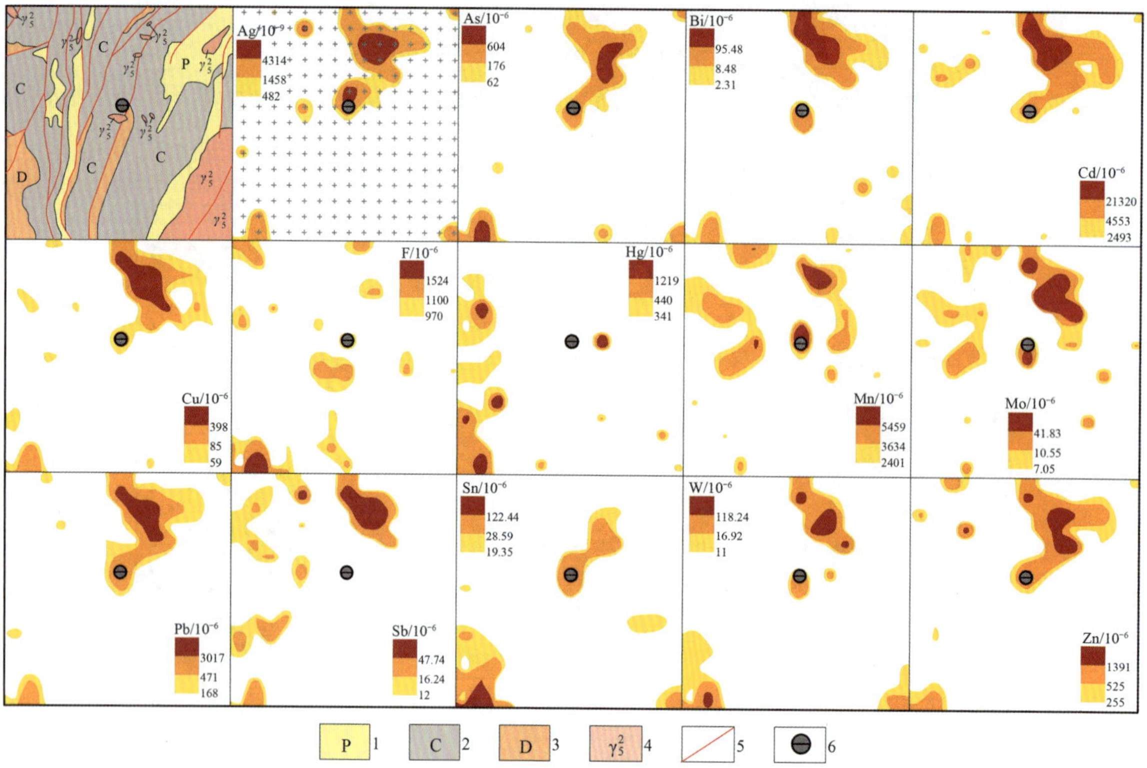

图 3-133　湖南黄沙坪铅锌多金属矿区域 1∶20 万异常剖析图

（据湖南省地球物理地球化学勘查院，2013）

1—二叠系；2—石炭系梓门桥组、测水组、石磴子组、陡岭坳组；3—泥盆系锡矿山组、佘田桥组；4—燕山期花岗闪长斑岩、石英斑岩、花岗斑岩；5—断层；6—黄沙坪铅锌矿

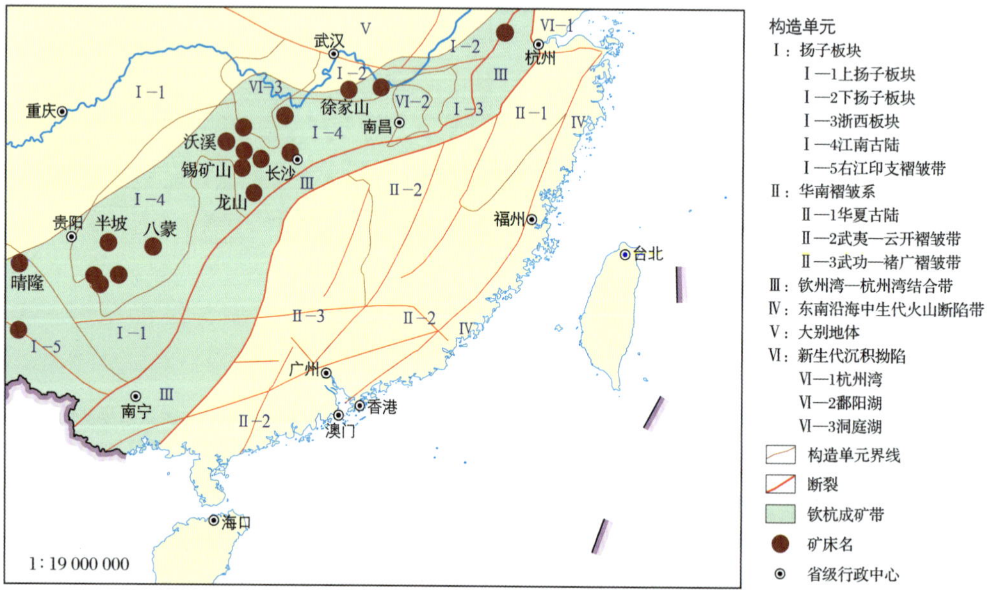

图 3-134　钦-杭巨型锑矿带分布示意图

（据刘建明等，1998，有修改）

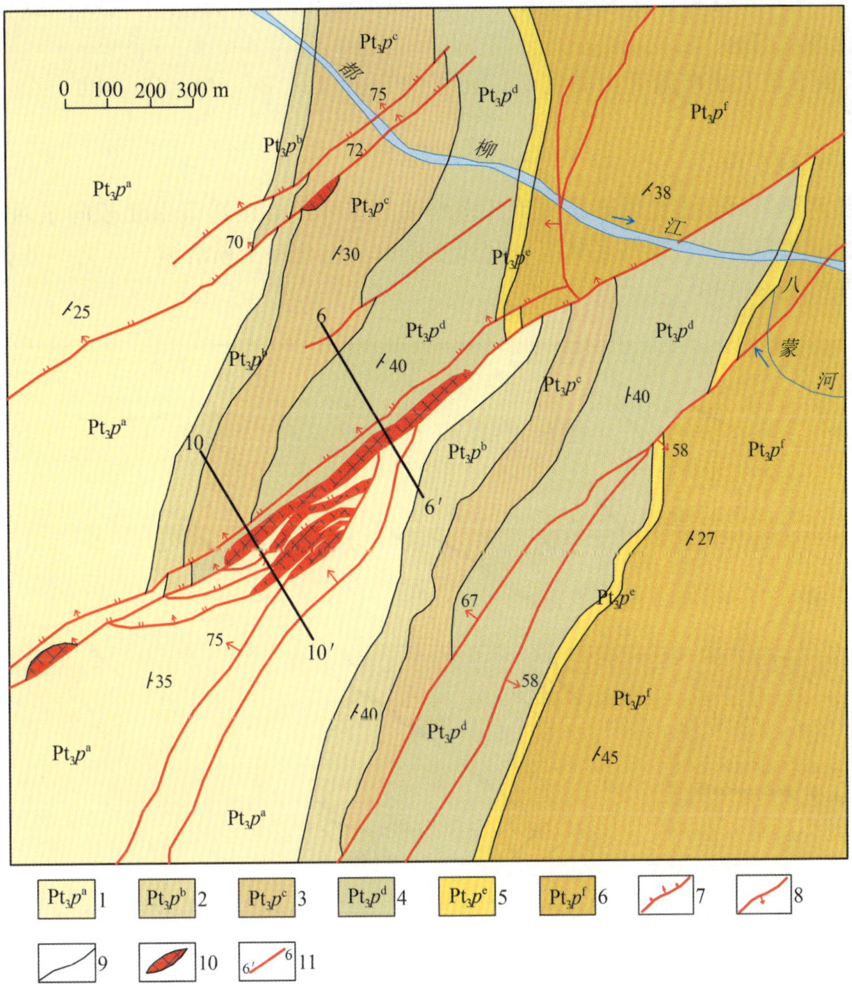

图 3-135　贵州八蒙锑矿床地质图

（据贵州省地质调查院，2013）

1—平略组 a 层；2—平略组 b 层；3—平略组 c 层；4—平略组 d 层；5—平略组 e 层；6—平略组 f 层；7—性质不明断层，8—正断层；9—地质界线；10—矿体地表投影；11—勘探线及编号

表 3-65　钦-杭成矿带华南巨型锑矿带中锑矿床地质特征

地质特征	沃溪式	龙山式	锡矿山式	晴隆式
构造环境	江南古岛弧	残留洋盆	裂谷盆地	裂谷盆地
赋矿地层	中-晚元古界	震旦系	泥盆系	二叠系
赋矿围岩	浅变质砂岩-板岩	含砾砂质板岩夹硅质条带	灰岩夹硅质岩、黑色页岩夹砂岩	火山碎屑岩-硅质岩（大厂层）
赋矿构造	裂隙带	顺层间裂隙、裂隙带	顺层间裂隙、裂隙带	顺层间裂隙
矿体产状	网脉状、脉状	似层状、层状、脉状	似层状、层状、脉状	似层状、层状
岩浆活动	矿区及外围无明显岩浆活动	矿区及外围无明显岩浆活动	矿区及外围无明显岩浆活动	矿区及外围无明显岩浆活动
成矿元素组合	Sb-Au（W）	Sb、Au	Sb	Sb、F
矿石矿物	辉锑矿、自然金（白钨矿）	辉锑矿、自然金	辉锑矿	辉锑矿、萤石
脉石矿物	石英、碳酸盐、绢云母	石英、碳酸盐、绢云母	石英、方解石	萤石、贵翠(绿色石英)、粘土
典型矿床	湖南沃溪、贵州八蒙	湖南龙山、湖北徐家山	湖南锡矿山、贵州独山	贵州大厂
资料来源	谌锡霖等，1983；陈豫等，1984；乌家达等，1989；罗献林，1994；崔银亮，1995；张国林等，1998			

8）围岩蚀变主要是硅化，其次还有绢石母化、碳酸盐化等，蚀变作用局限在控矿断层破碎带及其两侧较窄的范围之内；

9）锑矿床从下至上成矿温度由高到低，元素组合由 Au、Bi→As、Cu、Pb、Zn→As、Au→Sb、As→Hg。

（2）湖南沃溪锑矿床

湖南沅陵县沃溪钨锑金多金属矿床位于江南地轴之雪峰弧形构造带由北东向东西方向转折部位，主要出露地层为元古宇青白口系马底驿组一套浅变质的浅海相粘土质沉积岩。为一处著名的钨锑金共生的大型金矿床（图 3-136）。

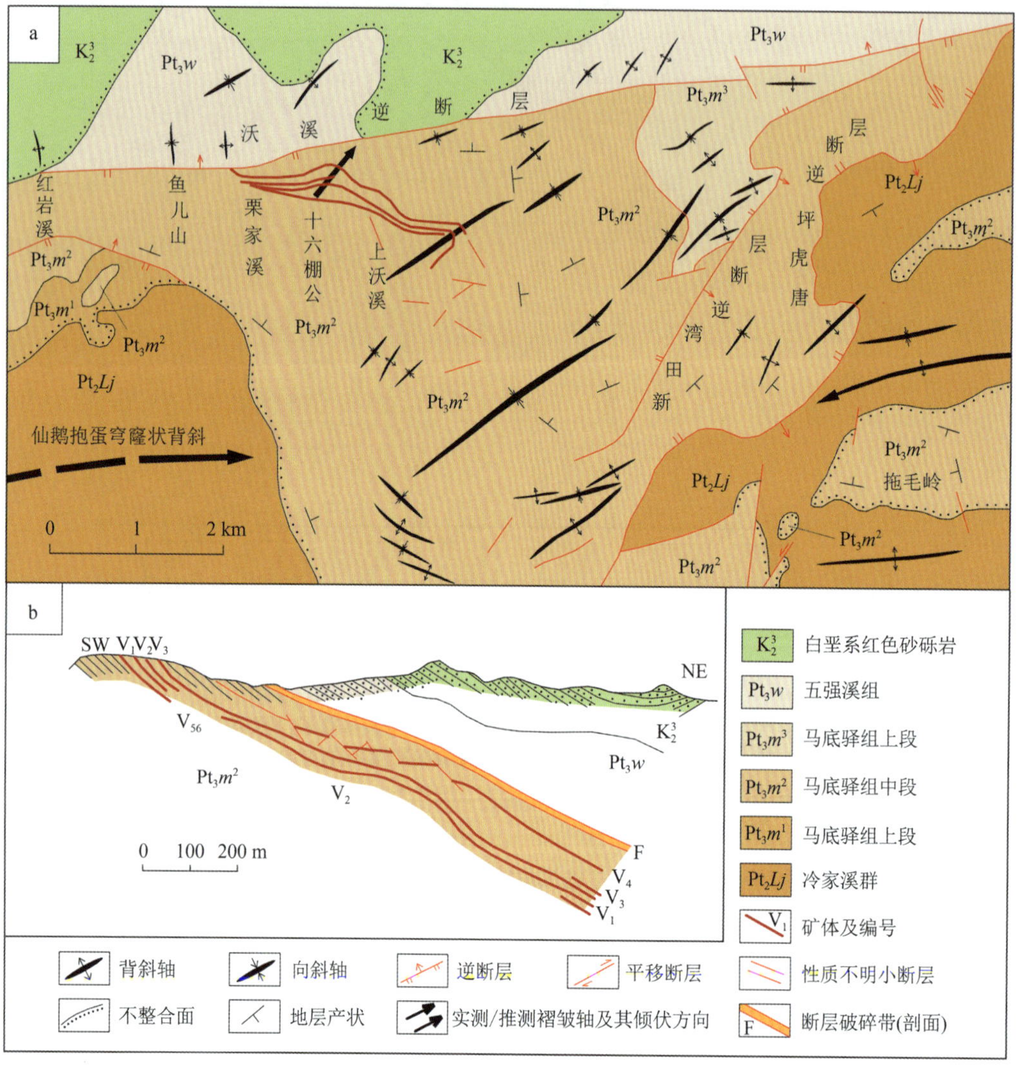

图 3-136 湖南沃溪矿田及邻区地质-构造略图（a）及沃溪矿床北东—南西向典型剖面图（b）
（据顾雪祥等，2003）

A. 矿区地质特征

矿区主要出露地层为元古宇板溪群的一套浅变质的浅海相粘土质沉积岩，马底驿组，厚 1122～1248 m，按岩性分为 3 段，下段为灰绿色砂质板岩，中段为紫红色绢云母板岩、上段为灰绿色薄层砂质板岩夹紫红色绢云母板岩；矿床主要赋存于中上段紫红色绢云母板岩中。其上为五强溪组，主要分布于近东西向沃溪断裂北侧，与下伏地层呈断层接触，厚度大于 450 m。岩性为灰绿色砂质板岩夹灰白色长石石英砂岩，底部有一层不稳定的砂砾岩。

发育于马底驿组五强溪组之间的沃溪断裂，为区域性的主干断裂，纵贯矿区长达 15 m 以上，走向北东东、倾向北北西，倾角 30°，破碎带宽 20~130 m，断层下盘面较清晰，见 0.1~0.7 m 宽的糜棱岩化角砾岩和断层泥，并有微弱的蚀变和矿化现象，属逆冲断层，是沃溪钨锑金矿带的主要控矿构造。

矿区及附近无岩浆岩出露。

B. 矿体地质特征

矿体特征，矿体可分为 3 个大的类型：

a）层间石英脉型：该类矿体地表仅出露褪色蚀变带，或部分叠加有弱硅化、黄铁矿化蚀变，多为半隐伏矿脉。主要产于紫红色板岩之层间断裂带中，矿区内层间断裂带计有 6 条，彼此平行分布，倾角 25~35°。沿走向呈波状，长 300~5300 m，倾斜延深达 2500 m。矿脉常产于褶皱轴部，长 50~500 m，延深大于 2300 m，为其走向长度的 2~12 倍，故主矿脉常呈板柱状产出。矿脉厚 0.2~3.0 m，平均 0.85 m，含 WO_3 0.3%、Sb 3.6%、Au 8.1 g/t。

b）网脉型：常见于两条层间石英脉之间的羽状或网状裂隙发育地段，以含金或含钨、金的石英细脉组成的脉带为特征，并沿平行于含矿体的断裂构造延伸。矿脉呈扁豆状、楔状、帚状等复杂形状；含脉率 4~14%。脉带长 50~80 m，延深 150 m 以上，厚 3~9 m，含 WO_3 0.16%、Sb 1%、Au 4 g/t。由于矿化连续稳定，与主脉一起形成厚大的矿脉带。

c）节理裂隙脉型：常产于层间脉两侧的切层节理裂隙或劈理构造带内，脉体平直、形态复杂多变，规模小，品位富。一般倾角 40°~70°，长 20~50 m，延深 10~40 m，厚 0.2~1.0 m，含 WO_3 0.43%、Sb 6.13%、Au 10.3 g/t。

C. 矿石特征及围岩蚀变

矿石类型简单，主要为块状、浸染状白钨矿-辉锑矿-自然金矿石（图 3-137）。

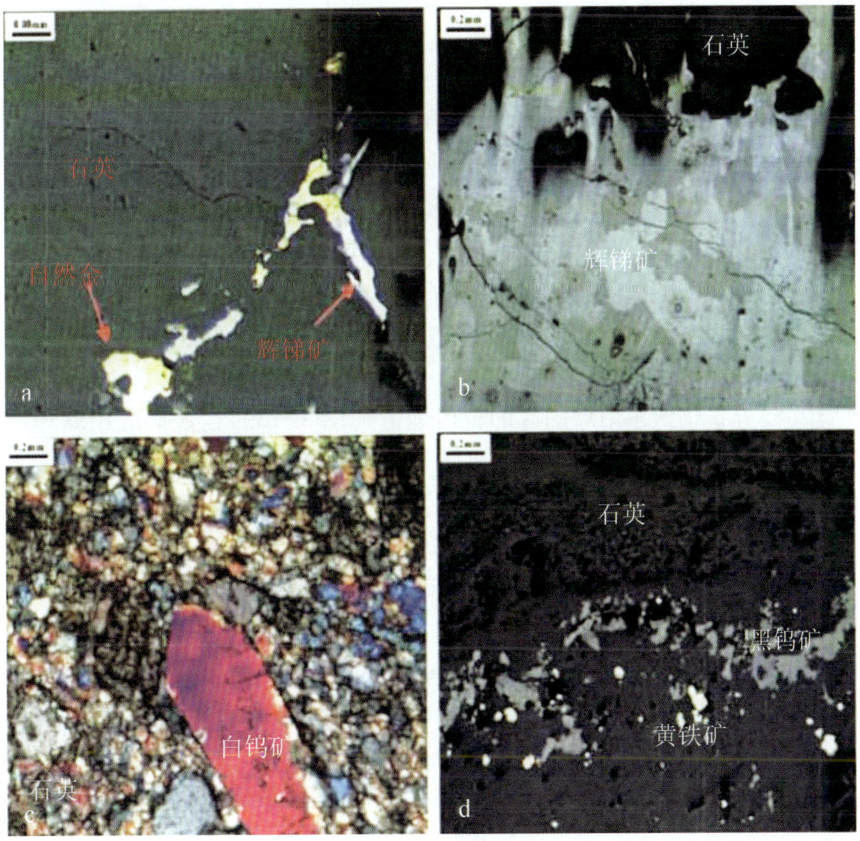

图 3-137　湖南沃溪钨锑金矿光片镜下照片

（据易升星，2012）

a—自然金呈叶片状、树枝状充填在石英裂隙中，辉锑矿呈细脉状充填在石英裂隙中，单偏光；b—致密块状辉锑矿，单偏光；c—白钨矿充填在石英裂隙中；d—细脉状黑钨矿，单偏光主要金属矿物有白钨矿、辉锑矿、自然金、黄铁矿、次为钨铁矿、毒砂、方铅矿、黄铜矿、黝铜矿、辉铜矿等。非金属矿物主要是石英，次为方解石、铁白云石及绢云母、伊利石、叶蜡石、高岭石、磷灰石、钠长石、重晶石、石墨等。

围岩蚀变主要有褪色化、黄铁矿化、硅化、碳酸盐化、绿泥石化等。其中褪色化实质上是一种粘土化，生成绢云母、伊利石、叶蜡石等。

褪色化与黄铁矿化实质上是金矿化的一部分，它们与金矿化呈正相关关系。

硅化与钨锑矿化关系密切，常见于近矿脉处，与金矿化关系不明。碳酸盐化与绿泥石化为外带蚀变，破碎带中出现碳酸盐化时预示矿化明显减弱；大量绿泥石化出现则预示着矿脉的尖灭或消失。

2. 产于盖层泥盆系地层中的锑矿床

（1）湖南锡矿山锑矿

锡矿山锑矿田位于城步-桃江北东向断裂带与锡矿山-涟源北西向隐伏基底断裂交叉复合部位，历经多次构造变动，褶皱断裂复杂，断裂构造尤其发育，为本区锑矿的就位提供了良好的储存空间。

矿田内出露地层主要为中泥盆统棋梓桥组、佘田桥组、锡矿山组，石炭系。佘田桥组为主要含矿层位。该组按岩性可分为 3 段：上段以钙质页岩为主，夹少量薄层泥灰岩，渗透性差；中段为主要赋矿地层，由灰岩、白云质灰岩、白云岩组成，化学活泼性较强；下段以泥质粉砂岩、石英（粉）砂岩为主，夹粉砂质页岩，透水性较好。从而自上而下构成盖-储-透的良好地层结构。

锡矿山锑矿田由 4 个次级背斜分别组成四个独立的矿床（Ⅰ：飞来峰锑矿、Ⅱ：物华锑矿、Ⅲ：老矿山锑矿、Ⅳ：童家院锑矿）（图 3-138）。其中的矿体按其产出形态可分为层状和脉状两类。以层状为主，由 3 个主要矿层：一矿层赋存于以 $D_3s^{2-1}-D_3s^{2-5}$ 中；二矿层赋存于以 D_3s^{2-7} 中；三矿层赋存于以 $D_3s^{2-11}-D_3s^{2-27}$ 中；均呈层状，似层状或透镜状，厚 1~30 m 不等，走向长 30~800 m，倾斜延深 40~1800 m，产状平缓，规模巨大，锑矿平均品位大于 3.5%，最高达 5.7%。脉状（四矿层）沿 F_{75}、F_3 断裂下盘呈侧羽状产出，不受层位控制，赋存于佘田桥组下段—棋梓桥组中，与层状矿体相连，为陡倾斜穿层裂隙脉状，规模较小。

矿物成分简单，矿石矿物主要为辉锑矿及其氧化物锑华、黄锑矿等，次为黄铁矿；脉石矿物以石英为主，次为方解石，少量重晶石、萤石、绢云母等。辉锑矿除自形、半自形外，尚有他形粒状。胶状等结构。构造有浸染状、块状、角砾状、晶洞状等。矿石类型以石英-辉锑矿为主，次有方解石-石英-辉锑矿、重晶石-石英-辉锑矿、萤石-辉锑矿。

近矿围岩蚀变以硅化为主，与矿化关系密切。

（2）贵州独山锑矿床

该类型锑矿床主要分布于黔东南坳陷区的独山地区（图 3-139），该矿区出露地层主要为中下志留统翁项群的碎屑岩、泥岩及碳酸盐岩，下泥盆统丹林群、舒家坪组的陆源碎屑岩，中泥盆统龙洞水组、帮寨组、独山组的陆源碎屑岩和浅海碳酸盐岩，上泥盆统望城坡组、尧梭组的浅海碳酸盐岩及潟湖沉积碳酸盐岩，中下泥盆统构成箱状背斜核部主体，总厚大于 3000 m。北北西和北东东向断裂发育于独山箱状背斜的轴部，形成一组 X 状配套断层，是区内锑矿的主要容矿构造。黔东南产于盖层泥盆系地层中的锑矿床重要地质特征为：

1）赋矿地层均为盖层岩系，且见矿地层区间宽广，最老为中下志留统翁项群、最新为中泥盆独山组鸡窝寨段，总厚在 2000 m 以上，其间共有 9 个层位见矿化；

2）多向、多序次断裂构造控矿；

3）矿体产状为两种类型：交错型矿体主要充填于张扭性断裂破碎带中，呈陡倾斜不规则大脉交切岩层产出，产状与断裂基本一致；整合型矿体产于碳酸盐岩与碎屑岩不同岩性的接触界面及其附近的层间滑动、层间破碎角砾岩中，产状与岩层基本一致、形状主要取决于控制层间破碎带的制约；

4）多因素控矿，既有断裂、褶皱因素，也有地层、岩性和岩相古地理因素；

5）矿石矿物组分简单，矿石矿物为单一的辉锑矿，其他矿物都在少量和微量范围；

6）围岩蚀变较弱、范围狭窄、种类单调，与矿化有关的主要是硅化和碳酸盐化，黄铁矿化无近

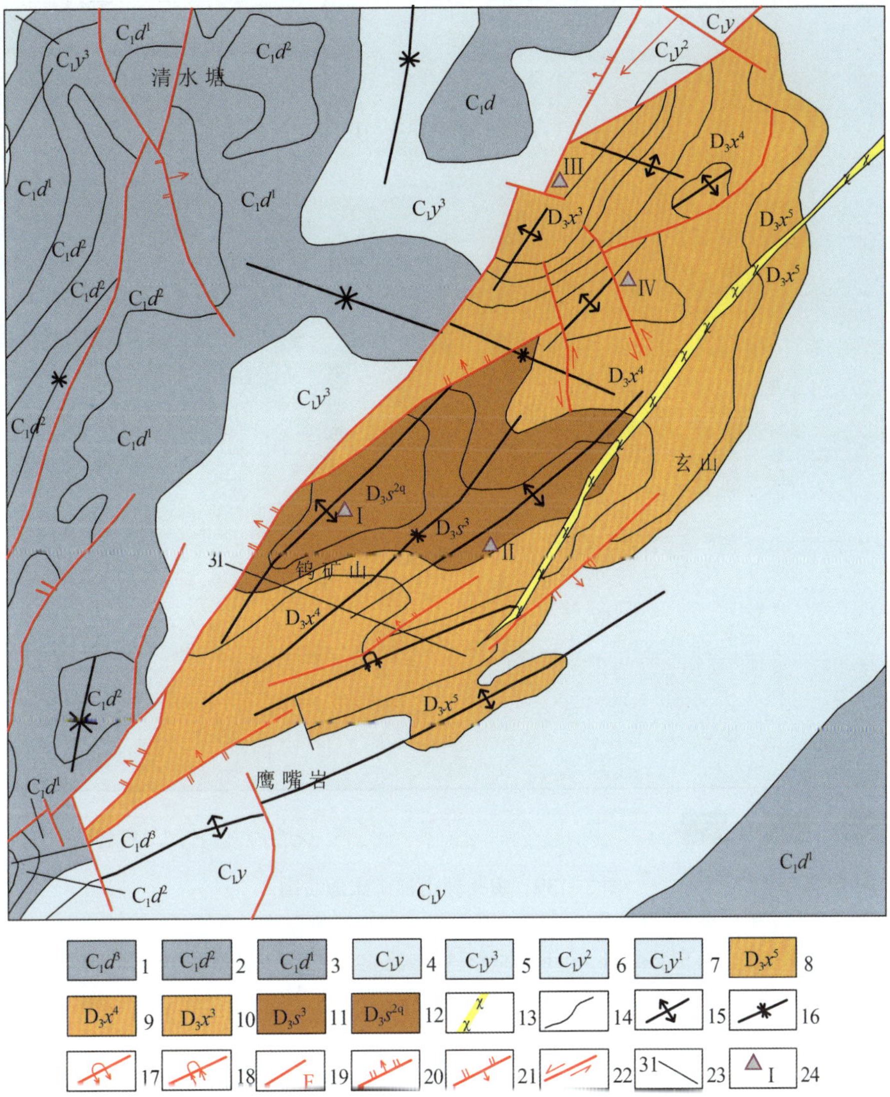

图 3-138　湖南锡矿山锑矿地质图（比例尺 1：1000）

（据湖南省地球物理地球化学勘查院，2013）

1—下石炭统大塘阶梓门桥段；2—下石炭统大塘阶测水段；3—下石炭统大塘阶石蹬子段；4—下石炭统岩关阶；5—下石炭统岩关阶刘家塘段；6—下石炭统岩关阶孟公坳段；7—下石炭统岩关阶邵东段；8—上泥盆统锡矿山组泥塘段；9—上泥盆统锡矿山组马牯脑段；10—上泥盆统锡矿山组欧家冲段；11—上泥盆统佘田组上部页岩段；12—上泥盆统佘田组中部灰岩段、硅化岩层；13—煌斑岩脉；14—地质界线；15—背斜轴；16—向斜轴；17—倒转背斜；18—倒转向斜；19—断裂；20—正断层；21—逆断层；22—平移断层；23—地质剖面线；24—矿床编号（Ⅰ—飞来峰锑矿，Ⅱ—物华锑矿，Ⅲ—老矿山锑矿；Ⅳ—童家院锑矿）

矿指示意义；

7）锑矿床从下至上成矿温度由高到低，元素组合由（Pb、Zn）→Cu、Ni、V→Sb、（Mo）→Hg、As。

（二）华南巨型锑矿带中锑元素丰度及铅同位素组成特征

1. 锑矿带中锑元素丰度特征

某成矿元素的含量在空间区域上的分布是一个标量场。元素含量在区域空间上的分布随地质历史的演化而变化，其变化之一是元素含量在区域空间上集中和分散的行为，这是是否发生成矿作用的标志。为此，了解锑元素在华南巨型锑成矿带区域空间上丰度特征，是探讨物质来源的重要基础。

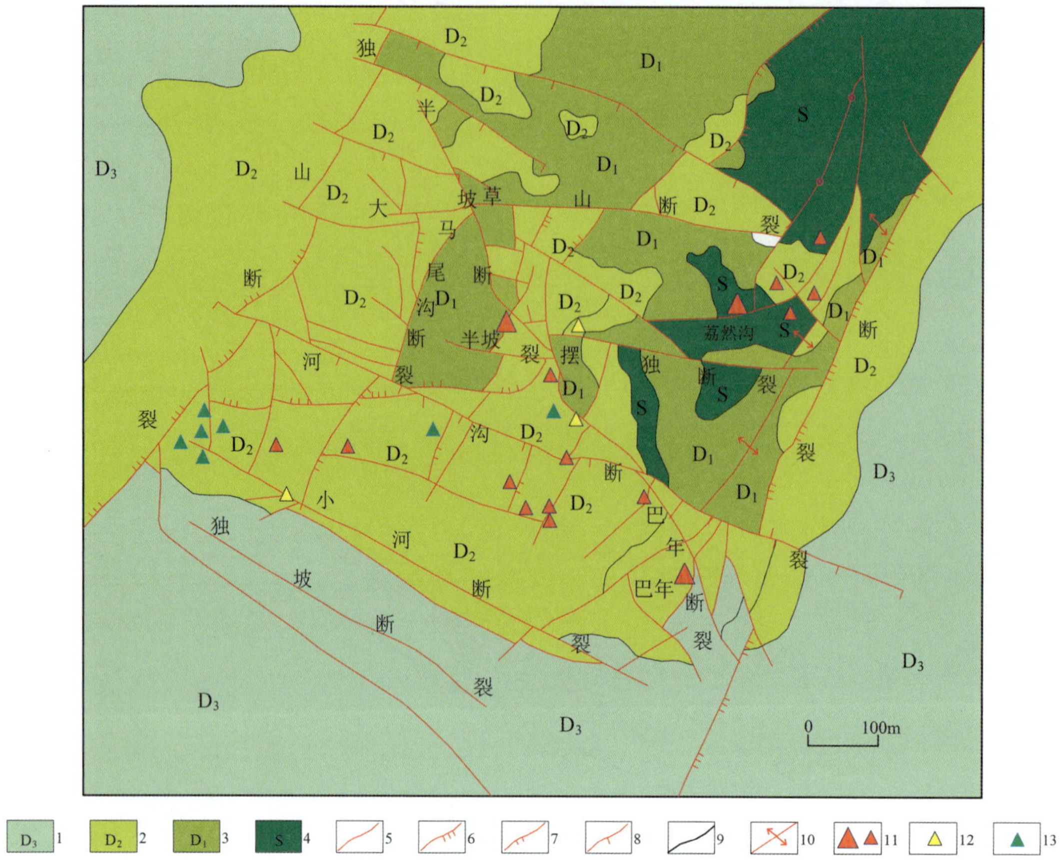

图 3-139　贵州独山锑矿床地质图

（据贵州省有色地质三总队，1985；有修改）

1—上泥盆统；2—中泥盆统；3—下泥盆统；4—志留系；5—性质不明断裂；6—压性断裂；7—张扭性断裂；8—压扭性断裂；9—地质界线；10—背斜轴；11—锑矿床（点）；12—汞锑矿点；13—铅锌矿点

首先，从我国东部各构造单元的变质基底中 Sb（As、Au、Hg）元素的丰度特征来看（鄢明才等，1997）（图 3-140），挟持钦-杭成矿带的扬子陆块与华南褶皱系这两大构造单元的变质基底中的 Sb 等成矿元素丰度，明显高于其他构造单元，尤其是泥质类岩石（页岩、板岩、千枚岩、片岩等）。

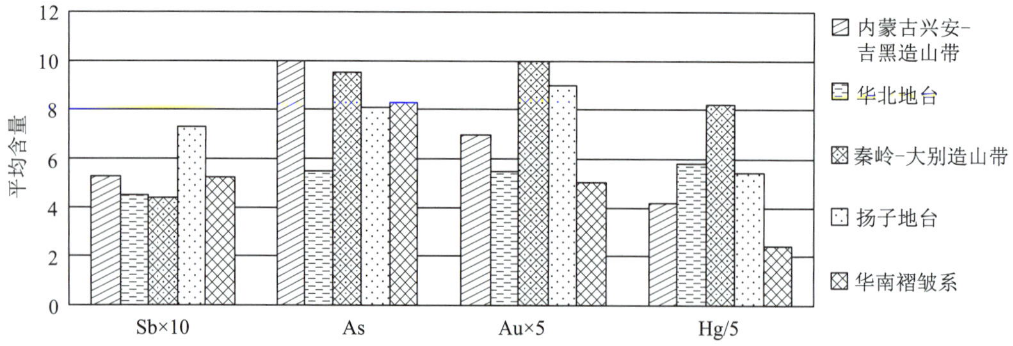

图 3-140　中国东部各构造单元泥质岩类 Sb 等元素丰度

（原始数据据鄢明才等，1997）

单位：Au、Hg 为 10^{-9}，As、Sb 为 10^{-6}

其次，从马振东等（1996）在江西修水县中-新元古界双桥山群（修水群）及震旦系测制的基岩地球化学剖面中 Sb 等元素在各类岩石中的含量特征来分析（表 3-66）：

表 3-66　江西修水双桥山群（修水群）、震旦系各岩类中 Sb 元素丰度

地层	岩类	Sb	As	Au	Hg	资料来源
震旦系（Z）	碎屑岩（8）	0.40	1.80	1.70	3	马振东等，1996
	泥质岩（8）	4.40	20.90	2.00	50	
	硅质岩（2）	2.60	13.70	2.40	494	
	碳酸盐岩（3）	1.50	15.60	0.40	25	
修水群（Pt_3）	碎屑岩（11）	1.75	0.90	0.65	6	
双桥山群（Pt_2）	碎屑岩（31）	5.20	9.28	1.10	39	
	泥质岩（21）	3.56	10.00	1.40	115	
	凝灰岩（4）	3.90	9.60	1.00	4	
世界沉积岩	砂岩	0.0n	1	–	30	Tutekian and Wedepohl，1961
	页岩	1.5	13	–	400	
	碳酸盐岩	0.2	1	–	40	

注：括号内为样品数；Sb、As 单位：10^{-6}；Au、Hg 单位：10^{-9}。

1）Sb 元素在基底各类岩石中均具有较高的丰度，是地壳丰度（0.2×10^{-6}）的 8~26 倍；

2）盖层震旦系继承了 Sb 元素的高丰度，尤其是在泥质岩（4.40×10^{-6}）及硅质岩（2.60×10^{-6}）中；

3）华南锑矿带从基底中-新元古界变质岩系经古生界直到中生界三叠系，几乎所有的海相沉积地层中都有锑矿床的产出；从老到新几乎所有的赋矿地层都具有异常高的 Sb 丰度，常高出 Sb 的地壳克拉克值数十倍（表 3-67）。基底和盖层间成矿元素的这种继承性，示踪着扬子陆块东南缘的生长历史及其后在大陆地壳的基底上演化的踪迹。

表 3-67　华南区域部分锑矿区赋矿地层的 Sb 丰度

锑矿床	岩石样品特征（*n* 为样品数）	Sb/10^{-6}	资料来源
晴隆锑矿田 二叠纪有关地层	粘土化玄武岩 茅口灰岩	300 150	陈豫等，1984
独山锑矿田 泥盆纪各组地层	D_2d（$n=821$） D_2b（$n=689$） D_2l（$n=369$） D_1s~D_1dn（$n=840$）	19.26 8.17 11.32 14.17	崔银亮，1995
锡矿山锑矿床	上泥盆统佘田桥组灰岩段（$n=58$） 中泥盆统棋子桥组上段灰岩（$n=149$） 下寒武统泥灰岩、板岩（$n=53$）	16.30 16.16 24.84	谌锡霖等，1983 胡雄伟，1995
龙山金锑矿床	震旦系江口组浅变质含砾板岩	80~150	梁华英，1989
八蒙锑矿田	元古宇下江群平略组碎屑岩（$n=19$）	15.77	张绮玲，1994
湘西金锑钨矿床	板溪群五强溪组（$n=15$） 板溪群马底驿组（$n=39$） 冷家溪群（$n=52$）	35.1 25.6 12.4	罗献林等，1984

从以上区域 Sb 元素的丰度特征分析，钦-杭成矿带中的华南锑矿带赋存于富 Sb 的地球化学场（Sb 的丰度是地壳丰度的几倍至几十倍）中，它是扬子陆块与华南褶皱系之间多期多次作用的结果，是形成巨型锑矿床的有利条件。但仍不是决定因素，决定因素是 Sb 元素在初步富集的矿源层中有无活化、迁移、沉淀的物理化学机制，也就是 Sb 元素活化、迁移、沉淀的地质营力和赋存空间。

2. 华南巨型锑矿带中铅同位素组成特征

（1）扬子陆块东段江南古陆基底及其东南缘各时期盆地环境的铅同位素组成演化特征

江南古陆基底及其东南缘各时期沉积盆地中的沉积黄铁矿的铅同位素组成特征（见表3-47），反映了扬子陆块南缘各时期的沉积环境（马振东等，1996）：

1）中元古界泥砂岩质复理石建造中沉积黄铁矿的铅同位素组成较稳定，$^{206}Pb/^{204}Pb$：17.693～18.073，$^{207}Pb/^{204}Pb$：15.503～15.728，$^{208}Pb/^{204}Pb$：37.918～38.388，代表了扬子陆块当时的物源环境（图3-141中A区域），Th/U比值稳定在4.61～5.05之间；

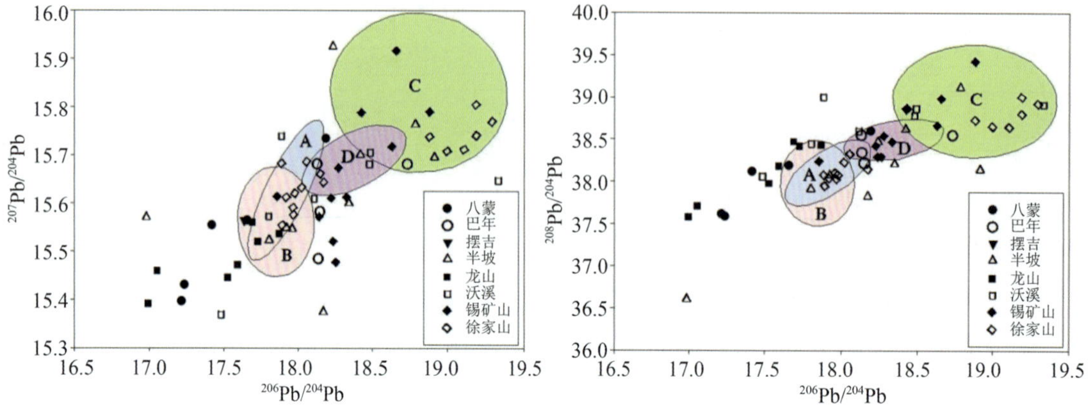

图3-141 华南锑矿带中典型矿床铅同位素组成

（据马振东等，1996）

A、B、C、D—江南古陆基底及其后各时期沉积盆地中沉积黄铁矿的铅同位素组成投点域（A—中新元古界，B—震旦系，C—寒武系，D—奥陶系、泥盆系、二叠系）；图中各矿床铅同位素数据来源见表3-68

2）震旦纪扬子陆块南缘处于滨海相碎屑岩及大陆冰碛岩或冰水沉积环境，其物质来源主要来自中元古基底，为此其铅同位素组成（及Th/U）继承了基底物源的特征（图3-141中B区域）；

3）至早寒武世江南古陆东南缘沉积环境发生了变化，为残留洋盆地，水体较深，含氧度很低，陆源易溶的UO^{2+}（铀酰络离子）大量进入海盆，被碳泥质吸附，造成了寒武系的硅泥质岩、硅质岩普遍含较高的铀，为此放射成因的铅明显增大，$^{206}Pb/^{204}Pb$：18.396～31.270，$^{207}Pb/^{204}Pb$：15.527～16.645，$^{208}Pb/^{204}Pb$：38.180～39.130，而Th/U比值下降为0.35～3.66（图3-141中D区域）。

（2）华南各类型的锑矿床的铅同位素组成特征（表3-68）

以上讨论了江南古陆基底及其东南缘各时期盆地环境的铅同位素组成的演化特征，再结合赋存于其中的华南各类型的锑矿床的铅同位素组成（表3-68；图3-141），可以用来对其矿质来源进行探讨。

1）赋存于基底中-新元古界浅变质砂-板岩中的沃溪式锑（金）、锑矿其铅同位素组成相对稳定（Th/U比值4.5～5），属贫放射性成因铅同位素组成，$^{206}Pb/^{204}Pb$ 17.593～18.137，$^{207}Pb/^{204}Pb$ 15.536～15.739，$^{208}Pb/^{204}Pb$ 38.027～38.999，与基底地层沉积黄铁矿铅同位素组成一致。

2）龙山式锑（金）矿赋存在沉积盖层震旦系地层中，锑矿石的铅同位素组成以低放射性成因铅为主，$^{206}Pb/^{204}Pb$：17.022～17.997，$^{207}Pb/^{204}Pb$：15.405～15.745，$^{208}Pb/^{204}Pb$：37.851～38.793。但赋存于上震旦统湖北徐家山锑矿中有一组富铀放射性成因的矿石铅同位素组成，$^{206}Pb/^{204}Pb$ 18.874～19.288（平均19.104），$^{207}Pb/^{204}Pb$ 15.708～15.805（平均15.745），$^{208}Pb/^{204}Pb$ 38.642～39.001（平均38.793），其Th/U为3.57。

3）无论是赋存于泥盆纪碳酸盐岩-碎屑岩中的锡矿山式锑矿床，还是贵州独山锑矿床，其矿石铅同位素组成比较复杂，明显可分为3组：①贫放射性成因组：$^{206}Pb/^{204}Pb$ 17.723～17.851，$^{207}Pb/^{204}Pb$ 15.504～15.691，$^{208}Pb/^{204}Pb$ 37.688～38.523；②富放射性成因组：$^{206}Pb/^{204}Pb$ 18.610～18.636，

$^{207}Pb/^{204}Pb$ 15.691～15.818，$^{208}Pb/^{204}Pb$ 38.523～38.825；③过渡组：$^{206}Pb/^{204}Pb$ 18.135～18.290，$^{207}Pb/^{204}Pb$ 15.583～15.662，$^{208}Pb/^{204}Pb$ 38.372～38.549。

表 3-68　华南锑矿带中典型矿床铅同位素组成

矿床类型	采样位置	测定对象	$^{206}Pb/^{204}Pb$	$^{207}Pb/^{204}Pb$	$^{208}Pb/^{204}Pb$	资料来源
沃溪式	湖南沃溪锑金矿	黄铁矿（3）	18.137	15.586	38.568	罗献林等，1984
		方铅矿（1）	17.882	15.739	38.999	
	贵州八蒙锑矿	辉锑矿（5）	17.539	15.536	38.027	张绮玲等，1994
	贵州摆吉锑矿	辉锑矿（2）	17.910	15.649	38.397	陈永科等，2004
龙山式	湖南龙山锑金矿	辉锑矿（5）	17.675	15.508	38.289	梁华英等，1989
		方铅矿（2）	17.022	15.465	37.851	
	湖北徐家山锑矿	辉锑矿（10）	17.997	15.629	38.132	沈能平等，2008
		辉锑矿（6）	19.104	15.745	38.793	
锡矿山式	湖南锡矿山锑矿	辉锑矿（?）	18.636	15.818	38.825	陶琰等，2001
		辉锑矿（4）	18.290	15.662	38.549	胡雄伟，1995
		辉锑矿（5）	17.851	15.691	38.523	刘文均，1992
	贵州独山半坡锑矿	辉锑矿（4）	18.610	15.691	38.523	崔银亮，1995
		辉锑矿（4）	17.723	15.504	37.668	
	贵州独山巴年锑矿	辉锑矿（3）	18.135	15.583	38.372	

从以上各类型锑矿床矿石铅同位素组成的特征来看，随着赋矿围岩从基底到盖层（震旦系—泥盆系）的变化，铅同位素组成由简单、稳定（贫放射性成因铅为主）到复杂、多变（富放射性成因铅同位素组成），这一特征与江南古陆基底及各时期沉积盆地的环境（制约物源）十分相似。这种趋势，不是偶然的，它示踪着锑成矿物质来源于江南古陆基底及盖层中各赋矿围岩。由于扬子陆块东南缘在各期构造-岩浆作用下（尤其是燕山晚期）（刘建明等，1998），无论是自下而上的深源成矿热卤水，还是自上而下经深部循环的大气降水，都从基底及盖层中各赋矿围岩内萃取经初步富集的锑等元素（马东升，2008），在一定的物理化学条件下，沉淀在层间裂隙、不整合面及构造裂隙中，形成了华南巨型锑矿带。

3. 黔东南锑成矿时代

黔东南的锑成矿时代目前尚无精确测年数据，早期矿石中矿物流体包裹体 Rb-Sr、K-Ar 等时线法获得的年龄数据仅可作为参考。对比邻区（湘西）成矿特征相似锑矿床的成矿年代数据（表 3-69），尽管这些测年数据的可靠性值得推敲，但结合锑成矿与周边煌斑岩（102～127 Ma）的野外地质关系以及成矿受燕山期北东向构造控制的地质事实，可以认为华南锑矿带大规模、爆发性的成矿作用为燕山晚期，在 110 Ma 左右。

表 3-69　黔东南及邻区锑矿床成矿年代

地区	矿床	测试方法	年龄/Ma	资料来源
湖南	沃溪	石英流体包裹体 Rb-Sr 等时线法	144.8±11.7	史明魁等，1993
		蚀变岩 K-Ar 法	281	罗献林，1989
	锡矿山	辉锑矿 Sm-Nd 等时线法	156.3±12	Hu et al.，1996
		含矿石英 ESR 法	51.6	金景福等，1999
黔东南	苗龙	石英流体包裹体 Rb-Sr 等时线法	328	王秀璋等，1992
	独山	矿物流体包裹体 K-Ar 等时线法	145	俸月星等，1993

4. 黔东南区域锑成矿模式

黔东南地区区域锑成矿模式（图3-142）由以下要点构成：

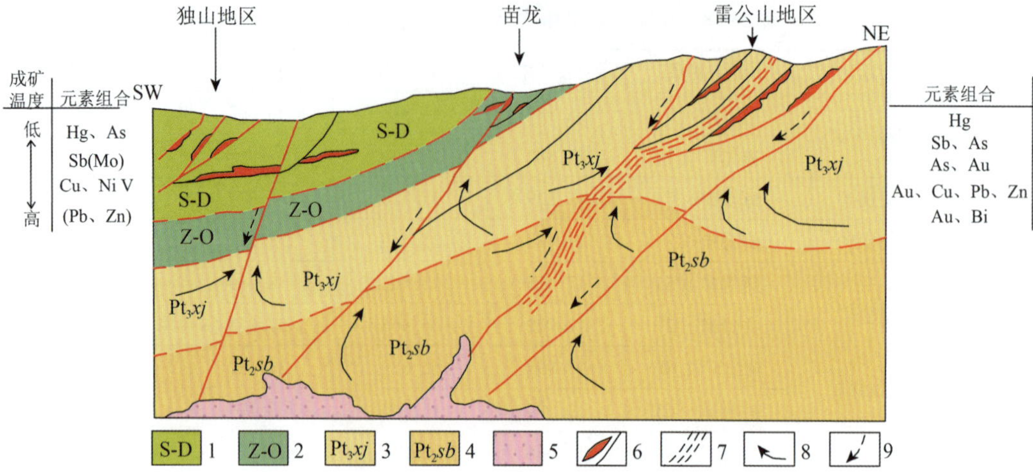

图3-142 黔东南锑矿区域成矿模式图

（据贵州省地质调查院，2013）

1—志留系—泥盆系；2—震旦系—奥陶系；3—下江群；4—四堡群；5—深部岩浆活动；

6—锑矿体与断层；7—过渡性韧性剪切带；8—萃取地层中成矿物质形成的含矿流体；9—下渗的大气降水

1）黔东南锑矿床（点）在成因上具有共同的地质控制因素，均受构造、地层、岩相、岩性等控制；制约成矿的关键地质因素为深断裂构造体系和富含成矿物质（Sb元素）的地层，独山地区、苗龙和雷公山地区的锑矿床是相同地质因素制约下的成矿系列。

2）区域上分布的深大断裂成矿区内矿床（点）的展布和主构造格架，深大断裂派生的断裂构造体系是主控矿因素，为含矿热液提供了驱动力、热源、运移通道和沉淀空间。

3）晋宁运动后，江南古陆隆起，致使富含Sb的高背景地层遭受强烈的风化剥蚀，为早古生代沉积地层提供了充足的物源；志留纪—泥盆纪时期，独山地区为台地深水小盆地还原环境，海水能量低，有利于沉积巨厚（>1000 m）高背景含Sb地层和成矿元素Sb的进一步富集。

4）以碎屑岩为主的地层孔隙度大，垂直节理、裂隙系统发育，有利于大气降水、层间裂隙水向下渗透，形成初始含矿流体。流经富含成矿元素（Sb等元素）地层的流体在深部热能驱动下发生渗滤-环流作用，不断过滤、萃取其影响范围内的成矿物质和带入易溶的卤族元素，形成富含成矿元素Sb等的热卤水成矿流体，并赋存于深部裂隙中。

5）在燕山期构造-岩浆活化作用的强烈驱动下，萃取地层中含矿物质后形成的深部成矿热流体沿断层构造系统向上迁移，在温度、压力环境发生急剧变化的断裂破碎带、层间破碎带、剥离空间析出沉积，从而形成脉状和整合型似层状矿体。

（三）华南巨型锑矿带黔东南地区区域地球化学特征

1. 基底隆起和盖层坳陷区地球化学小区

黔东南地区地处扬子陆块与华南褶皱带之间的构造过渡带，位于江南造山带西南缘，基底地层发育一套前寒武纪海相陆源碎屑及火山-陆源碎屑沉积建造，独山地区盖层以广泛发育的泥盆系为特点，该成矿区出露地层主要为中下志留统翁项群的碎屑岩、泥岩及碳酸盐岩，下泥盆统丹林群、舒家坪组的陆源碎屑岩，中泥盆统龙洞水组、帮寨组、独山组的陆源碎屑岩和浅海碳酸盐岩，上泥盆统望城坡组、尧梭组的浅海碳酸盐岩及潟湖沉积碳酸盐岩，中下泥盆统构成箱状背斜核部主体，总厚大于3000 m（图3-143）。

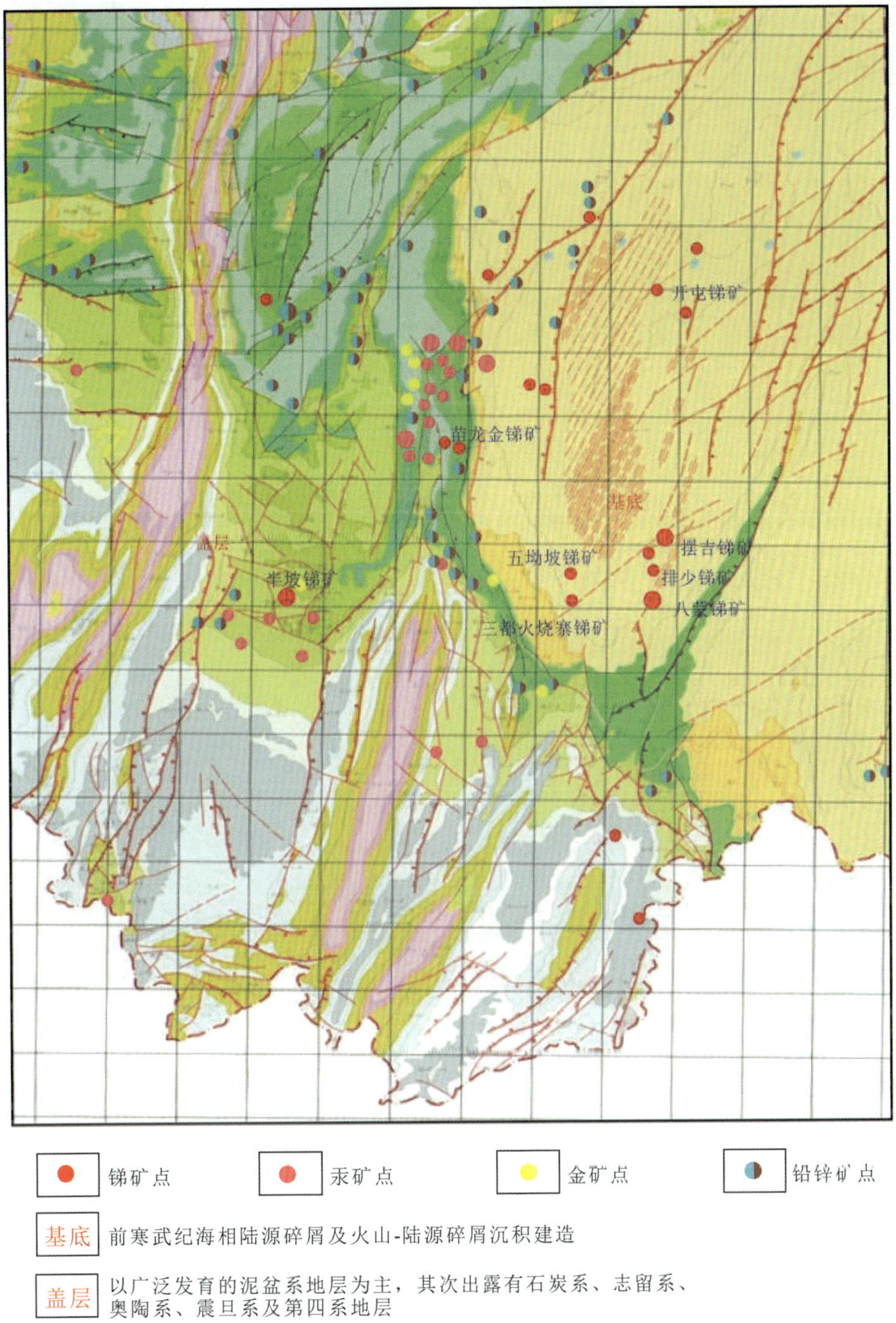

图 3-143　黔东南榕江-雷山地区基底隆起和盖层坳陷区地质略图

（据贵州省地质调查院，2013）

黔东南榕江-雷山地区由于横跨基底隆起和盖层坳陷区，两者成岩环境和岩类迥异，其区域地球化学特征也迥然有别，Cu+Pb+Zn+Cd+Cr+Co/As+Hg 值（图 3-144a）把基底和盖层划分为两个地球化学小区，虚线右侧为基底为一套中元古代海相陆源碎屑及火山-陆源碎屑沉积建造，其中产出有八蒙锑矿等；虚线左侧为震旦纪至泥盆纪（以泥盆纪为主）浅海碳酸盐岩建造，其中产出有半坡锑矿、独山锑矿等。

2. 黔东南榕江-雷山地区 1∶20 万水系沉积物地球化学特征

黔东南在我国浅表地球化学场分区中属上扬子二级地球化学区，该区突出地球化学特征是 Sb、

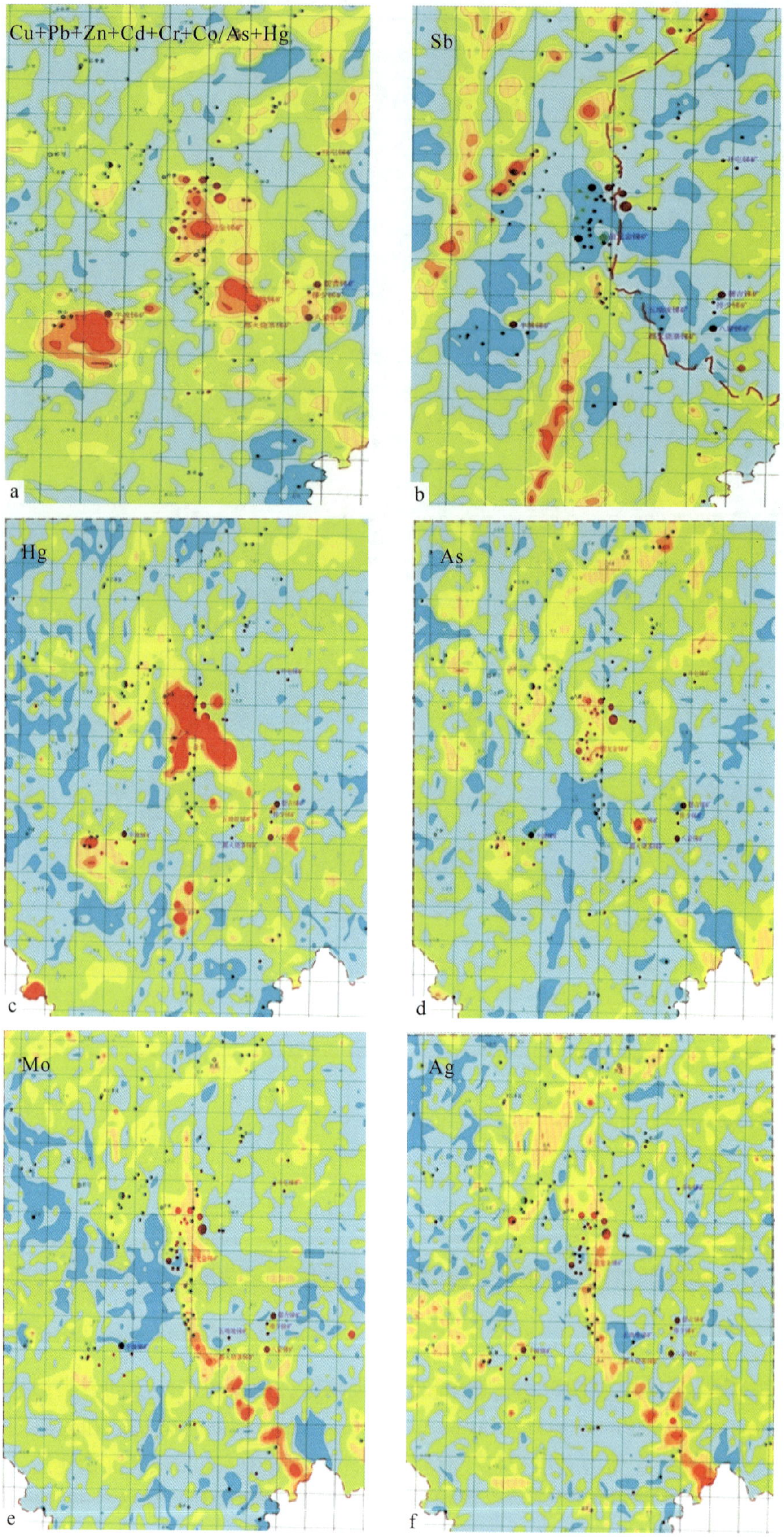

图 3-144　黔东南榕江-雷山地区 1∶20 万水系沉积物剖析图

（据贵州省地质调查院，2013）

Hg、As、Ag、Mo 呈异常分布，这些元素的平均值在全国各地球化学区最高。此外，Au、Pb、Sn、U、B、F、P 也呈高背景或异常分布。呈团块状 Sb、Hg、As 元素组合异常与锑矿对应（图 3-144b-d）；围绕基底带状 Mo、Ag（U、P）等元素组合异常为寒武系的硅泥质岩、硅质岩所致（图 3-144e、f）。

黔东南榕江-雷山地区 1∶20 万水系沉积物中 Sb 平均含量 4.57×10^{-6}，As 平均含量 51.67×10^{-6}，Hg 平均含量 13067.69×10^{-9}，Ag 平均含量 187.69×10^{-9}，Mo 平均含量 3.7×10^{-6}，均为背景值的几倍至上百倍（Sb 1.52×10^{-6}，As 17.82×10^{-6}，Hg 110.92×10^{-9}，Ag 68.67×10^{-9}，Mo 1.2×10^{-6}）。

（四）华南巨型锑矿带各典型锑矿田（床）1∶20 万水系沉积物地球化学特征

1. 湖南沅陵县沃溪钨锑金多金属矿床 1∶20 万水系沉积物地球化学特征

沃溪钨锑金多金属矿床 1∶20 万水系沉积物 225 个样品 Sb 等成矿元素含量数据见表 3-70，从表获知：Sb、Hg、W、As、B、Cd 等元素中位数值与中国水系沉积物平均值相比，富集系数均大于 1.20，尤其是 Sb 元素富集系数达 8.26，最大值，420.0×10^{-6}，平均值 13.08×10^{-6}。W 元素富集系数 1.28，平均 9.40×10^{-6}。

表 3-70　湖南沃溪钨锑金多金属矿 1∶20 万水系沉积物地球化学特征参数表

元素	样品数	最大值	最小值	中位数	平均值	标准差	中国水系沉积物	富集系数	异常外带	异常中带	异常内带
Sb	225	420.00	1.40	5.70	13.08	39.14	0.69	8.26	11.82	21.68	90.74
Hg	225	736	28	88	121	105	36	2.44	173	270	523
W	225	672.00	0.60	2.30	9.40	48.26	1.8	1.28	4.44	15.86	70.34
B	225	206	22	87	86	29	47	1.85	118	129	149
Cd	225	23570	130	228	537	1912	140	1.63	370	679	3333
As	225	150	6	12	15	13	10	1.20	20	25	46

注：Hg、Cd 元素单位为 10^{-9}，其余为 10^{-6}；富集系数=中位值/中国水系沉积物的中值，中国水系沉积物中值数据引自迟清华等(2007)。异常外、中、内带下限的确定采用累频 85%、92%、98%。

从湖南沃溪钨锑金多金属矿 1∶20 万水系沉积物地球化学剖析图（图 3-145）可见：

1）Sb、W、Au 元素异常套合好，三级浓度分带清晰，呈北东东向展布，与区域构造线方向一致；

2）Sb、W、Au 元素异常出露在元古界青白口系马底驿组中上部紫红色板岩层内，其层间裂隙（层间破碎带及其派生的羽状裂隙）为沃溪钨锑金多金属矿的主要容矿构造；

3）Bi、Pb、Hg（As）等元素与主成矿元素紧密共生，异常形态相似，方向一致。

2. 湖南新邵县龙山锑金矿床 1∶20 万水系沉积物地球化学特征

收集湖南新邵县龙山锑金矿床 225 个样品 1∶20 万水系沉积物 Sb、Au 等成矿元素含量数据，列于表 3-71。由表 3-71 获知：

1）Sb、Au、Hg、As 等元素的富集系数分别为 6.09、1.29、3.56、1.90，Sb 元素最大值可达 608.0×10^{-6}，平均值为 19.66×10^{-6}。Au 元素最大值可达 213.0×10^{-9}，平均值为 5.07×10^{-9}；

2）As、B、Cd、Zn、Cu、Ni 等元素富集系数大于 1.20，Mo 元素富集系数 1.05，内、中、外带异常值分别为 16.58×10^{-6}、6.44×10^{-6}、3.22×10^{-6}。

从湖南新邵县龙山锑金矿床 1∶20 万水系沉积物地球化学剖析图获知（图 3-146）：

1）Sb、Au 元素异常位于龙山短轴背斜的中心部位（图 3-146），处于一套下震旦统江口组（Z_1j）浅变质碎屑岩系北西西、北西、北北东、北东四组裂隙带（均为矿脉充填）中，异常形态复杂，三级浓度分带清晰，Sb、Au 元素异常套合程度高。

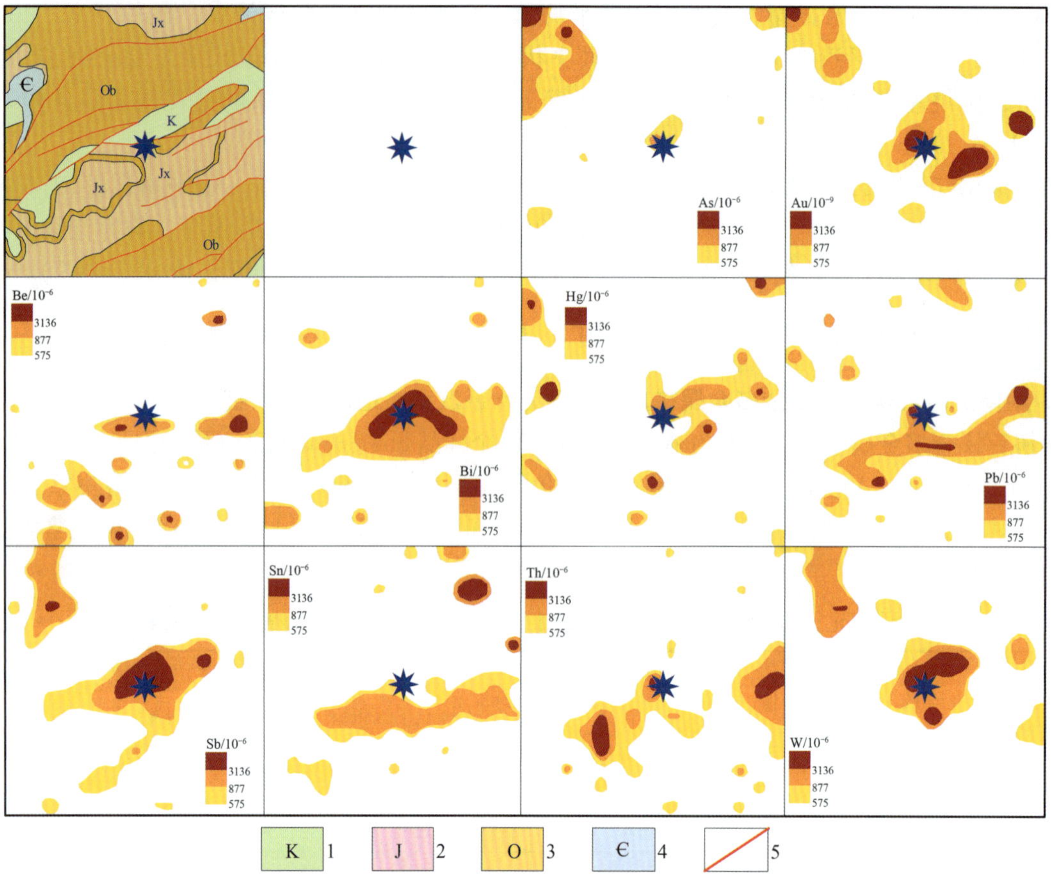

图 3-145　湖南沃溪钨锑金多金属矿 1∶20 万水系沉积物剖析图

（据湖南省地球物理地球化学勘查院，2013）

1—白垩系；2—侏罗系；3—奥陶系；4—寒武系；5—断层

表 3-71　湖南新邵县龙山锑金矿床 1∶20 万水系沉积物地球化学特征参数表

元素	样品数	最大值	最小值	中位数	平均值	标准差	中国水系沉积物	富集系数	异常外带	异常中带	异常内带
Sb	225	608.00	0.40	4.20	19.66	61.85	0.69	6.09	17.13	38.52	254.06
Hg	225	860	44	128	170	129	36	3.56	302	361	609
As	225	302	4	19	29	33	10	1.90	47	60	138
B	225	175	35	88	89	18	47	1.87	104	115	133
Cd	225	2200	80	220	340	358	140	1.57	492	868	1925
Au	225	213	0.10	1.70	5.07	18.48	1.32	1.29	4.01	7.46	50.40
Zn	225	214	46	88	95	29	70	1.26	119	138	185
Cu	225	115	13	27	30	14	22	1.23	40	48	73
Pb	225	478	10	29	35	40	24	1.21	39	46	77
Ni	225	65	14	30	31	9	25	1.20	39	45	54
Mo	225	29.40	0.20	0.88	2.17	3.71	0.84	1.05	3.32	6.44	16.58
Ag	225	1260	28	60	115	154	77	0.78	171	307	680
Ba	225	2950	106	388	598	500	490	0.79	1063	1394	2203

注：Au、Ag、Hg、Cd 元素单位为 $\times10^{-9}$，其余为 $\times10^{-6}$；富集系数 = 中位值/中国水系沉积物的中值，中国水系沉积物中值数据引自迟清华等（2007）。异常外、中、内带下限的确定采用累频 85%、92%、98%。

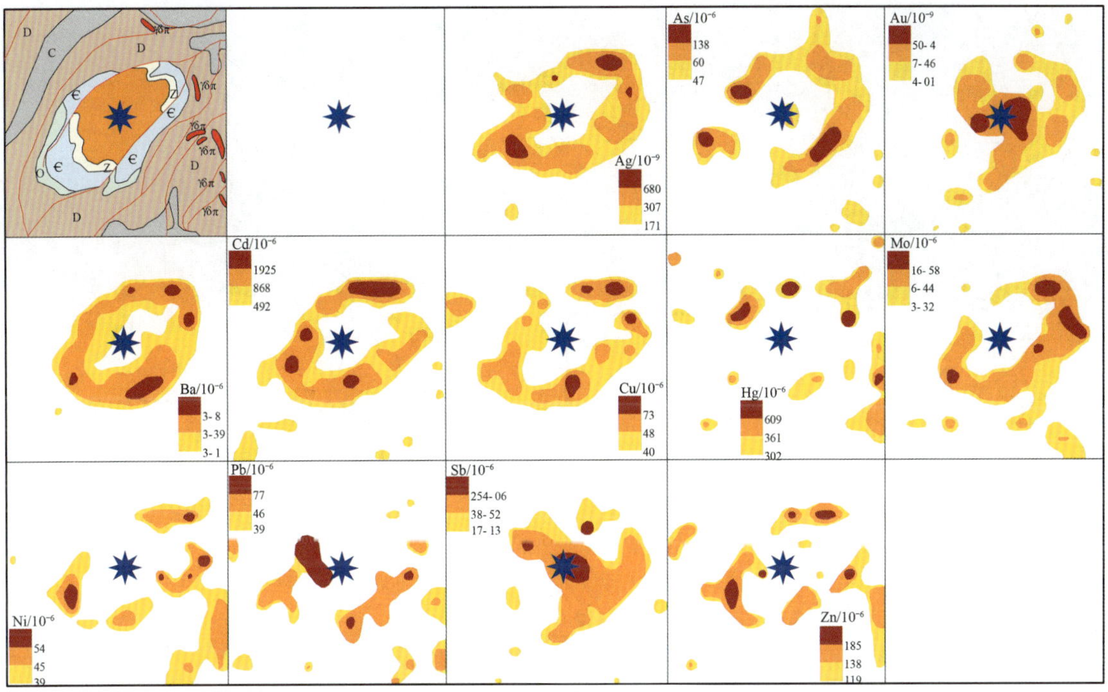

图 3-146 湖南新邵县龙山锑金矿床 1∶20 万水系沉积物剖析图
（据湖南省地球物理地球化学勘查院，2013）

2）Sb、Au、Ag、As、Mo、Cu、Zn、Cd、Pb、Ba、Hg 等元素围绕着龙山短轴背斜（图 3-147）的翼部——震旦系、寒武系深海相碳泥质页岩、硅质页岩呈圆环状、半圆环状展布，示踪着它们为龙山锑金矿主要成矿物质来源。

3）从龙山短轴背斜两翼地层中（寒武系、泥盆系）中酸性岩脉、基性岩脉的展布及矽卡岩化、大理岩化、硅化等蚀变等现象，推测龙山短轴背斜下有隐伏的岩浆岩体，它是矿源层中 Sb、W、Au 等元素活化、迁移及沉淀富集成矿的地质营力。

（五）我国浅表 Sb 元素地球化学异常场空间的成因分析

从中国锑矿床在二级成矿省分布图中清晰可见（图 3-148 上），我国锑矿床主要分布于 4 个锑矿带：华南巨型锑矿带（Ⅰ）、昆仑-秦岭锑矿带（Ⅱ）、藏滇锑矿带（Ⅲ）、阴山-天山锑矿带（Ⅳ），其中以华南巨型锑矿带最重要。对照中国浅表 Sb 元素地球化学异常场（图 3-148 下）和锑矿带的空间展布如此的一致（张国林，1998）。

依据地质构造背景、成矿物质来源、赋矿岩石组合、矿石矿物组合、矿体产状等特征，我国锑矿床类型分为：喷流沉积-改造型、沉积-改造型、变质再造型、岩浆热液型、火山热液型和外生堆积型，而喷流沉积-改造型、变质再造型矿床的探明储量约占我国锑矿储量的 78%。

综上所述，归纳几点认识：

1）近千个矿床（矿点）分布于一级成矿域之间及二级成矿省之间的过渡带，如华南巨型锑矿带位于扬子陆块东南缘与华南褶皱系间的过渡带，矿床分布受区域性大断裂的控制（如藏滇锑矿带、昆仑-秦岭锑矿带），多数矿床定位于区域性大断裂旁侧次级断装与背斜交汇处（如独山锑矿床、龙山锑金矿床等）；

2）华南巨型锑矿带中无论是江南古陆基底还是盖层中各赋矿层位，赋矿岩石主要为细碎屑岩、碳酸盐岩、火山沉积岩，均有较高的锑元素的丰度，比地壳克拉克值高 1～2 个数量级，它为形成华南锑矿带提供充足的物源条件，也是形成华南巨型 Sb 元素地球化学异常场主要原因；

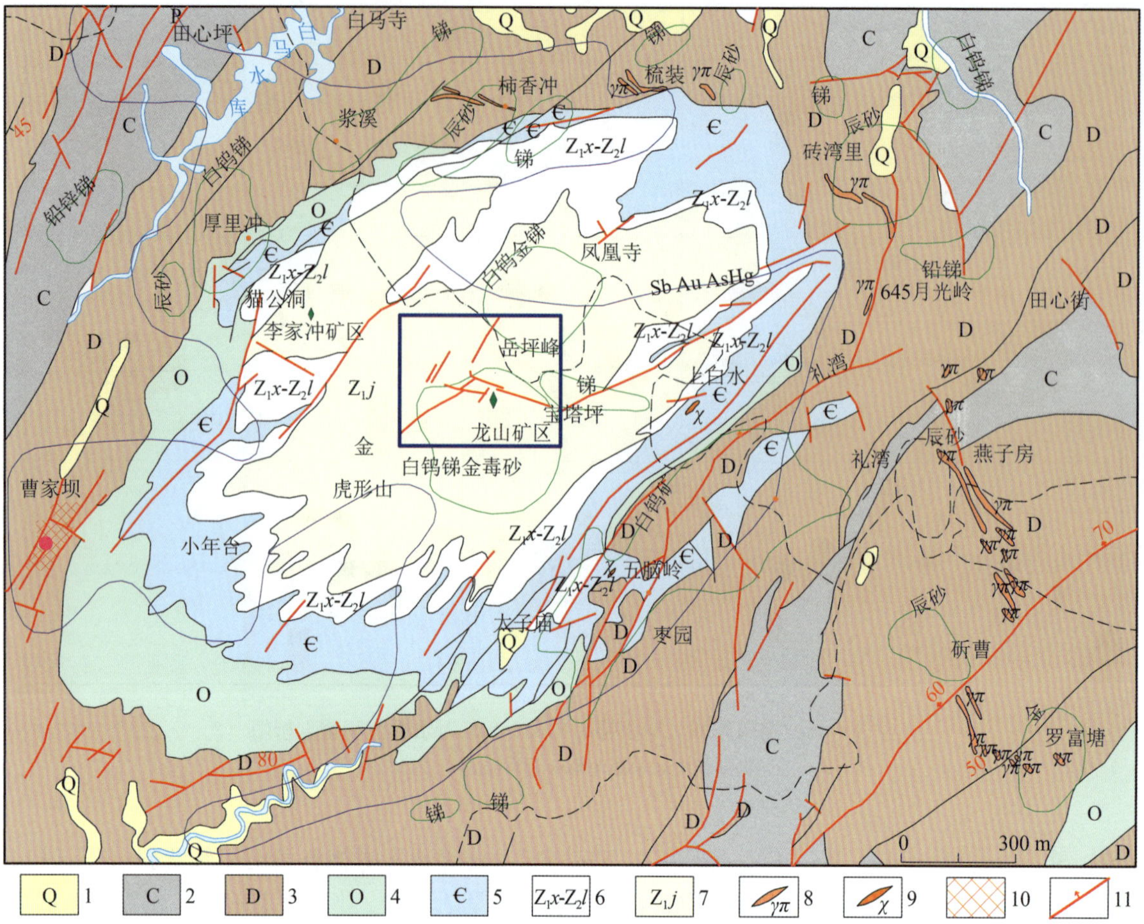

图 3-147　湖南龙山锑金矿矿区及外围地质图

（据湖南省地球物理地球化学勘查院，2013）

1—第四系；2—石炭系；3—泥盆系；4—奥陶系；5—寒武系；6—上震旦统茶坡组至下震旦统湘锰组；7—震旦系下统江口组；8—花岗斑岩；9—煌斑岩；10—矽卡岩；11—正断层

3）从江南古陆基底到盖层各盆地的沉积黄铁矿铅同位素组成与赋存于其中的各类锑矿床矿石铅铅同位素的变化特征来看，它们具有明显的相似性，这一信息示踪着锑等成矿元素的物源来自江南古陆基底及其后演化的沉积盆地；

4）在燕山期构造-岩浆活化作用的强烈驱动下，萃取地层中含矿物质后形成的深部成矿热流体沿断层构造系统向上迁移，在温度、压力环境发生急剧变化的断裂破碎带、层间破碎带、剥离空间析出沉积，从而形成脉状和整合型似层状矿体。

三、我国西部重要微细浸染型金矿集区 Au 元素成岩、成矿、成晕的地球化学机制

我国西部成矿省（西扬子地球化学成矿域 418，419），尤其是右江造山带的滇黔桂地区，以印支褶皱为主，发育了晚古生代—早中生代的含 Au 碎屑岩-碳酸盐岩建造，形成了成片的 Au 元素地球化学异常（图 3-149），岩浆活动较弱，金成矿作用多以微细浸染型金矿形式出现。

该地区微细浸染型金矿的基本特征（陈毓川等，2007）：

1）成矿围岩为海相沉积的碳酸盐岩-碎屑岩建造；

2）容矿岩石多以粉砂岩、细砂岩、泥质岩及相互过渡岩石，碳酸盐岩也是重要的容矿岩石；

3）有些矿床以断裂带为容矿构造；

4）金的颗粒极细，以超显微金为主；

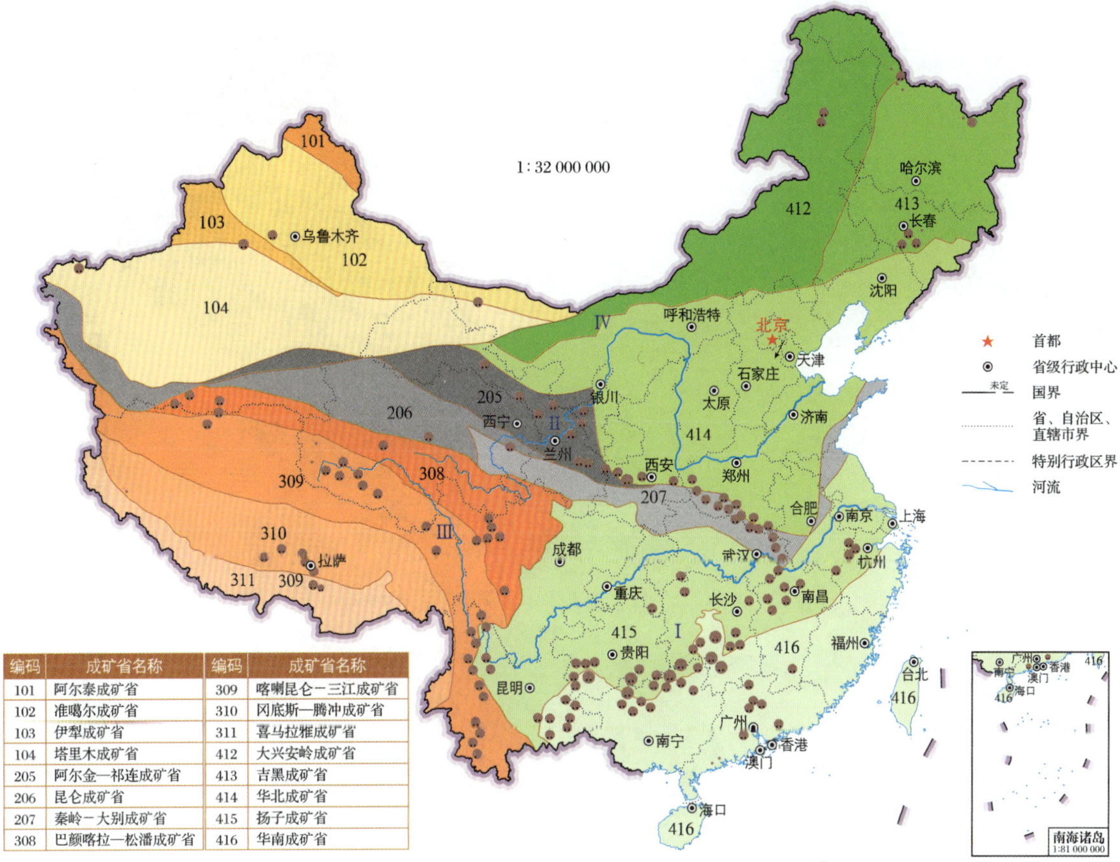

编码	成矿省名称	编码	成矿省名称
101	阿尔泰成矿省	309	喀喇昆仑－三江成矿省
102	准噶尔成矿省	310	冈底斯—腾冲成矿省
103	伊犁成矿省	311	喜马拉雅成矿省
104	塔里木成矿省	412	大兴安岭成矿省
205	阿尔金—祁连成矿省	413	吉黑成矿省
206	昆仑成矿省	414	华北成矿省
207	秦岭－大别成矿省	415	扬子成矿省
308	巴颜喀拉—松潘成矿省	416	华南成矿省

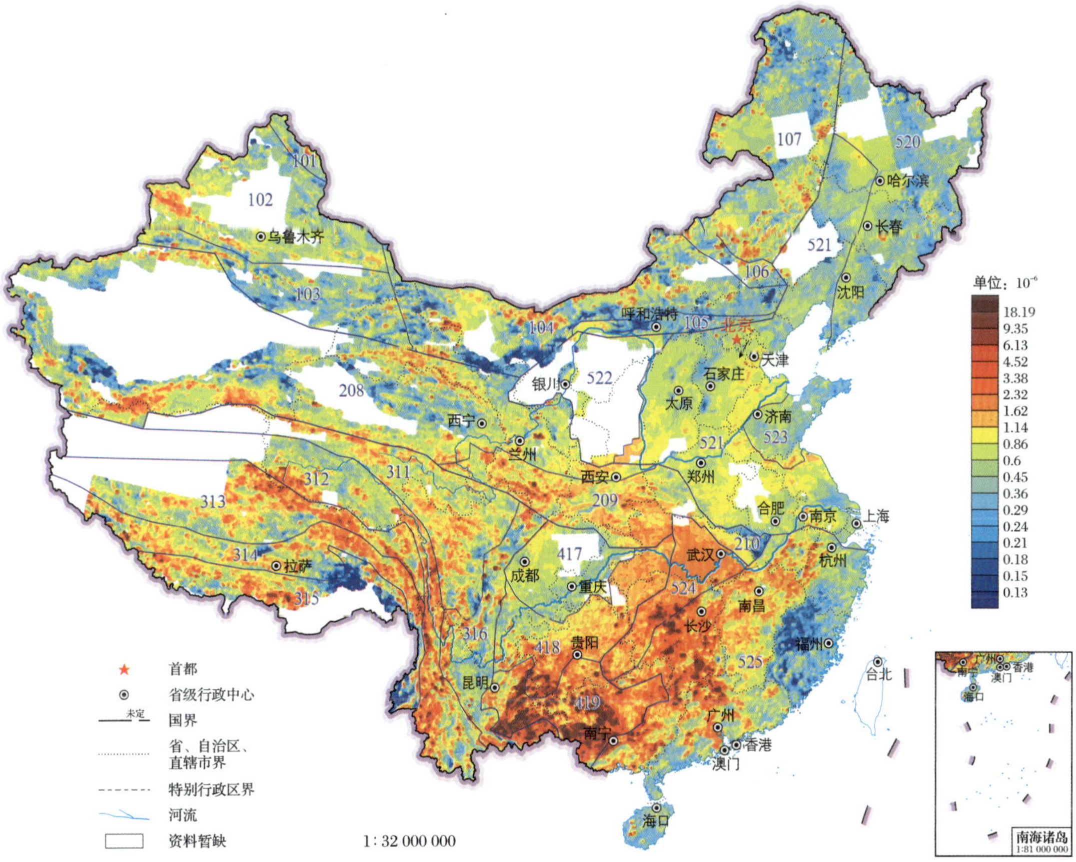

图 3-148 中国锑矿床分布图（上）与中国浅表 Sb 元素地球化学图（下）

Ⅰ—华南锑矿带；Ⅱ—昆仑-秦岭锑矿带；Ⅲ—藏滇锑矿带；Ⅳ—阴山-天山锑矿带

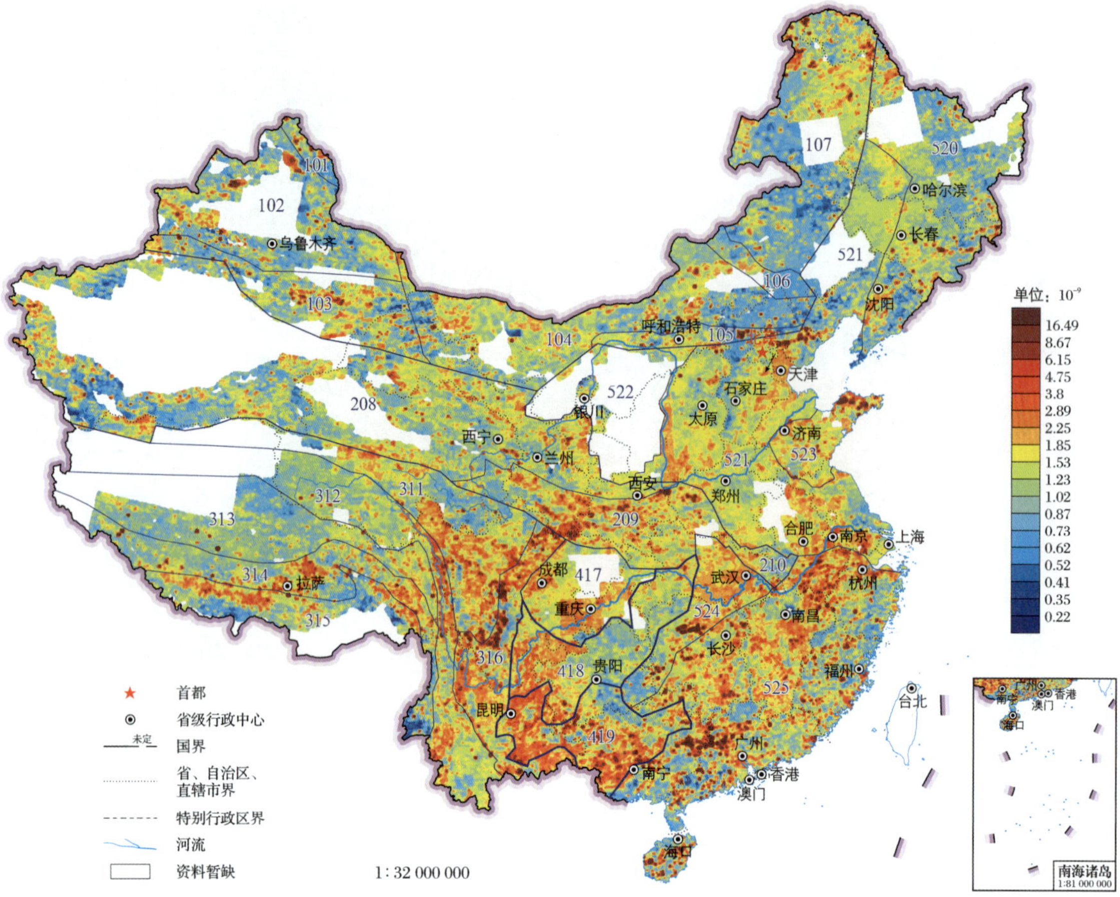

图 3-149　西扬子地球化学成矿域 418，419 细浸染型 Au 元素富集

5）矿物组合以低温矿物为主；

6）围岩蚀变有硅化、黄铁矿化、毒砂化、铁白云石化和方解石化；

7）Au 与 As、Sb、Hg 等元素具明显的异常和相关性；

8）矿石在地表风化后呈黄褐色、铁锈色等。

（一）四川微细浸染型金矿

四川微细浸染型金矿的含矿岩系为三叠系的一套浊积岩，主要有马脑壳式金矿、东北寨式金矿等典型矿床。

1. 四川微细浸染型金矿地质特征（表 3-72）

表 3-72　四川微细浸染型典型金矿床成矿地质特征

成矿地质特征		九寨沟马脑壳金矿	松潘东北寨金矿
地质环境	成矿时代	燕山期—喜马拉雅期	燕山期
	成矿环境	中三叠统扎尕山组（T_2zg）半深海-深海浊流沉积环境形成的一套以中细碎屑岩为主夹碳酸盐岩组合；燕山期近南北向挤压、剪切构造环境	上三叠统碎屑质浊积复理石建造
	构造背景	松潘-甘孜造山带北部边缘与秦岭造山带接壤部位。巴颜喀拉褶皱带、阿尼玛卿背斜东段；羊布梁子断裂南侧、马脑壳向斜北东倒转翼、次级的北西向断裂构造带	松潘弧形滑脱-逆冲推覆造山带，若尔盖中间地块（或摩天岭地块）与马尔康弧形构造复合地带。控矿构造垮石崖南北向逆冲断裂带

续表

成矿地质特征		九寨沟马脑壳金矿	松潘东北寨金矿
矿床特征	矿体形态产状（含矿岩系特征）	中三叠统扎尕山组二段（T_2zg^2）灰色钙质粉砂质板岩、钙质绢云板岩、薄至中厚层状细粒钙质石英砂岩、变质粉砂岩夹结晶灰岩透镜体岩石组合	矿体呈似层状、透镜状产出于控矿断裂下盘新都桥组构造动力容矿岩带中，产状与控矿断裂一致。上三叠统新都桥组黑色板岩系，容矿岩石为韧脆性千糜岩状碎粒岩
	矿物组合	主要的矿石矿物：自然金、自然银、辉锑矿、黄锑矿、黄铁矿、褐铁矿、臭葱石，次为毒砂、雄黄、雌黄、白钨矿及微量的方铅矿、闪锌矿、锡石、辉铜矿、黄铜矿、硫银矿和铜蓝等。脉石矿物主要有：石英、铁白云石、绢云母、水云母、方解石、绿泥石、长石等	热液主成矿阶段：硅化石英+含砷黄铁矿+毒砂+超显微自然金共生矿物组合。热液叠加成矿阶段：热液方解石+雄黄+辉锑矿+超显微自然金共生矿物组合
	矿石结构构造	显微鳞片变晶结构、变余砂状结构、破裂-碎裂结构、自形-半自形晶结构、他形晶结构和胶状结构、交代残余结构、交代假象结构；角砾状构造、脉状-细网脉状构造、板状构造、斑杂状构造等	常见矿石结构为：粒状、柱状、环带状、鳞片状结晶结构和动力变质碎粒结构。 常见矿石构造为：微粒浸染构造、条纹状构造和似眼球状构造等
	围岩蚀变	主要有硅化、碳酸盐化、褐铁矿化、绿泥石化、黄铁矿化，次有毒砂、雄黄-雌黄矿化、辉锑矿化；其中褐铁矿化、黄铁矿化、黄-雌黄矿化、辉锑矿化、硅化、碳酸盐化与成矿关系密切	热液硅化、含砷黄铁矿化和毒砂矿化
	控矿条件	扎尕山组二段（T_2zg^2）含矿层金背景值高、具矿源层特征；区域羊布梁子断裂对马脑壳金矿的成矿起控矿作用，马脑壳向斜的北西向次级断裂是矿液运移通道和容矿构造	上三叠统卡利阶新都桥组、泥盆系危关群+下石炭统岩关阶香蜡台组富含腐泥型有机质、霉群状黄铁矿和金、砷、锑等亲硫成矿元素的黑色板岩系。黑色板岩型矿源层供矿-构造动力驱动-浅成低温含矿热液裂隙充填成矿
	风化淋滤	地表浅处次生氧化、淋滤、富集形成高品位氧化矿石和工业矿体	表生氧化-次生富集成矿

2. 四川微细浸染型金矿 1∶20 万水系沉积物区域地球化学异常特征

(1) 九寨沟马脑壳金矿

Au、As、Sb、Hg、Bi 等元素异常清晰，浓集分带明显。尤其是 Au、As、Sb、Hg 4 项指标异常空间套合较好，浓集中心基本重合。金矿位于异常的浓集中心带，Au 含量为 $1.4\times10^{-9}\sim1.94\times10^{-9}$。(异常特征详见图 3-150，表 3-73)。异常展布与区域构造线的方向一致，异常区出露地层为三叠系中统侏倭组，岩性为深灰色薄-厚层变质长石石英砂岩、含砾粗砂岩、砂岩与碳质板岩互层。

表 3-73 九寨沟马脑壳金矿典型异常特征

元素	样点	面积（外）	面积（中）	面积（内）	面积（总）	均值	极大值	变化系数	平均衬值	极值重叠元素
As	8	29.32	3.787	0	33.1	29.84	56.7	0.598	0.494	As-Au-Hg-Sb
Au	8	27.38	4.21	0	31.59	2.811	6.2	0.661	0.246	As-Au-Hg-Sb
Hg	11	20.97	18.56	0	39.53	3.34	8.7	0.695	0.333	As-Au-Hg-Sb
Sb	2	4.795	0	0	4.795	48.02	58.65	0.221	0.035	As-Au-Hg-Sb

注：Au、Hg 单位为 10^{-9}，As、Sb 为 10^{-6}，面积为 km^2。

(2) 松潘东北寨式金矿

Au、As、Sb、Hg、Bi 等元素异常清晰，浓集分带明显。尤其是 Au、As、Sb、Hg 4 项指标异常

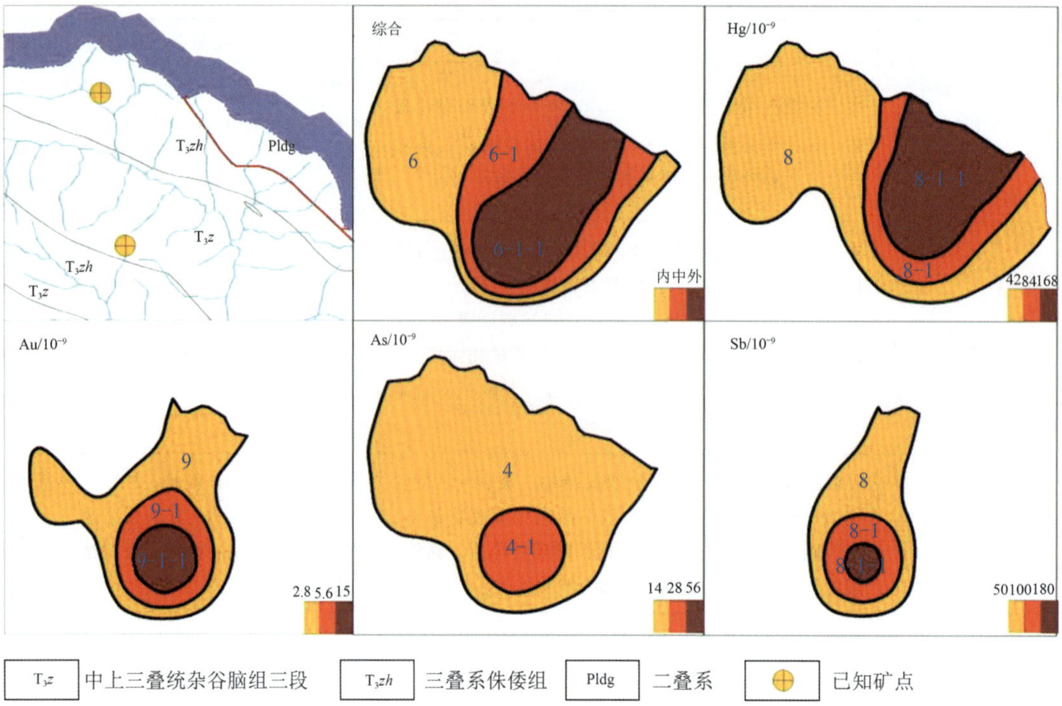

图 3-150　九寨沟马脑壳金矿区域地球化学异常剖析图

（据四川省地质调查院，2013）

空间套合较好，浓集中心基本重合。金矿位于异常的浓集中心带。综合异常面积 26.49 km^2。水系沉积物中 Au 含量为 $3.45\times10^{-9}\sim68.75\times10^{-9}$，As、Sb、Hg 异常显著，具有三级浓度分带（异常特征详见图 3-151、表 3-74），异常展布与区域构造线的方向一致，异常区出露地层以泥盆系危关组为主。

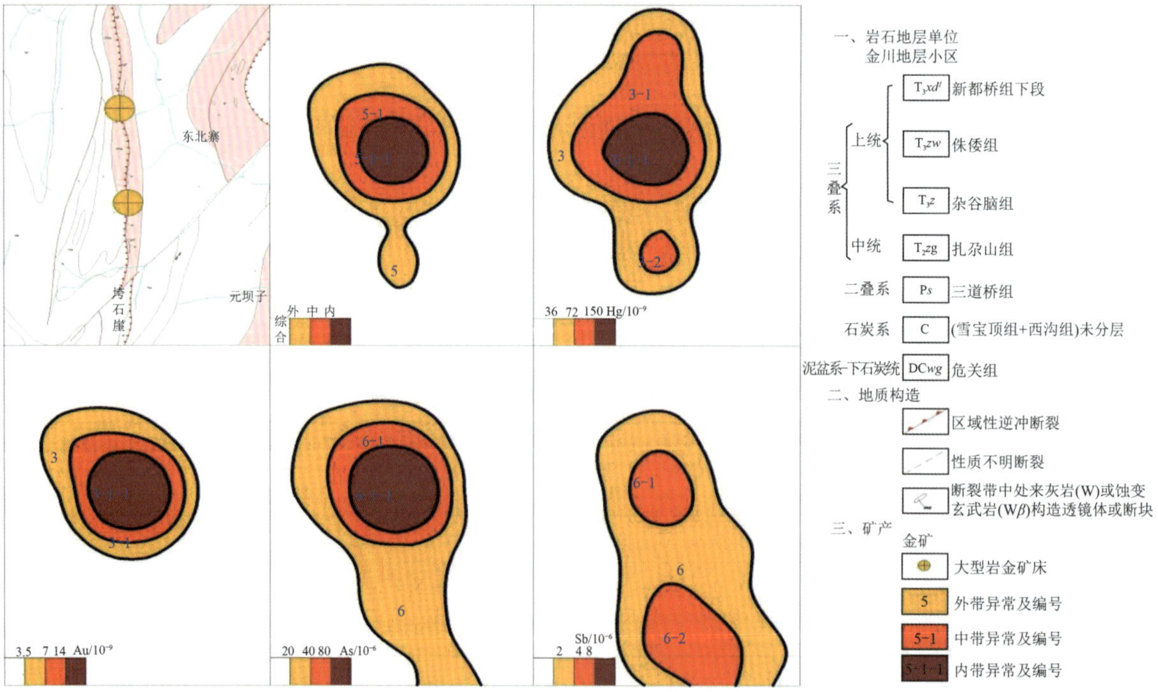

图 3-151　松潘东北寨金矿区域地球化学异常剖析图

（据四川省地质调查院，2013）

表 3-74 松潘东北寨金矿典型异常特征

元素	样点	面积（外）	面积（中）	面积（内）	面积（总）	均值	极大值	变化系数	平均衬值	极值重叠元素
As	15	44.09	8.45	8.2	60.74	93.67	576	1.399	0.935	As-Au-Hg-Sb
Au	6	10.09	6.73	6.63	23.45	16.78	68.75	1.39	0.427	As-Au-Hg-Sb
Hg	8	20.17	15.01	6.018	41.2	280	832	0.835	0.317	As-Au-Hg-Sb
Sb	11	36.51	15.23	0	51.74	3.075	5.56	0.43	0.443	As-Au-Hg-Sb

注：Au、Hg 单位为 10^{-9}，As、Sb 为 10^{-6}，面积为 km^2。

（二）桂黔微细浸染型金矿

桂黔微细浸染型金矿含矿岩系为中三叠系的一套深水浊积岩，主要有广西凤山县金牙金矿和贵州兴仁县紫木凼金矿等典型矿床。

1. 桂黔微细浸染型金矿地质特征（表 3-75）

表 3-75 桂黔微细浸染型典型金矿床成矿地质特征

成矿地质特征		广西凤山县金牙金矿	贵州兴仁县紫木凼金矿
地质环境	成矿环境	三叠系中统百逢组（T_2b_{1-3}）深水浊流沉积环境形成的一套以中细碎屑岩为主夹碳酸盐岩组合；岩层中具较完整的 A-B-C-D，A-B-D 鲍马系列。自上而下岩性由中厚层钙质泥岩逐渐变为厚层状和块状砂岩夹泥岩，粒度由细变粗	紫木凼金矿位于黔西南右江造山带，区内出露地层为泥盆系至三叠系的碳酸盐岩及碎屑岩。赋矿地层主要是上二叠统、下三叠统的粉砂岩、泥灰岩、粘土岩
	构造背景	矿区内断裂构造发育，主要有近南北向、北东向、北北西向及弧形 4 组，其中金牙弧形断裂和近南北向那阮-内郎沟正断层为区内控矿构造	矿区有北西西（F_1）和北东向两组断裂，北西西（F_1）是紫木凼金矿的控矿构造
矿床特征	矿体形态产状（含矿岩系特征）	矿体呈似层状、豆荚状、透镜状主要赋存于中三叠统百逢组中的金牙弧形断裂与那阮-内郎沟断裂之间的次级断层破碎带中，少数赋存于那阮-内郎沟断裂中，矿带呈近南北向展布，长约 3500 m，宽 300~1500 m	金矿体产于背斜轴部及近轴部断裂破碎带中，断裂切过的地层含粘土质类岩石多时，金矿化富集。矿体层状、豆荚状、透镜状产于断裂破碎带中。断裂构造是主要控矿要素
	矿物组合	金属矿物有黄铁矿、毒砂、胶黄铁矿、磁黄铁矿、闪锌矿、黄铜矿、方铅矿、辉锑矿、自然砷、雄黄、雌黄、自然金、银金矿；非金属矿物有石英、方解石、白云石、绿泥石、高岭石及碳质 矿石类型：①氧化矿石；②原生矿石：黄铁矿型矿石、黄铁矿-毒砂型矿石、毒砂型矿石	含金矿物除自然金外，还有黄铁矿、白铁矿、毒砂、褐铁矿 成矿分 3 个阶段：①初始富集阶段（黄铁矿、白铁矿、毒砂，有 S、Fe、As）；②成矿阶段（自然金、黄铁矿、白铁矿，有 Au、As、Fe、S）；③晚期成矿阶段（雄黄、石英、方解石，有 As、S）
	矿石结构构造（微细浸染型）	各类矿石的结构类型主要为自形、半自形及他形粒状结构，毒砂多具双晶，黄铁矿具环状结构。矿石构造为：浸染状、网脉状、细脉状、团块状及土状等	矿石结构主要为自形、半自形及他形粒状结构。矿石构造为：角砾状、团块状和土状

续表

<table>
<tr><th colspan="2">成矿地质特征</th><th>广西凤山县金牙金矿</th><th>贵州兴仁县紫木凼金矿</th></tr>
<tr><td rowspan="3">矿床特征</td><td>围岩蚀变</td><td>主要为黄铁矿化、毒砂化、硅化、碳酸盐化，其次为叶蜡石化、绿泥石化、高岭石化、绢云母化</td><td>主要为黄铁矿化、毒砂化、白铁矿化、硅化，及少量雄黄、方解石化。金矿主要以黄铁矿化、毒砂化为主，金矿体主要产在断裂含金蚀变带中</td></tr>
<tr><td>控矿条件</td><td>可划分为矿源层初步富集及成矿的两个阶段：①中三叠世主要接受陆源碎屑物质沉积，形成百逢组含金矿矿源层；②下渗的大气降水形成的低温热液淋滤萃取围岩中的 Au 等成矿物质，在合适的构造部位不断富集成矿</td><td>上二叠统、下三叠统的粉砂岩、泥灰岩、粘土岩中矿源层中 Au 初步富集；断裂构造作用不断萃取各矿源层的成矿物质在断裂破碎蚀变带中富集成矿</td></tr>
<tr><td>风化淋滤</td><td>地表浅处次生氧化、淋滤、富集形成高品位氧化矿石</td><td>表生氧化作用弱</td></tr>
</table>

2. 桂黔微细浸染型金矿地球化学异常特征

（1）广西凤山县金牙金矿区域、矿区地球化学异常特征

从隆林-西林金矿集区 1∶20 万水系沉积物区域异常图（图 3-152）可见：隆林-西林金矿集区存在明显的 Au、As、Sb、Hg、Ag、Co、Ni、V、Ti、Li、F 异常。各元素异常内、中、外浓度分带清晰，吻合程度高，规模较、强度较高。

金牙金矿区 1∶5 万水系沉积物地球化学异常特征：293 件样品的 13 项元素含量数据（Au 为 72 件样品）。计算水系沉积物元素中位值相对其在中国水系沉积物中的富集系数，将其地球化学参数特征列于表中（表 3-76）。

表 3-76　金牙金矿区 1∶5 万水系沉积物地球化学特征参数表

元素	样品数	最大值	最小值	中位数	平均值	标准差	中国水系沉积物	富集系数	异常外带	异常中带	异常内带
Au	72	43	1	2.8	4.63	6.94	1.32	2.12	4.9	9.7	15.7
Ag	293	310	37	79	83.8	26.46	77	1.03	100	105.71	129.5
As	293	410	2.8	12.6	20.9	43.75	10	1.26	28	47.5	106.2
Sb	293	44	0.15	1.1	2.19	4.26	0.69	1.59	2.2	3.1	12.8
Hg	293	14260	9	82	252.3	941.62	36	2.28	160	426.1	1855.8
Cu	293	360	10	38	39.5	20.30	22	1.73	47	48	56
Zn	293	470	17	74	83.7	46.99	70	1.06	100	129	270
Pb	293	84	3.8	22	23.5	8.60	24	0.92	30	34	46
Ba	293	2200	54	200	227.8	157.01	490	0.41	310	340	580
Mn	293	12200	87	750	1087.8	1351.20	670	1.12	1430	1845	6300
Sn	293	16	0.54	2.5	2.88	1.92	3	0.83	3.9	4.6	9
W	293	8.1	0.11	1.7	1.90	0.99	1.8	0.94	2.2	3	5.55
Mo	293	168	0.15	0.34	2.46	11.81	0.84	0.40	0.75	3.3	39

注：富集系数=中位值/中国水系沉积物的中值，中国水系沉积物中值数据引自迟清华等（2007）。异常外、中、内带下限的确定采用累频 85%、92%、98%。单位：Au、Ag、Hg 为 10^{-9}，其他为 10^{-6}。

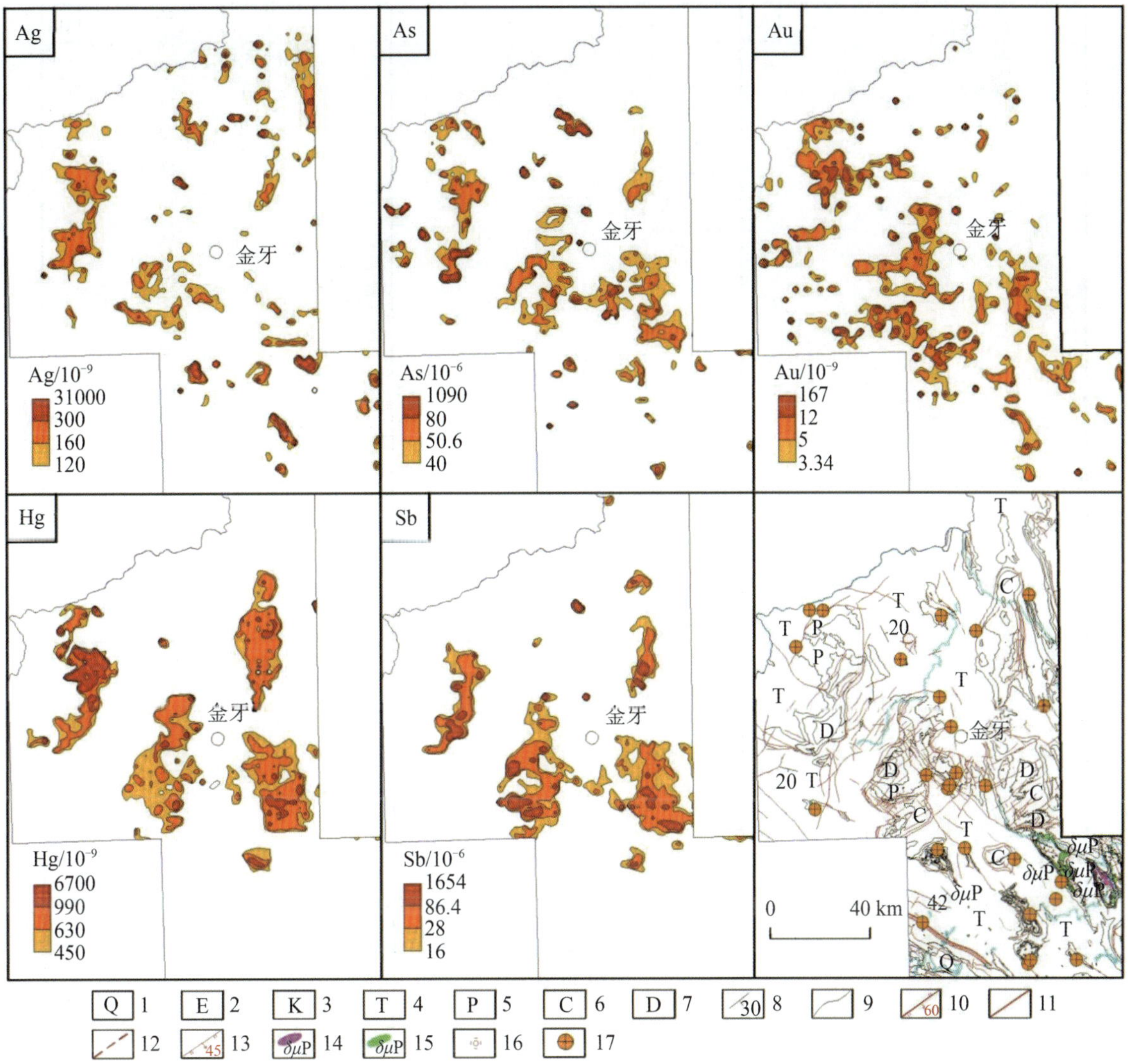

图 3-152　广西隆林-西林金矿集区 1∶20 万水系沉积物地球化学异常剖析图

（据广西壮族自治区地质勘查总院，2013）

1—第四系；2—第三系；3—白垩系；4—三叠系；5—二叠系；6—石炭系；7—泥盆系；8—岩层产状；9—实测地质界线；10—实测逆断层；11—实测性质不明断层；12—推测性质不明断层；13—实测正断层；14—石英玢岩；15—辉绿岩；16—硅化；17—金矿床（点）

与中国水系沉积物元素含量中位值相比，金牙金矿区 1∶5 万水系沉积物明显富集 Au、Sb、As、Hg、Cu 计 5 项，其富集系数大于 1.26。即金牙金矿区水系沉积物中明显富集 Au、Sb、Cu、As、Hg。

金牙金矿区 1∶5 万水系沉积物元素的地球化学异常图（图 3-153），在金牙金矿区存在明显异常的有 Au、Sb、As、Hg、Cu、Ag、Zn 等元素，Au、As、Sb、Hg 元素异常空间套合较好，浓集中心基本重合。Au 内带达 43×10^{-9}，As 内带 410×10^{-6}，Sb 内带 44×10^{-6}，Hg 内带达 14260×10^{-9}。异常走向呈东西向，异常往西尚无封闭。

结合区内矿床的矿物组合特征，确定金牙金矿区 1∶5 万水系沉积物的成矿指示元素组合为 Au、Sb、As、Hg、Ag 共 5 项。

（2）黔西南区域、兴仁县紫木凼金矿矿区地球化学异常特征

1）黔西南 1∶20 万水系沉积物区域地球化学异常特征：黔西南地区由于岩溶洼地发育，Au 元素被铁锰氧化物和粘土矿物吸附从而引起大面积异常，紫木凼和烂泥沟两个大型金矿床上 Au 异常分别达 8 km^2 和 12 km^2。虽然紫木凼金矿已达大型，但由于 Au 矿体出露部分较小，延伸却很大，故在

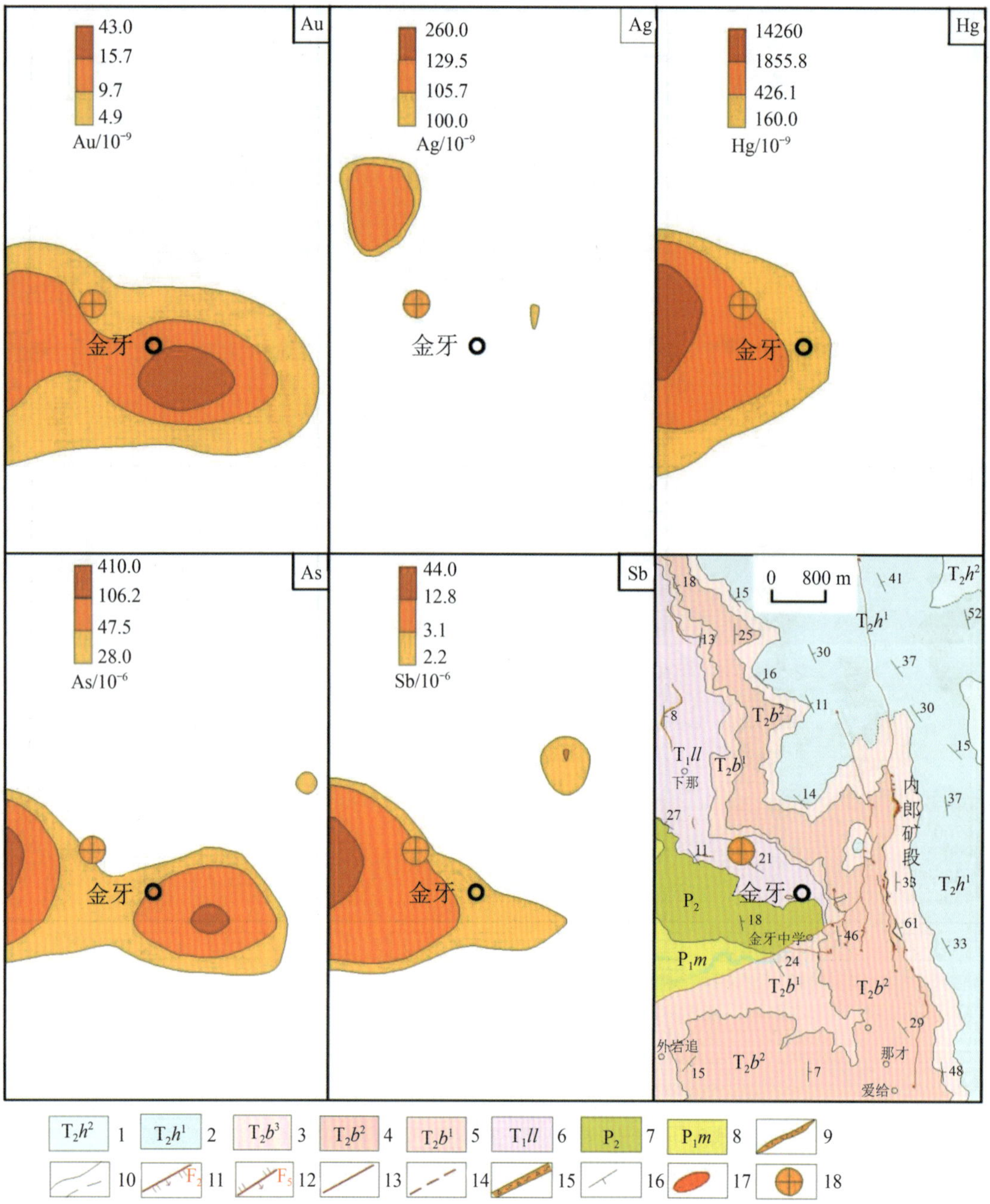

图 3-153　金牙金矿区 1∶5 万水系沉积物异常剖析图

（据广西壮族自治区地质勘查总院，2013）

1—中三叠统河口组中段；2—中三叠统河口组下段；3—中三叠统百逢组上段；4—中三叠统百逢组中段；5—中三叠统百逢组下段；6—下三叠统逻楼群；7—上二叠统；8—下二叠统茅口阶；9—凝灰岩夹层；10—实/推测地质界线；11—实测正断层及编号；12—实测逆断层及编号；13—实测性质不明断层；14—推测性质不明断层；15—断层破碎带；16—岩层产状；17—金矿体；18—金矿

1∶20万水系沉积物异常图上 Au 异常规模较小，而 Hg 异常规模很大，Hg 异常往往顺北西西向区域构造带延伸达上百千米。

黔西南微细浸染型金矿直接指示元素 Au、As、Sb。紫木凼金矿的指示元素 Hg、As、Sb、Au、Ag、Cu、Pb、Zn、Ba。

2）兴仁县紫木凼金矿矿区原生晕地球化学异常特征：从贵州兴仁县紫木凼矿区 23 线原生晕剖面获知（图 3-154）：紫木凼金矿原生晕具 Au、As、Sb、Ag、Hg、W、Sn、Mo（Co、Ni）等元素异

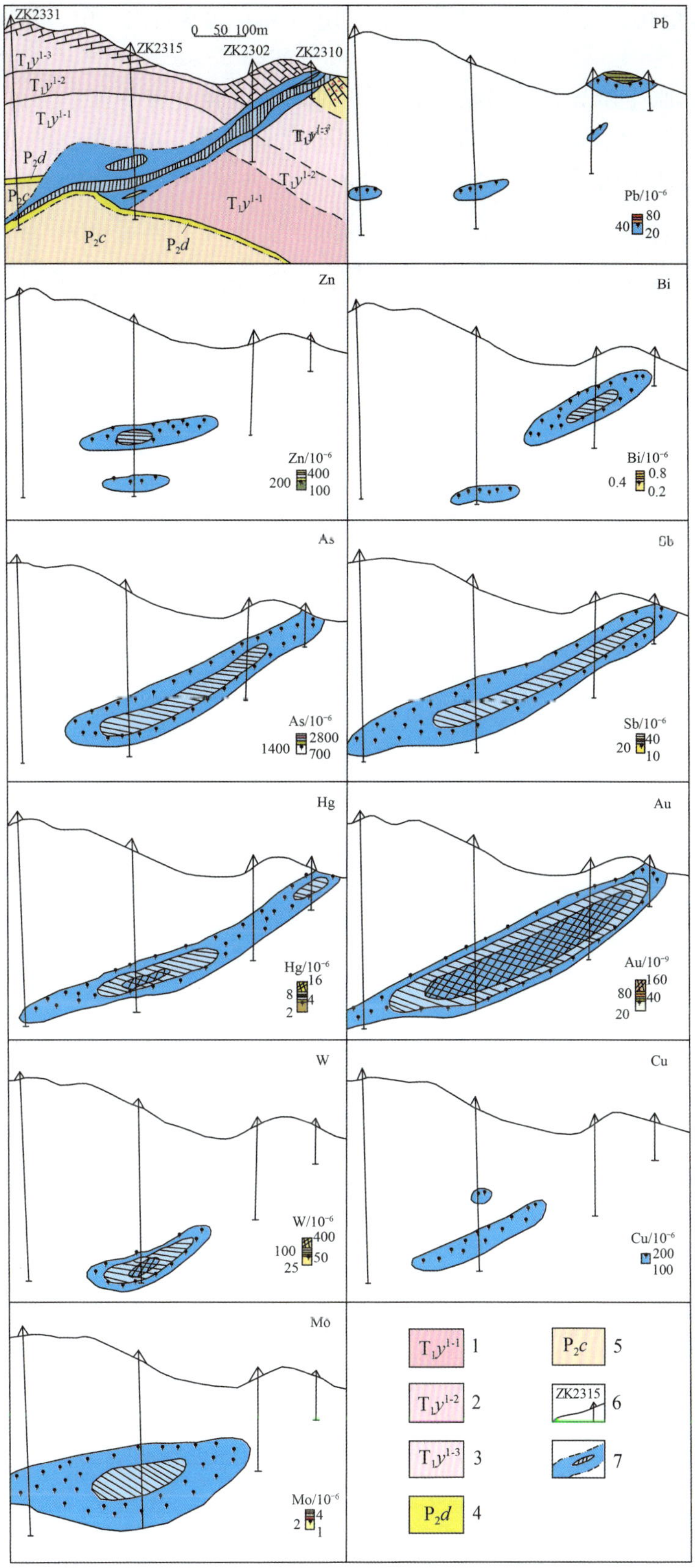

图 3-154　贵州兴仁县紫木凼矿区 23 线原生晕地球化学异常图

（据邹光华等，1996）

1—夜郎组一段三亚段；2—夜郎组一段二亚段；3—夜郎组一段一亚段；4—大隆组；5—长兴组；6—钻孔及编号；7—金矿体及内、中、外蚀变带常，异常围绕矿件呈层状、似层状、透镜状。Au、Hg（W）元素具内、中、外带；As、Sb、Bi元素具中、外带。

微细浸染型金矿原生晕异常分带清晰，具下列元素组合分带特征：①矿体前缘晕：Ag、Hg（Sb），有Au的弱异常，元素比值：AsHg/CoNi>10；②矿体晕：Au、As、Sb强异常，Mo弱异常，元素比值：AsHg/CoNi1-10；③矿体尾晕：W、Sn、Mo（Co、Ni）为特征，元素比值：AsHg/CoNi<1。

结 束 语

“中国地球化学场与成矿关系研究”项目是在充分吸收前人研究思路、研究成果的基础上，以我国已有的1∶20万（1∶50万）区域地球化学数据及1∶25万深层土壤多目标调查成果为主，综合利用中大比例尺的地球化学资料，以现代成岩、成矿、成晕理论为指导，以“源”→“动”→“储”→“变”“不变”为基本建模思路，充分研究成矿区带的基础地质、成岩成矿规律、理论地球化学及勘查地球化学特征，研究总结典型矿床（矿田）的异常特征，建立矿床（矿田）、成矿带的地质、地球化学模型，为我国元素地球化学场空间分布特征提供可解释的成岩、成矿依据。为此，地球化学场是研究手段，成矿作用是研究目的。

在以上研究思路指导下，通过三年多来的不断收集和总结，获得了以下主要成果：

1）利用全国矿产资源潜力评价项目中我国已完成的1∶20万区域（1∶50万）39项元素（氧化物）及1∶25万深层土壤多目标调查资料（向运川，2018），修正补充了《中国地球化学场与成矿关系研究》（胡应中，任天祥，马振东等，2006）研究成果：①徐志刚等（2008）中国成矿区带划分方案，强调以大地构造背景和成矿构造环境为基础，将中国划分出4个成矿域、17个二级成矿省；②参考中国成矿省划分方案和中国自然地理景观划分方案，向运川等（2014）提出中国浅表地球化学省划分方案。将全国划分为5个一级地球化学域和25个二级地球化学省；③分别以大地构造背景、成矿构造环境和自然地理景观特征为基础，对我国二级成矿省和二级地球化学省中常量元素的空间分布、主要成矿元素（Cu、Pb、Zn、Au、W、Sn、Mo、U、Th、La、Y、Sb、Hg）各参数（主要包括样品数、中位值、平均值、标准差、几何均值、几何标准差、最小值和最大值）及空间分布进行阐述。

2）在对中国东部岩石圈（华北陆块南缘、扬子陆块北缘、秦岭造山带）主要成矿元素（Cu、Pb、Zn、Au、W、Mo）丰度特征及热力学状态讨论的基础上，以长江中下游Cu（Fe）成矿带为例讨论了Cu（Fe）成矿的内、外控矿条件和长江中下游及邻区铅同位素组成背景及其地质示踪意义。

3）本次研究运用了当今国内外研究铅同位素的新思路和方法，以我国特有的大地构造背景为基础，以我国新生代上地幔铅同位素组成的地球化学场为依据，示踪我国大型、超大型斑岩型铜矿床（驱龙、玉龙、雄村、多龙、德兴、土屋-延东）及铜镍硫化物型矿床（金川、喀拉通克）的成岩、成矿物质来源，试图从更广阔的时、空领域及难观察的微观变化来探讨铅同位素的示踪意义。

4）成岩、成矿、成晕是地壳内的同一地质体沿着基本相同的运动途径，经历着大致相同的地质作用，在同一个成矿系统中不同的时空尺度下演化的不同产物。前二者以宏观的岩石、矿物的形式出现，而后者是以微观的元素场（同位素场）的形式体现。因此在研究元素地球化学场（同位素场）与成矿关系时，首先要考虑成岩-成矿-成晕同系统特性，所谓同系统即既要表示成岩、成矿的规律，又要反映成晕（原生晕、次生晕）的地球化学特征及元素（元素组合）在不同物理化学条件下时空分布的规律，本次研究汇总了：①从W、Mo、Au元素成岩、成矿、成晕的特征分析解释了我国W、Mo、Au元素异常空间分布规律。例如通过钨成岩-成矿-成晕同系统地球化学研究表明：在华南地区1∶20万水系沉积物W含量大于4.5×10^{-6}异常的面积约30×10^{4} km^2之多，主要由燕山期壳熔酸性花岗岩大岩基、含钨建造所引起；W含量大于15×10^{-6}的浓集区主要为大岩基顶部岩叉（小岩株）形成含矿碱长花岗岩及钨矿床所致；在全国成矿省W元素地球化学图上赣西北呈碎斑状异常是江西武宁大湖塘钨矿集区的反映。②在我国华南中生代壳熔酸性岩浆成岩作用形成的U、La原生晕的基础上，由于在热带、亚热带表生作用地球化学景观条件下，分别形成了中低温热液型沥青铀矿床和风化壳淋积型或离子吸附型稀土矿床，其显著特征是“内生成晕活化、外生富集成矿”。同时也解答了我国U、La元素水系沉积物地球化学异常为什么呈现“南高北低”的空间分布格局，并提出了我国铀矿、稀土矿的资源潜力和找矿方向。③用基底和盖层的Pb、Zn、Sb成矿元素丰度及铅、硫同位素组成特征示踪Pb、Zn、Sb矿床的成矿物质来源及成矿环境，其显著特征是“外生作用形成矿源层、后生叠加改造成矿”。

最后，必须重申的是，在项目研究工作的开展及本书编写过程中引用了前人（1980~2019年）专著、期刊论文、博士硕士论文、专题报告（湖南、河南、内蒙古、贵州等省的矿产资源潜力评价化探报告，广东核工业地质局二九一队内部报告）等大量资料，在此再次表示诚挚的谢意！

到此，本书该结束了，“中国地球化学场与成矿关系研究”项目（2016年至2018年）暂告一段落，然而，其研究方向仍在路上，远远没有结束，后来者将勇往直前，青出于蓝而胜于蓝，将攀登新的高峰！

主要参考文献及资料

《中国矿产地质志·江西卷》编撰委员会. 中国矿产地质志·江西卷[M]. 北京：地质出版社.

赣西北地质大队. 1990. 城门山、武山铜矿地质[R].

广东省核工业地质局. 2016. 广东韶关诸广山岩体南部钨多金属矿整装勘查区专项填图与技术应用示范[R].

广东省核工业地质局. 2017. 广东黄坑-百顺地区矿产地质调查报告[R].

江西省地质矿产勘查开发局九一六地质大队. 1985. 江西德安曾家垅锡矿[R].

内蒙古自治区地质调查院. 2013. 内蒙古自治区矿产资源潜力评价化探报告[R].

山东省第四地质矿产勘查院. 2013. 山东省矿产资源潜力评价化探成果报告[R].

冶金部南岭钨矿专题组. 1985. 南岭钨矿[M]. 北京：冶金工业出版社.

中国地质科学院地球物理地球化学勘查研究所. 2016. 东天山成矿带浅覆盖区 1：25 万基础地质调查修测成果报告[R].

艾永富，张晓晖. 1985. 内蒙古大井矿床的脉岩与成矿[A]. 中国地质学会. "八五"地质科技重要成果学术交流会论文选集[C]. 北京：冶金工业出版社.

蔡明海，韩凤彬，何龙清，等. 2008. 湘南新田岭白钨矿床 He，Ar 同位素特征及 Rb-Sr 测年[J]. 地球学报，29 (02)：167-173.

曹爱军. 2006. 锡矿山锑矿床地质地球化学特征及找矿预测研究[D]. 长沙：中南大学.

柴凤梅. 2006. 新疆北部三个与岩浆岩型 Ni-Cu 硫化物矿床有关的镁铁-超镁铁质岩的地球化学特征对比研究[D]. 北京：中国地质大学(北京)博士学位论文.

常印佛，刘湘培，吴言昌. 1992. 长江中下游铜铁成矿带[M]. 北京：地质出版社.

陈道公，李彬贤，支霞臣，等. 1994. 江苏盘石山二辉橄榄岩包体成因[J]. 地球化学，1：13-23.

陈道公，支霞臣，李彬贤，等. 1994. 江苏盘石山二辉橄榄岩包体 Nd、Sr、Pb 同位素特征[J]. 地球化学，3：245-252.

陈富文，李华芹，陈毓川，等. 2005. 东天山土屋-延东斑岩铜矿田成岩时代精确测定及其地质意义[J]. 地质学报，79(2)：113-118.

陈国勇，杜汉生，等. 1991. 贵州榕江八蒙锑矿床地质特征及成矿地质条件初探[J]. 贵州地质，4：302-312.

陈宏瑾，陈衍景，张静，等. 2013. 安徽省金寨县沙坪沟组矿含矿岩体锆石 U-Pb 年龄和 Hf 同位素特征及其地质意义[J]. 岩石学报，291(1)：131-145.

陈宏威. 2007. 大兴安岭中南段铜多金属矿成矿特征与找矿方向[D]. 北京：中国地质大学(北京).

陈江峰，李学明，周泰禧，等. 1991. 安徽月山岩体的$^{40}Ar/^{39}Ar$ 年龄及与其有关的成矿时代估计[J]. 现代地质，(01)：91-99.

陈江峰，周泰禧，李学明，等. 1993. 安徽南部燕山期中酸性侵入岩源区的 Sr、Nb 同位素制约[J]. 地球化学，22(3)：261-267

陈永科，李坤，游连强. 2004. 贵州雷公山地区摆吉锑矿矿床成因探讨[J]. 贵州地质，2(01)：41-47.

陈毓川，等著. 2007. 中国成矿体系与区域成矿评价(上、下)[M]. 北京：地质出版社.

陈豫，刘秀成，张启厚. 1984. 贵州晴隆大厂锑矿床成因探讨[J]. 矿床地质，3(03)：1-12.

谌锡霖，蒋云杭，李世永，等. 1983. 湖南锡矿山锑矿成因探讨[J]. 地质论评，29(05)：486-492.

迟清华，鄢明才. 2007. 应用地球化学元素丰度数据手册[M]. 北京：地质出版社.

储雪蕾，孙敏，周美夫. 2002. 内蒙古林西大井铜多金属矿床矿石的 PGE 分布及物质来源[C]中国科学院地质与地球物理研究所学术论文摘要汇编.

崔银亮. 1995. 贵州独山锑矿床成矿物质来源研究[J]. 有色金属矿产与勘查，4(04)：193-199.

邓晋福，鄂莫岚，路凤香. 1980. 中国东部某些地区碱性玄武岩中包体的温度、压力的计算[J]. 地质论评，26 (02)：112-120.

邓平，任纪舜，等. 2012. 诸广山南体印支期花岗岩 SHRIMP 锆石 U-Pb 年龄及其构造意义[J]. 科学通报，57(14)：1231-1241.

佴月星，陈民扬，徐文炘. 1993. 独山锑矿稳定同位素地球化学研究[J]. 矿产与地质，(02)：119-126.

付锦，等. 2013. 中国花岗岩型铀矿区域地球化学指示元素特征及异常模式[J]. 世界核地质科学，30(4)：217-223.

高山，骆庭川，张本仁，等. 1999. 中国东部地壳结构和组成[J]. 中国科学(D 辑)，3：204-231.

高山. 1989. 秦巴地区岩石圈元素丰度研究[R].

高亚林，汤中立，宋谢炎，等. 2009. 金川铜镍矿床隐伏富铜矿体成因及其深部找矿意义[J]. 岩石学报，29(12)：3370-3395.

龚鹏，等. 2016. 深圳市重点地区稀土普查与保护对策研究报告[R].

龚庆杰，周连壮，胡杨，等. 2012 . 胶东玲珑金矿田煌斑岩蚀变过程元素迁移行为及其意义[J]. 现代地质，26(5)：1066-1077

顾雪祥，等. 2003. 湖南沃溪钨-锑-金矿床的矿石组构学特征及其成因意义[J]. 矿床地质，2：107-120.

关广岳，等著. 1994. 中国金矿床表生地球化学[M].沈阳：东北大学出版社.

郭利果，刘玉平，徐伟，等. 2006. SHRIMP 锆石年代学对西藏玉龙斑岩铜矿成矿年龄的制约[J]. 岩石学报，22(4)：1009-1016.

韩宝福，季建清，宋彪，等. 2004. 新疆喀拉通克和黄山东含铜镍矿镁铁-超镁铁杂岩体的 SHRIMP 锆石 U-Pb 年龄及其地质意义[J]. 科学通报，49(22)：2324-2328.

韩春明，肖文交，赵国春，等. 2006. 新疆喀拉通克铜镍硫化物矿床 Re-Os 同位素研究及其地质意义[J]. 岩石学报，22(1)：163-170.

何永年，林传勇，史兰斌. 1986. 我国东北与华北上地幔某些物理状态特征的比较：来自幔源包体的信息[J]. 中国地震，2(02)：18-25.

贺菊瑞，王爱国，苗行健，等. 2005. 钦-杭结合带东段成矿作用初探. 地球科学与社会可持续发展——2005 年华东六省一市地学科技论坛论文集[C]：8-13.
侯广顺，唐红峰，刘丛强，等. 2005. 东天山土屋-延东斑岩铜矿围岩的同位素年代和地球化学研究[J]. 岩石学报，21(6)：1729-1736.
胡圣标，汪集旸，汪屹华. 1994. 中国东南地区岩石圈热结构[J]. 南京大学学报(地球科学)，(2)：128-133
胡圣标，汪集暘，汪屹华. 1987. 中国东南地区岩石圈热结构[J]. 南京大学学报(地球科学)，2：128-133.
胡雄伟. 1995. 湖南锡矿山超大型锑矿床成矿地质背景及矿床成因[D]. 北京：中国地质科学院.
胡云中，任天祥，马振东，等. 2006. 中国地球化学场及其与成矿关系[M]. 北京：地质出版社.
胡肇荣，邓国辉. 2009. 钦-杭接合带之构造特征[J]. 东华理工大学学报(自然科学版)，32(2)：114-122.
黄斌. 1991. 安徽铜陵地区块状硫-铁-金矿床的铅同位素特征[J]. 地质学报，65 (4)：347-359.
黄国龙，刘鑫扬，等. 2014. 粤北长江岩体的锆石 U-Pb 定年、地球化学特征及其成因研究[J]. 地质学报，88(5)：836-849.
黄婉康，王俊文，等. 1992. 福建明溪石榴石二辉橄榄岩包体的 REE 及 Pb、Sr、Nb 同位素研究[J]. 地球化学，(2)：101-112.
江思宏，梁清玲，刘翼飞，等. 2012. 内蒙古大井矿区及外围岩浆岩锆石 U-Pb 年龄及其对成矿时间的约束[J]. 岩石学报，28(2)：495-508.
江思宏，聂凤军，白大明，等. 2011. 内蒙古白音诺尔铅锌矿床印支期成矿的年代学证据[J]. 矿床地质，30(5)：787-798.
江思宏，聂凤军，刘翼飞，等. 2010. 内蒙古拜仁达坝及维拉斯托银多金属矿床的硫和铅同位素研究[J]. 矿床地质，29(1)：101-112.
金景福. 2002. 超大型锑矿床定位机制剖析——以锡矿山锑矿床为例[J]. 矿物岩石地球化学通报，(03)：145-151.
金景福，陶琰，赖万春，等. 1999. 湘中锡矿山式锑矿成矿规律及找矿方向[M]. 成都：四川科学技术出版社.
赖中信. 2015. 下庄铀矿田中基性脉岩地球化学特征及其控矿作用[J].铀矿地质，31(3)：370-376.
郎兴海，陈毓川，李志军，等. 2012. 西藏冈底斯成矿带南缘新特提斯洋俯冲期成矿作用：来自雄村矿集区 I 号矿体的 Re-Os 同位素年龄证据[J]. 地球科学，37(3)：515-525.
郎兴海，陈毓川，李志军，等. 2012. 西藏雄村斑岩型铜金矿集区 I 号矿体的硫、铅同位素特征及其对成矿物质来源的指示[J]. 地球学报，33(4)：459-470.
李出安，邹和平，等. 2011. 广东南雄断裂带 Ar-Ar 年龄及其地质意义[J].中山大学学报(自然科学版)，50(1)：129-132.
李曙光. 1992. 论华北与扬子陆块的碰撞时代——同位素年代学方法的原理及应用[J]. 安徽地质，(04)：13-23.
李曙光. 1993. 华北与扬子陆块的碰撞时代及过程[J]. 地球科学进展，(4)：83-84.
李献华. 1990. 万洋山-诸广山花岗岩复式岩基的岩浆活动时代与地壳运动[J]. 中国科学(B 辑)，(07)：747-755.
梁华英. 1989. 龙山金锑矿床成矿物质来源研究[J]. 矿床地质，8(04)：39-48.
林兵，等. 1990. 秦岭西部地区泥盆系层控铅锌矿带同位素地球化学研究及其成矿物质来源探讨[J].地质找矿论丛，1：33-45.
刘长征，陈岳龙，许光，等. 2011. 地球化学块体理论在青海沱沱河地区铅锌资源潜力预测中的应用[J] . 地学前缘，18(5)：271-282.
刘长征，等. 2015. 三江多才玛超大型铅锌矿床同位素地球化学及矿源研究[J].中山大学学报(自然科学版)，1：136-144.
刘建明，等. 1998. 华南巨型锑矿带的特征及其制约因素[J].地球物理学报，s1：206-215.
刘建明，顾雪祥，刘家军，等. 1998. 华南巨型锑矿带的特征及其制约因素[J]. 地球物理学报，41(S1)：206-215.
刘建明，张锐，张庆洲. 2004. 大兴安岭地区的区域成矿特征[J]. 地学前缘，11(1)：269-277.
刘若新. 1992. 中国新生代火山岩年代学与地球化学[M]. 北京：地震出版社.
刘若新，樊祺诚，马宝林. 1991. 苏北-胶南高压变质石榴石橄榄岩的岩石学特征[C]. 中国地球物理学会第七届学术年会论文集.
刘文均. 1992. 华南几个锑矿床的成因探讨[J]. 成都理工大学学报(自然科学版)，10(02)：10-19.
刘迅，申世亮. 1994. 江西银山多金属矿田矿化分布特征及构造控岩控矿作用[J]. 江西地质，(02)：91-102.
刘英俊，马东升. 1987. 钨的地球化学[M]. 北京：科学出版社.
卢树东. 2005. 江西彭山矿田张十八铅锌矿地质特征与成矿物质来源研究[D]. 北京：中国地质大学(北京).
陆启行，陈永达. 1993. 长江中下游地区深部地球物理调查成果及对地质构造与成矿预测的新认识[J]. 物探与化探，17(5)：321-329.
路凤香，等. 1989. 地幔岩石学[M]. 武汉：中国地质大学出版社.
路凤香，邓晋福，鄂莫岚. 1981. 辽宁宽甸黄椅山碱性玄武岩岩浆起源问题的讨论[J]. 地球科学，(01)：183-196，279.
路凤香，李方林，等. 2009.中国大陆新生代上地幔铅同位素特征[J]. 地球科学，1：11-16.
吕林素，毛景文，刘王君，等. 2007. 新元古代岩浆 Ni-Cu(PGE)硫化物矿床地质特征、形成时代及其地球动力学背景[J]. 矿床地质，26(4)：397-416.
罗铭玖，林潜龙，卢欣祥，等. 东秦岭含钼花岗岩的地质特征[J]. 河南地质，1993(01)：2-8.
罗献林. 1989. 论湖南前寒武系金矿床的形成时代[J]. 桂林冶金地质学院学报，(01)：25-34.
罗献林. 1994. 湖南前寒武系锑矿床的成矿地质特征[J]. 桂林工学院学报，14(04)：335-349.
罗献林，易诗军，梁金城. 1984. 论湘西沃溪金锑钨矿床的成因[J]. 地质与勘探，20(07)：1-10.
马东升. 2008. 华南重要金属矿床的成矿规律——时代爆发性、空间分带性、基底继承性和热隆起成矿[J]. 矿物岩石地球化学通报，(03)：209-217.
马鸿文. 1988. 论藏东玉龙斑岩铜矿带成岩成矿物质来源[J]. 现代地质，4：31-41.
马武良，等. 2016. 湖南省新邵县龙山锑金矿床控矿因素及找矿前景分析[J]. 矿产与地质，5：741-745.

马振东，单光祥，等. 1996. 长江中下游及邻区区域铅同位素组成背景及其应用[J]. 地质学报，4：267-275.
马振东，单光祥，等. 1997. 长江中下游及邻区多位一体大型、超大型铜矿形成机制的地质、地球化学研究[J]. 矿床地质，3：225-234.
马振东，等. 1998. 长江中下游及邻区基底和花岗岩成矿元素丰度背景研究[J]. 地质学报，3：324-334.
马振东，等. 2013. 广西钟山县珊瑚钨锡床三维建模研究[R].
马振东，等. 2015. 岩浆热液型钨铜多金属“矿床同系统多元”地球化学找矿模型建立的方法技术研究[R].
马振东，单光祥，等. 1997. 长江中下游区域地壳热结构及研究意义[J]. 地球科学，1：62-64.
马振东，方俊杰，刘小权. 2019. 中国新生代上地幔铅同位素场对成岩、成矿物质来源的制约——以斑岩型铜矿床及铜镍硫化物矿床为例[J]. 中国地质，1：32-42.
马振东，龚鹏，龚敏，等. 2014. 中国地质地球化学找矿模型及地球化学定量预测研究[M]. 武汉：中国地质大学出版社.
马振东，龚鹏，龚敏，等. 2014. 中国铜矿地质地球化学找矿模型及地球化学定量预测方法研究[M]. 武汉：中国地质大学出版社.
马振东，李艳霞，单光祥. 1999. 沉积叠加改造型矿床的物源及富集机制的地球化学研究[J]. 矿床地质，18(02)：108-119.
马振东，张本仁，等. 1998. 长江中下游及邻区基底和花岗岩成矿元素丰度背景的研究[J]. 地质学报，72(3)：.
毛景文，等. 2011. 华南地区钦杭成矿带地质特征和矿床，时空分布规律[J]. 地质学报，5：636-657.
孟祥金，侯增谦. 2006. 西藏驱龙斑岩铜矿 S、Pb 同位素组成：对含矿斑岩与成矿物质来源的指示[J]. 地质学报，80(4)：84-90.
孟祥金，侯增谦，高永丰，等. 2003. 西藏冈底斯成矿带驱龙铜矿 Re-Os 年龄及成矿学意义[J]. 地质论评，49(6)：660-666.
莫宣学，董国臣，等. 2005. 西藏冈底斯带花岗岩的时空分布特征及地壳生长演化信息. 高校地质学报，11 (3)：281-290.
倪培，迟哲，潘君屹，等. 2018. 热液矿床的成矿流体与成矿机制-以中国若干典型矿床为例[J]. 矿物岩石地球化学通报. 37(3)：269-394.
牛树银，等. 2008. 大兴安岭白音诺尔铅锌矿控矿构造研究与找矿预测[J]. 大地构造与成矿学，2：72-80.
牛树银，孙爱群，郭利军，等. 2008. 大兴安岭白音诺尔铅锌矿控矿构造研究与找矿预测[J]. 大地构造与成矿学，32(1)：72-80.
欧阳宗圻，等. 1990. 典型有色金属矿床地球化学异常模式[M]. 北京：科学出版社.
庞雅庆，范洪海，高飞，等. 2019. 粤北诸广山南部鈾矿田流体包裹体的氦氩同位素组成及成矿流体来源示踪[J]. 岩石学报，35(9)：2765-2773.
庞雅庆，高飞，夏宁强，等. 2015. 诸广山岩体南部区域鈾成矿模式及找矿方向[J]. 鈾矿地质,Vol. 31. 增刊 1：322-329.
彭建堂. 2000. 锑的大规模成矿与超常富集机制[R]. 贵阳：中国科学院地球化学研究所.
钱烨. 2014. 青藏高原沱沱河地区成矿背景及铅锌成矿作用[D]. 吉林：吉林大学.
任利民，马振东. 2017.“广东南雄盆地砂岩型铀矿三维建模及资源量预测研究”[R].
任鹏，等. 2014. 秦岭凤太矿集区喷流沉积型铅锌矿床 S、Pb 同位素地球化学特征[J]. 西北地质，1：137-149.
任启江，刘孝善，徐兆文，等. 1991. 安徽庐枞中生代火山构造洼地及其成矿作用[M]. 北京：地质出版社.
任天祥，汪明启. 2004. 中国浅表地球化学场基本特征[J]. 矿床地质，23(增刊)：41-53.
芮宗瑶，王龙生，王义天，等. 2002. 东天山土屋和延东斑岩铜矿床时代讨论[J]. 矿床地质，21(1)：16-22.
桑祖南. 1991. 江南台背斜浅变质岩系中金成矿系列及找矿方向[D]. 武汉：中国地质大学.
佘宏全，李红红，李进文，等. 2009. 内蒙古大兴安岭中北段铜铅锌金银多金属矿床成矿规律与找矿方向[J]. 地质学报，83(10)：1456-1472.
佘宏全，李进文，马东方，等. 2009. 西藏多不杂斑岩铜矿床辉钼矿 Re-Os 和锆石 U-Pb SHRIMP 测年及地质意义[J]. 矿床地质，28(6)：737-746.
沈能平，彭建堂，袁顺达，等. 2008. 湖北徐家山锑矿床铅同位素组成与成矿物质来源探讨[J]. 矿物学报，28(02)：169-176.
沈渭洲，凌洪飞，章邦桐. 1993. 江南元古宙古岛弧基底变质岩的 Sm-Nd 同位素研究[J]. 南京大学学报，(3)：460-467.
史明魁，傅必勤，靳西祥，等. 1993. 湘中锑矿[M]. 长沙：湖南科技出版社.
舒良树，邓平，等. 2004. 南雄-诸广地区晚中生代盆-山演化的岩石化学、运动学与年代学制约[J]. 中国科学 D 辑：地球科学，34(1)：1-13.
舒全安，等. 1992. 鄂东铁铜矿产地质[M]. 北京：冶金工业出版社.
宋慈安. 1991. 广西长营岭钨锡矿床原生晕分带形成的动力学机制[J]. 桂林冶金地质学院学报，4：404-415.
宋慈安. 1996. 广西珊瑚钨锡矿田地球化学异常特征及预测模式[J]. 桂林工学院学报，4：353-361.
苏文超，杨科佑，胡瑞忠，等. 1998. 中国西南部卡林型金矿床流体包裹体年代学研究[J]. 矿物学报，18(3)：359~362.
孙丰月，王力. 2008. 内蒙古拜仁达坝银铅锌多金属矿床成矿条件[J]. 吉林大学学报(地球科学版)，38(3)：376-383.
孙兴国. 2008. 内蒙古龙头山 Ag-Pb-Zn 多金属矿床成矿模式及找矿模型[D]. 北京：中国科学院地质与地球物理研究所博士学位论文.
唐菊兴，黎风佶，李志军，等. 2010. 西藏谢通门县雄村铜金矿主要地质体形成的时限：锆石 U-Pb、辉钼矿 Re-Os 年龄的证据[J]. 矿床地质，29(3)：461-475.
唐菊兴，王成辉，屈文俊，等. 2009. 西藏玉龙斑岩铜钼矿辉钼矿铼-锇同位素定年及其成矿学意义[J]. 岩矿测试，28(3)：215-218.
陶琰，高振敏，金景福，等. 2001. 湘中锡矿山式锑矿成矿物质来源探讨[J]. 地质地球化学，29(01)：14-20.
汪东波，张本仁，马振东. 1991. 鄂西北地区武当山群地球化学及金银含矿性评价[J]. 地质找矿论丛，(01)：14-27.
汪东波. 1991. 南秦岭金银成矿带地球化学[M]. 长沙：中南工业大学出版社.

汪集旸，黄少鹏. 1987. 中国大陆地区热流数据统计分析[J]. 科学通报，33(17)：1326-1329.
汪集暘，黄少鹏. 1987. 中国大陆地区大地热流数据统计分析[J]. 科学通报，2：1326-1329.
汪集暘，黄少鹏. 1998. 中国大陆地区大地热流数据汇编[J]. 地质科学，2：196-204.
汪屹华，汪集旸. 1992. 利用地震波速资料计算地壳深部岩石的生热率——以石城-惠安剖面为例 [J]. 科学通报，(7)：633-636
汪屹华，汪集暘. 1993. 碰撞造山带地壳上地幔热结构研究——以东南沿海地区石城-惠安剖面为例[J]. 大地构造与成矿学，(02)：153-162.
王长明. 2008. 大兴安岭中南段喷流—沉积成矿特征与成矿预测[D]. 北京：中国地质大学(北京).
王长明，张寿庭，邓军. 2006. 大兴安岭南段铜多金属矿成矿时空结构[J]. 成都理工大学学报(自然科学版). 33(5)：478-484.
王京彬，王玉往，王丽娟. 2002. 大兴安岭南段中生代伸展成矿系统[J]. 矿床地质，(S1)：241-244.
王亮亮，莫宣学. 2006. 西藏驱龙斑岩铜矿含矿斑岩的年代学与地球化学[J]. 地质学报，22(4)：1001-1008.
王强，赵振华. 2004. 德兴花岗闪长斑岩 SHRIMP 锆石 U-Pb 年代学和 Nd-Sr 同位素地球化学[J]. 岩石学报，20(2)：315-324.
王润民，赵昌龙. 1991. 新疆喀拉通克一号铜镍硫化物矿床[M]. 北京：地质出版社.
王喜龙，刘家军，翟德高，等. 2014. 内蒙古边家大院银多金属矿床同位素地球化学特征及成矿物质来源探讨[J]. 中国地质，41(4)，1288-1303.
王享冶. 1986. 小秦岭金矿田地质特征及矿床成因[R].
王秀璋. 1992. 超大型金矿床的形成探索[J]. 黄金科学技术，(07)：15-20.
王永华，等. 2011. 钦-杭成矿带中成矿元素锑的物质来源探讨[J]. 地质与勘探，4：742-749.
乌家达，肖启明，赵宁耿. 1989. 中国锑矿床(上册)[M]. 北京：地质出版社.
奚小环，李敏，刘荣梅，等. 2015. 区域成矿地球化学理论体系问题研究：兼论沱沱河区域化探异常集群[J]. 地学前缘，22(5)：196-214.
夏宏远，梁书艺. 1986. 南岭某些钨锡(钽铌)矿床的原生分带及成因系列研究[J]. 矿物岩石，(01)：2+7-12+188
向运川，牟绪赞，任天祥，等. 2018. 全国矿产资源潜力评价化探资料应用研究[M]. 北京：地质出版社.
项新葵，尹青青，詹国年，等. 2017. 江西大湖塘北区石门寺矿段钨成矿条件与成矿预测[J]. 吉林大学学报(地球科学版)，3：1-14.
肖启明，李典奎. 1984. 湖南锑矿成因探讨[J]. 矿床地质，3(3)：13-25.
肖启明，曾笃仁，金富秋. 1992. 中国锑矿床时空分布规律及找矿方向[J]. 地质与勘探，28(12)：9-14.
肖荣等. 2011. 广西珊瑚钨锡矿床含钨石英脉中白云母$^{40}Ar-^{39}Ar$年龄及其地质意义[J]. 矿床地质，3：488-496.
谢学锦，李善芳，等. 2009. 二十世纪中国化探[M]. 北京：地质出版社.
辛洪波，曲晓明，王瑞江，等. 2009. 西藏班公湖斑岩铜矿带成矿斑岩地球化学及 Pb、Sr、Nb 同位素特征[J]. 矿床地质，28(6)：785-792.
邢凤鸣，徐祥. 1993. 皖南中生代花岗岩类 Nd、Sr、Pb 同位素特点[J]. 安徽地质，(01)：35-41.
邢凤鸣，徐祥. 1994. 安徽两条 A 型花岗岩带[J]. 岩石学报(4)：357-368
徐兆文，任启江，邱检生. 1995. 河南栾川三道庄和黄背岭矿区含矿矽卡岩对比研究[J]. 矿物学报，15(1)：88-96.
徐志刚. 2008. 中国成矿区带划分方案[M]. 北京：地质出版社.
鄢明才，迟清华. 1997. 中国东部地壳与岩石的化学组成[M]. 北京：科学出版社.
杨帆. 2017. 大兴安岭中南段铅锌多金属矿矿产资源地球化学建模及定量预测[D]. 北京：中国地质大学(北京).
杨帆，孔牧，郭志娟，等. 2016. 东天山成矿带浅覆盖区 1：25 万基础地质调查修测成果报告[R]. 中国地质科学院地球物理地球化学勘查研究院.
杨刚，杜安道，卢记仁. 2005. 金川镍-铜-铂矿床块状硫化物矿床的 Re-Os(ICP-MS)定年[J]. 中国科学(D 辑)，35(3)：241-245.
杨胜洪，陈江峰，屈文俊，等. 2007. 金川铜镍硫化物矿床的 Re-Os 年龄及其意义[J]. 地球化学，(01)：27-36.
姚晓峰，唐菊兴，李志军，等. 2012. 西藏尕尔穷铜金矿床 S、Pb 同位素地球化学特征-成矿物质来源示踪[J]. 地球学报，33(4)：528-536.
叶天竺，等. 2017. 勘查区找矿预测与方法・各论[M]. 北京：地质出版社.
叶永钦，叶松鑫，等. 2015. 粤北长江铀矿田长排地区花岗岩体地球化学特征及其意义[J]. 科学与环境学报，37(6)：101-110.
易升星. 2012. 湖南省沃溪金锑钨矿床地质特征、流体包裹体特征及矿床成因研究[D]. 长沙：中南大学.
殷顺生，王昌烈. 1994. 郴县新田岭白钨矿床地质特征[J]. 湖南地质，(4)：205-211
于琪. 2015. 内蒙古赤峰市白音诺尔铅锌矿床地质特征及矿床成因[D]. 吉林：吉林大学.
於崇文，等. 1987. 南岭地区区域地球化学[M]. 北京：地质出版社.
袁顺达，等. 2012. 湖南新田岭钨矿床辉钼矿 Re-Os 同位素测年及其地质意义[J]. 岩石学报，1：27-38.
翟裕生，等. 1992. 长江中下游地区铁铜(金)成矿规律[M]. 北京：地质出版社.
张本仁，等. 2002. 秦岭造山带地球化学[M]. 北京：科学出版社.
张本仁，李泽九，等. 1989. 陕西柞水-山阳成矿带区域地球化学[M]. 武汉：中国地质大学出版社.
张本仁，马振东. 1995. 长江中下游及邻区区域地球化学与成矿关系研究[R].
张德全. 1993. 大兴安岭及邻区铜多金属矿床论文集[M]. 北京：地震出版社.
张锋，杨科佑. 1992. 黔西南微细浸染型金矿裂变径迹成矿时代研究[J]. 科学通报，37(17)：1593-1595.

张国林，等. 1998. 中国锑矿类型及时空分布规律[J]. 矿产与地质，5：306-311.
张国林，姚金炎，谷相平. 1998. 中国锑矿床类型及时空分布规律[J]. 矿产与地质，12(05)：306-312.
张怀东，等. 2012. 安徽沙坪沟斑岩型钼矿床地质特征及综合找矿信息[J]矿床地质，1：41-51.
张理刚. 1995. 东亚岩石圈块体地质-上地幔、基底和花岗岩同位素地球化学及其动力学[M]. 北京：科学出版社.
张良，等. 2014. 胶东大尹格庄金矿床铅同位素地球化学[J]. 岩石学报，9：2468-2480.
张绮玲. 1994. 八蒙辉锑矿的标型特征与矿床成因[J]. 岩石矿物学杂志，13(4)：362-369.
张乾，战新志，裘愉卓，等. 2002. 内蒙古孟恩陶勒盖银铅锌铟矿床的铅同位素组成及矿石铅的来源探讨[J]. 地球化学，31(3)：253-258.
张善果，黄国龙，等. 2011. 诸广山南部白云岩体岩石地球化学特征及成因[J]. 铀矿地质，27(5).
张诗启. 2010. 广西姑婆山地区钨锡矿床地质特征及幔源物质参与成矿显示[J]. 西北地质，1：86-97.
张荫树. 1983. 河南太华群 Au 丰度的研究[R].
赵一鸣，林文蔚，张德全. 1992. 交代成矿作用及其找矿意义[M]. 北京：北京科学技术出版社.
赵芝，王登红，等. 2014. 南岭东段与稀土矿有关岩浆岩的成矿专属性特征[J]. 大地构造与成矿学，38(2) ;255-263.
支霞臣，陈道公，杨晶. 1995. 皖东上第三系玄武岩的地球化学特征和成因[J]. 地质学报，(02)：156-168.
钟九思，等. 2007. 湘西密西西比河谷型铅锌矿床特征及成矿机理探讨[J]. 国土资源导刊，6：52-56.
周清，蒋耀辉，廖世勇，等. 2013. Pb 同位素对德兴铜矿成矿物源的制约[J]. 地质学报，87(6)：1124-1135.
周泰禧，李学明，张巽，等. 1995. 北淮阳富碱侵入岩带 Pb 同位素研究[J]. 中国科学技术大学学报，(04)：467-473.
周玉，多吉，温春齐，等. 2013. 西藏波龙铜矿床 S，Pb 同位素地球化学特征[J]. 矿物岩石，33(2)：43-49.
朱炳泉，等. 1998. 地球科学中同位素体系理论与应用-兼论中国大陆壳幔演化[M]. 北京：科学出版社.
朱赖民. 1999. 扬子地块西南缘(贵州)低温金属成矿域元素共生分异机制研究[R]. 贵阳：中国科学院地球化学研究所.
朱贤甲. 1986. 赣北地区古火山岩及其含矿性研究[R]. 江西省地矿中心实验室.
邹光华，欧阳宗圻，李惠，等. 1996. 中国主要类型金矿床找矿模型[M]. 北京：地质出版社.
Anderson D L. 1983. Chemical Composition of the Mantle[J]. J. Geophys. Res. 88 (S1)：B41-B52.
Deo B R and Zartman R E. 1979. Chapter 2 Plumbotectonics, The phancrozoic. In：Barnes H L. Geochmistry of Hydrothermal Ore Deposits. 2nd Ed. [M]. Wiley-Interscience. New York. 22-70.
Feiss P G. 1978. Magmatic sources of copper in porphyry copper deposits[J]. Economic Geology, 73 (3)：397-404.
Hu X W, Pei R F, Su Z. 1996. Sm-Nd dating for antimony mineralization in the Xikuangshan deposit, Hunan, China[J]. Resource Geol., 46 (4)：227-231.
Mamyrin B A, Tolstikhin I N. 1984. Helium isotopes in Nature[M]. Developments in Geochemistry 3.
Peng T, Hu R Z, Burnard P G. 2003. Samarium - neodymium isotope systematics of hydrothermal calcites from the Xikuangshan antimony deposit (Hunan, China)：the potential of calcite as a geochronometer[J]. Chemical Geology, 200(1-2)：129-136.
Sun S S, Mc Donough W F. 1989. Chemical and isotopic systematics of oceanic basalts：Implications for mantle composition and processes[C]// Saunders A D, Norry M J (eds.) Magmatism in the Ocean Basins. Geological Society London Special Publications, 42(1)：313 345.
Taylor S, S McLennan. 1995. The Geochemical Evolution of the Continental Crust[J]. Rev. Geophys. 33(2)：241-265.
Taylor S R, McLennan S M, 1995. The geochemical evolution of the continential crust[J]. Reviews of Geophysics, 33：241-265.
Turekian K K, Wedepohl K H. 1961. Distribution of the elements in some major units of the earth's crust[J]. GSA Bulletin, 72 (2)：175-192.
Tuttle O F, Bowen N L.1958.Origin of granite in the light of experimental studies in the system $NaAlSi_3O_8$-$KAlSi_3O_8$-SiO_2-H_2O[J]. Geol.Soc. Am. Mem., 74：1-153.
Wedepohl K H. 1995. The composition of the continental crust[J]. Geochimica et Cosmochica Acta, 59：1217-1232.
Yan S, Frey F A. 1989. Geochemistry of peridotite xenoliths in basalt from Hannuoba, Eastern China：Implications for subcontinental mantle heterogeneity[J]. Geochimica et Cosmochimica Acta, 53(1)：97-113.
Zartman R E. 1974. Lead isotopic province in the Cordillera in Western United States and their geological significance[J]. Econ. Geol. 69：793-305.

中国矿产地质志

“十三五”国家重点图书规划　国家出版基金项目

总　志

中国矿产地质志 · 矿产总志
中国矿产地质志 · 规律总志

矿种志

1 **中国矿产地质志 · 矿产地名录卷(总 1)**
6 **中国矿产地质志 · 典型矿床总述卷(总 2)**
中国矿产地质志 · 油气卷
中国矿产地质志 · 煤矿卷
中国矿产地质志 · 煤层气卷
中国矿产地质志 · 铀矿卷
中国矿产地质志 · 铁矿卷
中国矿产地质志 · 锰矿卷
中国矿产地质志 · 钒钛铬矿卷
中国矿产地质志 · 铜矿卷
中国矿产地质志 · 铝矿卷
中国矿产地质志 · 铅锌矿卷
21 **中国矿产地质志 · 镍矿卷(矿 5)**
8 **中国矿产地质志 · 钨矿卷(矿 1)**
中国矿产地质志 · 锡矿卷
中国矿产地质志 · 钼矿卷
中国矿产地质志 · 锑矿卷
中国矿产地质志 · 菱镁矿卷
中国矿产地质志 · 金矿卷
44 **中国矿产地质志 · 银矿卷(矿 8)**
中国矿产地质志 · 锂铍铌钽矿卷
中国矿产地质志 · 铷铯锆铪矿卷
中国矿产地质志 · 稀土金属矿卷
中国矿产地质志 · 稀散金属矿卷
中国矿产地质志 · 建材非金属矿卷
中国矿产地质志 · 蓝晶石族矿卷
9 **中国矿产地质志 · 石灰岩矿卷(矿 2)**
中国矿产地质志 · 石英砂岩矿卷
中国矿产地质志 · 花岗岩矿卷
中国矿产地质志 · 大理岩矿卷
中国矿产地质志 · 石棉矿卷
中国矿产地质志 · 高岭土矿卷
中国矿产地质志 · 膨润土矿卷
中国矿产地质志 · 硅藻土矿卷
中国矿产地质志 · 滑石矿卷
中国矿产地质志 · 硅灰石矿卷
中国矿产地质志 · 石墨矿卷
中国矿产地质志 · 石盐矿卷
中国矿产地质志 · 化工矿产卷
22 **中国矿产地质志 · 钾盐矿卷(矿 6)**
中国矿产地质志 · 钠盐矿卷
18 **中国矿产地质志 · 磷矿卷(矿 3)**
中国矿产地质志 · 硫矿卷
19 **中国矿产地质志 · 硼矿卷(矿 4)**
中国矿产地质志 · 萤石矿卷
中国矿产地质志 · 芒硝矿卷
中国矿产地质志 · 石膏矿卷
23 **中国矿产地质志 · 重晶石矿卷(矿 7)**
中国矿产地质志 · 化工灰岩-明矾石-天青石-雄黄-硝石-天然碱矿卷
中国矿产地质志 · 宝玉石矿卷
中国矿产地质志 · 和田玉矿卷
……

省　志

中国矿产地质志 · 北京卷
中国矿产地质志 · 天津卷
中国矿产地质志 · 河北卷
中国矿产地质志 · 山西卷
中国矿产地质志 · 内蒙古卷
中国矿产地质志 · 辽宁卷
中国矿产地质志 · 吉林卷
中国矿产地质志 · 黑龙江卷
中国矿产地质志 · 江苏上海卷
中国矿产地质志 · 浙江卷
中国矿产地质志 · 安徽卷

中国矿产地质志·福建卷
3 中国矿产地质志·江西卷(省1)
中国矿产地质志·山东卷
中国矿产地质志·河南卷
中国矿产地质志·湖北卷
中国矿产地质志·湖南卷
中国矿产地质志·广东卷
中国矿产地质志·广西卷
中国矿产地质志·海南卷
中国矿产地质志·重庆卷
中国矿产地质志·四川卷
中国矿产地质志·贵州卷
中国矿产地质志·云南卷
中国矿产地质志·西藏卷
中国矿产地质志·陕西卷
中国矿产地质志·甘肃卷
中国矿产地质志·青海卷
中国矿产地质志·宁夏卷
中国矿产地质志·新疆卷
38 中国矿产地质志·台湾卷(省2)

省级重要矿种(组)志

28 中国矿产地质志·山东卷·铁钛矿产(鲁1)
29 中国矿产地质志·山东卷·煤油页岩矿产(鲁2)
7 中国矿产地质志·河南卷·黑色金属矿产(豫1)
中国矿产地质志·河南卷·有色金属矿产
中国矿产地质志·河南卷·贵金属三稀矿产
17 中国矿产地质志·四川卷·黑色金属矿产(川1)
25 中国矿产地质志·贵州卷·铝土矿(黔1)
26 中国矿产地质志·贵州卷·金矿(黔2)
12 中国矿产地质志·云南卷·贵金属矿产(滇1)
13 中国矿产地质志·云南卷·铅锌矿产(滇2)
36 中国矿产地质志·云南卷·化工矿产(滇3)
43 中国矿产地质志·云南卷·黑色金属矿产(滇5)
中国矿产地质志·云南卷·能源矿产
46 中国矿产地质志·云南卷·铜钼镍钴矿产(滇6)
40 中国矿产地质志·云南卷·锡钨矿产(滇4)
中国矿产地质志·陕西卷·煤矿
中国矿产地质志·陕西卷·油气矿产
47 中国矿产地质志·陕西卷·非金属矿产(陕1)
中国矿产地质志·陕西卷·金属矿产
39 中国矿产地质志·甘肃卷·金矿(甘1)
……

区带志

中国矿产地质志·渤海卷
中国矿产地质志·黄海卷
中国矿产地质志·东海卷
中国矿产地质志·南海卷
中国矿产地质志·大兴安岭卷
24 中国矿产地质志·长江中下游卷(带1)
中国矿产地质志·南岭卷
中国矿产地质志·三江卷
中国矿产地质志·冈底斯卷
中国矿产地质志·阿拉善(隆起)卷
中国矿产地质志·华北陆块北缘东段卷
中国矿产地质志·山西(断隆)卷
中国矿产地质志·华北陆块南缘卷
中国矿产地质志·华北盆地卷
中国矿产地质志·辽东(隆起)-吉南卷
中国矿产地质志·吉中-延边卷
中国矿产地质志·小兴安岭-张广才岭卷
中国矿产地质志·松辽盆地卷
中国矿产地质志·湘中-桂中北卷
中国矿产地质志·江南隆起西段卷
中国矿产地质志·江汉-洞庭(断陷)卷
中国矿产地质志·东秦岭卷
中国矿产地质志·浙闽赣粤沿海、浙中-武夷山(隆起)和永安-梅州-惠阳(坳陷)联编卷
中国矿产地质志·江南隆起东段、武功山-杭州湾合编卷
中国矿产地质志·桐柏-大别-苏鲁卷
中国矿产地质志·喀喇昆仑-羌北卷
中国矿产地质志·班戈-腾冲卷
中国矿产地质志·龙门山-大巴山卷
中国矿产地质志·四川盆地卷
中国矿产地质志·康滇隆起卷
中国矿产地质志·上扬子东部卷

中国矿产地质志·桂西-黔西南-滇东南北部卷
中国矿产地质志·滇东南南部卷
中国矿产地质志·祁连卷
中国矿产地质志·东天山-北山卷
中国矿产地质志·鄂尔多斯卷
中国矿产地质志·东昆仑-巴颜喀拉卷
中国矿产地质志·西秦岭卷
……

专题志

中国矿产地质志·中国成矿单元划分及其主要成矿单元特征
中国矿产地质志·大型变形构造与重要矿集区(成矿区带)关系
32 中国矿产地质志·中国矿产分省图集(2020)(专4)
30 中国矿产地质志·中国前寒武纪成矿体系(专3)
中国矿产地质志·中国古生代成矿体系
中国矿产地质志·中国中生代成矿体系
中国矿产地质志·中国新生代成矿体系
中国矿产地质志·中国地球物理场与成矿
50 中国矿产地质志·中国地球化学场与成矿关系研究(专7)
中国矿产地质志·区域成矿规律研究历史和趋势
33 中国矿产地质志·华南洋-滨太平洋构造演化与成矿(专5)
42 中国矿产地质志·小岩体成大矿(专6)
27 中国矿产地质志·山东卷·成岩成矿年代谱系(专2)
4 中国矿产地质志·新疆维吾尔自治区矿床成矿系列图(专1)
……

科学普及本

2 中国矿产地质志·建材非金属卷·普及本(普1)
10 中国矿产地质志·化工矿产卷·普及本(普3)
11 中国矿产地质志·铀矿卷·普及本(普4)
中国矿产地质志·渤海卷·普及本
中国矿产地质志·黑色金属矿产·普及本
41 中国矿产地质志·宝玉石卷·普及本(普13)
48 中国矿产地质志·北京矿产地质(普15)
31 中国矿产地质志·天津矿产地质(普9)
中国矿产地质志·河北矿产地质
中国矿产地质志·山西矿产地质
中国矿产地质志·内蒙古矿产地质
中国矿产地质志·吉林矿产地质
中国矿产地质志·辽宁矿产地质
中国矿产地质志·黑龙江矿产地质
中国矿产地质志·江苏上海矿产地质
34 中国矿产地质志·浙江矿产地质(普10)
中国矿产地质志·安徽矿产地质
中国矿产地质志·福建矿产地质
35 中国矿产地质志·江西矿产地质(普11)
中国矿产地质志·山东矿产地质
中国矿产地质志·河南矿产地质
中国矿产地质志·湖北矿产地质
49 中国矿产地质志·湖南矿产地质(普16)
中国矿产地质志·广东矿产地质
中国矿产地质志·广西矿产地质
中国矿产地质志·海南矿产地质
16 中国矿产地质志·重庆矿产地质(普7)
中国矿产地质志·四川矿产地质
中国矿产地质志·贵州矿产地质
14 中国矿产地质志·云南矿产地质(普5)
中国矿产地质志·西藏矿产地质
5 中国矿产地质志·陕西矿产地质(普2)
20 中国矿产地质志·甘肃矿产地质(普8)
45 中国矿产地质志·青海矿产地质(普14)
15 中国矿产地质志·宁夏矿产地质(普6)
37 中国矿产地质志·新疆矿产地质(普12)
中国矿产地质志·台湾矿产地质
……

注:括号内容代表志书类别及序号,1 2 3……为出版顺序。

中国矿产地质志

GEOLOGY OF MINERAL RESOURCES IN CHINA